Suchonkov

Elektrotechnik

für Berufsschulen

Technologie für das erste Ausbildungsjahr

Horst Spanneberg
Günter Franz
Frank Preißler

Handwerk und Technik · Hamburg

gedruckt in leipzig

ISBN 3.582.0**3655**.3

Verlag Handwerk und Technik G.m.b.H.,
Lademannbogen 135, 22339 Hamburg;
Postfach 63 05 00, 22331 Hamburg 1995
Computersatz: COMSET Helmut Ploß, 21031 Hamburg
Druck: Offizin Andersen Nexö Leipzig, 04442 Zwenkau

Inhalt

Inhalt

Inhalt

Vorwort

Der Inhalt des Lehrbuches umfaßt den Teil des technologischen Unterrichtes, der in den Rahmenlehrplänen der neugeordneten Elektroberufe in den Lerngebieten der Grundbildung ausgewisen ist. Bestimmend für die Auswahl und Begrenzung sind die Inhalte, die die Basis für die physikalisch-technischen Zusammenhänge der Fachbildung bilden und für das Erkennen der grundlegenden Zusammenhänge der Elektrotechnik notwendig sind.

Die aus der Komplexität des beruflichen Umfeldes abzuleitende ganzheitliche Betrachtung erfordert nicht nur die Darstellung der wesentlichen Elemente des Unterrichtsstoffes wie

- bedeutsame elektrische Größen (Ladungsmenge, Stromstärke, Spannung ...),
- besondere Effekte (dielektrische Polarisation, PN-Durchgang ...)

  sowie
- charakteristische Vorgänge und Wirkprinzipien (Induktion, Gleichrichtung ...)

sondern die grundlegenden Zusammenhänge zwischen diesen Elementen als Struktur jedes Hauptabschnittes sichtbar zu machen. Die Grundlagen der Elektrotechnik werden damit als ein System gezeigt, dessen zentrales Teilsystem, der **elektrische Stromkreis,** den Technik-Aspekt der beruflichen Bildung verdeutlicht.

Lösungsbeispiele zum Bilden realer Größenvorstellungen und den Hauptabschnitten zugeordnete Aufgaben und Fragen orientieren sich an den beruflichen Anforderungen des Elektroinstallateurs und Energieelektronikers. Komplexe Zusammenhänge werden anschaulich und schülergerecht beschrieben. Die durchgängige Mehrfarbigkeit dient sowohl der Lernmotivation als auch der funktionalen Zuordnung des Textes.

Autoren und Verlag stellen der Berufsschule ein Lehrbuch zur Verfügung, das sowohl dem aktuellen Stand der Technik entspricht, als auch den Qualifikationsanforderungen der heutigen Arbeitswelt gerecht wird, die hinreichende Handlungskompetenz im komplexen beruflichen Umfeld fordert.

Anregungen und Hinweise zum vorliegenden Lehrbuch nehmen wir gern entgegen.

Die Verfasser

Der Stromkreis – zentrales Element der Elektrotechnik

1.1 Wesen und Bedeutung der Elektrotechnik

Der Mensch unterscheidet sich von den anderen Lebewesen u. a. in seinem Verhalten zur Natur. Er paßt sich ihr nicht nur an, sondern er gestaltet sie entsprechend seinen Bedürfnissen um.

Das Umgestalten der Natur ist Technik.

Am Beginn der technischen Entwicklung war der Mensch auf die einfache Naturbeobachtung angewiesen. Er fertigte und betrieb einfache Maschinen ohne genaue Kenntnisse der Naturgesetze. Dies wurde und wird im Verlauf der technischen Entwicklung immer besser. Die Technik wendet die Naturgesetze an und schafft zweckmäßige Mittel, wie Werkzeuge, Maschinen, Geräte, auch Rechen- und Konstruktionsverfahren. Viele Beispiele belegen aber, daß der Mensch inzwischen an die Grenzen der sinnvollen Umgestaltung der Natur stößt. Teilbereiche der Natur sind durch die Umgestaltung bereits so zerstört, daß dadurch die Lebensgrundlage der Menschen global gefährdet ist.

Die Technik muß heute die Natur für unsere folgenden Generationen erhalten.

Beurteilen wir deshalb die Technik unter diesem Gesichtspunkt und danach, ob sie wirklich unsere natürlichen Bedürfnisse befriedigt! Fragen wir uns, ob die Anwendung aller technischen Möglichkeiten notwendig ist.
Ein Teilgebiet der Technik ist die Elektrotechnik. Hier wird die Natur vorwiegend durch das Nutzen der elektrischen Erscheinungen umgestaltet.

Elektrotechnik ist die zusammenfassende Bezeichnung für alle Verfahren zur Nutzbarmachung der Natur mit Hilfe solcher Maschinen, Geräte, Bauelemente und Arbeitsverfahren, die vorwiegend elektrische Erscheinungen nutzen.

Zwei Faktoren bestimmen im wesentlichen die Bedeutung der Elektrotechnik:

1. Sie gewährleistet, daß an beliebigen Stellen zu beliebigen Zeiten die unterschiedlichsten Energieformen durch die Umwandlung aus Elektroenergie bereitgestellt werden. Der Mensch ist damit nicht mehr von den ursprünglichen Energiequellen, zum Beispiel

   - Energie fester, flüssiger und gasförmiger Brennstoffe
   - Windenergie
   - Wasserenergie
   - Strahlungsenergie u. a.

abhängig, wie sie die Natur zufällig räumlich und zeitlich verteilt darbietet.

Die Erzeugung der Elektroenergie aus anderen Energieformen, ihre Fortleitung, Verteilung und Umwandlung in die jeweils gewünschte Form, auch ihre begrenzte Speicherung – meist über eine Zwischenenergie – wird technisch mit relativ günstigen Kosten und Wirkungsgraden beherrscht.

2. Die Elektrotechnik gewährleistet, beliebige akustische und optisch wahrnehmbare Informationen auszutauschen. Diese Möglichkeit ist dadurch gegeben, daß die elektrische Energie sich sehr gut steuern läßt, sie somit als Informationsträger dienen kann. Die hoch entwickelten Mittel der Informationsgewinnung, -übertragung und -verarbeitung ermöglichen eine große Informationsdichte und -geschwindigkeit. Die Entwicklung auf diesem Gebiet bestimmt damit auch in den letzten Jahren die führende Rolle der Elektrotechnik in der Industrie, in der Wirtschaft und auch im privaten Lebensbereich.

1.2 Beziehungen und Strukturen in den Grundlagen der Elektrotechnik

Das Gebiet der Elektrotechnik ist heute so groß, daß ein einzelner Mensch es nicht mehr überschauen kann. Selbst über Teilgebiete der Elektrotechnik, wie Antriebstechnik, Beleuchtungstechnik, digitale Übertragungstechnik, elektrische Meßtechnik u. a. verliert man leicht den Überblick. Wir beschränken uns daher auf solche Probleme, die allen speziellen Gebieten gemeinsam sind, auf die Grundlagen der Elektrotechnik.

Zu den Grundlagen der Elektrotechnik gehören neben den grundlegenden Erscheinungen (z. B.

Ladung, Strom, Spannung) grundlegende Gesetzmäßigkeiten und Regeln, die die Beziehungen zwischen den grundlegenden Erscheinungen der Elektrotechnik beschreiben. Die Kenntnis dieser Gesetzmäßigkeiten ist die Voraussetzung, sie technisch anzuwenden und mit Hilfe grundlegender Arbeitsmethoden elektrische Probleme zu lösen.

Unabhängig davon, ob eine elektrische Anlage entwickelt, errichtet, geändert, erweitert oder instandgesetzt wird, der Elektrotechniker muß die physikalischen und technischen Probleme als Ganzes erfassen. Dabei ist aus der Sicht des Technikers der **elektrische Stromkreis** das zentrale Element oder besser das zentrale Teilsystem im Gesamtsystem der Elektrotechnik.

Welche Merkmale hat der elektrische Stromkreis?

Der elektrische Stromkreis ist ein technisches Objekt, das durch das Vorhandensein und im allgemeinen auch durch die Umwandlung sowie den Transport der elektrischen Energie gekennzeichnet ist.

Seine Elemente sind Stromquelle, Leitung und Verbrauchsmittel (Abb. 1-1).

Neben den genannten Elementen, die das Merkmal des elektrischen Stromkreises bestimmen, sind für seinen Betrieb vielfältige Elemente, wie Schalt-, Kontroll- und Meßeinrichtungen notwendig (Abb. 1-2).

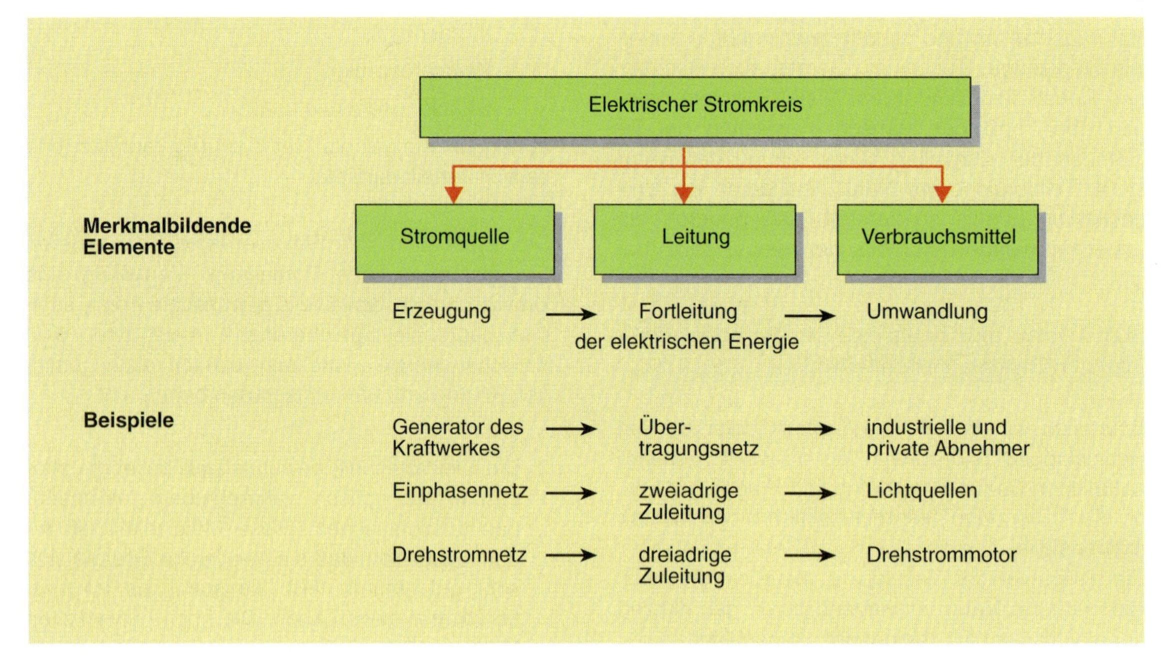

Abb. 1-1
Merkmalbildende Elemente des elektrischen Stromkreises

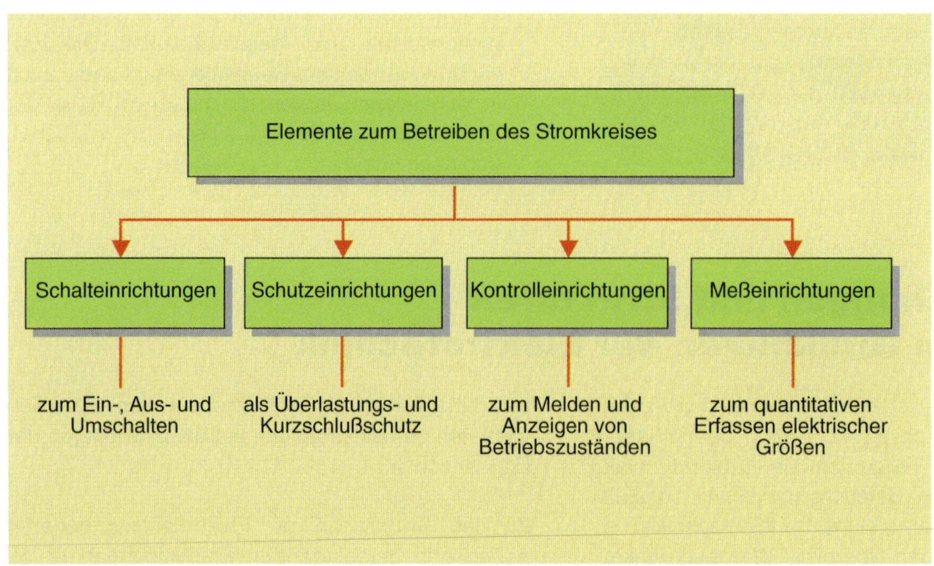

Abb. 1-2
Elemente zum Betreiben des Stromkreises

Die Zahl und die Schaltung der Stromquellen und Verbrauchsmittel bestimmen die Art der Stromkreise. Betrachtet man Stromquelle, Leitung und Verbrauchsmittel des einfachen Stromkreises aus energetischer Sicht, dann ist die Stromquelle als aktiver Zweipol (Schaltelement zur Erzeugung der elektrischen Energie mit Anschluß des Hin- und Rückleiters) und das Verbrauchsmittel einschließlich der Leitung als passiver Zweipol zum Verbrauch bzw. zur Umwandlung der elektrischen Energie in eine andere Energieform aufzufassen. Wir bezeichnen diesen Stromkreis, der eigentlich eine Abstraktion darstellt, als Grundstromkreis. Werden mehrere aktive oder passive Zweipole in Reihe geschaltet, entsteht der unverzweigte Stromkreis. Bei dem verzweigten Stromkreis sind gleichartige Zweipole parallel oder gemischt geschaltet (Abb. 1-3).

Wenden wir uns der physikalischen Seite des Stromkreises zu. Das Spezifische seiner elektrischen und magnetischen Erscheinungen besteht unter anderem. darin, daß sie unmittelbar oder mittelbar an Ladungen gebunden sind. Ihre Träger sind die Elektronen, Protonen der Atome sowie die Ionen. Die den Elektrotechniker interessierenden **Werkstoffe** können damit nach dem Vorhandensein freier Ladungsträger in **Leiter, Nichtleiter** und **Halbleiter** eingeteilt werden. Um ihre Erscheinungen mengenmäßig, also quantitativ erfassen und vergleichen zu können, müssen physikalische insbesondere elektrische Größen eingeführt werden. Ihr Zusammenspiel führt uns zu den grundlegenden Gesetzmäßigkeiten der elektrischen Stromkreise, wie Ohmsches Gesetz, Maschensatz und Knotenpunktsatz (Abb. 1-4).

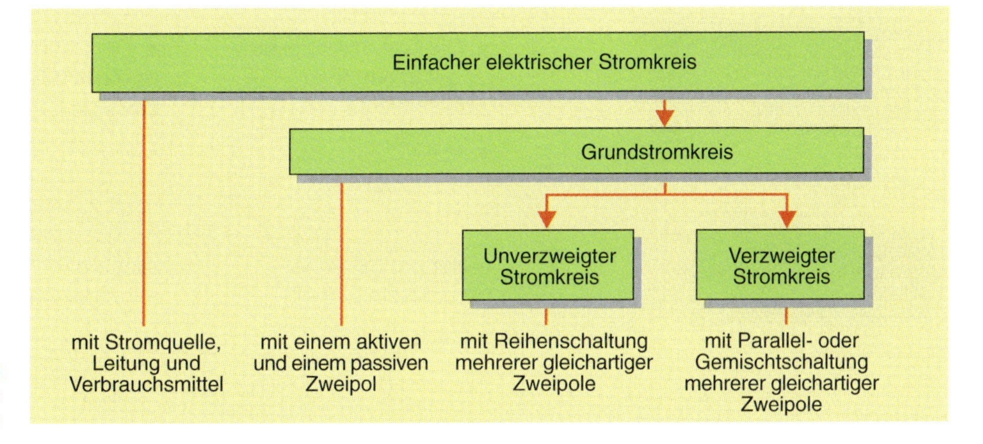

Abb. 1-3
Arten des Stromkreises

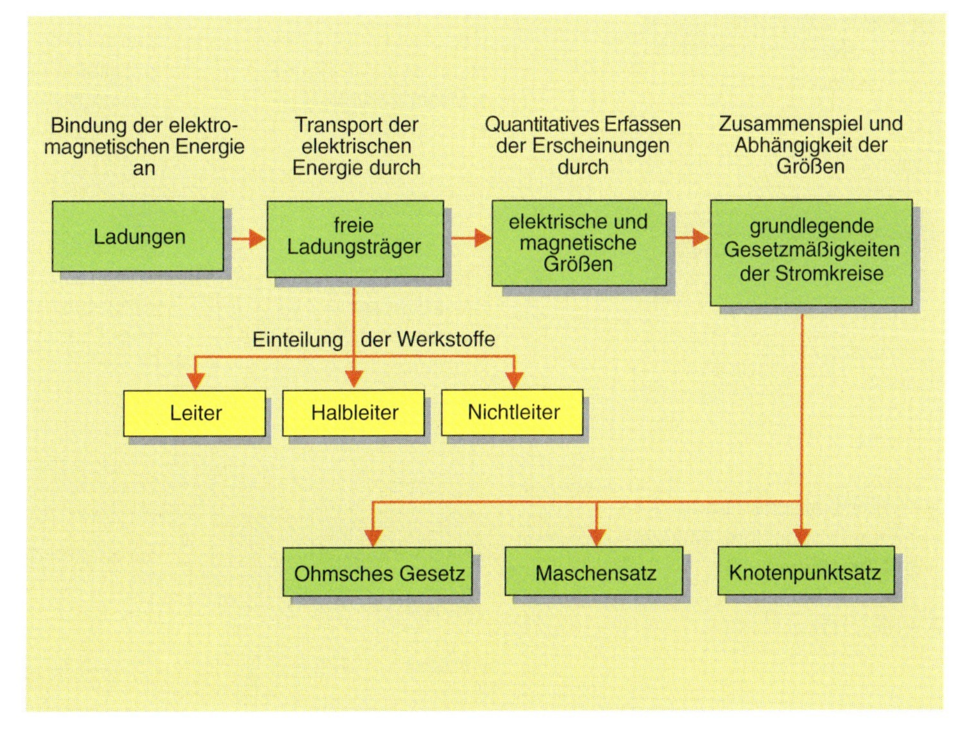

Abb. 1-4
Elektrische Größen und Gesetzmäßigkeiten

Die elektrischen Vorgänge und Gesetzmäßigkeiten des Stromkreises können nur dann eindeutig erfaßt werden, wenn die bei allen physikalischen Erscheinungen verbindliche Schrittfolge eingehalten wird. An zwei Beispielen soll sie erläutert werden.

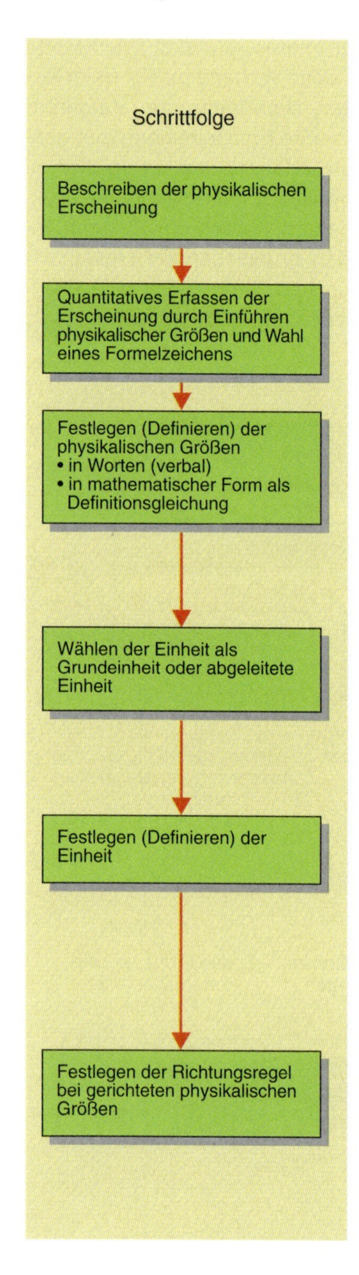

Beispiele:

Bewegung	Elektrischer Strom
Lageänderung eines Körpers im Raum	Gerichtete Bewegung von Ladungsträgern
↓	↓
Geschwindigkeit v (auch Beschleunigung)	Stromstärke I (auch Stromdichte)
↓	↓
● Die Geschwindigkeit v ist der in der Zeit t zurückgelegte Weg s.	● Die Stromstärke I ist die in der Zeit t bewegte Ladungsmenge Q.
● $v = \frac{s}{t}$	● $I = \frac{Q}{t}$
↓	↓
Meter pro Sekunde (abgeleitete Einheit)	Ampère (Grundeinheit)
$[v] = 1\,\frac{\text{m}}{\text{s}}$	$[I] = 1\text{ A}$
↓	↓
Ein Körper hat die Geschwindigkeit 1 m/s, wenn er in 1 Sekunde 1 Meter zurücklegt.	Die Stromstärke von1 A fließt, wenn zwischen 2 parallelen Leitern im Abstand von 1m eine Kraft von $2 \cdot 10^{-7}$ N auftritt.
↓	↓
Die Richtung der Geschwindigkeit entspricht der Bewegungsrichtung des Körpers.	Der Strom fließt außerhalb der Stromquelle vom Pluspol zum Minuspol.

Jede physikalische Größe G ist somit ein Produkt ihrer Maßzahl G und ihrer Einheit [G].

$G = \{G\} \cdot [G]$

Geschwindigkeit		Stromstärke	
$v = 4\,\frac{\text{m}}{\text{s}}$	$v = 4 \cdot 1\,\frac{\text{m}}{\text{s}}$	$I = 0{,}8\text{ A}$	$I = 0{,}8 \cdot 1\text{ A}$
$\{v\} = 4$	$[v] = 1\,\frac{\text{m}}{\text{s}}$	$\{I\} = 0{,}8$	$[I] = 1\text{ A}$

Hinweis:

Die Aussage „Der Strom beträgt 0,8 A“ ist nach dem oben Genannten nicht exakt; denn „Strom“ ist eine physikalische Erscheinung. Diese ist nicht mit der physikalischen Größe „Stromstärke“ gleichzusetzen. Wie im Sprachgebrauch festzustellen ist, haben jedoch oft Wörter mehrere Bedeutungen. So ist „Spannung“ sowohl Erscheinung als auch physikalische Größe und „Widerstand“ sowohl Erscheinung als auch Größe und sogar auch Bauelement.

Auch Symbole können Mehrfachbedeutung haben. So werden für Größensymbole, Einheitenzeichen und für ihre Vorsätze zum Teil gleiche Buchstaben verwendet.

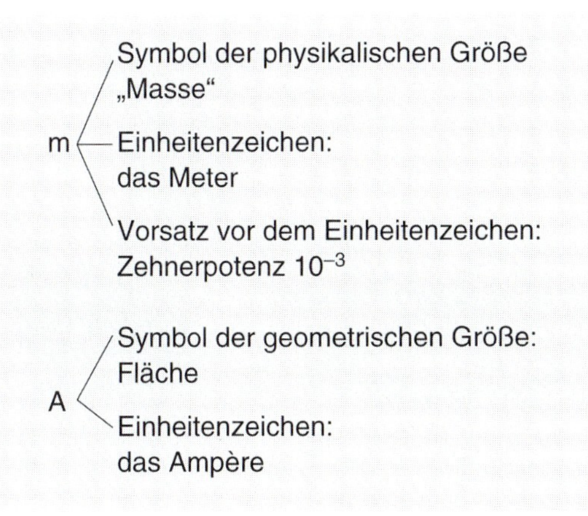

- Verwenden Sie die Größensymbole und Einheitenzeichen in Größengleichungen auf derselben Seite des Gleichheitszeichens niemals gemischt!
- Ersetzen Sie Vorsatzzeichen innerhalb einer Gleichung stets durch die entsprechende Zehnerpotenz!

Wie bereits erwähnt, sind die elektrischen Erscheinungen an Ladungen gebunden. Besonders ihr Bewegungszustand ist dabei von Bedeutung.

In der Umgebung ruhender Ladungen wirken Kräfte. Wir bezeichnen diesen Raum als elektrostatisches Feld. Es beansprucht insbesondere die Nichtleiter. Auch in der Umgebung sich bewegender Ladungen sind Kräfte nachweisbar, die auf ferromagnetische Stoffe einwirken. Das sog. elektrische Strömungsfeld ist mit dem magnetischen Feld verbunden. Es ist insbesondere für alle elektrischen Maschinen von Bedeutung.

Die elektrischen Ladungen können sich

- in gleicher Richtung mit konstanter Intensität als stationäre Bewegung im Gleichstromkreis,
- mit sich periodisch ändernder Richtung und Intensität als harmonische Bewegung im Wechselstromkreis oder auch
- impulsförmig als Rechteckimpulse, wenn besonders die elektrische Energie als Informationsträger genutzt wird, bewegen (Abb. 1-5).

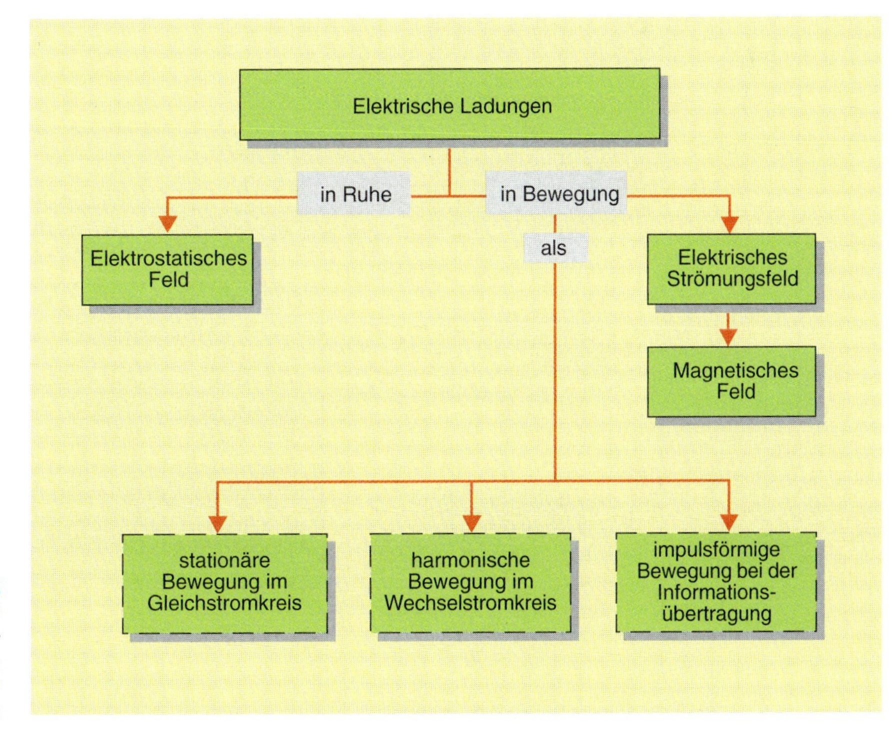

Abb. 1-5
Bewegungszustand der Ladungen zur Kennzeichnung von Feldern und Stromkreisen

Die Grundstrukturen und Beziehungen im Gesamtsystem der Grundlagen der Elektrotechnik werden dann sichtbar, wenn die Abb. 1-1 bis 1-5 zusammengefaßt werden (Abb. 1-6).
Weitere vielfältige innere Beziehungen werden bei den einzelnen Bereichen der Elektrotechnik dargestellt und gewährleisten damit, die elektrotechnischen Objekte mit ihren Erscheinungen und Gesetzmäßigkeiten als Ganzes zu verstehen und zu begreifen.

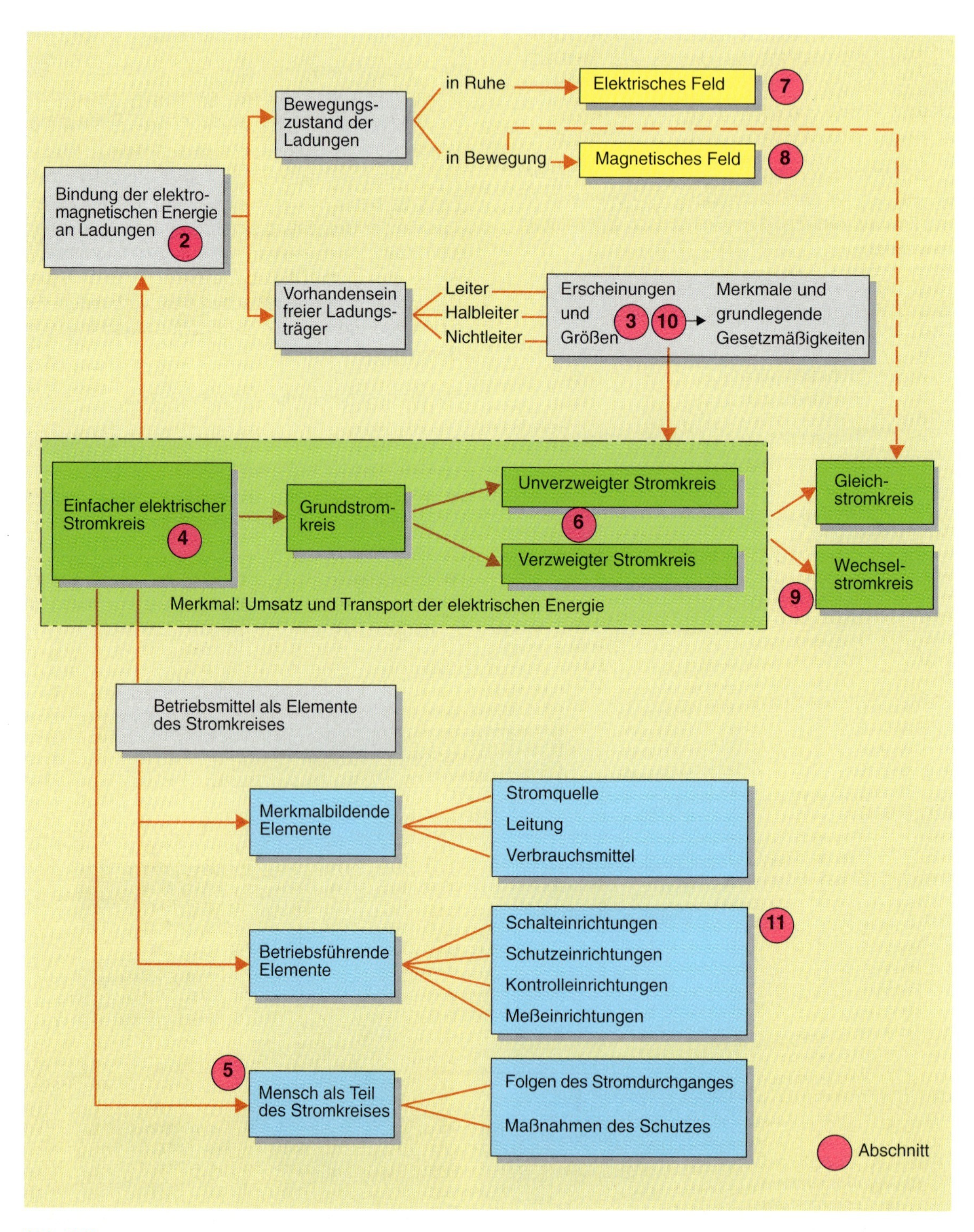

Abb. 1-6
Beziehungen in den Grundlagen der Elektrotechnik

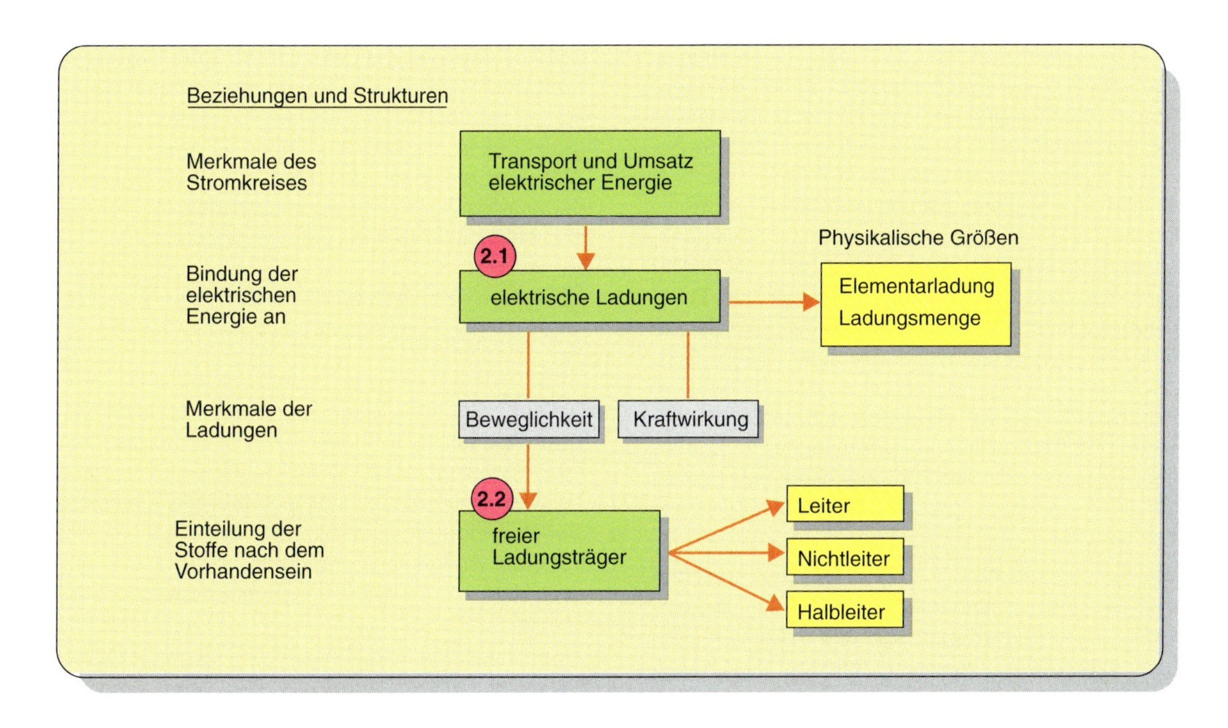

2.1 Elektrische Erscheinungen und ihre Ursache

Unsere täglichen Erfahrungen bestätigen die Vielfalt der elektrischen Erscheinungen. Die Lampe leuchtet. Der Motor treibt eine Pumpe an. Die Heizplatte erwärmt das Wasser (Abb. 2-2).

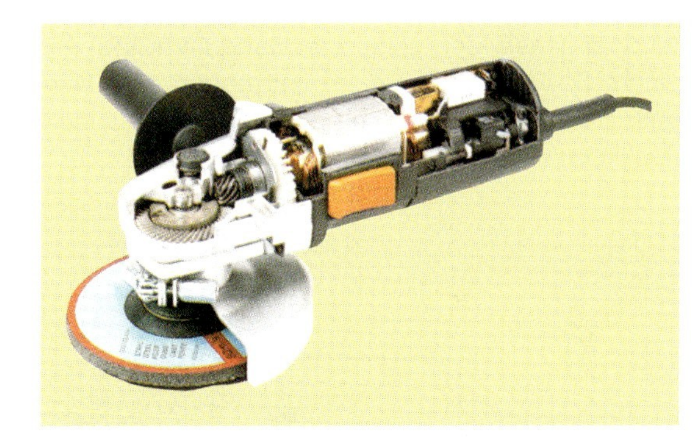

Abb. 2-2 *Elektrische Erscheinungen*

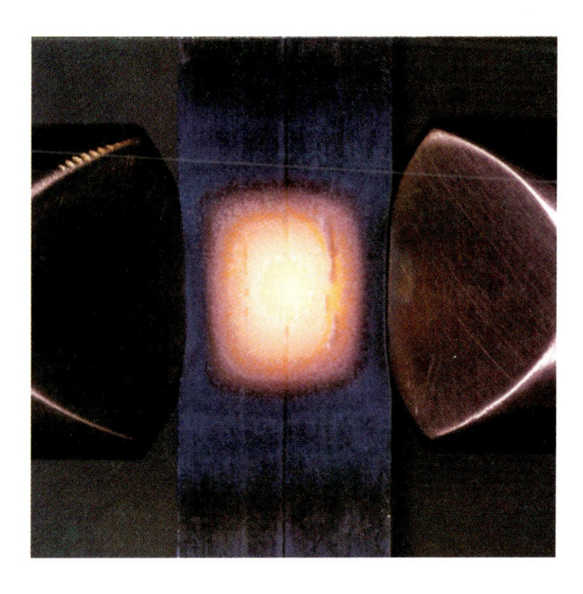

Lampe, Motor oder Heizplatte sind Teile eines Stromkreises. Es entsteht Lichtenergie, mechanische bzw. Wärmeenergie. Da Energie nicht entstehen kann, ist – exakter formuliert – in den Betriebsmitteln eine Energieform, die elektrische Energie in die genannten anderen Energieformen umgewandelt worden. Diese Umwandlungen sind eigentlich zeitlich nicht befristet. Das bedeutet, daß im Stromkreis die elektrische Energie nicht nur umgewandelt, sondern gleichzeitig transportiert wird. Natürlich kann man den Energietransport und damit die Energieumwandlung jederzeit unterbrechen. Die Geräte bzw. Maschinen werden abgeschaltet (Abb. 2-3).

Das Spezifische der elektrischen Energie besteht darin, daß sie unmittelbar oder mittelbar an Ladungen gebunden ist. Das Vorhandensein von Ladungen kann auch mit folgender Erscheinung beschrieben werden:

Ein Hartgummistab wird so gelagert, daß er sich in waagerechter Lage in eine beliebige Richtung einstellen kann. Nähert man sich ihm mit einem Stab aus einem anderen Werkstoff, es kann auch Metall oder Hartgummi sein, reagiert der gelagerte Stab nicht. Die Massenanziehungskraft ist offenbar zu gering. Die Anziehungskraft der Erde überwiegt. Wird dagegen der gelagerte Hartgummistab mit einem Seidentuch gerieben, und nähert man sich dem Stab mit diesem Tuch, sind zwischen beiden deutliche Anziehungskräfte festzustellen (Abb. 2-4).

Die Ursache der Kraftwirkung kann nur die, durch die Reibung veränderten, Eigenschaften von Stab und Tuch sein. Bereits im Altertum hatte man diese Kraftwirkung nach dem Reiben von Bernstein beobachtet und übernahm das griechische Wort für Harz (Elektron) in die Bezeichnungen Elektron, Elektrizität oder elektrisch. Die Eigenschaft des Stoffes, die „elektrische" Kräfte verursacht, bezeichnet man als „elektrische" Ladung und verallgemeinert:

Die elektrischen Ladungen sind die Ursache elektrischer Vorgänge und Erscheinungen.

Die uns bekannten Stoffe zeigen sehr unterschiedliches elektrisches Verhalten. Dies ist aus ihrem inneren Aufbau erklärbar. Die kleinsten, gleichartigen Teilchen eines Stoffes sind die Moleküle. Diese bestehen wiederum aus Atomen, die entgegen der früheren Auffassung von ihrer Unteilbarkeit aus noch kleineren Teilchen, den Elementarteilchen, bestehen.

Atome sind unvorstellbar klein. Ihr Durchmesser beträgt etwa 10^{-10}m. Der dänische Physiker Niels Bohr stellte 1913 ein Modell der Atome vor, mit dem es erstmals gelang, bestimmte Eigenschaften der Materie hinreichend zu erklären.

Danach besteht das Atom aus dem Atomkern und der Atomhülle. Der im Durchmesser 100 000 mal kleinere Kern wird durch die Protonen und Neutro-

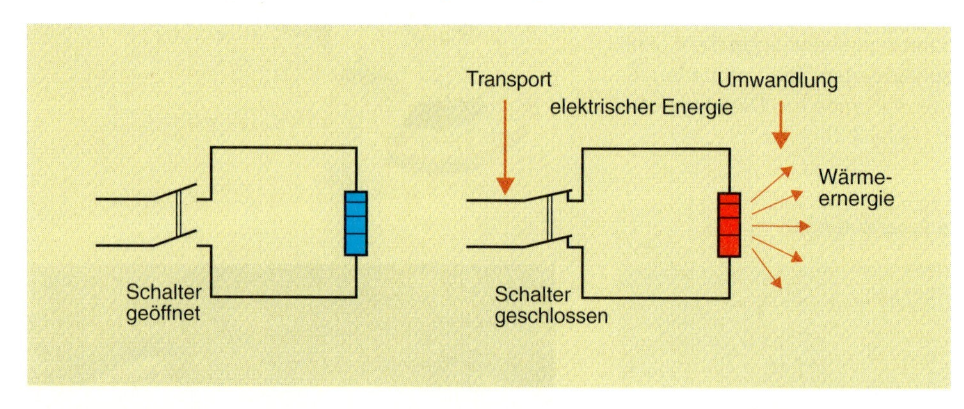

Abb. 2-3
Transport und Umwandlung elektrischer Energie

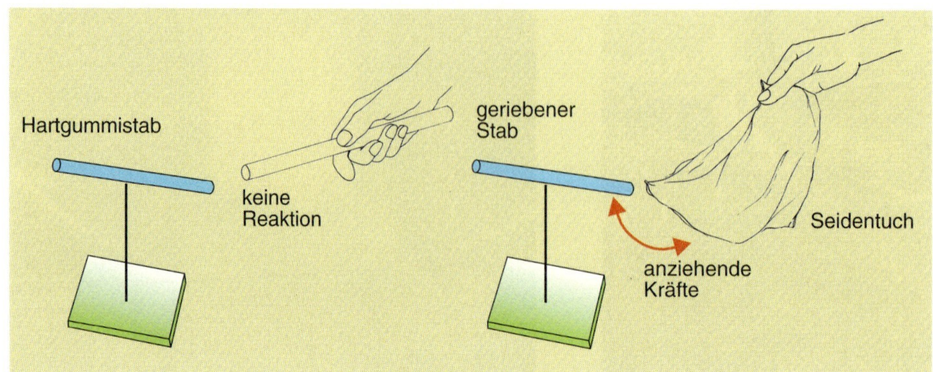

Abb. 2-4
Aufladung durch Reibung

nen gebildet. Um den Kern bewegen sich auf festen Bahnen oder Schalen mit hoher Geschwindigkeit die Elektronen, die die Hülle des Atoms bilden (Abb. 2-5).

Die Masse der Protonen und Neutronen ist nahezu gleich, die der Elektronen außerordentlich gering. Bei einer Masse des Elektrons von $9{,}108 \cdot 10^{-28}$g ist das Proton annähernd 1837 mal schwerer, das Neutron 1839 mal. Die unvorstellbar kleine Masse des Atoms konzentriert sich damit im wesentlichen im Kern.

Während die Protonen und Elektronen elektrische Ladungen tragen, sind die Neutronen elektrisch neutral.

Die Protonen tragen die positive elektrische Ladung, die Elektronen die negative Ladung.

Da niemals kleinere Ladungsmengen festgestellt wurden, bezeichnet man den gleichen Ladungsbetrag des Protons und Elektrons als

Elementarladung $e = \pm\ 1{,}602 \cdot 10^{-19}\ \mathrm{C}$ **2-1**

Die Einheit 1 C (Coulomb)* ist eine abgeleitete Einheit:
$1\ \mathrm{C} = 1\ \mathrm{A} \cdot \mathrm{s}$ (Amperesekunde) und wird im Zusammenhang mit der Stromstärke erläutert.

Mehrere Protonen oder Elektronen eines Atoms oder mehrerer Atome bilden die

Ladungsmenge oder Elektrizitätsmenge

$$Q = \mathrm{N} \cdot (\pm e)$$ N … Zahl der Elementarladungen **2-2**

Einheit

$$[Q] = 1\ \mathrm{C}$$

In einem Atom ist die Anzahl der Protonen und Elektronen gleich groß. Das Atom wirkt nach außen elektrisch neutral.

Da die Elektronen bei ihrer Bewegung feste Bahnen einhalten, müssen den Fliehkräften Kräfte entgegenwirken, die ihre Ursache in den unterschiedlichen Ladungen von Kern und Hülle haben. Zwischen elektrischen Ladungen wirken Kräfte (Abb. 2-6).

* Coulomb, Charles Augustin, franz. Physiker und Ingenieur 1736–1806

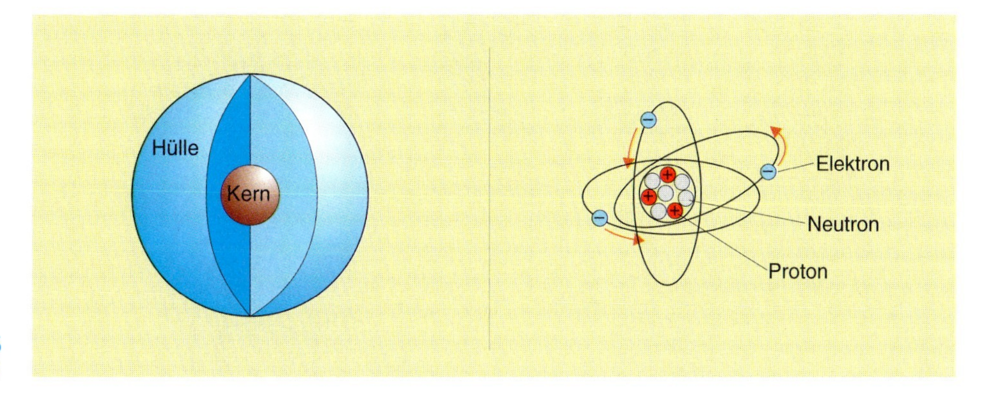

Abb. 2-5
Atommodell

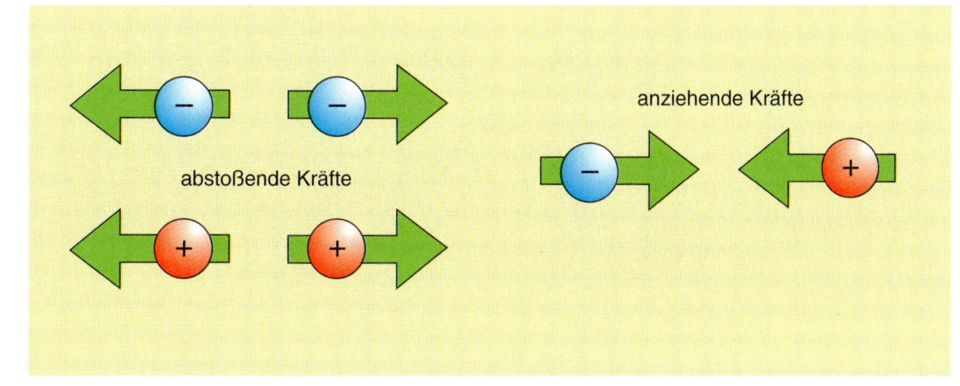

Abb. 2-6
Kräfte elektrischer Ladungen

Gleichartige elektrische Ladungen stoßen einander ab, ungleichartige ziehen einander an.

Geladene Körper streben durch diese Kräfte stets den elektrisch neutralen Zustand an.

Zwischen unterschiedlich elektrisch geladenen Körpern wirkt ein Ausgleichsbestreben.

Das Bohrsche Atommodell genügt heute den Ansprüchen der Physiker nicht mehr und wurde durch leistungsfähigere, aber unanschauliche Modelle ersetzt.

Wichtig für unsere Betrachtungen ist, daß das elektrische Verhalten der Stoffe durch das Bindungsverhalten der Atome untereinander bestimmt wird, Es wird ausschließlich durch das Verhalten der äußeren Elektronen der Atomhülle (Valenzelektronen) bestimmt.

2.2 Leiter, Nichtleiter und Halbleiter

Für die im Verband auftretenden Atome sind drei typische Bindungsarten zu unterscheiden: die **Metallbindung,** die **Ionenbindung** und die **Elektronenpaarbindung.**

Metallbindung

Die Atome von Kupfer, Silber oder Gold als typische Metalle der Elektrotechnik ordnen sich beim Erkalten aus der Schmelze in einer bestimmten räumlichen Struktur an. Es werden die Eckpunkte und die Flächenmittelpunkte eines Würfels durch je ein Atom besetzt. Man spricht von dem sog. kubisch-flächenzentrierten Metallgitter (Abb. 2-7).

Die Atomhüllen der in einem räumlichen Gitter angeordneten Metallatome beeinflussen sich gegenseitig so, daß jedes Atom ein Valenzelektron abgibt und ein positiv geladenes Metallion am Gitterplatz zurückbleibt. Die Elektronen bewegen sich frei zwischen den Metallionen (man spricht deshalb auch von einem Elektronengas) (Abb. 2-8).

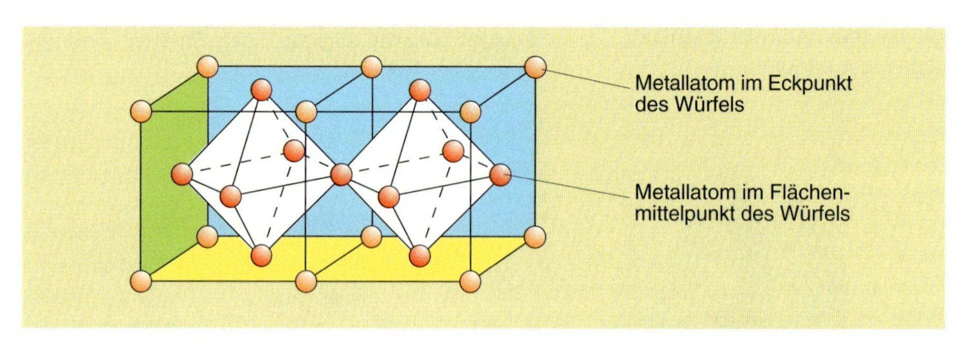

Abb. 2-7
Kubisch-flächenzentriertes Metallgitter

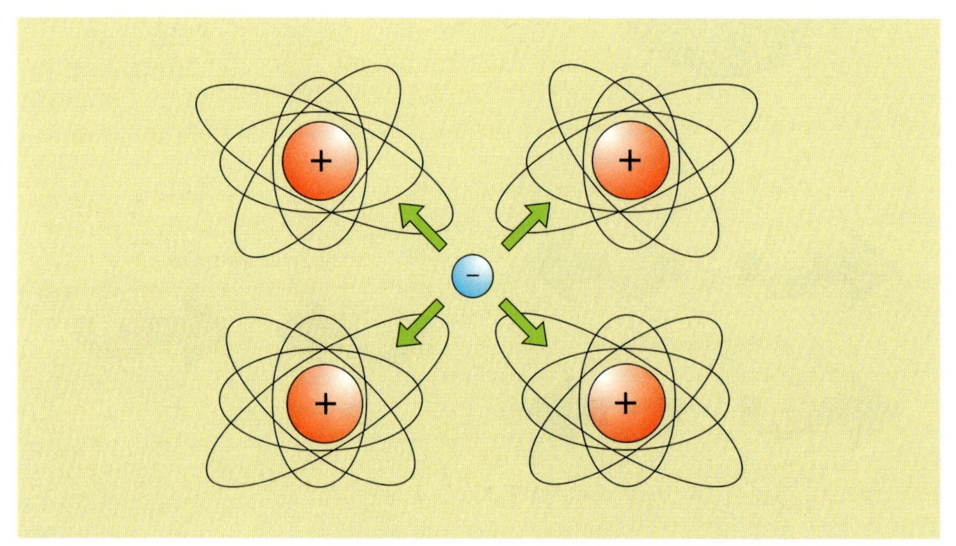

Abb. 2-8
Frei bewegliches Elektron im Metallgitter

Die Anzahl und Beweglichkeit der freien Ladungsträger wird durch die Struktur der Atomhülle und des Metallgitters bestimmt.

Ionenbindung

Das elektrische Verhalten von Verbindungen aus Metallen und Nichtmetallen, z. B. Kochsalz NaCl oder Kupfersulfat $CuSO_4$ wird durch ihre Ionenbindung bestimmt. Wie aus dem Periodensystem der Elemente zu entnehmen ist, hat das Natriumatom auf der dritten Schale ein Valenzelektron, das Chloratom dagegen sieben. Gibt das Na-Atom sein Außenelektron an das Cl-Atom ab, befinden sich bei beiden auf den verbliebenen äußeren Schalen acht Elektronen. Es wird ein besonders stabiler Aufbau der Atome erreicht, wie der bei den Edelgasen gegeben ist. Die sonst elektrisch neutralen Atome Na und Cl sind jetzt jedoch als Ionen elektrisch geladen; denn beim Natrium überwiegt die positive Ladung des Kerns, da die eine negative Ladung des abgegebenen Elektrons fehlt, und beim Chlor überwiegt die negative Ladung (Abb. 2-9).

Ionen sind Atome mit Elektronenüberschuß oder Elektronenmangel, damit geladene Masseteilchen.

Die Bindung von Na und Cl im Molekül des Kochsalzes entsteht durch die Anziehungskräfte der unterschiedlich geladenen Ionen. Das Kochsalz kristallisiert ebenfalls in einem kubischen Gitter, wobei die Na- und Cl-Ionen nur die Eckpunkte besetzen. Im Gegensatz zum Metallgitter sind jedoch keine beweglichen Ladungsträger vorhanden. Erst wenn die Kristallstruktur durch Wasser aufgelöst wird, sind in der entstehenden Salzlösung die Natrium- und Chlorionen als Ladungsträger frei beweglich (Abb. 2-10).

Elektronenpaarbindung

Für die Bildung der Moleküle der Nichtmetalle oder organischen Verbindungen ist die Elektronenpaarbindung typisch. Z. B. besteht das Molekül des Chlorgases aus zwei Chloratomen, jedes mit 17 Elektronen. Bei einem Übergang eines Valenzelektrons auf das andere Cl-Atom, würde nur bei diesem eine stabile Schale mit acht Außenelektronen entstehen. Gehören je ein Außenelektron eines jeden Cl-Atoms sowohl zum eigenen Atom als auch zum zweiten, entstehen bei beiden Atomen wieder stabile Schalen mit acht Elektronen. Beide Elektronen bilden ein sog. Elektronenpaar. Das Chlormolekül ist aus zwei Cl-Atomen entstanden (Abb. 2-11).

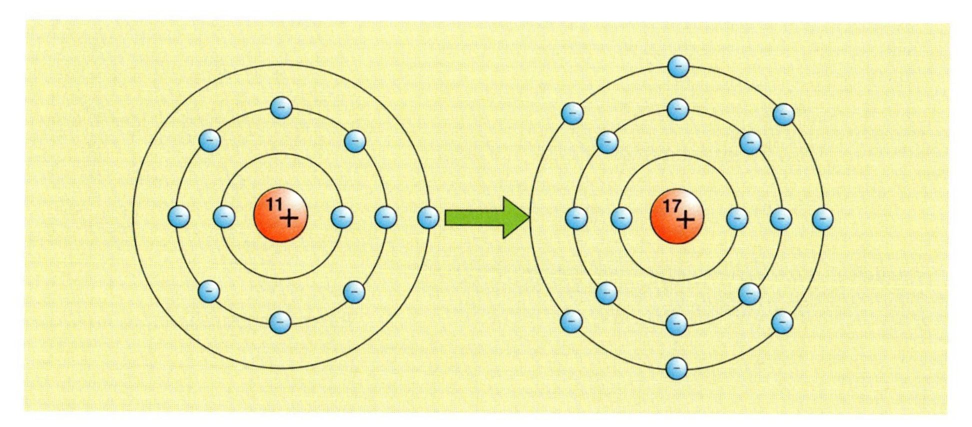

Abb. 2-9
Entstehen der Na- und Cl-Ionen

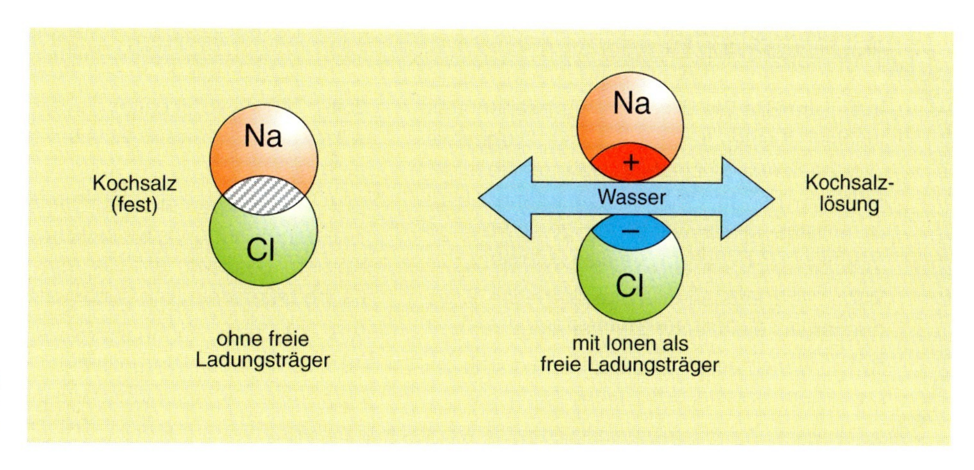

Abb. 2-10
Ionen als freie Ladungsträger

Stoffe mit Elektronenpaarbindung haben keine freien Ladungsträger. Auch bei einem Siliciummolekül besteht zwischen zwei Atomen eine Elektronenpaarbindung. Die vier Außenelektronen jedes Si-Atoms gehören sowohl zum eigenen Atom als auch zum zweiten, so daß bei beiden Atomen die jetzt stabilen Außenschalen mit acht Elektronen besetzt sind.

Eine Wertung der verschiedenen Stoffe hinsichtlich ihres Einsatzes im Stromkreis muß nach dem Vorhandensein und der Anzahl freier Ladungsträger vorgenommen werden. Für den Transport elektrischer Energie, d. h. für den Stromfluß sind damit nur Stoffe mit Metall- oder Ionenbindung geeignet. Es sind die Leiterwerkstoffe. In Stoffen mit Elektronenpaarbindung kann dagegen keine elektrische Energie transportiert werden. Es sind die Nichtleiter und Halbleiter. Wir merken uns:

Leiter sind Werkstoffe mit vielen freien Ladungsträgern.

Freie Ladungsträger sind

- Elektronen der Metalle insbesondere Silber, Kupfer, Gold und Aluminium sowie
- Ionen der Salzlösungen, verdünnter Säuren und Basen, sog. Elektrolyte und auch ionisierte Gase. Hier ist der Energietransport immer mit einem Stofftransport verbunden.

Leiter als
- Elektronenleiter (Leiter 1. Klasse)
- Ionenleiter (Leiter 2. Klasse)

Nichtleiter sind Werkstoffe mit wenigen oder ohne freie Ladungsträger.

Die wichtigsten sind als

- feste Stoffe Glimmer, Quarz, Porzellan, Baumwolle, Hartpapier und Lack, als
- flüssige Stoffe, Öle, Alkohol, destilliertes Wasser und
- Gase unter bestimmten Bedingungen sowie
- das Vakuum.

Eine Sonderstellung nehmen die sog. Halbleiter ein. Das Si-Kristall ist z. B. bei niedrigen Temperaturen ein Nichtleiter, da durch die Elektronenpaarbindung keine freien Ladungsträger vorhanden sind. Durch Zufuhr von Wärmeenergie kann ein Elektron eines Elektronenpaares seine Bahn verlassen und sich als freier Ladungsträger innerhalb des Kristallgitters bewegen. Es bleibt eine positiv geladene Gitterstelle zurück.

Halbleiter haben eine temperaturabhängige Eigenleitfähigkeit, die durch eine begrenzte Zahl von Leitungselektronen und positiven Fehlstellen entsteht.

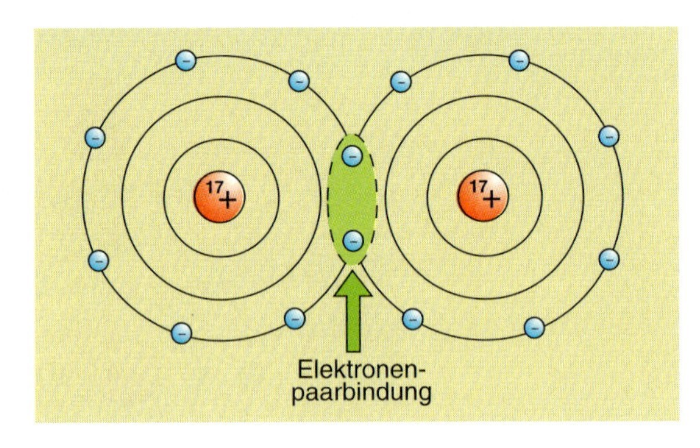

Abb. 2-11
Elektronenpaarbindung im Chlormolekül

AUFGABEN

2.1 Im Bild 2-4 wurde das Entstehen elektrischer Kräfte durch Reibung dargestellt. Welche Reaktion entsteht, wenn anstelle des Seidentuchs ein zweiter geriebener Hartgummistab in die Nähe des gelagerten gebracht wird? Erläutern Sie die Ursache!

2.2 Wie entstehen atmosphärische Entladungen als elektrische Erscheinung?

2.3 Beschreiben Sie das Bohrsche Atommodell am Beispiel des Kupferatoms!

2.4 Weshalb ist Leitungswasser im Gegensatz zu destilliertem Wasser elektrisch leitend?

2.5 Erläutern Sie das Gemeinsame, das Elektronen auf unterschiedlichen Schalen mit Körpern besitzen, die Sie von der Erdoberfläche unterschiedlich hoch anheben!

2.6 In allen Stoffen sind elektrische Ladungen vorhanden. Warum kann aber nur eine begrenzte Zahl als Leiter verwendet werden?

Größen des Stromkreises und ihr Zusammenwirken

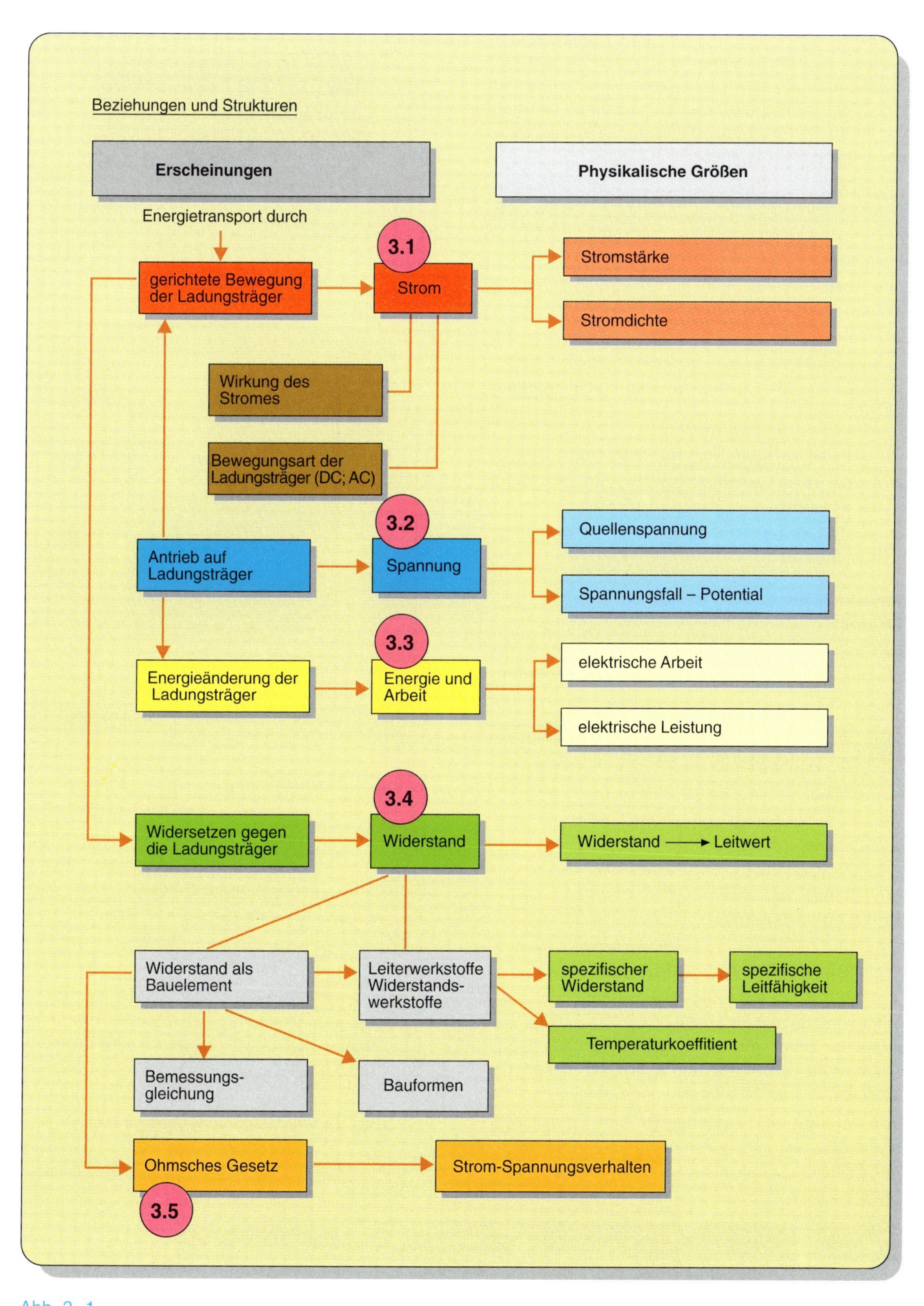

Abb. 3–1

3.1 Elektrischer Strom

Wird z. B. in einem Motor elektrische Energie in mechanische Energie umgewandelt, muß diese elektrische Energie gleichzeitig von der Stromquelle zum Motor transportiert werden. Dazu müssen sich die im Stromkreis vorhandenen freien Ladungsträger zielgerichtet bewegen.

Der elektrische Strom ist die gerichtete Bewegung freier Ladungsträger.

Freie Ladungsträger bewegen sich

- in festen Werkstoffen als Elektronenströmung (Abb. 3–2),
- in leitfähigen Flüssigkeiten, sog. Elektrolyten als Ionenbewegung (Abb. 3–3)
- in Gasen als Elektronen- und Ionenströmung (Abb. 3–4).

Der elektrische Strom fließt nur dann, wenn

- auf die freien Ladungsträger ein Antrieb wirksam ist, und wenn
- der Stromweg durchgängig aus Leitermaterial besteht.

Physikalische Größen des elektrischen Stromes

Der elektrische Strom wird quantitativ durch die physikalischen Größen „Stromstärke“ und „Stromdichte“ erfaßt.

Die Stromstärke I ist die auf die Zeiteinheit bezogenen Ladungsmenge Q, die sich im Leiter bewegt.

Definitionsgleichung der Stromstärke

$$I = \frac{Q}{t} \qquad \textbf{3–1}$$

Die Einheit der Stromstärke ist das Ampère*:

$$[I] = 1\ \text{A}$$

Diese Grundeinheit wird wie folgt definiert:

1 A ist die Stärke eines Gleichstroms, der zwei lange, gerade und im Abstand von 1 m parallel verlaufende Leiter mit sehr kleinem kreisförmigen Querschnitt durchfließt und zwischen diesen die Kraft von $2 \cdot 10^{-7}$ N je Meter Länge erzeugt.

Wie bei allen physikalischen Größen werden sehr kleine oder sehr große Zahlenwerte durch Vorsätze der Einheiten (Tabelle 3–1) in handhabbare Werte umgewandelt.

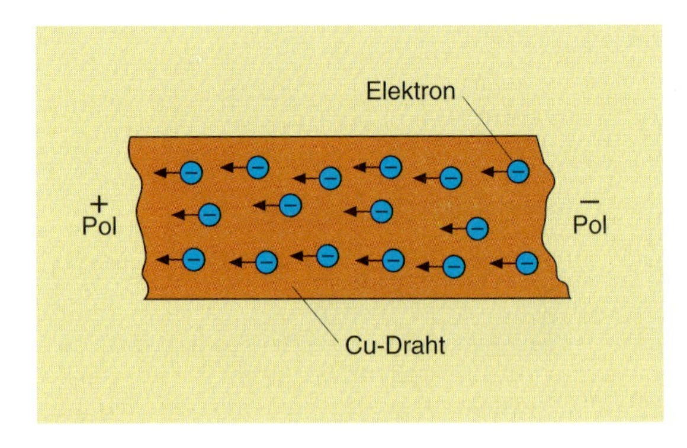

Abb. 3–2 ***Elektronenbewegung***

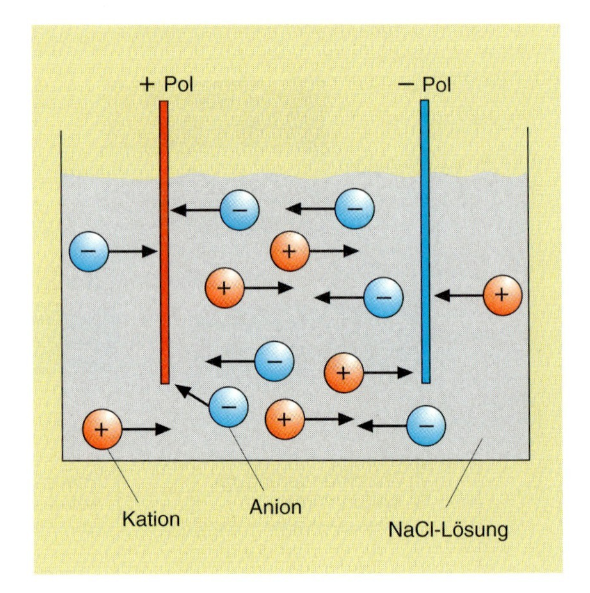

Abb. 3–3 ***Ionenströmung***

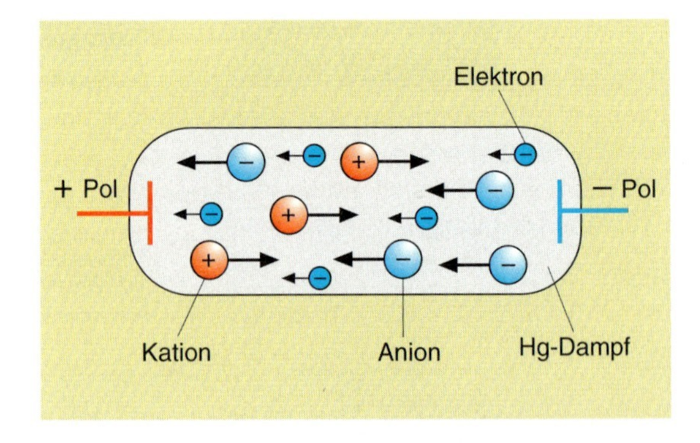

Abb. 3–4 ***Ladungsträgerbewegung im Gas***

* Ampère, André Marie, franz. Physiker und Mathematiker 1775–1836

Vorsatz	Piko p	Nano n	Mikro µ	Milli m	Kilo k	Mega M	Giga G
Zehnerpotenz	10^{-12}	10^{-9}	10^{-6}	10^{-3}	10^{3}	10^{6}	10^{9}

Tabelle 3–1 ***Vorsätze von physikalischen Einheiten***

Beispiel:

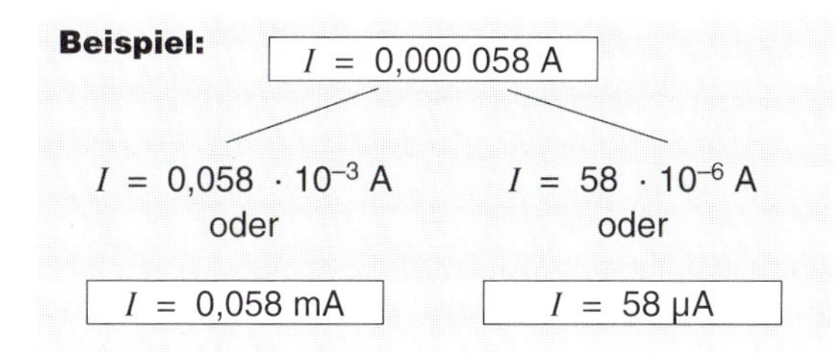

$I = 0{,}000\,058\ \text{A}$

$I = 0{,}058 \cdot 10^{-3}\ \text{A}$ oder $I = 0{,}058\ \text{mA}$

$I = 58 \cdot 10^{-6}\ \text{A}$ oder $I = 58\ \mu\text{A}$

Nach der Gleichung (3–1) ergibt sich für die Ladungsmenge $Q = I \cdot t$ die abgeleitete Einheit 1 Amperesekunde bzw. nach dem französischen Physiker das Coulomb: $[Q] = 1\ \text{A} \cdot \text{s} = 1\text{C}$.

Versuchen wir eine Größenvorstellung dadurch zu erhalten, daß wir die Zahl der Elementarladungen (Elektronen) bestimmen, die bei einer Stromstärke von 1 A an einer beliebigen Stelle im Stromkreis in einer Sekunde vorbeiströmen.

Nach Gleichungen (3–1) und (3–2) ist

$$Q = I \cdot t \quad \text{und} \quad N = \frac{Q}{|e|}.$$

Zusammengefaßt und mit den gegebenen Werten ist

$$N = \frac{I \cdot t}{|e|} \qquad N = \frac{1\ \text{A} \cdot 1\ \text{s}}{1{,}602 \cdot 10^{-19}\ \text{C}}$$

$$N = 6{,}242 \cdot 10^{18}$$

Das ist eine nahezu unvorstellbare Zahl, oder: Eine Elementarladung ist so klein, daß erst eine extrem große Zahl eine Stromstärke von 1A bildet.

Die hohe Dichte der Ladungsträger in einem Leiter erklärt auch, daß die Geschwindigkeit der strömenden Ladungen mit 0,01 mm/s bis 10 mm/s relativ gering ist, der Bewegungsimpuls von Ladungsträger zu Ladungsträger sich jedoch nahezu mit Lichtgeschwindigkeit (300 000 km/s) fortpflanzt. Betätigen wir z. B. den Installationsschalter, dann leuchtet die Lampe sofort auf und nicht erst, wenn die Elektronen, die sich am Schalter befinden, den Glühfaden der Lampe erreicht haben.

In der Tab. 3–2 sind einige technische Richtwerte der Stromstärken zusammengestellt.

Betriebsmittel	Stromstärke
Elektrostrahlofen	140 kA
Lichtbogen-Schweißgerät	1 kA
Straßenbahnmotor	200 … 400 A
Elektrische Haushaltsgeräte	2 … 10 A
Glühlampen (40 bis 100 W)	180 … 450 mA
Halbleiterbauelemente der Kommunikationstechnik	5 … 100 mA

Tabelle 3–2 ***Stromstärkenrichtwerte***

■ Die Ladungsträger bewegen sich auf Bahnen (Strömungslinien), die sich bei einem Gleichstrom praktisch gleichmäßig über den Leiterquerschnitt verteilen. Die Strömungslinien sind dann dichter über den Querschnitt verteilt, wenn ein größerer Strom fließt oder bei gleicher Stromstärke, der Querschnitt des Leiters verkleinert wird (Abb. 3–5).

Die physikalische Größe für diese Verteilung des Stromes im Leiter ist die Stromdichte.

Die Stromdichte J ist die auf die Leiterfläche A bezogene Stromstärke I.

Definitionsgleichnung der Stromdichte:

$$J = \frac{I}{A} \qquad \textbf{3–2}$$

Aus der Gleichung 3–2 ergibt sich die abgeleitete Einheit der Stromdichte: 1 A/m^2.

Gebräuchlicher ist jedoch

$$[J] = 1\,\frac{\text{A}}{\text{mm}^2}$$

Die Bedeutung dieser 2. physikalischen Größe des Stromes besteht vor allem darin, daß ihr Wert die Erwärmung des stromdurchflossenen Leiters bestimmt:

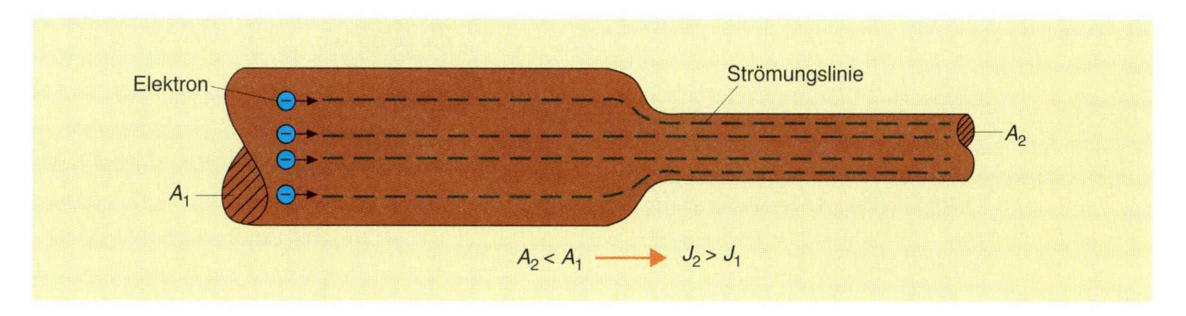

Abb. 3–5 ***Strömungslinien im Leiter***

Beispiel 1: Welche Stromdichte herrscht in der Drahtwendel einer 40-W-Glühlampe, wenn der 23,5 µm starke Wolframdraht von 182 mA durchflossen wird?

gegeben: $d = 23{,}5\ \mu m$ gesucht: J
$I = 182\ mA$

Lösung: Stromdichte $J = \frac{I}{A}$

Querschnitt $A = \frac{d^2}{4}$

$$A = \frac{(23{,}5 \cdot 10^{-3}\ mm)^2 \cdot 3{,}14}{4}$$

$$A = 433{,}7 \cdot 10^{-6}\ mm^2$$

$$J = \frac{182 \cdot 10^{-3}\ A}{433{,}7 \cdot 10^{-6}\ mm^2}$$

$$J = 419{,}6\ \frac{A}{mm^2}$$

Der im Vergleich zur zulässigen Stromdichte von z. B. Motorwicklungen (3 bis 4 A/mm²) über 100fach größere Wert ist deshalb notwendig, um in der Glühlampe eine Drahttemperatur von annähernd 2300 °C zu erreichen.

Beispiel 2: Nach DIN VDE 0298 Teil 4 wird die Strombelastbarkeit für zwei stromführende Kupferadern der Verlegeart B2, z. B. Verlegung im Installationskanal, wie folgt festgelegt:

Querschnitt mm²	Strombelastbarkeit A
1,5	15,5
4	28
10	50

Nach Gleichung (3–2) ergeben sich folgende Stromdichten:

Querschnitt mm²	Stromdichte A/mm²
1,5	10,3
4	7
10	5

Aus den Werten erkennt man, daß die Stromdichten für Installationsleitungen

- im Bereich von 4 bis 7A/mm² liegen, und daß
- größeren Leiterquerschnitten kleinere Werte der Stromdichte zugeordnet werden. Dies begründet sich damit, daß die kühlende Oberfläche eines Leiters nicht in dem Maß steigt, wie sein Querschnitt (Abb. 3–6).

Wirkungen des elektrischen Stromes

Das Vorhandensein eines elektrischen Stromes können die menschlcihen Sinnesorgane nicht direkt wahrnehmen.

Der elektrische Strom läßt sich nur durch seine Wirkungen feststellen.

- Er ist stets von einem Magnetfeld begleitet.
- Der stromdurchflossene Leiter erwärmt sich. Nur im Bereich des absoluten Nullpunktes sind Leiterwerkstoffe supraleitend. Ohne thermische Eigenbewegung der Atome und Moleküle erwärmen sich die sog. Supraleiter nicht.
- Im Ionenleiter treten bei Stromdurchgang chemische Wirkungen auf.
- Wird der menschliche Körper vom Strom durchflossen, treten phathologische Wirkungen auf. Organe und Organsysteme sind in ihrer normalen Funktion gestört (Abb. 3–7).

Neben diesen Wirkungen sind weiterhin zwei wesentliche Eigenschaften des elektrischen Stromes bedeutsam:

1. Die freien Ladungsträger führen eine gerichtete Bewegung aus.
2. Der elektrische Strom ist ein in sich geschlossenes Band frei beweglicher Ladungsträger ohne Anfang und ohne Ende.

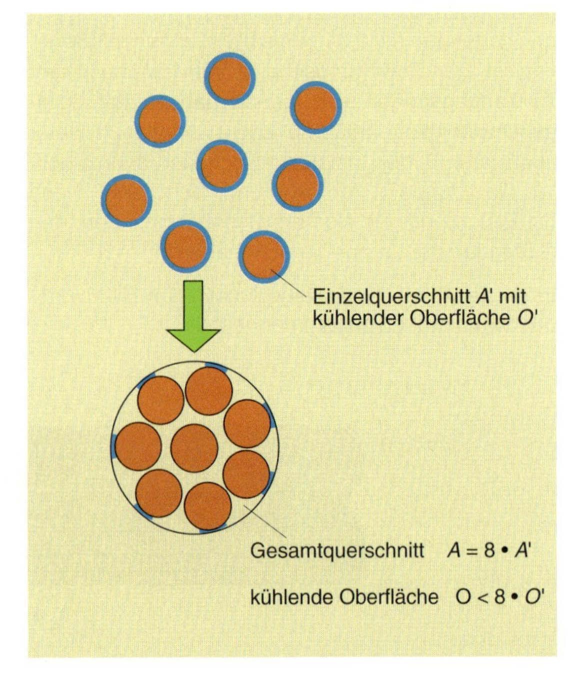

Abb. 3–6 ***Oberfläche und Querschnitt eines Leiters***

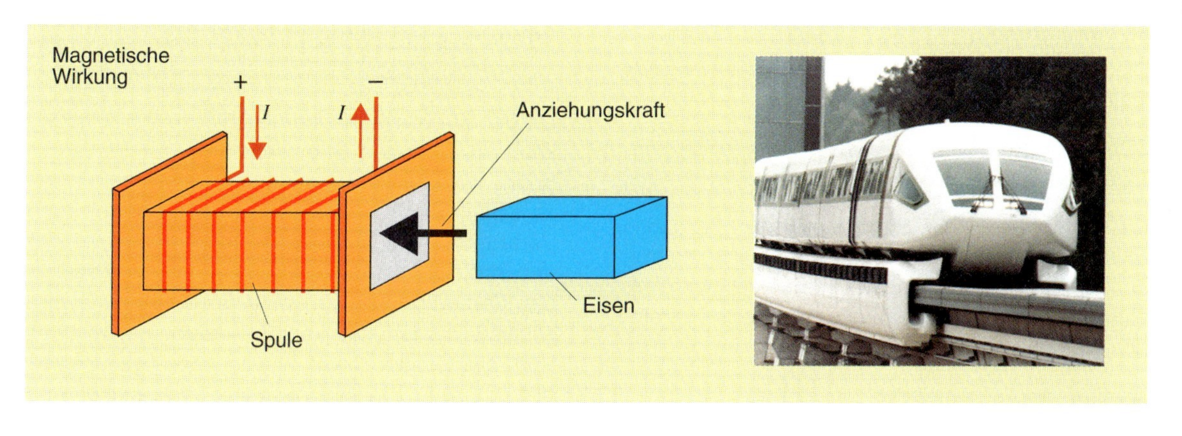

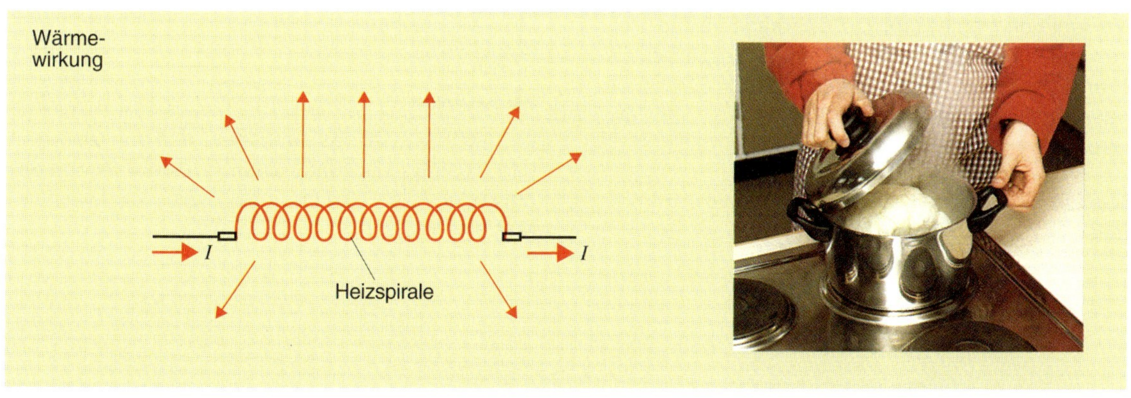

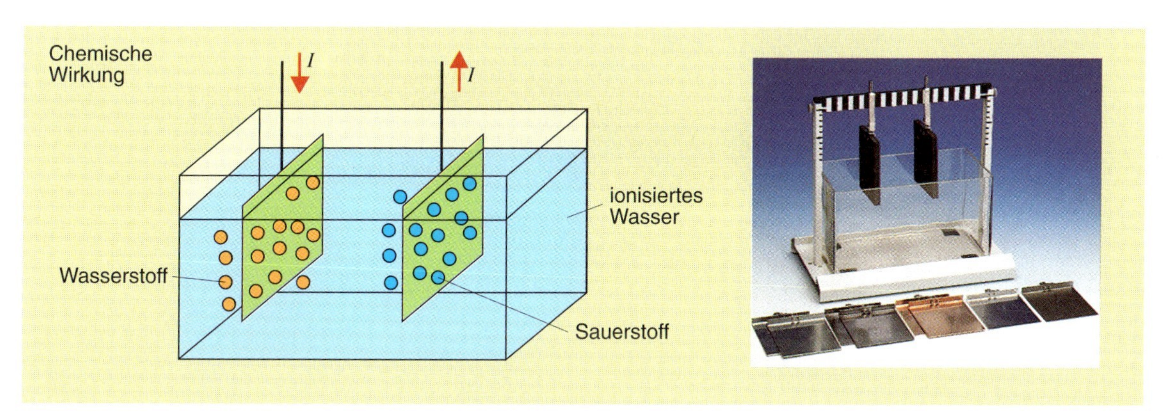

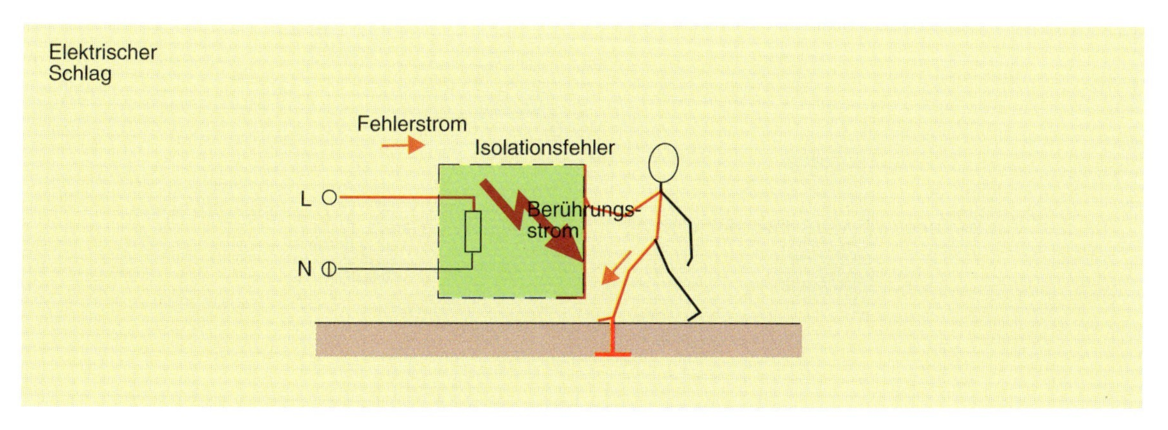

Abb. 3–7 ***Wirkungen des elektrischen Stromes***

Stromrichtung

Die Richtung des elektrischen Stromes ist wie folgt festgelegt:

Der elektrische Strom fließt außerhalb der Stromquelle vom Pluspol zum Minuspol.

Da der Minuspol der Stromquelle die Stelle des Elektronenüberschusses ist, bewegen sich die freien Elektronen im metallenen Leiter vom Überschuß zum Mangel, also entgegen der definierten Stromrichtung (Abb. 3-8).

Messen der Stromstärke

Die Stromstärke als physikalische Größe wird mit Meßgeräten gemessen, die die magnetische Wirkung des Stromes nutzen. Z. B. ermöglichen die Kräfte, die durch die Magnetfelder von Drehspul- oder Dreheisenmeßwerken entstehen, eine der Stromstärke proportionale Anzeige.

Merken Sie sich als Schaltregel für die Strommessung:

Strommesser sind stets in Reihe zu den Betriebsmitteln zu schalten.

Da der Strom ein in sich geschlossenes Band ist, kann im einfachen Stromkreis an jeder Stelle getrennt werden. Der Strommesser ist dazwischen zu schalten, also sowohl vor als auch nach dem Verbrauchsmittel. Wenn es möglich wäre, könnte der Strommesser auch in die Stromquelle oder in das Verbrauchsmittel (A oder B der Abb. 3-9) geschaltet werden. Denken Sie daran: Elektrisches Verbrauchsmittel heißt nicht, daß Strom „verbraucht" wird. Im elektrischen Betriebsmittel wird elektrische Energie verbraucht, exakter: umgewandelt. Vermeiden Sie deshalb das Wort „Stromverbraucher"!

Stromarten

Je nach der Art des Antriebes, der auf die freien Ladungsträger einwirkt, fließt in einem Stromkreis entweder ein Gleich- oder ein Wechselstrom (Tabelle 3-3).

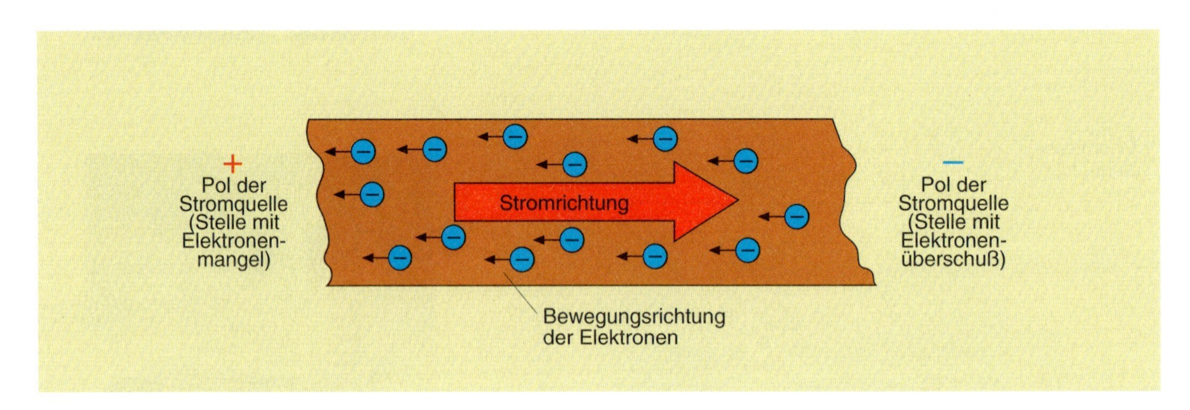

Abb. 3-8 ***Definierte Stromrichtung***

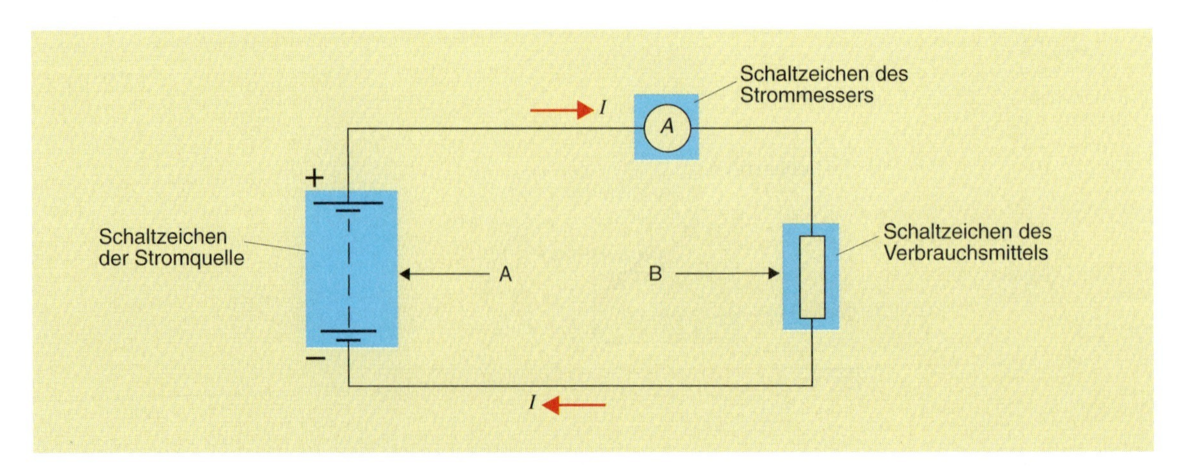

Abb. 3-9 ***Strommessung im einfachen Stromkreis***

Bezeichnung	Merkmal	Strom-Zeit-Kennlinie	Beispiel
Gleichstrom DC (engl. direct current)	Strom gleicher Richtung und gleicher Größe	I / t	Stromkreise mit galvanischen Elementen oder Batterien, Stromversorgung elektronischer Geräte
Wechselstrom AC (engl. alternating current)	Strom, der periodisch Richtung und Größe ändert	I / t	Stromkreise mit Fahrraddynamo oder Wechselstromgenerator, Verteilungs- und Übertragungsnetze
Mischstrom	Überlagerung eines Gleichstromes mit einem Wechselstrom		

Tab. 3-3 ***Stromarten***

3.2 Elektrische Spannung

Jede Bewegung, auch die der freien Ladungsträger, setzt das Einwirken einer Kraft bzw. eines Antriebes voraus.

Die elektrische Spannung ist der auf die Ladungsträger wirkende Antrieb.

Damit z. B. die negative Ladung von der positiven getrennt wird (Lageänderung von A nach B in der Abb. 3-10), ist eine von außen einwirkende Kraft bzw. ein Antrieb notwendig. Der Energiebetrag W_B der Ladung an der Stelle B ist dann größer als der an der Stelle A: $W_B > W_A$.

Bewegt sich dagegen die negative Ladung durch das zwischen ungleichnamigen Ladungen wirkende Ausgleichsbestreben von B nach C (Abb. 3-11), verringert sich ihr Energiebetrag: $W_C < W_B$.

Allgemein kann damit die elektrische Spannung als die auf die Ladungsmenge bezogene Energieänderung definiert werden. Da die Energieänderung sowohl Energiezunahme als auch Energieabnahme bedeutet, müssen ihrem Wesen nach zwei verschiedene Spannungen unterschieden werden.

1. Die Quellenspannung U_Q

Sie ist dadurch gekennzeichnet, daß durch Ladungstrennung in der Stromquelle der Energiebetrag der Ladungen zunimmt.

Definitionsgleichung der Quellenspannung

$$U_Q = \frac{W_{zu}}{Q}$$

Die Quellenspannung bewirkt den Elektronenüberschuß am Minuspol und gleichzeitig den Elektronenmangel des Pluspoles einer Stromquelle und ist immer die Ursache eines Stromflusses in einem geschlossenen Stromkreis.

In der Tabelle 3-4 sind verschiedene Möglichkeiten der Erzeugung von Quellenspannungen dargestellt.

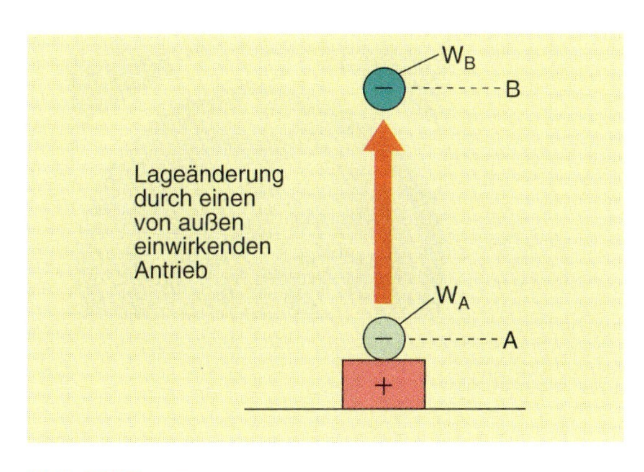

Abb. 3-10 ***Energiezunahme der Ladung***

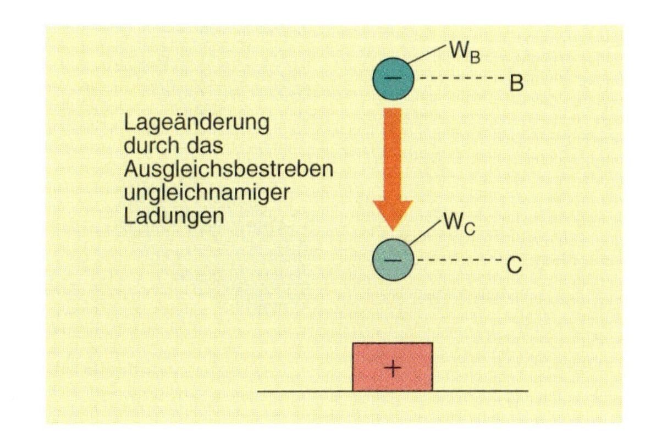

Abb. 3-11 ***Energieabnahme der Ladung***

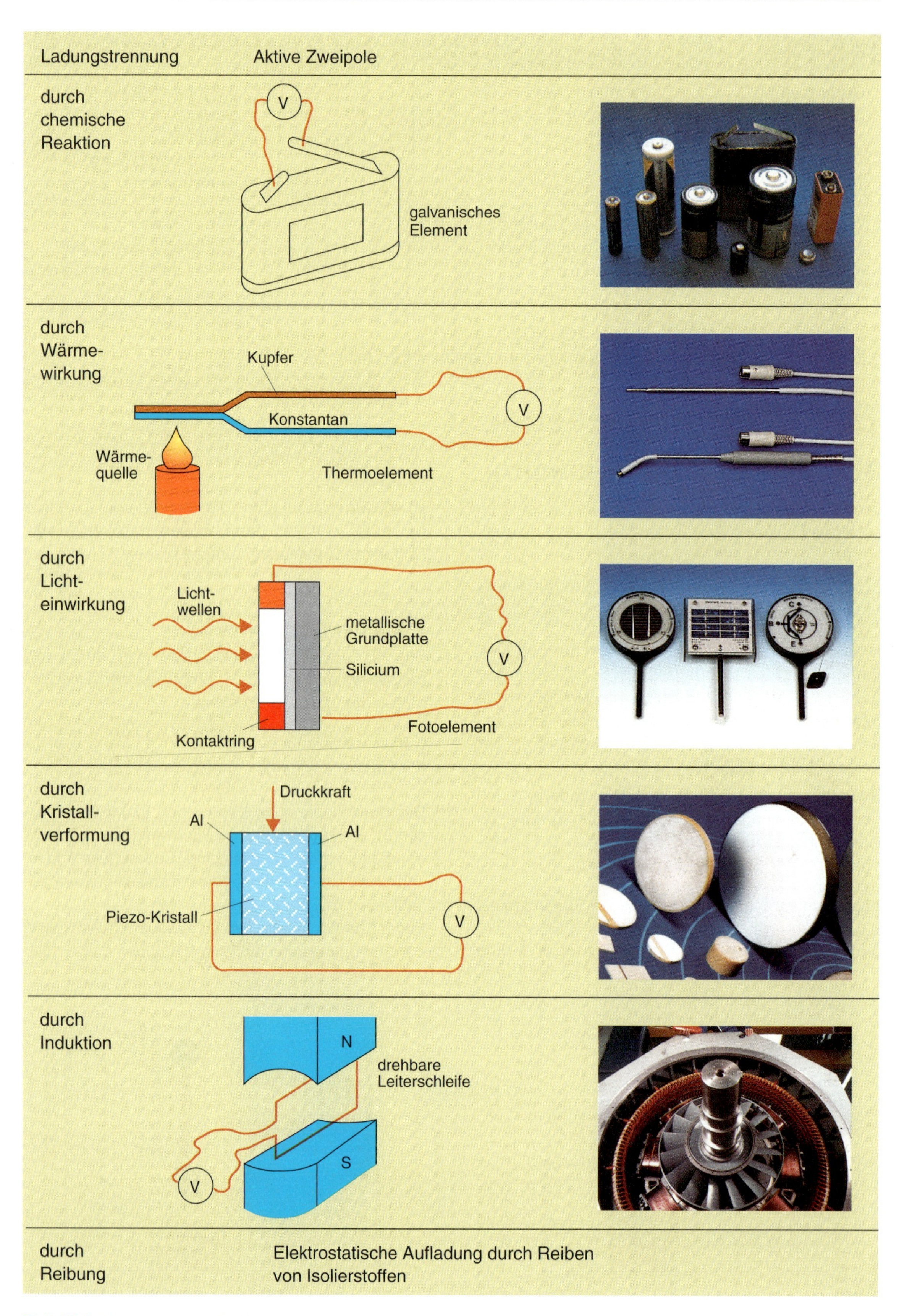

Tab. 3-4 *Erzeugen von Quellenspannungen*

2. Der Spannungsfall *U*

Er entsteht bei der gerichteten Bewegung der Ladungen im Stromkreis, also als Folge des Stromflusses und ist die auf die Ladungsmenge bezogene Energieabnahme.

Definitionsgleichung des Spannungsfalls

$$U = \frac{W_{ab}}{Q} \qquad \text{| 3-4}$$

Die Einheit der Spannungen ist das Volt*:

$$[U_Q] = 1\ \text{V}$$
$$[U] = 1\ \text{V}$$

Zwischen zwei Punkten eines Stromkreises herrscht dann eine Spannung von einem Volt, wenn sich der Energiebetrag einer Ladungsmenge von einem Coulomb um ein Joule ändert.

Die Tabelle 3-5 gibt einen Überblick über technische Richtwerte von Spannungen.

Betriebsmittel	Spannung
Öffentliches Übertragungsnetz	400 kV
Fahrdrahtspannung der Deutschen Bahn	15 kV
Zündspannung des Verbrennungsmotors	5 bis 15 kV
Straßenbahn, U- und S-Bahn	500 bis 800 V
Hausanschluß	230 bis 400 V
Fahrraddynamo	6 V
Zelle des Bleiakkumulators	2 V
Antennenspannung	5 bis 50 μV

Tab. 3-5 ***Spannungsrichtwerte***

Spannungsrichtung

Die Richtung der Spannungen sind wie folgt festgelegt (Abb. 3-12):

- die Quellenspannung ist vom Pluspol der Stromquelle zu ihrem Minuspol gerichtet.
- Der Spannungsfall hat als Wirkungsgröße des Stromflusses dieselbe Richtung wie seine Ursachengröße. Der Spannungsfall wirkt in Richtung des fließenden Stromes.

Treten in einer Schaltung mehrere Spannungen auf, wird häufig in der Kommunikationstechnik ein gemeinsamer Bezugspunkt für die Spannungen gewählt.

Die auf einen Punkt des Stromkreises bezogene Spannung ist das Potential φ.

* Volta, Alessandro Graf, ital. Physiker 1745–1827

Der Bezugspunkt ist frei wählbar. Er kann die Erde oder die Masse eines Betriebsmittels sein und ist der sog. Potentialnullpunkt (Abb. 3-13).

Die Spannung (der Spannungsfall) zwischen zwei beliebigen Punkten eines Stromkreises ist gleich der Differenz der Potentiale beider Punkte. Nach Abb. 3-13 ist

$$U_{AB} = \varphi_A - \varphi_B \qquad U_{A0} = \varphi_A - \varphi_0 \rightarrow \varphi_A = U_{A0} - 0$$
$$U_{BC} = \varphi_B - \varphi_C \qquad U_{C0} = \varphi_C - \varphi_0 \rightarrow \varphi_C = U_{C0} - 0$$
$$\varphi_B = U_{BC} + \varphi_C \rightarrow \varphi_B = U_{BC} + U_{C0}$$

Messen der Spannungen

Potentiale, Spannungsfälle und Quellenspannungen stehen immer über zwei Punkten des Stromkreises an (Abb. 3-14).

Merken Sie sich als Schaltregel für die Spannungsmessung:

Der Spannungsmesser ist stets parallel zu den Betriebsmitteln zu schalten. Eine Trennung des Stromkreises ist damit nicht erforderlich.

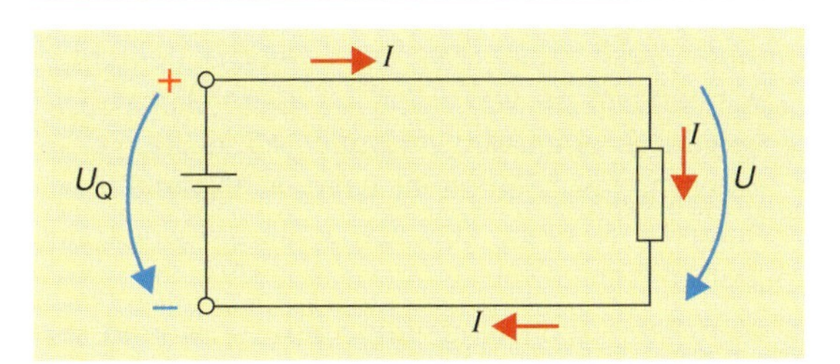

Abb. 3-12 ***Definierte Richtung der Spannungen***

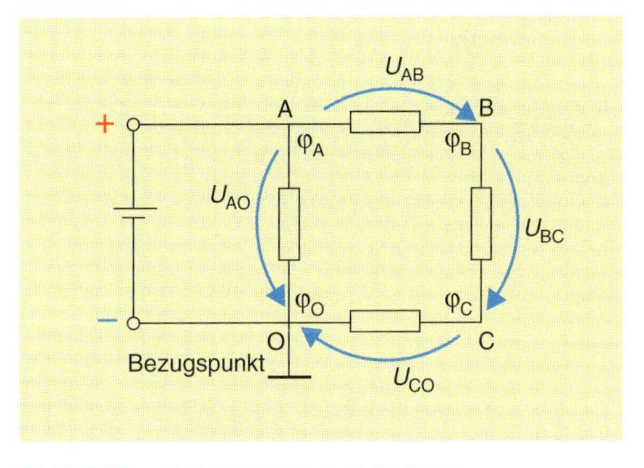

Abb. 3-13 ***Potentiale einer Schaltung***

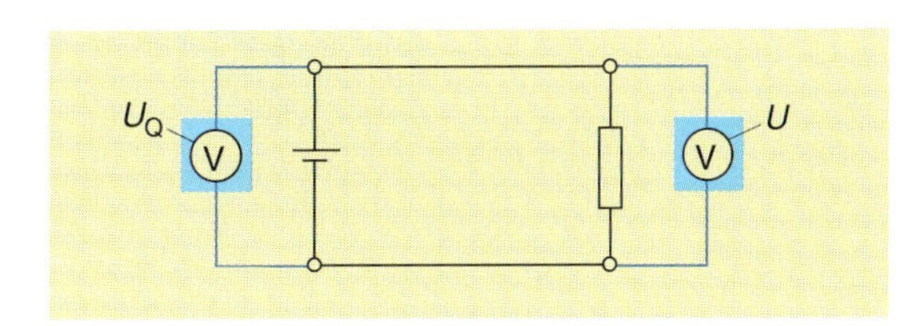

Abb. 3-14 ***Spannungsmessung***

Richtungs- und Bezugspfeile

Die definierten Richtungen der Stromstärke und der Spannungen wurden in den Abbildungen 3-9 und 3-13 durch Pfeile, sog. Richtungspfeile, dargestellt. Von diesen Richtungspfeilen sind die Bezugspfeile, auch Zählpfeile genannt, zu unterscheiden. Diese werden gebraucht, wenn die Spannungsverteilung und damit die entsprechende Lage der Richtungspfeile, auch die der Stromstärke in einer elektrotechnischen Schaltung unbekannt ist.

Bezugspfeile dienen zur rechnerischen Vorzeichenfestlegung für unbekannte Stromstärken und Spannungen.

Bezugspfeile kann man im Unterschied zu den Richtungspfeilen beliebig annehmen.

Im Stromkreis gibt es zwei Möglichkeiten:

- Die Bezugspfeile haben die gleiche Richtung wie die definierten Richtungen von Stromstärke und Spannung (Abb. 3-15). Die vom Verbraucher aufgenommene Leistung wird jetzt positiv gerechnet, da die Richtungspfeile von I und U_{AB} gleiche Lage haben. In der Stromquelle sind dagegen die Richtungspfeile von I und U_Q gegensinnig. Die von der Stromquelle „verbrauchte" Leistung muß damit negativ gerechnet werden. Diese Zuordnung heißt nach DIN 5489 Verbraucherzählpfeilsystem.
- Man kann auch umgekehrt die Zuordnung der Bezugspfeile so wählen, daß bei gleichsinnigen Bezugspfeilen in der Stromquelle ein positiver Wert für die abgegebene Leistung entsteht. Dies ist nicht üblich.

Der Bezugspfeil einer Größe gibt an, daß diese Größe in der angegebenen Richtung positiv gezählt wird.

In den Abb. 3-16 und 3-17 sind Beispiele für Strom- und Spannungsbezugspfeile gegeben.

Bei der Berechnung von Schaltungen mit unbekannten Stromrichtungen wird die Richtung des Bezugspfeiles willkürlich festgelegt. Bei einem positiven Wert der errechneten Stromstärke entspricht dann die Richtung des Bezugspfeiles der definierten (tatsächlichen) Stromrichtung.

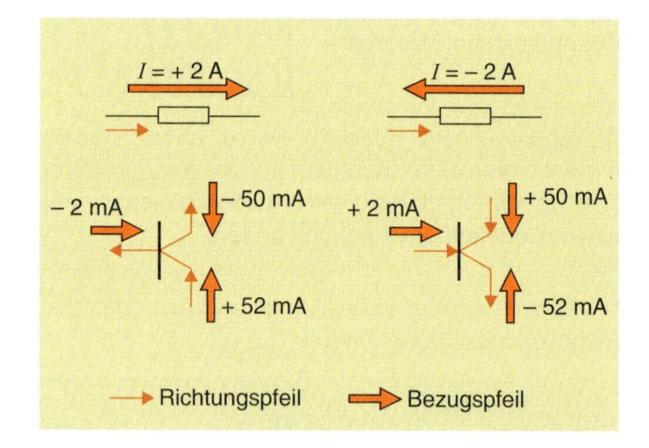

Abb. 3-16 ***Strombezugspfeile***

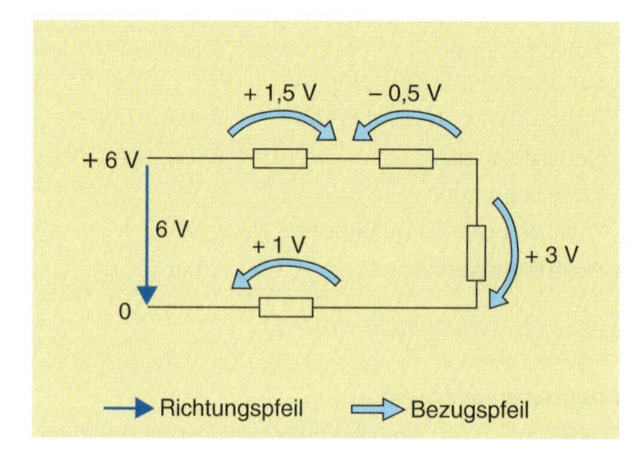

Abb. 3-17 ***Spannungsbezugspfeile***

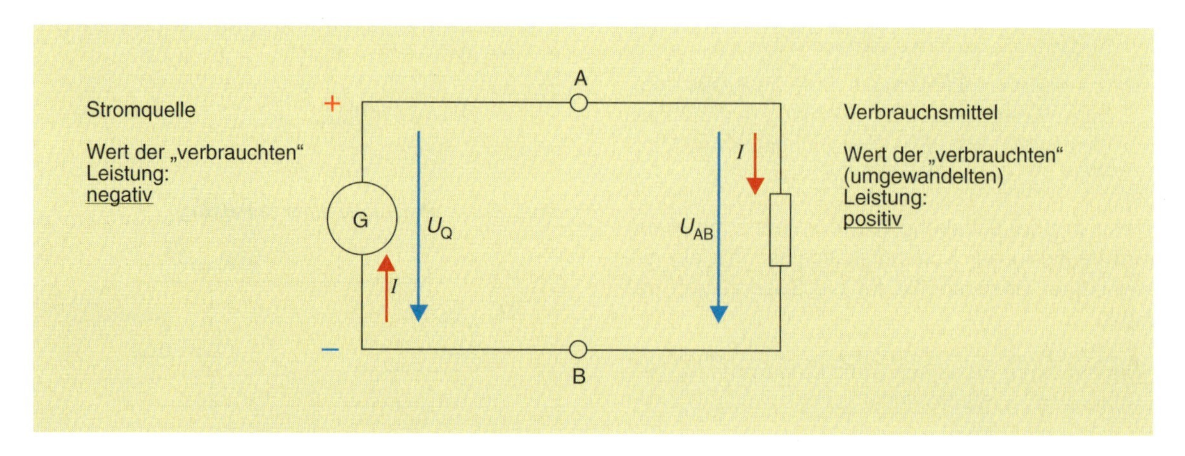

Abb. 3-15 ***Verbraucherzählpfeilsystem***

3.3 Elektrische Energie, Arbeit und Leistung

Im Zusammenhang mit der Einführung des Spannungsbegriffes wurde festgestellt, daß die Energie einer Ladung sich geändert hat, wenn diese sich von einem Ort zu einem anderen bewegt hat.

Elektrische Energie ist die Fähigkeit elektrischer Ladungen Arbeit zu verrichten.

Nutzt die Ladung diese Fähigkeit, dann wird elektrische Arbeit verrichtet.

Elektrische Arbeit ist die Energieänderung der elektrischen Ladungen.

Da der Begriff „Energie" den Zustand eines Körpers oder Systems und der Begriff „Arbeit" den Vorgang ausgedrückt, werden für Energie und Arbeit dieselbe physikalische Größe gewählt.

Nach den Gleichungen (3–4)
$W = U \cdot Q$ und (3–1) $Q = I \cdot t$
ist die elektrische Arbeit bzw. Energie

$$W = U \cdot I \cdot t \qquad \text{3–5}$$

Einheit der elektrischen Arbeit: $[W] = 1\ \mathrm{V \cdot A \cdot s}$

Da 1 V · A = 1 W (Watt)* ist, wird
$[W] = 1\ \mathrm{W \cdot s}$ = 1 Wattsekunde oder
$[W] = 1\ \mathrm{W \cdot h}$ = 1 Wattstunde = 3600 W · s
$= 3{,}6 \cdot 10^3\ \mathrm{W \cdot s}$
oder
$[W] = 1\ \mathrm{kW \cdot h}$ = 1 Kilowattstunde
$= 3{,}6 \cdot 10^6\ \mathrm{W \cdot s}$

Da elektrische Energie in andere Energiearten umgewandelt werden kann, sind auch die Einheiten
$[W] = 1\ \mathrm{J}$ = 1 Joule oder
$[W] = 1\ \mathrm{N \cdot m}$ = 1 Newtonmeter möglich.

$$1\ \mathrm{J} = 1\ \mathrm{W \cdot s} = 1\ \mathrm{N \cdot m}$$

Eine elektrische Arbeit von 1 kWh ist damit einer mechanischen Arbeit von 3 600 000 N · m gleichzusetzen, d. h. einer mechanischen Arbeit, bei der entweder

- ein Körper mit einer Kraft von 3 600 000 N um 1 m bewegt wird, oder
- ein Körper mit einer Kraft von 1 N um 3600 km bewegt wird.

Unabhängig von der Energieart ist die Leistung P die auf die Zeit t bezogene Arbeit W.

$$\text{Leistung } P = \frac{W}{t} \qquad \text{3–6}$$

* Watt, James, engl. Erfinder 1736 –1819

Mit der Gleichung (3–5) ist dann die elektrische Leistung

$$P = U \cdot I \qquad \text{3–7}$$

Einheit der elektrischen Leistung: $[P] = 1\ \mathrm{V \cdot A} = 1\ \mathrm{W}$ (Watt).

Die gleiche elektrische Leistung kann entweder

- mit einer großen Spannung und einem kleinen Strom oder
- mit einer kleinen Spannung und einem großen Strom erreicht werden.

So wird z. B. eine Lampe im Kraftfahrzeug mit einer Betriebsspannung von 12 V betrieben. Die gleiche Lichtleistung für eine Raumbeleuchtung wird mit wesentlich kleinerer Stromstärke bei einer Spannung von 230 V erreicht.

In der Tafel 3-6 sind einige Richtwerte elektrischer Leistungen zusammengestellt.

Betriebsmittel	Leistung
Videorecorder	16 bis 20 W
Glühlampen	15 bis 1000 W
Haushaltswärmegeräte	100 bis 2000 W
Motor einer Elektrolokomotive	750 kW
Generator im Kraftwerk	bis 1000 MW

Messen der Leistung

Da die elektrische Leistung durch die Größen Spannung und Stromstärke gebildet wird, müssen beide Größen im Leistungsmesser wirksam werden. Sie bilden in der sog. Stromspule und Spannungsspule des elektrodynamischen Meßwerkes Magnetfelder, deren resultierende Kraft einen der Leistung proportionalen Zeigerausschlag hervorruft. Der Leistungsmesser hat damit zwei Anschlüsse für die Stromspule, die in Reihe zum Verbrauchsmittel zu schalten ist und zwei Anschlüsse der parallelzuschaltenden Spannungsspule (Abb. 3-18).

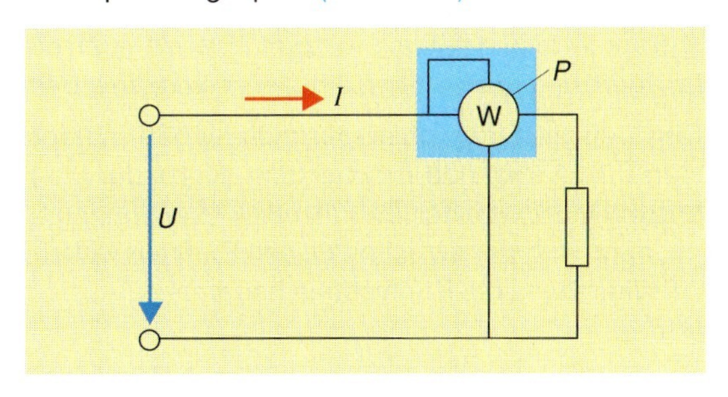

Abb. 3-18 ***Grundschaltung des Leistungsmessers***

3.4 Elektrischer Widerstand

3.4.1 Widerstand und Leitwert

Die Atome bzw. Moleküle eines Stoffes vollführen eine von der Temperatur abhängige, willkürliche Wärmebewegung. Wirkt nun längs eines metallischen Leiters eine Spannung, stoßen die Elektronen bei ihrer fortschreitenden Bewegung ständig mit den Atomen des Leiterwerkstoffes zusammen. Ein Teil der kinetischen Energie der Ladungsträger geht dabei auf die Atome über, wodurch deren thermische Bewegung erhöht und die Temperatur des Leiters größer wird. Ähnliche Erscheinungen, die als Widerstand bezeichnet werden, entstehen beim Durchgang von Ladungsträgern durch andere Leiterarten, z. B. durch Gase, Elektrolyte und auch durch Halbleiter (Abb. 3-19).

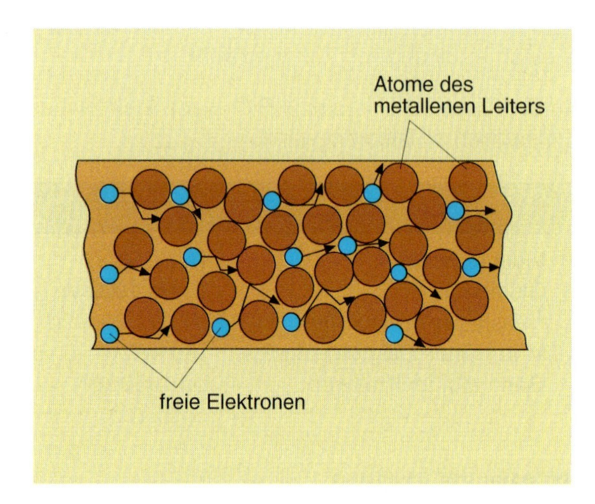

Abb. 3-19 ***Behinderung der Elektronenbewegung***

Der elektrische Widerstand ist die Eigenschaft der Stoffe, sich dem Stromdurchgang zu widersetzen.

Um diese Eigenschaft quantitativ zu erfassen, wird die physikalische Größe „Widerstand" eingeführt.

Beachten Sie, daß das Wort „Widerstand" sowohl eine Eigenschaft als auch eine physikalische Größe und wie im folgenden noch ausgeführt wird, auch die Bezeichnung eines Bauelementes kennzeichnet.

Der Definition der physikalischen Größe „Widerstand" liegt folgende Erscheinung zugrunde: Liegt an zwei Punkten eines Stromkreises eine Spannung an, dann wird der zwischen diesen Punkten wirkende Widerstand die Stromstärke begrenzen.

Der elektrische Widerstand R ist der Quotient aus Spannung U und der zugehörigen Stromstärke I.

Definitionsgleichung des Widerstandes

$$R = \frac{U}{I} \qquad (3\text{–}8)$$

Die Einheit des Widerstandes ist nach Gleichung (3–8)

$$[R] = \frac{1\,\text{V}}{1\,\text{A}} = 1\,\Omega \qquad \text{(Ohm)*}$$

Bauelemente mit einem kleinen Widerstand behindern den Strom sehr wenig, oder: Das Bauelement leitet den Strom sehr gut. Diese für Leiterwerkstoffe positive Eigenschaft wird durch die physikalisch Größe „Leitwert" erfaßt.

Der elektrische Leitwert G ist der Kehrwert des Widerstandes R.

Definitionsgleichung des Leitwertes

$$G = \frac{1}{R} \qquad (3\text{–}9)$$

Die Einheit des Leitwertes ist nach Gleichung (3–9)

$$[G] = \frac{1}{1\,\Omega} = \frac{1\,\text{A}}{1\,\text{V}} = 1\,\text{S} \qquad \text{(Siemens)*}$$

3.4.2 Widerstand als Bauelement

Bemessungsgleichung des Widerstandes

Aus Versuchen, auch durch Überlegungen können wir nachweisen, daß konstruktiv-stoffliche Merkmale eines Leiters seinen Widerstandswert bestimmen.

Vergleichen wir z. B. den Weg der Elektronen durch zwei Drähte mit unterschiedlichem Querschnitt, dann werden sich die Ladungsträger durch den dicken Draht wesentlich ungehinderter bewegen als durch den dünnen:

großer Drahtquerschnitt A →
kleiner Widerstand R $\qquad R \sim \frac{1}{A}$.

* Ohm, Georg Simon, deutsch. Physiker 1789–1854
* Siemens, Werner von, deutsch. Erfinder 1816–1892

Bei einem langen Weg stoßen die Ladungsträger wesentlich häufiger mit den Atomen bzw. Molekülen des Leiterwerkstoffes zusammen als bei einem kurzen:

große Drahtlänge $l \rightarrow$ großer Widerstand R $\quad R \sim l$.

Nicht zuletzt beeinflußt die Art des Leiterwerkstoffes selbst den Widerstandswert. Dieser kann von Körpern aus unterschiedlichem Material nur verglichen werden, wenn die Körper gleiche Abmessungen aufweisen. Es werden folgende Abmessungen gewählt:

Länge $l = 1$ m
Querschnitt $A = 1$ mm².

Der hierbei wirkende Widerstandswert ist der sog. **spezifische Widerstand,** eine **Materialkonstante,** die die strombegrenzende Eigenschaft der Stoffe kennzeichnet.

Der spezifische Widerstand ρ (rho) ist der Widerstandswert eines Drahtes von 1 m Länge und einem Querschnitt von 1 mm² bei einer Temperatur von 20 °C.

Analog der physikalischen Größe **Leitwert** kann die stromleitende Eigenschaft der Stoffe durch eine Materialkonstante erfaßt werden, die als spezifische Leitfähigkeit bezeichnet wird.

Die spezifische Leitfähigkeit $\varkappa$ (kappa) ist der Kehrwert des spezifischen Widerstandes ρ.

Definitionsgleichung der spezifischen Leitfähigkeit

$$\varkappa = \frac{1}{\rho} \qquad \textbf{3–10}$$

Fassen wir die bisherigen Aussagen zusammen: Der Widerstandswert R eines Drahtes, also eines linienhaften Leiters, ist abhängig von

- der Länge l des Stromweges,
- dem Querschnitt A des Stromweges und
- dem Material des Stromweges, erfaßt durch den spezifischen Widerstand ρ oder der spezifischen Leitfähigkeit $\varkappa$.

Bemessungsgleichung des Widerstandes (Drahtwiderstand)

$$R = \frac{\rho \cdot l}{A} \qquad \textbf{3–11}$$

oder

$$R = \frac{l}{\varkappa \cdot A} \qquad \textbf{3–12}$$

Aus der Gleichung (3-11) ergibt sich durch Umstellen

$$\rho = \frac{R \cdot A}{l}$$

die Einheit des spezifischen Widerstandes

$$[\rho] = \frac{\Omega \cdot \text{mm}^2}{\text{m}}$$

und Gleichung (3–11) die Einheit der spezifischen Leitfähigkeit

$$[\varkappa] = \frac{\text{m}}{\Omega \cdot \text{mm}^2}$$

Lösungsbeispiel:

Vergleichen wir durch Rechnung die notwendige Querschnittszunahme eines Aluminiumdrahtes ($\varkappa$ = 35 m/Ω · mm²) mit einem Kupferdraht ($\varkappa$ = 56 m/Ω · mm²), wenn beide den gleichen Widerstand von 120 mΩ und die gleiche Länge von 27 m haben sollen.

gegeben:

$R = 120$ mΩ $\qquad \varkappa_{Al} = 35$ m/Ω · mm²
$l = 27$ m $\qquad \varkappa_{Cu} = 56$ m/Ω · mm²

gesucht:

A_{Cu} ; A_{Al}

Lösung:

$$R = \frac{l}{\varkappa \cdot A}$$

$$A_{Cu} = \frac{l}{\varkappa_{Cu} \cdot R} \qquad A_{Al} = \frac{l}{\varkappa_{Al} \cdot R}$$

$$A_{Cu} = \frac{27\ \text{m}}{56\ \text{m}/\Omega \cdot \text{mm}^2 \cdot 120 \cdot 10^{-3}\Omega}$$

$$A_{AL} = \frac{27\ \text{m}}{35\ \text{m}\Omega \cdot \text{mm}^2 \cdot 120 \cdot 10^{-3}\Omega}$$

$$\underline{\underline{A_{Cu} = 4\ \text{mm}^2}} \qquad \underline{\underline{A_{Al} = 6{,}43\ \text{mm}^2}}$$

Der Aluminiumdraht muß den 1,6fachen Querschnitt im Vergleich zum widerstandgleichen Kupferdraht besitzen.

Temperaturabhängigkeit des Widerstandes

Der spezifische Widerstand und auch die spezifische Leitfähigkeit eines Stoffes wird stets bei einer Temperatur von 20 °C angegeben. Dies ist notwendig, da bei einer Gruppe von Werkstoffen mit steigender Temperatur der Widerstand steigt, bei anderen Werkstoffen der Widerstand fällt.

Ursache für die Zunahme des Widerstandswertes ist die bei höheren Temperaturen größere Wärmebewegung der Atome. Die Ladungsträger treffen jetzt wesentlich häufiger mit den Atomen zusammen und verlieren im zunehmenden Maße ihre kinetische Energie.

Im Gegensatz dazu entstehen mit zunehmender Temperatur bei einigen Widerstandswerkstoffen und besonders bei Halbleitern sowie Elektrolyten zusätzliche freie Elektronen bzw. Ionen. Die Stoffe verringern ihren Widerstandswert. Sie leiten im warmen Zustand den elektrischen Strom besser.

Diese Temperaturabhängigkeit des Widerstandswertes wird durch den Temperaturkoeffizienten, nach DIN auch TK-Wert genannt, erfaßt.

Der Temperaturkoeffizient α gibt die Widerstandsänderung eines Leiters mit einem Widerstandswert von 1 Ω bei einer Temperaturzunahme von 1 K (Kelvin)* an.

Bei einem beliebigen Widerstandswert R_{20} (Widerstand bei 20 °C) und einer beliebigen Temperaturänderung $\Delta\vartheta$ von 20 °C auf die Temperatur ϑ wird die Widerstandsänderung $\Delta R = R_{20} \cdot \alpha \cdot \Delta\vartheta$ und der Warmwiderstand $R_w = R_{20} + \Delta R$.

Zusammengefaßt entsteht die

Berechnungsgleichung des Warmwiderstandes

$$R_w = R_{20} \cdot (1 + \alpha \cdot \Delta\vartheta) \qquad \textbf{3-13}$$

Diese Gleichung gilt für alle Stoffe, unabhängig ob eine Temperaturerhöhung zu einer Widerstandszunahme oder -verringerung führt.

Wir stellen gegenüber:

	Kaltleiter	Heißleiter
Merkmal	Sie leiten im **kalten** Zustand den elektrischen Strom besser.	Sie leiten im **heißen** Zustand den elektrischen Strom besser.
Widerstand bei höheren Temperaturen	$R_w > R_{20}$	$R_w < R_{20}$
Temperatur-koeffizient	$\alpha > 0$ (positiv)	$\alpha < 0$ (negativ)
Beispiel	Kupfer $\alpha = +3{,}93 \cdot 10^{-3}$ 1/K	Ag-Mn-Sn-Legierung $\alpha = -0{,}105 \cdot 10^{-3}$ 1/K
Bauelementenbezeichnung	PTC – Widerstand (positiv temperature coeffizient)	NTC – Widerstand (negative temperature coeffizient)

* Kelvin, Sir William Thomson, Lord Kelvin of Largs, brit. Physiker 1824–1907

Lösungsbeispiel:

Die Kupferwicklung eines Motors hat bei 20 °C einen Widerstand von 120 Ω. Im Dauerbetrieb des Motors entsteht eine Betriebstemperatur von 72 °C. Welchen Widerstandswert hat die betriebsarme Wicklung.

Welcher Wert würde dagegen gemessen werden, wenn der Motor im Freien bei einer Temperatur von – 24 °C gelagert würde?

gegeben:

$\alpha = +3{,}93\ 10^{-3}$ 1 / K $\qquad \vartheta_W = 72$ °C

$R = 120\ \Omega \qquad \vartheta_k = -24$ °C

gesucht:

R_w ; R_k

Lösung:

$R_w = R_{20}\,(1 + \alpha\,\Delta\vartheta) \qquad \Delta\vartheta = \vartheta_w - 20$ °C

$\Delta\vartheta = 52$ K

$R_w = 120\ \Omega \cdot (1 + 3{,}93 \cdot 10^{-3}\ 1/\text{K} \cdot 52\ \text{K})$

$\underline{\underline{R_w = 144{,}5\ \Omega}}$

$R_k = R_{20}\,(1 + \alpha\,\Delta\vartheta) \qquad \Delta\vartheta = \vartheta_k - 20$ °C

$\Delta\vartheta = -44$ K

$R_k = 120\ \Omega \cdot [1 + 3{,}93 \cdot 10^{-3}\ 1/\text{K} \cdot (-44\ \text{K})]$

$\underline{\underline{R_k = 99{,}2\ \Omega}}$

Die betriebsarme Wicklung hat einen Widerstandswert von 144,5 Ω. Er liegt um 37% höher als bei 20 °C. Bei Frost würde der Widerstandswert dagegen nur 99,2 Ω betragen. Dies ist um 17,3% niedriger als bei Zimmertemperatur von 20 °C.

3.4.3 Leiter-, Kontakt- und Widerstandswerkstoffe

Neben dem Eisen, das in der Elektrotechnik im wesentlichen als Konstruktionswerkstoff verwendet wird, lösen die Nichteisenmetalle und ihre Legierungen im besonderen Maße die technisch-physikalischen Probleme der Elektrotechnik und Elektronik. Ihre elektrische Leitfähigkeit, Dichte, Festigkeit, Korrosionsbeständigkeit, Schweiß- und Lötbarkeit ermöglichen einen breiten Einsatz mit sehr unterschiedlichen Anforderungen.

Nichteisenmetalle (NE-Metalle) werden entsprechend ihre Dichte in zwei Gruppen eingeteilt (Tab. 3-7).

Andere Einteilungen sind auch möglich. Oft werden Kupfer und Kupferlegierungen als Buntmetalle und Gold, Silber und Platin als Edelmetalle zusammengefaßt.

Nichteisenmetalle			
Schwermetalle Dichte >5 kg/dm³		Leichtmetalle Dichte <5kg/dm³	
reine Metalle	Legierungen	reine Metalle	Legierungen
Cu Kupfer Pb Blei Zn Zink Sn Zinn Ni Nickel Cr Chrom Au Gold Ag Silber Pt Platin	Messing Bronze Nickel-Kupfer-Legierungen Weißmetalle	Al Aluminium Mg Magnesium Ti Titan	Aluminium-legierungen Magnesium-legierungen

Tab. 3-7 ***Einteilung der Nichteisenmetalle***

Die wichtigste Werkstoffgröße der Nichteisenmetalle ist für deren Einsatz in der Elektrotechnik die spezifische Leitfähigkeit bzw. der spezifische Widerstand. Diese Größen werden durch die Konzentration der freien Ladungsträger (Leitungselektronen) und ihrer Beweglichkeit bestimmt. Insbesondere die Elektronenbeweglichkeit kann durch folgende Einflüsse verändert werden:

- Veränderung der Temperatur
- Fremdatome im Gitter des Nichteisenmetalls (Reinheitsgrad)
- plastische Formänderungen und
- Wärmebehandlung der Metalle.

Leiterwerkstoffe

In der Tab. 3-8 sind der spezifische Widerstand, die spezifische Leitfähigkeit und der Temperaturkoeffizient wichtiger Leiterwerkstoffe zusammengestellt.

Werkstoffe	spez. Widerstand ρ in $\frac{\Omega\,mm^2}{m}$	spez. Leitfähigkeit $\varkappa$ in $\frac{m}{\Omega\,mm^2}$	Temperaturkoeffizient α in 10^{-3} 1/K
Silber	0,0163	61,3	3,8
Kupfer	0,01786	56	3,93
Gold	0,022	45,4	4,0
Aluminium	0,02857	35	3,77
Magnesium	0,046	21,7	3,9
Wolfram	0,0556	18	4,1
Zink	0,0606	16,5	3,7
Nickel	0,0746	13,4	6,7
Eisen	0,0962	10,4	6,4
Platin	0,1075	9,3	3,92
Zinn	0,1149	8,7	4,6
Blei	0,2083	4,8	3,9
Quecksilber	0,9615	1,04	0,92

Tab. 3-8 ***Leiterwerkstoffe***

Der vielfältige Einsatz der Leiterwerkstoffe fordern neben guter Leitfähigkeit recht unterschiedliche Eigenschaften (Tab. 3-9). Drei ausgewählte Beispiele sollen dies verdeutlichen.

Beispiel 1: Das Leiterseil einer Freileitung muß möglichst leicht und korrosionsbeständig sein, eine hohe Zugfestigkeit besitzen und sich gut verbinden lassen.

Beispiel 2: Der Draht einer Motorwicklung soll ein kleines Spulenvolumen ermöglichen, damit der Motor relativ klein und leicht wird. Weiterhin muß der Spulendraht gut lötbar sein.

Beispiel 3: Die Leiterbahnen einer Leiterkarte elektronischer Geräte müssen den gleichen thermischen Ausdehnungskoeffizienten aufweisen wie die Trägerschicht, um eine möglichst temperaturunabhängige feste Verbindung zu erreichen.

Kontaktwerkstoffe

Die Bezeichnung „elektrischer Kontakt“ bedeutet sowohl

- Zustand, der durch die Berührung zweier stromführender Teile entsteht als auch
- Gegenstand, der aus zwei Teilen gebildet wird, die sich berühren können und den o. g. Zustand herstellen.

Elektrische Kontakte als technische Objekte haben die Aufgabe, Stromkreise zu schließen, zu öffnen und zeitweilig die Stromleitung zu übernehmen. Da dies unter unterschiedlichen elektrischen, mechanischen und chemischen Bedingungen zu erfüllen ist, müssen die verschiedenartigsten Werkstoffe zum Einsatz kommen. Die elektrischen Kontakte können sowohl nach der Art der Kontaktgabe als auch nach der Art ihrer Beanspruchung eingeteilt werden (Tab. 3-10).

Leiterwerkstoffe

Leiter-werkstoffe	Eigenschaften/Anwendung
Kupfer	Schwermetall mit der zweitgrößten elektrischen Leitfähigkeit, kalt gut verformbar, durch dünne Oxidschicht gegen Wasser und Rauchgas beständig. Vorwiegend als Leiterwerkstoff der Installationsleitungen, Wicklungen, Stromschienen und Leiterbahnen in gedruckten Schaltungen eingesetzt.
Messing	Kupfer-Zink-Legierung mit einem Kupfergehalt meist über 56%. Als Gußlegierung für Armaturen im Freileitungsbau, als Knetlegierung für Fassungen, Klemmen, Ösen, Schrauben, Muttern, Kontaktfedern.
Bronze	Kupfer-Zinn-Legierung mit einem Kupfergehalt meist über 80% für korrosionsbeständige stromführende Federn.
Aluminium	Leichtmetall mit hoher elektrischer Leitfähigkeit, geschützt durch dichte, korrosionsbeständige Oxidschicht, gut verformbar für Kondensatorfolien, Freileitungen, Kabelmäntel und Stromschienen, als gießbarer Legierungsbestandteil für Läuferkäfige.
Nickel	Legierungsbestandteil für Platten von Ni-Fe- und Ni-Cd-Akkumulatoren, in hartmagnetischen Werkstoffen und Elektroblechen.
Blei	Chemisch beständig gegen Schwefel- und Salzsäure für Akkumulatorenplatten, für Bleimäntel von Kabeln, als Strahlenschutz und Legierungsbestandteil in Loten.
Wolfram	Weißglänzendes Metall mit hohem Schmelzpunkt für Glühlampendrähte, Elektroden und Antikatoden in Röntgenröhren, oft Legierungsbestandteil in harten und warmfesten Stählen.

Tab. 3-9 ***Leiterwerkstoffe***

<table>
<tr><th>Einteilung</th><th colspan="12">Kontakte</th></tr>
<tr><td>● nach der Art der Kontaktgabe</td><td colspan="4">Ruhende Kontakte</td><td colspan="4">Schleifkontakte</td><td colspan="4">Druck- oder Abhebekontakte</td></tr>
<tr><td>Beispiele</td><td colspan="4">Klemm- und Schraubverbindungen</td><td colspan="4">Kontakte der Drehwiderstände und Stromwender</td><td colspan="4">Kontakte der Schalter, Schütze oder Relais</td></tr>
<tr><td>● nach der Beanspruchung</td><td colspan="3">Leistungslos schaltende Kontakte</td><td colspan="3">Kontakte für niedrige Spannungen und Ströme mit Feinwanderung</td><td colspan="3">Kontakte für mittlere Schaltleistungen mit Grobwanderung</td><td colspan="3">Kontakte für höchste Schaltleistungen mit großer Abbrandfestigkeit</td></tr>
</table>

Tab. 3-10 ***Einteilung der Kontakte***

Welchen Beanspruchungen werden die Kontaktwerkstoffe in den einzelnen Phasen des Schaltvorganges ausgesetzt?

- Beim Schließen werden die zwei Kontaktteile durch den Kontaktdruck so verformt, daß aus der anfangs punktförmigen Berührungsstelle eine Fläche wird, deren Größe von der angreifenden Kraft und von der Elastizität des Kontaktwerkstoffes abhängt (Abb. 3-20). Der Übergangswiderstand bzw. der Kontaktwiderstand wird kleiner. Kupfer, Silber und Gold mit ihrem geringen spezifischen Widerstand und relativ kleinen Elastizitätsmodul bilden damit die Grundlage für Kontaktwerkstoffe besonders in der Kommunikationstechnik.

Zusätzliche Probleme treten durch die Federwirkung der am Schaltvorgang beteiligten Teile, durch das sog. Prellen und durch die Reibung zwischen den Kontakten auf. Extremes Prellen kann zum Verschweißen durch Lichtbogeneinwirkung und Reibung kann zum Verschleiß der Kontaktteile führen.

- Bei geschlossenen Kontakten können bei geringer Kontaktkraft und durch Ablagerung oder chemische Wirkung entstandene Fremdschichten größere Übergangswiderstände entstehen. Große Kurzschlußströme können zum Verschweißen der Kontaktteile führen.
- Werden die stromführenden Kontakte geöffnet, engt sich die Berührungsfläche immer stärker ein. Die Stromübergangsstelle erwärmt sich punktförmig (Abb. 3-21). Die entstehende Temperatur kann den Schmelzpunkt eventuell den Siedepunkt des Kontaktwerkstoffes überschreiten. Es bilden sich flüssige Brücken, die die Zeitdauer des Ausschaltvorganges verlängern. Die Kontaktoberfläche wird für weitere Schaltvorgänge schlechter. Zum Schalten hoher Leistungen verwendet man Kontaktwerkstoffe mit möglichst hohem Schmelz- und Siedepunkt, z. B. Wolfram oder Molybdän.

  Entsteht beim Öffnen ein Schaltlichtbogen, verdampft ein Teil des Katodenmaterials. Ist der Kontaktabstand gering, scheidet sich das verdampfte Katodenmaterial auf der Anode ab. Man bezeichnet diese Materialbewegung als Grobwanderung. Beim Schalten höherer Leistungen geht bei beiden Kontaktteilen (Elektroden) Material durch Verdampfung verloren.

  Auch bei kleineren Spannungen und Strömen ohne Lichtbogenbildung sind geringe Materialbewegungen festzustellen. Diese Feinwanderung erfolgt im allgemeinen von der Anode zur Katode. Trotz geringer Materialbewegung können sich an der Anode Krater und auf der Katode Spitzen bilden, die durch geringfügiges Verhaken den Schaltvorgang verschlechtern.

Zusammenfassend ist festzustellen:

Einen Kontaktwerkstoff, der
- hohe elektrische Leitfähigkeit,
- hohen Schmelzpunkt,
- hohe Abbrandbeständigkeit,
- hinreichende mechanische Festigkeit und Härte,
- geringe Neigung zur Fein- und Grobwanderung

u. a. besitzt, gibt es nicht.

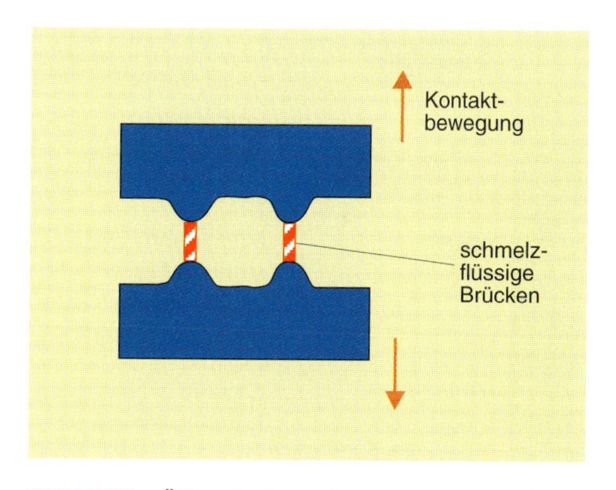

Abb. 3-21 ***Öffnender Kontakt***

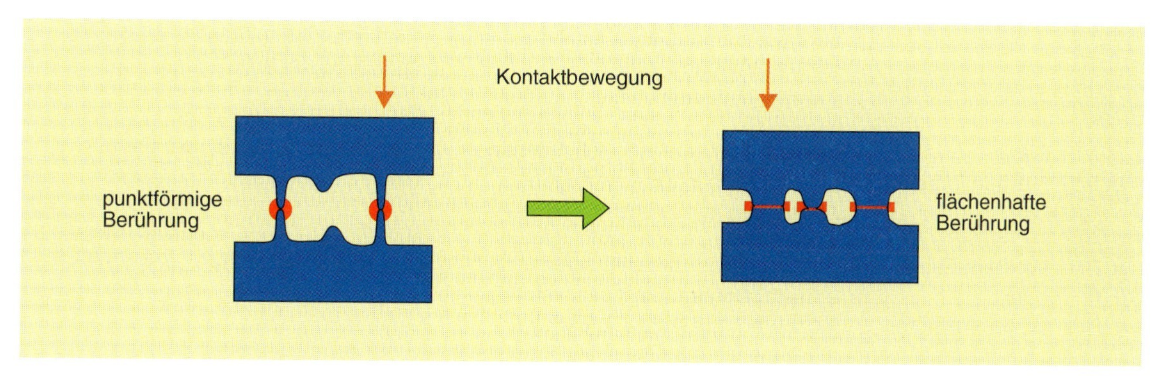

Abb. 3-20 ***Schließender Kontakt***

Entsprechend den konkreten Bedingungen des Stromkreises ist der jeweilige Kontaktwerkstoff auszusuchen.

- Von den Edelmetallen werden sehr häufig Silber, Gold und Platin verwendet. Die anderen, wie Rhodium, Palladium oder Iridium werden in der Elektrotechnik nur als Legierungsbestandteile eingesetzt.
- Quecksilber ist als einziges Metall bei Raumtemperatur flüssig. Es wird in Hg-Dampflampen, galvanischen Elementen und als Kontaktmaterial in Schaltröhren und Kontaktthermometern eingesetzt.
  Beachten Sie:
  Quecksilber-Dämpfe sind sehr giftig!
- Schmelzlegierungen haben im Vergleich zu den reinen Metallen im allgemeinen eine größere Härte und eine geringere Neigung zur Stoffwanderung und zum Abbrand.
- Sinterlegierungen sind pulvermetallurgisch hergestellte Gemische. Diese Verbundwerkstoffe werden bevorzugt in der Energietechnik verwendet, wenn durch sehr hohe Schaltleistungen ein starker Verschleiß zu erwarten ist.
- Tränklegierungen sind auch Verbundwerkstoffe, die aus einem hochschmelzenden, gesinterten Wolfram- oder Molybdänkörper hergestellt werden, der mit Kupfer oder Silber getränkt ist.
- Ein bedeutender Kontaktwerkstoff ist die sog. Kunstkohle. Sie wird als Kohlebürsten bei Motoren, als Stromabnehmer bei elektrischen Triebfahrzeugen, auch in Schaltwalzen und Steuergeräten verwendet. Insbesondere bei Kohlebürsten werden Kupfer und Silber von 20 bis 90% zugesetzt. Dadurch ergibt sich einmal eine hohe Verschleißfestigkeit und zum anderen gute Gleiteigenschaften durch die Selbstschmierung. Der Nachteil des relativ hohen spezifischen Widerstandes der Kohlebürsten muß durch geeignete Abmessungen ausgeglichen werden.

In der Tab. 3-11 sind ausgewählte Schmelz, Sinter- und Tränklegierungen zusammengestellt.

	Werkstoff	Kontakteigenschaften	Anwendungen
Schmelzlegierungen	Silber-Kadmium	Oxidbildung beim Schalten, geringe Schweißneigung, hohe Abbrandfestigkeit	Schweißfeste Gleichstromkontakte
	Silber-Kupfer	Mit zunehmenden Cu-Gehalt: stärkere Oxidbildung beim Schalten, höhere mechanische Festigkeit, geringere Materialwanderung	Relaiskontakte für höhere Spannungen und Ströme, mechanisch stark beanspruchte Kontakte
	Gold-Silber oder Gold-Nickel	Chemisch beständig, sehr niedrige Kontaktwiderstände	Feinkontakte in der Informationstechnik, besonders in der HF-Technik bei hohen Anforderungen an die Korrosionsbeständigkeit
Sinterlegierungen	Silber-Nickel	Geringe Oxidation, mechanisch sehr widerstandsfähig, geringe Schweißneigung, gute Abbrandfestigkeit	Schaltschütze, Temperaturregler, Hochstromtrennschalter der Niederspannungstechnik
	Silber-Kadmiumoxid	Hohe Verschleißfestigkeit, günstige Lichtbogenlöschung, geringer Abbrand	Luftschütze für höchste Beanspruchungen
Tränklegierungen	Wolfram-Silber oder Wolfram-Kupfer	Ähnliche Eigenschaften wie die entsprechenden Sinterwerkstoffe, jedoch höhere Abbrandfestigkeit	vgl. Sinterwerkstoffe

Tab. 3-11 ***Kontaktwerkstoffe***

Widerstandswerkstoffe

Widerstände als Bauelemente haben in der Elektrotechnik sehr unterschiedliche Aufgaben zu erfüllen. Daraus ergibt sich auch hier die Notwendigkeit, eine Vielzahl von Widerstandswerkstoffen einzusetzen. Allgemein sollen diese folgende Eigenschaften besitzen:

- relativ hoher spezifischer Widerstand im Bereich von 0,2 bis 1,5 $\Omega \cdot mm^2/m$,
- kleine Temperaturkoeffizienten,
- hohe Lebensdauer,
- Alterungsbeständigkeit,
- gute mechanische Bearbeitbarkeit und
- im Einzelfall gute Wärmeleitfähigkeit und hoher Schmelzpunkt.

Diese differenzierten Anforderungen werden durch

- metallische Leiter als Draht, Band, Folie und Blech oder durch
- Metall- oder Kohleschichten auf Trägermaterial aus Isolierstoff (Schichtwiderstände) oder durch
- Gemische aus Metall, Kohle oder Metalloxiden mit einem isolierenden Bindemittel (Massewiderstände) erfüllt.

Eine Übersicht der Widerstandswerkstoffe erhält man, wenn man sie nach ihrem Einsatzbereich unterscheidet (Tab. 3-12).

Widerstandswerkstoffe für Heizleiter.

Durch die Verwendung der Heizleiter in Elektrowärmegeräten und Widerstandsöfen werden die Widerstandswerkstoffe dauernd mit hohen Temperaturen belastet. Die Legierungen mit den Hauptbestandteilen Fe, Ni, Cr und Al müssen deshalb besonders korrosionsbeständig sein. In der Regel bilden die Heizleiterlegierungen beim Erhitzen eine dichte Haut aus Chrom- oder Aluminiumoxid und schützen sich somit selbst vor einer weiteren Korrosion.

Die Lebensdauer eines Heizleiterdrahtes ist nicht nur vom Werkstoff, der Glühtemperatur und die Drahtdicke abhängig, sondern auch von der Schalthäufigkeit. Jedes Schalten beansprucht die Oxidhaut mechanisch, die dadurch u. U. abspringen kann. Geringe Zusätze von Thorium, Cer oder Calcium verbessern die Dichtigkeit der Haut und damit die Lebensdauer der Widerstandswerkstoffe.

Widerstandswerkstoffe für technische Widerstände.

Neben den allgemeinen Anforderungen müssen diese Widerstandswerkstoffe bei hoher Belastung zunderfest und beständig gegen aggressive Gase oder salzhaltige Luft sein. Große Anlaß- und Stellwiderstände erfordern viel Widerstandsmaterial. Aus Preisgründen wird daher Gußeisen oder Eisendraht eingesetzt. Bei niedrigen Betriebstemperaturen kann das Eisen durch Verzinken oder durch Legieren mit Silicium korrosionsbeständig gemacht werden. Bei höheren Ansprüchen werden Chrom-Nickel- oder Chrom-Aluminium-Legierungen verwendet.

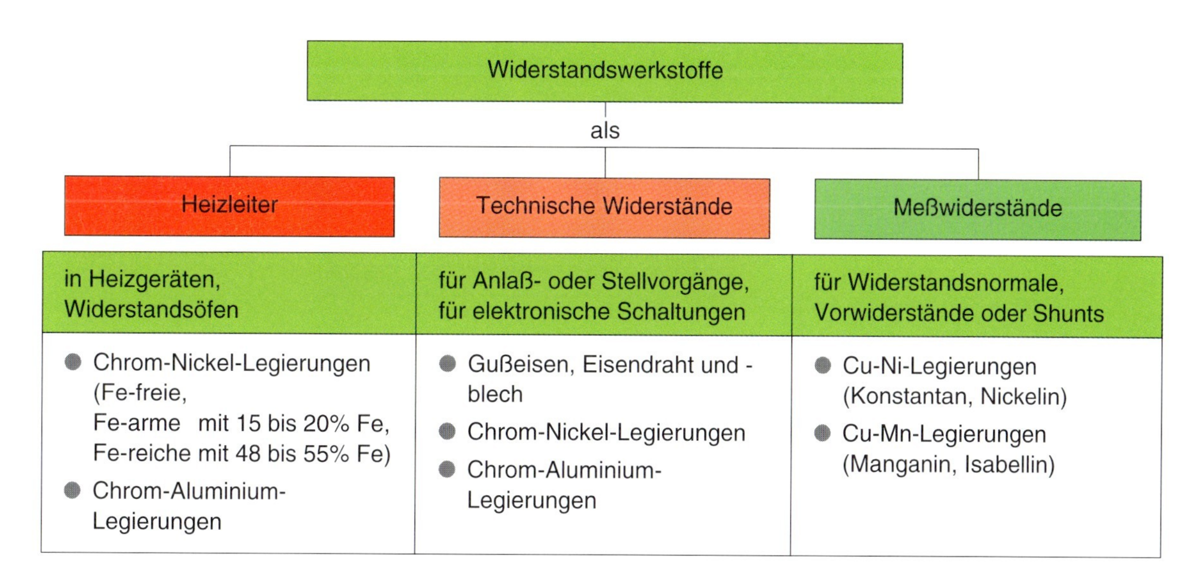

Widerstandswerkstoffe

als

Heizleiter	Technische Widerstände	Meßwiderstände
in Heizgeräten, Widerstandsöfen	für Anlaß- oder Stellvorgänge, für elektronische Schaltungen	für Widerstandsnormale, Vorwiderstände oder Shunts
● Chrom-Nickel-Legierungen (Fe-freie, Fe-arme mit 15 bis 20% Fe, Fe-reiche mit 48 bis 55% Fe) ● Chrom-Aluminium-Legierungen	● Gußeisen, Eisendraht und -blech ● Chrom-Nickel-Legierungen ● Chrom-Aluminium-Legierungen	● Cu-Ni-Legierungen (Konstantan, Nickelin) ● Cu-Mn-Legierungen (Manganin, Isabellin)

Tab. 3-12 ***Widerstandswerkstoffe***

Widerstandswerkstoffe für Meßwiderstände

Um den Einfluß der Widerstände auf die Meßgenauigkeit möglichst klein zu halten werden

- ein zeitlich konstanter Widerstandswert,
- ein sehr kleiner Temperaturkoeffizient, möglichst unter $25 \cdot 10^{-6}$ 1/K und
- eine geringe Thermospannung gegen Kupfer (kleiner $10 \cdot 10^{-6}$ V/K) gefordert. CuMnNi-Legierungen mit geringen Zusätzen erfüllen die genannten Forderungen. Oft werden die Meßwiderstände künstlich durch Wärmebehandlung noch gealtert.

3.4.4 Widerstandsbauelemente im Stromkreis

Grundsätzlich werden Widerstandsbauelemente eingeteilt in

Festwiderstände:
Widerstände mit einem unveränderlichen Widerstandswert und in

veränderbare Widerstände:
Widerstände, deren wirksamer Widerstandswert durch Stellen verändert werden kann.
Die Widerstandsänderung kann stufenlos oder in

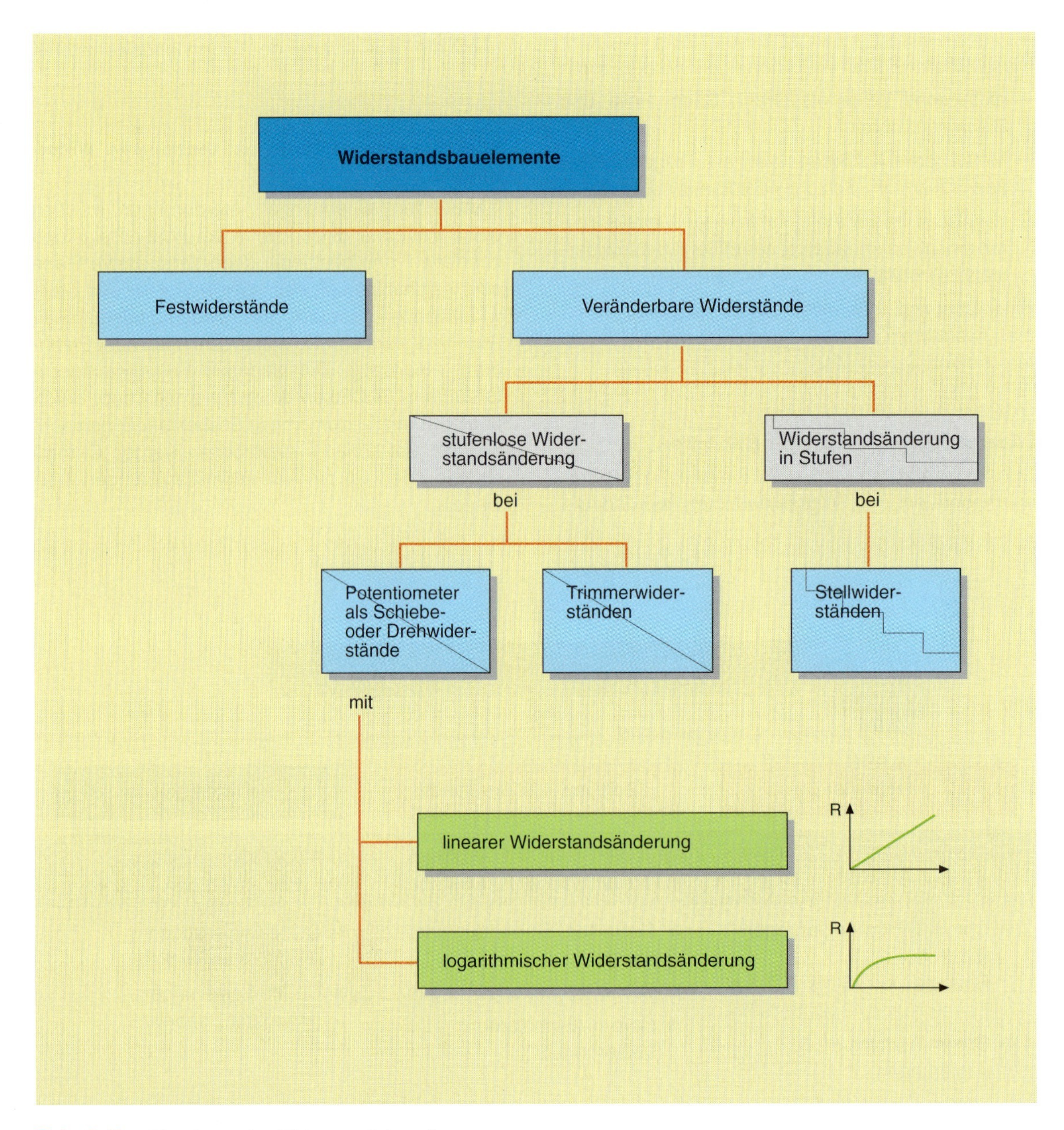

Tab. 3-13 *Einteilung der Widerstandsbauelemente*

Stufen erfolgen und kann häufig oder nur einmalig bzw. für Korrekturen zur Widerstandsanpassung (Trimmerwiderstand) erforderlich sein.

Festwiderstände werden als

Schichtwiderstände

Kohleschichtwiderstand: Ein Porzellankörper trägt die Widerstandsschicht aus kristalliner Kohle.

Metalloxid-Schichtwiderstand: Metalloxid wird auf einen keramischen Körper aufgedampft und mit Silikonzement überzogen.

Metallschichtwiderstand: Eine Edelmetallschicht wird entweder als Paste (Dickschichttechnik) auf einen Keramikträger aufgetragen oder durch eine Maske aufgedampft (Dünnschichttechnik).

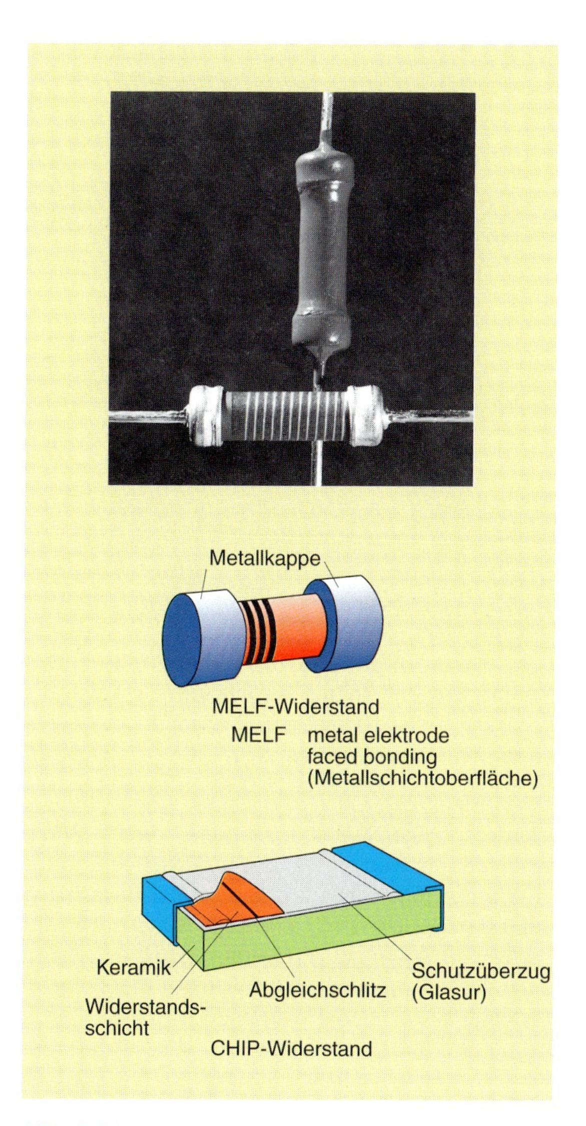

Abb. 3-22 ***Schichtwiderstände***

und als

Drahtwiderstände:

unlackiert, zementiert und glasiert verwendet.

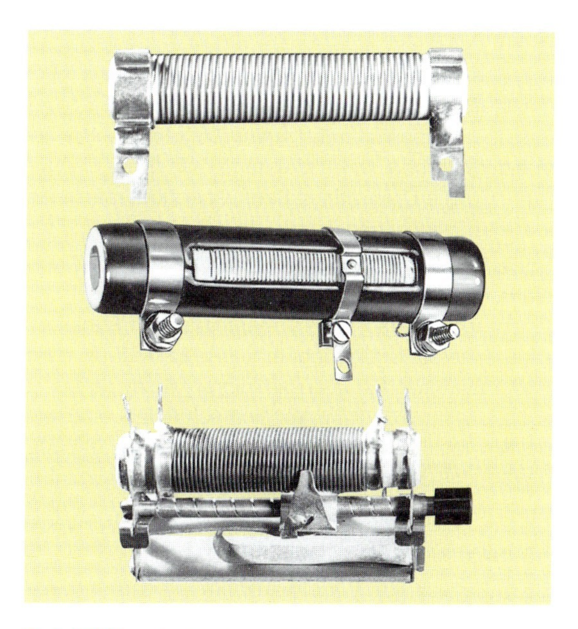

Abb. 3-23 ***Drahtwiderstände***

Veränderbare Widerstände haben einen Schleifkontakt, der bei den **Schiebewiderständen** durch einen mechanischen Stellvorgang geradlinig und bei den **Drehwiderständen** auf einer Kreisbahn (Abb. 3-25) seine Lage verändert.

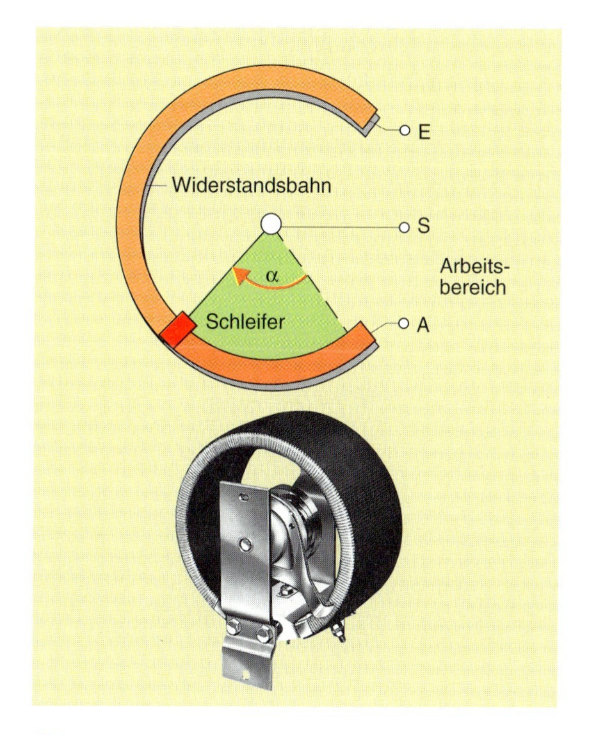

Abb. 3-24 ***Drehwiderstände***

Der wirksame Widerstandswert R wird zwischen dem Anfangskontakt A und dem Schleifer S in Abhängigkeit vom Drehwinkel α eingestellt. Der Arbeitsbereich umfaßt bis zum Endkontakt E etwa einen maximalen Drehwinkel von 270°.

Bei den **linearen Potentiometern** verändert sich der Widerstandswert gleichmäßig, d. h. jeder Grad des Drehwinkels ergibt stets die gleiche Widerstandsänderung. Die Widerstandskurve ist eine Gerade. Solche Drehwiderstände verwendet man z. B. zur Klangeinstellung.

Logarithmische Potentiometer, die z. B. zur Lautstärkeeinstellung genutzt werden, ändern den Widerstandswert nach einer logarithmischen Funktion. Dies kann ein positiv logarithmischer Verlauf – der Widerstandswert je Drehwinkelgrad steigt zunächst sehr langsam, dann wesentlich schneller oder ein negativ logarithmischer Verlauf (Abb. 3-26) mit entgegengesetztem Verlauf sein.

Kennwerte und Kennzeichnung

Beim Einsatz von Widerstandsbauelementen müssen neben den Abmessungen die Kennwerte
- Widerstandsnennwert
- Widerstandstoleranz und
- Belastbarkeit

beachtet werden.

Nennwiderstände werden nach Normalzahlenreihen abgestuft. Von den IEC-Normreihen (International Elektrical Commission) E 6 bis E 192 werden Bauelemente mit den Normreihen
- E 6 mit einer Widerstandstoleranz von ± 20%
- E 12 mit einer Widerstandstoleranz von ± 10% und
- E 24 mit einer Widerstandstoleranz von ± 5%

am häufigsten verwendet. Die Zahl hinter dem E gibt die verschiedenen Widerstandswerte innerhalb einer Dekade an, d. h. nach der E 6-Reihe gibt es z. B. Widerstände mit dem Nennwert 4,7Ω; 47Ω; 470Ω oder 4,7 kΩ usw. Je größer die Anzahl der Werte in einer Reihe ist, desto geringer ist die Widerstandstoleranz. Die Abstufungen in der Tabelle 3-14 zeigen, daß aus wirtschaftlichen Gründen sinnvoller Weise nicht Bauelemente mit beliebigen Widerstandswerten hergestellt werden.

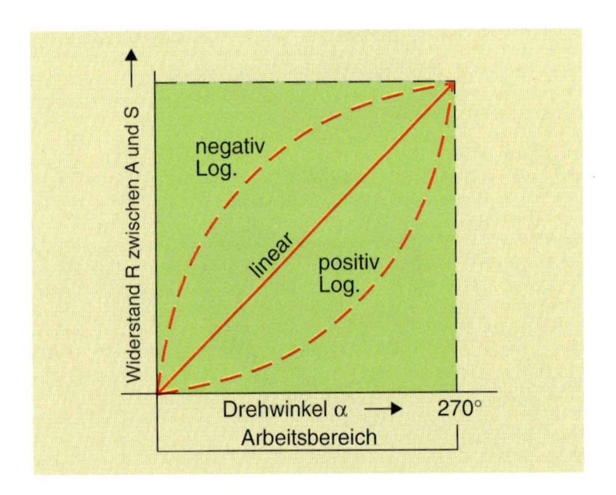

Abb. 3-25 ***Widerstandskurven von Potentiometern***

Widerstandsnennwerte in Ω, kΩ und MΩ		
Reihe E 6 (± 20%)	Reihe E 12 (± 10%)	Reihe E 24 (± 5%)
1,0	1,0	1,0
		1,1
	1,2	1,2
		1,3
1,5	1,5	1,5
		1,6
	1,8	1,8
		2,0
2,2	2,2	2,2
		2,4
	2,7	2,7
		3,0
3,3	3,3	3,3
		3,6
	3,9	3,9
		4,3
4,7	4,7	4,7
		5,1
	5,6	5,6
		6,2
6,8	6,8	6,8
		7,5
	8,2	8,2
		9,1

Tab. 3-14 ***IEC-Widerstands-Normreihen***

Die Toleranzen der Widerstandsnennwerte in den Normreihen sind so ausgewählt, daß die Toleranzbereiche eine Widerstandsüberlappung benachbarter Werte ergibt. Dies zeigt die Abb. 3-26 der E 6-Reihe für zweistellige Widerstandswerte.

Werden Widerstandsbauelemente vom Strom durchflossen, wird ein Teil der elektrischen Energie in Wärme umgewandelt. Bei zu großer Erwärmung kann das Bauelement seine Eigenschaften so ändern – u. U. sogar zerstört werden, daß die Funktion einer Schaltung mehr oder weniger stark beeinträchtigt wird. Da der Wärmeaustausch des Bauelementes mit seiner Umgebung von vielen Faktoren, z. B. Werkstoff, Oberfläche usw. abhängig ist, gibt der Hersteller die Belastbarkeit des Widerstandsbauelementes an.

Für Festwiderstände ist die Belastbarkeit nach folgender Nennlastreihe abgestuft:

0,05 W	0,1 W	0,25 W	0,5 W	1 W	2 W	3 W	6 W	10 W	20 W

Die Werte beziehen sich auf eine Umgebungstemperatur von 40 °C oder 70 °C.

Gebräuchliche Schichtpotentiometer haben Belastungswerte von 0,125 W oder 0,25 W, Schiebepotentiometer von 0,2 W oder 0,4 W. Veränderbare Drahtwiderstände werden sogar für Belastungen von 1 kW gebaut.
Die Belastbarkeit von Drahtwiderständen wird teilweise auch durch die maximal zulässige Stromstärke gekennzeichnet.

Das Nichtbeachten der maximal zulässigen Belastbarkeit von Bauelementen, gleich ob es ein Drahtwiderstand oder ein Transistor ist, führt besonders bei Versuchsreihen oder Prüfungen zur thermischen Überlastung des Bauelementes. Machen wir uns die Problematik noch einmal an einem konkreten Beispiel bewußt. Wir wählen einen 2-kΩ-Widerstand, dessen Belastbarkeit mit 500 mW angegeben wird.
Da die Leistung $P = U \cdot I$ ist, muß mit zunehmender Spannung U die höchstzulässige Stromstärke I sinken. Dieser Zusammenhang kann in der sog. Leistungshyperbel (Abb. 3-27) verdeutlicht werden. Diese kann wie folgt konstruiert werden:
Zuerst berechnet man für die gegebene Leistung einen Punkt der Hyperbel, z. B. bei $P = 500$ mW und einer Spannung $\boxed{U = 50\ \text{V}}$

die Stromstärke $I = \dfrac{P}{U} \quad I = \dfrac{500\ \text{mW}}{50\ \text{V}}$

$\boxed{I = 10\ \text{mA.}}$

Andere Punkte erhält man nun durch das Verdoppeln der Stromstärke und Halbieren der Spannung:

$I' = 20\ \text{mA} \rightarrow U' = 25\ \text{V}$ oder

durch das Verdoppeln der Spannung und Halbieren der Stromstärke:

$U'' = 100\ \text{V} \rightarrow I'' = 5\ \text{mA.}$

Der Widerstand wird dann nicht überlastet, wenn er mit Spannungen und zugehörigen Stromstärken unterhalb der Leistungshyperbel betrieben wird. Wie aus der Abb. 3-27 zu entnehmen ist, darf an den gegebenen Widerstand von 2 kΩ maximal nur eine Spannung von 31,6 V angelegt werden.

Widerstandsbauelemente werden entweder alphanumerisch oder durch einen Farbcode gekennzeichnet.

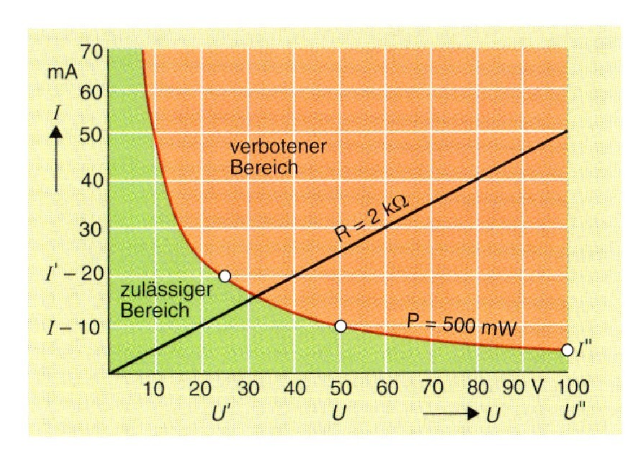

Abb. 3-27 ***Leistungshyperbel***

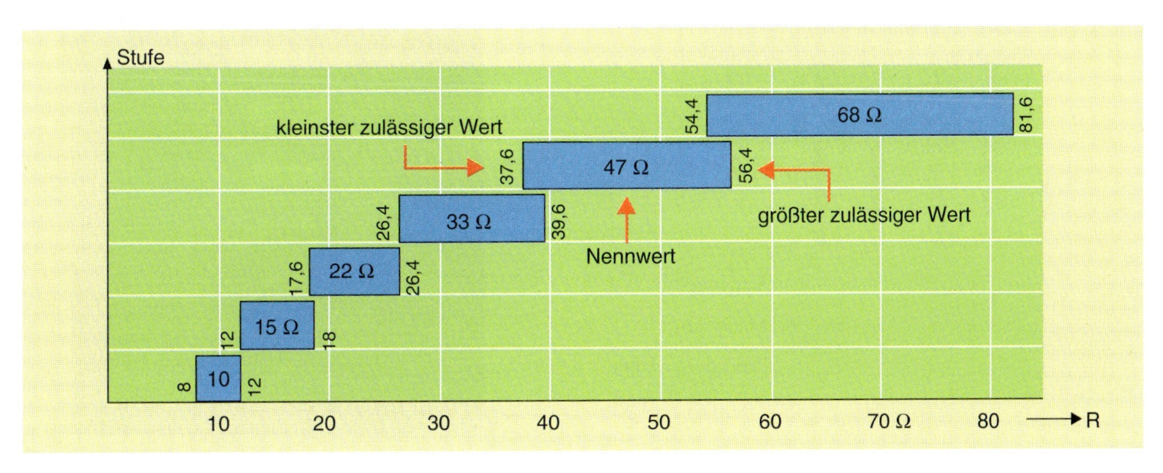

Abb. 3-26 ***Toleranzfelder der E6-Reihe***

Zur alphanumerischen Kennzeichnung der Widerstände:

- Widerstandswert, Toleranzbereich und Belastbarkeit werden mit den entsprechenden Werten angegeben, z. B.
  1200 Ω ± 5% 0,25 W.

- Angabe von Festwiderständen nach folgendem Beispiel:

Widerstandswert	Kennzeichnung
0,47 Ω	R 47
4,70 Ω	4 R 7
47,00 Ω	47 R
470,00 Ω	470 R
0,47 kΩ	K 47

Die Kennzeichnung von Widerständen im kΩ- und MΩ-Bereich ist analog.

- Angabe von veränderbaren Widerständen nach folgendem Beispiel:
  R = 120 kΩ, linear ⟶ 120 k
  R = 120 kΩ, positiv logarithmisch → 120 k + log oder + 120 k
  R = 120 kΩ, negativ logarithmisch → 120 k – log oder – 120 k.

Zur Farbkennzeichnung der Festwiderstände:
Die Farbkennzeichnung der IEC-Normreihen E 6, E 12 und E 24 erfolgt entsprechend Tab. 3-15 durch vier Farbringe oder Farbpunkte: Die ersten drei kennzeichnen den Widerstandsnennwert und der vierte die Toleranz (Abb. 3-28).

Die Kennzeichnung dreistelliger Widerstandswerte erfordert einen zusätzlichen Farbring. Dies ist notwendig bei den Normreihen E 48 (± 2% Toleranz), E 96 (± 1% Toleranz) und E 192 (± 0,5% Toleranz)

Kennfarbe	1. Ring (Wert der 1. Ziffer)	2. Ring (Wert der 2. Ziffer)	3. Ring Multiplikator	4. Ring Toleranz
Keine	–	–	–	± 20%
silber	–	–	10^{-2}	± 10%
gold	–	–	10^{-1}	± 5%
schwarz	0	0	10^{0}	–
braun	1	1	10^{1}	± 1%
rot	2	2	10^{2}	± 2%
orange	3	3	10^{3}	–
gelb	4	4	10^{4}	–
grün	5	5	10^{5}	± 0,5%
blau	6	6	10^{6}	–
violett	7	7	10^{7}	–
grau	8	8	10^{8}	–
weiß	9	9	10^{9}	–

Tab. 3-15 ***IEC-Farbcode***

Beispiele:

1. Ring	2. Ring	3. Ring	4. Ring	Nennwert
orange	gelb	rot	silber	
3	4	10^{2} Ω	10%	340 Ω ± 10 %
grau	grün	silber	braun	
8	5	10^{-2} Ω	1%	85 mΩ ± 1%

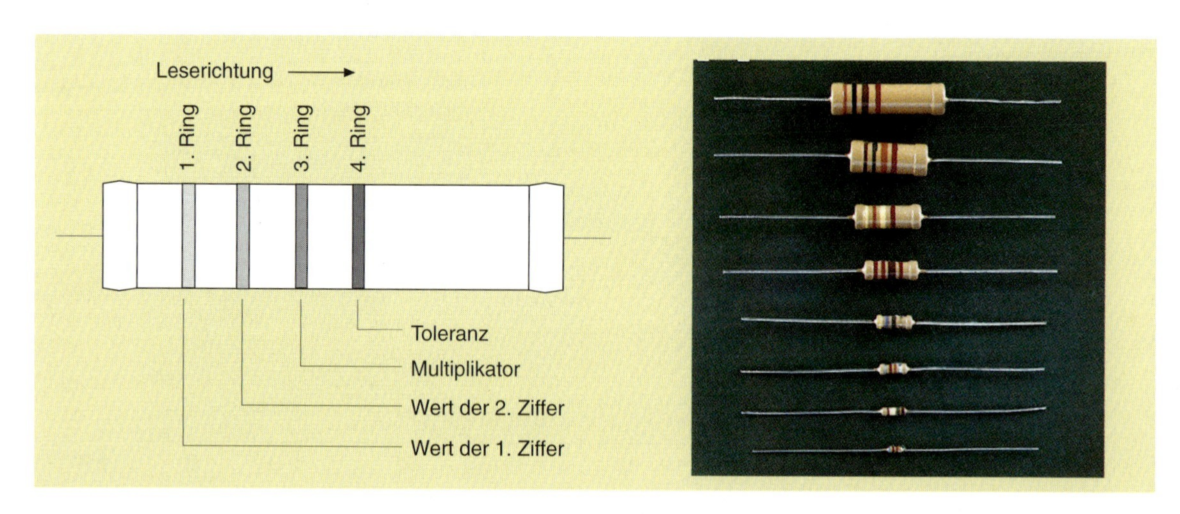

Abb. 3-28 ***Farbenkennzeichnung***

3.5 Das Ohmsche Gesetz

Anfang des 19. Jahrhunderts erkannte G. S. Ohm in Auswertung seiner Experimente, daß bei ein und demselben Widerstandsbauelement zwischen unterschiedlichen Spannungswerten und den entsprechenden Stromstärken ein gesetzmäßiger Zusammenhang besteht, wenn die Temperatur konstant gehalten wurde.

Vollziehen wir mit einem selbstgewählten Beispiel diese Versuchsreihe nach:

Angelegte Spannung	$U_1 = 12$ V	$U_2 = 19{,}2$ V	$U_3 = 60$ V	$U_4 = 126$ V
zugehörige Stromstärke	$I_1 = 0{,}2$ A	$I_2 = 0{,}32$ A	$I_3 = 1$ A	$I_4 = 2{,}1$ A

Der gesetzmäßige Zusammenhang besteht darin, daß die Division der Spannungswerte durch die zugehörigen Stromwerte, also

$$\frac{U_1}{I_1} = \frac{12\text{ V}}{0{,}2\text{ A}} \qquad \frac{U_2}{I_2} = \frac{19{,}2\text{ V}}{0{,}32\text{ A}} \qquad \frac{U_3}{I_3} = \frac{60\text{ V}}{1\text{ A}} \qquad \frac{U_4}{I_4} = \frac{126\text{ V}}{2{,}1\text{ A}}$$

der Quotient immer gleich groß ist. Ein für die Elektrotechnik wichtiges Naturgesetz hatte G. S. Ohm erkannt.

Bei unveränderlichen physikalischen Einflußgrößen ist der Quotient aus der an einem Widerstandsbauelement angelegten Spannung und der Stromstärke konstant.

Das Ohmsche Gesetz kann damit mathematisch wie folgt geschrieben werden:

$\frac{U}{I}$ = konstant bei unveränderlicher Bedingungen.

Da nach Abschnitt 3.4 der Quotient aus Spannung und Stromstärke als Widerstand definiert wurde, kann das Ohmsche Gesetz auch folgende Form annehmen:

R = konstant bei unveränderlichen Bedingungen.

Das Ohmsche Gesetz gilt insbesondere für metallene Leiter, da bei diesen die geforderten gleichen physikalischen Bedingungen meist eingehalten werden können.

Die Bedeutung des Ohmschen Gesetzes besteht vor allem darin, daß mit ihm das Strom-Spannungsverhalten eines Widerstandsbauelementes abgeleitet werden kann.
Es gibt zwei Möglichkeiten,

die Gleichung $\frac{U}{I} = R$ umzustellen.

(1.) $$I = \frac{U}{R}$$ | **3–14**

Die Gleichung erfaßt die funktionale Abhängigkeit der Stromstärke I in Bauelementen und Stromkreisen von

- der antreibenden Spannung U — $I = f(U)$ und
- vom Widerstand R — $I = f(R)$.

Steigende (↑) Spannung bewirkt eine steigende Stromstärke

$U\uparrow \longrightarrow I\uparrow$,

dagegen führt ein steigender Widerstandswert zu einer absinkenden (↓) Stromstärke

$R\uparrow \longrightarrow I\downarrow$.

Lösungsbeispiel:

In einer Versuchsreihe wird an einem Widerstand von 0,8 kΩ eine Spannung von 0 V in Sprüngen zu je 6 V bis maximal 24 V angelegt.

a) Es sind die den Spannungswerten zuzuordnenden Stromstärkewerte zu berechnen und die Ergebnisse in eine Wertetabelle einzutragen.

b) Die Funktion $I = f(U)$ ist in einem rechtwinkligen Koordinatensystem grafisch darzustellen.

c) Die grafische Darstellung der Funktion $I = f(U)$ ist für die Bestimmung des Stromstärkewertes bei einer Spannung von 15 V zu nutzen (Ablesen eines Zwischenwertes).

d) Es ist der Verlauf der Widerstandsgeraden eines Bauelementes zu bestimmen, dessen Widerstand R' größer als 0,8 kΩ ist.

gegeben:	**gesucht:**
$R = 0{,}8\ \text{k}\Omega$	a) $J_1 \ldots J_5$
$0\ \text{V} \leq U \leq 24\ \text{V}$	b) grafische Darstellung
$U = 6\ \text{V}$	c) I^*
$U^* = 15\ \text{V}$	d) Widerstandsgerade R'

Lösung:

a) $I = \dfrac{U}{R}$ $\quad I_1 = \dfrac{0\ \text{V}}{0{,}8\ \text{k}\Omega} \quad \underline{I_1 = 0\ \text{mA}}$

$I_2 = \dfrac{6\ \text{V}}{0{,}8\ \text{k}\Omega} \quad \underline{I_2 = 7{,}5\ \text{mA}}$

$I_3 = \dfrac{12\ \text{V}}{0{,}8\ \text{k}\Omega} \quad \underline{I_3 = 15\ \text{mA}}$

$I_4 = \dfrac{18\ \text{V}}{0{,}8\ \text{k}\Omega} \quad \underline{I_4 = 22{,}5\ \text{mA}}$

$I_5 = \dfrac{24\ \text{V}}{0{,}8\ \text{k}\Omega} \quad \underline{I_5 = 30\ \text{mA}}$

U/V	0	6	12	18	24
I/mA	0	7,5	15	22,5	30

b) Abb. 3-29 Strom- und Spannungskennlinie des Widerstandes

c) $U^* = 15\ \text{V}$ $\quad \underline{I^* = 18{,}7\ \text{mA}}$

Beachten Sie, daß aus grafischen Darstellungen meist nur Näherungswerte abgelesen werden können.

d) Der Verlauf einer Widerstandsgeraden ist eindeutig durch zwei Punkte bestimmt.

Da bei $U = 0\ \text{V}$ I unabhängig vom Widerstandswert immer 0 ist, liegt der erste Punkt im Kordinatenursprung.

Die Lage des zweiten Punktes kann durch folgende Überlegung bestimmt werden:
Liegt an beiden Bauelementen der gleiche Spannungswert, z. B. 24 V, dann ist auf Grund der umgekehrten Proportionalität zwischen Stromstärke und Widerstand bei

$R' > R = 0{,}8\ \text{k}\Omega \rightarrow I' < I_5 = 30\ \text{mA}.$

Der Anstieg der Widerstandsgeraden des zweiten Bauelementes ist geringer als der Anstieg des ersten Bauelementes (vgl. Abb. 3-29).

② $$U = I \cdot R \qquad 3\text{–}15$$

Diese Gleichung erfaßt die funktionale Abhängigkeit des Spannungsfalls U über einem Bauelement von

- dem fließenden Strom I $\quad U = f(I)$ und
- vom Widerstand R $\quad U = f(R)$.

Steigende Stromstärke bewirkt einen steigenden Spannungsfall

$I \uparrow \longrightarrow U \uparrow,$

ebenso führt ein steigender Widerstand zu einem steigenden Spannungsfall

$R \uparrow \longrightarrow U \uparrow.$

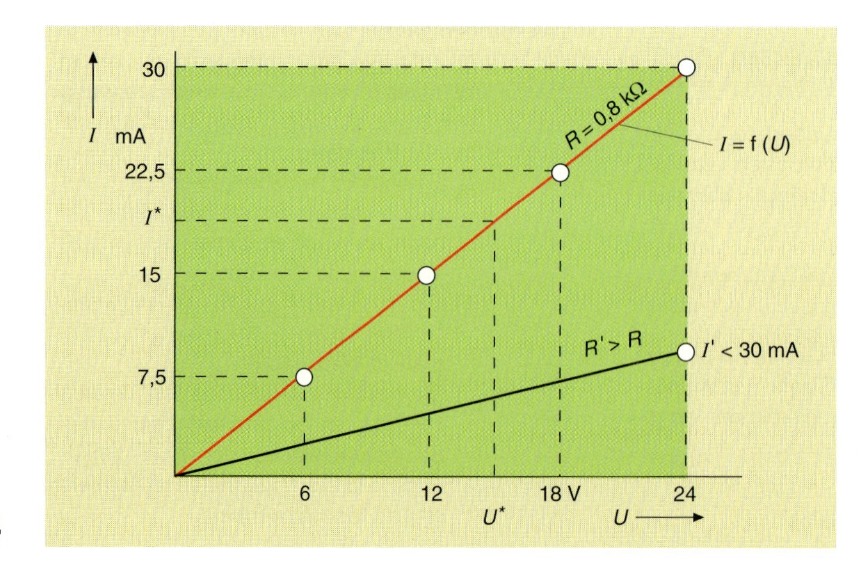

Abb. 3-29
Strom-Spannungskennlinie des Widerstandes

Das Bild der Funktion $U = f(I)$ ist wieder eine Gerade (Abb. 3-30). Beachten Sie, daß in diesem Fall die unabhängige Veränderliche die Stromstärke I ist. Sie muß deshalb im Koordinatensystem auf der Abszisse abgetragen werden. Die Spannungsfälle als unabhängige Veränderliche sind dann die Ordinatenwerte.

In der Abb. 3-30 ist die Widerstandsgerade eines zweiten Bauelementes mit dem Widerstandswert R' eingetragen. Da bei gleicher Stromstärke der Spannungsfall $U' < U^*$ ist, ist im Gegensatz zur Abb. 3-29 der Widerstandswert $R' > R$.

Aus dem oben Dargestellten ist zu erkennen, daß das Ohmsche Gesetz und das Strom-Spannungsverhalten eines Widerstandes eine untrennbare Einheit darstellen. Deshalb ist einzusehen, daß die Funktionsgleichungen $I = \frac{U}{R}$ und $U = I \cdot R$ häufig auch als Ohmsches Gesetz bezeichnet werden.

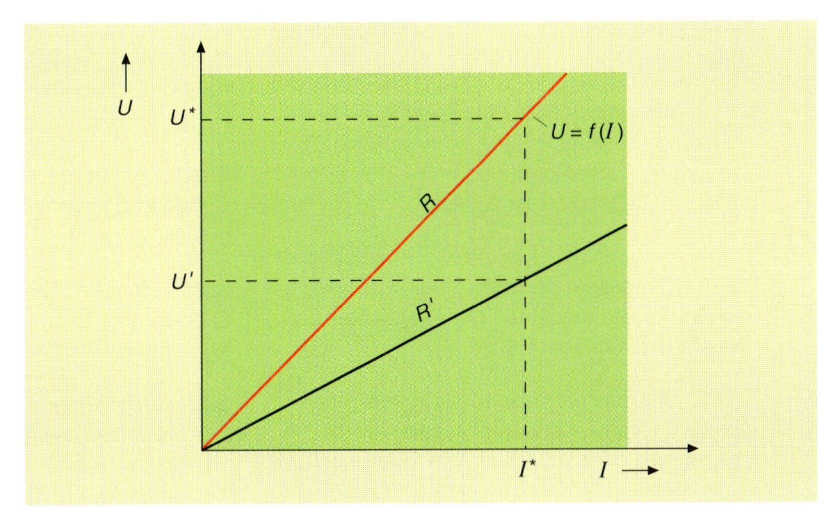

Abb. 3-30
Darstellung der Funktion U = f (I)

AUFGABEN

3.1 In einem Fachtext werden die Wörter „elektrischer Strom“ und „Stromstärke“ verwendet. Worin besteht der Unterschied?

3.2 Wandeln Sie in µA, mA oder A um!

$[I]$ = µA	480 µA	?	?
$[I]$ = mA	?	0,8 mA	?
$[I]$ = A	?	?	1,02 A

3.3 Nennen Sie die Voraussetzungen für das Fließen eines elektrischen Stromes!

3.4 In einem Stromkreis addieren sich die Teilströme I_1 und I_2 zu dem Gesamtstrom I. Berechnen Sie die fehlenden Stromstärken! Wählen Sie die Einheit so, daß der Zahlenwert größer als 1 ist!

I_1	520 mA	?	380 µA
I_2	0,7 A	108 mA	?
I	?	$4 \cdot 10^{-1}$ A	$67 \cdot 10^{-3}$ A

3.5 In welcher Zeit bewegt sich eine Ladungsmenge von 2,39 C durch den Querschnitt eines Leiters, der von 52 mA durchflossen wird?

3.6 Wandeln Sie in Coulomb oder Ampèrestunden um!

$[Q]$ = C	4280 C	?
$[Q]$ = Ah	?	0,06 Ah

3.7 Erläutern Sie am Beispiel einer Schmelzsicherung die Bedeutung der physikalischen Größe „Stromdichte“!

3.8 Beschreiben Sie Bauelemente und Geräte Ihres beruflichen und privaten Umfeldes, die die Wirkungen des elektrischen Stromes nutzen! Werten Sie die Geräte hinsichtlich ihrer Notwendigkeit!

3.9 Welche Bedeutung haben im Zusammenhang mit Stromstärkewerte die Bezeichnungen DC und AC?

AUFGABEN

3.10 Erläutern Sie den Unterschied zwischen Quellenspannung und Spannungsfall!

3.11 Geben Sie die festgelegten Richtungen für Strom, Quellenspannung und Spannungsfall an! Weshalb gibt es keine Richtungsfestlegung für den Widerstand?

3.12 Bestimmen Sie die Potentiale der Punkte A, B und O der Abb. 3-13, wenn der Punkt C als Bezugspunkt (Potentialnullpunkt) gewählt wird!

3.13 Weshalb ist die Übertragung einer relativ großen Leistung über eine größere Entfernung mit einer Spannung von 42 V im Vergleich zu 230 V unwirtschaftlich?

3.14 Untersuchen Sie, ob die Anzeige des Leistungsmessers der Abb. 3-18 sich ändert, wenn er in Stromrichtung gesehen hinter den Widerstand eingebaut wird!

3.15 Die Einheit des spezifischen Widerstandes von Leitermaterialien wird in $\Omega \cdot mm^2/m$ angegeben, da ein Draht als ein geometrischer Körper mit einem Querschnitt von 1 mm^2 und einer Länge von 1 m angesehen wird.

Bei Isolierstoffen wird dagegen als geometrischer Körper ein Würfel mit einer Kantenlänge von 1 cm gewählt, so daß bei einem Querschnitt von 1 cm^2 und einer Länge von 1 cm sich die Einheit des spezifischen Widerstandes in Ω cm ergibt. Der spezifische Widerstand des Erdreiches wird sogar in $\Omega \cdot m$ angegeben (Würfel mit einer Kantenlänge von 1 m). Wandeln Sie zum Vergleich die spezifischen Widerstände der gegebenen Materialien in die fehlenden Einheiten um! Geben Sie die Werte als Zehnerpotenz an!

	Spezifischer Widerstand in		
	$\frac{\Omega \cdot mm^2}{m}$	$\Omega \cdot cm$	$\Omega \cdot m$
Kupfer	0,0178	?	?
Hartpapier	?	$1{,}2 \cdot 10^9$	?
feuchter Sand	?	?	200

3.16 Ein Drahtwiderstand aus Konstantan ($\rho = 0{,}50\ \Omega \cdot mm^2/m$) soll einen Widerstandswert von 1250 Ω aufweisen. Welche Drahtlänge ist erforderlich, wenn als Drahtdurchmesser 0,5 mm gewählt wird?

3.17 Stellen Sie die Berechnungsgleichung des Warmwiderstandes (3-13) nach R_{20}, $\propto$ und $\Delta\,\vartheta$ um!

3.18 Von welchen Faktoren hängt die Leitfähigkeit der Metalle ab?

3.19 Wie werden die Eigenschaften des Kupfers in seiner technischen Anwendung genutzt?

3.20 Geben Sie anhand von Beispielen die Anforderungen an, die an elektrische Kontakte gestellt werden!

3.21 Nennen Sie die Eigenschaften des Silbers, die besonders seinen Einsatz als Kontaktwerkstoff bestimmen!

3.22 Beschreiben Sie den Einsatzbereich technischer Widerstände, und leiten Sie daraus die Anforderungen an die entsprechenden Widerstandswerkstoffe ab!

3.23 Nennen Sie die Kennwerte von Widerstandsbauelementen, und erläutern Sie insbesondere die Bedeutung der Belastbarkeit!

3.24 Worin unterscheiden sich die IEC-Normreihen E 6 und E 12?

3.25 Was versteht man unter dem Strom-Spannungsverhalten eines Widerstandes?

3.26 Es wurde bei einer fachlichen Diskussion behauptet, daß das Produkt der Einheiten Volt x Siemens die Einheit Ampère ergibt. Ist diese Behauptung richtig?

3.27 Zeichnen Sie die Strom-Spannungskennlinie $I = f(U)$ für einen Widerstand von 420 Ω, wenn die Spannung im Bereich von 0 bis 230 V verändert wird!

3.28 Skizzieren Sie den prinzipiellen Verlauf der Strom-Spannungskennlinie einer Glühlampe, wenn Sie berücksichtigen, daß der Wolframdraht der Glühwendel mit zunehmender Spannung sich erwärmt und der Temperaturkoeffizient positiv ist!

Der einfache Stromkreis

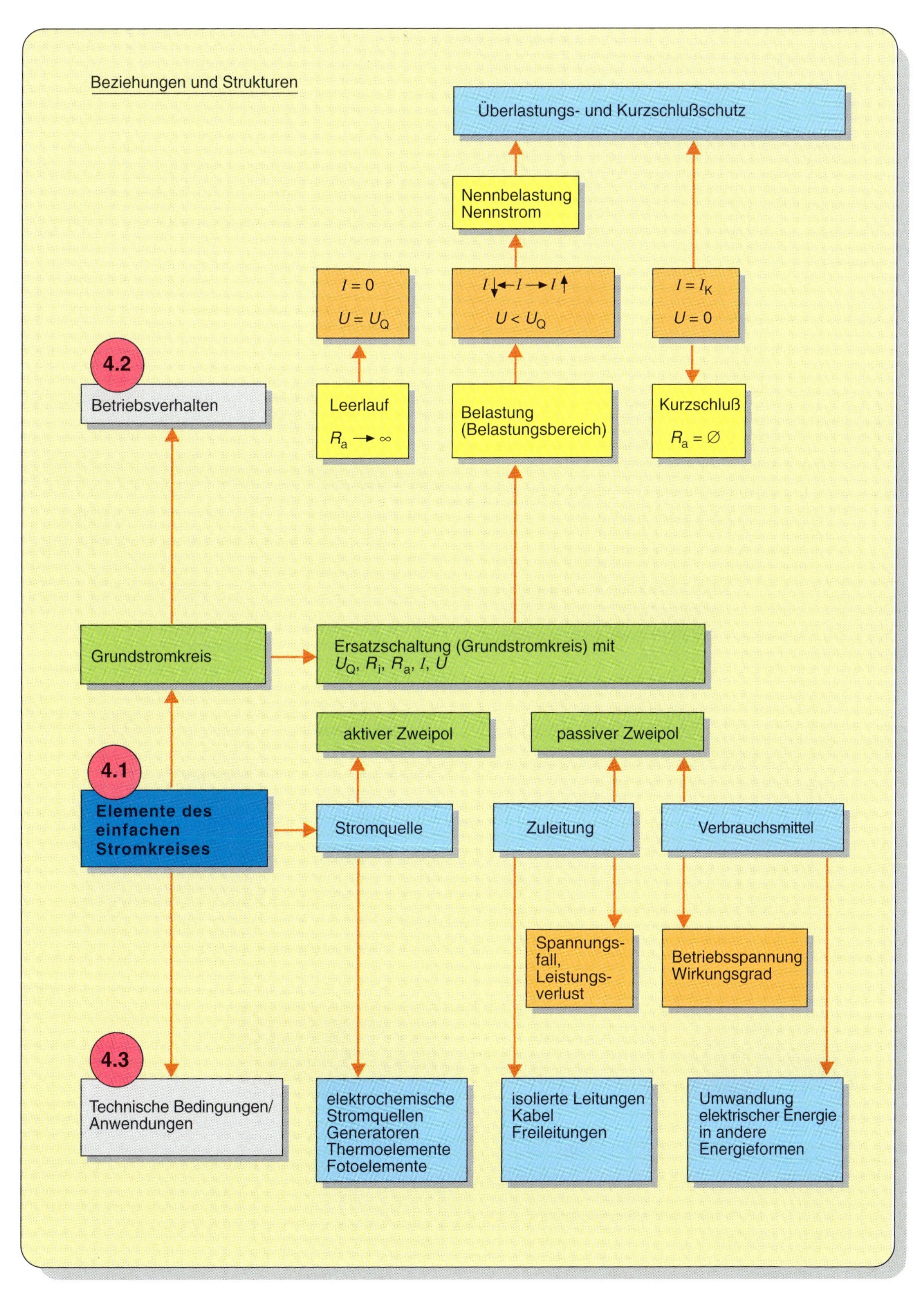

Abb. 4-1 ***Beziehungen und Strukturen***

4.1 Aufbau

Die Elektroenergie ist für den Menschen deshalb so bedeutsam, weil sie sich leicht in andere, gewünschte Energieformen umwandeln läßt. So ist es zum Beispiel möglich, mit Hilfe der elektrischen Energie Wärmeöfen zu betreiben (Wandlung in Wärmeenergie), Räume zu beleuchten (Wandlung in Lichtenergie) oder elektromotorische Antriebe zu verwirklichen (Wandlung in mechanische Energie). Immer bedarf es dazu eines geschlossenen Kreises, in dem die bereitgestellte Elektroenergie an die Stelle ihrer Umwandlung und damit ihrer Nutzbarmachung gelangen kann. Die elektrische Energie hat immer nur eine Mittlerfunktion.

Die elektrische Energie wird in der Stromquelle erzeugt, indem eine gleich große Energiemenge anderer Form (z. B. mechanische Energie) dafür aufgewendet werden muß. Im Verbrauchsmittel wird die Energie in ihrer elektrischen Form verbraucht, wobei dieselbe Energiemenge beispielsweise in Form der Wärmeenergie neu entsteht.

Immer sind es Energiewandlungsprozesse, die sich an den verschiedenen Stellen des Stromkreises abspielen. Es entsteht oder verschwindet keine Energie an sich, sondern es entsteht oder verschwindet Energie in ihrer elektrischen Form.

Im einfachen elektrischen Stromkreis wird die in der Stromquelle erzeugte elektrische Energie über Leitungen einem Verbrauchsmittel (Verbraucher elektrischer Energie) zugeführt.

Elektrische Energie wird vom Erzeuger nur dann zum Verbraucher transportiert, das heißt Strom fließt im Stromkreis nur dann, wenn dieser in allen seinen Teilen mehr oder weniger gut elektrisch leitend ist.

Soll der Energietransport jedoch nur zeitlich begrenzt anhalten, so ist im Stromkreis ein Element vorzusehen, das wahlweise stromdurchlässig ist bzw. stromunterbrechend wirkt (Schalter). Durch sogenannte Überstromschutzeinrichtungen kann man im Stromkreis zu große Ströme vermeiden.

Der einfache elektrische Stromkreis besteht somit mindestens aus folgenden Betriebsmitteln:

Betriebsmittel:	Zweck
Stromquelle:	Erzeugung elektrischer Energie, d. h. Gewinnung aus einer anderen Energieform
Leitungen, Schalter, Überstromschutz-einrichtung	Fortleitung der elektrischen Energie, zeitliche und quantitative Begrenzung
Verbrauchsmittel, z. B. elektrischer Widerstand	Wandlung elektrischer Energie in eine andere Energieform

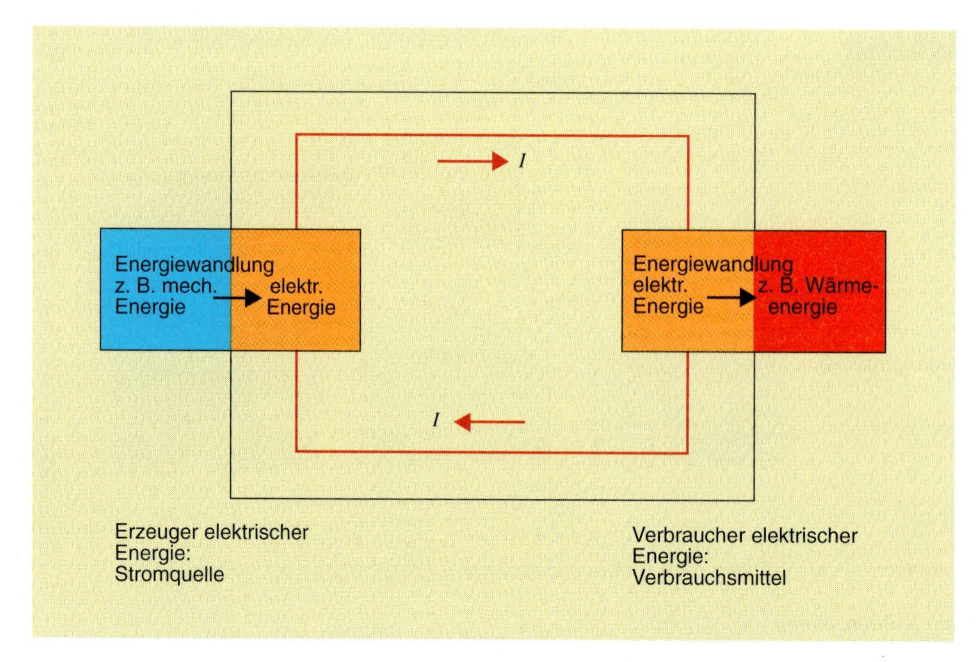

Abb. 4-2
Elektrische Energie als transportfähige Energieform

4.2 Der Grundstromkreis

4.2.1 Größen im Grundstromkreis

Das elektrische Verhalten des einfachen Stromkreises läßt sich mit einer Stromquelle, die durch einen veränderbaren Widerstand belastet ist, darstellen. Auf einen Schalter und eine Überstromschutzeinrichtung kann hierbei verzichtet werden. Der Widerstand der Leitungen, die die Stromquelle mit dem Verbrauchsmittel verbinden, wird dem passiven Teil des Stromkreises zugeordnet.

Das Innere der Stromquelle ist elektrisch leitend, aber nicht widerstandslos. Die Kupferwicklungen eines Generators sind beispielsweise für den Stromdurchgang ebenso ein Widerstand wie der Elektrolyt einer Bleibatterie. Das elektrische Verhalten einer technisch **realen** Stromquelle wird nachgebildet (ersetzt) durch eine **ideale** Stromquelle, die um ihren inneren Widerstand R_i ergänzt wird.

Eine **Ersatzschaltung** besteht aus der Verknüpfung idealer Schaltelemente, die in ihrem Zusammenwirken das reale Verhalten eines Bauelementes, einer Baugruppe oder eines Gerätes widerspiegeln.

Abb. 4-3 zeigt den so gewonnenen Grundstromkreis. Der im „äußeren Teil" des Stromkreises liegende Lastwiderstand wird mit R_a bezeichnet. Zwischen den Klemmen A und B der Stromquelle und damit gleichzeitig über dem Lastwiderstand liegt die Klemmenspannung U.

Es erscheint der Hinweis erwähnenswert, daß die in Schaltplänen verwendeten Symbole (Schaltzeichen) das jeweilige Schaltelement darstellen, häufig aber auch auf eine zugehörige charakteristische elektrische Größe verweisen. So ist mit dem Schaltelement der Stromquelle eine bestimmte Quellenspannung verbunden, hinter dem Schaltelement Widerstand verbirgt sich immer ein bestimmter Widerstandswert.

Die im Grundstromkreis gewandelte elektrische Energie ist gleich der zugeführten elektrischen Energie:

$$W_{ab} = W_{zu}$$
$$U \cdot I \cdot t + U_i \cdot I \cdot t = U_Q \cdot I \cdot t$$
$$U + U_i = U_Q$$

oder

$$U = U_Q - U_i$$

Mit $U_i = I \cdot R_i$ folgt für die Spannung an den Klemmen

$$U = U_Q - I \cdot R_i \qquad \text{4-1}$$

Diese Gleichung formuliert die Spannungsverhältnisse für die belastete Stromquelle (**aktiver Teil** des Grundstromkreises).

Für den stromdurchflossenen Lastwiderstand im passiven Stromkreisteil kann die Klemmenspannung auch so beschrieben werden:

$$U = I \cdot R_a \qquad \text{4-2}$$

Durch Gleichsetzen erhält man

$$I \cdot R_a = U_Q - I \cdot R_i$$
$$I\,(R_a + R_i) = U_Q$$

$$I = \frac{U_Q}{R_i + R_a} \qquad \text{4-3}$$

Der Strom wird von der Quellenspannung angetrieben und von der Summe der Widerstände im Stromkreis begrenzt.

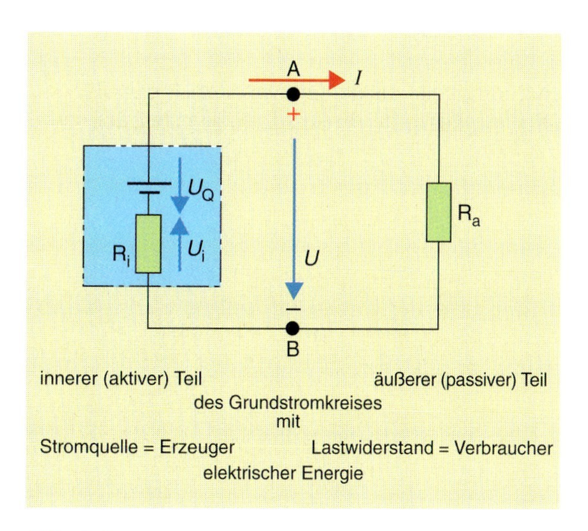

Abb. 4-3 ***Grundstromkreis***

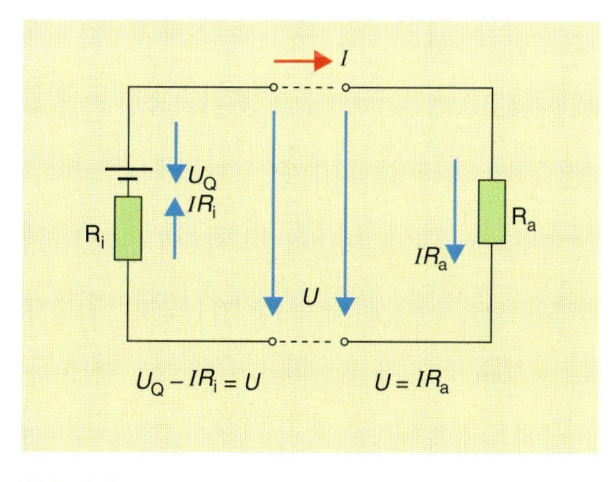

Abb. 4-4 ***Grundstromkreis, aufgetrennt***

Die für den Grundstromkreis abgeleiteten Beziehungen für den Strom und die Klemmenspannung lassen erkennen: Mit Abnahme des Lastwiderstandes R_a nimmt die Stromstärke zu, während gleichzeitig die Klemmenspannung sinkt.

Die Klemmenspannung an jeder Stromquelle nimmt mit zunehmender Strombelastung ab.

4.2.2 Betriebszustände des Grundstromkreises

Die Daten einer Stromquelle seien $U_Q = 12$ V und $R_i = 2\ \Omega$. Der Lastwiderstand R_a sei einstellbar. Im Stromkreis ergeben sich die folgenden elektrischen Verhältnisse:

R_a / Ω	∞	10	5	4	3	2	1	0
I / A	0	1	1,7	2	2,4	3	4	6
U / V	12	10	8,5	8	7,2	6	4	0

Im Strom„kreis" mit der unbelasteten, leer laufenden Stromquelle fließt kein Strom. Folglich fällt über dem Innenwiderstand R_i keine Spannung ab, so daß die gesamte Quellenspannung an den Klemmen anliegt.

Die im Leerlauf auftretende Klemmenspannung U_0 ist gleich der Quellenspannung U_Q.

Nimmt der Lastwiderstand den Wert 0 an, d. h. werden die Klemmen der Stromquelle widerstandslos überbrückt, dann fließt im Stromkreis der maximal mögliche Strom. Er wird lediglich durch den Innenwiderstand R_i begrenzt.

Bei einem Kurzschluß fließt im Stromkreis der höchste Strom.

Der hohe **Kurzschlußstrom** belastet sowohl die Stromquelle als auch die Leitung in meist unzulässiger Weise. Es ist deshalb erforderlich, in Stromkreisen zusätzliche Elemente einzubauen, die den Kurzschlußstrom in kürzester Zeit unterbrechen. Darüber hinaus sollten diese Elemente den Stromkreis auch vor länger andauerndem **Überstrom** schützen.

Stromkreise sind vor Kurzschluß und Überlast durch Überstromschutzorgane zu schützen.

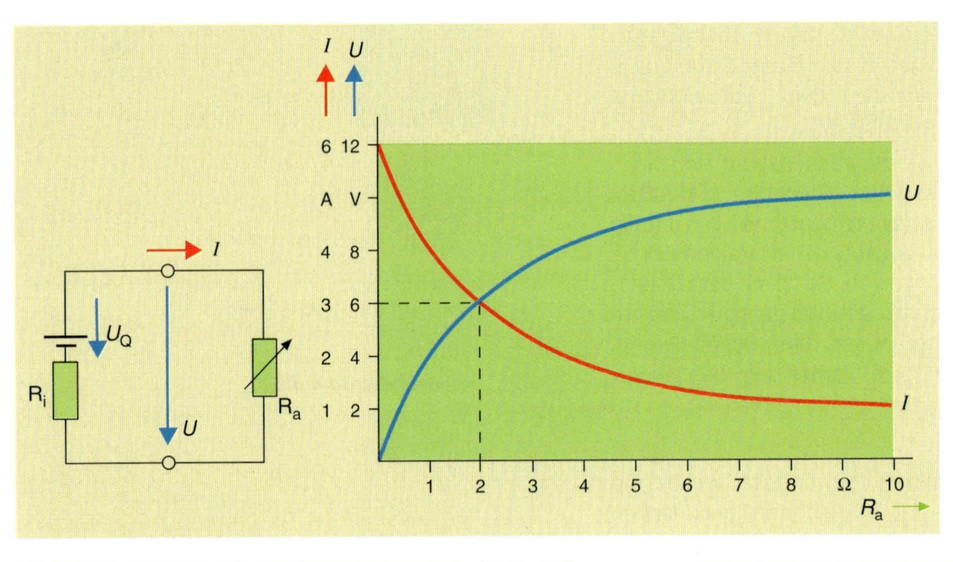

Abb. 4-5
Verlauf von Strom und Klemmenspannung in Abhängigkeit vom Lastwiderstand

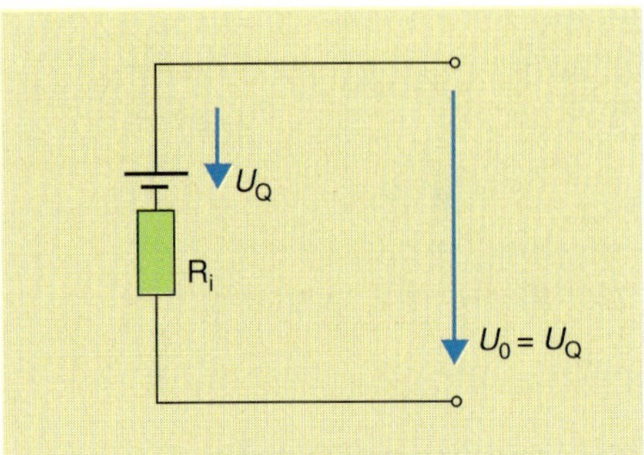

Abb. 4-6
Grundstromkreis im Leerlauf

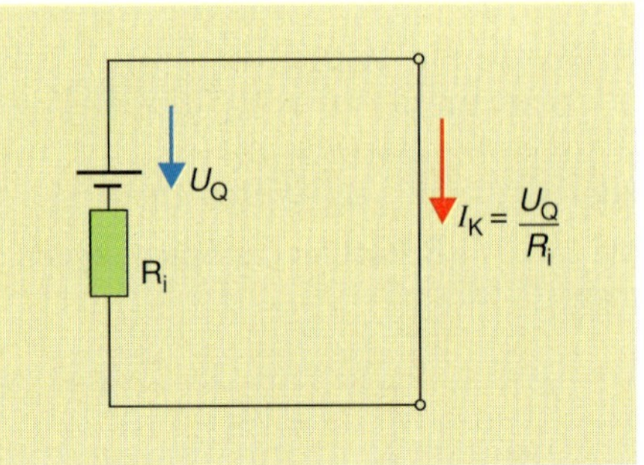

Abb. 4-7
Grundstromkreis im Kurzschluß

Im Grundstromkreis sind passiver und aktiver Teil miteinander verknüpft. Beide Teile sind voneinander abhängig. Strom und Klemmenspannung sind immer Ausdruck eines sich einstellenden Gleichgewichtszustandes, der durch die Größen U_Q, R_i und R_a vorgegeben wird.

Die Geraden im Abb 4-8 sind die grafische Darstellung der Gleichungen für die Klemmenspannung mit den Parametern $R_i = 2\ \Omega$ und $R_a = 4\ \Omega$. Der Schnittpunkt der beiden Geraden, der sich bei 2 A; 8 V einstellt, ist die grafische Lösung dieses Gleichungssystems.

Für andere Lastwiderstände ergeben sich andere Strom-Spannungs-Zusammengehörigkeiten: Für größere Widerstände R_a steigt die Gerade $U = I \cdot R_a$ mehr und schwenkt in Richtung Leerlauf. Für kleinere Lastwiderstände ist der Anstieg der Geraden geringer, das Wertepaar U, I verschiebt sich in Richtung des Kurzschlußpunktes.

Jede Stromquelle und jeder Verbraucher ist für bestimmte elektrische Daten ausgelegt. Sowohl an der Stromquelle als auch am Lastwiderstand sollen sich diese vorbestimmten **Nennbedingungen** einstellen.

Nennbedingungen liegen dann vor, wenn an den Klemmen die (Nenn-)Betriebsspannung liegt, der Nennstrom fließt und folglich die gewünschte Nennleistung erzeugt (Stromquelle) bzw. verbraucht (Lastwiderstand) wird.

Vergleicht man zwei Stromquellen mit gleicher Quellenspannung, aber unterschiedlichem Innenwiderstand miteinander, dann zeigt sich: Bei Lastschwankungen hält die Stromquelle mit sehr kleinem Innenwiderstand die Klemmenspannung fast konstant. Von Spannungserzeugern in Netzen der Elektrizitätsversorgung beispielsweise erwartet man ein solches **spannungshartes Verhalten.**

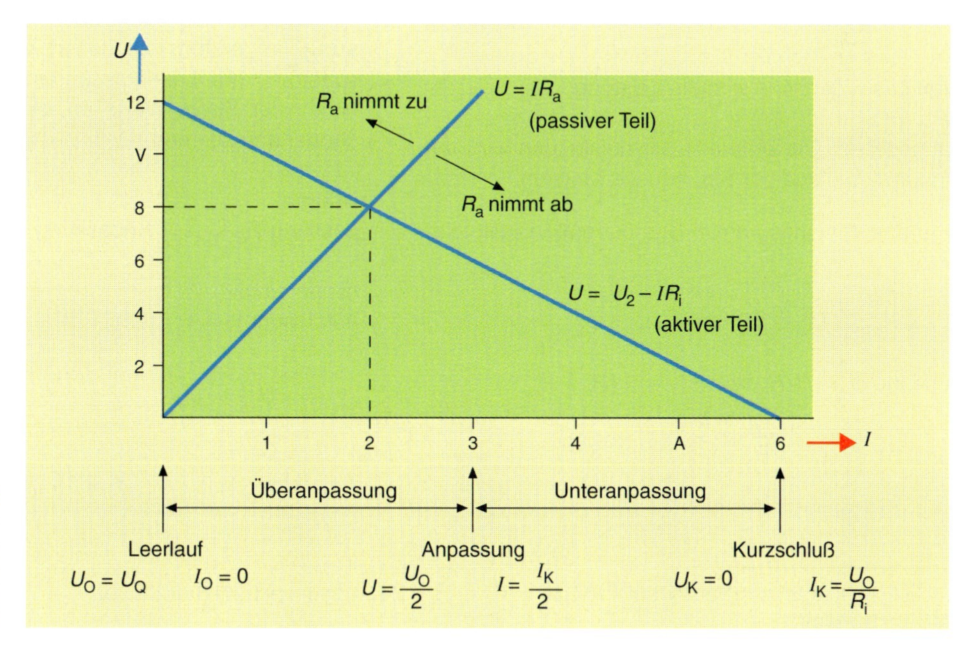

Abb. 4-8
Strom-Spannungs-Verhalten mit aktivem und passivem Teil

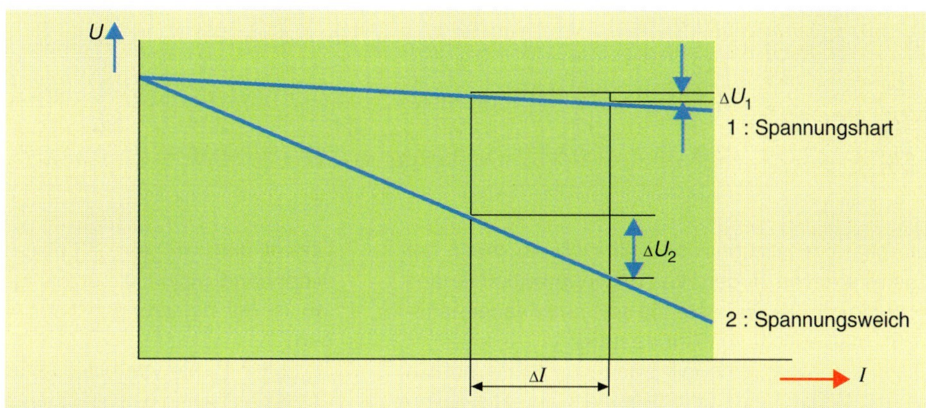

Abb. 4-9
Stromquellen mit $R_{i1} < R_{i2}$

Eine Stromquelle mit großem Innenwiderstand hingegen läßt bei Lastzunahme eine starke Spannungsabsenkung an den Klemmen erkennen. Die Klemmenspannung gibt der Last nach, ihr Verlauf ist **spannungsweich.** Möglicherweise belastet ein auftretender Kurzschlußstrom diese Stromquelle nicht übermäßig, so daß sie als **kurzschlußfest** gelten kann.

Elektro-Schweißgeräte z. B. werden (annähernd) im Kurzschluß betrieben. Für sie gilt ein solches Strom-Spannungs-Verhalten.

4.2.3 Leistungsbetrachtungen am Grundstromkreis

Im Stromkreis wird eine bestimmte elektrische Energie pro Zeiteinheit transportiert. Die Stromquelle gibt an den Lastwiderstand folglich eine Leistung ab.

Die von der Stromquelle dem Stromkreis zugeführte Leistung ist

$P_{zu} = U_Q \cdot I$

Am Lastwiderstand wird die Leistung

$P_{ab} = U \cdot I$

abgegeben. Die Differenz der Leistungen wird am Innenwiderstand der Stromquelle wirksam.

Für den Wirkungsgrad im Grundstromkreis gilt folglich:

$$\eta = \frac{P_{ab}}{P_{zu}} = \frac{U \cdot I}{U_Q \cdot I}$$

und mit $U = I \cdot R_a$ bzw. $U_Q = I\,(R_a + R_i$

$$\eta = \frac{R_a}{R_a + R_i} \qquad \textbf{4-4}$$

menspannung sinkt auf die Hälfte der Leerlaufspannung ab.

Da die Widerstandssumme das Doppelte des Innenwiderstandes ausmacht, beträgt die Stromstärke bei diesem Belastungsfall 50% der Kurzschlußstromstärke.

Bei Anpassung nehmen Strom und Klemmenspannung die halben Maximalwerte an.

Wenn die Werte des Lastwiderstandes und des Innenwiderstandes übereinstimmen, ist die an den Lastwiderstand abgegebene Leistung am größten. Dabei beträgt sie nur die Hälfte der von der Stromquelle bereitgestellten Leistung. Die andere Hälfte wird am Innenwiderstand wirksam.

Die größtmögliche Leistung am Lastwiderstand wird bei Anpassung umgesetzt. Der dabei auftretende Wirkungsgrad ist $\eta = 50\ \%$.

Stimmen die Beträge von R_a und R_i nicht überein, so spricht man auch von **Über- bzw. Unteranpassung.** Im ersten Fall nähert sich die Klemmenspannung der Leerlaufspannung, im zweiten Fall nimmt der Strom Werte an, die dem Kurzschlußstrom nahekommen.

Überanpassung $R_a \uparrow$	Anpassung	$R_a \downarrow$ Unteranpassung
(Spannungsanpassung) $\longrightarrow$	$R_a = R_i$	$\longleftarrow$ (Stromanpassung)
$U\uparrow \rightarrow U_0$	$U = \frac{U_0}{2}$	$U\downarrow \rightarrow 0$
$I\downarrow \rightarrow 0$	$I = \frac{I_K}{2}$	$I\uparrow \rightarrow I_K$

Die Aussagen zur Stromquelle mit $U_a = 12$ V, $R_i = 2\ \Omega$ lassen sich jetzt ergänzen.

R_a / Ω	∞	10	5	4	3	2	1	0
I / A	0	1	1,7	2	2,4	3	4	6
U / V	12	10	8,5	8	7,2	6	4	0
P_{ab} / W	0	10	14,4	16	17,3	18	16	0
P_{zu} / W	0	12	20,4	24	28,8	36	48	72
η	1	0,83	0,71	0,67	0,6	0,5	0,33	0

Ein charakteristischer Fall stellt sich ein, wenn der Lastwiderstand R_a den Wert des Innenwiderstandes R_i annimmt. Die Widerstände sind aneinander angepaßt, man spricht von **Anpassung:**

Die Quellenspannung teilt sich je zur Hälfte auf die beiden Widerstände im Stromkreis auf. Die Klem-

Überall dort, wo geringe Leistungsbeträge am Lastwiderstand maximal nutzbar gemacht werden sollen, ist der Belastungsfall der Anpassung anzustreben.

So soll z. B. die von einer Antenne aufgenommene Leistung ebenso wie die in einem Mikrophon bereit-

gestellte elektrische Leistung am Verbraucher maximal wirksam werden.
Die – absolut betrachtet – niedrigen Verluste sind dabei wenig bedeutungsvoll. Der Wirkungsgrad spielt hierbei also keine Rolle.
In Elektrizitätsversorgungssystemen wäre es unverantwortlich, in der Nähe des Anpassungsfalles zu arbeiten. Die Hälfte der erzeugten Energie würde in nutzlose Wärmeenergie umgewandelt. Man stelle sich die wirtschaftlichen Dimensionen dieser Verluste vor!

Hier kommt es darauf an, möglichst die ganze erzeugte Leistung dem Lastwiderstand zur Verfügung zu stellen. Es geht um einen hohen Wirkungsgrad, der nahe $\eta = 1$ liegen soll. Der Lastwiderstand muß also viel größer als der Innenwiderstand sein.

In der Energietechnik arbeiten die Stromkreise im Bereich starker Überanpassung. Die dabei erreichbaren Wirkungsgrade liegen nahe $\eta = 1$.

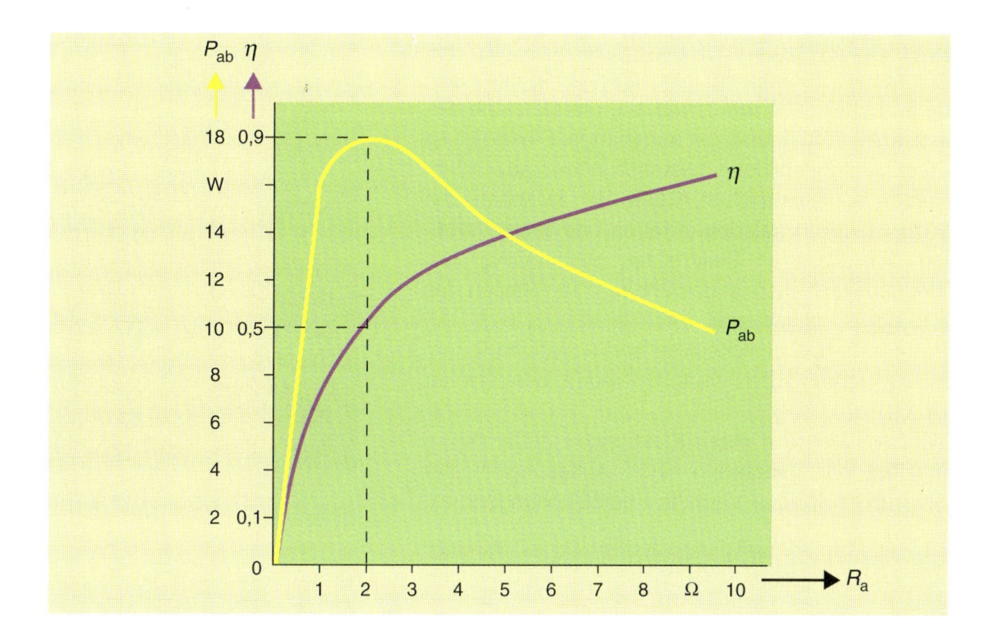

Abb. 4-10
Leistung am Lastwiderstand sowie Wirkungsgrad in Abhängigkeit vom Lastwiderstand

4.3 Die technischen Ausführungen der Stromkreisteile

4.3.1 Stromquellen

Die Spannungserzeugung in der Stromquelle

In einer Stromquelle werden elektrische Ladungen voneinander getrennt. Dazu ist Energie erforderlich. An der einen Klemme der Stromquelle entsteht Elektronenüberschuß (negativer Pol), an der anderen Klemme Elektronenmangel (positiver Pol). Zwischen den getrennten Ladungen und damit zwischen den beiden Klemmen existiert dann eine elektrische Spannung.

Die Stromquelle ist das Element des Stromkreises, in dem unter Energieaufwand eine Spannung erzeugt wird.

Die Spannung dieser (Strom-)Quelle heißt Quellenspannung.

Diese ist Stromantrieb, also Ursache für den Stromfluß. (Früher wurde diese Spannung häufig als ursächliche Spannung oder Urspannung bezeichnet.)
Anstelle des genormten Begriffes der Stromquelle findet man oft die Begriffe Energiequelle oder Spannungsquelle.
Die Energie, die der Ladungstrennung dient und damit die Quellenspannung entstehen läßt, kann von verschiedener Art sein:
Im galvanischen Element zum Beispiel ist es chemische Energie, im Generator hingegen mechanische Energie. Auch Wärmeenergie und die Energie des Lichtes können Ausgangspunkt für die Spannungserzeugung sein.

Eine Stromquelle wandelt nichtelektrische in elektrische Energie um.

Elektrochemische Stromquellen
Elektrochemische Grundlagen

Viele Stromkreise werden mit **elektrochemischen Stromquellen** betrieben. Bewegliche Geräte, wie Uhren oder einfache Rundfunkempfänger, werden so mit Spannung versorgt. Kraftfahrzeuge besitzen ein Bordnetz, das mit einer solchen Stromquelle ausgestattet ist. Elektrochemische Stromquellen sind immer dann erforderlich, wenn die zu versorgende elektrische Anlage nicht an das zentrale Energieversorgungsnetz angebunden werden kann.

Werden Säuren, Laugen oder deren Salze mit Wasser in Verbindung gebracht, so spalten sich deren Moleküle in ihre Ionen auf, die Moleküle dissoziieren. Die Lösung, der sogenannte Elektrolyt, ist durch die Ionenbildung elektrisch leitend geworden. Wegen der elektrischen Kräfte, die zwischen den unterschiedlich geladenen Ionen bestehen, verteilen sich diese im Elektrolyten gleichmäßig. Die Ionenkonzentration ist deshalb an allen Stellen des Elektrolyten gleich groß.

Das Bestreben der positiven und negativen Ionen, sich gleichmäßig zu verteilen, heißt osmotischer Druck.

Wird ein Metall in einen Elektrolyten getaucht, so entsteht das Bestreben nach Auflösung in der Flüssigkeit. Dieses Verhalten heißt Lösungsdruck.

Lösungsdruck und osmotischer Druck wirken einander entgegen.

Ist der Lösungsdruck größer als der osmotische Druck, gehen Metallionen in Lösung. Überwiegt der osmotische Druck gegenüber dem Lösungsdruck, so lagern sich Ionen aus dem Elektrolyten am Metall an.

Durch den **Ionenübertritt** wird in jedem Fall das ursprüngliche Gleichgewicht gestört. Das Metall nimmt entweder eine positive und der Elektrolyt eine negative Ladung an, oder es stellen sich die umgekehrten Verhältnisse ein. In jedem Fall entsteht zwischen Elektrolyt und Metall eine Spannung.

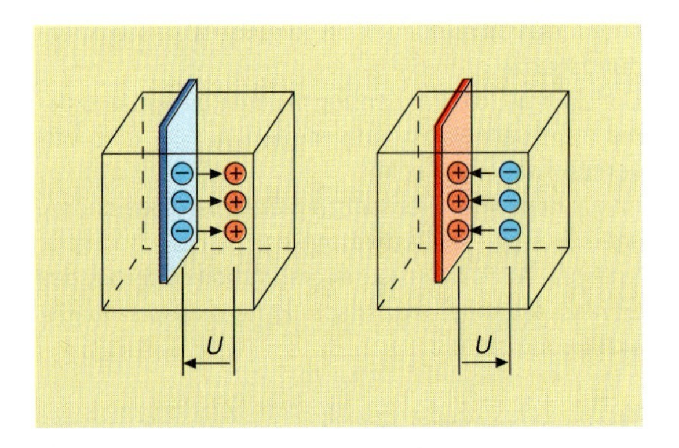

Abb. 4-11 *Entstehung einer Spannung*

Unterschiedliche Metalle, die in einen Elektrolyten getaucht werden, rufen unterschiedliche Spannungen hervor. Gegenüber einer Bezugselektrode, einem mit Wasserstoffmolekülen besetzten Platinblech („Normal-Wasserstoff-Elektrode"), ergibt sich die sogenannte **elektrochemische Spannungsreihe.**

Werkstoff	Potential in V
Lithium	– 3,04
Kalium	– 2,93
Natrium	– 2,71 „unedle" Metalle
Aluminium	– 1,66
Mangan	– 1,07
Zink	– 0,76
Eisen	– 0,45
Cadmium	– 0,40
Nickel	– 0,26
Blei	– 0,13
Wasserstoff	± 0,00
Kupfer	+ 0,34
Kohle	+ 0,74 „edle" Metalle und Kohle
Silber	+ 0,80
Quecksilber	+ 0,85
Platin	+ 1,20
Gold	+ 1,50

Tab. 4-1 *Elektrochemische Spannungsreihe*

Unedle Metalle haben gegenüber Wasserstoff ein negatives, edle Metalle und Kohle ein positives elektrisches Potential.

Mit Hilfe dieser Spannungsreihe kann man die Quellenspannung, die Potentialdifferenz zwischen zwei Stoffen, ermitteln. Das folgende Beispiel zeigt das:

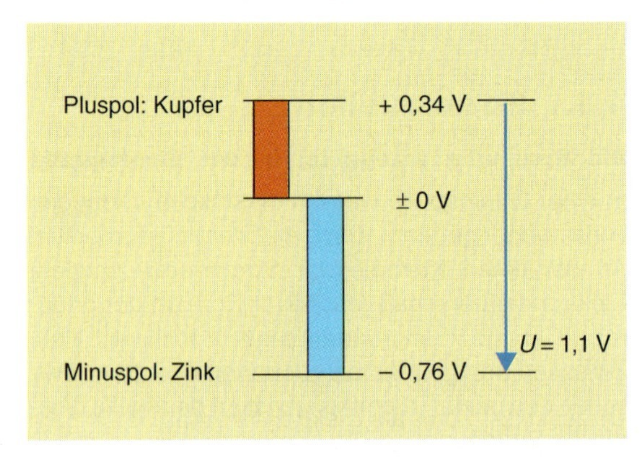

Abb. 4-12 *Ermittlung der Quellenspannung an einer Zink-Kupfer-Kombination*

Befinden sich zwei Elektroden aus verschiedenen Werkstoffen in einem Elektrolyten, so entsteht zwischen den Elektroden eine Spannung.

Elektroden sind die Pole des so entstandenen galvanischen* Elementes. Der Elektrolyt, eine verdünnte Säure oder Lauge, ist die elektrisch leitende Flüssigkeit zwischen den Elektroden.

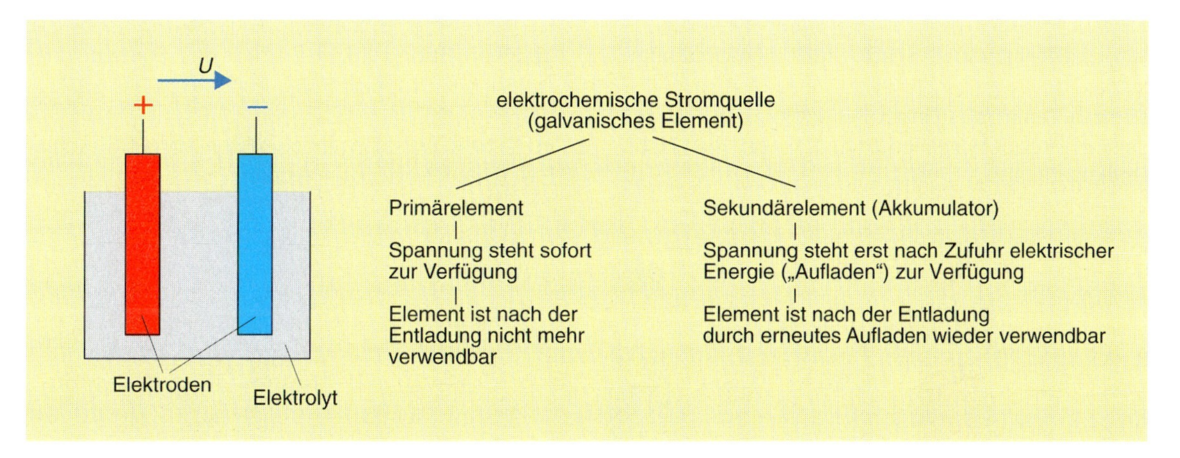

Abb. 4-13 ***Einteilung galvanischer Elemente***

Häufig werden mehrere Elemente zu einer sogenannten Batterie zusammengeschaltet. Dadurch wird entweder die Quellenspannung der Stromquelle oder ihre Strombelastbarkeit erhöht.

Alle galvanischen Elemente besitzen umweltschädliche Stoffe wie Säuren, Laugen oder Schwermetalle. Diese Elemente müssen deshalb nach Ablauf ihrer Nutzungdauer umweltgerecht entsorgt werden.

Primärelemente

Primärelemente sind solche galvanischen Elemente, die aufgrund ihres mechanischen und chemischen Aufbaus sofort elektrische Energie abgeben können.

Eine der beiden Elektroden ist meist gleichzeitig äußere Hülle dieses Elementes, die den Elektrolyten beinhaltet. Dieser ist bei den Primärelementen eingedickt, so daß man auch von sogenannten „Trockenelementen" spricht.

Die am häufigsten anzutreffenden Primärelemente besitzen Zink und Mangandioxid (Braunstein) als Elektroden sowie Ammoniumchlorid (Salmiak) in eingedickter Form als Elektrolyten. Abb. 4-14 zeigt den Aufbau dieses Elementes in seiner klassischen Form, der Rundzelle.

Der Zinkbecher ist Minuspol der Stromquelle. Braunstein ist die eigentlich positive Elektrode, die über den Kohlestift als Pluspol nach außen angeschlossen ist.

Das Element wird nach seinem Aufbau als Zink-Braunstein-Element oder Zink-Kohle-Element bezeichnet; nach seinem Entdecker heißt es auch Leclanché**-Element.

Beim Betreiben dieser Stromquelle im Stromkreis wird der Zinkbecher nach und nach chemisch zerstört, so daß der ätzende Elektrolyt aus dem Element heraustreten kann. Hierdurch könnten benachbarte Teile Schaden erleiden.

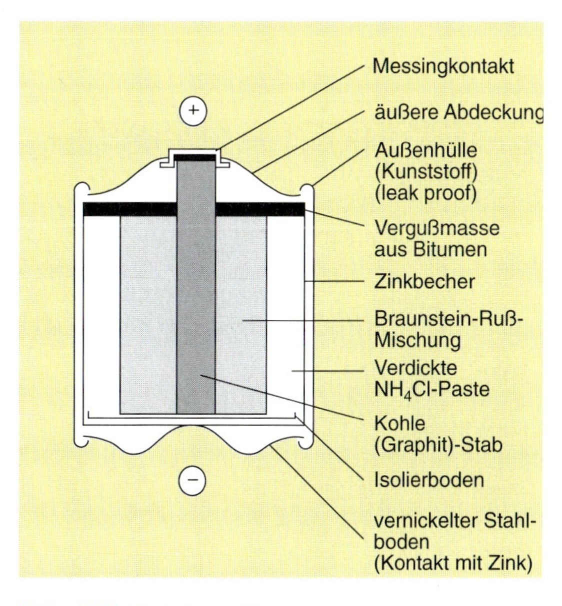

Abb. 4-14 ***Zink-Kohle-Element***

* Galvani, Luigi: Italienischer Arzt und Naturforscher 1737–1798

** Leclanché, Georges: französischer Chemiker, 1839–1882

Verbrauchte Zink-Kohle-Elemente, die gegen Auslaufen nicht gesichert sind, müssen umgehend ausgebaut und umweltgerecht entsorgt werden.

Auslaufsicherheit erreicht man durch eine zusätzliche, allseitig abgedichtete Stahlblech-Ummantelung.
Beim Betreiben des Zink-Kohle-Elementes, also bei seinem Entladen, spielen sich folgende chemische Reaktionen ab:

Der Begriff der **Kapazität** Q wurde als Maß für das Speichervermögen des Elementes eingeführt; es gilt:
$Q = I_m \cdot t$, I_m: mittlerer Entladestrom

Bei langsamer Entladung, d. h. bei Entladung mit geringen Stromstärken, verfügt das Element über eine höhere Kapazität (vgl. Abb. 4-15).

In Tabelle 4-2 sind einige Daten von Zink-Kohle-Elementen zusammengestellt.

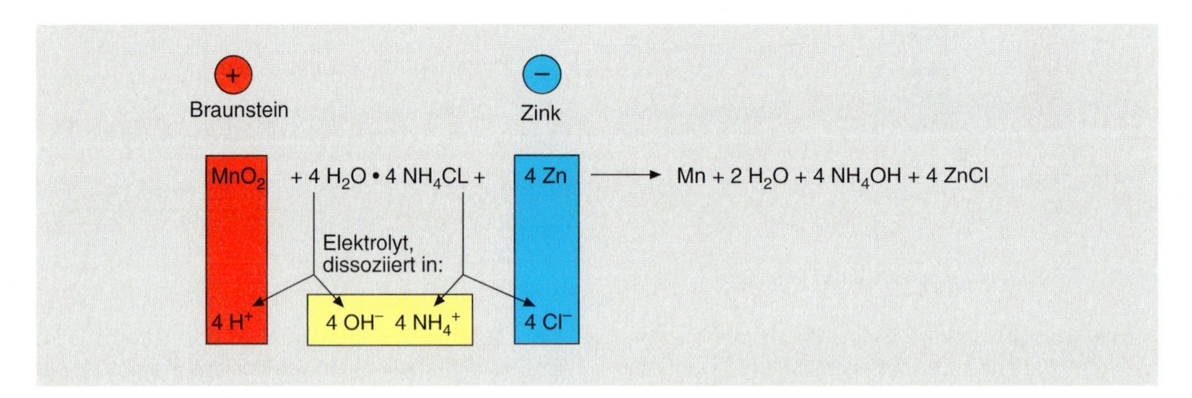

Braunstein reagiert mit den H-Ionen und verhindert den Überzug des Kohlestiftes mit isolierenden Wasserstoffmolekülen, der das Element unbrauchbar machen würde. Das Metalloxid wirkt somit gleichzeitig als Depolarisator.

Als Nennspannung gilt für das Zink-Kohle-Element der Wert von 1,5 V, obwohl die Klemmenspannung vor der ersten Benutzung etwas darüber liegt. Die Lebensdauer gilt dann als beendet, wenn der Spannungswert nur noch die Hälfte des ursprünglichen beträgt.

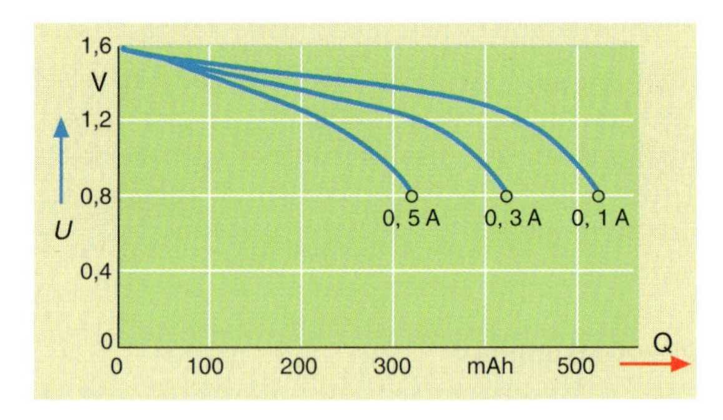

Abb. 4-15 ***Kapazität eines Zink-Kohle-Elementes bei verschiedenen Entlade-Stromstärken***

Handelsbezeichnung	IEC-Norm-Bezeichnung	Abmessungen				Nennspannung	mittlere Arbeitsspannung	Belastungsstrom 2…4 Stunden pro Tag	Kapazität beim angegebenen Belastungsstrom Zink-Kohle
		d in mm	l in mm	b in mm	h in mm	U_N in V	U_m in V	I in mA	Q in mAh
Lady	R 1	12	–	–	30	1,5	1,2	ca. 4	400
Micro	R 03	10,5	–	–	40,5	1,5	1,2	ca. 4	370
Mignon	R 6	14,5	–	–	50,5	1,5	1,2	ca. 30	1000
Baby	R 14	26	–	–	50	1,5	1,2	ca. 30	2600
Mono	R 20	34	–	–	61,5	1,5	1,2	ca. 60	5800
Normal	3 R 12	–	62	22	67	4,5	3,6	ca. 50	1600
Energieblock	6 F 22	–	26,5	17,5	48,5	9	7,5	ca. 9	380

Tab. 4-2 ***Daten verschiedener Zink-Kohle-Elemente***

Sekundärelemente

Für viele Einsatzbereiche sind Primärelemente wegen ihrer relativ geringen Kapazität ungeeignet. Außerdem sind sie, einen längeren Zeitraum betrachtet, recht teuer, weil sie nach jedem Entladen durch neue ersetzt werden müssen.
Wieder aufladbare galvanische Elemente haben meist größere Kapazitätswerte und sind trotz ihres höheren Anschaffungspreises auf die Dauer kostengünstiger.

Sekundärelemente, auch Akkumulatoren oder Sammler genannt, sind galvanische Elemente, die nach ihrer Entladung erneut aufgeladen und wieder verwendet werden könne.

Bleiakkumulatoren

Die geladene Akkumulatorenzelle enthält Bleidioxid (PbO_2) als positive Elektrode; die negative Elektrode besteht aus Blei (Pb).

Der Elektrolyt ist verdünnte Schwefelsäure (H_2SO_4). Die Nennspannung einer Zelle beträgt 2 V. Durch Zusammenschaltung mehrerer Zellen lassen sich höhere Spannungswerte erzielen. Wird die Akkumulatorzelle belastet, fließt Strom, der die Zelle entlädt. Folgende chemische Veränderungen spielen sich ab:

Beim Entladen sinkt die Zellenspannung. Bei 1,8 V gilt die Zelle als entladen. Schwefelsäure aus dem Elektrolyten wird gebunden, und Wasser wird gleichzeitig gebildet.

Beim Entladen eines Bleiakkumulators sinken sowohl die Zellenspannung als auch die Konzentration der Säure (Säuredichte).

Durch Laden können die Entladevorgänge wieder rückgängig gemacht werden. Hierzu wird der Akkumulator an eine äußere Stromquelle so angeschlossen, daß beide Pluspole und beide Minuspole miteinander verbunden werden.
Innerhalb der Zelle des Bleiakkumulators erfolgen chemische Reaktionen, die die Umkehr der Entladevorgänge sind.

Beim Laden wird die Zellenspannung größer, die Säurekonzentration des Akkumulators steigt.

Bei einer Normalladung wird der Ladestrom so eingestellt, daß der Akkumulator in etwa 10 Stunden aufgeladen ist. Dabei kann die Zellenspannung bis auf 2,7 V ansteigen. Ab 2,4 V etwa wird das Wasser, mit dem die Schwefelsäure verdünnt ist, „zersetzt“; die Zelle beginnt zu „gasen“. Es entstehen Wasserstoff und Sauerstoff, die ein hochexplosives Gasgemisch (Knallgas) bilden.

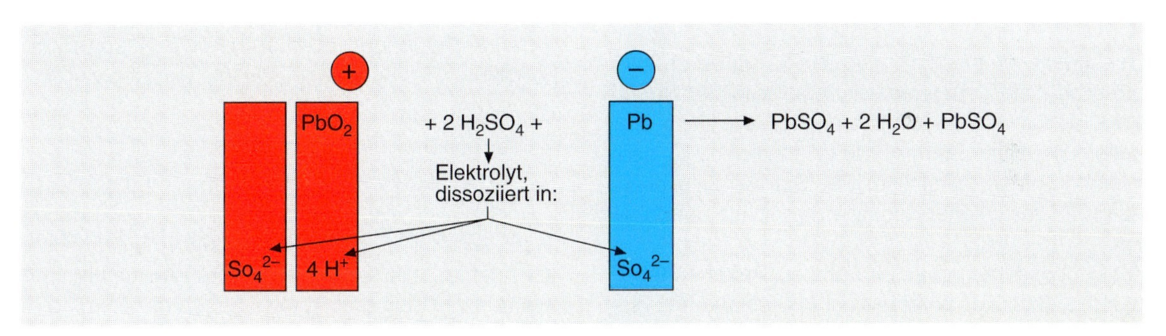

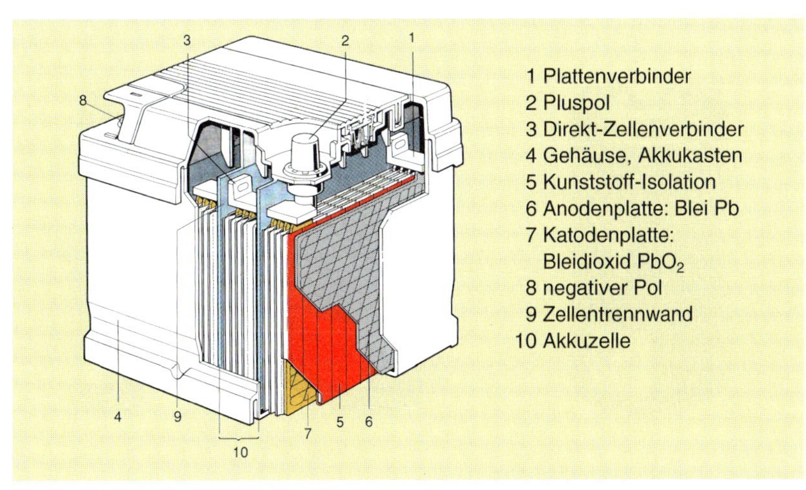

Abb. 4-16
Bleibatterie 12 V, bestehend aus 6 Zellen

Vor dem Laden sind die Verschlüsse der Akkumulatorenzellen zu öffnen, damit sich bildende Gase entweichen können. Wegen der Gefahr der Knallgasbildung sind Feuer und offenes Licht zu vermeiden. Akkumulatoren-Räume sind gut zu belüften. Der Ladezustand von Bleiakkumulatoren kann durch Messung der Zellenspannung (mit Spannungs-Meßgerät) oder der Säuredichte (mit einer Senkwaage, einem sogenannten Aräometer) festgestellt werden:

	geladen	ungeladen
Quellenspannung in V	2,1	1,8
Säuredichte in $\frac{kg}{dm^3}$	1,28	1,18

Wartungsfreie Akkumulatoren benötigen neben der äußeren Pflege und der Kontrolle des Ladezustandes keine weiteren Maßnahmen.
Sonst erfordern Bleiakkumulatoren regelmäßige Pflege. Ganz wichtig ist, daß entladene Zellen umgehend wieder aufgeladen werden. Fehlender Elektrolyt, meist durch „Gasen" hervorgerufen, ist vor Ladebeginn mit dem Zusetzen von destilliertem (reinem) Wasser auszugleichen. Die Anschlußklemmen sind stets durch Polfett vor Korrosion zu schützen, um so ein widerstandsloses Anklemmen der Leitungen zu garantieren.

Besonders empfindlich reagieren Bleiakkumulatoren auf tiefe Temperaturen, ihre Kapazität nimmt erheblich ab. Viele Kraftfahrer mußten diese Erscheinung beim Starten ihres Fahrzeuges in den Wintermonaten feststellen: Der Startversuch blieb aufgrund gesunkener Kapazität ihrer Batterie erfolglos.
Als Lebensdauer gelten für Fahrzeugbatterien 2 bis 5 Jahre. Stationär untergebrachte Bleibatterien, die zum Beispiel als Stromquellen in Ersatzstrom-Versorgungsanlagen eingesetzt sind, können bei sorgfältiger Pflege durchaus 20 Jahre genutzt werden.

Stahlakkumulatoren
Akkumulatoren, die als Elektrodenmaterial Nickel- bzw. Eisen- oder Cadmium-Verbindungen besitzen, heißen Stahlakkumulatoren. Wegen der Kalilauge, die als Elektrolyt dient, werden sie auch häufig als alkalische Akkumulatoren bezeichnet:

	ungeladen	geladen
positive Platte	$Ni(OH)_2$	NiOOH
negative Platte	$Fe(OH)_2$ oder $Cd(OH)_2$ oder ein Gemisch aus beiden	Fe Cd
Elektrolyt	$KOH \cdot H_2O$	

Die Dichte des Elektrolyten nimmt beim Entladen nur unwesentlich ab, so daß sie – im Unterschied zur Dichte des sauren Elektrolyten beim Bleisammler – kein Maß für den Ladezustand sein kann.

Die Vorteile dieser alkalischen Sammler gegenüber dem Bleiakkumulator sind:
- hohe Lebensdauer (Die Alterung hängt nur von der elektrischen Beanspruchung ab.)
- arbeitet auch bei tiefen Temperaturen störungsfrei
- robust gegenüber mechanischen Beanspruchungen.

Nachteilig sind:
- der höhere Anschaffungspreis
- die niedrigere Zellenspannung (Nennspannung 1,2 V)
- der größere Raumbedarf bei gleicher Kapazität.

Gasdichte Zellen dieser alkalischen Akkumulatoren werden z. T. mit den Abmessungen der Primärelemente gebaut und können diese ersetzen.

Abb. 4-17 ***Stahlakkumulatoren***

Elektrochemische Korrosion

Naturerscheinungen kann der Mensch für sich ausnutzen oder auch weitgehend ausschalten, wenn er ihre Ursachen kennt und auf diese Einfluß nimmt. Elektrochemische Vorgänge sind solche Erscheinungen, die in ihren Wirkungszusammenhängen bekannt sind.

Wenn zwei verschiedene elektrische Leiter, meist zwei Metalle, direkten Kontakt miteinander haben und von einem Elektrolyten benetzt sind, entsteht bekanntermaßen ein galvanisches Element. Die besprochenen Stromquellen sind die nutzbringende Anwendung dieser Erscheinung in der Technik.

Negativ wirken sich die Vorgänge dort aus, wo die chemischen Reaktionen zu schwerwiegenden Zerstörungserscheinungen führen können **(elektrochemische Korrosion).**

Korrosion ist die allmähliche Zersetzung von Werkstoffen durch chemische oder elektrochemische Einflüsse.

Abb. 4-18 zeigt die Vorgänge der Kontaktkorrosion an einer Kupfer-Aluminium-Verbindung, bei der Feuchtigkeit (verunreinigtes Wasser) den Elektrolyten bildet. Aluminium gibt positive Ionen an den Elektrolyten ab und wird dadurch selbst negativ. Positive Ionen lagern sich am Kupfer an, dieses wird zur positiven Elektrode.

Auf engem Raum lokalisiert entsteht somit ein Stromkreis.
Die negative Elektrode wird zerstört, die positive Elektrode ist vor Korrosion geschützt.

Durch Kontaktkorrosion wird das unedlere der beiden Metalle elektrochemisch zerstört.

Metallische Schutzüberzüge sollen häufig Korrosion am Grundmaterial verhindern. Treten aber Schäden an diesem Überzug auf und tritt ein Elektrolyt (meist verunreinigtes Wasser) hinzu, bildet sich ein galvanisches Element. Die Wirkung kann in Abhängigkeit von der Wahl des Überzuges verschieden sein:

- Bei edlerem Überzug (z. B. Chrom auf Stahl) wird das Grundmaterial zerstört. Der Überzug blättert ab.
- Ist der Überzug unedler (z. B. Zink auf Stahl), wird das Grundmaterial geschützt.

In diesem Fall ist das Trägermaterial bei elektrochemischer Korrosion geschützt. Dieser Schutz ist jedoch bei großflächiger Zerstörung des Überzugs nicht mehr gewährleistet.

Metalle können folglich durch zwei prinzipielle Möglichkeiten vor elektrochemischer Korrosion geschützt werden:

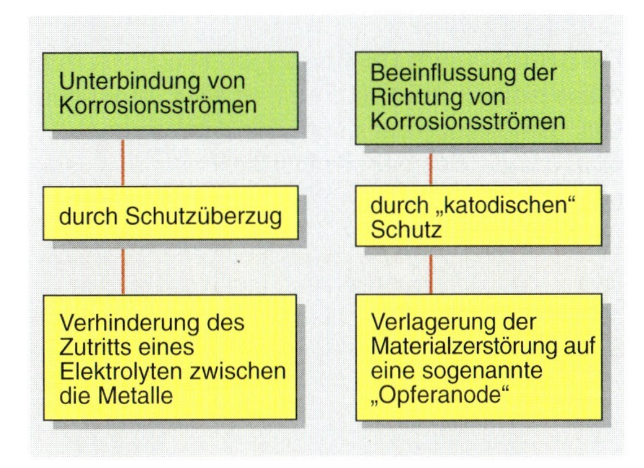

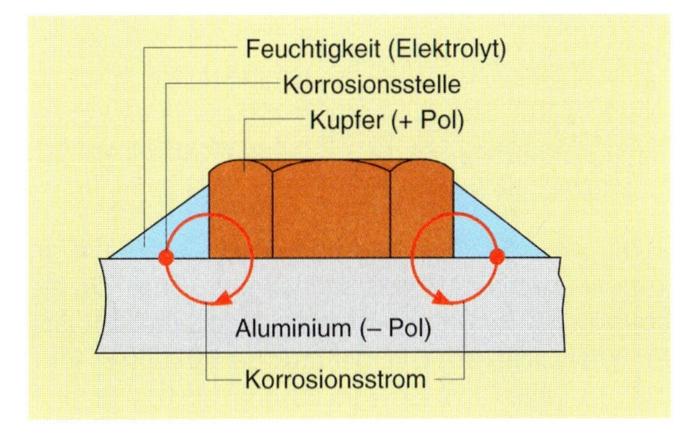

Abb. 4-18 ***Kontaktkorrosion an einer Kupfer-Aluminium-Verbindung***

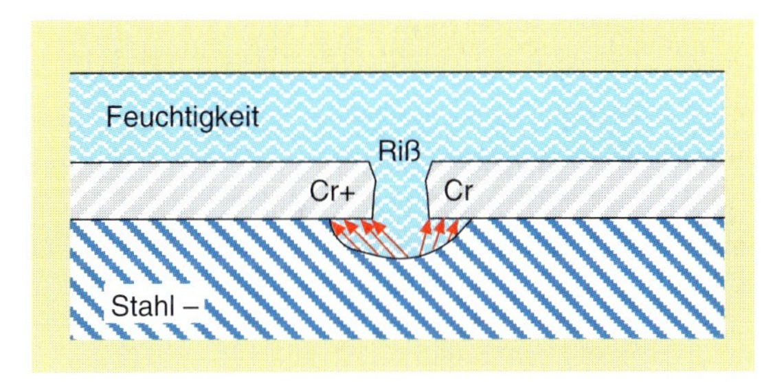

Abb. 4-19a ***Kontaktkorrosion: Zerstörung des Grundmaterials***

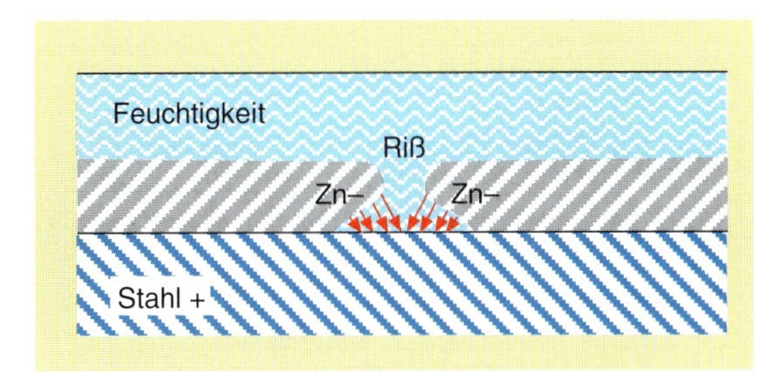

Abb. 4-19b ***Kontaktkorrosion: Schutz des Grundmaterials***

Kupfer und Aluminium sind die wichtigsten Leitermaterialien. Sie sind häufig miteinander elektrisch zu verbinden. Abb. 4-20 a zeigt an einer sogenannten Cupal-Klemme, wie Korrosionsströme ausgeschlossen werden.
Die Behälter von Warmwasserzubereitern beispielsweise bleiben unzerstört, weil mit Hilfe einer unedleren Opferanode der Korrosionsstrom so gerichtet wird, daß der Behälter „Eintrittselektrode" und damit geschützt ist (vgl. Abb. 4-20 b).

Im Abschnitt 3.2 wurde auf verschiedene Möglichkeiten der Spannungserzeugung hingewiesen. In später folgenden Abschnitten werden die dazugehörigen Stromquellen besprochen.

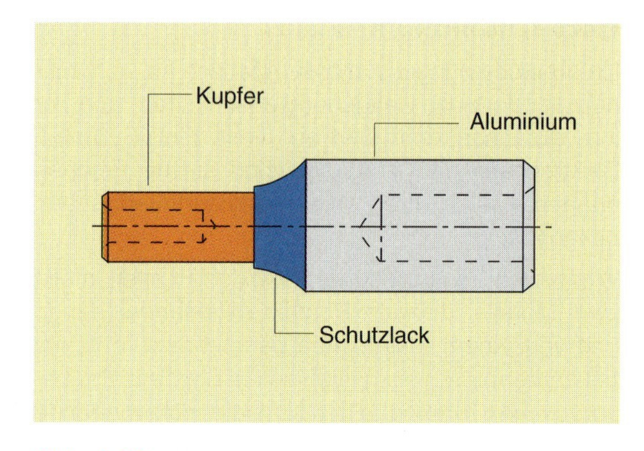

Abb. 4-20 a ***Korrosionsschutz: Schutzüberzug***

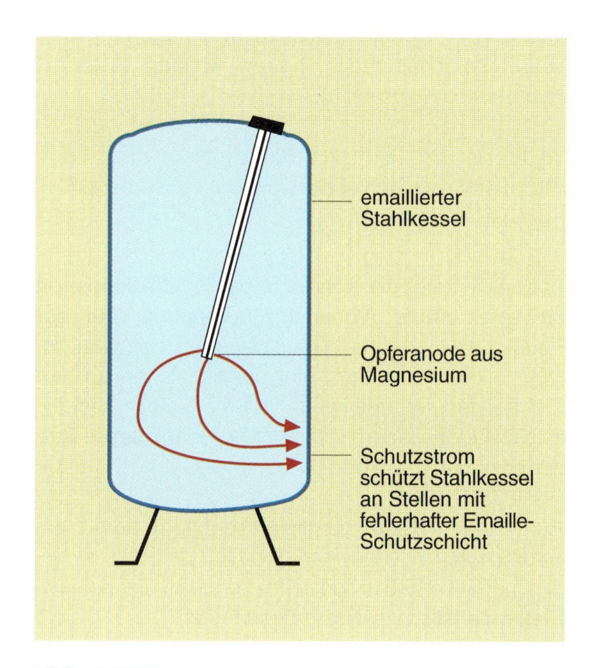

Abb. 4-20 b ***Korrosionsschutz: katodischer Schutz***

4.3.2 Leitungen

Eine elektrische Leitung verbindet die Stromquelle mit dem Verbraucher (Lastwiderstand) und ermöglicht so den Transport elektrischer Energie.

Jede Leitung muß so beschaffen sein, daß bei allen zu erwartenden Beanspruchungen (Zug, Druck, chemische Einflüsse, Wärme, Feuchtigkeit) ihre Funktion nicht leidet. Immer muß gewährleistet sein, daß die elektrische Energie zuverlässig und gefahrlos transportiert werden kann.

Leitungen werden entsprechend des Anwendungsbereiches und der Art der elektrischen, mechanischen und anderer Belastung ausgelegt.

Nach dem Anwendungsbereich können Leitungen unterschieden werden:

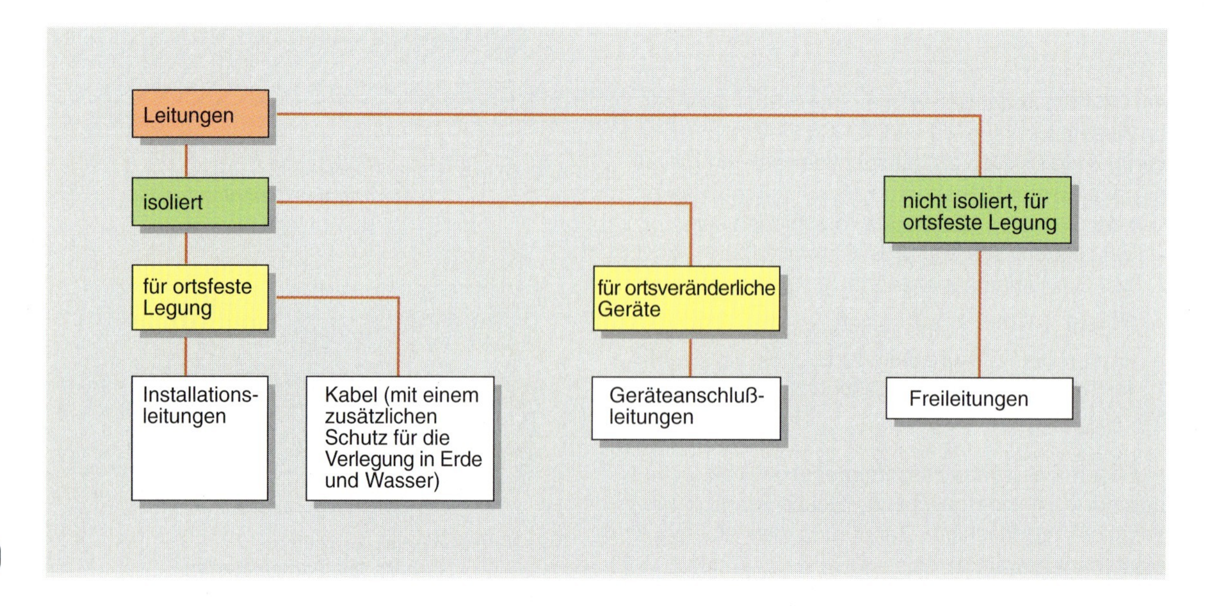

Isolierte Leitungen

Alle Leitungen tragen eine Kurzbezeichnung. Diese gibt Auskunft über den Aufbau und den Einsatzbereich.

Die Bezeichnung der Leitungen für ortsveränderliche Geräte und bei Verdrahtungsleitungen wurde international harmonisiert: In den meisten westeuropäischen Ländern tragen sie dieselbe Bezeichnung und unterliegen denselben Prüfbedingungen. Einige deutsche Bezeichnungen (beispielsweise NYM) wurden noch nicht durch internationale abgelöst.

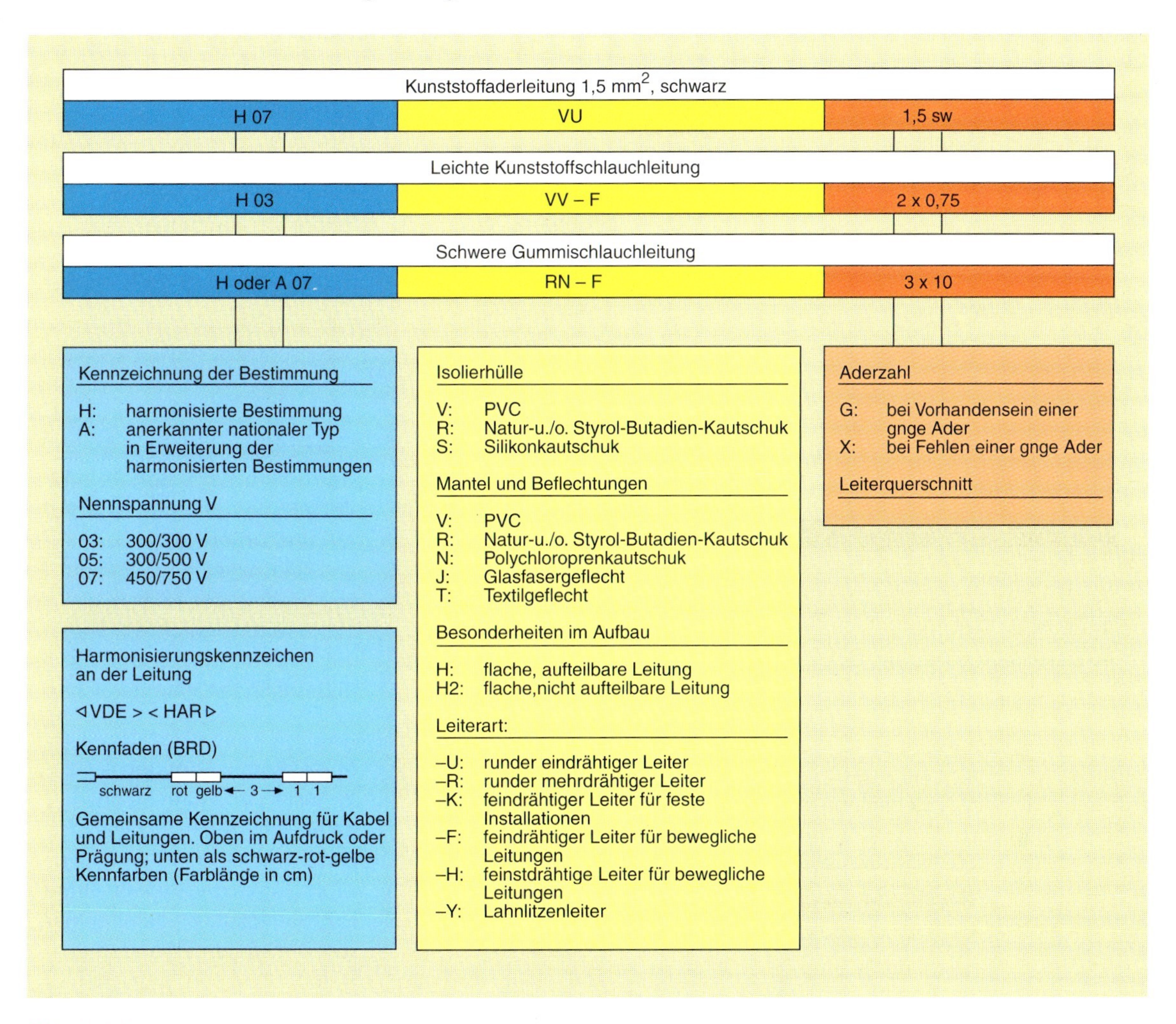

Abb. 4-21 ***Harmonisierte Leitungen Bezeichnungsbeispiele und Kurzzeichen***

Die Nennspannung der harmonisierten Leitungen wird mit zwei Effektivwerten ausgedrückt:

höherer Wert: Spannung zwischen zwei Außenleitern

niedrigerer Wert: Spannung zwischen Außenleiter und Erde.

Die Adern der Leitungen werden farbig gekennzeichnet:

Aderzahl	Farbe der Adern
1	gnge, hbl, weitere Farben
2	br – hbl
3	gnge – br – hbl
4	gnge – sw – br – hbl
5	gnge – sw – br – hbl – sw

Die Farbzeichen bedeuten: gnge – grüngelb, sw – schwarz, hbl – hellblau, br – braun.

Der Einsatz der farbig gekennzeichneten Adern ist wie folgt festgelegt:

- gn ge: ausschließlich für Schutzleiter (PE) und Neutralleiter mit Schutzfunktion (PEN)
- hbl: vorwiegend als Neutralleiter (N), Einsatz an anderer Stelle (außer Leiter mit Schutzfunktion) erlaubt.
- br, sw: Außenleiterfarben; nicht für Schutz- oder Neutralleiter zugelassen.

Typ	Muster	Nenn-spannung	Aufbau	Verwendung
H05V-U1 sw H05V-K1 gnge	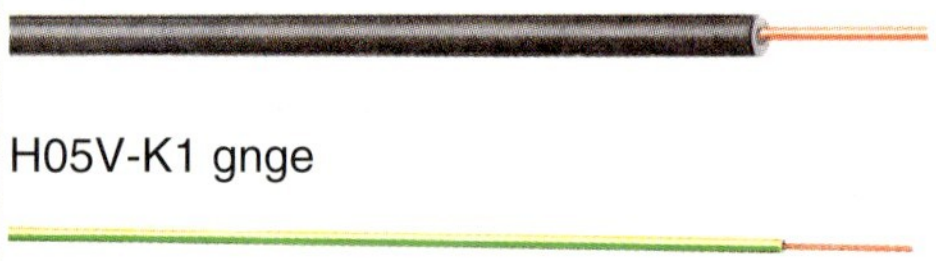		H05V Kupferleiter eindrähtig (U) oder mehrdrähtig (R oder K) PVC-Isolierung	**Verdrahtungsleitungen** Innere Verdrahtungen
H07V-U[2] H07V-R H07V-K[2]	 Kunststoffader-leitungen	450/750 V	H07V-U, H07V-R ein- oder mehrdrähtiger Kupferleiter, H07V-K, feindrähtiger Kupferleiter, Isolierhülle aus PVC	**In trockenen Räumen in Betriebsmitteln, Schalt- und Verteilungsanlagen, in Rohr auf und unter Putz** (in Bade- und Duschräumen von Wohnungen und Hotels nur in Kunststoffrohren) und auf Isolierkörpern über Putz außerhalb des Handbereiches
NYIF[1]	Leitungen (Stegleitungen) 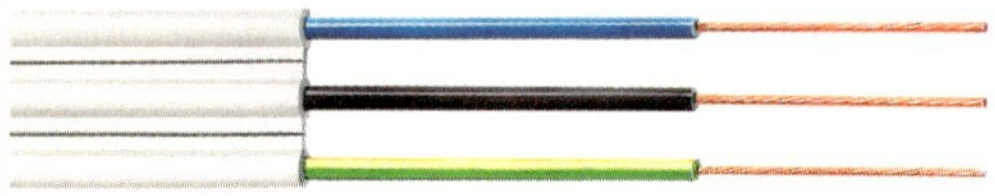	380 V	NYIF eindrähtiger Kupferleiter, Isolierhülle aus PVC 2, 3, 4 oder 5 Adern mit Abstand in einer Ebene angeordnet, mit einer Hülle aus hellem, vulkanisiertem Gummi umgeben	**In trockenen Räumen** für feste Verlegung im und unter Putz. Auch zulässig in Bade- und Duschräumen von Wohnungen und Hotels. Ohne Putzabdeckung in Hohlräumen von Decken und Wänden aus Beton, Stein oder ähnlichen nicht brennbaren Baustoffen
NYM[1] NYMZ	Metalleitungen mit Zugentlastung 	500 V	NYM, NYMZ ein- oder mehrdrähtiger Kupferleiter, Isolierhülle aus PVC bei mehradrigen Leitungen Adern verseilt und mit plastischer Füllmischung umpreßt. Darüber Mantel aus PVC	**In trockenen, feuchten und nassen Räumen, feuer- und explosionsgefährdeten Betriebsstätten und Lagerräumen, landwirtschaftlichen Betriebsstätten sowie im Freien (jedoch nicht im Erdboden)** für feste Verlegung über und auf Putz sowie im und unter Putz

Abb. 4-22 ***Isolierte Leitungen zur Verdrahtung und festen Verlegung***

Typ	Muster	Nennspannung	Aufbau	Verwendung
H03VH-H[2]	Zwillingsleitungen 	300/300 V	H03VH-H feindrähtiger Kupferleiter mit geringem Abstand nebeneinander gelegt und mit einer PVC-Hülle so umgeben, daß sie sich ohne Beschädigung der Isolierhülle trennen lassen	**In trockenen Räumen** bei sehr geringen mechanischen Beanspruchungen; für leichte Handgeräte, nicht für Wärmegeräte
H03VV-F[2]	Kunststoff-schlauchleitungen 	300/300 V	H03VV-F feindrähtiger Kupferleiter, Isolierhülle aus PVC. Adern verseilt, darüber ein Mantel aus PVC	**In trockenen Räumen** bei geringen mechanischen Beanspruchungen; für leichte Handgeräte
H05VV-F[2]	Kunststoff schlauchleitungen 	300/500 V	H05VV-F feindrähtiger Kupferleiter, Isolierhülle aus PVC. Adern verseilt, darüber ein Mantel aus PVC	**In trockenen Räumen** bei mittleren mechanischen Beanspruchungen; für Haus- und Küchengeräte auch in feuchten Räumen
H05RR-F[2]	Gummischlauch-leitungen 	300/500 V	H05RR-F verzinnter, feindrähtiger Kupferleiter, Isolierhülle aus vulkanisierter Gummimischung, Adern verseilt, darüber ein Gummimantel, H05RN-F wie H05RR-F, jedoch mit Mantel aus schwer entflammbarem und ölbeständigem Chloropren-Kautschuk	**In trockenen, Räumen** bei geringen mechanischen Beanspruchungen für leichte Hand- und Elektrowärmegeräte **In trockenen, feuchten und nassen Räumen** sowie im Freien bei geringen mechanischen Beanspruchungen für Gartengeräte oder andere leichte Geräte
H07RN-F[2]	Schwere Gummi-schlauchleitungen 	450/750 V	H07RN-F verzinnter, feindrähtiger Kupferleiter, Isolierhülle aus vulkanisierter Gummimischung, Adern verseilt, Gummi-Innenmantel, darüber ein zweiter Mantel aus schwer entflammbarem und ölbeständigem Chloropren-Kautschuk	**Bei mittleren mechanischen Beanspruchungen, in trockenen, feuchten und nassen Räumen, in explosionsgefährdeten Betriebsstätten nach VDE 0165 zulässig. Im Freien, in landwirtschaftlichen und in feuergefährdeten Betriebsstätten sowie in Nutzwasser** für Werkzeuge, fahrbare Motoren, Bahnmotoren und landwirtschaftliche Geräte sowie auf Baustellen

Abb. 4-23 *Isolierte Leitungen zum Anschluß ortsveränderlicher Verbraucher*

Kabel

Über weite Strecken wird die elektrische Energie mit Freileitungen oder Kabeln übertragen und verteilt. Kabel sind aufgrund ihrer Verlegungen weniger störanfällig als Freileitungen. Kabel sind teurer, wirken jedoch auf die Umwelt nicht störend. Zusätzliche Ummantelungen schützen das Kabel vor Feuchtigkeit, chemischen Einflüssen und beugen mechanischen Beschädigungen vor. Ein Verlegen in Erde oder Wasser ist deshalb zulässig. Kabel werden, ähnlich wie isolierte Leitungen, mit Kurzzeichen eindeutig bezeichnet.

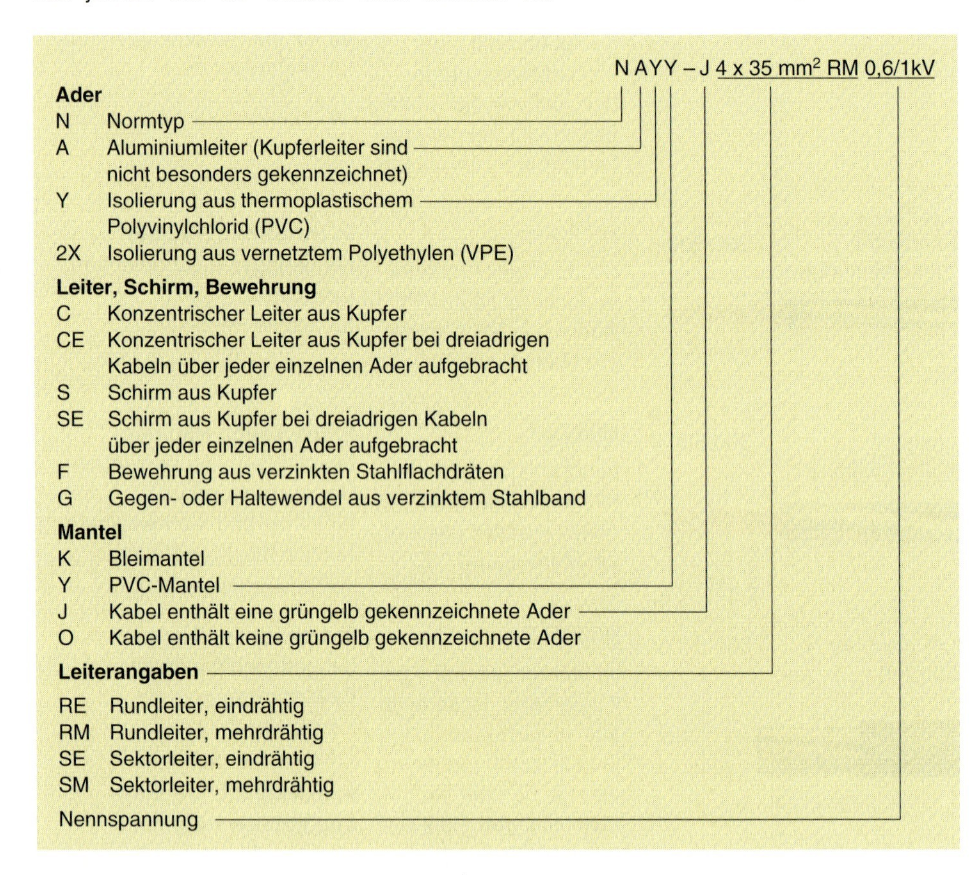

N AYY – J 4 x 35 mm² RM 0,6/1kV
Ader
N Normtyp
A Aluminiumleiter (Kupferleiter sind nicht besonders gekennzeichnet)
Y Isolierung aus thermoplastischem Polyvinylchlorid (PVC)
2X Isolierung aus vernetztem Polyethylen (VPE)
Leiter, Schirm, Bewehrung
C Konzentrischer Leiter aus Kupfer
CE Konzentrischer Leiter aus Kupfer bei dreiadrigen Kabeln über jeder einzelnen Ader aufgebracht
S Schirm aus Kupfer
SE Schirm aus Kupfer bei dreiadrigen Kabeln über jeder einzelnen Ader aufgebracht
F Bewehrung aus verzinkten Stahlflachdräten
G Gegen- oder Haltewendel aus verzinktem Stahlband
Mantel
K Bleimantel
Y PVC-Mantel
J Kabel enthält eine grüngelb gekennzeichnete Ader
O Kabel enthält keine grüngelb gekennzeichnete Ader
Leiterangaben
RE Rundleiter, eindrähtig
RM Rundleiter, mehrdrähtig
SE Sektorleiter, eindrähtig
SM Sektorleiter, mehrdrähtig
Nennspannung

Abb. 4-24 ***Kabel Bezeichnungsbeispiel und Kurzzeichen***

Muster	Bezeichnung	Verwendung
	PVC-isoliertes Kabel mit Cu-Leitern (eindrähtig) und PVC-Mantel NYY-J	Verlegung in Innenräumen, Kabelkanälen und im Freien; Verlegung in der Erde, wenn keine mechanischen Beschädigungen zu erwarten sind
	PVC-isoliertes Kabel mit Cu-Leitern (mehrdrähtig) und Runddrahtbewährung NYRGY-J	Verlegung in der Erde, im Freien, im Wasser, in Innenräumen und Kabelkanälen, wenn erhöhter mechanischer Schutz gefordert ist
	VPE-isoliertes Kabel mit Al-Leitern (eindrähtig), PVC-Mantel NA2XY-J	Verlegung bei hohen Lastspitzen; bzw. extremen Umgebungsbedingungen

Abb. 4-25 ***Kabel***

Freileitungen

Freileitungen sind blanke, witterungsbeständige Leitungen, die an Isolatoren verlegt sind. Die umgebende Luft wirkt als Isolierung zwischen den Leitern und zwischen Leiter und Erde.

Als Leitermaterial werden Kupfer oder Aluminium in eindrähtiger oder mehrdrähtiger Ausführung eingesetzt. Bei Leiterquerschnitten über 10 mm^2 verwendet man fast ausschließlich Aluminium-Seile. Aluminium ist zwar der schlechtere Leiterwerkstoff; aufgrund seiner viel geringeren Dichte ist ein Aluminium-Leiter stets leichter als ein gleich langer, leitwertgleicher Kupfer-Leiter.
Für große Spannweiten verstärkt man das Aluminium-Seil mit einer sogenannten Stahlseele, um so die hohen Zugkräfte beherrschen zu können.

Spannungsfall und Leistungsverluste

Die elektrische Energie muß sicher an den Ort ihres Verbrauches gelangen. Verluste sollen dabei gering bleiben.
Die Leitungen sind häufig so lang, daß man deren Widerstand besonders berücksichtigen muß. Der Grundstromkreis erfährt damit eine Erweiterung:

Da Hin- und Rückleitung dieselbe Länge und denselben Querschnitt haben sowie aus demselben Leiterwerkstoff bestehen, gilt

$$R_L = R_{L\,Hin} + R_{L\,Rück} = \frac{2 \cdot l}{\varkappa A}\,.$$

R_L = Leitungswiderstand
l = Leitungslänge
A = Leiterquerschnitt
$\varkappa$ = spezifischer Leitwert

Die Spannung am Lastwiderstand
Die Spannung U_2 am Lastwiderstand ist kleiner als die Spannung U_1 an den Klemmen der Stromquelle.

$$U_2 = U_1 - I \cdot R_L$$

Der Spannungsfall über der Leitung beträgt somit

$$\Delta U = I \cdot R_L \qquad (4\text{–}5)$$

mit

$$R_L = \frac{2\,l}{\varkappa A}\,. \qquad (4\text{–}6)$$

Die Spannung U_1 an den Klemmen der Stromquelle fällt um ΔU auf U_2 am Lastwiderstand.

Ein **Beispiel** soll die Bedeutung des Spannungsfalles aufzeigen:
In einer Werkstatt soll eine Leitung zur 42 m entfernten Verbraucherstelle verlegt werden. Die maximal mögliche (Dauer-)Stromstärke soll durch die vorgeschaltete Sicherung auf 10 A begrenzt werden. An der unmittelbar dem Zähler nachgeordneten Unterverteilung, am Leitungsanfang, wird eine Spannung von U_1 = 230 V gemessen. Es wird vorgeschlagen, eine Mantelleitung (Leitermaterial Kupfer, Leiterquerschnitt A = 1,5 mm^2) zu verlegen.
Dieser Vorschlag bedarf einer Prüfung, denn für die Spannungsverhältnisse im Stromkreis bedeutet das:

$$l = 42\,\text{m} \qquad \varkappa = \frac{56\ \text{m}}{\Omega\,\text{mm}^2}$$

$$A = 1{,}5\,\text{mm}^2 \qquad I = 10\,A$$

$$R_L = \frac{2\,l}{\varkappa A} = \frac{2 \cdot 42\,\text{m}\,\Omega\,\text{mm}^2}{56 \cdot 1{,}5\,\text{mm}^2\,\text{m}} = 1\,\Omega$$

$$\Delta U = \cdot I \cdot R_L = \cdot 10\text{A} \cdot 1\,\Omega = 10\text{V}$$

$$U_2 = U_1 - \Delta U = 230\text{V} - 10\text{V} = 220\text{V}$$

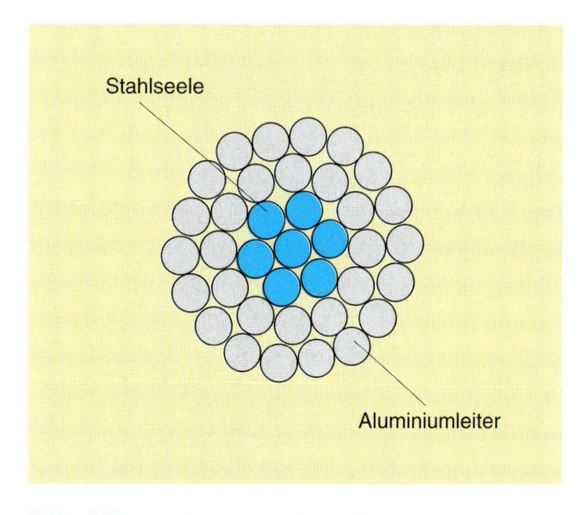

Abb. 4-26 ***Freileitungsseil aus Aluminium mit Stahlseele***

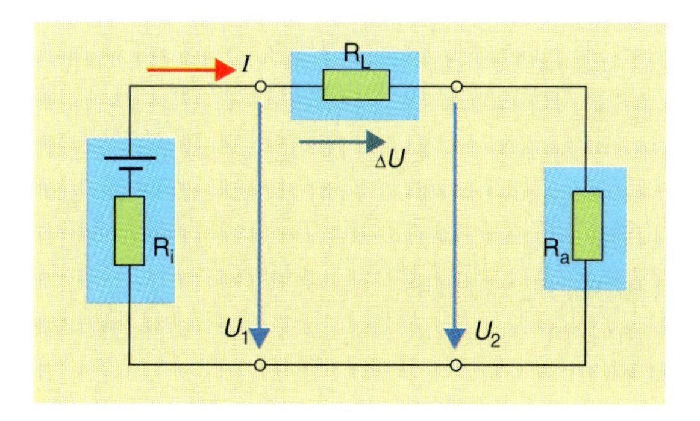

Abb. 4-27 ***Ersatzschaltung des einfachen Stromkreises***

Diese am Verbraucher anliegende verminderte Spannung läßt dort nur eine verminderte Leistung wirksam werden. Ursache dafür ist der Widerstand der Leitung, in dem eine Verlustleistung umgesetzt wird. Diese ist

$$P_V = \Delta U \cdot I$$

oder

$$P_V = I^2 \cdot R_L \qquad \text{4-7}$$

In jeder belasteten Leitung wird eine Leistung umgesetzt, die vom Leitungswiderstand und vom Quadrat des Belastungsstromes abhängt.

In der im Beispiel betrachteten Leitung sind das, eine Stromstärke von 10 A vorausgesetzt,
$P_V = 10^2 A^2 \cdot 1\,\Omega = \underline{100\ W.}$

Häufig werden Spannungsfall und Verlustleistung auf ihre Nenngrößen bezogen und in Prozent angegeben.

In unserem Beispiel ergibt sich für den Spannungsfall

$$\frac{\Delta U}{100\%} = \frac{\Delta U}{U_N}$$

$$\Delta U = \frac{\Delta U}{U_N} \cdot 100\% = \frac{10\ V}{230\ V} \cdot 100\%$$

$$\Delta U = 4{,}35\%$$

Dieser Wert ist hoch.

Auf welche Weise kann der betrachtete Stromkreis wirtschaftlicher betrieben werden?

Der Leitungswiderstand ruft die Verluste hervor; also muß er verringert werden. Möglich ist das durch

$R_L\downarrow$
- $l\downarrow$ Verringerung der Leitungslänge
- $\varkappa\uparrow$ Einsatz besseren Leitermaterials
- $A\uparrow$ Querschnittserhöhung

Normalerweise wählt man bei jeder Leitungsverlegung – unter Einhaltung der Vorschriften – den kürzesten Weg. Mit Kupfer als Leitermaterial wurde schon die technisch und wirtschaftlich beste Lösung verwirklicht. Fast immer kann der Leitungswiderstand nur durch Querschnittsveränderung beeinflußt werden.

Um die Verluste einer Leitung zu vermindern, muß ihr Leiterquerschnitt erhöht werden.

Die rationelle Energiefortleitung wird in den Technischen Anschlußbedingungen (TAB) der Elektrizitätsversorgungsunternehmen (EVU) festgelegt. Dort sind die (maximal) zulässigen prozentualen Spannungsfälle ausgewiesen:

Leitungen zwischen Hausanschluß und Zähler: 0,5%

(Bei Leistungen über 100 kW gelten höhere Werte.)

Leitungen zwischen Zähler und letztem Verbraucher (Lastwiderstand): 3%

Bei der Bemessung von Leitungen darf der Spannungsfall auf der Leitung den höchstzulässigen Wert nicht überschreiten.

Für unser Beispiel ist damit folgender Querschnitt erforderlich:

$$\Delta U = \frac{3\%}{100\%} \cdot U_N = \frac{3\%}{100\%} \cdot 230\ V = 6{,}9\ V$$

$$\Delta U = I \cdot \frac{2 \cdot l}{\varkappa A}$$

$$A = \frac{I \cdot 2 \cdot l}{\varkappa \cdot \Delta U} = \frac{10\,A \cdot 2 \cdot 42\,m\,\Omega\,mm^2}{56\ m \cdot 6{,}9\ V} = 2{,}17\,mm^2$$

Ausgewählt und verlegt wird eine Leitung mit dem nächsthöheren Normquerschnitt. In diesem Fall sind das 2,5 mm². Der bei diesem Querschnitt auftretende Spannungsfall ist damit etwas geringer als der zulässige.

Für einen vorgegebenen, höchstzulässigen Spannungsfall kann abschließend festgestellt werden:

$$\Delta U = I \cdot \frac{2 \cdot l}{\varkappa A}$$

$l\uparrow \rightarrow A\uparrow$ Mit zunehmender Leitungslänge muß der Leiterquerschnitt vergrößert werden.

$I\uparrow \rightarrow A\uparrow$ Zunehmende Stromstärken erfordern größere Leiterquerschnitte.

4.3.3 Überstromschutzorgane

Strombelastbarkeit der Leitungen

Ein grober Fehler wäre es, Leitungen ausschließlich nach dem Spannungsfall auszuwählen und zu beurteilen. Für kurze Leitungsführungen beispielsweise ließe eine solche einseitige Betrachtung Leiterquerschnitte zu, die möglicherweise verheerende Folgen haben könnten. Das folgende Beispiel soll das deutlich machen:

Eine 8 m lange Leitung ist für einen Dauerstrom von 35 A so zu dimensionieren, daß 3% Spannungsfall, wie in den TAB gefordert, nicht überschritten werden. Bei einer Nennspannung von 230 V ergibt sich dann:

$$\Delta U = \frac{3\%}{100\%} \cdot 230\ V = 6{,}9\ V$$

$$\Delta U = I \cdot \frac{2 \cdot l}{\varkappa A}$$

$$A = I \cdot \frac{2 \cdot l}{\varkappa \Delta U} = \frac{35A \cdot \Omega\,mm^2 \cdot 2 \cdot 8\,m}{56\ m \cdot 6{,}9\ V} = 1{,}45\ mm^2$$

Zu verlegen wäre der Normquerschnitt von 1,5 mm².

Bei diesem Querschnitt ergibt sich eine Stromdichte von

$$S = \frac{I}{A} = \frac{35\ \text{A}}{1{,}5\ \text{mm}^2} = 23{,}3\ \frac{\text{A}}{\text{mm}^2}.$$

Diese liegt weit außerhalb der zulässigen Werte für solche Installationsleitungen. Die Leitung erwärmt sich zu stark. Die zulässige Grenztemperatur für den Isolierstoff wird überschritten. Eine Brandgefahr ist nicht auszuschließen.

Leitungen müssen so bemessen sein, daß die höchstzulässige Stromdichte nicht überschritten wird.

Ein sicherer und gefahrloser Energietransport setzt eine betriebssichere Leitung voraus.

Deshalb müssen alle Leitungen gegen unzulässig hohe Erwärmung infolge der Strombelastung geschützt werden. Diese Belastung muß vor allem abhängig gemacht werden von:

- dem Leitermaterial,
- dem Leiterquerschnitt,
- der Anzahl der belasteten Leiter,
- der Verlegeart der Leitung.

A	B1	B2	C	E
In wärmedämmenden Wänden	Auf oder in Wänden oder unter Putz			Frei in Luft
	in Elektroinstallationsrohren oder -kanälen		direkt verlegt	
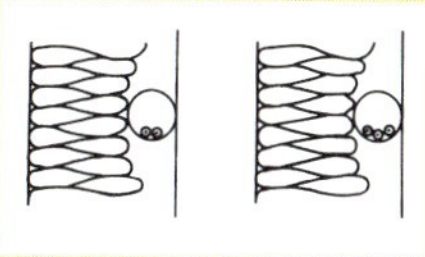 Aderleitungen im Elektroinstallationsrohr	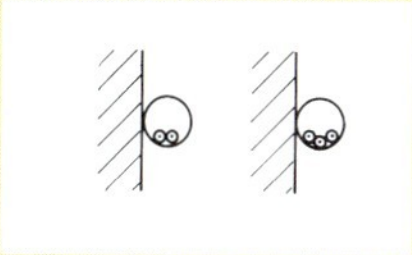 Aderleitungen im Elektroinstallationsrohr auf der Wand	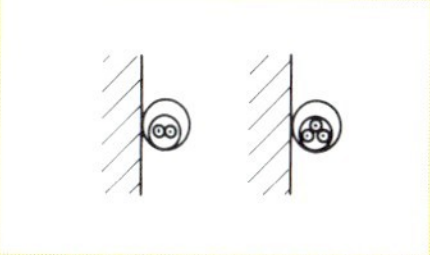 Mehradrige Leitung im Elektroinstallationsrohr auf der Wand oder auf dem Fußboden	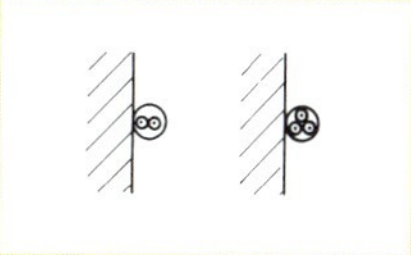 Mehradrige Leitung auf der Wand oder auf dem Fußboden	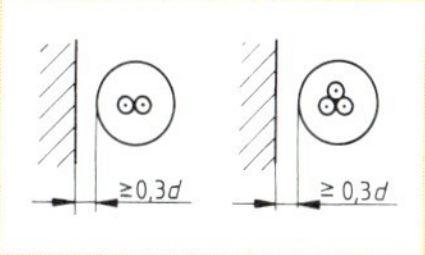 Mehradrige Leitung frei in Luft, bei einem Abstand von der Wand ≥ 0,3 d
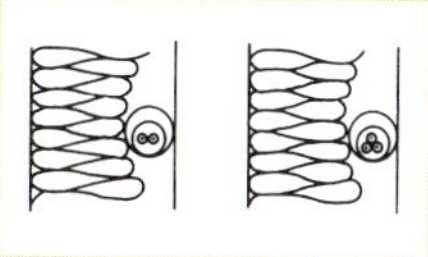 Mehradrige Leitung im Elektroinstallationsrohr	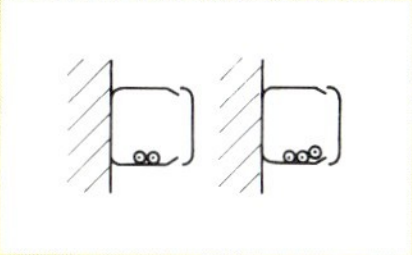 Aderleitungen im Elektroinstallationskanal auf der Wand	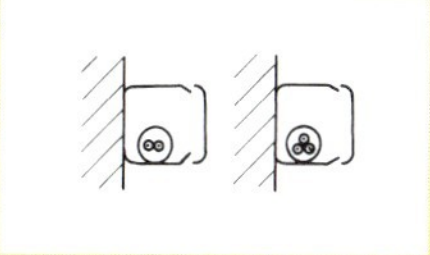 Mehradrige Leitung im Elektroinstallationskanal auf der Wand oder auf dem Fußboden	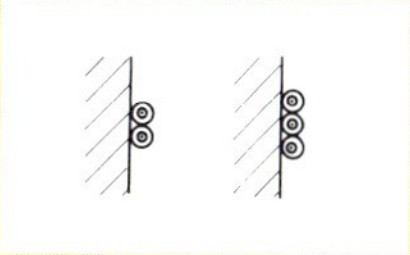 Einadrige Mantelleitungen auf der Wand oder auf dem Fußboden	
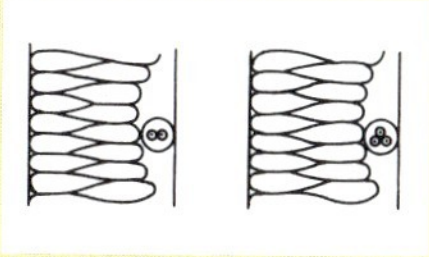 Mehradrige Leitung in der Wand	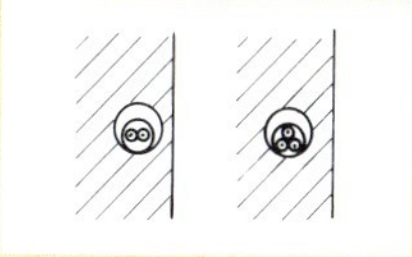 Aderleitungen, einadrige Mantelleitungen, mehradrige Leitung im Elektroinstallationsrohr im Mauerwerk		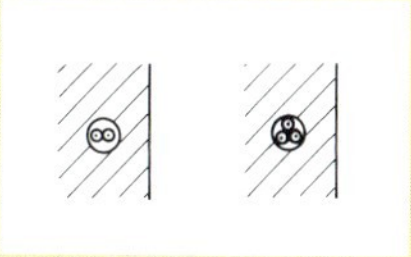 Mehradrige Leitung, Stegleitung in der Wand oder unter Putz	

Abb. 4-28 ***Verlegearten***

Die in Tabelle 4-3 ausgewiesenen Strombelastbarkeitswerte dürfen auf Dauer nicht überschritten werden. Geeignete Überstromschutzorgane müssen die Leitung vor Überlastung und Kurzschluß schützen.

Verlegeart	Gruppe A		Gruppe B1		Gruppe B2		Gruppe C		Gruppe E	
Belastete Ader anzahl	2	3	2	3	2	3	2	3	2	3
1,5 mm²	15,5	13	17,5	15,5	15,5	14	19,5	17,5	20	18,5
2,5 mm²	19,5	18	24	21	21	19	26	24	27	25
4 mm²	26	24	32	28	28	26	35	32	37	34
6 mm²	34	31	41	36	37	33	46	41	48	43
10 mm²	46	42	57	50	50	46	63	57	66	60
16 mm²	61	56	76	68	68	61	85	76	89	80
25 mm²	80	73	101	89	90	77	112	96	118	101
35 mm²	99	89	125	111	110	95	138	119	145	126

Tab. 4-3 ***Belastbarkeit von Kupferleitungen***

Überstromschutzorgane überwachen den Stromkreis und unterbrechen ihn bei Überlast oder Kurzschluß.

Überstromschutzorgane

- müssen sofort abschalten, wenn im Stromkreis ein Kurzschluß auftritt (Kurzschlußschutz),
- müssen abschalten, wenn der Strom über längere Zeit den zulässigen Nennstrom der Leitung übersteigt (Überlastschutz),
- dürfen nicht abschalten, wenn betriebsbedingt, zum Beispiel bei Anlauf eines Motors, kurzzeitig ein Überstrom auftritt.

Diese Forderungen lassen sich mit Schmelzsicherungssystemen und Leitungsschutzschaltern erfüllen.

Mechanische Gründe sind dafür verantwortlich, daß für die verschiedenen Einsatzbereiche der Leitungen **Mindestquerschnitte** festgelegt sind. So ist für Installationsleitungen in fester, geschützter Verlegung ein Kupferquerschnitt von mindestens 1,5 mm² gefordert.

Schmelzsicherungssysteme

Um Leitungen zu schützen, verwendet man sehr häufig das Schraubsicherungssystem (Abb. 4-29). Dieses besteht aus Sicherungssockel, Paßeinsatz, Schmelzeinsatz und Schraubkappe.

Der Schmelzeinsatz mit seinem Schmelzleiter ist die bewußt schwach dimensionierte Stelle im Stromkreis, die bei Überschreiten der zulässigen Stromstärke den Stromkreis an dieser Stelle unterbricht. Beim Durchschmelzen des Schmelzleiters wird gleichzeitig ein farbiger Kennmelder abgeworfen, der somit die Stromkreisunterbrechung anzeigt.

Schmelzeinsätze mit durchgeschmolzenem Schmelzleiter sind unbrauchbar, sie müssen gegen neue ausgetauscht werden.

Schmelzeinsätze dürfen nicht geflickt oder überbrückt werden!

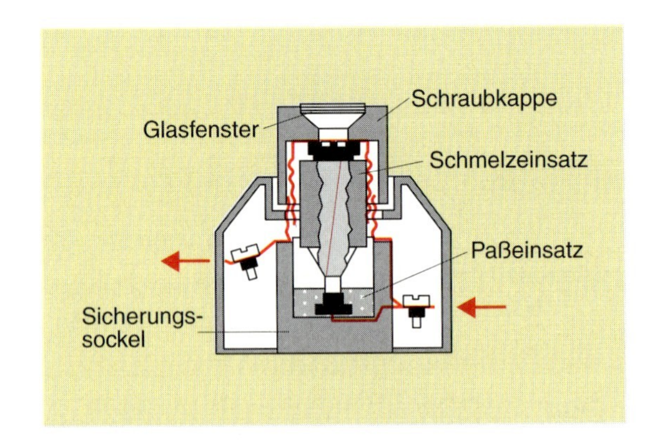

Abb. 4-29 ***Schraubsicherungssystem***

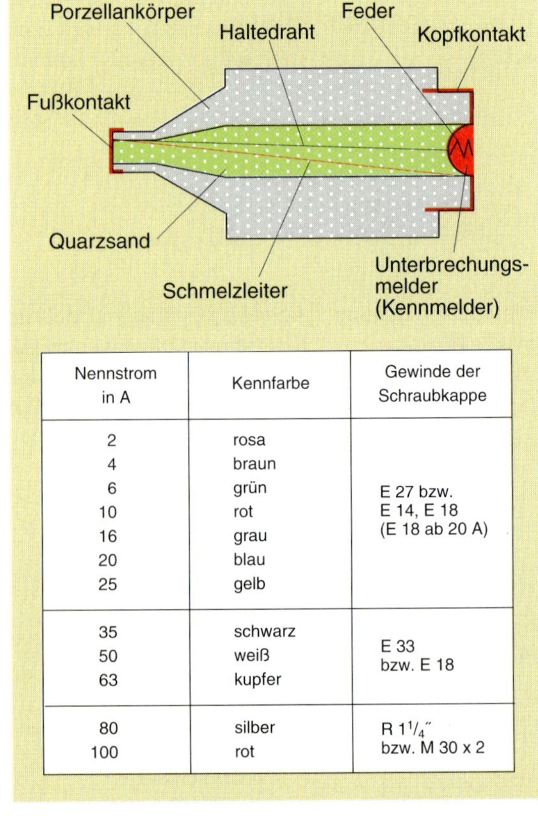

Nennstrom in A	Kennfarbe	Gewinde der Schraubkappe
2 4 6 10 16 20 25	rosa braun grün rot grau blau gelb	E 27 bzw. E 14, E 18 (E 18 ab 20 A)
35 50 63	schwarz weiß kupfer	E 33 bzw. E 18
80 100	silber rot	R 1¼″ bzw. M 30 x 2

Abb. 4-30 ***Schmelzeinsatz, Aufbau und Kennfarben***

Um einer irrtümlichen oder gar fahrlässigen Verwendung eines Schmelzeinsatzes vorzubeugen, sind sein Fußkontakt und der zugehörige Paßeinsatz aufeinander abgestimmt. Schmelzeinsätze höherer Nennströme passen nicht in Paßeinsätze niederer Nennströme. Eine Ausnahme bilden die 10 A- und 6 A-Schmelzeinsätze, die gleiche Abmessungen haben.

Paßeinsätze dürfen weder entfernt noch durch Einsätze für größere Ströme ersetzt werden.

Schraubsicherungssysteme gibt es in zwei Abmessungen:

Das ältere D-System (Diazed-System; diametral abgestufter zweiteiliger Edison-Schraubstöpsel) wird immer mehr durch das kleinere DO-System (Neozed-System) abgelöst. Beide Baureihen gibt es in allen genormten Stufungen zwischen 2 A und 100 A.

Diese Systeme können die Ströme bis zum Nennstrom dauernd führen. In Abhängigkeit von der Höhe des Überstromes schalten sie mehr oder weniger verzögert ab.

Schmelzeinsätze der Betriebsklasse gL (Ganzbereichsleitungsschutz) gewährleisten ein sicheres Abschalten bei Überlast und Kurzschluß.

Sicherungen nach dem HN-System **(Niederspannungs-Hochleistungssicherungen)** sind in der Lage, sehr hohe Kurzschlußströme sicher abzuschalten. Diese Sicherungen haben Messerkontakte. NH-Sicherungen dürfen nur von Fachkräften ausgetauscht werden.

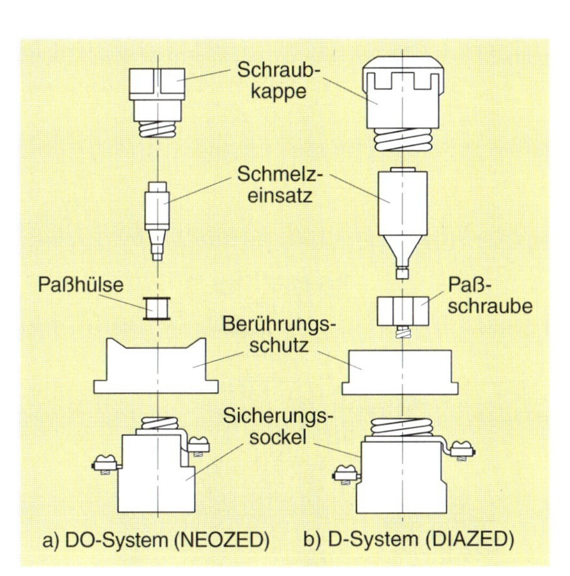

Abb. 4-31
DO- und D-System

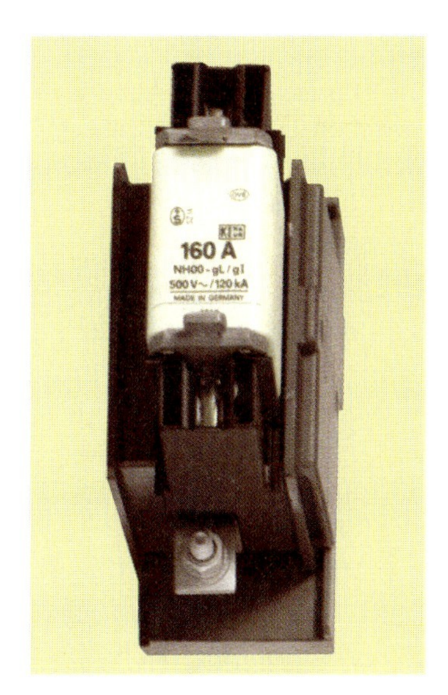

Abb. 4-33
NH-Sicherung

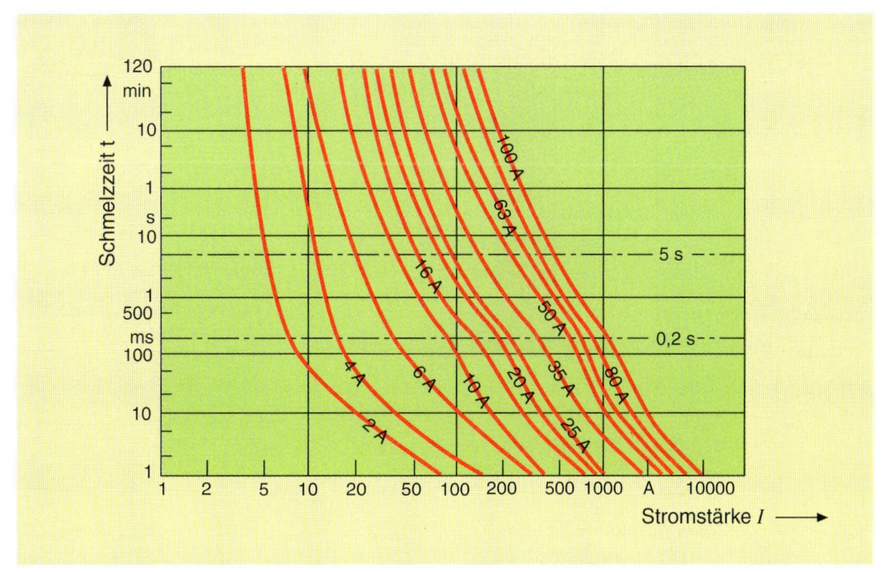

Abb. 4-32
Zeit-Strom-Kennlinien für Schmelzeinsätze der Betriebsklasse gL

Elektrogeräte werden ebenfalls vor zu hohen Strömen geschützt und deshalb abgesichert. Dazu werden **Geräteschutzsicherungen** (Feinsicherungen) verwendet.
Der Schmelzeinsatz besteht meist aus einem dünnen Glasröhrchen, in dem der Schmelzdraht untergebracht ist. Geräteschutzsicherungen gibt es für Nennstromstärken bis 6,8 A. Ihr Auslöseverhalten ist superflink (FF), flink (F), mittelträge (M), träge (T) oder superträge (TT).

Leitungsschutzschalter

In der modernen Installationstechnik werden immer häufiger die Schmelzsicherungssysteme durch Leitungsschutzschalter ersetzt. Diese besitzen einen thermischen und einen magnetischen Auslöser. Bei Überlast erwärmt sich ein Bimetall und löst den Schalter verzögert aus. Bei Kurzschluß sorgt der elektromagnetische Auslöser für ein sofortiges Unterbrechen des Stromkreises.

Der Thermo-Bimetall-Auslöser besitzt Auslösewerte zwischen 1.13 I_N und 1,45 I_N. Das heißt, daß eine Stunde lang mindestens der 1,13fache, höchstens der 1,45fache Nennstrom fließen kann, ohne daß dieser Auslöser anspricht.

Der elektromagnetische Auslöser reagiert unverzögert im Toleranzband 3 ... 5 I_N (B-Typ) oder 5 ... 10 I_N (C-Typ).

Der B-Typ übernimmt den Leitungsschutz für normale Anforderungen. Für das Überwachen von Stromkreisen, in denen kurzzeitig Stromspitzen oberhalb des Nennstromes zu erwarten sind, ist der Schalter vom C-Typ besser geeignet. Er ist mit demselben Bimetall-Auslöser ausgestattet, löst aber erst bei höheren Stromspitzen unverzögert aus.

Hohe Einschaltströme, wie sie beispielsweise bei Motoren auftreten können, werden selbst vom Leitungsschutzschalter des C-Typs häufig unterbunden. Ein Anlaufen des Motors kommt damit nicht zustande. Für solche und ähnliche extreme Fälle bringt ein Leitungsschutzschalter mit K-Charakteristik (K = Kraft) Abhilfe. Dieser Schalter spricht erst bei 8 ... 14 I_N unverzögert an. Sein Bimetallauslöser ist feinfühliger als der des B- oder C-Typs.

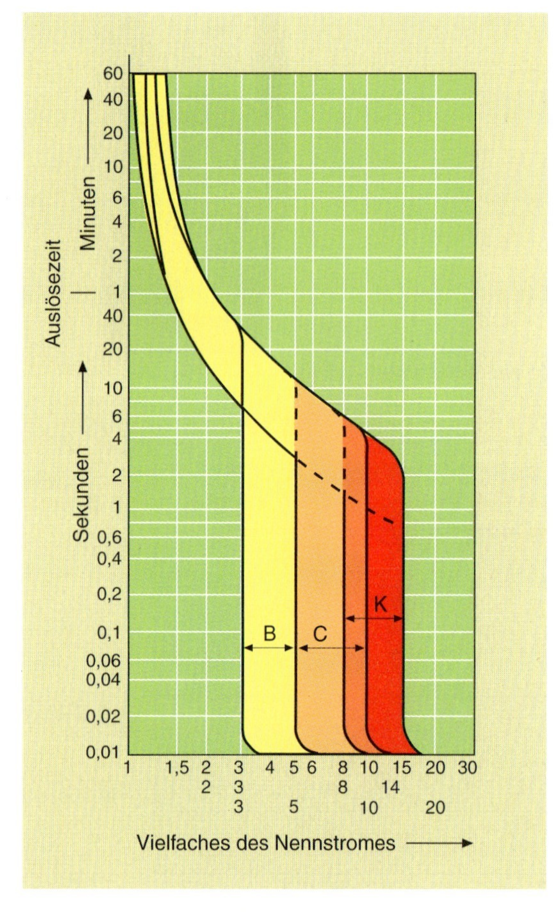

Abb. 4-34 ***Auslösecharakteristik von Leitungsschutzschaltern***

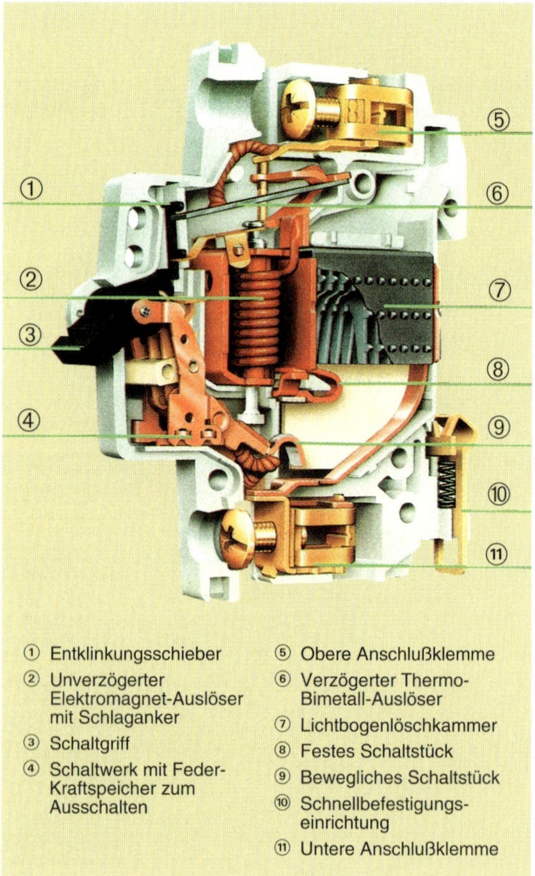

① Entklinkungsschieber
② Unverzögerter Elektromagnet-Auslöser mit Schlaganker
③ Schaltgriff
④ Schaltwerk mit Feder-Kraftspeicher zum Ausschalten
⑤ Obere Anschlußklemme
⑥ Verzögerter Thermo-Bimetall-Auslöser
⑦ Lichtbogenlöschkammer
⑧ Festes Schaltstück
⑨ Bewegliches Schaltstück
⑩ Schnellbefestigungseinrichtung
⑪ Untere Anschlußklemme

Abb. 4-35 ***Leitungsschutzschalter, Aufbau***

LS-Schalter mit Charakteristik	verzögertes Auslösen (Überlastschutz)	unverzögertes Auslösen (Kurzschlußschutz)
B	1,13 . . . 1,45 I_N (1 Stunde)	3 . . . 5 I_N
C	1,13 . . . 1,45 I_N (1 Stunde)	3 . . . 10 I_N
K	1,05 . . . 1,2 I_N (1 Stunde)	8 . . . 14 I_N

Selektivität

Überstrom-Schutzorgane, die den Überlast- und Kurzschlußschutz übernehmen sollen, müssen am Anfang der zu schützenden Leitung eingebaut werden. Sie müssen auch überall dort im Stromkreis wirksam werden, wo eine geringere Strombelastbarkeit einsetzt, also nach einer Verminderung des Leiterquerschnittes.

Bild 4-36 zeigt die gestufte Absicherung bei einer Hausinstallation. Erkennbar sind mehrere Überstrom-Schutzorgane, deren Nennstrom zu den Verbrauchern hin immer kleiner wird. Bei Überlast oder Kurzschluß löst nur die Schmelzsicherung bzw. der Leitungsschutzschalter aus, der dem überbeanspruchten Stromkreis unmittelbar vorgeschaltet ist.

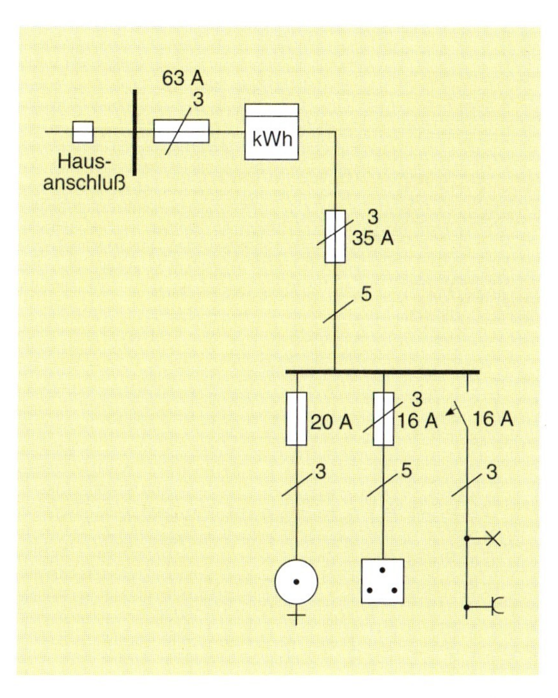

Abb. 4-36 *Selektivität der Überstromschutzeinrichtungen*

Unter Selektivität versteht man das gestufte Absichern einer elektrischen Anlage mit dem Ziel, daß bei Überschreiten der zulässigen Stromstärke in einem Stromkreis ausschließlich das unmittelbar vorgeschaltete Überstrom-Schutzorgan abschaltet.

Unterscheiden sich die Stufungen mindestens um den Faktor 1,6, so ist im allgemeinen selektive Verhalten erreicht.

4.3.4 Verbrauchsmittel: Wandlung der elektrischen Energie in eine andere Form

Die elektrische Energie, die im Stromkreis lediglich Mittler zwischen Erzeuger und Verbraucher ist, wird in letzterem in eine nutzbare Form gewandelt.

Elektrische Betriebsmittel, die elektrische Energie zielgerichtet in eine gewünschte andere Form wandeln, heißen Verbrauchsmittel.

Dabei geht Energie nicht verloren, sie wird lediglich in ihrer elektrischen Form „verbraucht", wobei gleich viel Energie der anderen Form entsteht. Die Menge der Energie bleibt erhalten (Energieerhaltungssatz). Bei der Wandlung der elektrischen Energie am Verbrauchsmittel können folgende Wirkungen erzielt werden:

Wärmewirkung

Die elektrisch erzeugte Wärme ist von großer Bedeutung.

Der Wärmezustand eines Körpers wird durch seine Temperatur charakterisiert. Soll ein Körper erwärmt werden, so muß ihm Wärmeenergie zugeführt werden. Die Menge dieser Energie hängt ab von der zu erwärmenden Masse des Körpers und von der gewünschten Temperaturerhöhung. Je größer die zu erwärmende Masse ist und je größer die Temperaturerhöhung ausfallen soll, desto größer wird die einzusetzende Menge an Wärmeenergie sein müssen.

Ganz wesentlich hängt die Wärmezufuhr von der Art der Stoffe ab. Nicht jeder Stoff erwärmt sich gleichermaßen gut bzw. schlecht. Dieser stoffliche Einfluß wird durch die spezifische Wärmekapazität C angegeben.

Die spezifische Wärmekapazität eines Stoffes gibt an, welche Wärmemenge aufgewendet werden muß, um die Masse von 1 kg um 1 K zu erwärmen.

Es gilt die Gleichung:

$$W_{th} = m \cdot c \cdot \Delta \vartheta \qquad (4\text{–}8)$$

W_{th} = Wärmeenergie
m = Masse
c = spezifische Wärmekapazität
$\Delta \vartheta$ = Temperaturunterschied

Werkstoff	spez. Wärmekapazitäten in $\frac{Ws}{kg\,K}$
Aluminium	920
Beton	880
Eisen, rein	460
Glas	840
Kupfer	386
Polyvinylchlorid	880
Stahl	474
Wasser	4187

Tab. 4-4 ***Spezifische Wärmekapazitäten einiger Werkstoffe***

Um Eisen und Aluminium derselben Masse von derselben Anfangs- auf dieselbe Endtemperatur zu erwärmen, ist für Aluminium die doppelte Wärmemenge erforderlich. Andererseits heißt das aber auch, daß bei Abkühlung dieser beiden Stoffe das Aluminium eine größere Wärmemenge freisetzt.

Wärmeübertragungen erfolgen immer von der Stelle der höheren zur Stelle niederer Temperatur. Die kann erfolgen durch:

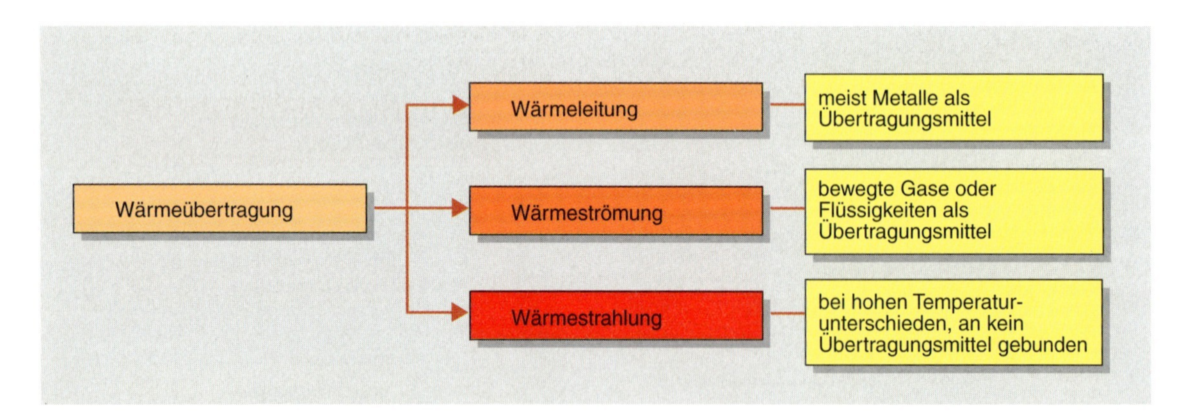

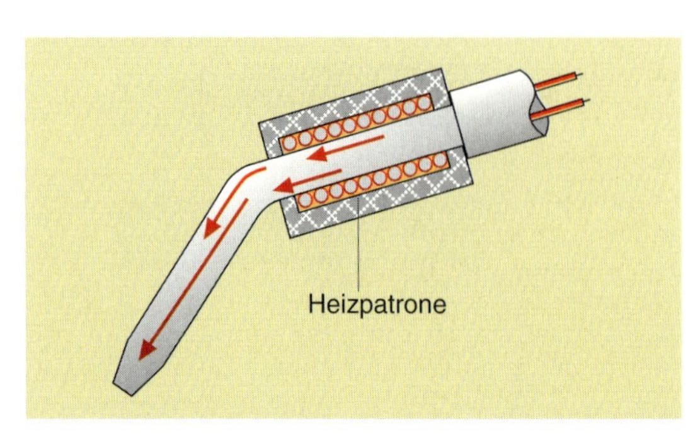

Abb. 4-37
Wämeleitung an einer Lötkolbenspitze

AUFGABEN

4.1 Von einer Stromquelle sollen Quellenspannung, Innenwiderstand und Kurzschlußstrom meßtechnisch bestimmt werden. Die Quelle soll dabei nicht kurzgeschlossen werden. Geben Sie die Schaltung(en) an, und begründen Sie Ihr Vorgehen!

4.2 Ist es möglich, mit einer vorgegebenen, nicht veränderbaren Stromquelle im Grundstromkreis alle möglichen Wertpaare I, U zwischen Kurzschlußstrom und Leerlaufspannung einzustellen? Begründen Sie Ihre Antwort!

4.3 Vergleichen Sie spannungshart und spannungsweich arbeitende Stromquellen hinsichtlich ihrer Klemmenspannung bei Belastung und im Fall eines auftretenden Kurzschlusses! Nennen Sie Einsatzbereiche für beide Spannungserzeuger!

4.4 Am Lastwiderstand soll eine möglichst große Leistung umgesetzt werden. Wie wirkt sich eine Fehlanpassung dieses Widerstandes im Bereich $\frac{R_i}{2} \leqq R_a \leqq 2\,R_i$ aus (R_a beträgt die Hälfte ... das Doppelte des Wertes vom Innenwiderstand)?

Betrachten Sie den Verlauf der Funktion $P_{ab} = f\,(R_a)$, aber auch die dabei auftretenden Stromstärken!

4.5 Beim gegenwärtigen Stand der technischen Entwicklung ist für die Übertragung elektrischer Energie ein Wirkungsgrad $\eta < 0{,}95$ oft nicht mehr vertretbar.
In welchem Verhältnis müssen R_a und R_i mindestens stehen? (Ersetzen Sie die Spannungen in der Berechnungsgleichung für den Wirkungsgrad mit Hilfe des Stromes und der zugehörigen Widerstände!)

4.6 In vielen Geräten der Heimelektronik übernehmen Primärelemente die Stromversorgung. Warum sollte auslaufsicheren Elementen der Vorzug gegeben werden gegenüber den billigeren, nicht auslaufsicheren Elementen?

4.7 An kalten Wintertagen bauen viele Kraftfahrer ihre Bleibatterie nach dem Fahrtende aus und stellen diese in einem warmen Raum ab. Sie bauen sie erst unmittelbar vor Antritt der nächsten Fahrt wieder ein.

Beurteilen und begründen Sie diese Handlungsweise!

4.8 Der Elektrolyt in Bleiakkumulatoren soll bis über die Elektroden reichen. Warum wird bei gesunkenem Flüssigkeitsstand destilliertes Wasser und nicht (verdünnte) Schwefelsäure nachgefüllt?

4.9 Warum ist in Batterieräumen das Rauchen streng untersagt?

4.10 Anlagen des sogenannten äußeren Blitzschutzes (Schutz von Gebäuden vor Blitzeinwirkungen) bestehen meist aus Rund- bzw. Bandstahl, der verzinkt ist. Beurteilen Sie die Zweckmäßigkeit dieses metallischen Überzugs!

4.11 In der Tabelle 4-3 sind die maximal zulässigen Werte für die Strombelastbarkeit bei den verschiedenen Verlegearten ausgewiesen.

a) Berechnen Sie in der Verlegeart B 2 für die genormten Leiterquerschnitte zwischen 1,5 mm² und 35 mm² die dazugehörigen Stromdichten!

b) Stellen Sie die Stromdichten als Funktion des Leiterquerschnittes grafisch dar!

c) Ermitteln Sie aus den genormten Drahtquerschnitten die Durchmesser! Errechnen Sie den dazugehörigen Kreisumfang (als Bezugsmaß für die Leiteroberfläche)!

d) Begründen Sie, daß es notwendig ist, bei zunehmendem Leiterquerschnitt die Stromdichtewerte zu verringern!

e) Weshalb liegen die Belastbarkeitswerte (und damit die Stromdichtewerte) in der Verlegeart C über denen der Verlegeart B 2?

4.12 In den „Technischen Anschlußbedingungen" der Elektrizitäts-Versorgungsunternehmen werden für Verbraucher-Anlagen bis zu 3% Spannungsfall zugelassen.

Ermitteln Sie für alle in Tabelle 4-3 angegebenen Leiterquerschnitte (Verlegeart B 2, 2 belastete Adern) die Leitungslängen, bei denen 3% Spannungsfall auftreten!

Verallgemeinern Sie für alle Verlegearten!

4.13 Ein Aluminium-Freileitungsseil ist aufgrund seiner geringeren Masse einer leitwertgleichen Kupferleitung überlegen.

Weisen Sie diese Aussage am Beispiel eines Aluminium-Leiterquerschnittes von $A = 50\ \text{mm}^2$ nach! Nutzen Sie die Ihnen zur Verfügung stehenden Tabellenwerte über Leitwert- und Dichtegrößen der beiden Werkstoffe!

5 Gefahren des elektrischen Stromes Schutzmaßnahmen

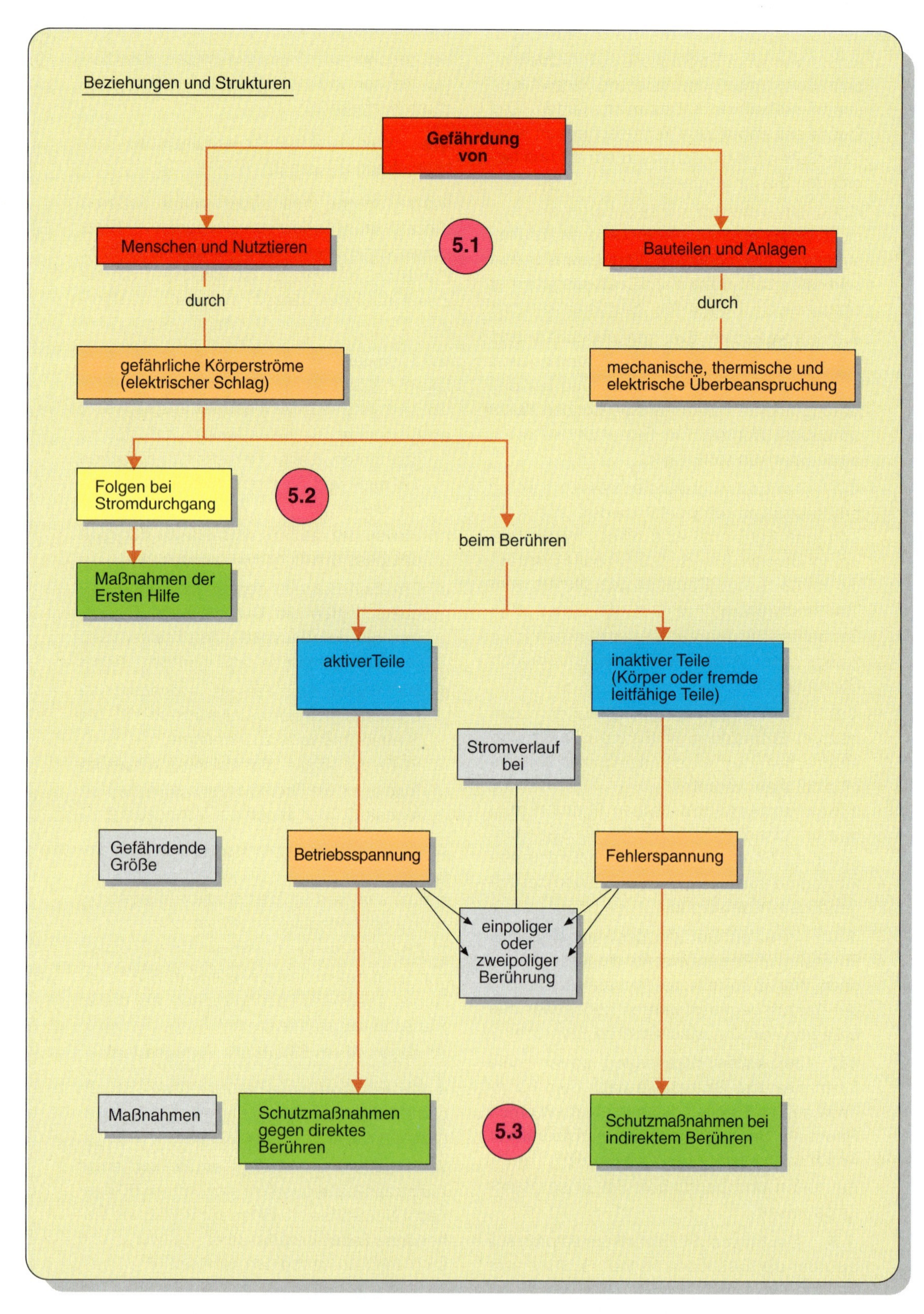

Abb. 5-1

5.1 Gefährdung von Menschen und Anlagen

Die Vorteile der elektrischen Energie gegenüber anderen Energieformen führen zu einer ständigen Entwicklung neuer elektrischer Geräte und Baugruppen für die industrielle Produktion und für die Befriedigung unserer persönlichen Bedürfnisse.

Elektrizität erleichtert und bereichert mittelbar und unmittelbar unser Leben.

Diesen vielfältigen Vorteilen stehen Gefahren für Menschen und Sachwerten gegenüber.

■ Die Alterung der Werkstoffe, insbesondere der Isolierstoffe, fehlerhaftes Betreiben von elektrischen Maschinen, Nichteinhalten der Nennbedingungen, falsche Schalthandlungen oder atmosphärische Entladungen führen zur Überbeanspruchung der Verbrauchsmittel, Leitungen und Stromquellen. Ihre Nutzungszeit verringert sich. Im Extremfall werden sie zerstört.

Schwachstellen der Bauelemente und Anlagen sind meist die Isolierungen, die zu folgenden typischen Anlagenfehlern führen (Tab. 5-1 und Abb. 5-2):

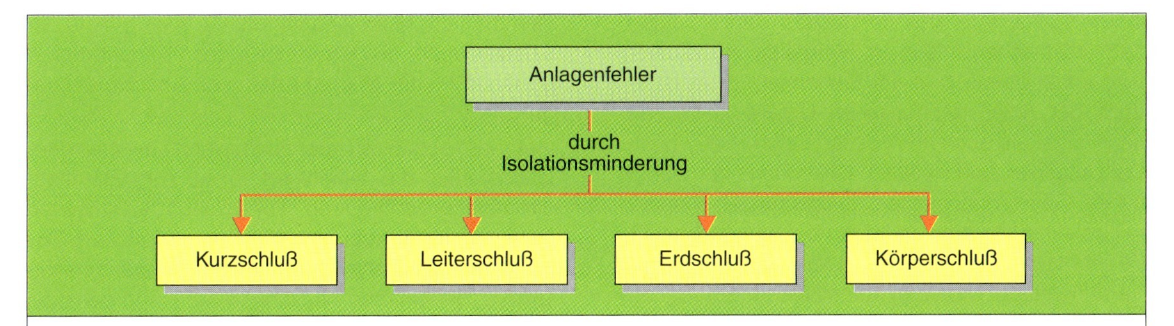

Tab. 5-1 ***Anlagenfehler***

Kurzschluß ist eine durch einen Fehler entstandene leitende Verbindung zwischen betriebsmäßig gegeneinander unter Spannung stehenden Leitern, wenn im Fehlerstromkreis kein Nutzwiderstand liegt.

Man unterscheidet

- in Abhängigkeit vom Übergangswiderstand zwischen den Leitern unterschiedlichen Potentials den
  - vollkommenen Kurzschluß sowie den
  - unvollkommenen bzw. schleichenden Kurzschluß und
- im Drehstromnetz den
  - einpoligen,
  - zweipoligen und
  - dreipoligen Kurzschluß.

Die Folge des Kurzschlusses sind Kurzschlußströme, die wesentlich größer als die Nennströme der Anlage sind. Sie beanspruchen extrem Leitungen und Stromquellen thermisch und durch die kräftigen Magnetfelder auch mechanisch. Schmelzsicherungen und Leitungsschutzschalter schützen sowohl gegen Überlastung als auch gegen Kurzschluß.

Leiterschluß ist eine durch einen Fehler entstandene leitende Verbindung zwischen betriebsmäßig gegeneinander unter Spannung stehenden Leitern, wenn im Fehlerstromkreis ein Nutzwiderstand liegt. In der Abb. 5-2 besteht der Leiterschluß zwischen dem Außenleiter L1 und dem Schalter-Lampendraht. Die Lampe als Nutzwiderstand ist nicht schaltbar.

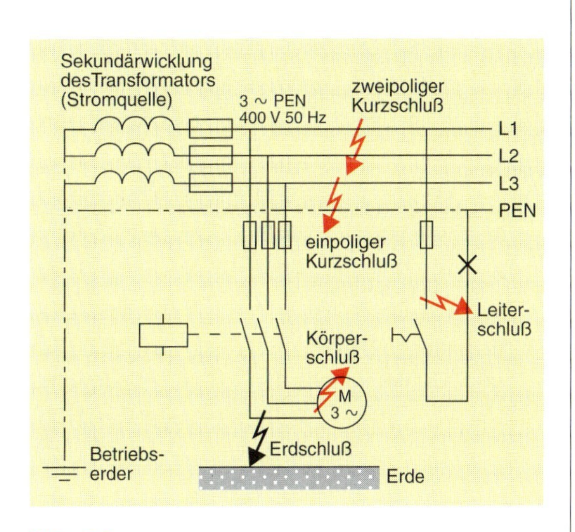

Abb. 5-2 ***Fehler im Drehstromnetz***

Erdschluß ist eine durch einen Fehler entstandene leitende Verbindung eines Außenleiters mit Erde oder mit geerdeten Teilen. Im Drehstromnetz wird durch den Erdschluß die Spannungssymmetrie gestört. Die Spannung zwischen einem Außenleiter und dem Sternpunktleiter kann unzulässig ansteigen. Um solche Spannungserhöhungen zu vermeiden, wird der Sternpunkt der das Netz einspeisenden Transformatorwicklung geerdet. Ein sog. geerdetes Netz entsteht.

Körperschluß ist eine durch einen Fehler entstandene leitende Verbindung zwischen leitfähigen, berührbaren Teilen eines Betriebsmittels, die nicht zum Betriebsstromkreis gehören und den betriebsmäßig spannungsführenden Teilen. Gefahren entstehen insbesondere, wenn solche Teile, wie Gehäuse von Motoren, Kessel von Transformatoren oder Abdeckungen von Schaltern durch Menschen berührt werden.

■ Die Unfallstatistiken der letzten Jahre zeigen, daß elektrische Unfälle im Vergleich zu anderen prozentual gering sind. Im Gegensatz dazu ist jedoch der Anteil der tödlichen Unfälle sowohl im häuslichen als auch im Arbeitsbereich relativ hoch. Die Ursachen sind vielfältig. Unkenntnis der elektrischen Gesetzmäßigkeiten, leichtsinniger Umgang mit defekten Geräten, teilweise auch unsachgemäße Montage müssen genannt werden. Hier ist die Verantwortung des Elektroinstallateurs oder des Energieelektronikers als Anlagenerrichter oder -instandhalter gefordert!

Menschen und Nutztiere können dabei betriebsmäßig unter Spannung stehende Teile, sog. **aktive Teile** berühren. Dazu gehören z. B. die Anschlußklemmen am Motorklemmbrett, die Klemmen in der Abzweigdose, die Wicklungen des Klingeltransformators oder die offenen Adern von Anschlußleitungen.

Gefahren entstehen aber auch, wenn bei einem Isolationsfehler die leitfähigen, nicht zum Betriebsstromkreis gehörenden Teile eines elektrischen Betriebsmittels, sein sog. **Körper** berührt wird. Besondere Gefahrenquellen bilden ortsveränderliche Geräte, die bei ihrer Nutzung in der Hand gehalten werden (Tab. 5-2).

Auch Wasserleitungen, Heizungsrohre oder metallene Gebäudekonstruktionen, sog. **fremde leitfähige Teile** können bei Spannungsverschleppung Gefahrenquellen darstellen.

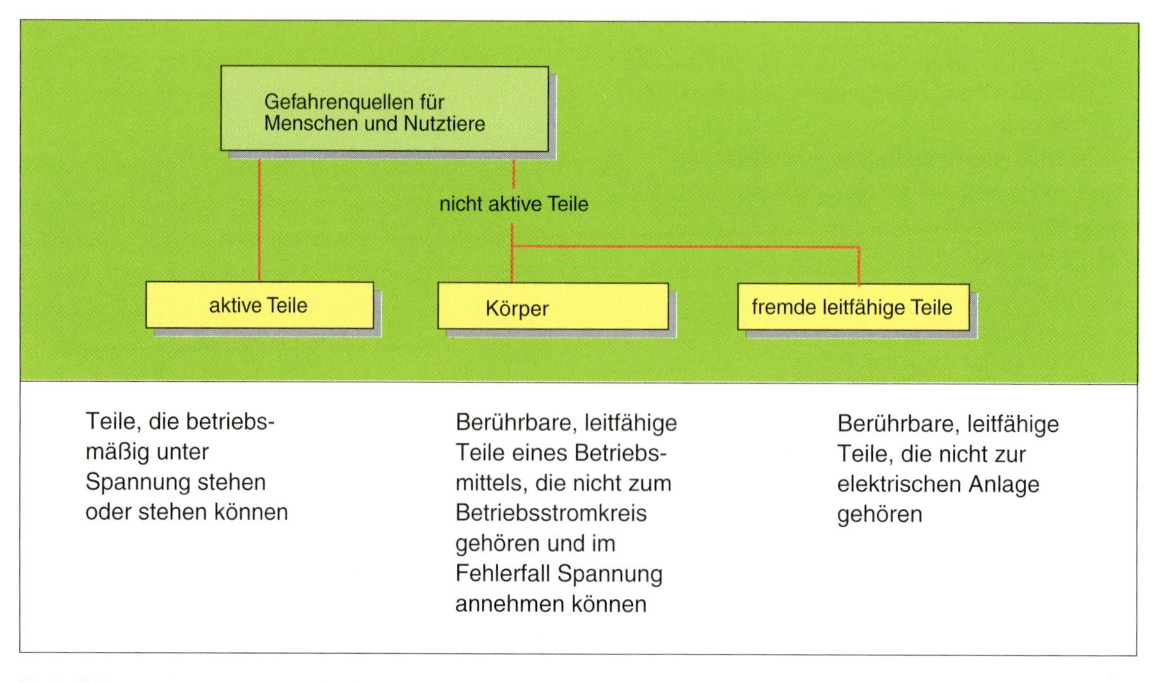

Tab. 5-2 *Gefahrenquellen für Menschen und Nutztiere*

5.2 Der Mensch als Teil des Stromkreises

5.2.1 Einpoliges und zweipoliges Berühren

Berühren Menschen unter Spannung stehende Leiter oder Anlagenteile, werden sie Teil eines Stromkreises. Bei einer **zweipoligen Berührung** sind die Durchströmung des Körpers und die dann entstehenden Folgen ohne weiteres einzusehen. So wird z. B. beim Berühren des Außenleiters L mit der rechten Hand und des Neutralleiters mit der linken Hand der Stromkreis durch den menschlichen Körper geschlossen (Abb. 5-3).

Der Mensch ist somit ein passiver Zweipol und wirkt wie jedes andere elektrische Verbrauchsmittel. Sein Körper wird quer vom Strom durchflossen. Meist liegt im Stromweg das auf elektrische Ströme stark reagierende Herz.

Auch bei einer **einpoligen Berührung** unter Spannung stehender Teile kann es zu einer Durchströmung des menschlichen Körpers kommen. Dabei wird ein Teil des Stromweges durch das Erdreich gebildet. Im Vergleich zu einem Kupferdraht ist sein spezifischer Widerstand zwar ein Vielfaches, aber seine durch mechanische Beschaffenheit und stoffliche Zusammensetzung schlechte elektrische Leitfähigkeit kann eine gesundheitsschädigende oder lebensgefährdende Durchströmung nicht verhindern. Da ein Strom jedoch nur bei einem in sich geschlossenen Stromweg fließen kann, ist sein weiterer Weg zu verfolgen. Dabei müssen zwei Möglichkeiten unterschieden werden.

1. Das Netz ist, wie die meisten öffentlichen Versorgungsnetze, ein geerdetes Netz.

Verfolgt man in Abb. 5-4 den Stromfluß, dann erkennt man, daß dieser über den Betriebserder des Netzes zum Sternpunkt der Transformatorenwicklung zurückfließt. Die Gefährdung des Menschen ist groß, da unabhängig von der Entfernung zwischen Betriebserder und Standort des Menschen, das Erdreich einen extrem großen Querschnitt bildet.

2. Es ist falsch anzunehmen, daß in einem isolierten Netz (Abb. 5-5) keine Gefährdung entstehen kann.

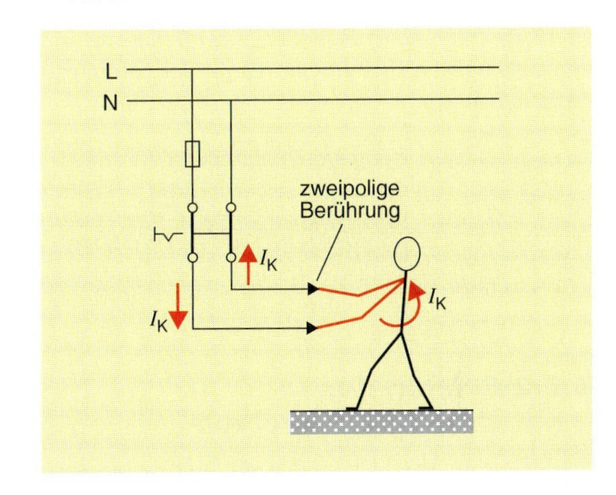

Abb. 5-3 ***Zweipolige Berührung***

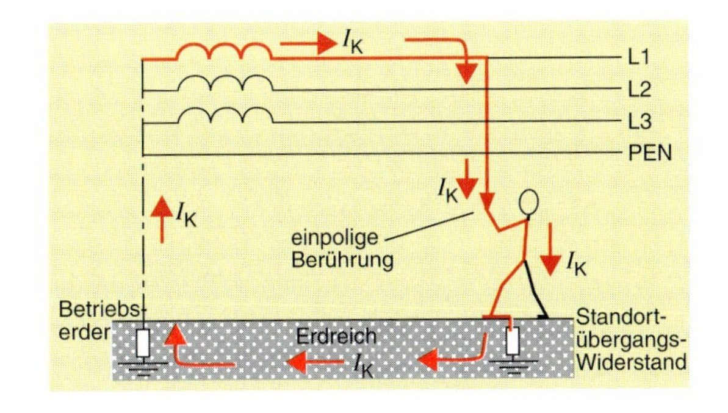

Abb. 5-4 ***Stromweg im geerdeten Netz***

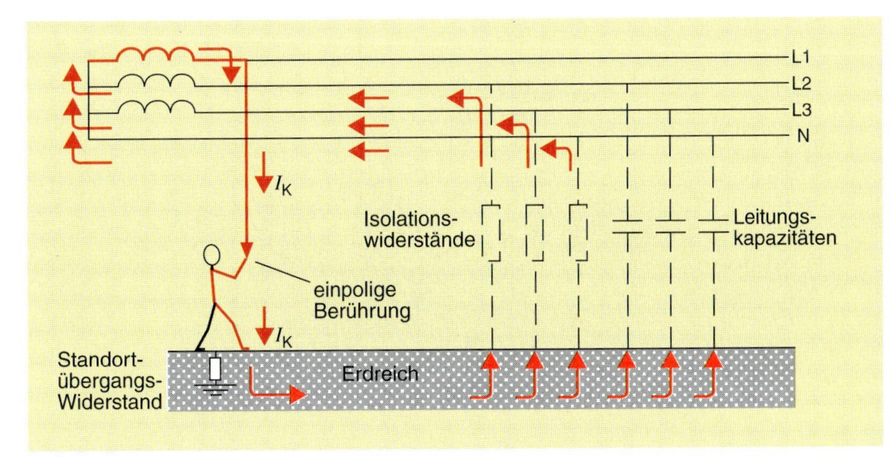

Abb. 5-5 ***Stromweg im isolierten Netz***

Da die Isolierstoffe der Leitungen oder Geräte und Anlagenteile grundsätzlich nur endliche, zwar sehr hohe Widerstandswerte aufweisen, aber ein Versorgungsnetz sich räumlich meist weit ausdehnt, ist der Isolationswiderstand der gesamten Anlage nicht so groß, daß der fließende Strom in dem für den Menschen ungefährlichen Bereich liegt. Dazu kommt noch, daß die Netze überwiegend mit Wechselspannung betrieben werden. In ihnen bilden die Isolierstoffe zwischen den Leitern oder zwischen Leiter und Erde Kondensatoranordnungen, die als frequenzabhängige Widerstände wirksam sind. Über die endlichen Isolationswiderstände und den Leitungskapazitäten wird damit der Stromweg geschlossen.

Bei jeder Berührung von spannungsführenden Teilen einer elektrischen Anlage, gleich ob es eine einpolige oder zweipolige Berührung oder die Anlage an einem geerdeten oder isolierten Netz angeschlossen ist, besteht Lebensgefahr!

5.2.2 Größen des Unfallstromkreises

Zur Definition einiger wesentlicher Größen betrachten wir ein mit einem Körperschluß behaftetes Betriebsmittel (Abb. 5-6).

Zwischen dem Motorgehäuse und der Erde steht die Berührungsspannung U_B an.

Berührungsspannung ist die Spannung, die zwischen gleichzeitig berührbaren Teilen während eines Isolationsfehlers auftreten kann.

Der Wert der Berührungsspannung kann u. U. erheblich durch den Widerstand des Menschen, der mit diesen Teilen in Berührung kommt, beeinflußt werden. Die Berührungsspannung muß dann als Spannungsfall während der elektrischen Durchströmung von Menschen oder Nutztieren zwischen den Berührungspunkten (Stromeintritts- und -austrittsstelle) aufgefaßt werden.

Über dem Menschen fließt als Teil des Fehlerstromes I_F der Körperstrom I_K, der den elektrischen Schlag bewirkt.

Fehlerstrom ist der Strom, der durch einen Isolationsfehler zum Fließen kommt.

Körperstrom ist der Strom, der bei einem elektrischen Schlag durch den Körper eines Menschen oder eines Tieres fließt.

Elektrischer Schlag ist die pathophysiologische Wirkung des elektrischen Stromes auf Menschen und Tieren, d. h. die gestörte Funktion von Organen und Organsystemen während der elektrischen Durchströmung ihrer Körper.

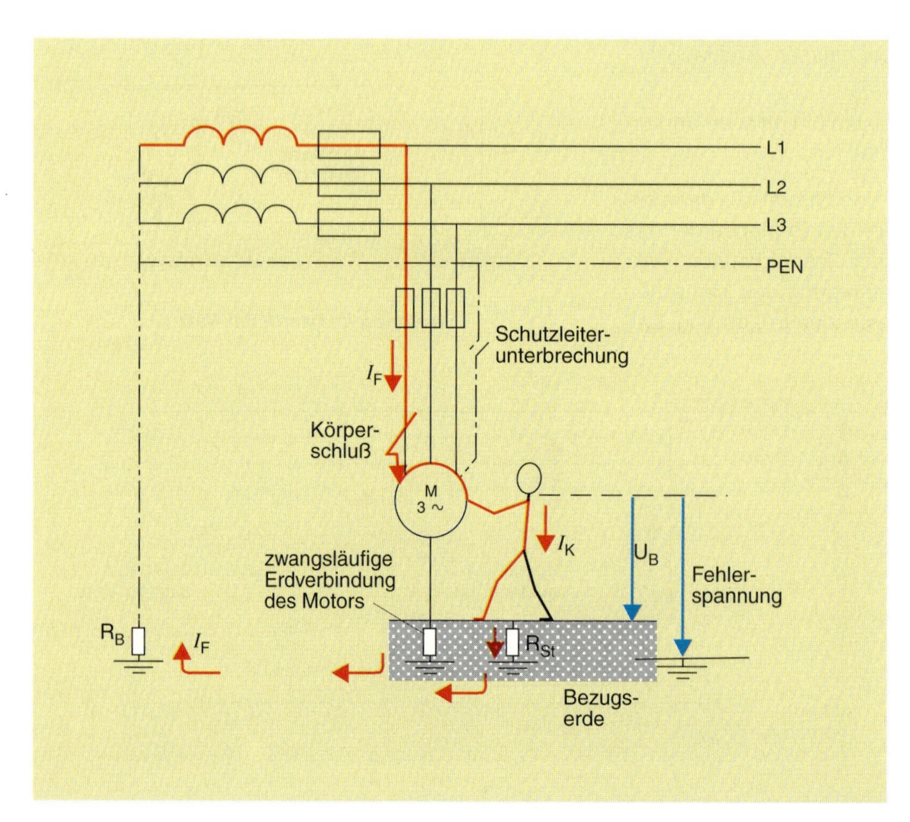

Abb. 5-6
Größen des Unfallstromkreises

Der für den Menschen gefährliche Körperstrom wird durch den Widerstand des Unfallstromkreises begrenzt (Abb. 5-7).

Dieser Widerstand setzt sich aus
- dem Innenwiderstand der Stromquelle ① (die Sekundärwicklung des Transformators wirkt als Stromquelle),
- dem Leitungswiderstand ② von Netz und Anschlußleitung,
- dem Widerstand des menschlichen Körpers ③,
- dem Standortübergangswiderstand ④ und
- dem Betriebserdungswiderstand ⑤ zusammen.

Als widerstandslos, also als ungünstigsten Fall werden der Körperschluß und die Berührungsstellen angesehen. Berechtigt stellt sich die Frage, weshalb wird der Widerstand des Erdreiches nicht berücksichtigt?

Vergleichen wir dazu den auf der Erde stehenden Menschen mit einem stromdurchflossenen Anlagenerder (Abb. 5-8).

Der Fehlerstrom teilt sich räumlich um diesen Anlagenerder aus. Die Teilströme ΔI durchfließen die Widerstände R_1, R_2, R_3 … des Erdreiches. Über diesen entstehen die Spannungsfälle U_1, U_2, U_3 …, die mit Hilfe von Sonden ohne Schwierigkeiten meßbar sind. Würde man diese Sonden im gleichen Abstand einschlagen und Erdreich mit demselben spezifischen Widerstand voraussetzen, nehmen die Spannungsfälle mit zunehmender Entfernung vom Erder ab, d. h.

$$U_3 < U_2 < U_1.$$

Ursache ist, daß der Querschnitt der Strombahn mit zunehmender Entfernung vom Erder zunimmt, damit die Widerstandswerte abnehmen:

$$R_3 < R_2 < R_1.$$

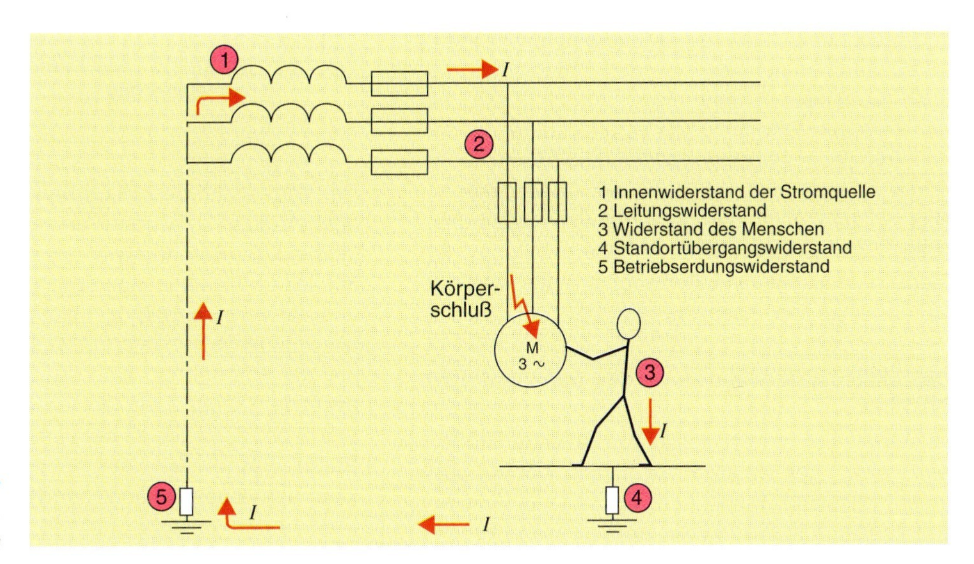

Abb. 5-7
Widerstände im Unfallstromkreis

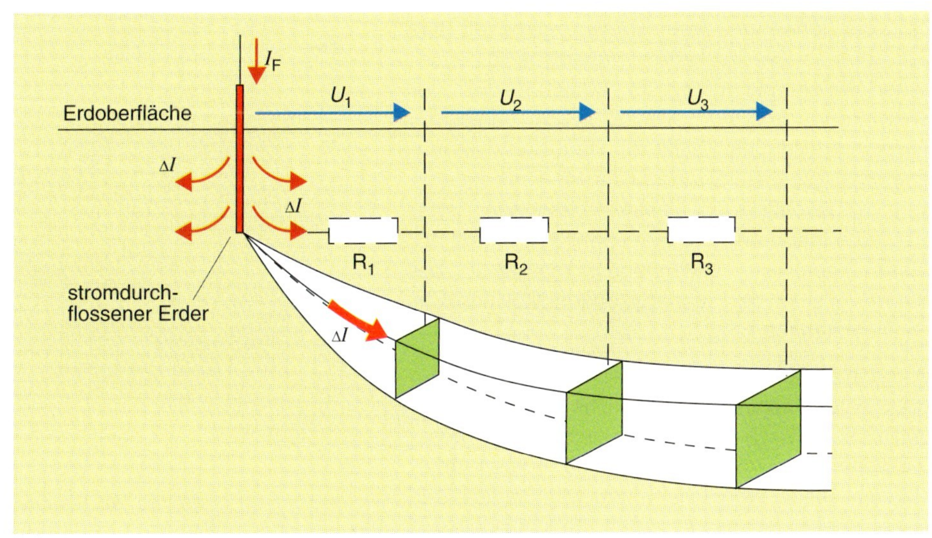

Abb. 5-8
Strom-durchflossener Erder

Durch vielfache Messungen stromdurchflossener Erder wurde festgestellt, daß in etwa 20 m Entfernung praktisch keine Spannungsfälle mehr nachgewiesen werden können. Es beginnt der Bereich der sog. Bezugserde.

Bezugserde ist der Bereich der Erde, insbesondere der Erdoberfläche, der von einem stromdurchflossenen Erder soweit entfernt ist, daß zwischen beliebigen Punkten dieses Bereiches keine meßbaren Potentialdifferenzen auftreten.

Wenn also die Widerstandswerte des Betriebserders oder des Standortes ermittelt werden sollen, muß der zweite Meßpunkt mindestens 20 m entfernt sein.

5.2.3 Wirkungen des Stromes im menschlichen Körper

Untersuchungen über die Wirkungen des elektrischen Stromes auf den lebenden Organismus reichen bis in das 18. Jahrhundert zurück. Erste, mit den heutigen Erkenntnissen vergleichbare Aussagen über den elektrischen Widerstand des menschlichen Körpers sind aus dem Jahr 1868 bekannt. Das Suchen nach der gefährdenden Spannung, jener Spannung, bei deren Überbrückung der Mensch unmittelbar in Lebensgefahr gerät, war Anlaß für zahlreiche Versuche.

Der elektrische Widerstand des menschlichen Körpers

ist in zwei sich unterschiedlich verhaltende Größen einzuteilen: der Hautwiderstand und der Körperinnenwiderstand. Beide werden zwar aus Zellularsubstanzen mit elektrolytischen Eigenschaften gebildet, jedoch hängt die Leitfähigkeit stark von der Zahl der Ionen und vom Flüssigkeitsgehalt des Gewebes ab. Die trockene Hornhaut besitzt einen hohen Widerstand von 50 bis 100 kΩ, der von der Schichtdicke abhängt. Neben ihrem ohmschen Widerstandsverhalten wirkt die Haut auch als Isolierstoff (Dielektrikum) und bildet im Tonfrequenzbereich, besonders bei kleinen Spannungen unter 50 V eine meßbare Kapazität von 0,01 bis 0,02 µF. Diese kapazitive Widerstandskomponente bestimmt vor allem die Frequenzabhängigkeit des Körperwiderstandes.

Durch das hochohmige Verhalten der trockenen Haut werden zahlreiche elektrische Durchströmungen als sog. Wischer mit unterschiedlichen Schreckreaktionen ohne lebensgefährliche Folgen überstanden. Dieser natürliche Schutz wird häufig durch Verletzungen der Haut, durch Feuchtigkeit und Schweißabsonderungen unwirksam. Als Folge einer elektrischen Durchströmung entstehen auf der Haut sog. Strommarken – kleine weiße bis schwarze Pünktchen bzw. auch flächenhafte Verkohlungen.

Ist die Haut durchschlagen, wird der Körperstrom nur noch von Körperinnenwiderstand bestimmt, dessen Größe vom Stromweg abhängig ist (Tab. 5-3).

Stromweg	Stromweg
Hand-Rumpf-Hand (Fuß-Fuß) 1300 Ω	Hand-Rumpf-Fuß 1300 Ω
Hand-Rumpf-Füße 975 Ω	Hände-Rumpf-Füße 650 Ω
Hand-Rücken (Brust) 585 Ω	Hände-Rücken (Brust) 300 Ω
Hand-Gesäß 715 Ω	Hände-Gesäß 390 Ω

Tab. 5-3 ***Richtwerte des Körperinnenwiderstandes von Menschen***

Der Widerstand des Menschen ist somit bei Spannungen über 50 V recht unterschiedlich groß. Im Moment der Berührung ist er sehr groß, annähernd 300 kΩ und sinkt infolge der Schweißabsonderung und der Verbrennung der Haut in den ersten Zehntelsekunden auf ungefähr 3 kΩ. Damit steigt sprunghaft der Körperstrom. Nach etwa einer Sekunde erreicht der Körperwiderstand einen konstant bleibenden Wert, z. B. 1,3 kΩ bei einem Stromweg Hand-Rumpf-Fuß, da die Haut durchschlagen ist. Damit kann ein lebensgefährlicher Körperstrom fließen (Abb. 5-9).

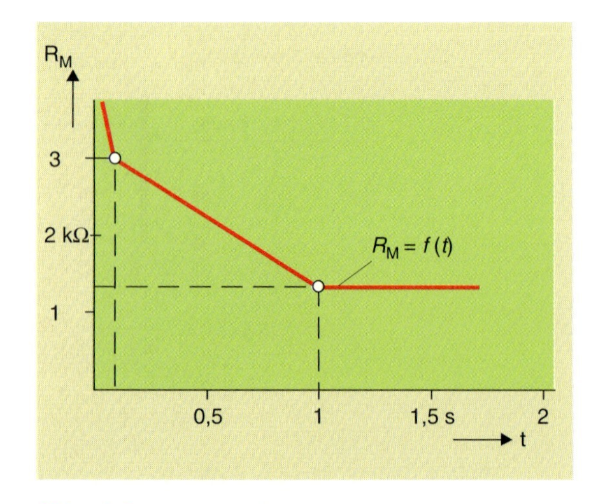

Abb. 5-9 ***Zeitliche Änderungen des Körperwiderstandes***

Reaktionen der menschlichen Körperzellen

treten nur dann ein, wenn der Reiz durch den elektrischen Strom eine bestimmte Stärke besitzt. Diese Schwellenwirksamkeit des Stromes wird durch drei Kenngrößen bestimmt:
- Intensität (Stromdichte)
- Nutzzeit (Dauer des Reizes)
- Steilheit des Anstieges des Reizstromimpulses.

Diese Kenngrößen sind auch für die Wirksamkeit des Wechselstroms bestimmend, da jede Halbwelle als ein Gleichstromstoß angesehen werden kann.

Wechselströme von 50 Hz haben eine sehr niedrige Reizschwelle, damit eine große Gefährlichkeit!

Kleinere Frequenzen verringern die Anstiegssteilheit, höhere Frequenzen verkürzen die Flußdauer (Nutzzeit) der Stromstöße und sind daher bei niedrigen Intensitäten nicht reizwirksam. Hochfrequente Ströme wirken selbst bei technisch gebräuchlichen Spannungen nicht mehr als Reiz. Sie verursachen jedoch eine starke Wärmewirkung in den Körperzellen.

Während die Nerven den Stromkreis fortleiten, reagieren die Muskeln mit einer aktiven Verkürzung (Kontraktion). Bei wiederholter elektrischer Reizung in kleinen Zeitabständen kommt es zunächst zum unvollständigen, später zum vollständigen Starrkrampf (Tetanus).

Eine Besonderheit stellt der Herzmuskel dar, der seine Erregungen in speziellen Strukturen selbst bildet. Während des Erregungszustands des Herzens verlaufen bei gefährlicher elektrischer Durchströmung die Kontraktionen der einzelnen Herzmuskelbereiche ohne Koordination und in so schneller Folge, daß sie als sog. Flimmern wahrzunehmen wären. Die Pumpfunktion des Herzens erlischt, da von den flimmernden Herzkammern kein Blut mehr gefördert werden kann. Innerhalb kurzer Zeit kommt es zum Tod des Organismus durch Sauerstoffmangel, wenn nicht sofort qualifizierte Erste Hilfe und später ärztliche Hilfe geleistet wird.

Durch langjährige internationale Untersuchungen konnten Wirkungsbereiche des 50-Hz-Wechselstroms bestimmt werden. In Abhängigkeit von Stromstärke und Zeit sind die Reaktionen des erwachsenen Menschen ablesbar (Abb. 5-10).

Überlebenschancen bei elektrischen Unfällen

mit akuter Lebensgefahr bestehen vor allem dann, wenn sofort geeignete Maßnahmen am Unfallort ergriffen werden. Auch der schnellstmögliche Transport in die ärztliche Praxis kann zu spät sein!

Was ist bei der Ersten Hilfe bei Unfällen durch den elektrischen Strom zu beachten?

Grundsätze:
- **Ruhe bewahren**
- **Eigenen Schreck überwinden**
- **Erst denken, dann handeln**
- **Zusätzlichen Schaden verhindern**
- **Unfallstelle absichern**
- **Hilfe herbeiholen**
- **Notruf**
- **Verletzten möglichst nicht allein lassen!**

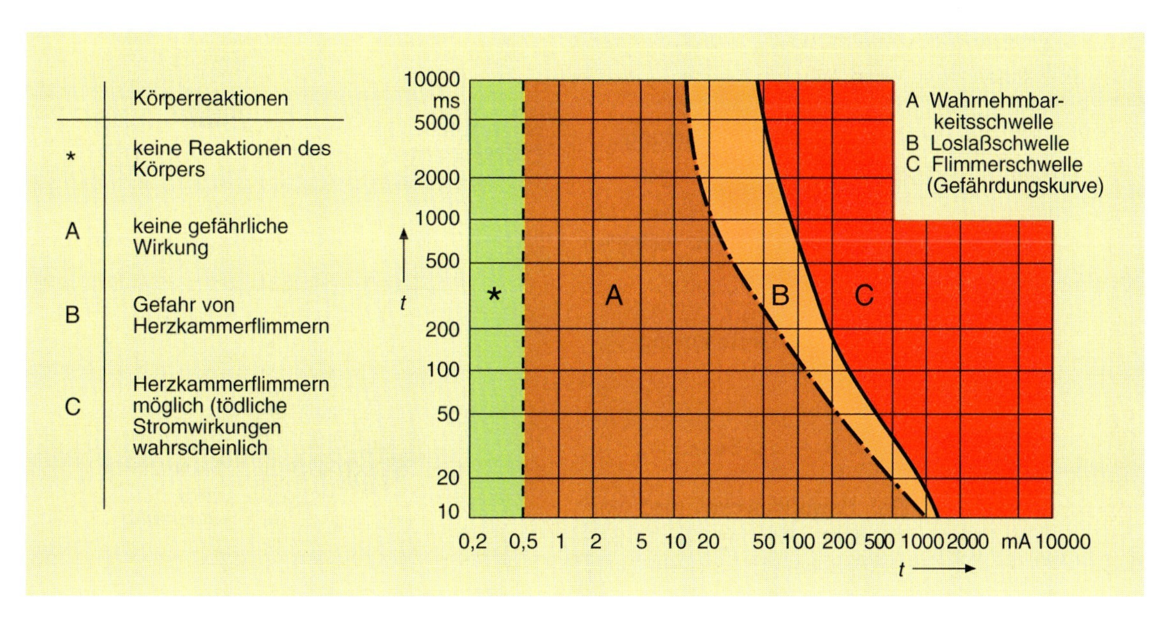

Abb. 5-10 ***Wirkungsbereiche des 50-Hz-Wechselstroms***

1. Befreiung des Verunglückten durch Stromkreisunterbrechung

- Beim Lösen des Verunglückten aus dem Stromkreis keine eigene Durchströmung hervorrufen.
- Verletzten vor eventuellem Absturz sichern.
- Bei Brand Verletzten aus der Gefahrenzone eventuell mit Rautek-Rettungsgriff holen (Abb. 5-11).

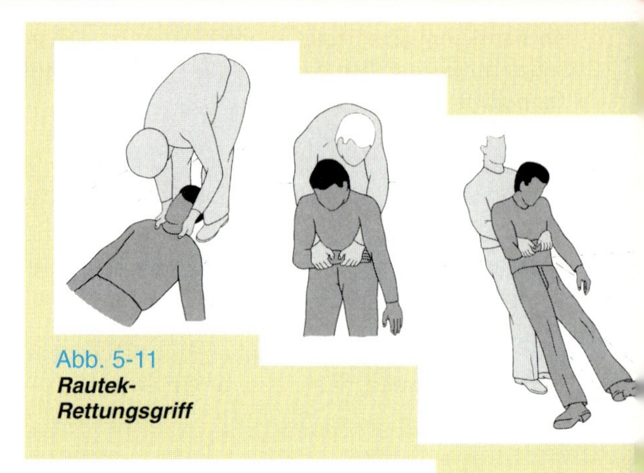

Abb. 5-11
Rautek-Rettungsgriff

2. Bewußtlosigkeit

Anzeichen Keine Reaktion trotz mehrfachen Ansprechens

3. Atemkontrolle

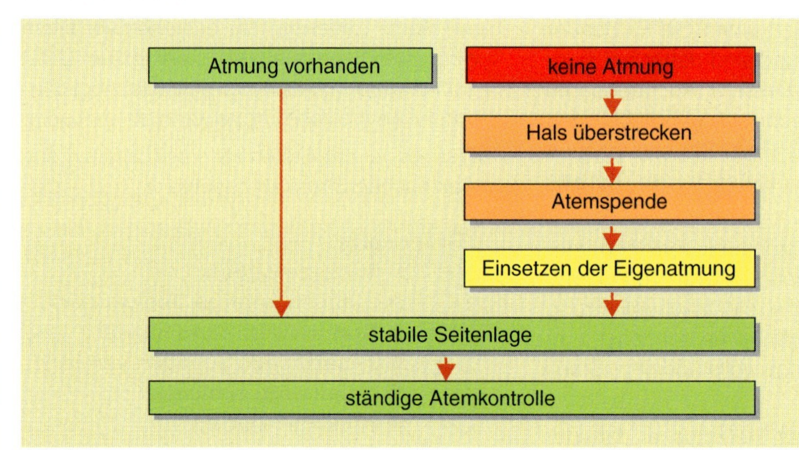

4. Atemstillstand

Nur sofortige Beatmung kann Leben retten! Sekunden entscheiden!

Anzeichen
- keine Atemgeräusche
- keine Atembewegung
- auffallende Hautverfärbung

Gefahr Tod durch Sauerstoffmangel

Maßnahmen
- Überstrecken des Halses, um freie Atemwege zu schaffen (Abb. 5-12)

Atemspende als
- Mund-zu-Nase-Beatmung (Abb. 5-13)

  oder
- Mund-zu-Mund-Beatmung

- Bei Bewußtlosigkeit und vorhandener Atmung stabile Seitenlage herstellen (Abb. 5-14)

Abb. 5-12
Überstrecken des Halses

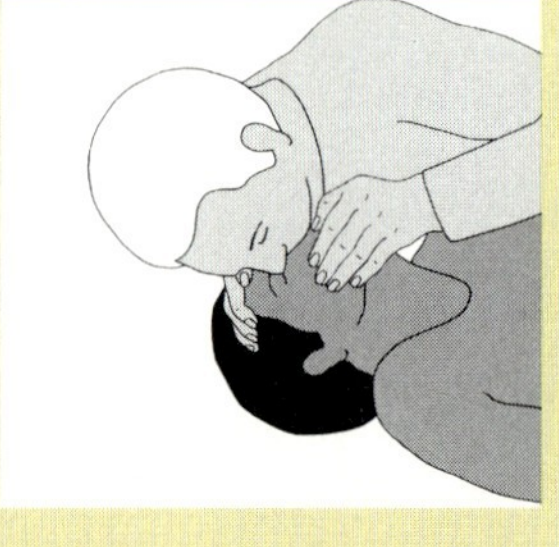

Abb. 5-13
Mund-zu-Nase-Beatmung

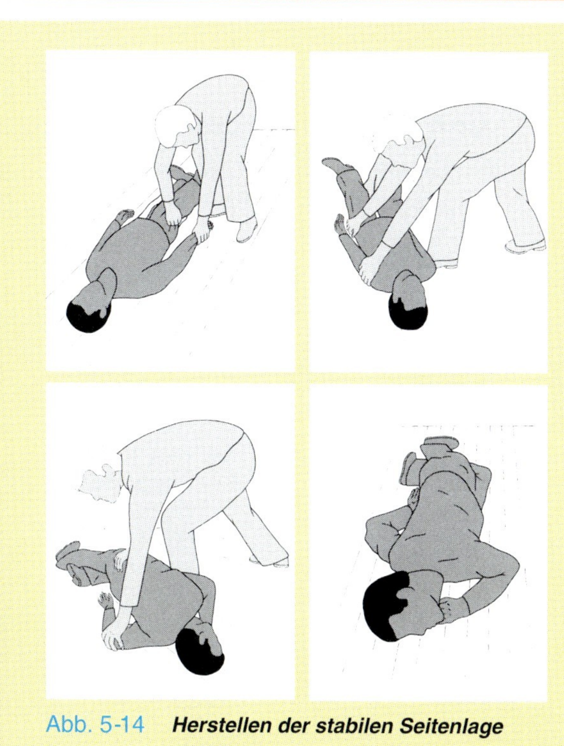

Abb. 5-14 ***Herstellen der stabilen Seitenlage***

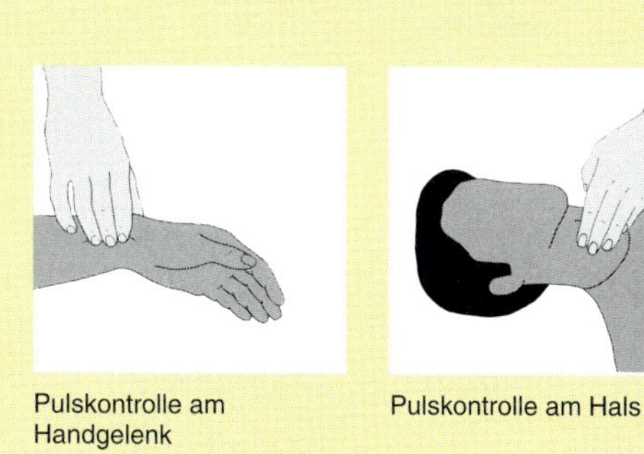

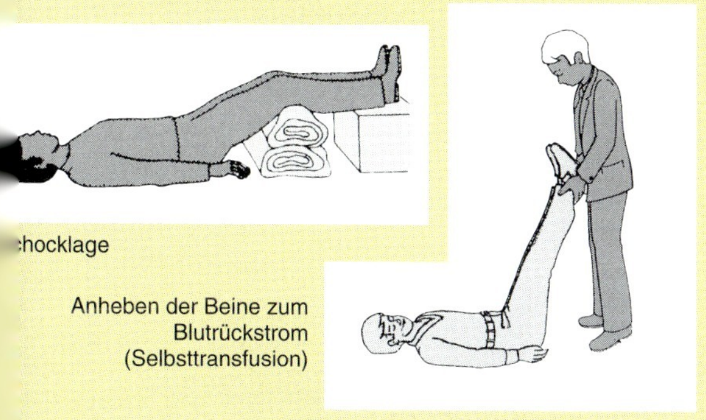

Abb. 5-15 ***Maßnahmen der Schockbekämpfung***

5. Kreislaufstillstand

Kontrolle nach den ersten fünf Beatmungen

Anzeichen
- Bewußtlosigkeit, Atemstillstand, fehlender Herzschlag
- Weite reaktionslose Pupillen

Maßnahmen
- Herz-Lungen-Wiederbelebung (Herz-Druck-Massage nur, wenn hinreichende Kenntnisse vorhanden sind!)

6. Schock

Anzeichen
- Schneller und schwächer werdender, schließlich kaum tastbarer Puls
- Fahle Blässe
- Kalte Haut
- Schweiß auf der Stirn
- Auffallende Unruhe (Anzeichen treten selten gleichzeitig auf.)

Maßnahmen
- Blutstillen
- Anheben der Beine zum Blutrückstrom (Selbsttransfusion)
- In Schocklage bringen
- Wärmeverlust verhindern
- Kontrolle von Puls und Atmung (Abb. 5-15)

7. Verbrennungen

Anzeichen
- Hautrötung
- Blasenbildung
- Gewebeschädigungen
- Starker Schmerz

Gefahren
- Infektion
- Störung der Atmung
- Schock

Maßnahmen
- Betroffene Gliedmaßen in kaltes Wasser eintauchen
- Brandwunde keimfrei abdecken
- Ansprechbaren Verletzten Flüssigkeit zum Trinken geben (Wasser mit Kochsalz oder Natron)

5.3 Vorschriften und Maßnahmen zum Schutz der Menschen

5.3.1 Rangfolge der Mittel und Maßnahmen

Die Gefahren des elektrischen Stromes können vermieden oder verringert werden, wenn die in den Normen aufgeführten sicherheitstechnischen Maßnahmen berücksichtigt werden.

Sicherheitstechnische Maßnahmen sind alle gestalterischen und beschreibenden Maßnahmen, die zur Vermeidung von Gefahren getroffen werden.

Die Ziele der Sicherheitstechnik sind in nachstehender Rangfolge zu verwirklichen:

5.3.2 Vorschriften und Bestimmungen

Das Gebiet der Vorschriften und Bestimmungen ist so groß, daß es von einem Einzelnen nicht zu überschauen ist. Versuchen wir in einer Kurzfassung das Wesentliche darzustellen.

Grundsätze und Organisation der deutschen Normung

Normung ist
– ein Mittel, den gesamten technisch-wissenschaftlichen und persönlichen Bereich zu ordnen,

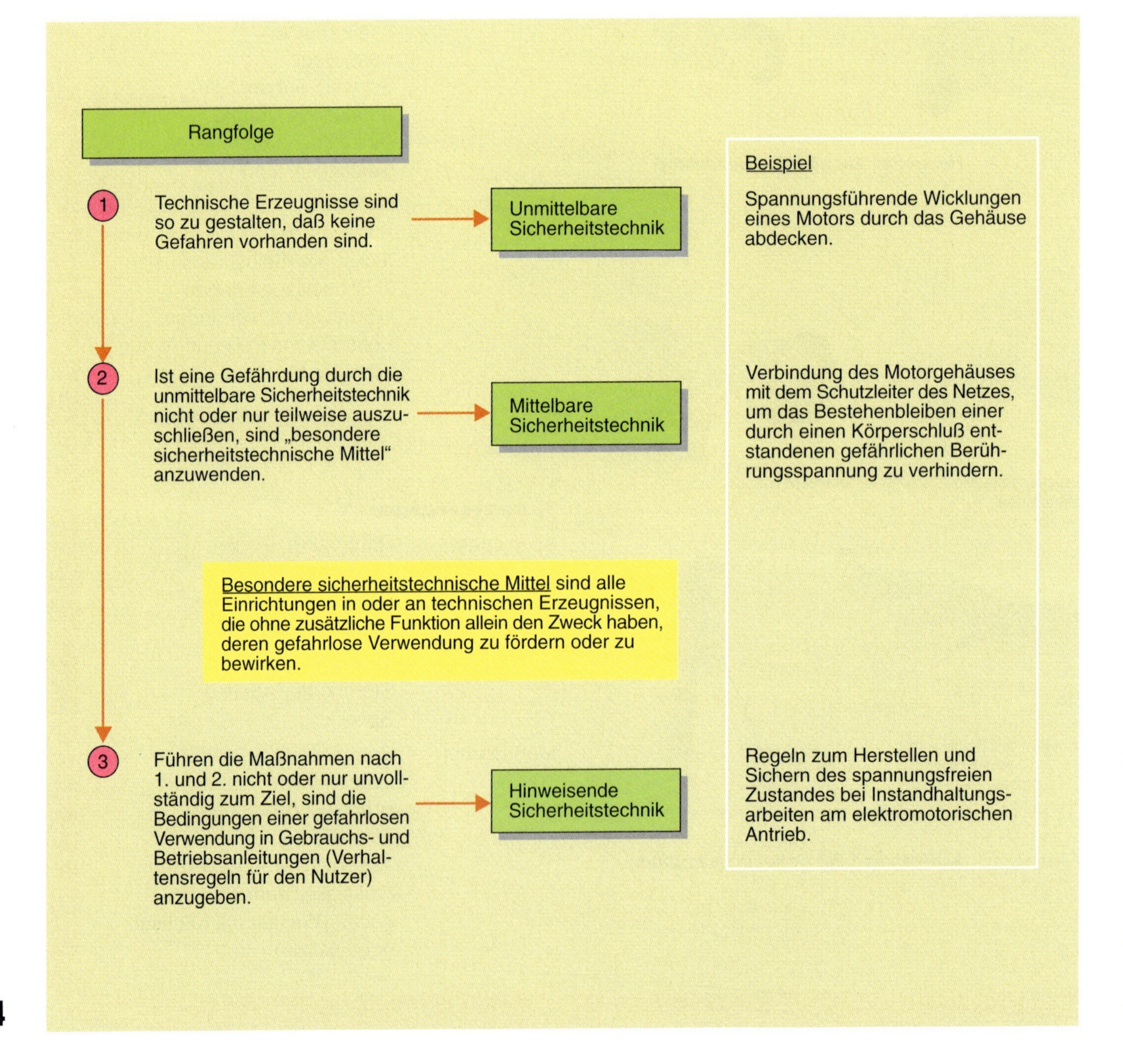
Rangfolge
1
Technische Erzeugnisse sind so zu gestalten, daß keine Gefahren vorhanden sind.
Unmittelbare Sicherheitstechnik
2
Ist eine Gefährdung durch die unmittelbare Sicherheitstechnik nicht oder nur teilweise auszuschließen, sind „besondere sicherheitstechnische Mittel“ anzuwenden.
Mittelbare Sicherheitstechnik
Besondere sicherheitstechnische Mittel sind alle Einrichtungen in oder an technischen Erzeugnissen, die ohne zusätzliche Funktion allein den Zweck haben, deren gefahrlose Verwendung zu fördern oder zu bewirken.
3
Führen die Maßnahmen nach 1. und 2. nicht oder nur unvollständig zum Ziel, sind die Bedingungen einer gefahrlosen Verwendung in Gebrauchs- und Betriebsanleitungen (Verhaltensregeln für den Nutzer) anzugeben.
Hinweisende Sicherheitstechnik
Beispiel
Spannungsführende Wicklungen eines Motors durch das Gehäuse abdecken.
Verbindung des Motorgehäuses mit dem Schutzleiter des Netzes, um das Bestehenbleiben einer durch einen Körperschluß entstandenen gefährlichen Berührungsspannung zu verhindern.
Regeln zum Herstellen und Sichern des spannungsfreien Zustandes bei Instandhaltungsarbeiten am elektromotorischen Antrieb.

- Bestandteil der bestehenden Wirtschafts-, Sozial- und Rechtsordnungen.

Normung fördert
- die Rationalisierung und Qualitätssicherung in Wirtschaft, Technik, Wissenschaft und Verwaltung.

Normung dient
- der Sicherheit von Menschen und Sachen,
- der Qualitätsverbesserung und
- einer sinnvollen Ordnung.

Träger der deutschen Normarbeit sind
- das DIN Deutsches Institut für Normung e.V.
- der VDE Verband Deutscher Elektrotechniker.

Die VDE-Bestimmungen, als bekannter Teil des VDE-Vorschriftenwerkes, erscheinen unter den beiden Verbandszeichen DIN und VDE.

Charakter der deutschen Norm

Normen sind
- keine zwingende Verpflichtung, sondern eine Empfehlung und stehen jedermann zur Anwendung frei,
- anwendungspflichtig, wenn dies durch Rechts- oder Verwaltungsvorschriften bzw. Verträgen festgelegt ist.

Normen kennzeichnen
- den Stand der Technik zum Zeitpunkt ihrer Herausgabe
- im Bereich der Sicherheitstechnik, daß sie „anerkannte Regeln der Technik“ sind.

Durch das Anwenden von Normen entzieht sich niemand der Verantwortung für das eigene Handeln!

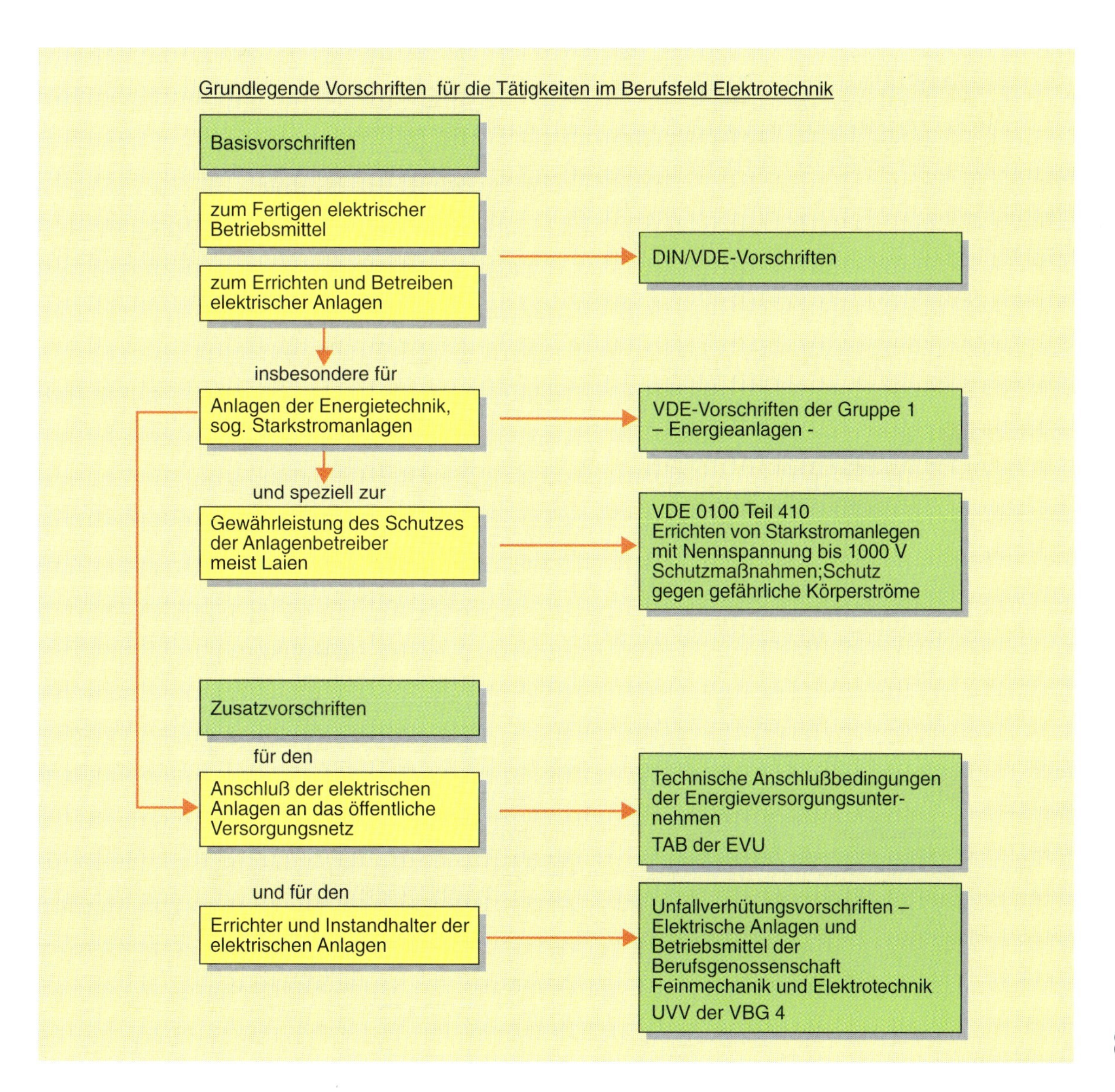

5.3.3 Schutzmaßnahmen nach DIN VDE 0100

Die als VDE-Bestimmung gekennzeichnete DIN VDE 0100 gilt als Grundnorm für die Maßnahmen zum Schutz gegen gefährliche Körperströme.

Gefährlicher Körperstrom ist ein Strom, der den Körper eines Menschen oder eines Tieres durchfließt und überlicherweise einen pathophysiologischen, damit schädigenden Effekt auslöst.

Nach der Abbildung 5-10 muß bei 50 Hz mit

Folgeschäden über 50 mA gerechnet werden.

Beachten Sie, daß dieser Wert im Vergleich zu den Betriebsströmen in Starkstromanlagen ein sehr kleiner Wert ist.

Wenn man von einem Widerstandswert des menschlichen Körpers von 1,0 kΩ ausgeht, ist verständlich, daß in den meisten elektrischen Anlagen als

vereinbarte Grenze der Berührungsspannung
U_L = 50 V Wechselstromspannung
U_L = 120 V Gleichspannung

festgelegt ist.

In besonderen Gefahrenbereichen, wie z. B. in medizinisch genutzten Räumen oder Räumen der Tierhaltung wird die höchstzulässige Berührungsspannung sogar auf 25 V DC begrenzt.

Die Schutzmaßnahmen werden in der o. g. Grundnorm in drei Gruppen eingeteilt (Tab 5-4).

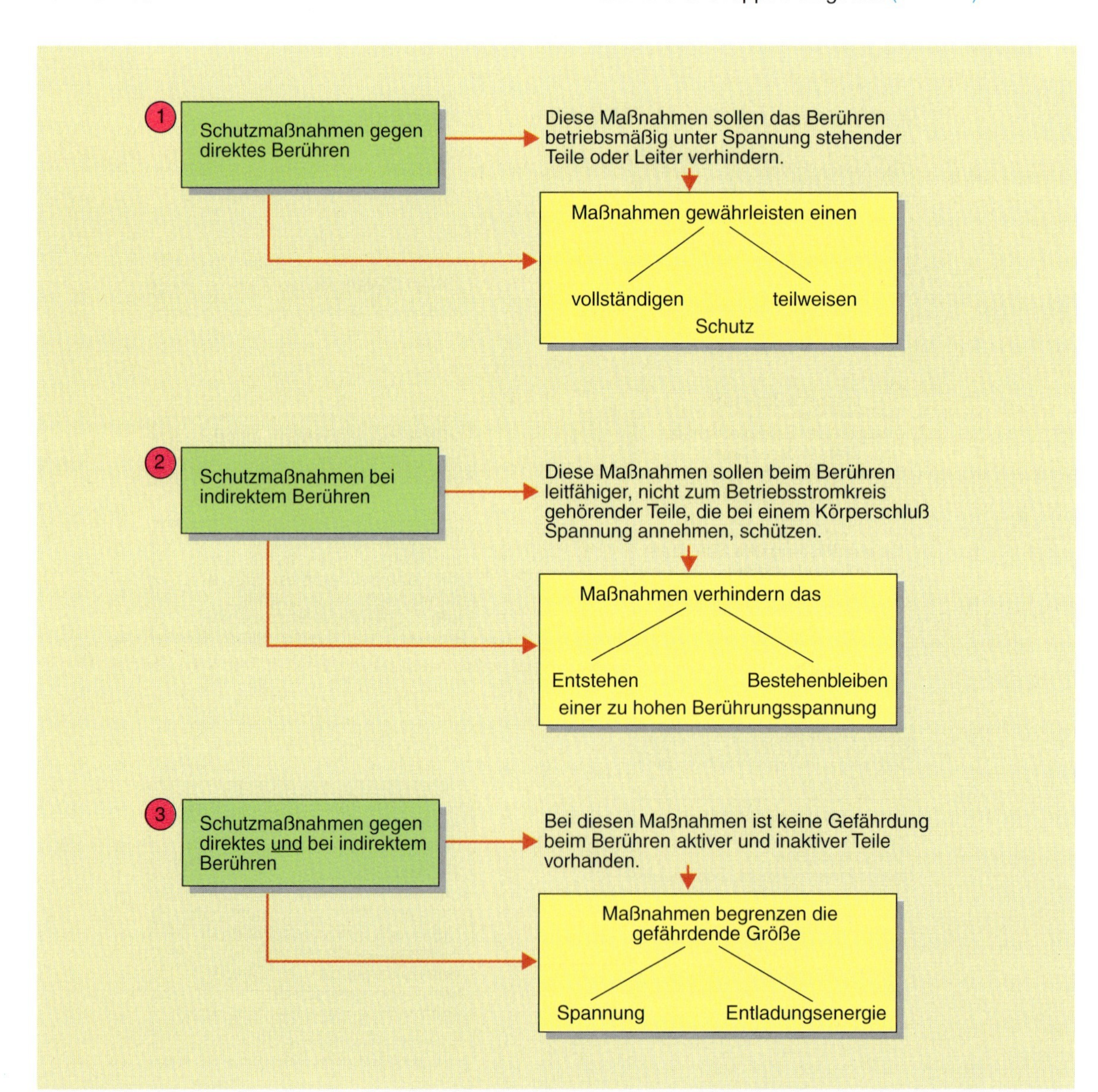

Schutzmaßnahmen gegen gefährliche Körperströme		
Schutz gegen direktes Berühren	Schutz gegen direktes und bei indirektem Berühren	Schutz bei indirektem Berühren
Schutz durch Isolierung aktiver Teile Schutz durch Abdeckungen oder Umhüllungen Schutz durch Hindernisse Schutz durch Abstand zusätzlicher Schutz durch FI-Schutzeinrichtungen	Schutz durch Schutzklein-spannung Schutz durch Funktionsklein-spannung – mit sicherer Trennung – ohne sichere Trennung Schutz durch Begrenzung der Entladungssenergie	Schutz durch Abschalten im TT-, TN- und IT-Netz Schutz durch Melden im IT-Netz Schutzisolierung Schutztrennung Schutz durch nichtleitende Räume Schutz durch erdfreien örtlichen Potentialausgleich

Tab. 5-4 ***Schutzmaßnahmen***

AUFGABEN

5.1 Geben Sie die wesentlichen Fehler in elektrischen Anlagen und ihre Folgen an!

5.2 Nennen Sie die typischen Merkmale von aktiven Teilen!

5.3 Welcher Unterschied besteht zwischen Körper und fremden leitfähigen Teilen? Geben Sie Beispiele an!

5.4 Beschreiben Sie den Stromweg, wenn in einem geerdeten Netz durch einen Körperschluß ein Mensch von einem Strom durchflossen wird!

5.5 Weshalb können auch im isolierten Netz gefährliche Körperströme fließen?

5.6 Beschreiben Sie die Wirkungen eines elektrischen Stromes im menschlichen Körper!

5.7 Welche Besonderheit besteht bei elektrischen Unfällen in der ersten Phase der Ersten Hilfe?

5.8 Erläutern Sie an einem Beispiel den Unterschied zwischen unmittelbarer und mittelbarer Sicherheitstechnik!

5.9 In Werkstatt- oder Baustellenordnungen wird vielfach Bezug auf Vorschriften genommen. Diese werden meist durch Abkürzungen bezeichnet. Was bedeuten DIN, VDE, TAB und VBG?

5.10 Schutzmaßnahmen werden klassifiziert in Schutzmaßnahmen gegen direktes Berühren und Schutzmaßnahmen bei indirektem Berühren. Weshalb ist hier der richtige Gebrauch der Präpositionen (Verhältniswörter) „gegen" und „bei" zu beachten?

Erweiterte Stromkreise

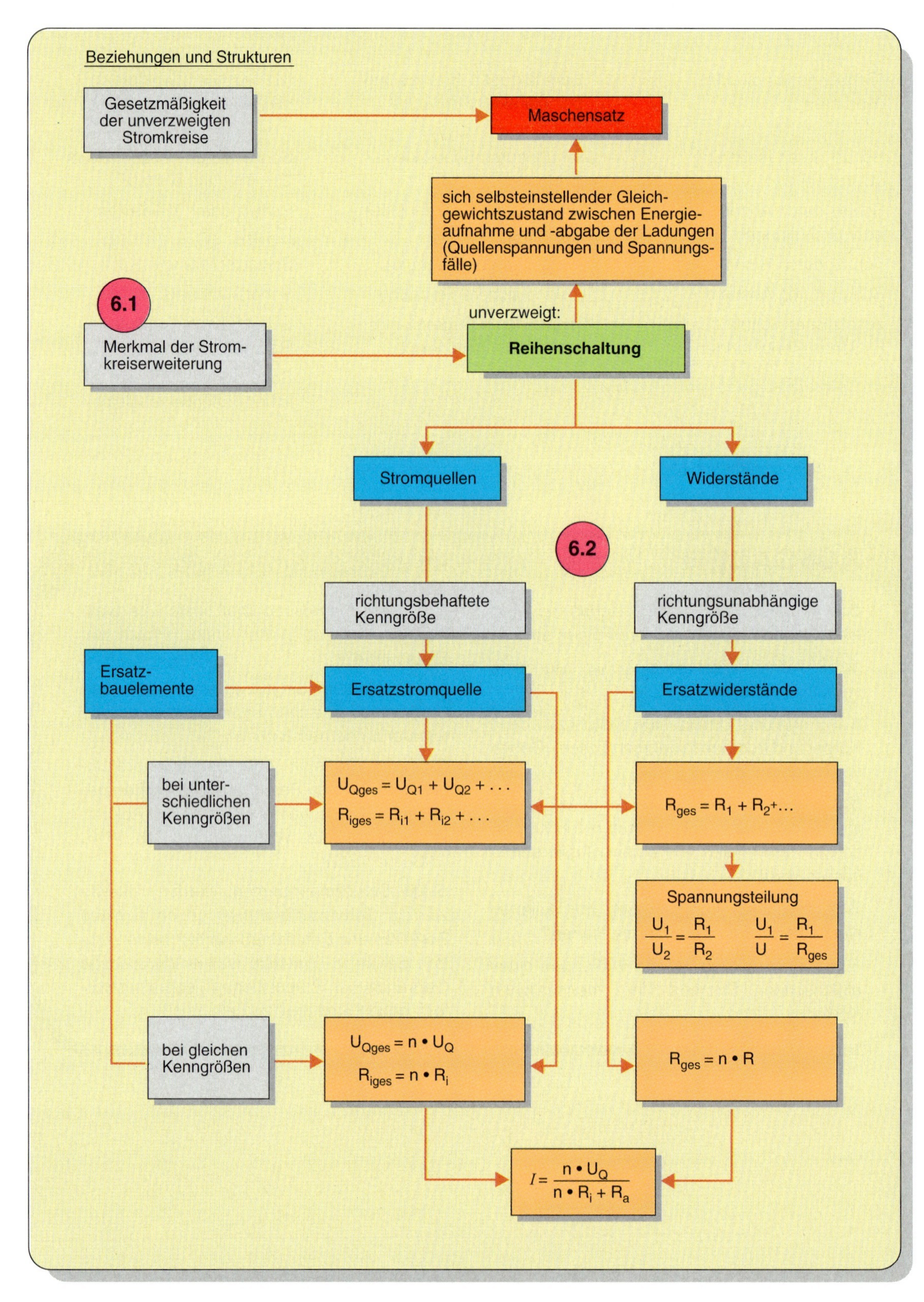

Abb. 6-1 ***Beziehungen und Strukturen a) unverzweigter Stromkreis***

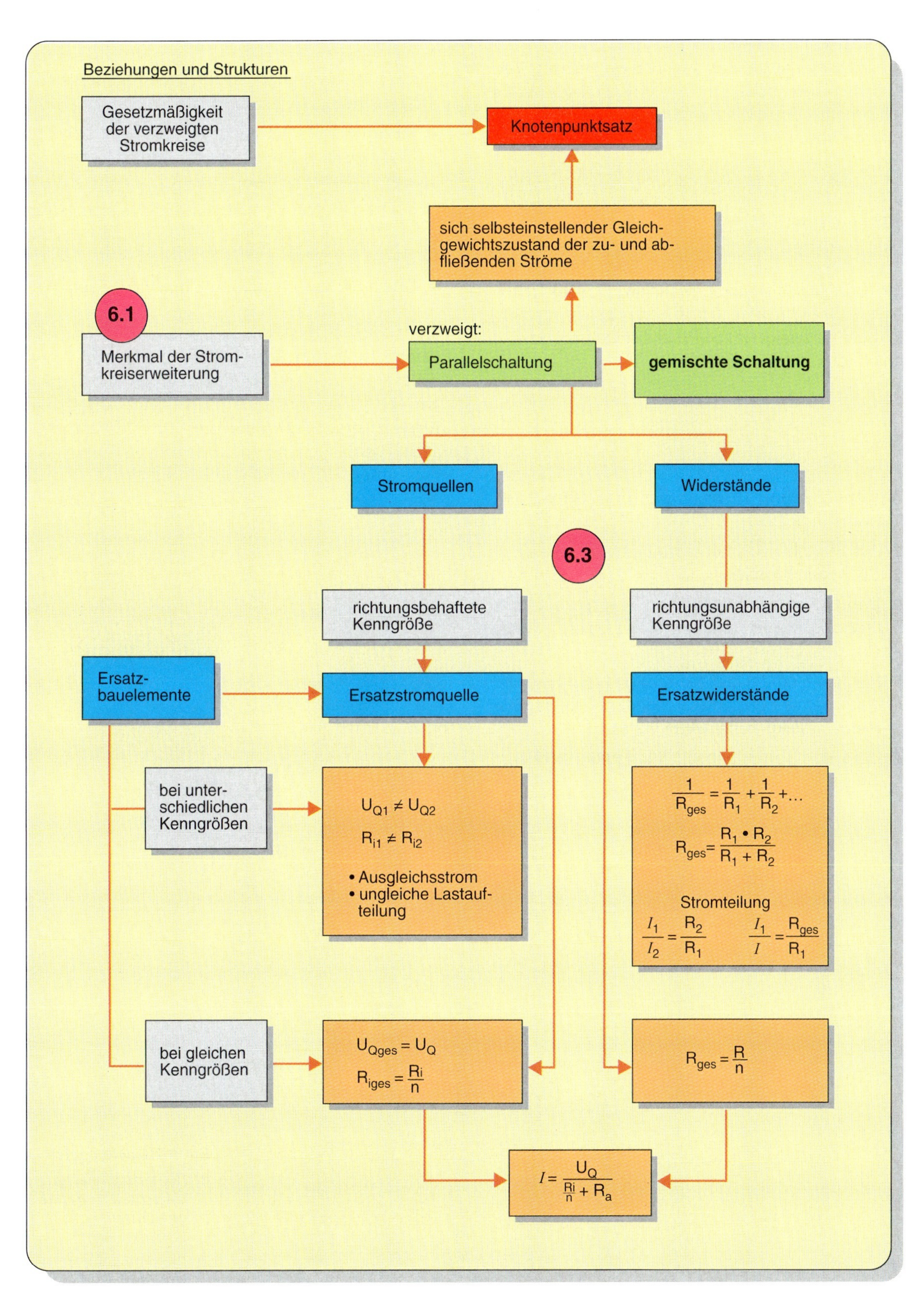

Abb. 6-1 ***Beziehungen und Strukturen b) verzweigter Stromkreis***

6.1 Merkmale

Selten nur speist eine Stromquelle ein einziges Verbrauchsmittel allein. Fast immer sind mehrere Verbraucher elektrischer Energie in vielfältiger Weise mit einem oder mehreren Erzeugern elektrischer Energie verknüpft.

Von einem erweiterten Stromkreis spricht man dann, wenn mehr als eine Stromquelle oder (und) mehr als ein Lastwiderstand miteinander elektrisch verbunden sind.

Die Stromkreiserweiterung kann unverzweigt (durch eine Reihenschaltung aktiver und passiver Elemente) oder verzweigt (durch Parallelschaltung) bzw. in gemischter Weise erfolgen.

Reihenschaltung (Erweiterung ohne Stromkreisverzweigung)

- Alle Stromkreiselemente werden von demselben Strom durchflossen.
- Das Gleichgewicht zwischen Energieaufnahme und -abgabe der Ladungen stellt sich selbständig ein.
- Fällt ein Element in diesem Stromkreis aus, wird der gesamte Kreis unterbrochen. Keines der Elemente arbeitet weiter (Abb. 6-2 a).
- Über den verschiedenen Elementen existieren Teilspannungen.

Parallelschaltung (Erweiterung durch Stromkreisverzweigung)

- Alle Stromkreiselemente zwischen denselben zwei Verzweigungspunkten liegen an derselben Spannung.
- Im Stromkreisverzweigungspunkt stellt sich das Gleichgewicht zwischen zu- und abfließenden Ladungen selbständig ein.
- Fällt ein Element in einem Zweig des erweiterten Stromkreises aus, ist nur dieser Teil stromlos; der übrige Stromkreis arbeitet weiter (Abb. 6-2 b).
- Durch die verschiedenen Elemente fließen Teilströme (Abb. 6-2).

Immer muß es das Bemühen sein, beim Betrachten eines erweiterten Stromkreises diesen auf einen einfachen Stromkreis zurückzuführen. Stromquellen und Lastwiderstände sollen durch jeweils ein Element „ersetzt" werden.
Diese Vereinfachung soll das reale Verhalten des erweiterten Stromkreises widerspiegeln.

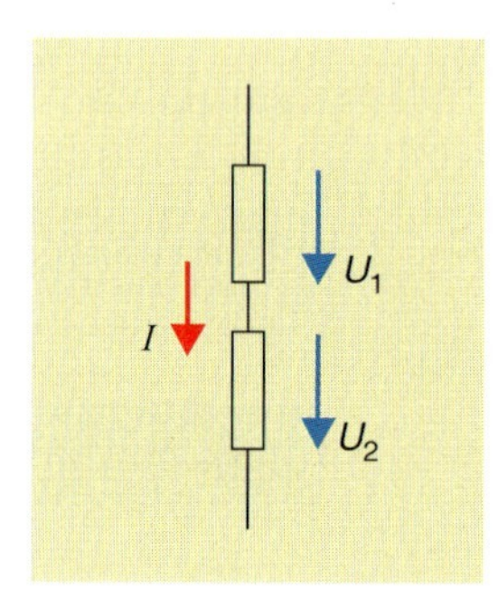

Abb. 6-2 a

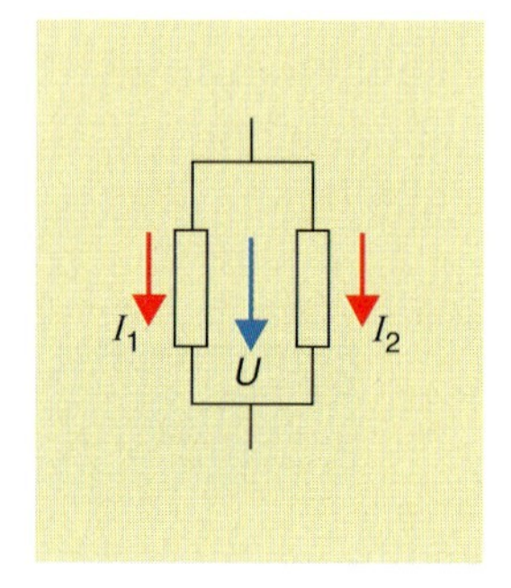

Abb. 6-2 b

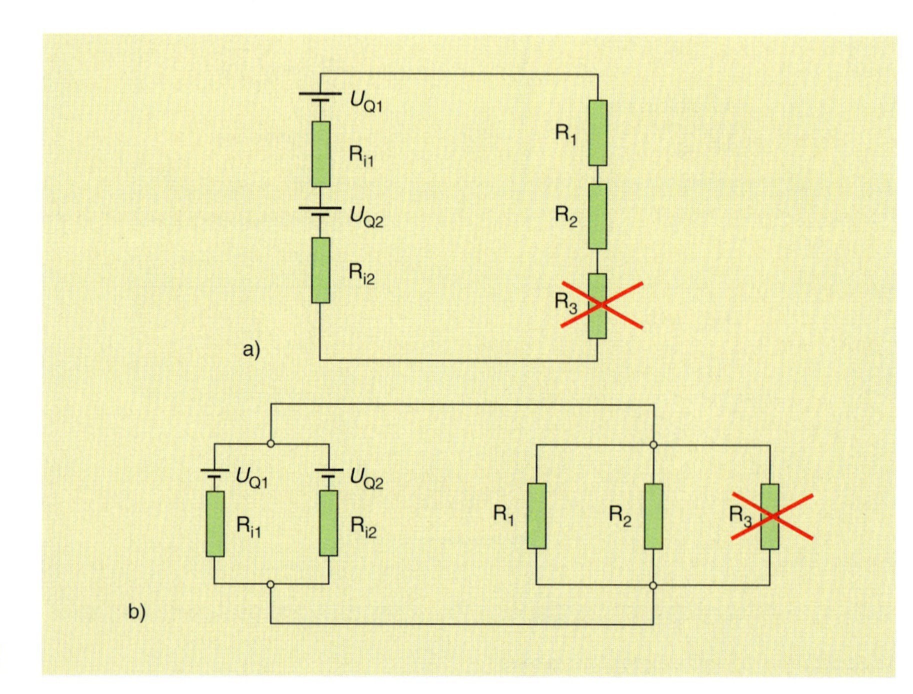

Abb. 6-2
Ausfall eines Stromkreiselementes
a) Reihenschaltung: Unterbrechung des gesamten Stromkreises
b) Parallelschaltung: Unterbrechung eines Stromkreiszweiges

Außerdem soll sie es möglich machen, die Beziehungen am Grundstromkreis anzuwenden (Abb. 6-3).
An den Klemmen A und B beider Stromkreise sind dieselben elektrischen Verhältnisse vorhanden.

In umgekehrter Weise wird es dadurch möglich, ein „Ersatz"element, z. B. einen erforderlichen, aber nicht genormten Widerstand, durch eine Zusammenschaltung mehrerer genormter Einzelwiderstände zu realisieren.

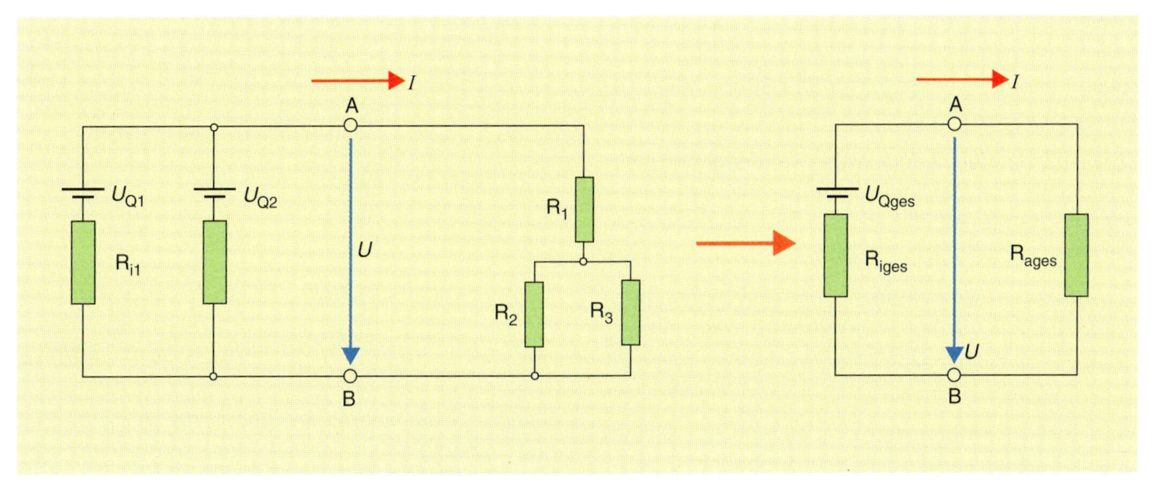

Abb. 6-3 ***Zusammenfassen der Einzelelemente zum Ersatzelement***

6.2 Unverzweigte Stromkreise

6.2.1 Maschensatz

In der Reihenschaltung sind die Stromkreiselemente so geschaltet, daß sie von demselben Strom durchflossen werden.

In einer Reihenschaltung ist an allen Stellen des Stromkreises die Stromstärke gleich groß.

Im Stromkreis gibt es keine Verzweigungspunkte. Das bedeutet: Bei Unterbrechung an irgend einer Stelle ist der gesamte Stromkreis unterbrochen. Der in Abb. 6-4 dargestellte Stromkreis bildet ein abgeschlossenes System. Zwischen Energieaufnahme der Ladungen (in der Stromquelle) und Energieabgabe (an den Widerständen) stellt sich selbständig ein Gleichgewicht ein.

$$W+ = W-$$
$$U_Q \cdot I \cdot t = U_1 \cdot I \cdot t + U_2 \cdot I \cdot t + U_i \cdot I \cdot t$$

Nach der Division

mit $Q = I \cdot t$ folgt

$$U_Q = U_1 + U_2 + U_i$$

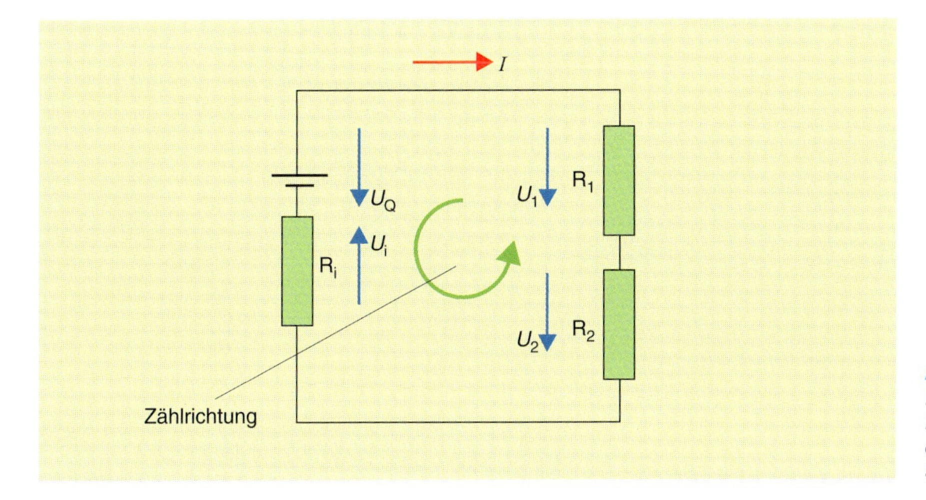

Abb. 6-4 ***Durch Reihenschaltung erweiterter Stromkreis***

Die gesamte Erzeugerspannung teilt sich auf die Widerstände auf.

Die an einer Reihenschaltung von Widerständen anliegende Gesamtspannung ist gleich der Summe der Teilspannungen an den einzelnen Widerständen.

Anders formuliert heißt das für den Stromkreis:

$U_Q - U_1 - U_2 - U_i = 0$

Das entspricht der Addition der Spannungen unter Beachtung ihrer Zählpfeile innerhalb des geschlossenen Stromweges, der sogenannten **Masche**. Die Zählrichtung kann frei gewählt werden.

Die Summe der richtungsbehafteten Spannungen in einer Masche ist null (**Maschensatz**, zweites Kirchhoffsches Gesetz*).

Wird in Abb. 6-4 ein weiterer Widerstand R_3 in Reihe geschaltet, so wird an ihm eine Spannung U_3 entstehen. Unter Voraussetzung einer unveränderten Quellenspannung U_Q werden die Werte für U_1, U_2 und U_i geringer. Der Maschensatz gilt immer: Für die geänderte Schaltung stellt sich ein neues Spannungsgleichgewicht ein.

6.2.2 Reihenschaltung von Widerständen

Für eine **Reihenschaltung** von n **Widerständen** gilt:

$$U = U_1 + U_2 + \ldots + U_n$$

Weil an allen Stellen des Stromkreises dieselbe Stromstärke vorhanden ist, läßt sich folgern:

$$\frac{U}{I} = \frac{U_1}{I} + \frac{U_2}{I} + \ldots + \frac{U_n}{I}$$

$$R_{ges} = R_1 + R_2 + \ldots + R_n \qquad \textbf{6–1}$$

In der Reihenschaltung ist der Gesamtwiderstand so groß wie die Summe der Einzelwiderstände.

Die Reihenschaltung von Widerständen führt zu einer Vergrößerung des Widerstandswertes im Stromkreis. Der Gesamtwiderstand ist stets größer als der größte Einzelwiderstand.

* Kirchhoff, Gustav R.: deutscher Physiker, 1824-1887

Die Aufteilung der Gesamtspannung in die Teilspannungen hängt von der Größe der Widerstände ab. In der folgenden Schaltung wird die Gesamtspannung in der angegebenen Weise auf die Widerstände aufgeteilt:

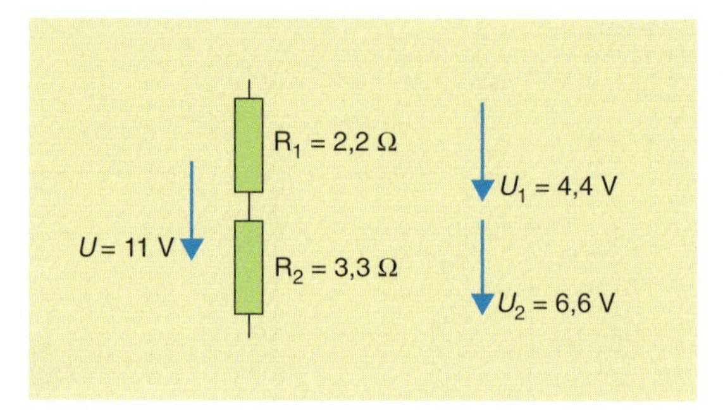

Abb. 6-5 ***Teilspannungen an einer Reihenschaltung***

Aufgrund der überall im Stromkreis gleich großen Stromstärke gilt das Gesetz der Spannungsteilung:

$$I_1 = I_2$$

$$\frac{U_1}{R_1} = \frac{U_2}{R_2}$$

$$\frac{U_1}{U_2} = \frac{R_1}{R_2} \qquad \textbf{6–2}$$

$$I = I_1$$

$$\frac{U}{R_{ges}} = \frac{U_1}{R_1}$$

$$\frac{U}{U_1} = \frac{R_{ges}}{R_1} \qquad \textbf{6–2a}$$

Bei Reihenschaltungen stehen die Spannungen im gleichen Verhältnis wie die dazugehörigen Widerstände.

Am größeren Widerstand herrscht die größere Teilspannung, am kleineren Widerstand die kleinere Teilspannung.
Weil die Stromstärke an allen Stellen des Stromkreises gleich groß ist, gilt auch:

$$\frac{I \cdot U_1}{I \cdot U_2} = \frac{R_1}{R_2}$$

oder

$$\frac{P_1}{P_2} = \frac{R_1}{R_2} \qquad \textbf{6–3}$$

Bei einer Reihenschaltung sind Leistungsumsatz und zugehöriger Widerstand direkt proportional.

Der größere Widerstand nimmt die größere Leistung auf, weil an ihm bei gleicher Stromstärke die größere Spannung vorhanden ist.

Für die Leistungen gilt somit eine Aussage, die für die Spannungen und die Widerstände in ähnlicher Weise zutraf:

$$U = U_1 + U_2 + \ldots + U_n$$

$$U \cdot I = U_1 \cdot I + U_2 \cdot I + \ldots + U_n \cdot I$$

$$P = P_1 + P_2 + \ldots P_n$$

In einer Reihenschaltung von Widerständen ist die Gesamtleistung so groß wie die Summe der Teilleistungen.

Vorwiderstände

Wird einer Glühlampe beispielsweise ein Widerstand „davor", also in Reihe geschaltet, so nimmt die Stromstärke im Stromkreis ab.

Vorwiderstände wirken strombegrenzend.

Durch die Aufteilung der Gesamtspannung auf den **Vorwiderstand** und – in diesem Beispiel – auf die Lampe wird an dieser eine verminderte Spannung wirksam. Daraus kann geschlußfolgert werden:

Elektrische Betriebsmittel können durch Zuschalten eines Vorwiderstandes an ein Netz mit einer Spannung betrieben werden, die höher ist als die Nennspannung des Betriebsmittels.

Die in der Lampe umgesetzte Leistung wird in zweierlei Hinsicht beeinflußt: (Abb. 6-6)

In Vorwiderständen entsteht Wärme. Deshalb werden sie meist im Zusammenwirken mit Betriebsmitteln geringer Leistung (z. B. elektronische Bauelemente) oder bei kurzzeitigem Betrieb (z. B. als „Anlasser" bei Motoren) angewendet.

Meßbereichserweiterung (bei Spannungsmeßgeräten)

Mit Hilfe eines Vorwiderstandes können Spannungen meßbar gemacht werden, die über dem Meßbereichs-Endwert des Meßgerätes liegen.

In Mehrbereichs-Meßgeräten z. B. arbeitet man mit Widerständen, die in Reihe zum Meßwerkswiderstand R_M liegen. Die „überschüssige" Spannung liegt über dem Vorwiderstand R_V (Abb. 6-7).

Die Spannungen verhalten sich wie die zugehörigen Widerstände; es gilt also:

$$\frac{U}{U_M} = \frac{R_V + R_M}{R_M}$$

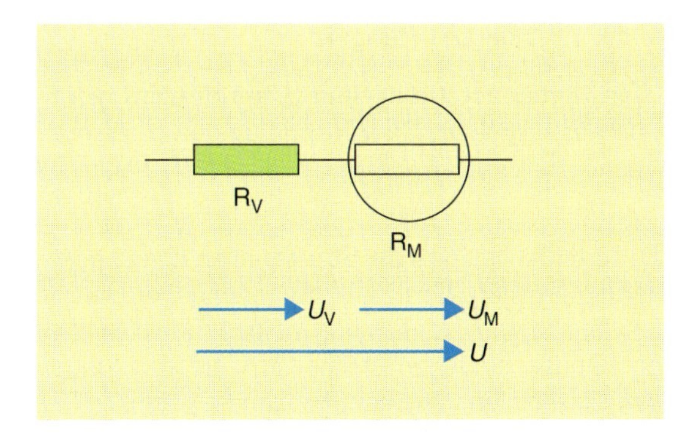

Abb. 6-7 ***Vorwiderstand zur Meßbereichserweiterung***

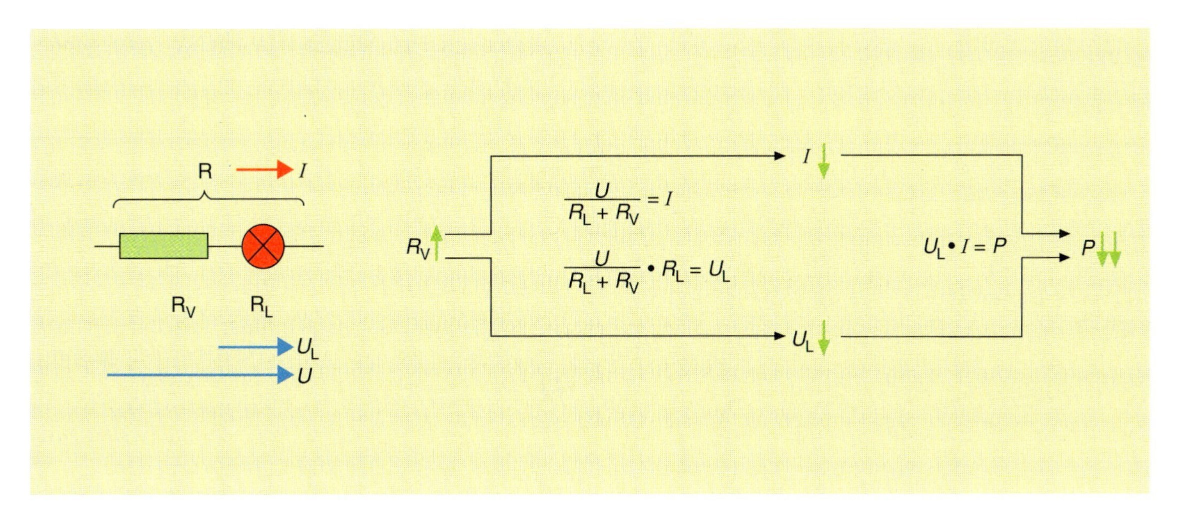

Abb. 6-6 ***Leistungsverminderung durch Widerstand***

Bezeichnet man den links stehenden Quotienten als **Erweiterungsfaktor** n, folgt:

$$n = \frac{R_V + R_M}{R_M}$$

$$n \cdot R_M = R_V + R_M$$

$$R_V = R_M \cdot (n-1) \qquad \textbf{6-4}$$

Bei einer Erweiterung auf das Zehnfache des ursprünglichen Meßbereiches muß ein im Vergleich zum Meßwerkswiderstand neunmal so großer Widerstand vorgeschaltet werden.

6.2.3 Reihenschaltung von Stromquellen

Viele Stromquellen bestehen aus der Reihenschaltung mehrerer Elemente bzw. Zellen. Eine Flachbatterie stellt eine Spannung von 4,5 V zur Verfügung, wobei jedes der drei in Reihe geschalteten Elemente mit 1,5 V daran beteiligt ist.

Die **Reihenschaltung von Stromquellen** dient dem Ziel, größere Quellenspannungen zu erzeugen.

Zu beachten ist, daß die Stromquellen richtungsabhängig arbeiten; Strom und Spannung werden von der Quelle in ihrer Richtung vorgegeben. (Bei Widerständen hingegen stellen sich die Richtungen ein; sie arbeiten richtungsunabhängig.) Abb. 6-8

Die gesamten Quellenspannung U_{Qges} ergibt sich aus der Addition der Teilspannungen unter Beachtung ihrer Richtung.

Der Gesamtinnenwiderstand R_{iges} ist gleich der Summe der Einzel-Innenwiderstände.

$$U_{Qges} = U_{Q1} + U_{Q2} + U_{Q3} \qquad \textbf{6-5}$$

$$R_{iges} = R_{i1} + R_{i2} + R_{i3} \qquad \textbf{6-6}$$

Nachteilig wirkt sich die Erhöhung des Innenwiderstandes durch die Reihenschaltung aus.

Ein wesentliches Merkmal jeder Stromquelle ist ihre Strombelastbarkeit. Aufgrund der im Stromkreis überall gleich großen Stromstärke sollten nur solche Stromquellen in Reihe geschaltet werden, die gleiche Stromlast besitzen. Dadurch wird keine Quelle überlastet, jede wird gleichermaßen ausgenutzt.

Dann gilt:

$$U_{Qges} = n \cdot U_Q \qquad \textbf{6-5a}$$

$$R_{iges} = n \cdot R_i \qquad \textbf{6-6a}$$

Der in der folgenden Darstellung gezeigte Stromkreis läßt sich unter einer solchen Voraussetzung leicht auf den Grundstromkreis zurückführen (Abb. 6-9).

Auf eine der seltenen Gegen-Reihenschaltungen von Stromquellen sei an dieser Stelle hingewiesen:

Entladene Akkumulatoren müssen, um sie wieder gebrauchsfähig zu machen, an einer Ladeeinrichtung aufgeladen werden. Diese Einrichtung kann ein Transformator, sie kann auch – wie im Kraftfahrzeug ein Generator (Lichtmaschine) sein, wobei die abgegebenen Spannungen in jedem Fall gleichgerich-

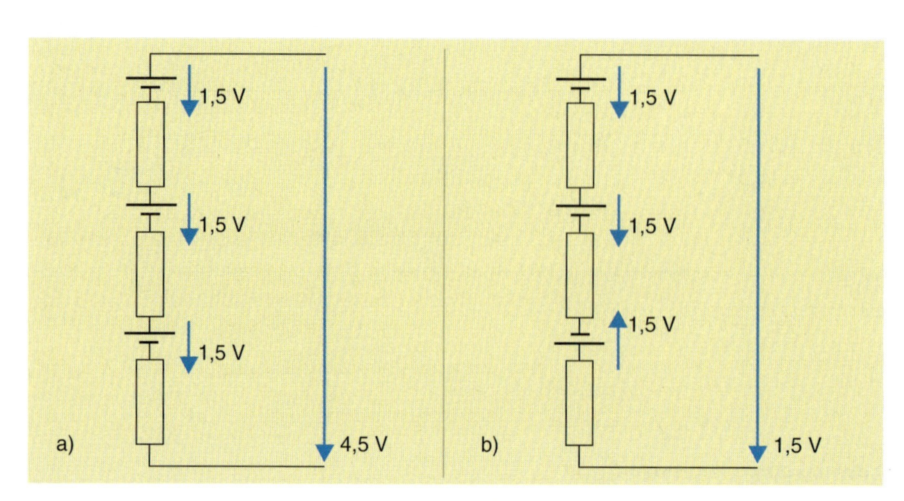

Abb. 6-8
Reihenschaltung von Stromquellen
a) Addition der Spannungsbeträge
b) veränderter Spannungsbetrag durch Gegenreihenschaltung

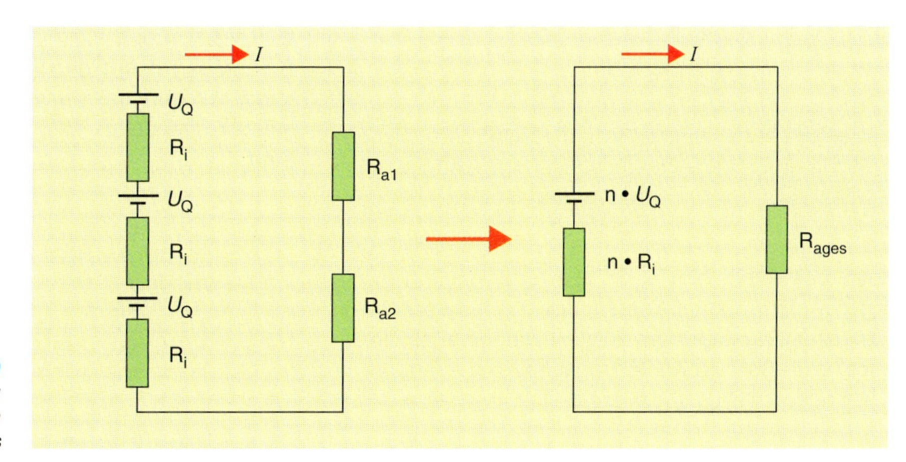

Abb. 6-9 ***Rückführung auf den Grundstromkreis***

tet sein müssen. Der Pluspol des Akkumulators wird an den Pluspol der Ladeeinrichtung angeschlossen, ebenso werden die Minuspole miteinander verbunden (vgl Abb. 6-10).

Beide Stromquellen, Ladeeinrichtung und Akkumulator, sind gegeneinander in Reihe geschaltet: Die Stromrichtung wird von der Quelle mit der größeren Quellenspannung, also der Ladeeinrichtung, vorgegeben. Die Stromstärke hängt von der Differenz der beiden gegeneinander gerichteten Quellenspannungen und von der Summe der Widerstände im Stromkreis ab. Dem Akkumulator wird elektrische Energie zugeführt, er wird zum Verbrauchsmittel und dabei aufgeladen.

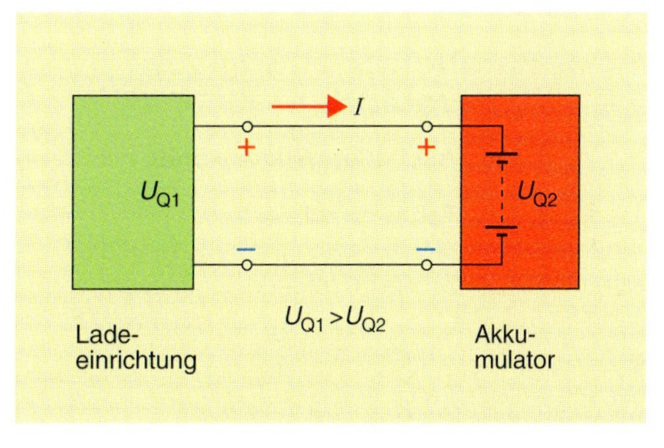

Abb. 6-10 ***Gegenreihenschaltung beim Laden von Akkumulatoren***

6.3 Verzweigte Stromkreise

6.3.1 Knotenpunktsatz

Die Verbrauchsmittel einer elektrischen Anlage sollen in der Regel unabhängig voneinander, in beliebiger Reihenfolge und in beliebigem zeitlichen Abstand ein- bzw. ausgeschaltet werden. Dazu bedarf es der Parallelschaltung an derselben Stromquelle.

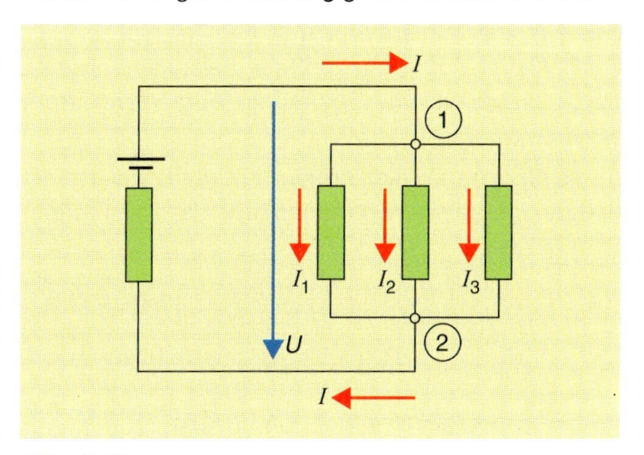

Abb. 6-11 ***Durch Parallelschaltung erweiterter Stromkreis***

In einer Parallelschaltung von Widerständen ist an allen Widerständen die Spannung gleich groß.

$$U = U_1 = U_2 = U_3$$
$$I = I_1 + I_2 + I_3$$

Der von der Stromquelle angetriebene Strom verzweigt sich in sogenannten Knotenpunkten (Punkte 1 und 2). In diesen stellt sich selbständig ein Gleichgewicht der Ladungen ein:

Der einem Knotenpunkt (Stromverzweigungspunkt) zufließende Gesamtstrom ist so groß wie die Summe der wegfließenden Teilströme.

Anders formuliert heißt das:

$$I - I_1 - I_2 - I_3 = 0$$

Die Summe der richtungsbehafteten Ströme ist in bezug auf einen Knotenpunkt Null (**Knotenpunktsatz**; erstes Kirchhoffsches Gesetz).

Wird der Widerstand R_3 in Abb. 6-11 entfernt, so werden dem oberen Knotenpunkt (1) weniger Ladungsträger entnommen, folglich werden auch weniger zufließen. Im Knotenpunkt hat sich ein neuer Gleichgewichtszustand eingestellt.

6.3.2 Parallelschaltung von Widerständen

Für *n* **parallel geschaltete Widerstände** gilt:

$$I = I_1 + I_2 + \ldots + I_n.$$

Weil an allen dieselbe Spannung liegt, führt die Division mit dieser Größe zu folgender Aussage:

$$\frac{I}{U} = \frac{I_1}{U} + \frac{I_2}{U} + \ldots + \frac{I_n}{U}$$

$$\frac{1}{R_{ges}} = \frac{1}{R_1} + \frac{1}{R_2} + \ldots + \frac{1}{R_n} \qquad \textbf{6–7}$$

Werden die Widerstände durch Leitwerte ersetzt, folgt:

$$G_{ges} = G_1 + G_2 + \ldots G_n \qquad \textbf{6–7a}$$

In einer Parallelschaltung ist der Gesamtleitwert so groß wie die Summe der Einzelleitwerte.

Durch Parallelschaltung wird der Leitwert vergrößert, d. h. es verringert sich der Widerstand im Stromkreis. Der Gesamtwiderstand ist stets kleiner als der kleinste Einzelwiderstand.

Sind lediglich zwei Widerstände parallel geschaltet, so ergibt sich eine Vereinfachung:

$$\frac{1}{R_{ges}} = \frac{1}{R_1} + \frac{1}{R_2}$$

$$\frac{1}{R_{ges}} = \frac{R_1 + R_2}{R_1 \cdot R_2}$$

$$R_{ges} = \frac{R_1 \cdot R_2}{R_1 + R_2} \qquad \textbf{6–7b}$$

Im Knotenpunkt erfolgt eine Stromverzweigung, die vom Betrag der Widerstände in den Zweigen abhängt. Wegen der an allen Widerständen gleich großen Spannung gilt das **Gesetz der Stromteilung:**

$$U_1 = U_2$$

$$I_1 \cdot R_1 = I_2 \cdot R_2$$

$$\frac{I_1}{I_2} = \frac{R_2}{R_1} \left(= \frac{G_1}{G_2}\right) \qquad \textbf{6–8}$$

$$U = U_1$$

$$IR_{ges} = I_1 \cdot R_1$$

$$\frac{I}{I_1} = \frac{R_1}{R_{ges}} \left(= \frac{G_{ges}}{G_1}\right) \qquad \textbf{6–8a}$$

Bei einer Parallelschaltung stehen die Stromstärken in den Zweigen im umgekehrten Verhältnis zu den Widerständen der Zweige bzw. im gleichen Verhältnis zu den Leitwerten der Zweige.

Über den kleineren Widerstand fließt der größere Strom, der größere Widerstand wird von einem Strom geringerer Stärke durchflossen.

Unter Beachtung der an allen Widerständen gleich großen Spannung gilt auch:

$$\frac{I_1 \cdot U}{I_2 \cdot U} = \frac{R_2}{R_1} = \frac{G_1}{G_2}$$

$$\frac{P_1}{P_2} = \frac{R_2}{R_1} = \frac{G_1}{G_2} \qquad \textbf{6–9}$$

Bei einer Parallelschaltung sind Leistungsumsatz und zugehöriger Leitwert direkt proportional.

Der kleinere Widerstand (mit dem größeren Leitwert) nimmt somit die größere Leistung auf, weil durch ihn bei gleicher Spannung der größere Strom fließt.

Ähnliches wie für die Ströme und die Leitwerte gilt (wegen derselben Spannung) für die Leistungen:

$$I = I_1 + I_2 + \ldots + I_n$$

$$I \cdot U = I_1 \cdot U + I_2 \cdot U + \ldots + I_n \cdot U$$

$$P = P_1 + P_2 + \ldots + P_n$$

In einer Parallelschaltung von Widerständen ist die Gesamtleistung so groß wie die Summe der Teilleistungen.

Meßbereichserweiterung (bei Strommeßgeräten)

Ein Strom, dessen Betrag über dem Meßbereichs-Endwert eines Strommeßgerätes liegt, kann mit diesem erfaßt werden, wenn ein Teil des Gesamtstromes am Meßwerk „vorbeigeleitet" wird. (Abb. 6-12)

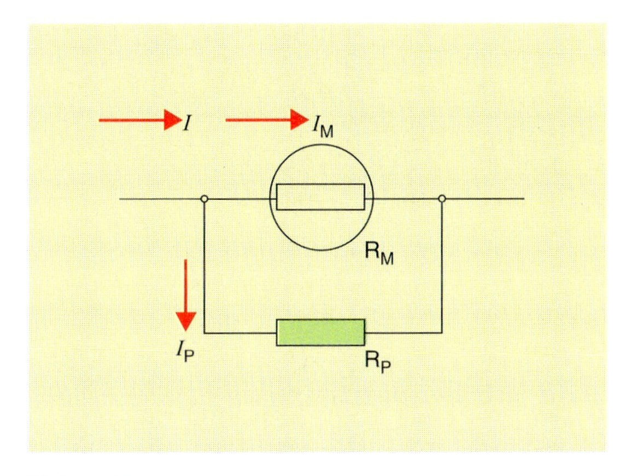

Abb. 6-12 *Parallelwiderstand zur Meßbereichserweiterung*

Unterschiedliche Strommeßbereiche bei Mehrbereichs-Meßgeräten erzielt man durch das Parallelschalten verschieden großer Widerstände.

Die Stromstärken stehen im umgekehrten Verhältnis zu den Widerständen; es gilt also:

$$\frac{I}{I_M} = \frac{R_M}{R}$$

$$\text{mit } R = \frac{R_M \cdot R_P}{R_M + R_P}$$

$$\frac{I}{I_M} = \frac{R_M\,(R_M + R_P)}{R_M \cdot R_P}$$

Der links stehende Quotient ist der Erweiterungsfaktor m.

$$m = \frac{R_M + R_P}{R_P}$$

$$m \cdot R_P = R_M + R_P$$

$$R_P\,(m-1) = R_M$$

$$R_P = \frac{R_M}{m-1} \qquad 6\text{–}10$$

Bei einer Erweiterung auf das Zehnfache des ursprünglichen Meßbereiches muß ein Widerstand parallel geschaltet werden, der $^1/_9$ des Meßwerkwiderstandes beträgt.

6.3.3 Parallelschaltung von Stromquellen

Wenn eine einzelne Stromquelle überfordert ist, alle Lastwiderstände ausreichend zu versorgen, müssen weitere Quellen derselben Spannung dazugeschaltet werden.

Stromquellen werden parallel geschaltet mit dem Ziel, die Strombelastbarkeit im Stromkreis zu erhöhen.

Bei der Parallelschaltung müssen die Quellenspannungen aller Quellen in ihren Bestimmungsstücken übereinstimmen. Das sind der Spannungsbetrag und die Spannungsrichtung.

Werden diese Bedingungen nicht erfüllt, so ergeben sich schwerwiegende Folgen.

1. Fall: Spannungsrichtungen stimmen nicht überein (Abb. 6-13)

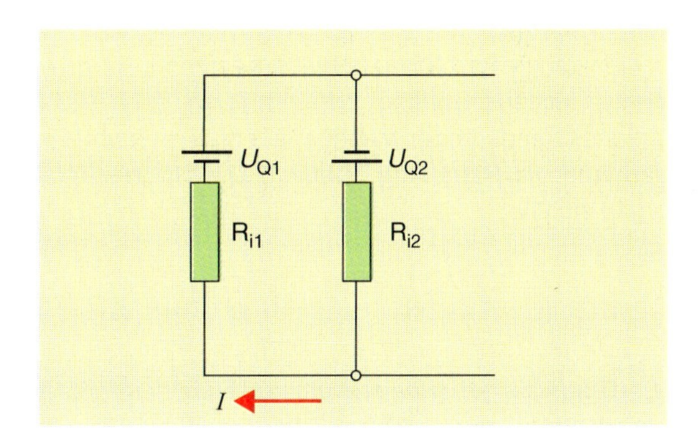

Abb. 6-13 *Parallelschaltungen von Stromquellen unterschiedlicher Spannungsrichtung*

Im Stromkreis, der von den beiden Stromquellen gebildet wird, kommmt es, auch ohne angeschlossenen Lastwiderstand, zum Stromfluß. Innerhalb der Masche existiert eine Reihenschaltung gleicher Stromquellen. Die Stromstärke wird lediglich durch die beiden Innenwiderstände begrenzt. Es gilt:

$$I = \frac{U_{Q1} + U_{Q2}}{R_{i1} + R_{i2}}.$$

Bei gleichen Daten für die Quellenspannung und den Innnenwiderstand folgt:

$$I = \frac{2\,U_Q}{2\,R_i} = \frac{U_Q}{R_i}\,(= I_K)$$

Durch beide Stromquellen fließt der **Kurzschlußstrom**, ohne daß ein Lastwiderstand angeschlossen ist. Die Stromquelle wird in kurzer Zeit thermisch zerstört.

2. Fall: Spannungsbeträge stimmen nicht übereín

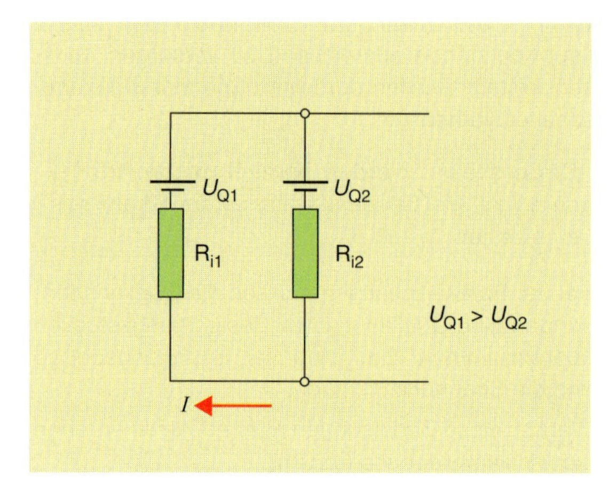

Abb. 6-14 ***Parallelschaltungen von Stromquellen mit unterschiedlichem Spannungsbetrag***

Die Quellenspannung der ersten Stromquelle ist größer als die der zweiten. Aufgrund des unterschiedlich großen Stromantriebs bestimmt die größere Quellenspannung die Richtung des Ausgleichsstromes in der Masche, auch wenn kein Widerstand die Schaltung belastet. Die Stromstärke ergibt sich aus:

$$I = \frac{U_{Q1} - U_{Q2}}{R_{i1} + R_{i2}}.$$

In dieser Gegenreihenschaltung fließt ein Ausgleichsstrom, der von der Differenz der Quellenspannung angetrieben wird (vgl. Abschnitt 6.2.3). Er erwärmt die Stromquelle, die dadurch Schaden nehmen kann.

Um in parallelgeschalteten Stromquellen Ausgleichs- oder Kurzschlußströme zu vermeiden, müssen Betrag und Richtung der Quellenspannungen übereinstimmen.

Die Quellenspannungen der Stromquellen müssen gleich groß sein, an den Klemmen stellt sich die für beide Quellen geltende Klemmenspannung ein.

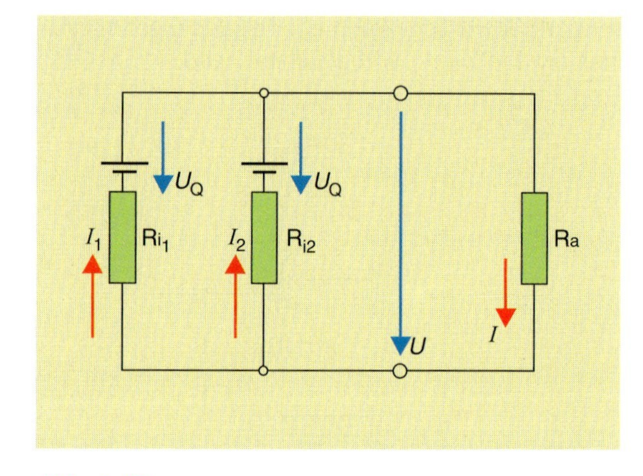

Abb. 6-15 ***Stromaufteilung in der Parallelschaltung***

$$U_Q - I_1 \cdot R_{i1} = U_Q - I_2 \cdot R_{i2}$$
$$I_1 \cdot R_{i1} = I_2 \cdot R_{i2}$$
$$\frac{I_1}{I_2} = \frac{R_{i2}}{R_{i1}}$$

Bei der Parallelschaltung von Stromquellen verteilt sich der Strom im umgekehrten Verhältnis zu den Innenwiderständen der einzelnen Quellen.

Die Stromquelle mit dem geringeren Innenwiderstand übernimmt die größere, die Stromquelle mit dem größeren Innenwiderstand die geringere Last.

Für eine gleiche Lastverteilung sind Stromquellen erforderlich, die neben der Übereinstimmung der Quellenspannungen in Betrag und Richtung auch gleich große Innenwiderstände besitzen.

Dann gilt:

$$U_{Qges} = U_Q$$
$$R_{iges} = \frac{R_i}{n}$$

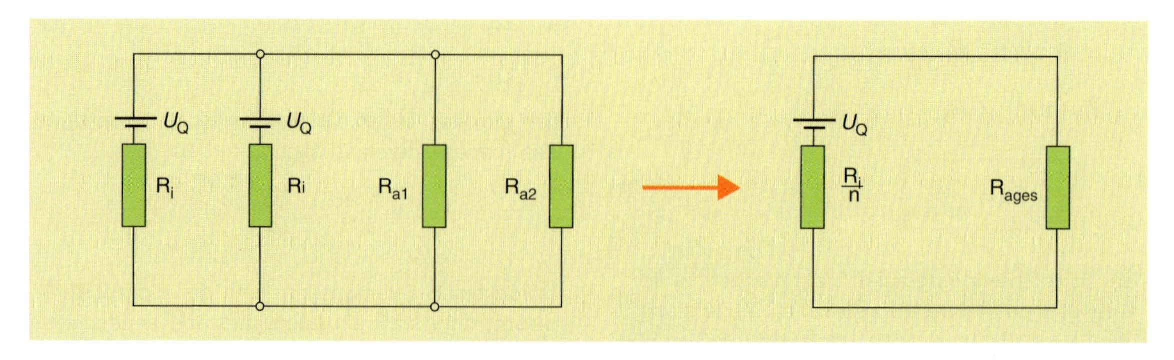

Abb. 6-16 ***Rückführung auf den Grundstromkreis***

6.3.4 Gemischte Schaltungen in Stromkreisen

Berechnungsgrundsätze

In elektrischen und elektronischen Schaltungen kommen Verknüpfungen der Reihen- mit der Parallelschaltung recht häufig vor.

Vielfach ist es dort erforderlich, die Strom- und Spannungsverteilung auf die einzelnen Zweige zu bestimmen. Widerstände sind zu Ersatzwiderständen zusammenfassen.

In mehreren Schritten wird die **gemischte Schaltung** vereinfacht und auf die Gegebenheiten des Grundstromkreises zurückgeführt.

An einem Beispiel soll dies dargestellt werden (Abb. 6.17):

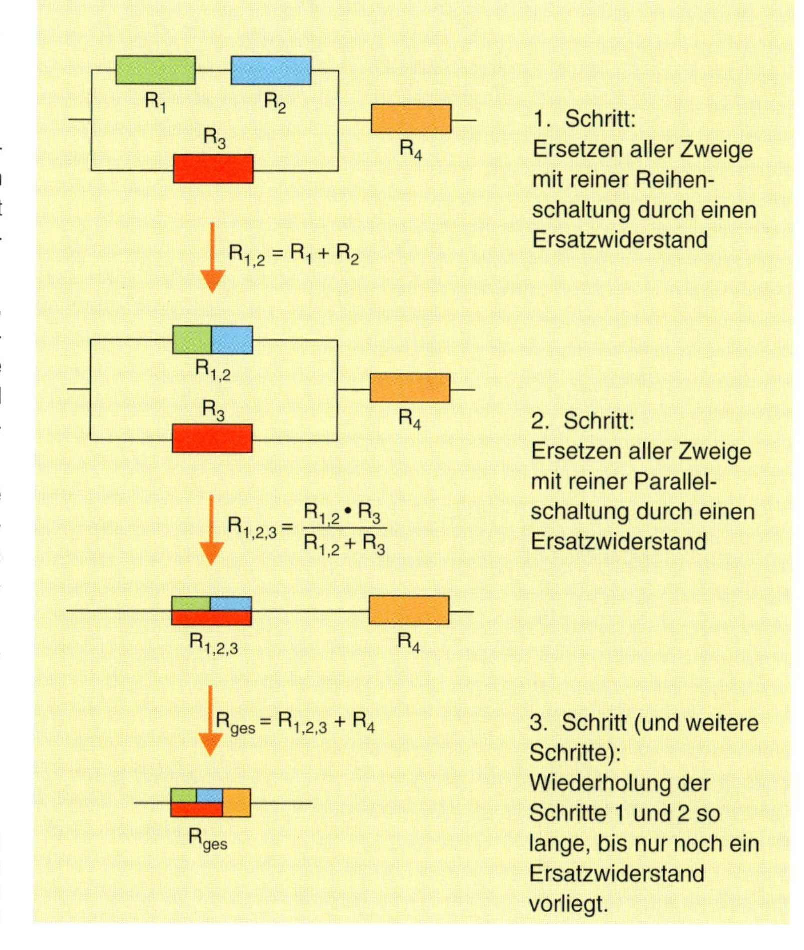

R1
R2
R3
R4
1. Schritt:
Ersetzen aller Zweige mit reiner Reihenschaltung durch einen Ersatzwiderstand
$R_{1,2} = R_1 + R_2$
R1,2
R3
R4
2. Schritt:
Ersetzen aller Zweige mit reiner Parallelschaltung durch einen Ersatzwiderstand
$R_{1,2,3} = \frac{R_{1,2} \cdot R_3}{R_{1,2} + R_3}$
R1,2,3
R4
$R_{ges} = R_{1,2,3} + R_4$
3. Schritt (und weitere Schritte):
Wiederholung der Schritte 1 und 2 so lange, bis nur noch ein Ersatzwiderstand vorliegt.
Rges

Abb. 6-17
Schrittweises Ermitteln des Ersatzwiderstandes

Dreieck-Stern-Umwandlung

Gemischte Schaltungen lassen sich manchmal nur dann auf den Ersatzwiderstand zurückführen, wenn diese Schaltungen in ihrem Aufbau verändert werden, ohne dabei das elektrische Verhalten zu beeinflussen.

Die in Abb. 6-18 links oben stehende Schaltung kann zwischen den Punkten 1 und 4 nicht durch einen Widerstand R_{ges} ersetzt werden. Das ist erst nach der Umwandlung der dreieckförmigen in eine sternförmige Anordnung möglich.

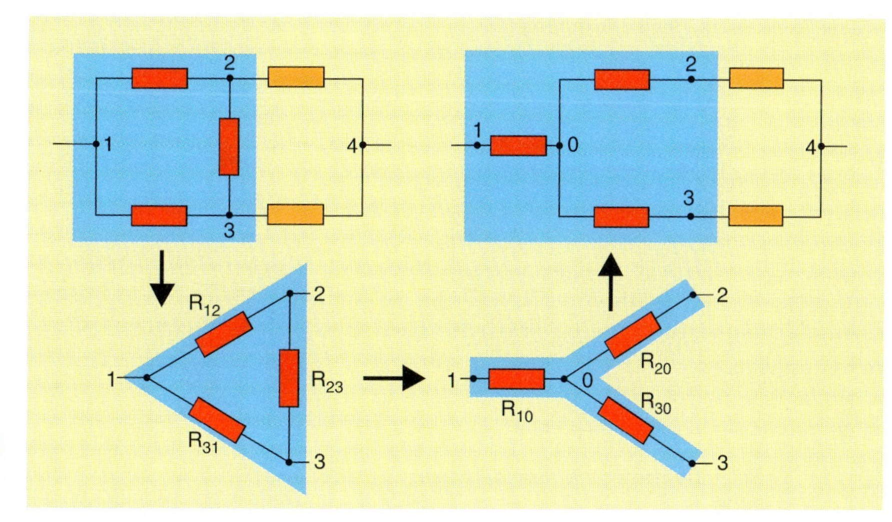

1
2
3
4
R12
R23
R31
0
R10
R20
R30

Abb. 6-18
Dreieck-Stern-Umwandlung

Die Dreieck- und die Sternschaltung sollen elektrisch gleichwertig sein. Das bedeutet: Die Widerstände zwischen zwei Punkten der Dreieckschaltung und denselben Punkten der Sternschaltung müssen gleich sein;

zwischen den Punkten 1 und 2

$$\frac{R_{12} \cdot (R_{23} + R_{31})}{R_{12} + R_{23} + R_{31}} = R_{10} + R_{20},$$

zwischen den Punkten 2 und 3

$$\frac{R_{23} \cdot (R_{31} + R_{12})}{R_{12} + R_{23} + R_{31}} = R_{20} + R_{30},$$

zwischen den Punkten 3 und 1

$$\frac{R_{31} \cdot (R_{12} + R_{23})}{R_{12} + R_{23} + R_{31}} = R_{30} + R_{10}.$$

Durch weitere mathematische Operationen folgt:

$$R_{10} = \frac{R_{12} \cdot R_{31}}{R_{12} + R_{23} + R_{31}}$$

$$R_{20} = \frac{R_{12} \cdot R_{23}}{R_{12} + R_{23} + R_{31}}$$

$$R_{30} = \frac{R_{23} \cdot R_{31}}{R_{12} + R_{23} + R_{31}}$$

Verallgemeinernd kann gesagt werden :
Der an einem Punkt angeschlossene Sternwiderstand ergibt sich aus dem Produkt der am selben Punkt anliegenden beiden Dreieck-Widerstände, dividiert durch die Summe aller Dreieck-Widerstände.

Der belastete Spannungsteiler

Häufig werden in Schaltungen Spannungen unterschiedlichen Betrages benötigt. Diese können an einem sogenannten Spannungsteiler erzeugt werden. (Abb. 6-19)

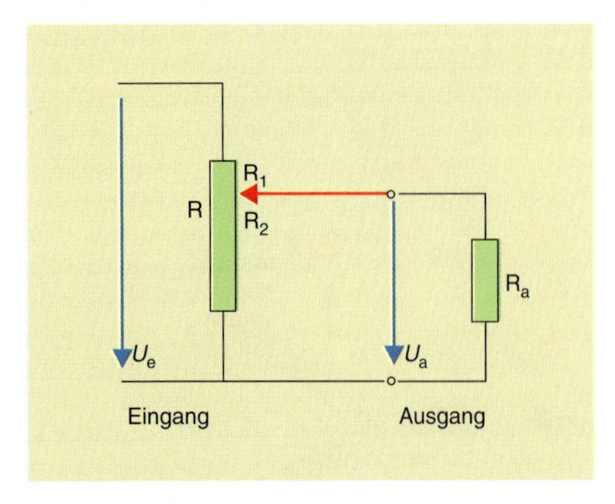

Abb. 6-19 ***Spannungsteiler mit veränderbarem Abgriff***

Mit Hilfe des Abgriffs entstehen am Spannungsteiler-Widerstand R zwei Teilwiderstände R_1 und R_2. Es gilt $R = R_1 + R_2$.

Wenn der Ausgang „leerläuft" ($R_a \rightarrow \infty$), dann sprechen wir von einem **unbelasteten Spannungsteiler**. Für ihn gilt:

$$\frac{U_a}{U_e} = \frac{R_2}{R_1 + R_2} \quad \text{bzw.} \quad U_a = \frac{R_2}{R_1 + R_2} \cdot U_e$$

Am Spannungsteiler kann die Ausgangsspannung U_a auf Werte zwischen 0 und der Eingangsspannung U_e eingestellt werden.

Bei Belastung des Spannungsteilers mit R_a liegt eine gemischte Schaltung vor. Über den Teilwiderstand R_1 fließt jetzt ein größerer Strom, der folglich zu einem vergrößerten Spannungsfall an R_1 führt.

Da die Eingangsspannung U_e unverändert bleibt, ist der Wert der Spannung U_a am Ausgang geringer als im unbelasteten Fall.

Die Spannungen stehen beim **belasteten Spannungsteiler** im Verhältnis

$$\frac{U_a}{U_e} = \frac{R_{2,a}}{R_1 + R_{2,a}} \quad \text{bzw.} \quad U_a = \frac{R_{2,a}}{R_1 + R_{2,a}} \cdot U_e$$

wobei $R_{2,a} = \frac{R_2 \cdot R_a}{R_2 + R_a}$ die parallel geschalteten Widerstände R_2 und R_a ersetzt.

In Abb. 6-20 ist der Spannungsverlauf am Spannungsteiler für unterschiedliche Lastwiderstände dargestellt.

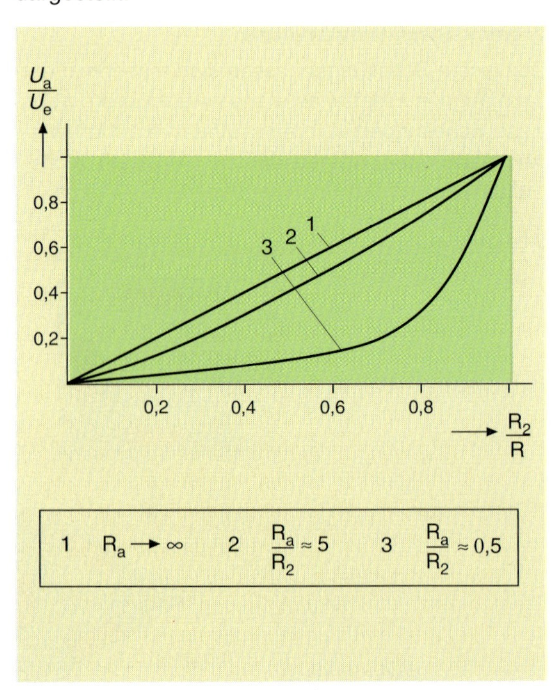

Abb. 6-20 ***Spannungsteiler-Kennlinien***

Eine lineare Spannungsteilung, wie sie bei leerlaufenden Spannungsteiler vorliegt, wird annähernd erreicht bis zum Teilerverhältnis

$$\frac{R_a}{R_2} = 5.$$

Bei diesem Teilerverhältnis beträgt der **Querstrom** I_q das Fünffache des Laststromes I_a.
Das Verhältnis dieser Ströme wird auch als Querstromfaktor $m = \frac{I_q}{I_a}$ bezeichnet.

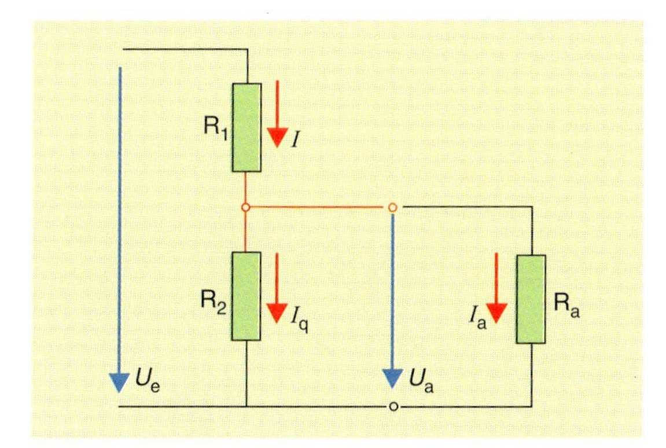

Abb. 6-21 ***Spannungsteiler mit festem Abgriff***

Ein großer Querstromfaktor erfordert einen niederohmigen Spannungsteiler.

Da der Querstrom I_q andererseits wegen der von ihm hervorgerufenen Verluste klein gehalten werden sollte, ist der Spannungsteiler sinnvoll nur bei geringen Lastströmen einsetzbar.

Widerstandsbestimmung durch Strom- und Spannungs-Messung

Der Wert eines Widerstandes kann auf indirektem Weg ermittelt werden, wenn an ihm gleichzeitig Spannung und Strom gemessen werden.

Die Division der Meßwerte $\frac{U}{I}$ = R führt zum gesuchten Ergebnis.

Zwei Schaltungen sind möglich (Abb. 6-22):

Spannungsrichtige oder **Stromfehlerschaltung:**
Das Spannungs-Meßgeräte, das parallel zum unbekannten Widerstand geschaltet ist, mißt die Spannung richtig. Das Strom-Meßgerät zeigt eine zu große Stromstärke an, denn es erfaßt auch den durch das Spannungs-Meßgerät fließenden Strom mit.

In der Stromfehler-Schaltung ist der Fehler dann klein, wenn gilt $R \ll R_V$ (R_V: Innenwiderstand des Spannungs-Meßgerätes).

Der tatsächlich durch den unbekannten Widerstand R fließende Strom ist $I_R = I - I_V = I - \frac{U}{R_V}$.

Damit ist $$R = \frac{U}{I_R} = \frac{U}{I - \frac{U}{R_V}}$$

Stromrichtige oder **Spannungsfehlerschaltung:**
Das in Reihe zum unbekannten Widerstand geschaltete Strom-Meßgerät mißt die Stromstärke richtig. Die vom Spannungs-Meßgerät angezeigte Spannung ist zu groß; denn es wird auch der am Strom-Meßgerät liegende Spannungsfall mit gemessen.

In der Spannungsfehler-Schaltung ist der Fehler dann klein, wenn gilt $R \gg R_A$ (R_A: Innenwiderstand des Strom-Meßgerätes).

Die tatsächlich über dem unbekannten Widerstand R liegende Spannung ist

$$U_R = U - U_A = U - I \cdot R_A.$$

Die Berechnung für R ist damit:

$$R = \frac{U_R}{I} = \frac{U - I \cdot R_A}{I}$$

Die Werte hochohmiger Widerstände werden mit der Spannungsfehler-Schaltung, die Werte niederohmiger Widerstände mit der Stromfehler-Schaltung ermittelt.

Für eine hinreichend genaue Widerstandsermittlung genügt dann meist die Division der Meßwerte.

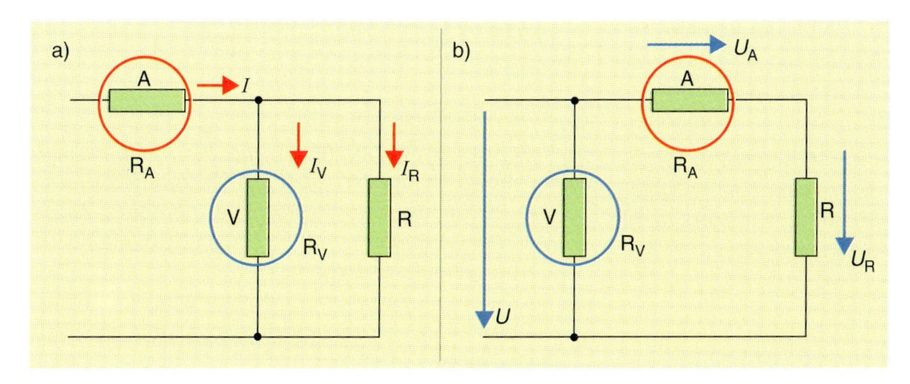

Abb. 6-22
Widerstandsbestimmung
a) spannungsrichtige oder Stromfehler-Schaltung
b) stromrichtige oder Spannungsfehler-Schaltung

Brückenschaltung

Zwei parallel geschaltete Spannungsteiler bilden eine sogenannte **Brückenschaltung.**

Die in Abb. 6-23 dargestellte, aus Widerständen aufgebaute Schaltung wird aus als „Widerstandsbrücke" bezeichnet.

Meist ist bei einer solchen Brückenschaltung der Fall erstrebenswert, bei dem die Punkte A und B gleiches Potential haben.

Ein zwischen beide Punkte geschaltetes Anzeigegerät ist dann stromlos, die Brücke ist **„abgeglichen"**. Dann gilt:

$$U_1 = U_3 \quad \text{und} \quad U_2 = U_4$$

bzw.

$$\frac{U_1}{U_2} = \frac{U_3}{U_4}$$

Da sich am Spannungsteiler die Spannungen wie die dazugehörigen Widerstände verhalten, gilt für die abgeglichene Brückenschaltung

$$\frac{R_1}{R_2} = \frac{R_3}{R_4}$$

Mit Hilfe solcher Widerstands-Brückenschaltungen können z. B. die Werte unbekannter Widerstände auf **direktem Wege** ermittelt werden. Abb. 6-24 zeigt eine solche Meßschaltung.

Der Widerstand R_N wird so lange verändert, bis die Schaltung abgeglichen ist. Dann ist

$$\frac{R_1}{R_2} = \frac{R_N}{R_X}$$

oder

$$R_X = \frac{R_2}{R_1} \cdot R_N \qquad \textbf{6–11}$$

Der Wert des unbekannten Widerstandes R_X ergibt sich also aus dem Wert von R_N, multipliziert mit dem Faktor $\frac{R_2}{R_1}$.

Die Skala des veränderbaren Widerstandes R_N kann damit unmittelbar in Werten von R_X dargestellt werden. Handelsübliche **Widerstands-Meßbrükken** (Wheatstone-Brücken)*) sind so aufgebaut.

Um verschiedene Widerstands-Meßbereiche vorgeben zu können, teilt man R_N in eine Reihenschaltung mehrerer stufig veränderbarer Widerstände (Meßbereiche) und einen stetig veränderbaren Widerstand (Abgleich) auf.

*) Wheatstone, Charles: engl. Physiker, 1802–1875

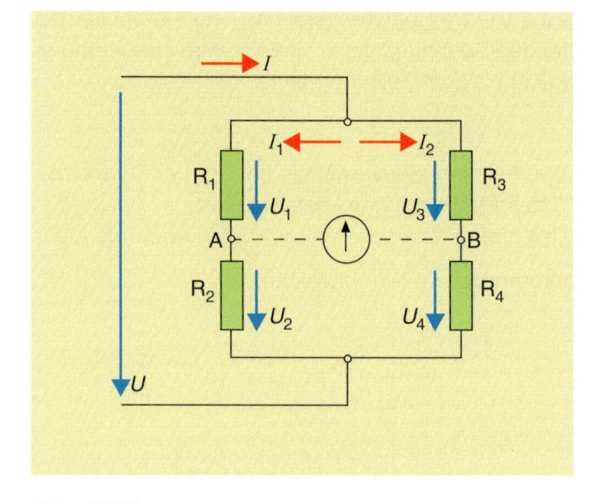

Abb. 6-23 ***Brückenschaltung***

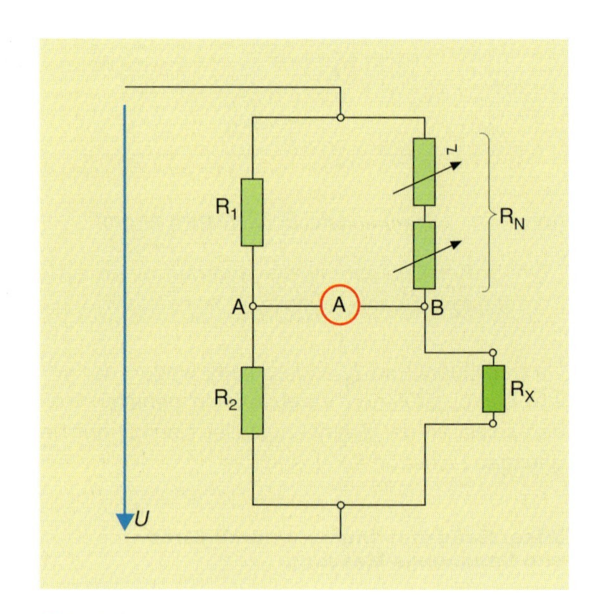

Abb. 6-24 ***Widerstandsmessung mit Brückenschaltung***

In Brückenschaltungen ist die Analyse der Strom- und Spannungsverhältnisse nicht schwer, wenn der Brückenzweig stromlos ist. Ist dieser widerstandsbehaftet, bedarf es einer Dreieck-Stern-Umwandlung, um genaue Aussagen über Ströme und Spannungen machen zu können.

Ersatzstromquelle

Verbraucher werden häufig, wie an einem Beispiel in Abb. 6-25 gezeigt, über ein **Netzwerk** versorgt, das neben der Stromquelle aus mehreren Widerständen bestehen kann. Strom und Spannung am Verbraucher hängen damit nicht nur von den Daten der Stromquelle und vom Widerstandswert R_a ab, sondern auch von den im vorgeschalteten Netzwerk befindlichen Widerständen.

Das Netzwerk kann auf eine Ersatzstromquelle zurückgeführt werden, die aus der Reihenschaltung von Ersatzquellenspannung und Ersatzinnenwiderstand besteht.

Die Ersatzquellenspannung U_Q' ist die Spannung des leerlaufenden Netzwerkes zwischen den Punkten A und B.

Der Ersatzinnenwiderstand R_i' ist der Widerstand des leerlaufenden Netzwerkes zwischen den Punkten A und B (bei kurzgeschlossener Quellenspannung U_Q).

Die Ersatzstromquelle integriert die Daten der Stromquelle und alle dem Verbraucher vorgeschalteten Widerstände eines Netzwerkes.

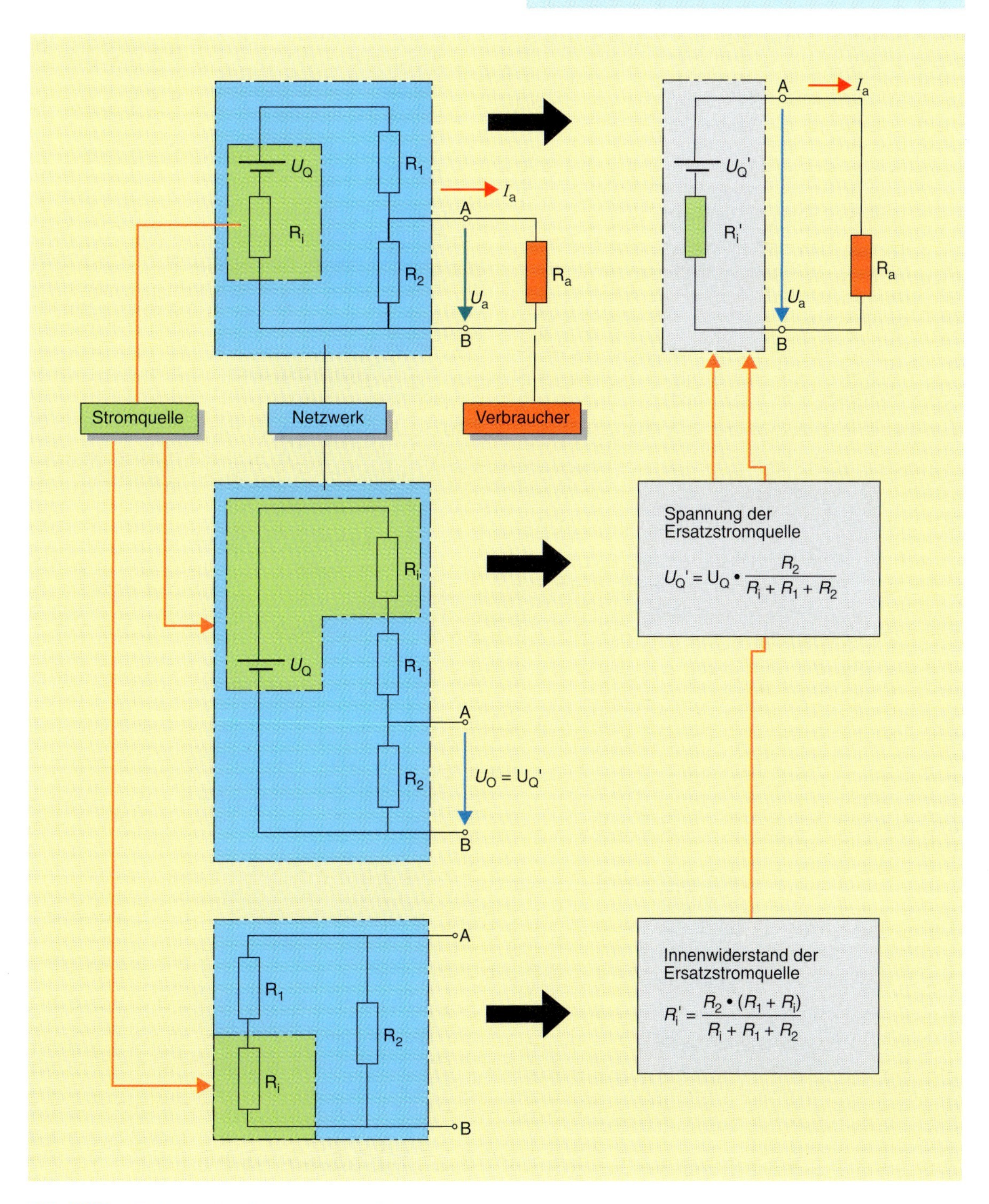

Abb. 6-25 ***Bildung einer Ersatzstromquelle***

AUFGABEN

6.1 Ein 24-V-Gleichspannungsrelais benötigt zum sicheren Anziehen einen Strom von 30 mA. Dann genügt ein Haltestrom von 20 mA. Durch einen Vorwiderstand R_V (entsprechend Abb. 6-26) kann die Stromstärke im Betrieb herabgesetzt werden.

a) Welchen Wert muß der Vorwiderstand R_V haben?

b) An welcher Spannung liegt das Relais während des Betriebes?

6.2 Ein Elektrofachmann berührt bei Prüfarbeiten an einem Netz mit 230 V gegen Erde fahrlässig einen Außenleiter.

Bei der Rekonstruktion des Unfallherganges wird der Übergangswiderstand am Standort zur Erde mit 20 kΩ bestimmt Der Körperwiderstand des Elektrikers (Körperinnenwiderstand, Hautübergangswiderstand) wurde im Augenblick des Unfalls mit mindestens 1 kΩ, höchstens 3 kΩ angenommen.

a) Wie groß war die Berührungsspannung
   – mindestens?
   – höchstens?

b) Bestand für den Elektriker Lebensgefahr?

6.3 Eine Lichterkette besteht aus mehreren in Reihe geschalteten Lampen (24 V, 15 W). Diese Kette wird an einer Spannung von 230 V betrieben.

a) Wieviele Glühlampen werden für diese Lichterkette mindestens benötigt?

b) Welchen Wert hat der Widerstand jeder Lampe?

c) Wie groß ist der Gesamtwiderstand?

d) Welche Stromstärke stellt sich in dieser Schaltung ein?

e) Welche Spannung liegt tatsächlich an jeder Lampe?

f) Welche Folge hat das Durchbrennen einer Lampe für den Betrieb der Lichterkette?

g) Welche Spannung liegt über der durchgebrannten Glühlampe?

6.4 Betrachten Sie den in Abb. 6-5 dargestellten (unbelasteten) Spannungsteiler.

a) Ermitteln Sie die Stromstärke, die von den Widerständen R_1 und R_2 aufgenommenen Teilleistungen und die Gesamtleistung!

b) Ein dritter Widerstand R_3 wird bei unveränderter Gesamtspannung in Reihe zugeschaltet.

Welche Auswirkungen hat das auf die Stromstärke I, die Teilspannungen U_1 und U_2 sowie die Leistungen P_1, P_2 und P? Verallgemeinern Sie Ihre Feststellungen!

6.5 Ein Mehrbereichs-Meßgerät ist nach Abb. 6-27 geschaltet.

Ermitteln Sie

a) die Vorwiderstände R_{V1} ... R_{V3} für die 3 Meßbereiche,

b) die Widerstandswerte für R_1 und R_2!

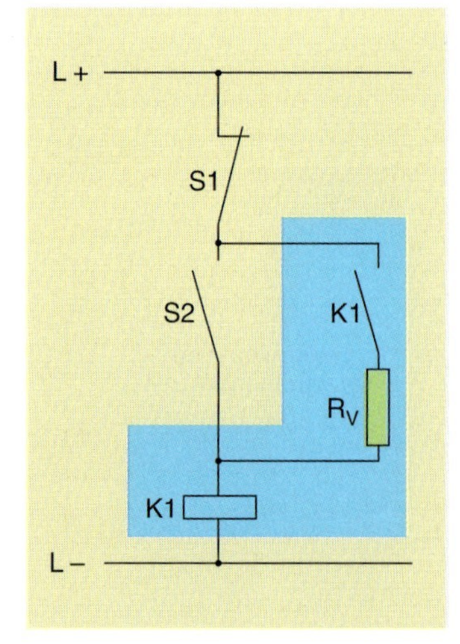

Abb. 6-26 ***Relais mit Vorwiderstand***

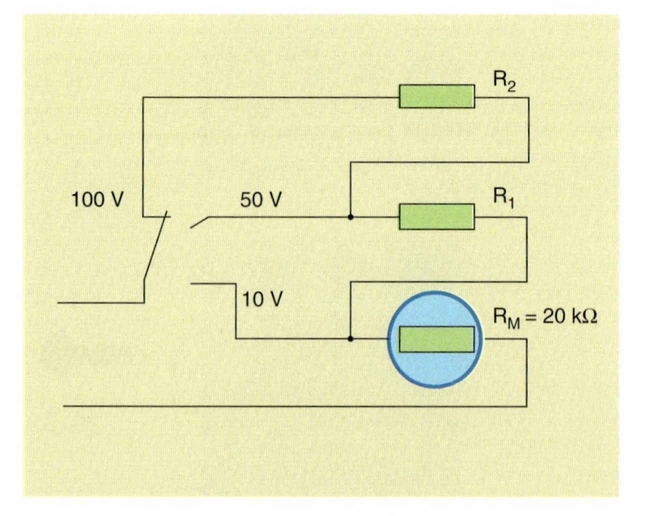

Abb. 6-27 ***Spannungsmeßgerät für 3 Meßbereiche***

AUFGABEN

6.6 Zur Widerstandsbestimmung für R_1 und R_2 in Abb. 6-28 werden Stromstärke und Spannung am Eingang gemessen, wenn der Ausgang einmal leerläuft, das andere Mal kurzgeschlossen wird.

1. Messung : U_1 = 12 V; I_1 = 37,5 mA (Leerlauf an 2-2')

2. Messung : U_1 = 12 V; I_1 = 120 mA (Kurzschluß an 2-2')

Berechnen Sie die Widerstandswerte für R_1 und R_2!

6.7 Zur Stromversorgung einer Verbraucheranlage sind zwei Akkumulatoren parallel geschaltet. Beide bestehen aus je 12 Zellen mit den Daten
U_Q = 2,1 V; R_i = 40 mΩ.

Durch Kurzschluß ist eine Zelle in einem Akkumulator ausgefallen. Berechnen Sie die Höhe des Ausgleichsstromes in den Akkumulatoren, wenn die Verbraucheranlage abgeschaltet ist!

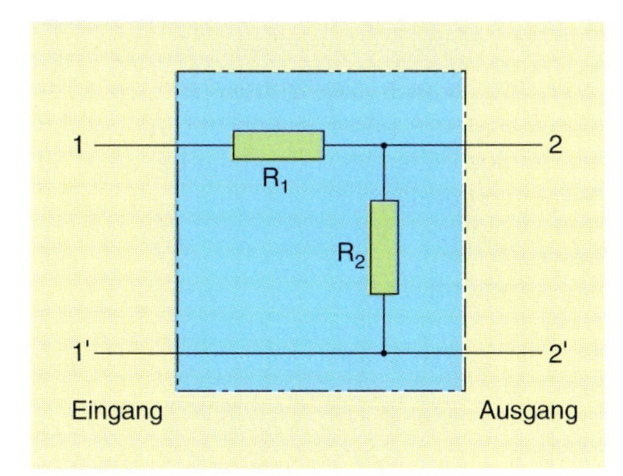

Abb. 6-28 ***Bestimmung einer unbekannten Widerstandskombination***

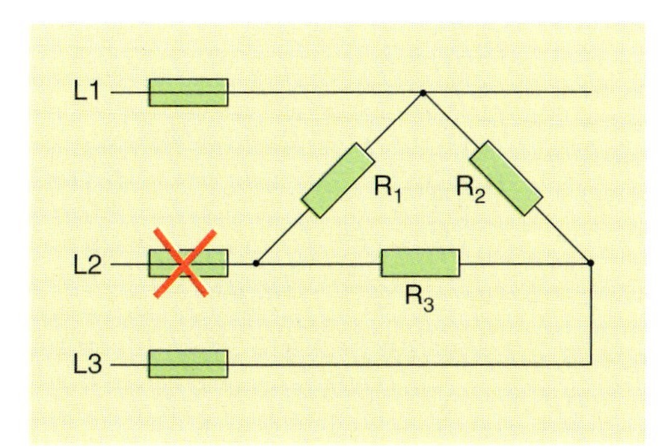

Abb. 6-29 ***Dreieckschaltung, gestörter Betrieb***

6.8 Zwei Widerstände der E 12-Reihe betragen 220 Ω ± 10% und sind parallel geschaltet. Welchen unteren und welchen oberen Wert für den Gesamtwiderstand kann diese Schaltung haben?

6.9 Drei gleiche Widerstände von je 20 Ω sind in Dreieck an eine Spannung von 400 V angeschlossen. Die Überstromschutzeinrichtung im Außenleiter L2 hat ausgelöst (Abb. 6-29).

Berechnen Sie für diesen Fall

a) den Ersatzwiderstand der Schaltung,

b) den Strom in den Außenleitern L_1 und L_3,

c) die Spannung an den Widerständen R_1 und R_3!

6.10 Stromquellen, die parallel betrieben werden, müssen gleiche Quellenspannungen und möglichst gleich große Innenwiderstände besitzen.

In Abb. 6-30 sind die Belastungskennlinien für zwei Stromquellen angegeben, die parallel ein Netz versorgen.

a) Bestimmen Sie die Belastungsströme für die einzelnen parallel geschalteten Quellen, wenn sich eine Klemmenspannung von U = 230 V einstellt!

b) Wie groß ist die Gesamtstromstärke?

c) Ermitteln Sie die Werte für die Innenwiderstände der beiden Stromquellen!

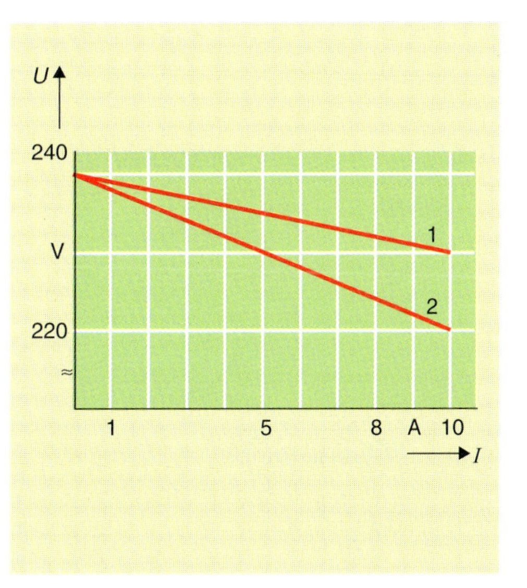

Abb. 6-30 ***Belastungskennlinien für 2 Stromquellen***

AUFGABEN

d) Wie groß sind die Belastungsströme der beiden Stromquellen, wenn die Gesamtstromstärke 7,5 A beträgt? Welche Klemmenspannung stellt sich dabei ein?

6.11 Standardkochplatten enthalten 3 Heizwiderstände. Durch verschiedene Schaltkombinationen mit Hilfe eines 7-Takt-Schalters können 6 verschiedene Heizleistungen eingestellt werden (Abb. 6-31).

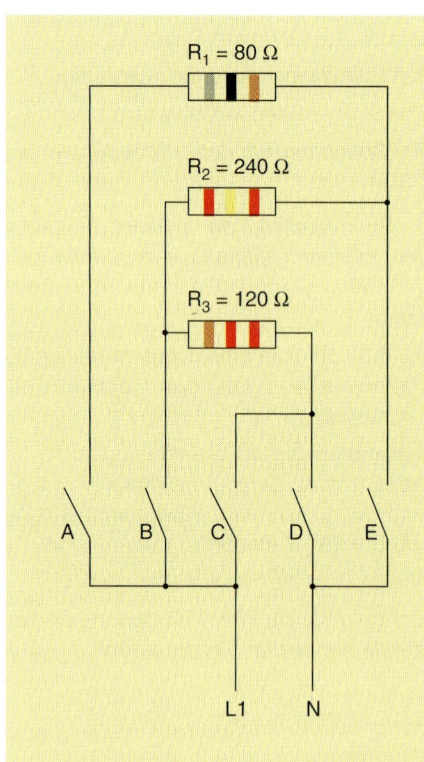

Schaltstellung	Schaltglied				
	A	B	C	D	E
0					
3	X	X		X	X
2,5		X		X	X
2		X		X	
1,5		X			X
1			X		X
0,5	X			X	

Abb. 6-31 ***Schaltungen von Heizwiderständen***

a) Zeichnen Sie die Schaltung der Widerstände R_1 … R_3 für die 6 Schaltstufen!

b) Ermitteln Sie den zur Schaltung gehörigen Gesamtwiderstand!

c) Wie groß ist jeweils die Heizleistung, wenn zwischen L1 und N eine Spannung von 230 V anliegt?

6.12 Die Gesamtleistung berechnet sich sowohl für die Reihen- als auch für die Parallelschaltung von Widerständen nach der Beziehung
$P = P_1 + P_2 + \ldots + P_n$.

Zeigen Sie auf, daß beim Zuschalten eines Widerstandes

- bei der Reihenschaltung die Gesamtleistung abnimmt,
- bei der Parallelschaltung die Gesamtleistung zunimmt!

6.13 Die in Abb. 6-32 dargestellte Brückenschaltung ist bei Raumtemperatur abgeglichen, d. h. der Brückenzweig zwischen den Punkten A und B ist stromlos.

Wie ändern sich die Verhältnisse zwischen den Punkten A und B, wenn der temperaturabhängige Widerstand R_ϑ, ausgehend von der Raumtemperatur,

a) erwärmt,

b) abgekühlt wird?

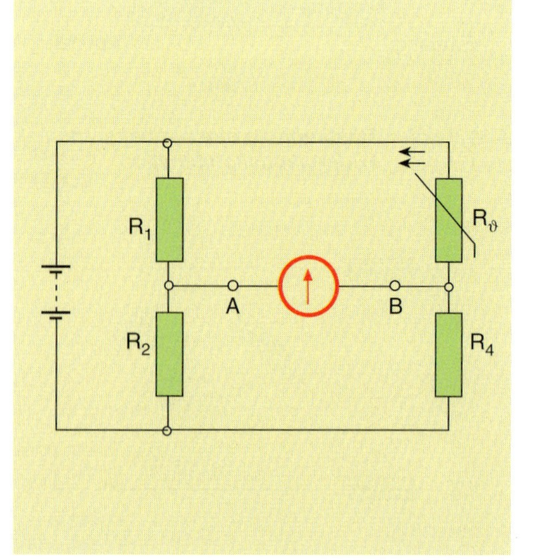

Abb. 6-32 ***Brückenschaltung mit temperaturabhängigem Widerstand***

Nichtleiter im Stromkreis

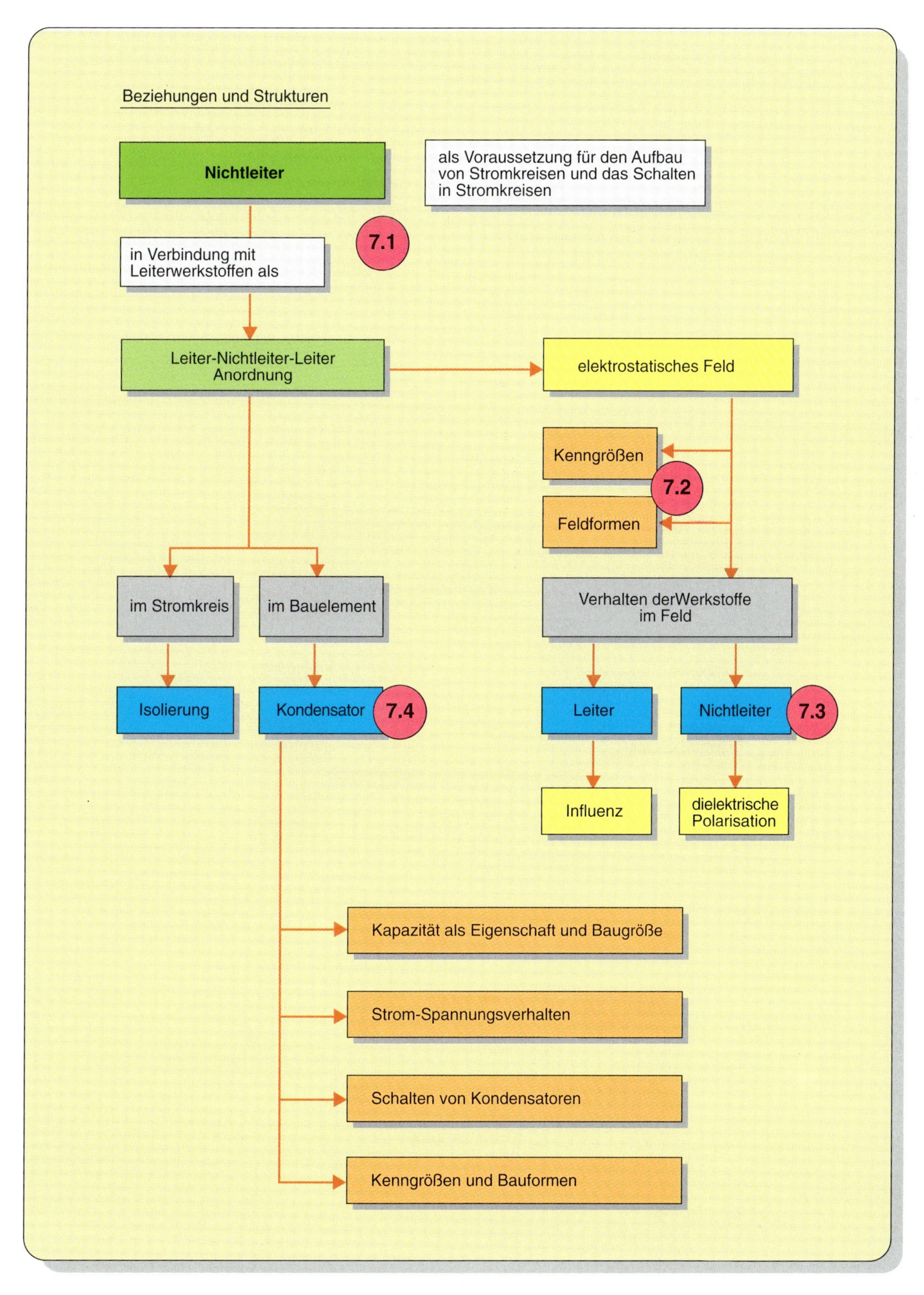

Abb. 7-0 ***Beziehungen und Strukturen***

7.1 Bedeutung der Nichtleiter im Stromkreis

Alle bisher genannten Erscheinungen, Wirkungsprinzipien und Gesetzmäßigkeiten in den Stromkreisen setzten Leiterwerkstoffe voraus. Nur im Leiter sind freie Ladungsträger vorhanden. Nur sie können sich im Werkstoff bewegen. Nur ihre gerichtete Bewegung entspricht einem Energietransport im Stromkreis.

Bei diesen Aussagen darf nicht vergessen werden, daß zum Stromkreis nicht nur Leiterwerkstoffe gehören, sondern auch Nichtleiterwerkstoffe.

Ohne Isolierung der Hin- und der Rückleiter eines Stromkreises würde elektrische Energie niemals zielgerichtet zu den Betriebsmitteln transportiert werden können, um dort in die von uns gewünschte Energieform umgewandelt zu werden (Abb. 7-1). Die Stromquelle wäre kurzgeschlossen. Der Strom nimmt den Weg des geringsten Widerstandes.

Nichtleiter sind in ihrer Funktion elektrische Isolierstoffe. So müssen z. B. isoliert werden

- Leiter unterschiedlichen Potentials, um einen Kurzschluß zu vermeiden;
- Leiter oder spannungsführende Teile gegen Erde, um einen Erdschluß zu vermeiden oder
- spannungsführende Teile eines Betriebsmittels gegen leitfähige, nicht zum Betriebsstromkreis gehörende Teile. Sog. aktive Teile des Betriebsmittels sind gegen seinen Körper (Gehäuse) so isolieren, um einen Körperschluß zu vermeiden (Abb. 7-2).

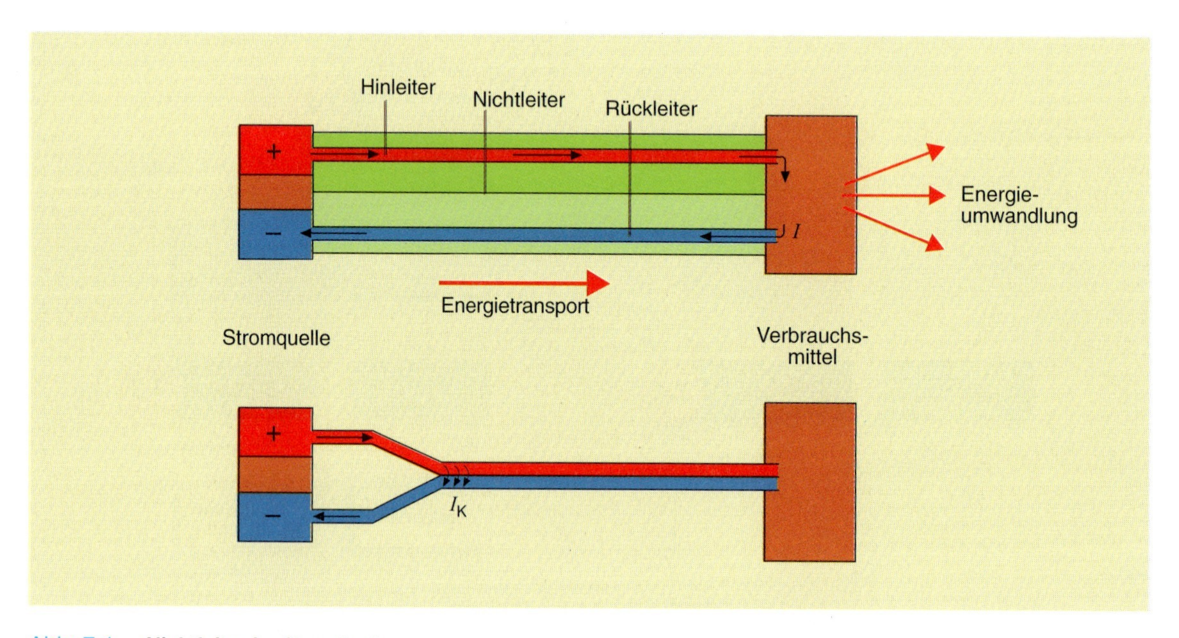

Abb. 7-1 ***Nichtleiter im Stromkreis***

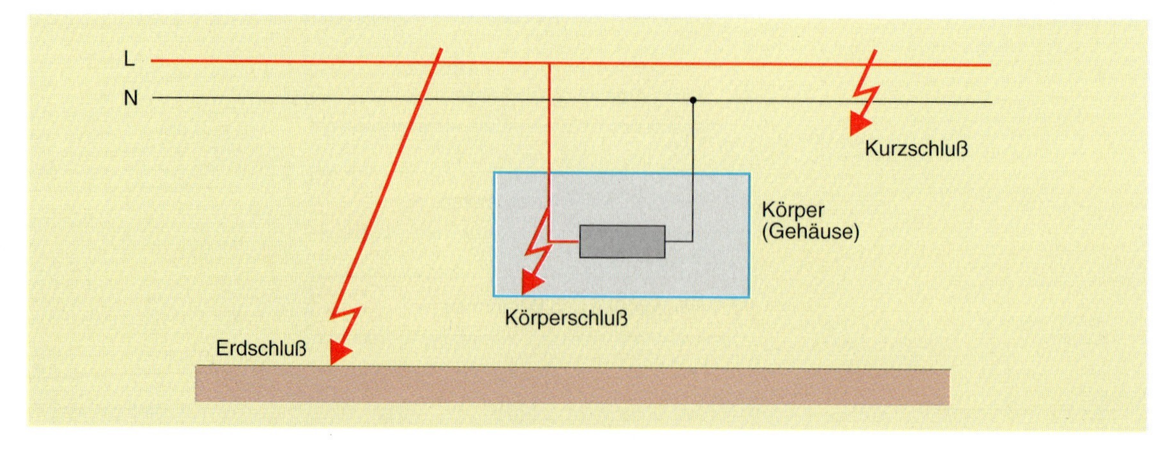

Abb. 7-2 ***Folgen von Isolationsfehlern***

Denken wir auch daran, daß der Transport der elektrischen Energie zu jeder Zeit gestoppt werden muß. Das Betriebsmittel muß abgeschaltet werden. Der Stromkreis muß unterbrochen werden. Das Öffnen eines Schalters bedeutet, daß zwischen den Kontakten des Schalters ein Nichtleiter (häufig Luft) vorhanden ist.

Soll eine Ladungsmenge gespeichert werden, muß in einem Bauelement der Ladungsausgleich durch einen Isolierstoff verhindert werden. Dieses Bauelement ist der besonders für den Wechselstromkreis bedeutsame Kondensator.

Zusammenfassend wird deutlich:

Nichtleiter sind im Stromkreis ebenso bedeutsam wie Leiter. Nur durch Nichtleiter kann

1. die elektrische Energie zu der Stelle transportiert werden, wo sie umgewandelt werden soll und
2. der Stromkreis geöffnet und damit der Energietransport zu jeder Zeit unterbrochen werden.

7.2 Elektrische Erscheinungen im Nichtleiter

7.2.1 Elektrische Felder

Elektrische Erscheinungen sind stets mit elektrischen Größen verknüpft. Diese sind wiederum in Leiterwerkstoffen wirksam. Wenn im Folgenden elektrische Erscheinungen im Nichtleiter untersucht werden sollen, dann ist das nur möglich, wenn eine **Leiter-Nichtleiter-Leiter-Anordnung** vorhanden ist. Man bezeichnet sie auch als Kondensatoranordnung, die wir in allen Stromkreisen mit ihren Betriebsmitteln finden. Wie bereits im Abschnitt 7.1 erwähnt wurde, entstehen solche Kondensatoranordnungen, da spannungsführende Leiter oder Teile gegen andere spannungsführende Teile oder gegen andere leitfähige, nicht zum Betriebsstromkreis gehörende Teile, aber auch gegen das Erdreich zu isolieren sind. Einige ausgewählte Beispiele zeigt die Abb. 7-3.

Folgen wir einer anderen Überlegung. Werden die Klemmen einer Stromquelle über einen Verbraucher geschlossen, bewegen sich die freien Ladungsträger in die durch die Pole der Stromquelle bestimmten Richtung. Diese Bewegung setzt zwischen den Polen ein Feld voraus.

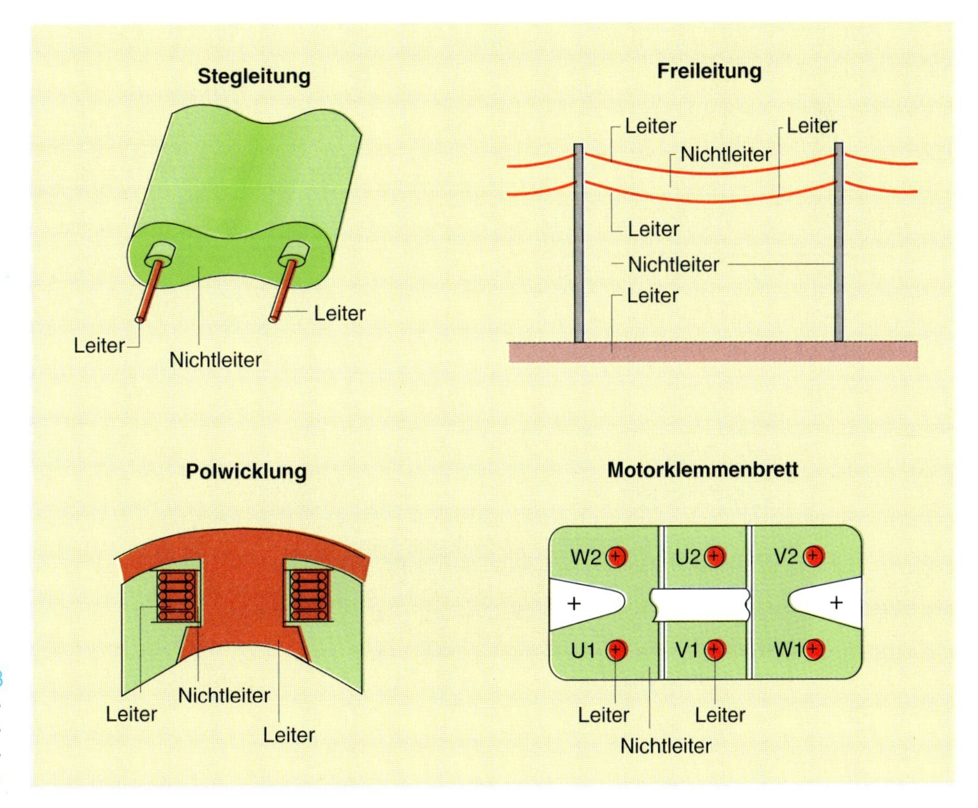

Abb. 7-3
Leiter-Nichtleiter-Leiter-Anordnungen

Ein Feld ist ein Raum, in dem jedem Punkt dieses Raumes ein entsprechender Wert einer physikalischen Größe zugeordnet werden muß.

Solche Felder sind z. B.

- das Temperaturfeld eines Wohnzimmers
- die Höhenlinien einer Landkarte
- das Gravitationsfeld der Erde
- die Geschwindigkeitsverteilung in einer Strömung

und das im Stromkreis wirkende

- elektrische Strömungsfeld.

Das elektrische Strömungsfeld ist das Feld der sich bewegenden elektrischen Ladungen im Leiter.

Dieses Feld haben wir durch die bekannten elektrischen Feldgrößen beschrieben.

- Ursachengröße: Spannung
- Wirkungsgröße: Stromstärke
- Bedingungsgröße: Widerstand bzw. Leitwert
- Dichtegröße: Stromdichte

Da Felder in der Elektrotechnik eine wichtige Rolle spielen, soll die Bedeutung der einzelnen Feldgrößen deutlich hervorgehoben werden.

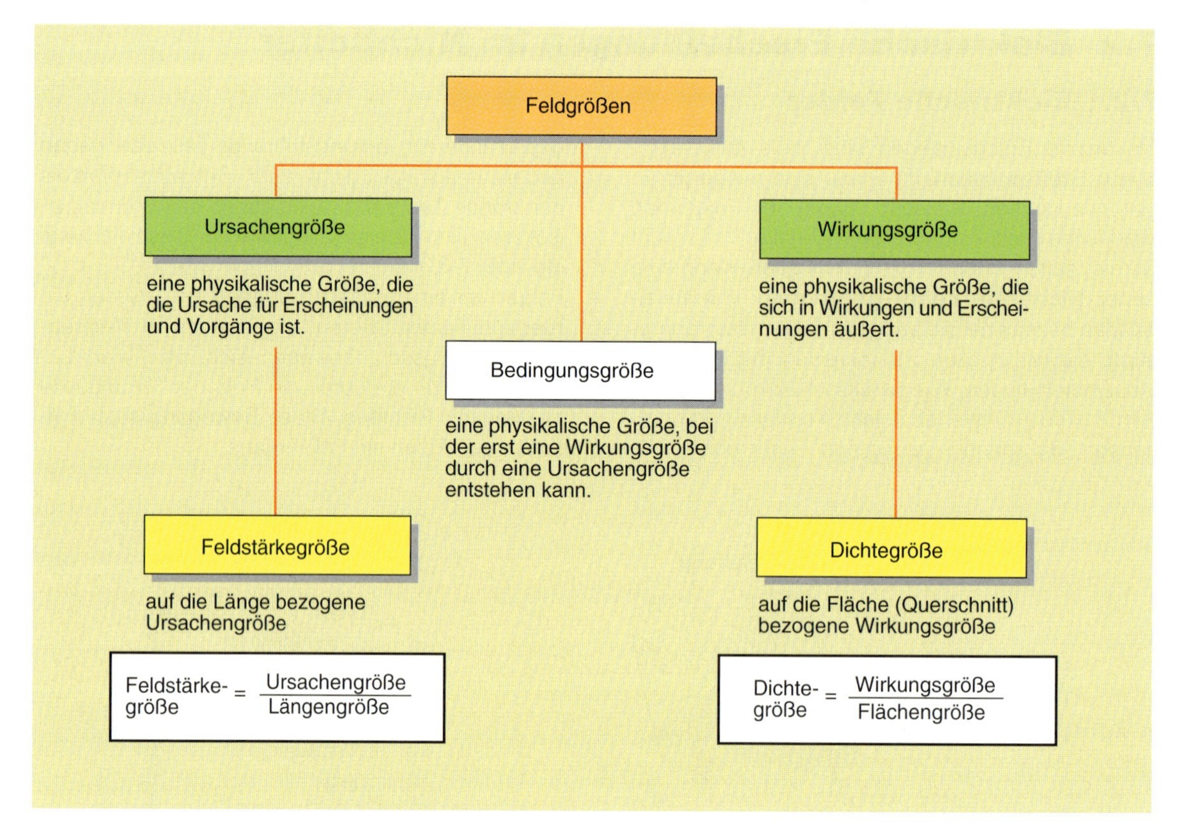

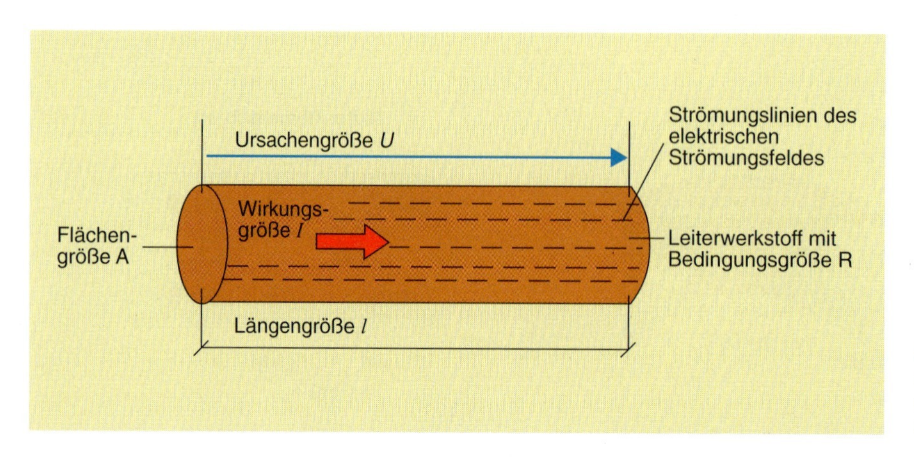

Abb. 7-4
Feldgrößen des elektrischen Strömungsfeldes

Für das elektrische Strömungsfeld sind seine Feldgrößen in der Abb. 7-4 dargestellt.

Aus den Angaben der Abb. 7-4 ergeben sich

die Dichtegröße ⇒ Stromdichte $J = \frac{I}{A}$ und

die Feldstärkegröße ⇒ elektrische Feldstärke $E = \frac{U}{l}$.

Der Zusammenhang zwischen Dichtegröße und Feldstärkegröße ist wie folgt gegeben:

$$J = \frac{I}{A} \longleftarrow I = \frac{U}{R} \longleftarrow R = \frac{l}{\varkappa \cdot A}$$

$$J = \frac{U \cdot \varkappa \cdot A}{l \cdot A} \qquad J = \varkappa \cdot E, \text{ d. h.}$$

die Dichtegröße wird entscheidend durch das Leitermaterial, gekennzeichnet durch die spezifische Leitfähigkeit $\varkappa$, bestimmt.

Wir verallgemeinern:

Dichtegröße = Werkstoffgröße x Feldstärkegröße

Wird der Widerstand zwischen den Klemmen der Stromquelle stetig erhöht, verringert sich die Stromstärke. Bei einem unendliche großen Widerstand, einem Nichtleiter, verschwindet dann das elektrische Strömungsfeld; denn es findet keine Ladungsbewegung statt. Mit Hilfe einer elektrischen Probeladung kann man feststellen, daß in der Umgebung der Klemmen der Stromquelle eine Kraftwirkung auf diese Probeladung ausgeübt wird. Es existiert also ein Kraftfeld, das punktweise mit einer Probeladung vermessen werden kann. Es wird als elektrostatisches Feld bezeichnet, da man einen Zustand, in dem keine Bewegungen stattfinden, statisch nennt. Wenn die Probeladung entfernt wird, ist auch die Kraftwirkung nicht mehr meßbar. Ihre Ursache muß jedoch nach wie vor bestehen. Als Ursache des elektrostatischen Feldes müssen die Ladungsanhäufungen auf den Klemmen der Stromquelle angesehen werden, denn sie üben Kräfte auf andere Ladungen aus.

Das elektrostatische Feld ist ein Raum, in dem durch ruhende elektrische Ladungen Kräfte auf andere Ladungen wirksam sind.

Das elektrostatische Feld ist nur an seinen Kraftwirkungen

- auf frei bewegliche Ladungsträger
- bei Ladungstrennung im Leiterwerkstoff (Influenz) und
- bei Ladungsverschiebungen innerhalb eines Isolierstoffmoleküls (dielektrische Polarisation) erkennbar.

Die im Feld wirkenden Kräfte besitzen eine Richtung, die durch sog. elektrische Feldlinien gekennzeichnet ist.

Die elektrischen Feldlinien sind die Wirkungslinien der Ladungskräfte.

Sie können sichtbar gemacht werden, indem man leicht bewegliche Isolierstoffteilchen in den Bereich von Ladungen tragenden Leiterwerkstoffen (geladene Elektroden) bringt. Dies können Papierteilchen, Haare oder Holundermarkkügelchen in Luft oder auch Gries in leichtflüssigem Öl sein. Die genannten Teilchen ordnen sich durch die wirkenden Kräfte und geben somit ein anschauliches Bild des elektrostatischen Feldes. Alle Feldbilder lassen erkennen, daß

1. die Feldlinien senkrecht von den positiven Ladungen entspringen und auch senkrecht auf den negativen Ladungen enden. Damit können durch die unterschiedlichen Formen der Elektroden unterschiedliche Feldformen geschaffen werden. Prinzipiell muß zwischen dem
   - parallel-homogenen elektrostatischen Feld (Abb. 7-5), dem
   - radial-homogenen elektrostatischen Feld (Abb. 7-6) und dem
   - inhomogenen elektrostatischen Feld (Abb. 7-7) unterschieden werden.

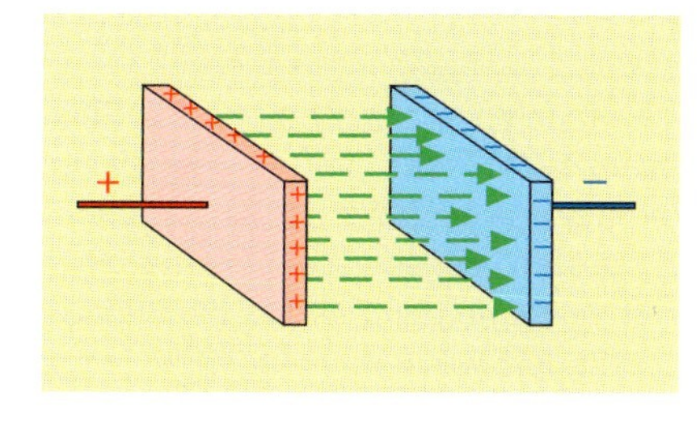

Abb. 7-5 ***Parallel-homogenes elektrostatisches Feld***

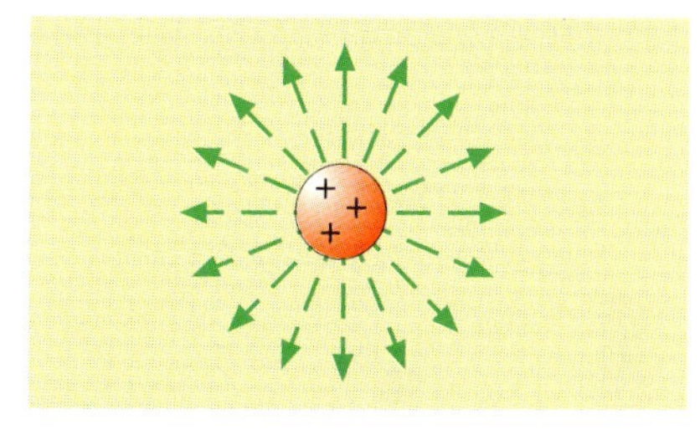

Abb. 7-6 ***Radial-homogenes elektrostatisches Feld***

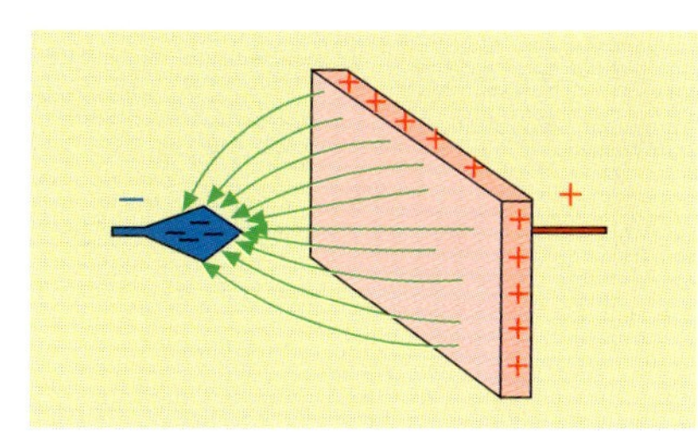

Abb. 7-7 ***Inhomogenes elektrostatisches Feld***

2. Die Dichte der Feldlinien ist proportional der Intensität der im Feld wirkenden Kräfte. Im parallel-homogenen Feld sind deshalb an allen Punkten gleich große Kräfte, im inhomogenen Feld dagegen unterschiedliche Beträge der Kraft wirksam.

3. Die Ladungen erfahren in Feldlinienrichtung solche Kräfte, daß die Ladungen einen energieärmeren Zustand annehmen. Zwischen den Ladungen wirken dagegen abstoßende Kräfte. Zugkräfte wirken somit in Längsrichtung der Feldlinien und quer zu ihnen Druckkräfte (Abb. 7-8).

7.2.2 Größen des elektrischen Feldes

Die Stärke des elektrostatischen Feldes wird durch die elektrische Feldstärke E gekennzeichnet. Die Feldstärke E ist als Feldgröße eine ortsabhängige Größe und kann von Ort zu Ort unterschiedlich sein. Wir definieren deshalb die elektrische Feldstärke E durch die auf eine räumlich sehr kleine Ladung Q bezogene Kraft F:

$$E = \frac{F}{Q} \qquad (7\text{-}1)$$

Im Folgenden betrachten wir das homogene Feld eines Kondensators mit sehr großen, parallelen Platten. Die Verhältnisse sind hier besonders übersichtlich. Die meisten Ergebnisse unserer Betrachtung können auch auf den Fall des inhomogenen Feldes übertragen werden. Feldgrößen sind ortsabhängige Größen. Selbst bei sehr stark inhomogenen Feldern läßt sich immer um den betrachteten Raumpunkt herum ein nahezu homogener Bereich finden, wenn wir ihn nur klein genug wählen.

Durch die Kraft F wird im Feld eine Ladung von A nach B (vgl. Abb. 7-8) bewegt. Diese verrichtet bei dieser Bewegung die Arbeit W, deren Größe durch die Kraft F und den zurückgelegten Weg l bestimmt wird: $W = F \cdot l$.

Nach dem Energieerhaltungssatz muß sich bei dieser Bewegung der Energiezustand der Ladung vom Betrag W_A auf den Betrag W_B verringert haben. Diese Energiedifferenz $\Delta W = W_A - W_B$ ist dann gleich der durch die Bewegung verrichteten Arbeit W.

Die Gleichung

$$E = \frac{F}{Q} \leftarrow F = \frac{W}{l} \leftarrow W = \Delta W$$

geht in die Form $E = \frac{\Delta W}{Q \cdot l}$ über.

Entsprechend der Definitionsgleichung der Spannung $U = \frac{\Delta W}{Q}$ entsteht wie bei dem elektrischen Strömungsfeld die Gleichung der elektrischen Feldstärke

$$E = \frac{U}{l} \qquad (7\text{-}2)$$

mit ihrer Einheit $[E] = \frac{1\text{ V}}{\text{m}}$

oder mit den entsprechenden Vielfachen oder Teilen.

Wir erkennen:

> Die Ursachengröße des elektrostatischen Feldes ist die Spannung U.

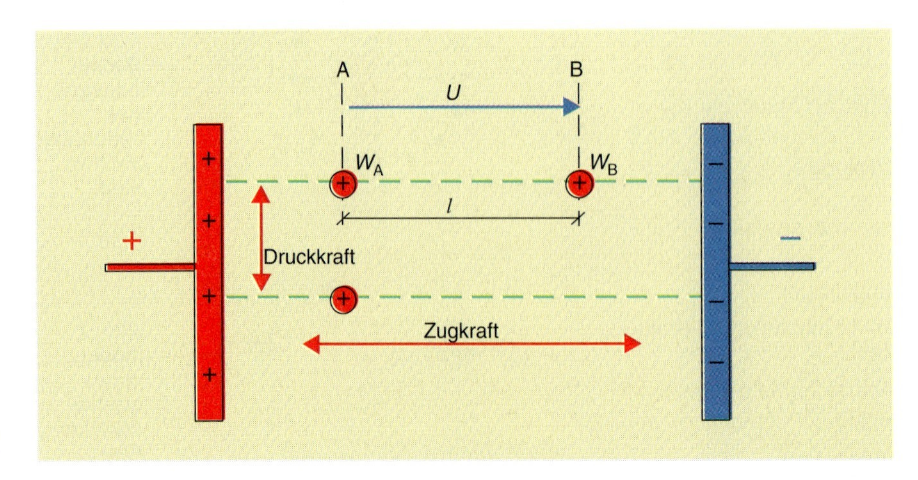

Abb. 7-8
Kräfte im elektrostatischen Feld

Die Spannung kann im elektrostatischen Feld Ladungen in Richtung der elektrischen Feldlinien verschieben, Dabei verschafft uns die Anzahl der Feldlinien eine Vorstellung, wie viele Ladungen verschoben werden können.

Diese Wirkung erfassen wir quantitativ durch den sog. **Verschiebungsfluß** ψ (Psi), also durch die Anzahl der Ladungen, die im Feld verschoben werden können.

Ihre Zahl muß der auf den Elektroden gespeicherten Ladungsmenge Q gleich sein, da durch sie der Betrag der Spannung als Ursache der Ladungsverschiebung bestimmt wird.

Die Wirkungsgröße im elektrostatischen Feld ist der Verschiebungsfluß ψ, der gleich der auf den Elektroden gespeicherten Ladungsmenge Q ist: $\psi = Q$.

Die Dichtegröße des Feldes, die

Verschiebeflußdichte $D = \frac{\psi}{A}$ muß deshalb gleich der Dichte der Ladungen auf den Elektroden, der

Ladungsdichte $$D = \frac{Q}{A}$$ 7–3

Q Ladungsdichte
A Flächen der Elektroden

mit ihrer Einheit $[D] = \frac{1\ \text{As}}{\text{m}^2}$ sein.

Analog dem elektrischen Strömungsfeld wird auch bei dem elektrostatischen Feld der Zusammenhang zwischen der Dichtegröße, also der Verschiebungsflußdichte bzw. der Ladungsdichte D und der Feldstärkegröße, der elektrischen Feldstärke E durch das Material, hier natürlich durch die Art des Nichtleiters bestimmt.

Die Materialgröße, die einen Nichtleiter, also einen Isolierstoff hinsichtlich seines Verhaltens beim Aufbau eines elektrostatischen Feldes charakterisiert, ist die sog. **Dielelektrizitätskonstante** ε (Epsilon). Diese Bezeichnung ist abgeleitet aus den bedeutungsgleichen Wörtern Nichtleiter, Isolierstoff und Dielektrikum.

Da $$D = \varepsilon \cdot E$$ 7–4

ist, kann die Dielelektrisitätskonstante als Verhältnis der Verschiebungsflußdichte bzw. der Ladungsdichte D zur elektrischen Feldstärke E definiert werden.

Die Dielektrizitätskonstante ε setzt sich aus

– der elektrischen Feldkonstanten (Influenzkonstante)

$$\varepsilon_0 = 8{,}854 \cdot 10^{-12} \frac{A \cdot s}{V \cdot m}$$

einer Naturkonstanten und

– der relativen Dielektrizitätskonstanten ε_r zusammen:

$$\varepsilon = \varepsilon_0 \cdot \varepsilon_r$$ 7–5

Die relative Dielektrizitätskonstante, oft mit DK abgekürzt, ist eine Vergleichszahl. Sie gibt an, wievielmal leichter ein elektrisches Feld in einem Isolierstoff in Vergleich zum Vakuum bzw. Luft aufgebaut werden kann. Als typische Werkstoffgröße eines Nichtleiters wird nur sie in den Tabellen angegeben. Es entstehen so anschauliche Zahlenwerte (Tab. 7-1).

Nichtleiter	relative Dielektrizitäts-konstante ε_r
Vakuum	1
Luft	≈ 1
Papier	1,8 . . . 2,6
Transformatorenöl	2,2 . . . 2,5
Porzellan	4,5 . . . 6
dest. Wasser	80
Bariumtitanat $BaTiO_3$	1500 . . . 2200

Tab. 7-1 ***Relative Dielelektrizitätskonstanten***

Die Einheit der elektrischen Feldkonstanten ε_0 und damit auch die der Dielektrizitätskonstanten ε ergibt sich nach der Gleichung (7.4)

$$D = \varepsilon \cdot E$$

Mit

$$[D] = \frac{1\ \text{A} \cdot \text{s}}{\text{m}^2} \text{ und } [E] = 1\ \frac{\text{V}}{\text{m}}$$

wird

$$[\varepsilon] = \frac{[D]}{[E]} = 1\ \frac{\text{A} \cdot \text{s} \cdot \text{m}}{\text{m}^2 \cdot \text{V}} = 1\ \frac{\text{A} \cdot \text{s}}{\text{V} \cdot \text{m}} .$$

Lösungsbeispiel:

Zwischen zwei geladenen Elektroden mit Luft als Nichtleiter (Abb. 7-9) entsteht ein parallel-homogenes elektrostatisches Feld.

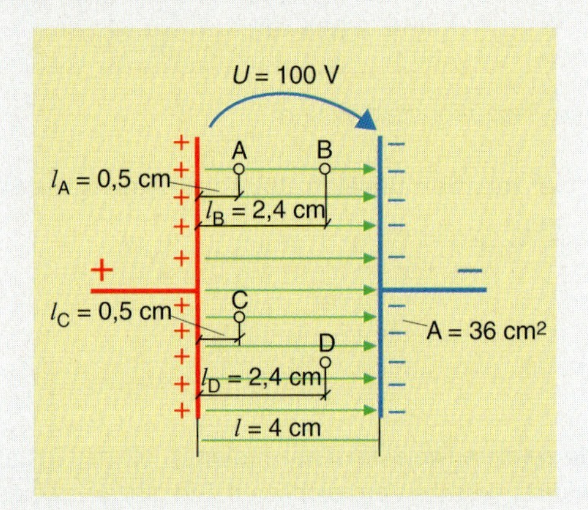

Abb. 7-9 ***Angaben zum Lösungsbeispiel***

a) Wie groß sind die elektrische Feldstärke, die Verschiebungsflußdichte (Ladungsdichte) und
der Verschiebungsfluß bzw. die auf den Elektroden gespeicherte Ladungsmenge?

gegeben:

$U = 100\ \text{V};\ l = 4\ \text{cm},\ \varepsilon_r = 1;\ A = 36\ \text{cm}^2$

gesucht:

$E;\ D;\ Q$

Lösung:

$$E = \frac{U}{l} \quad E = \frac{100\ \text{V}}{4\ \text{cm}} \quad \underline{\underline{E = 25\ \frac{\text{V}}{\text{cm}}}}$$

$$D = \varepsilon_0 \cdot \varepsilon_r \cdot E;\ D = 8{,}854 \cdot 10^{-12}\ \frac{\text{A} \cdot \text{s}}{\text{V} \cdot \text{m}} \cdot 1 \cdot \frac{25\ \text{V}}{\text{cm}}$$

$$\underline{\underline{D = 2{,}21 \cdot 10^{-12}\ \frac{\text{A} \cdot \text{s}}{\text{m}^2}}}$$

$$D = \frac{Q}{A};\ Q = D \cdot A;\ Q = 2{,}21 \cdot 10^{-12}\ \frac{\text{A} \cdot \text{s}}{\text{m}^2} \cdot 36\ \text{cm}^2$$

$$\underline{\underline{Q = 79{,}69 \cdot 10^{-8}\ \text{A} \cdot \text{s}}}$$

b) Welches Potential haben die Punkte A, B und C bezogen auf die positiv geladene Platte?

Wir erinnern: Das Potential φ ist die auf einen Punkt bezogene Spannung U.

$$E = \frac{U}{l} \quad U \rightarrow \varphi \quad \varphi = E \cdot l$$

$$\varphi_A = E \cdot l_A \quad \varphi_A = 25\ \frac{\text{V}}{\text{cm}} \cdot 0{,}5\ \text{cm} \quad \underline{\underline{\varphi_A = 12{,}5\ \text{V}}}$$

$$\varphi_B = E \cdot l_B \quad \varphi_B = 25\ \frac{\text{V}}{\text{cm}} \cdot 2{,}4\ \text{cm} \quad \underline{\underline{\varphi_B = 60\ \text{V}}}$$

$$\varphi_C = E \cdot l_C \ \text{Da}\ l_C = l_A,\ \text{ist}\ \varphi_C = \varphi_A \quad \underline{\underline{\varphi_C = 12{,}5\ \text{V}}}$$

Wir verallgemeinern: Alle Punkte mit gleichem Abstand zur positiven Platte haben das gleiche Potential. Verbindet man diese Punkte zu einer Linie, entsteht eine sog. **Äquipotentiallinie** (äqui lat. gleich). Der Punkt D liegt damit auf derselben Äquipotentiallinie wie der Punkt B.

Wir merken uns: Die im elektrostatischen Feld berechneten Potentiale sind reale physikalische Größen. Sie sind damit eindeutig meßbar.

Im Gegensatz zum parallel-homogenen Feld ist die Feldstärke im inhomogenen Feld unterschiedlich groß. Wie die Abb. 7-10 zeigt, ist der Betrag der Feldstärke an den Spitzen einer Kondensatoranordnung besonders groß. Die Kräfte der ruhenden Ladungen können besonders hier auf mögliche Ladungen im elektrischen Feld einwirken. Solche Ladungen finden wir in einem im elektrischen Feld befindlichen Leitermaterial, aber auch in Nichtleitermolekülen.

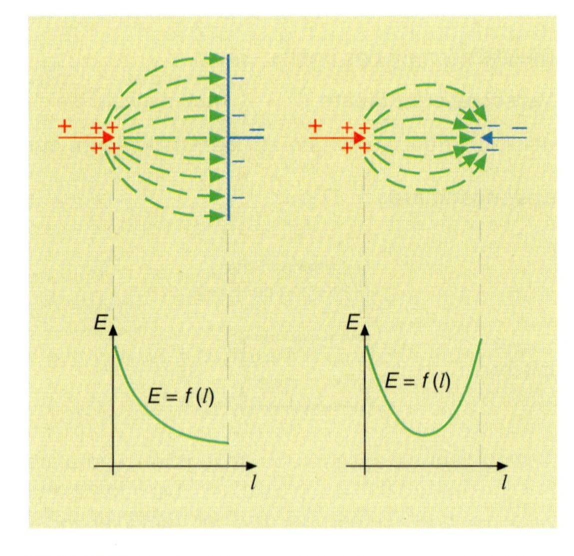

Abb. 7-10 ***Feldstärkeverlauf in inhomogenen Feldern***

7.2.3 Elektrische Influenz und dielektrische Polarisation

Bringt man zwischen zwei geladenen Elektroden einen Leiter, so werden durch die Kräfte des elektrostatischen Feldes die frei beweglichen Elektronen des Leiters verschoben (Abb. 7-11).

Die negativen Ladungen ordnen sich auf der Seite an, die der positiv geladenen Elektrode gegenübersteht. Auf der anderen Seite bleiben die positiven Ladungen konzentriert. Wird der Leiter mechanisch geteilt, sind die negativen Ladungen nachweisbar von den positiven getrennt. Diese Ladungstrennung bezeichnet man als elektrische Influenz.

Elektrische Influenz ist die Ladungstrennung in einem Leiter unter dem Einfluß eines elektrostatischen Feldes.

Die Influenzwirkung wird zur elektrischen Abschirmung von Bauteilen, Meßgeräten und auch von Menschen genutzt. Wird nämlich ein Hohlraum von einem Leiter vollständig umschlossen (Abb. 7-12), befindet sich trotz Einfluß eines elektrostatischen Feldes innerhalb der Leiters ein feldfreier Raum. Der Leiter kann dabei ein netzartiges oder maschenartiges Gebilde sein.

Man spricht vom sog. Prinzip des Faradayschen Käfigs.

Elektrische Störfelder können so z. B. die elektrischen Signalwerte in einem abgeschirmten Kabel nicht beeinflussen. Die Blitzschutzanlage eines Gebäudes kann als ein sehr weitmaschiges, leitendes Netz aufgefaßt werden, das das Gebäude vor Blitzeinschlägen schützt. Der Aufenthalt in einem Auto ist auch in einem starken Gewitter ungefährlich.

Eine Ladungstrennung, wie die bei der elektrischen Influenz auftritt, ist dagegen in einem Nichtleiter durch das Fehlen freier Ladungsträger nicht möglich. Die Kräfte im elektrostatischen Feld können aber die elastisch ortsgebundenen Ladungen innerhalb eines Moleküls verschieben. Die sonst nach außen elektrisch neutral wirkenden Isolierstoffmoleküle werden polarisiert. Die positiven und die negativen Ladungen werden beidseitig konzentriert. Die Moleküle erhalten einen Dipolcharakter (Abb. 7-13).

Diese Erscheinung bezeichnet man als dielektrische Polarisation.

Die dielektrische Polarisation ist die Verschiebung elektrischer Ladungen innerhalb eines Nichtleitermoleküls unter dem Einfluß eines elektrostatischen Feldes.

Die von der Art des Isolierstoffes, gekennzeichnet durch die Dielektrizitätskonstante ε, abhängige dielektrische Polarisation bestimmt beispielsweise die Lade- und die Entladezeit einer Kondensatoranordnung. Liegt an dieser eine Wechselspannung an, polarisieren sich die Isolierstoffmoleküle im Rhythmus der Frequenz periodisch um. Die ständige Ladungsverschiebung erwärmt den Isolierstoff. Die in

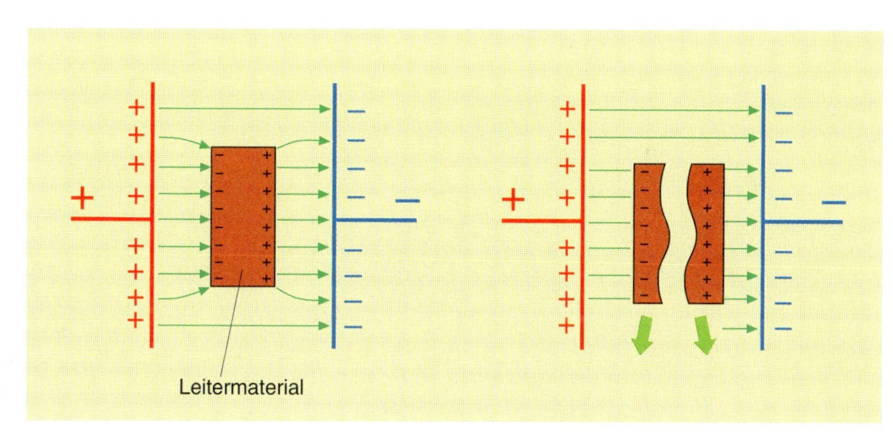

Abb. 7-11 ***Ladungstrennung im Leiter***

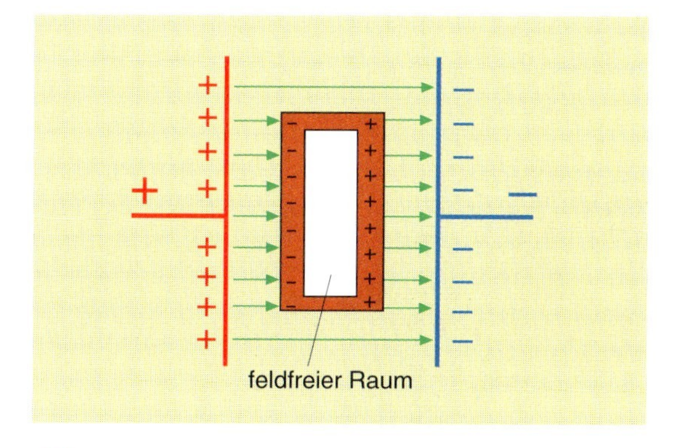

Abb. 7-12 ***Prinzip des Faradayschen Käfigs***

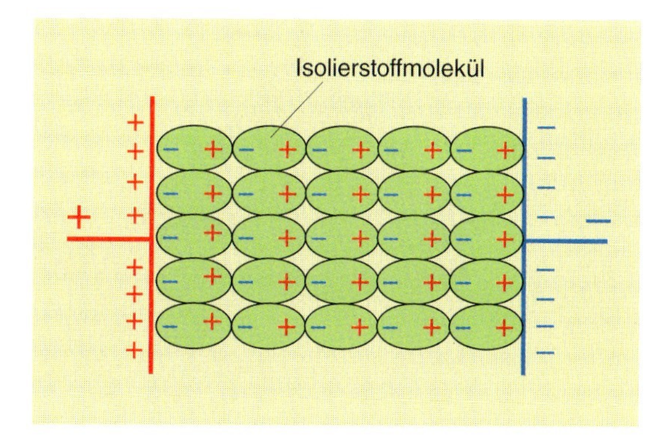

Abb. 7-13 ***Dipolbildung der Isolierstoffmoleküle***

der Kondensatoranordnung entstehende Wärmeenergie muß meist als Verlust angesehen werden. Was geschieht eigentlich, wenn die Kräfte des elektrostatischen Feldes größer werden?

Es wird zuerst die Zahl der polarisierten Nichtleitermoleküle steigen, d. h. die Intensität der dielektrischen Polarisation nimmt zu. Bei weiter steigenden Feldkräften werden die Bindungskräfte der Ladungen im Nichtleitermolekül überschritten. Einzelne Ladungen werden aus ihrer atomaren Bindung herausgerissen. Der Nichtleiter wird geringfügig leitfähig. Besonders an spitzenförmigen Elektroden entstehen Teilentladungen (Abb. 7-14 **Teilentladungen** am Blitzableiter), bis die Zahl der jetzt freien Ladungsträger so groß wird, daß ein vollständiger elektrischer **Durchschlag** erfolgt. In Luft entstehen Funken und Lichtbögen. Teile der flüssigen oder festen Isolierstoffe verkohlen durch die bei einem Durchschlag entstehende Wärme.

Ein Maß für die Spannungsbelastbarkeit eines Nichtleiters ist seine elektrische Durchschlagsfestigkeit. Als maximale elektrische Feldstärke E_D ist sie der Quotient aus der Durchschlagsspannung U_D und der Materialdicke d.

Elektrische Durchschlagsfestigkeit

$$E_D = \frac{U_D}{d} \qquad (7\text{-}6)$$

Beispiele für die Durchschlagsfestigkeit ausgewählter Isolierstoffe sind in der Tab. 7-2 aufgeführt.

Isolierstoff	Durchschlags-festigkeit kV / mm
Luft (20 °C; 0,1 MPa)	3,3
Papier	10
Porzellan	15
Transformatorenöl	12,5 . . . 23

Tab. 7-2 ***Durchschlagsfestigkeiten***

Ein elektrischer **Überschlag** kann dann durch ein elektrisches Feld an der Oberfläche eines Isolierstoffs entstehen, wenn

- die Oberfläche verunreinigt ist oder
- eine hohe Luftfeuchtigkeit vorhanden ist oder
- auf der Isolierstofffläche sich ein Wasserfilm gebildet hat.

Kriechströme verändern die Isolierstoffoberfläche, bis eine leitende Verbindung zwischen Teilen unterschiedlichen Potentials entstanden ist. Ein Maß für die Widerstandsfähigkeit eines Isolierstoffes gegen das Auftreten von Kriechströmen ist die sog. Kriechstromfestigkeit.

Abb. 7-14 ***Teilentladungen am Blitzableiter***

7.3 Elektrische Isolierstoffe

7.3.1 Eigenschaften elektrischer Isolierstoffe

Der vielfältige Einsatz der elektrischen Isolierstoffe in Installationsanlagen, Freileitungsanlagen, Kabeln, für Schaltgeräte, elektrische Maschinen, auch in der Fernmeldetechnik und Hochfrequenztechnik erfordert eine Vielzahl von teilweise sich gegenseitig beeinflussenden Eigenschaften. Im Vordergrund stehen dabei die elektrischen Eigenschaften. Für die Nutzungsdauer der Geräte oder Anlagen sind aber auch mechanische, thermische und oft auch chemische Eigenschaften bedeutungsvoll. Wir ordnen sie wie folgt:

Eigenschaften elektrischer Isolierstoffe

Elektrische Eigenschaften
- großer Isolationswiderstand
- hohe Kriechstromfestigkeit
- hohe Durchschlagsfestigkeit
- hohe Lichtbogenbeständigkeit
- geringe dielektrische Verluste
- große Dielektrizitätskonstante

Mechanische Eigenschaften je nach Einsatzgebiet
- hohe Zug-, Druck- oder Biegefestigkeit
- hohe Beständigkeit gegen statische und dynamische Beanspruchung

Thermische Eigenschaften je nach Einsatzgebiet
- hohe Formbeständigkeit
- geringer Wärmeausdehnungskoeffizient
- gute Wärmeleitfähigkeit
- hohe Wärmekapazität
- geringe Entflammbarkeit

Chemische Eigenschaften je nach Einsatzgebiet
- hohe Beständigkeit gegen aggressive Medien (Laugen, Säuren, organische Lösungsmittel
- hohe Strahlungsfestigkeit, auch gegen Sonnenlicht

7.3.2 Größen zur Kennzeichnung der elektrischen Eigenschaften

Isolationswiderstand

Er ist der auf eine bestimmte Strecke zwischen zwei Meßelektroden bezogene Widerstandswert, der sich nach dem Ohmschen Gesetz aus dem Quotienten zwischen der anliegenden Spannung und dem durch den Isolierstoffkörper (Volumen) und über die Oberfläche des Isolierstoffes fließenden Strom ergibt (Abb. 7-15).

Es ist deshalb zu unterscheiden zwischen

Volumenwiderstand und Oberflächenwiderstand

Volumenwiderstand: Er ist der Widerstand, der sich ohne den Stromanteil entlang der Oberfläche ergibt und wird als spezifischer (Volumen) Widerstand ς_V in $\Omega \cdot cm$ angegeben.
Die Werte sind 10^4mal kleiner als die auf $\Omega \cdot mm^2/m$ bezogenen.

Oberflächenwiderstand: Er ist der Widerstand in Ohm, der zwischen zwei im Abstand von 1 cm auf die Oberfläche gesetzte schneidenförmigen Elektroden bei einer Meßspannung von 1000 V besteht. Der Oberflächenwiderstand wird gewöhnlich in Form von Vergleichszahlen angegeben, z. B. bedeutet Vergleichszahl 8 $10^8 \leq R_{Oberfl.} < 10^9$. Der Wert sinkt durch Verschmutzung, Wasseranlagerung und besonders bei einer Luftfeuchtigkeit über 50%.

Beispiele:

Isolierstoff	ς_V in $\Omega \cdot cm$
Glas	10^{10}
Hartporzellan	10^{11} bis 10^{12}
PVC (Vinidur)	10^{16} bis 10^{17}

Tab. 7-3 ***Volumenwiderstand ausgewählter Isolierstoffe***

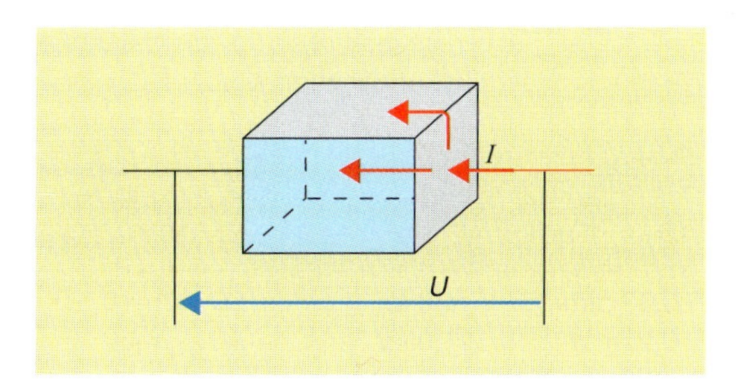

Abb. 7-15 ***Zur Bestimmung des Isolationswiderstandes***

Kriechstromfestigkeit

Sie ist die Eigenschaft eines Isolierstoffes, die Kriechwegbildung zu verhindern. Kriechströme sind meist verästelte Oberflächenströme, die sich zwischen Stellen unterschiedlichen Potentials ausbilden. Die ursprünglich gut isolierende Oberfläche verändert sich durch Fremdstoffe, Strahlung oder Feuchtigkeit. Diese besteht meist nicht aus einer zusammenhängenden Wasserhaut, sondern aus einzelnen Inseln. An den trockenen und sauberen Stellen kann es zu kleinen Funkenentladungen mit winzigen, oft unsichtbaren Verkohlungen des Isolierstoffes kommen. Allmählich bildet sich dann eine leitende Brücke zwischen den Elektroden. Es entsteht ein Überschlag. Bei schmelzbaren Isolierstoffen können die Kohle- oder Zersetzungsteile von flüssigen Teilen eingeschlossen und unschädlich gemacht werden. Der Leitungsweg wird unterbrochen. Solche Isolierstoffe haben eine recht gute Kriechstromfestigkeit. Sie kann durch Überzugslacke oder durch eine geeignete Formgebung der Oberfläche erhöht werden. Die Oberfläche sollte wie eine Äquipotentiallinie bzw. -fläche verlaufen.

Durchschlagsfestigkeit

Als Durchschlagsfestigkeit bezeichnet man die Feldstärke in kV/mm oder kV/cm, bei der ein Isolierstoff unter Bildung eines elektrischen Funkens gerade durchschlagen wird. Der Isolationswiderstand wird dann Null. Der Isolierstoff ist unbrauchbar. Die Durchschlagsfestigkeit ist von

- der Art der Spannung: Gleich-, Wechsel- oder Stoßspannung,
- der Dicke des Isolierstoffes und von
- der Temperatur abhängig.

Da die Durchschlagsspannung meist nicht linear mit der Dicke des Isolierstoffes ansteigt, können Angaben für eine bestimmte Dicke nicht ohne weiteres auf eine andere Dicke bezogen werden. Um jedoch vergleichbare Werte zu erhalten, rechnet man auf die oben genannten Einheiten um. Ein typisches Beispiel ist Zelluloseazetatfolie, für die folgende Werte vom Hersteller angegeben werden:

Dicke d	Durchschlags-spannung U_D	Durchschlags-festigkeit E_D
0,03 mm	4,8 kV	160 kV/mm
0,2 mm	11,0 kV	55 kV/mm

Tab. 7-4 ***Beispiele für Durchschlagsspannung/ Durchschlagsfestigkeit***

Dielektrischer Verlustfaktor

Bei Gleichstrom treten nur Verluste durch die sehr geringe Leitfähigkeit des Isolierstoffes auf, da es einen vollkommenen, idealen Isolierstoff mit der Leitfähigkeit Null nicht gibt. Bei Wechselstrom sind diese Leitfähigkeitsverluste unbedeutend gegenüber den sog. dielektrischen Verlusten. Diese entstehen durch die periodische Polarisierung der Isolierstoffmoleküle, die nicht trägheitslos verläuft und durch die innere Reibung mit einer Wärmeentwicklung verbunden ist. Wie im Abschnitt 10.3.2 nachgewiesen wird, entsteht an einer Leiter-Nichtleiter-Leiter-Anordnung (Kondensator) ein Phasenverschiebungswinkel zwischen Strom und Spannung, der nicht 90°, sondern um den dielektrischen Verlustwinkel δ kleiner ist.

Zur Kennzeichnung eines Isolierstoffes unter Einfluß einer Wechselspannung gibt man nicht diesen genannten Winkel, sondern den $\tan \delta$ als dielektrischen Verlustfaktor an. Er ist frequenz- und teilweise temperaturabhängig. Der dielektrische Verlustfaktor wird als Verhältnis von Wirkleistung zur Blindleistung definiert. Ein kleiner $\tan \delta$ wird in der

- Hochfrequenztechnik gefordert, um z. B. die Dämpfung der Schwingkreise klein zu halten, ebenso bei
- Kabeln und Kondensatoren der Energietechnik, um die Erwärmung der Isolierstoffe zu begrenzen.

Wie die Beispiele belegen, sind die Werte der dielektrischen Verlustfaktoren sehr klein.

Isolierstoff	$\tan \delta$ bei $f = 1$ kHz
Quarz	$1 \cdot 10^{-4}$
Epoxidharz	50 bis $80 \cdot 10^{-4}$
Hartporzellan	100 bis $200 \cdot 10^{-4}$
PVC-Isoliermischung	1000 bis $1500 \cdot 10^{-4}$

Tab. 7-3 ***Verlustfaktor ausgewählter Isolierstoffe***

Dielektrizitätskonstante

Nach der Gleichung (7.4) $D = \varepsilon \cdot E$ kann die Dielektrizitätskonstante ε als Quotient von Ladungsdichte D und elektrische Feldstärke E definiert werden:

$$\varepsilon = \frac{D}{E}.$$

Mit $\varepsilon = \varepsilon_0 \cdot \varepsilon_r$ wird folgende Aussage bestätigt:

Die relative Dielektrizitätskonstante ε_r gibt an, um das wievielfache die Ladungsdichte steigt, wenn in einer Leiter-Nichtleiter-Leiter-Anordnung bei gleicher Feldstärke Luft durch einen anderen Isolierstoff ersetzt wird.

Da diese Anordnung als Bauelement „Kondensator“ (vgl. Abschnitt 7.4) realisiert wird, bedeutet eine große Dielektrizitätskonstante, daß

- bei gleichen geometrischen Abmessungen die Kapazität des Kondensators, d. h. das Vermögen, elektrische Ladungen zu speichern, steigt oder
- bei gleicher Kapazität der Kondensator kleiner gebaut werden kann.

Die Werte von ε_r sind temperaturabhängig. Sie werden, wie die Beispiele der Tab. 7-1 zeigen, bei 20 °C angegeben.

Sind die Werte dieser Isolierstoffgröße von der elektrischen Feldstärke abhängig, bezeichnet man sie auch als sog. Permittivitätszahl (permittere lat. durchdringen). Daraus erklärt sich auch die in folgenden Beispielen angegebenen Wertebereiche.

Isolierstoff	Permittivitätszahl ε_r
Quarz	2 . . . 4
Aluminiumoxid	6 . . . 9
Glas	5 . . . 16
Glimmer	6 . . . 8

Tab. 7-6 ***Permittivitätszahl ausgewählter Isolierstoffe***

7.3.3 Ausgewählte Isolierstoffe

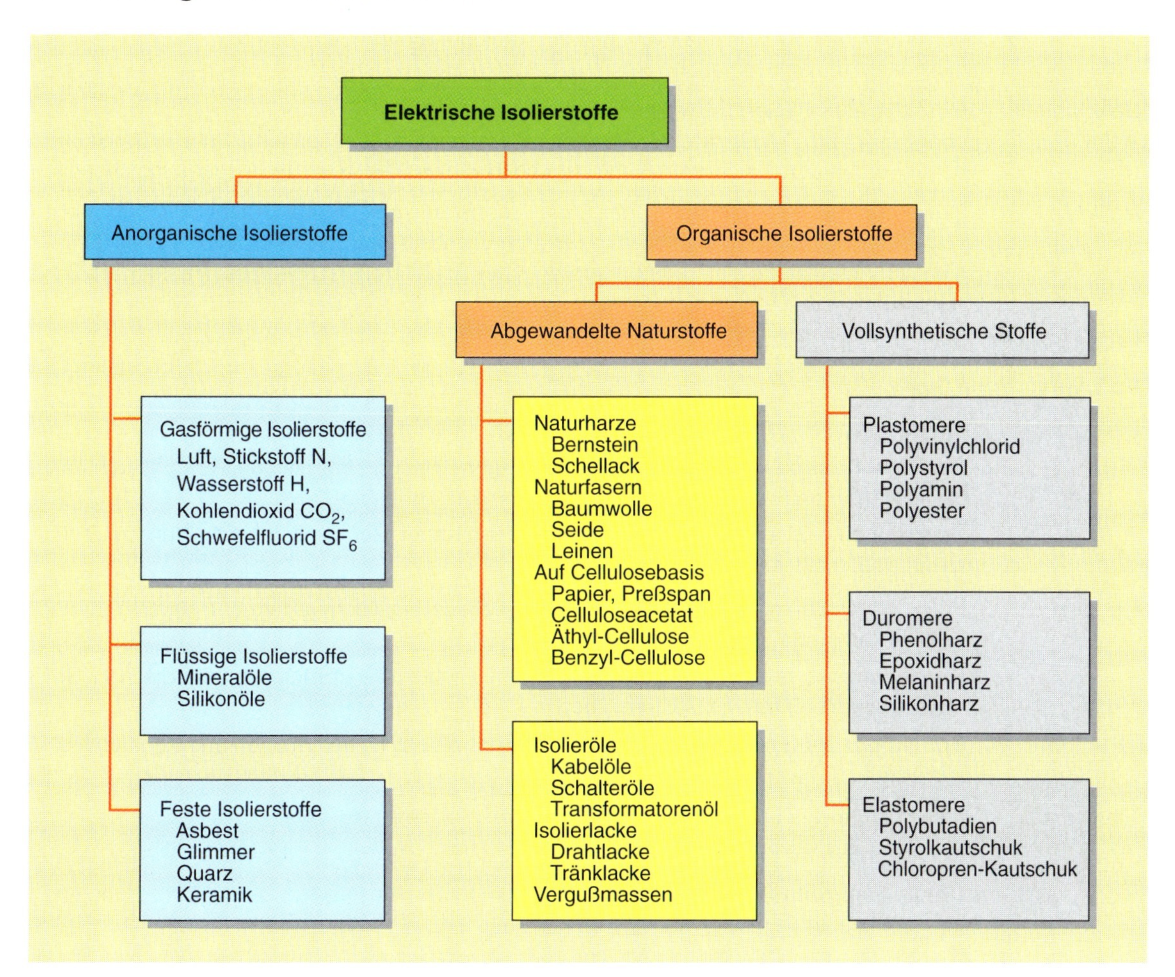

Abb. 7-16 ***Übersicht über elektrische Isolierstoffe***

Isolierstoff	Eigenschaften/Anwendung
Feste Isolierstoffe	
Asbest	Faserartiges, seidenglänzendes Mineral aus aufspaltbarem Silicatgestein. Genügend lange Fasern werden mit Baumwolle vermischt. Asbestbänder sind Trägermaterial in induktionsarmen Widerständen und Heizleitern, Umspinnung temperaturbeständiger Leitungen. **Asbeststaub ist sehr gesundheitsschädlich**!
Glimmer	In Tafeln kristallisierende Mineralien sind in dünne, durchscheinende, elastisch biegsame Blättchen spaltbar mit hoher Durchschlagsfestigkeit und Wärmebeständigkeit. Windungs-, Wickelkopf- und Nutisolation sowie zur Isolation von Kommutatorlamellen in elektrischen Maschinen.
Quarz	Siliciumdioxid als Bestandteil von Gesteinen oder weißer Seesand zur Füllung von Schmelzsicherungen, Quarzglas in Gasentladungslampen, Schwingquarze.
Elektrokeramik	Bestehen aus plastischen (Kaolin, Ton, Speckstein), unplastischen Massen (Feldspat als Flußmittel und Quarz, Tonerde oder Magnesiumoxid als Magerungsmittel) für Hochspannungs- und Niederspannungsisolatoren.
Abgewandelte Naturstoffe	
Faserstoffe	Baumwolle, Zellwolle, Natur- und Kunstseide als Trägermaterial für unterschiedliche Imprägniermittel.
Papier	Ausgangsrohstoff ist Sulfatzellstoff. Durch Tränken mit Öl oder Lack einsetzbar in Kondensatoren und Kabeln, als Preßspan im Transformatorenbau oder als lackgetränkte Lagenisolation.
Schichtpreßstoffe	Geschichtetes Papier, Gewebe oder Fasern als Trägermaterial, Tränken mit Harzen und Pressen unter hohem Druck und hoher Temperatur als öldichte Gehäuse und Trennwänden in der Hochspannungstechnik.
Isolieröle	Gewinnung aus Erdöl oder Öle der Stein- und Braunkohlenteere. Durchschlagsfestigkeit vom Reinheitsgrad abhängig. Flamm-, Brenn- und Entzündungspunkt sowie Viskosität bestimmen Anwendung als Transformatoren- oder Schalteröle, Tränken der Papier- und Gewebeisolation in Öl- oder Massekabel.
Isolierlacke	Als Naturharz-, Öl- und Kunstharzlacke für Gewebe-, Draht- und Tränklacke.
Vollsynthetische Stoffe	
Plastomere	Thermoplastisch, können beliebig oft plastisch verformt werden. **Polystyrol** spröde, gute dielektrische Eigenschaften bei hohen Frequenzen als Spulenkörper und Wickelfolien für verlustarme Fernsehkabel. **Polyvinylchlorid** als PVC-hart für Leitungen und Kabel, Rohre, Klemmenleisten und PVC-weich als Zusatz von Weichmachern.
Duromere	Polykondensate, in der ersten Verarbeitungsphase plastisch verformbar, durch Wärme, Katalysatoren oder Härter aushärtbar. **Phenolharz** als Isolier- und Tränklack, mit Füllstoffen als Preßmassen für Stecker, Gehäuse, Schaltergriffe und Spulenkörper. **Epoxidharz** als Gießharze für Transformatoren, Wandler, Kabelmuffen und Kabelendverschlüsse.
Elastomere	Meist Mischpolymerisate mit hoher Elastizität. **Polybutadien** für Kabel oder Heizschläuche. **Chloropren-Kautschuk** als öl-, wärme- und witterungsbeständige Leitungsisolierung und als Kabelmäntel.

 Tab. 7-7 ***Ausgewählte Isolierstoffe***

7.4 Kondensator

7.4.1 Ladungsmenge und Kapazität

Wie im Abschnitt 8.1 nachgewiesen wurde, müssen für die Funktion von elektrischen Geräten und Anlagen nicht nur Leiterwerkstoffe, sondern mit gleicher Bedeutung auch Isolierstoffe eingesetzt werden. Es entstehen zwangsläufig Leiter-Nichtleiter-Leiter-Anordnungen. Die Anordnung ist Gestaltungsgrundlage für ein in allen Bereichen der Elektrotechnik wichtiges Bauelement, der Kondensator. Prinzipiell besteht ein Kondensator aus zwei Leiterplatten, zwischen denen sich ein Dielektrikum befindet (Abb. 7-17).

Werden die Leiterplatten an die Pole einer Stromquelle angeschlossen, fließt, wie noch genauer zu untersuchen ist, kurzzeitig ein Strom. Die Kondensatorplatten werden aufgeladen.

Ein Kondensator kann elektrische Ladungen speichern.

Wird die anliegende Spannung auf andere Werte geändert, ändert sich ebenfalls der Betrag der Ladungsmenge. Den

Spannungen U_1 U_2 U_3 U_4 ... sind die

Ladungsmengen

Q_1 Q_2 Q_3 Q_4 ... zuzuordnen.

Dabei stellt man fest, daß für den gewählten Kondensator ein wiederkehrendes Verhältnis der Wertepaare Spannung und Ladungsmenge entsteht.

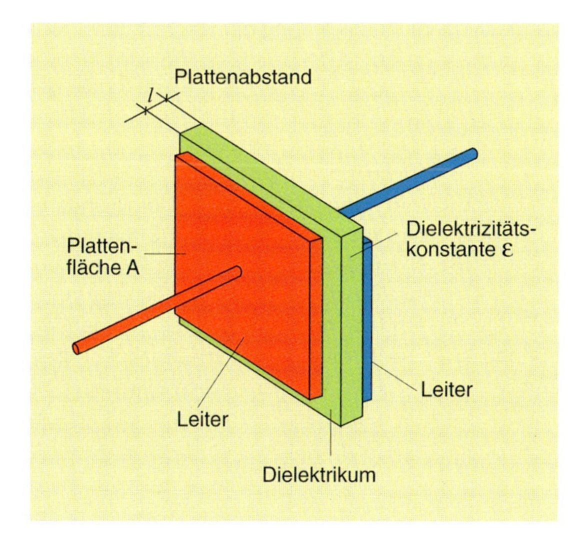

Abb. 7-17 ***Prizipieller Aufbau eines Kondensators***

Es ist

$$\frac{Q_1}{U_1} = \frac{Q_2}{U_2} = \frac{Q_3}{U_3} = \frac{Q_4}{U_4} = \text{konstant.}$$

Diesen konstanten Wert bezeichnet man als Kapazität, die damit durch folgende Gleichung definiert wird:

Kapazität $$C = \frac{Q}{U}$$ **7-7**

Mit dieser Definitionsgleichung ergibt sich die Einheit der Kapazität.

$$[C] = \frac{[Q]}{[U]} \qquad [C] = 1\,\frac{\text{A} \cdot \text{s}}{\text{V}} = 1\ \text{F}\ \ (\text{Farad})^*$$

Da 1 F eine große, technisch nur für kleine Spannungen realisierbare Einheit ist, werden meist folgende Teile der Einheit verwendet:

1 μF = 1 Mikrofarad = $1 \cdot 10^{-6}$ F
1 nF = 1 Nanofarad = $1 \cdot 10^{-9}$ F
1 pF = 1 Pikofarad = $1 \cdot 10^{-12}$ F

Der Begriff „Kapazität“ kennzeichnet einmal

- die Eigenschaft eines Kondensators, Ladungen zu speichern und zum anderen
- die elektrische Größe zum quantitativen Erfassen dieser Eigenschaft. Wir erinnern uns: Diese Vieldeutigkeit eines Begriffes hatten wir bereits im Zusammenhang mit Leiterwerkstoffen kennengelernt.

Kapazität		Widerstand
Eigenschaft eines Kondensators, Ladungen zu speichern	Eigenschaft	Eigenschaft eines Leiterwerkstoffes, sich dem Stromdurchgang zu widersetzen
ist der Quotient aus Ladungsmenge Q und Spannung U	Elektrische Größe	ist der Quotient aus Spannung U und Stromstärke I
als reales Bauelement z. B. einer Leiterplatte	Bauelement	als reales Bauelement z. B. einer Leiterplatte

* Faraday, Michael, engl. Physiker und Chemiker 1791 – 1867

Die Größe der Kondensatorplatte, d. h. ihre Fläche A bestimmt die Ladungsdichte

$$D = \frac{Q}{A}$$, die nach der Gleichung (7.4)

$$D = \varepsilon \cdot E$$ über die Feldstärke

$$E = \frac{U}{l}$$ mit der Spannung U verknüpft ist.

Da die Feldlinienlänge l gleichzeitig der Plattenabstand des Kondensators und damit die Dicke des Dielektrikums ist, wird

$$Q = D \cdot A$$

$$Q = \boxed{\frac{\varepsilon \cdot A}{l}} \cdot U \; .$$

Der gekennzeichnete Faktor $\frac{\varepsilon \cdot A}{l}$ setzt sich nur aus Größen zusammen, die konstruktiv bestimmt sind. Er ist nach der Definitionsgleichung (7.8) die Kapazität C.

Ihre Bemessungsgleichung lautet somit:

$$\boxed{C = \frac{\varepsilon \cdot A}{l}} \qquad \text{7-8}$$

Interessant ist, daß diese Bemessungsgleichung dem gleichen Bildungsgesetz folgt wie der Leitwert eines Drahtes

$$G = \frac{1}{R} \rightarrow R = \frac{l}{\varkappa \cdot A} \rightarrow G = \frac{\varkappa \cdot A}{l},$$

hier natürlich mit der Werkstoffgröße des Leitermaterials.

Durch die Bemessungsgleichung der Kapazität wollen wir nachweisen, daß ihre Einheit 1 Farad mit üblichen Isolierstoffen und Isolierstoffdicken nicht realisiert werden kann.

Mit jedoch in jüngster Zeit entwickelten Goldkondensatoren in Abmessungen von ungefähr 50 mm mal 125 mm werden durch hauchdünne Isolierstoffschichten Kapazitäten bis zu 70 F erreicht. Die Spannungsfestigkeit ist verständlicherweise mit 2,3 V gering. Da diese Kondensatoren aus zwei Aktivkohleschichten und einem neutralen Elektrolyten aufgebaut sind, stellen sie keine Gefahr für die Umwelt dar.

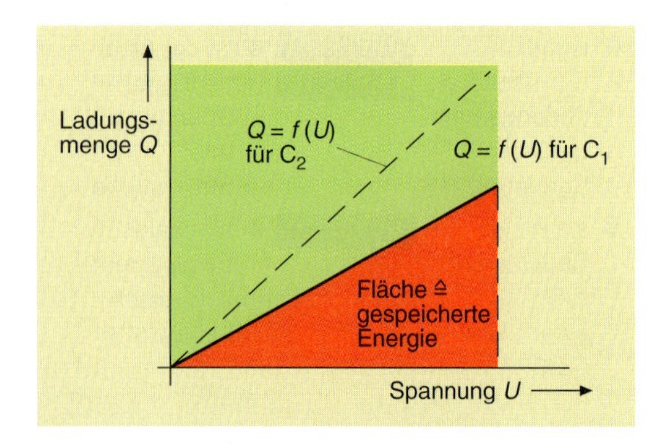

Abb. 7-18 ***Ladekurve eines Kondensators***

Lösungsbeispiel:

Welche Plattengröße müßte ein Kondensator mit Luft als Dielektrikum haben, wenn bei einem Abstand von 1 mm der Kondensator eine Kapazität von 1 F besitzen soll?

gegeben: $\varepsilon_r = 1 \quad l = 1\ \text{mm} \quad C = 1\ \text{F}$

gesucht: $A = ?$

Lösung: $C = \frac{\varepsilon \cdot A}{l} \quad \varepsilon = \varepsilon_0 \cdot \varepsilon_r$

$$A = \frac{C \cdot l}{\varepsilon_0 \cdot \varepsilon_r}$$

$$A = \frac{1\ \text{F} \cdot 1\ \text{mm} \cdot}{8{,}854 \cdot 10^{-12} \frac{\text{A} \cdot \text{s} \cdot 1}{\text{V} \cdot \text{m}}}$$

$$A = \frac{1\ \text{A} \cdot \text{s} \cdot 1 \cdot 10^{-3}\,\text{m} \cdot \text{V} \cdot \text{m}}{\text{V} \cdot 8{,}854 \cdot 10^{-12} \cdot \text{A} \cdot \text{s} \cdot 1}$$

$$\underline{\underline{A = 112{,}9 \cdot 10^6\ \text{m}^2}}$$

Dieser Kondensator müßte eine Plattenfläche von 112,9 km² besitzen, um eine Kapazität von 1 F aufzuweisen.

7.4.2 Energie des elektrischen Feldes

Wird die Definitionsgleichung der Kapazität

$C = \frac{Q}{U}$ nach Q umgestellt, wird durch

$$\boxed{Q = C \cdot U} \qquad \text{7-9}$$

die funktionale Abhängigkeit der auf einem Kondensator gespeicherten Ladungsmenge Q mathematisch erfaßt. Die Gleichung (7.9) ist ihrem Wesen nach somit eine Funktionsgleichung. Sie sagt aus, daß die Ladungsmenge sowohl mit steigender Spannung als auch mit steigender Kapazität größer wird:

$$U \uparrow \rightarrow Q \uparrow$$
$$C \uparrow \rightarrow Q \uparrow \; .$$

Im Koordinatensystem bezeichnen wir das Bild der Funktion $Q = f(U)$ als Ladekurve des Kondensators (Abb. 7-18).

Ihr Anstieg ist umso größer, je größer die Kapazität ist ($C_2 > C_1$).

Die Fläche zwischen Ladekurve und Abszissenachse berechnet sich als Dreiecksfläche zu $\frac{U \cdot Q}{2}$.

Wie mit den Einheiten der Spannung und der Ladungsmenge nachgewiesen werden kann $[U] \cdot [Q] = V \cdot A \cdot s = W \cdot s$, ist der Zähler des Terms eine Energiegröße, nämlich die elektrische Energie W, die im elektrischen Feld des geladenen Kondensators gespeichert ist:

$W = \frac{1}{2} \cdot U \cdot Q$. Mit der Gleichung (7.10) wird die

Energie des elektrischen Feldes

$$W = \frac{1}{2} \cdot C \cdot U^2 \qquad \text{7-10}$$

Lösungsbeispiel:

Welche Energie ist in einem 4-μF-Kondensator gespeichert, der auf 230 V aufgeladen ist?

gegeben: $C = 4\ \mu F$ $\quad U = 230\ V$

gesucht: $W = ?$

Lösung: $W = \frac{1}{2} \cdot C \cdot U^2 \quad W = \frac{1}{2} \cdot 4 10^{-6} \cdot F \cdot 230^2 \cdot V^2$

$\underline{\underline{W = 105{,}8\ mWs}}$

Die in einem Kondensator mit einem gebräuchlichen Kapazitätswert gespeicherte Energie ist sehr klein. Kondensatoren sind somit zur Speicherung größerer Energiemengen ungeeignet.

7.4.3 Schalten von Kondensatoren

Kondensatoren können als Zweipole genau wie Widerstände in Reihe, parallel oder gemischt geschaltet werden.

- Zur Reihenschaltung von Kondensatoren

Werden z. B. drei in Reihe geschaltete Kondensatoren C_1, C_2 und C_3 mit gleicher Plattenfläche A und Dielektrizitätskonstanten ε, aber mit den Plattenabständen l_1, l_2 und l_3 durch einen Kondensator ersetzt, dann ist seine Kapazität C_{ges} durch den Plattenabstand $l = l_1 + l_2 + l_3$ bestimmt (Abb. 7-19).

Sie muß damit durch den größeren Plattenabstand kleiner werden.

Die Gesamtkapazität ist

$C_{ges} = \frac{\varepsilon \cdot A}{l}$, als Kehrwert $\frac{1}{C_{ges}} = \frac{l}{\varepsilon \cdot A}$

Mit $l = l_1 + l_2 + l_3$ wird

$$\frac{1}{C_{ges}} = \frac{l_1 + l_2 + l_3}{\varepsilon \cdot A} = \frac{l_1}{\varepsilon \cdot A} + \frac{l_2}{\varepsilon \cdot A} + \frac{l_3}{\varepsilon \cdot A} = \frac{1}{C_1} + \frac{1}{C_2} + \frac{2}{C_3}$$

Gesamtkapazität bei Reihenschaltung

$$\frac{1}{C_{ges}} = \frac{1}{C_1} + \frac{1}{C_2} + \frac{1}{C_3} + \cdot \frac{1}{C_n} \qquad \text{7-11}$$

Aus der Gleichung leiten wir ab:

- die Gesamtkapazität von in Reihe geschalteten Kondensatoren ist stets kleiner als die kleinste Einzelkapazität.
- Durch Zuschalten eines weiteren Kondensators verringert sich die Gesamtkapazität.
- Bei zwei in Reihe geschalteten Kondensatoren mit C_1 und C_2 ist die Gesamtkapazität

$$C_{ges} = \frac{C_1 \cdot C_2}{C_1 + C_2} \qquad \text{7-12}$$

- Die Gesamtkapazität gleicher in Reihe geschalteter Kondensatoren ist der Quotient aus Einzelkapazität C und Anzahl n der Kondensatoren

$$C_{ges} = \frac{C}{n} \qquad \text{7-13}$$

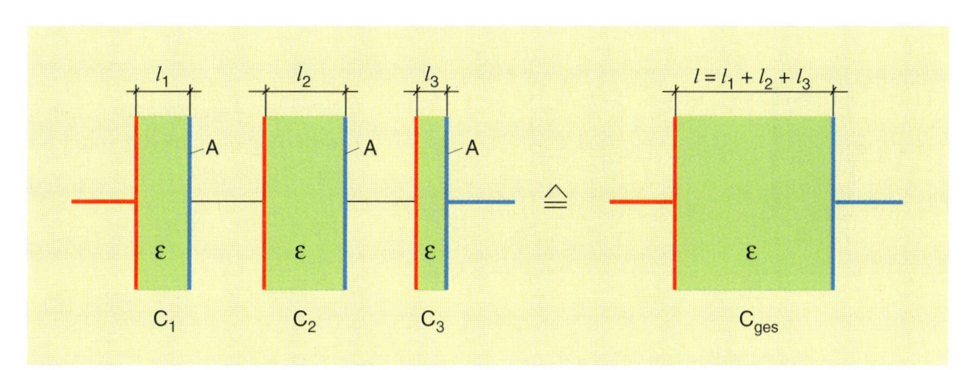

Abb. 7-19
Gesamtkapazität von in Reihe geschalteter Kondensatoren

Bei Anschluß von in Reihe geschalteter Kondensatoren werden nicht nur die äußeren Platten, die mit dem Plus- und Minuspol der Stromquelle verbunden sind, aufgeladen. Auch bei den inneren Kondensatoren erfolgt eine Ladungsverschiebung (elektrische Influenz). Alle Kondensatoren sind mit der gleichen Ladungsmenge Q aufgeladen. Über jedem liegt somit eine Spannung an. Diese wird nach der Gleichung (7.9) nicht nur durch die Ladungsmenge Q, sondern auch durch die Kapazität der einzelnen Kondensatoren bestimmt (Abb. 7-20).

Da $U = U_1 + U_2 + U_3 + \ldots$ und
$Q = C_1 \cdot U_1 = C_2 \cdot U_2 = C_3 \; U_3 = \ldots$ ist,

- liegt über dem Kondensator mit der kleinsten Kapazität die größte Teilspannung an und
- verhalten sich die Teilspannungen umgekehrt zu den Einzelkapazitäten der Kondensatoren:

$$\frac{U_1}{U_2} = \frac{C_2}{C_1} \qquad (7\text{–}14)$$

$$\frac{U_1}{U} = \frac{C_{ges}}{C_1} \qquad (7\text{–}15)$$

oder

$$U_1 = \frac{C_2}{C_1 + C_2} \cdot U \qquad (7\text{–}16)$$

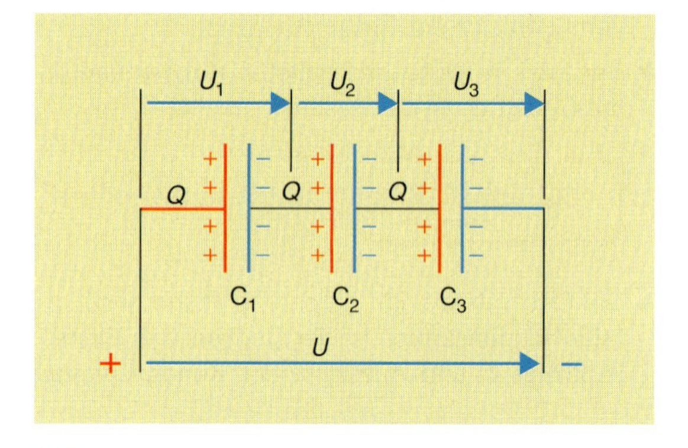

Abb. 7-20 ***Spannungsteilung in einer Reihenschaltung von Kondensatoren***

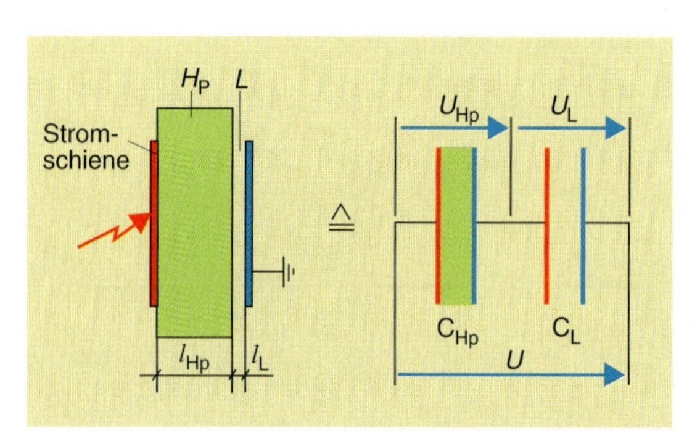

Abb. 7-21 ***Geschichtetes Dielektrikum***

Durch die zuletzt genannte Gesetzmäßigkeit wollen wir im folgenden Lösungsbeispiel nachweisen, daß durch geschichtete Dielektrika u. U. ungünstige Verhältnisse entstehen können.

Lösungsbeispiel:

In einem Hochspannungsgerät besteht zwischen einer spannungsführenden Stromschiene und dem Gehäuse bei einem Abstand von 10 mm ein Potentialunterschied von 10 kV. Um eine höhere elektrische Sicherheit zu erhalten, soll zwischen Stromschiene und Gehäuse eine Hartpapierplatte mit einer relativen Dielektrizitätskonstanten von 4,5 angeordnet werden. Aus technologischen Gründen muß diese Hartpapierplatte etwas dünner sein, so daß noch ein Luftzwischenraum von 1 mm bestehen bleiben würde. Ist diese Maßnahme vorteilhaft?

Zur Beantwortung dieser Frage ersetzen wir gedanklich das im Hochspannungsgerät entstehende geschichtete Dielektrikum (Abb. 7-21) durch die Reihenschaltung zweier Kondensatoren mit gleicher Plattenfläche, den unterschiedlichen Plattenabständen l_{Hp} und l_L (Hp . . . Hartpapier, L . . . Luft) und Dielektrizitätskonstanten ε_{Hp} und ε_L. Über diesen Kondensatoren, also über den Dielektrika Hartpapier und Luft würden die Teilspannungen U_{Hp} sowie U_L und in ihnen die elektrischen Feldstärken E_{Hp} und E_L entstehen.

Da bei der angenommenen Reihenschaltung der Kondensatoren C_{HP} und C_L gleiche Ladungsdichten entstehen, werden aus

$$D_L = D_{HP} \qquad \text{mit der Gleichung (7–4)}$$

$$\varepsilon_o \cdot \varepsilon_{rL} \cdot E_L = \varepsilon_o \cdot \varepsilon_{rHp} \cdot E_{Hp}$$

$$E_L = \frac{\varepsilon_{rHp}}{\varepsilon_{rL}} \cdot E_{Hp} \qquad E_L = \frac{4{,}5}{1} \cdot E_{Hp},$$

sowie mit der Gleichung (7–2)

$$\frac{U_L}{l_L} = 4{,}5 \cdot \frac{U_{Hp}}{l_{Hp}} \qquad \underline{U_L = \frac{1}{2} U_{Hp}}$$

Mit $U = U_L + U_{HP}$ wird
$U_L = \underline{\underline{3{,}33 \text{ kV}}}$ und $U_{Hp} = \underline{\underline{6{,}67 \text{ kV}}}$

Unter der Annahme, daß sich im Gerät ein parallel-homogenes elektrisches Feld ausbildet, sind die Feldstärken

$$E_{Hp} = \frac{U_{Hp}}{l_{Hp}} \qquad E_{Hp} = \frac{6{,}67 \text{ kV}}{9 \text{ mm}} \qquad \underline{\underline{E_{Hp} = 0{,}74 \frac{\text{kV}}{\text{mm}}}}$$

$$E_L = \frac{U_L}{l_L} \qquad E_L = \frac{3{,}33 \text{ kV}}{1 \text{ mm}} \qquad \underline{\underline{E_L = 3{,}33 \frac{\text{kV}}{\text{mm}}}}$$

Zur Wertung stellen wir gegenüber:

Zustand	Dielektrikum	Feldstärke	Durchschlagsfestigkeit
Ein-Stoff-Dielektrikum	Luft	$1 \frac{kV}{mm}$	$3{,}3 \frac{kV}{mm}$
Geschichtetes Dielektrikum	Luft	$3{,}33 \frac{kV}{mm}$	$3{,}3 \frac{kV}{mm}$
	Hartpapier	$0{,}74 \frac{kV}{mm}$	$10 \text{ bis } 15 \frac{kV}{mm}$

Die eingangs gestellte Frage muß eindeutig verneint werden. Es tritt sogar eine Verschlechterung des ursprünglichen Zustandes ein. Bei dem geschichteten Dielektrikum entsteht über der Luftstrecke mit der schlechteren elektrischen Durchschlagsfestigkeit gegenüber Hartpapier eine Feldstärke, die zu Teilentladungen im Luftspalt führt. Auf der Oberfläche des Hartpapiers bilden sich durch die Funkenentladungen Kriechwege. Nach kürzerer Zeit muß mit einem Durchschlag gerechnet werden.

Lufteinschlüsse oder Luftblasen setzen die Spannungsfestigkeit fester Isolierstoffe erheblich herab!

- **Zur Parallelschaltung von Kondensatoren**

werden z. B. drei parallelgeschaltete Kondensatoren C_1, C_2 und C_3 mit gleichem Plattenabstand l und gleicher Dielektrizitätskonstanten ε, aber mit den Plattenflächen A_1, A_2 und A_3 durch einen Kondensator ersetzt, dann ist seine Kapazität C_{ges} durch die Plattenfläche $A = A_1 + A_2 + A_3$ bestimmt (Abb. 7-22).

Durch die größere Plattenfläche muß auch die Gesamtkapazität größer werden.

Sie ist $C_{ges} = \frac{\varepsilon \cdot A}{l}$.

Mit $A = A_1 + A_2 + A_3$ wird

$$C_{ges} = \frac{\varepsilon \cdot (A_1 + A_2 + A_3)}{l} = \underbrace{\frac{\varepsilon \cdot A_1}{l}}_{C_1} + \underbrace{\frac{\varepsilon \cdot A_2}{l}}_{C_2} + \underbrace{\frac{\varepsilon \cdot A_3}{l}}_{C_3}$$

Gesamtkapazität bei Parallelschaltung

$$C_{ges} = C_1 + C_2 + C_3 + \ldots C_n \qquad \text{7-17}$$

Aus dieser Gleichung leiten wir ab:

- Die Gesamtkapazität von parallelgeschalteten Kondensatoren ist stets größer als die größte Einzelkapazität.
- Durch Zuschalten weiterer Kondensatoren vergrößert sich die Gesamtkapazität.

Da durch die Parallelschaltung an jedem Kondensator dieselbe Spannung anliegt, werden durch die unterschiedlichen Kapazitätswerte unterschiedliche Ladungsmengen gespeichert.

Ist z. B. $C_2 > C_1$, ist nach

$$Q_2 = C_2 \cdot U \text{ und } Q_1 = C_1 \cdot U \rightarrow Q_2 > Q_1 .$$

Die Gleichungen zur Berechnung der Gesamtkapazitäten zeigen, daß sie den gleichen Bildungsgesetzen folgen wie bei der Zusammenschaltung von Widerständen.

Beachten Sie:

Das Bildungsgesetz für die Gesamtgröße

bei der Reihenschaltung von Widerständen	→ gilt für →	die Parallelschaltung von Kondensatoren

und das

der Parallelschaltung von Widerständen	→ gilt für →	die Reihenschaltung von Kondensatoren

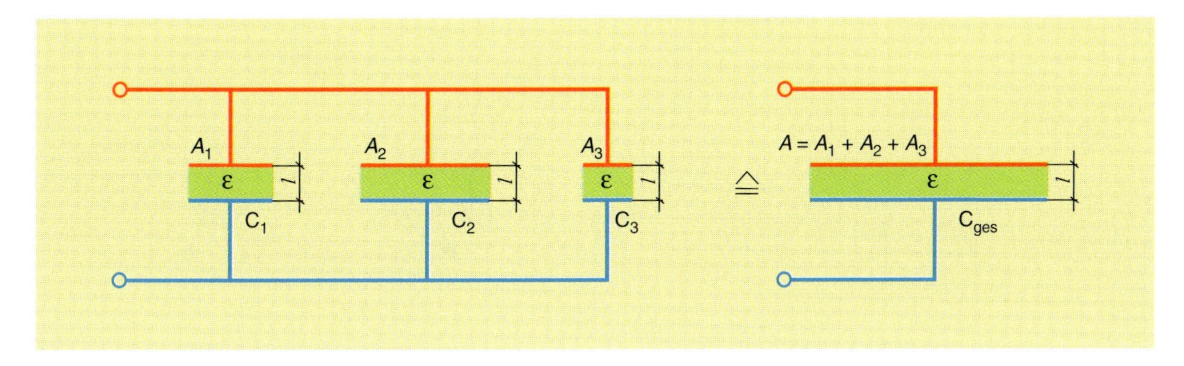

Abb. 7-22 ***Gesamtkapazität parallelgeschalteter Kondensatoren***

Analog dieser Aussage können sinngemäß auch gemischte Schaltungen von Kondensatoren berechnet werden.

Lösungsbeispiel:

Welche Kapazitätswerte lassen sich durch verschiedene Schaltmöglichkeiten der Kondensatoren $C_1 = 2\ \mu F$, $C_2 = 3\ \mu F$ und $C_3 = 4\ \mu F$ herstellen, wenn stets alle Kondensatoren in der Schaltung enthalten sein sollen?

① $\frac{1}{C_{ges}} = \frac{1}{C_1} + \frac{1}{C_2} + \frac{1}{C_3}$ $\quad \underline{\underline{C_{ges} = 0{,}923\ \mu F}}$

② $C_{ges} = C_1 + C_2 + C_3$ $\quad \underline{\underline{C_{ges} = 9\ \mu F}}$

③ $C_{ges} = \frac{(C_1 + C_2) \cdot C_3}{(C_1 + C_2) + C_3}$ $\quad \underline{\underline{C_{ges} = 2{,}22\ \mu F}}$

mit anderer Zuordnung $\quad \underline{\underline{C_{ges} = 2\ \mu F}}$

$\underline{\underline{C_{ges} = 1{,}56\ \mu F}}$

④ $C_{ges} = \frac{C_1 \cdot C_2}{C_1 + C_2} + C_3$ $\quad \underline{\underline{C_{ges} = 5{,}2\ \mu F}}$

mit anderer Zuordnung $\quad \underline{\underline{C_{ges} = 3{,}71\ \mu F}}$

$\underline{\underline{C_{ges} = 4{,}33\ \mu F}}$

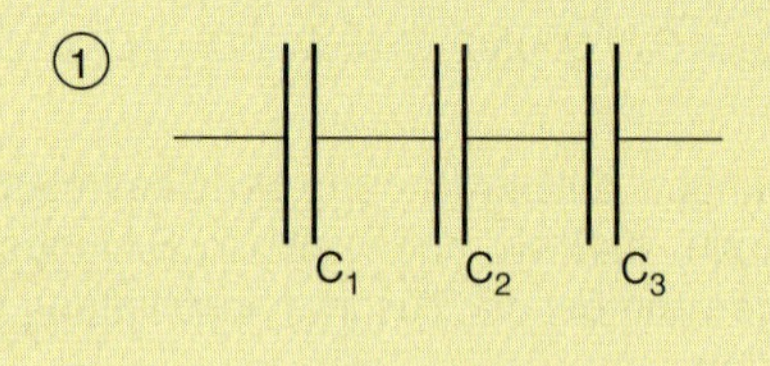

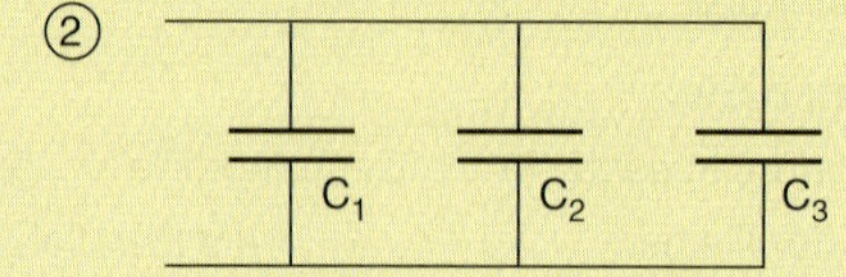

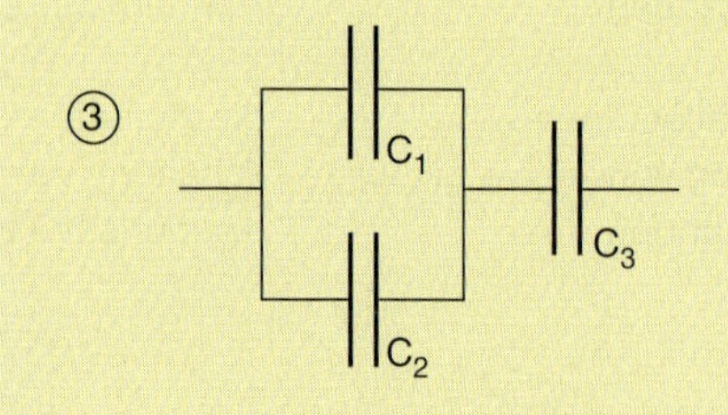

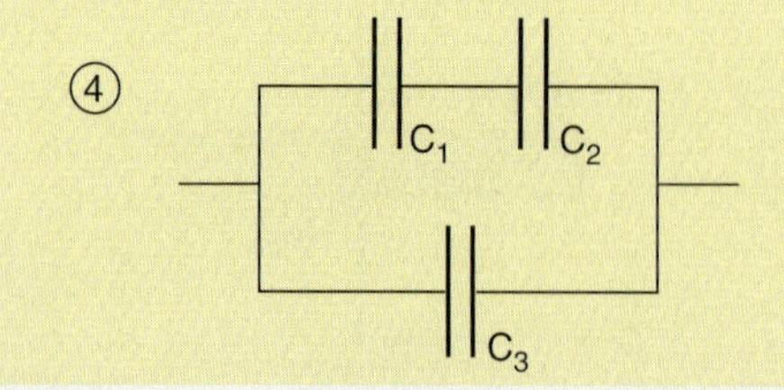

Abb. 7-23 ***Schaltmöglichkeiten von drei Kondensatoren***

7.4.4 Strom-Spannungsverhalten des Kondensators

Wird ein Kondensator mit der Kapazität C über den Widerstand R an eine Stromquelle mit der konstanten Klemmenspannung U angeschlossen (Abb. 7-24), fließt in der Zuleitung ein Strom der Stärke i, durch den auf den Platten des Kondensators die Ladungen q gespeichert werden.

Hinweis: Um zeitabhängige, damit veränderliche Größen zu kennzeichnen, werden diese im Gegensatz zu konstanten Größen mit kleinen Buchstaben geschrieben.

Mit diesen Ladungen entsteht gleichzeitig über dem Kondensator die Spannung u_C, die der Klemmenspannung U entgegengesetzt ist. Damit wird die wirksame Spannung $U - u_C$ und die Stromstärke

$$i = \frac{U - u_C}{R}.$$

Da sich u_C mit zunehmender Ladung ändert, ändert sich auch die Stromstärke. Das bedeutet, daß trotz konstanter Klemmenspannung U kein konstanter Strom fließt. Er hat im ersten Augenblick nach dem Einschalten den Wert

$I = \frac{U}{R}$, so, als ob der Kondensator überbrückt ist (u_C = O).

Man sagt daher:

Der Kondensator verhält sich im ersten Augenblick nach dem Einschalten wie ein Kurzschluß.

In dem Maße, in dem infolge der Ladung die Kondensatorspannung u_C wächst, wird die wirksame Spannung und damit auch die Stromstärke kleiner.

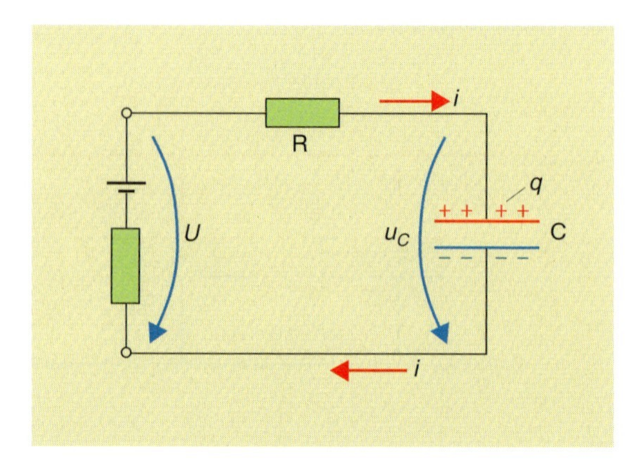

Abb. 7-24 ***Ladevorgang des Kondensators***

Die Kondensatorspannung nähert sich allmählich der Klemmenspannung U und die Stromstärke dem Wert Null. Der Ladevorgang ist beendet.

Der geladene Kondensator bewirkt eine Unterbrechung des Gleichstromkreises.

Wird die Stromquelle der Abb. 7-24 abgetrennt und der Stromkreis aus Widerstand R und geladenem Kondensator geschlossen, gleichen sich die Ladungen aus. Ein Entladestrom fließt. Dabei sinkt die Kondensatorspannung u_C zuerst schnell und im weiteren Verlauf der Entladung immer langsamer bis zum Wert Null.

Beachten Sie:

Kondensatoren immer über einen Widerstand entladen!

Der zeitliche Verlauf der Kondensatorspannung u_C und des Lade- sowie Entladestromes i sind in der Abb. 7.25 dargestellt.

Lade- und Entladevorgang dauern bei gleicher Ladungsmenge $Q = U \cdot C$ länger, wenn der Lade- oder Entladestrom durch einen Widerstand begrenzt wird. Diese Aussage bestätigt die Richtigkeit der Gleichung $Q = I \cdot t$.

Wäre es möglich, z. B. die Aufladung bis zu ihrer Beendigung mit der konstanten Klemmenspannung U als wirksame Spannung, also mit dem gleichbleibenden Strom I durchzuführen, ergäbe sich die Ladezeit t aus

$$Q = I \cdot t \quad \text{und } Q = U \cdot C$$

$$t = \frac{U \cdot C}{I} \ .$$

Mit $R = \frac{U}{I}$ wird $t = R \cdot C$.

Dieser Zeitwert des Ladevorganges wird als Zeitkonstante τ (griech., sprich: tau) bezeichnet.

Zeitkonstante $\tau = R \cdot C$ **7-18**

Als Einheit $[\tau] = [R] \cdot [C] \quad [\tau] = 1\Omega \cdot 1\,\text{F}$

ergibt sich $[\tau] = \frac{1\,\text{V}}{\text{A}} \cdot \frac{\text{A} \cdot \text{s}}{\text{V}} \quad [\tau] = 1\,\text{s}$

Aus dem Verlauf der Ladekennlinie mit der eingezeichneten Tangente (Abb. 7-25) wird deutlich, daß während der Zeit τ die Kondensatorspannung u_C auf 63% der vollen Ladespannung U angestiegen ist. Bei dem Entladevorgang würde u_C auf 37% abgesunken sein. Deshalb definieren wir:

Die Zeitkonstante τ für eine Reihenschaltung Kondensator-Widerstand gibt die Zeit an, in der beim Laden die Kondensatorspannung auf 63% der angelegten Spannung angestiegen ist.

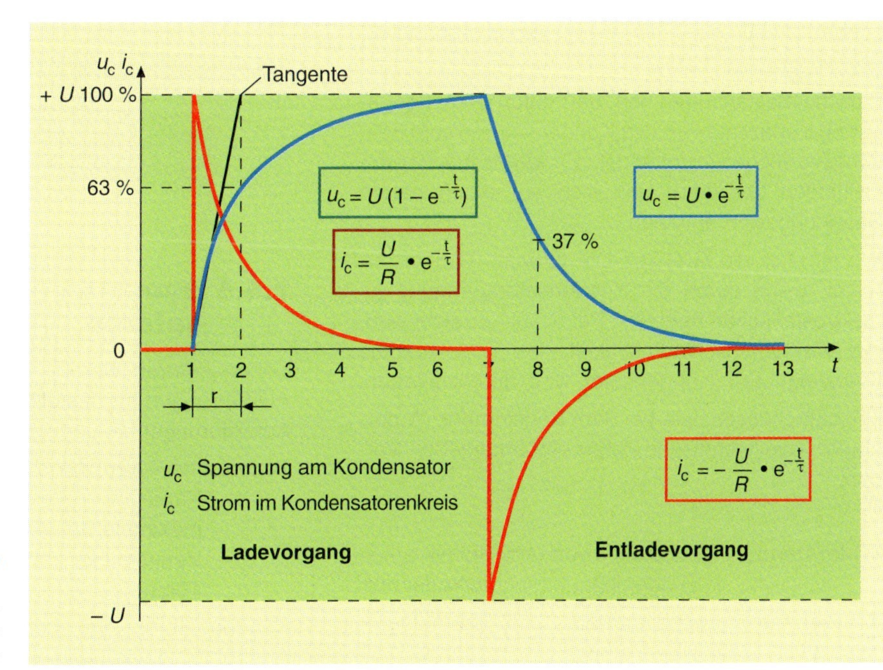

Abb. 7-25
Lade- und Entladekurve des Kondensators

Zur Vollständigkeit geben wir mit der Zeitkonstanten τ folgende Funktionsgleichungen der Kondensatorspannung $u_C = f(t)$ und des Lade- bzw. Entladestromes $I = f(t)$ an:

Ladevorgang

Kondensatorspannung	$u_C = U \cdot (1 - e^{-\frac{t}{\tau}})$	7-19
Ladestrom	$i_C = \frac{U}{R} \cdot e^{-\frac{t}{\tau}}$	7-20

Entladevorgang

Kondensatorspannung	$u_C = U \cdot e^{-\frac{t}{\tau}}$	7-21
Entladestrom	$i_C = \frac{U}{R} \cdot e^{-\frac{t}{\tau}}$	7-22

Theoretisch würde der Ladevorgang unendlich lang dauern; praktisch ist er nach annähernd dem 5fachen der Zeitkonstante abgeschlossen. Dann ist meßtechnisch kein Unterschied gegenüber dem Endzustand festzustellen.

Lade- und Entladevorgang sind praktisch nach 5τ beendet.

Was geschieht eigentlich, wenn nach abgeschlossenem Ladevorgang die anliegende Spannung erhöht wird?

Falsch ist es anzunehmen, daß durch den angegebenen Kapazitätswert des Kondensatores sein Fassungsvermögen erreicht ist. Er würde zusätzliche Ladungen speichern und sich auf einen neuen Spannungswert aufladen.

Wo ist aber die Grenze? Die Grenze ist dann erreicht, wenn durch die Kondensatorspannung im elektrostatischen Feld eine Feldstärke erreicht wird, die die Durchschlagfestigkeit des Dielektrikums übersteigt. Der Kondensator wird durchschlagen.

Deshalb müssen, wie bei dem Bauelement „Widerstand", zwei technische Parameter angegeben werden.

Widerstand:	Widerstandswert in Ω oder kΩ	und	Belastbarkeit in A oder mW
Kondensator:	Kapazitätswert in μF, nF oder pF	und	Spannung in V

Bei einer Änderung der Spannung am Kondensator um den Betrag $\Delta U = U_2 - U_1$ ändert sich nach $Q = U \cdot C$ die Ladungsmenge um den Betrag $\Delta Q = Q_2 - Q_1$. Ist die zeitliche Änderung Δt der Spannung kleiner als die Zeitkonstante, dann wird auch die Ladungsmenge in der gleichen Zeit sich ändern.

Es wird also

$$\frac{\Delta Q}{\Delta t} = C \cdot \frac{\Delta U}{\Delta t}.$$

Da die Stromstärke I die in der Zeiteinheit im Leiter bewegte Ladungsmenge ist, wird durch die Gleichung (7.23) das Strom-Spannungsverhalten des Kondensators beschrieben.

Strom-Spannungsverhalten des Kondensators	$I = C \cdot \frac{\Delta U}{\Delta t}$	7-23

Die Gleichung sagt aus:

Die Stromstärke im Kondensatorkreis (nicht durch den Kondensator!) ist abhängig von

1. der Kapazität C des Kondensators und
2. der Änderungsgeschwindigkeit der Spannung $\frac{\Delta U}{\Delta t}$.

Da im Gleichstromkreis die Spannung konstant ist, also $\frac{\Delta U}{\Delta t} = 0$ ist, ist $I = 0$. Im Wechselstromkreis wird dagegen die Änderungsgeschwindigkeit der Spannung durch die Frequenz bestimmt, es fließt im Kondensatorkreis ein Strom.

Der Kondensator
- sperrt den Gleichstrom und
- wirkt im Wechselstromkreis als frequenzabhängiger Widerstand.

7.4.5 Bauarten von Kondensatoren

Kondensatoren werden in sehr unterschiedlichen Ausführungen hergestellt, um den entsprechenden Anforderungen zu genügen.

Technische Parameter sind

Kapazität
maximale Betriebsspannung
Verlustfaktor und
Toleranz.

Kondensatoren sind meist beschriftet. Fehlen die Angaben, so wird stets in pF codiert. Diese Codierung entspricht der der Widerstände, vgl. Tab. 3-14, die durch einen 5. Farbring für die Betriebsspannung ergänzt wird (Tab. 7-9).

Farbe	Betriebsspannung
braun	100 V
rot	200 V
orange	300 V
gelb	400 V
grün	500 V
blau	600 V
violett	700 V
grau	800 V
weiß	900 V
gold	1000 V
silber	2000 V
ohne Farbe	500 V

Tab. 7-9 ***Farbcodes für Betriebsspannungen von Kondensatoren***

Systematisierungsgesichtspunkte für die zahlreichen Bauarten sind

- Konstanz oder Veränderbarkeit der Kapazität und die
- Art des Dielektrikums (Abb. 7-26).

- Papier-, Metallpapier- und Kunststoffolienkondensatoren sind Wickelkondensatoren (Abb. 7-27). Je zwei leitfähige Metallfolien werden durch dünnes paraffiniertes Papier elektrisch getrennt und zu einem Wickel aufgerollt. Die leitfähigen Beläge werden mit Draht kontaktiert, der dann die Anschlüsse bildet. Der Wickel wird in Isolierstoffröhrchen oder Metallbechern untergebracht und vergossen.

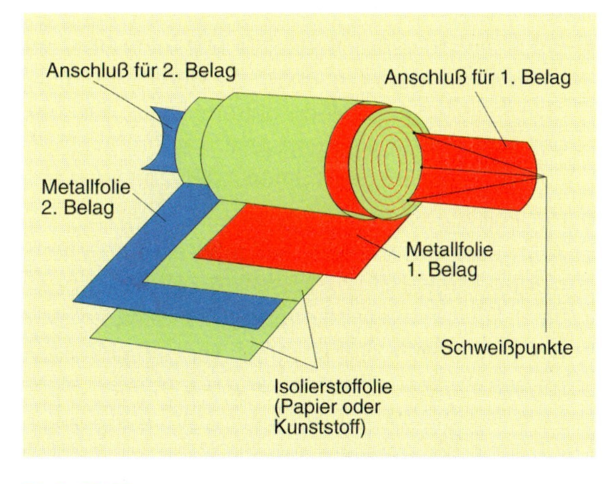

Abb. 7-27 ***Wickelkondensator***

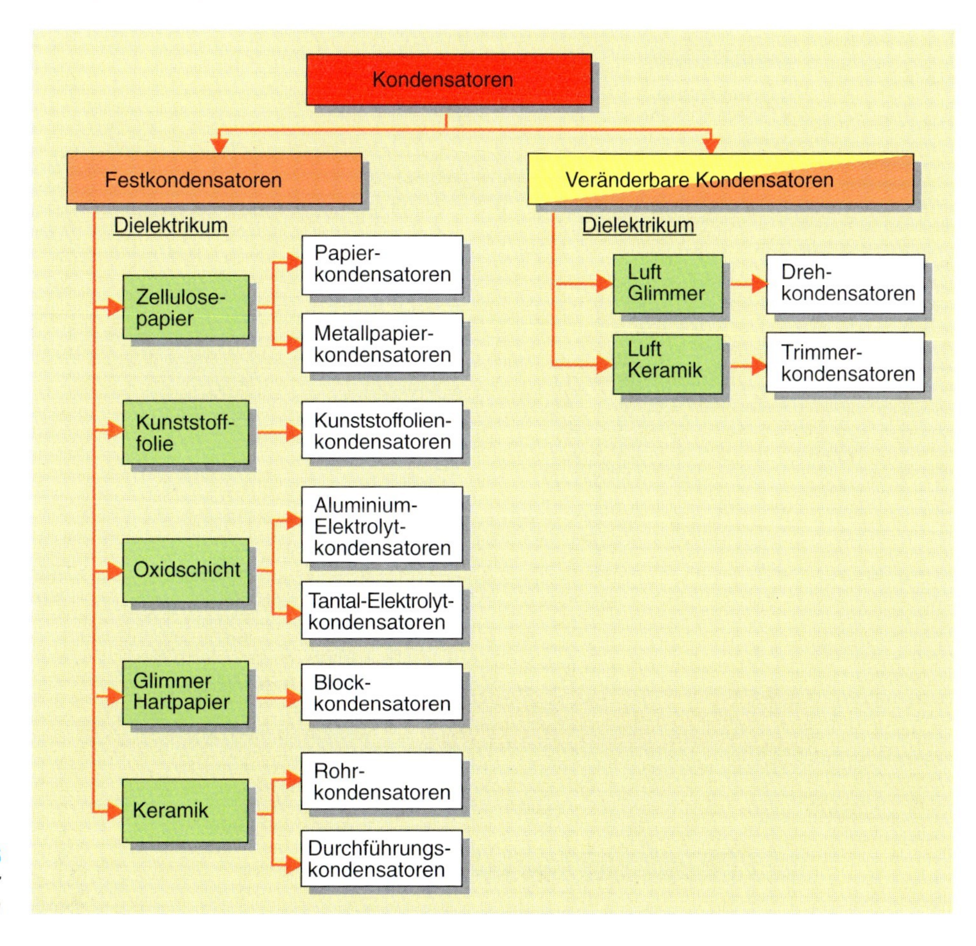

Abb. 7-26 ***Arten der Kondensatoren***

Günstiger sind Metallpapier- oder Kunststoffolienkondensatoren. Hier wird auf Natriumzellulosepapier oder z. B. auf Polystyrol-Lackfolie eine Metallschicht, oft aus Zink aufgedampft. Der aus zwei dieser bedampften Isolierstoffolien gewickelte Kondensator ist selbstheilend. Dies bedeutet, daß bei einem Durchschlag des Dielektrikums durch den Stromstoß die Metallisierung an der Durchschlagsstelle verdampft. Eine Verbindung zwischen den beiden Belägen kann nicht entstehen. Der Kondensator bleibt damit funktionsfähig.

- Blockkondensatoren bestehen aus mehreren geschichteten Metallplättchen, die durch Glimmer- oder Hartpapierscheiben getrennt sind. Sie haben eine hohe Spannungsfestigkeit und werden überwiegend in der Funktechnik angewendet.
- Keramikkondensatoren verwenden als Dielektrikum Oxidkeramik. Die aufgebrannten Beläge werden direkt mit den Anschlußdrähten verbunden. Da die Keramikmasse Grundkörper und Gehäuse gleichzeitig ist, ergibt sich ein platzsparender Aufbau entweder als Rohrkondensator (Abb. 7-28), Stand-, Scheiben-, Perl- und Durchführungskondensator (Abb. 7-29)
- Elektrolytkondensatoren (Elkos) werden durch ihre hohen Kapazitätswerte bis zu 10 000 μF besonders in Siebschaltungen eingesetzt. Bei dem Aluminium-Elektrolytkondensator wird eine Aluminiumfolie als Elektrode für den Pluspol gewählt. Der Minuspol liegt an einer weiteren Aluminiumfolie oder am Aluminiumbecher, in dem sich der Elektrolyt – meist Borsalz – als zweite Elektrode befindet (Abb. 7-30).

Nach dem Anlegen einer Spannung bildet sich an der positiven Elektrode großflächig und dünn Aluminiumoxid aus. Diese extrem geringe Oxidschicht weist weiterhin eine recht hohe Durchschlagsfestigkeit auf, so daß große Kapazitätswerte bei kleinem Volumen erreicht werden.

Als gepolte Kondensatoren können sie nur für Gleichspannungen verwendet werden. Wechselspannungen zerstören die Oxidschicht. Der Tantal-Elektrolytkondensator ist ähnlich aufgebaut. Die positive Elektrode wird aus Tantal hergestellt. Der Becher besteht meist aus Silber. Die Baugröße ist bei kleinerem Verlustfaktor wesentlich kleiner. Als besondere Bauform wurde der Tantaltropfen-Kondensator entwickelt.

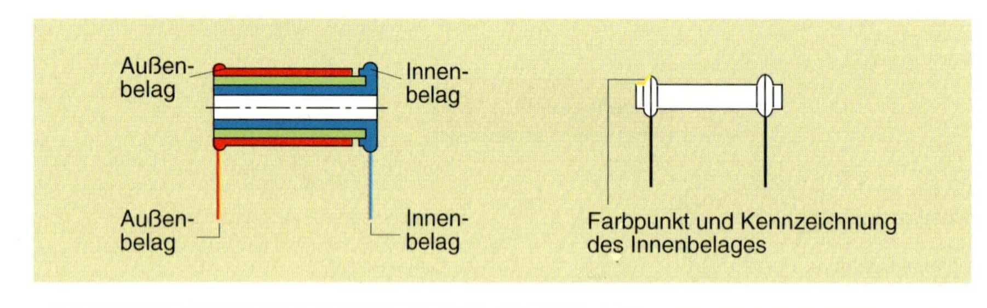

Abb. 7-28
Rohrkondensator (Schnitt und Ansicht)

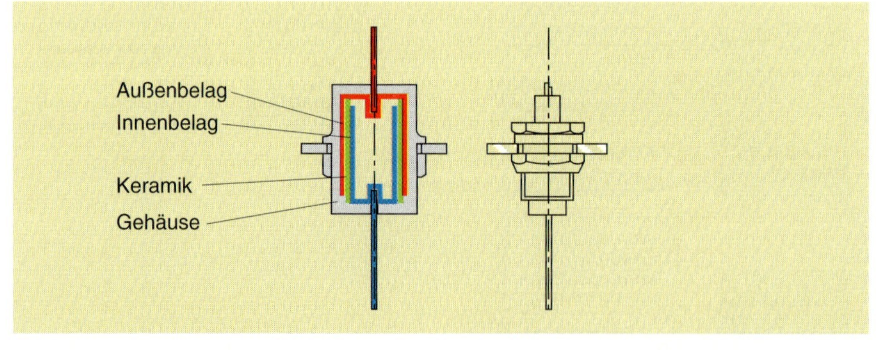

Abb. 7-29
Durchführungskondensator

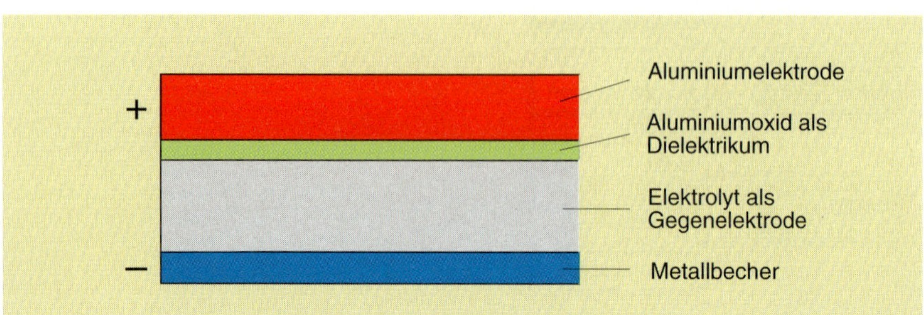

Abb. 7-30
Schichten des Al-Elektrolytkondensators

- Veränderbare Kondensatoren werden für Meßvorgänge und zum Abstimmen z. B. von Schwingkreisen eingesetzt. Der Drehkondensator – Drehko – (Abb. 7-31) besteht aus zwei Plattensätzen, von denen der eine feststeht (Stator) und der andere drehbar gelagert ist (Rotor).

Durch Drehen des Rotorplattensatzes kann die Kapazität im Bereich von 5 bis 600 pF verändert werden, da nur die Flächen der Platten wirksam sind, die sich gegenüberstehen. Als Dielektrikum wird Luft, selten auch Glimmer verwendet.

Trimmerkondensatoren (Abb. 7-32) dienen lediglich zur Feinabstimmung im Kapazitätsbereich von 1 bis 60 pF. Auf zwei runden Keramikkörpern sind Silberschichten aufgedampft, die die Elektroden bilden.

Durch eine Justierschraube wird der Abstand beider Elektroden, damit die wirksame Fläche, verändert. Auch bei sog. Rohrtrimmern wird Keramik als Dielektrikum verwendet. Eine Kapazitätsänderung wird durch einen Metallstift erreicht, der mehr oder weniger tief in das Rohr gedreht wird.

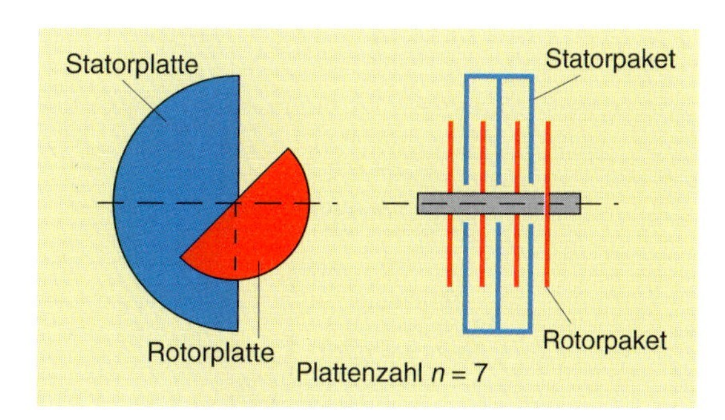

Abb. 7-31 ***Drehkondensator***

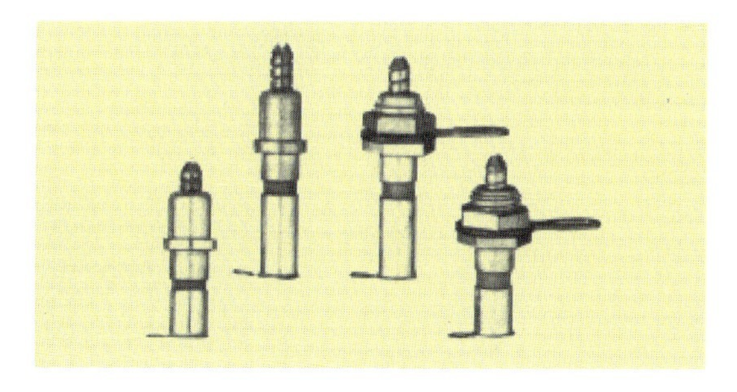

Abb. 7-32 ***Trimmerkondensator***

AUFGABEN

7.1 Weisen Sie nach, daß Isolierstoffe die gleiche Bedeutung wie Leitermaterialien haben!

7.2 Weshalb müssen in der Hochspannungstechnik Spitzen vermieden werden?

7.3 Im Abschnitt 7.3 wird ausgesagt, daß die Oberfläche von Isolatoren zur Erhöhung der Kriechstromfestigkeit wie eine Äquipotentialfläche verlaufen soll. Begründen Sie dies Aussage!

7.4 Weisen Sie die Richtigkeit der Aussage „Der spezifische Widerstand von Isolierstoffen in $\Omega \cdot$ cm ist 10^4mal kleiner als der für Leitermaterialien typischen Einheit von $\Omega \cdot mm^2/m$." nach!

7.5 Geben Sie eine Übersicht über die Größen, die die elektrischen Eigenschaften von Isolierstoffen kennzeichnen!

7.6 Warum werden die in der Elektrotechnik verwendeten Papiere mit Öl oder Lack imprägniert?

7.7 Geben Sie typische Eigenschaften und Einsatzbeispiele von Plastomere und Duomere an!

7.8 Ein Luftkondensator wird auf 60 V aufgeladen und anschließend von der Stromquelle getrennt.

Untersuchen Sie, welche Größen sich verändern, wenn der geladene Kondensator in Öl getaucht wird!

7.9 Ein Kondensator mit 27 μF wird an eine Gleichspannung von 60 V geschaltet. Welche Ladungsmenge wird gespeichert? Wie groß ist die Zeitkonstante, und nach welcher Zeit ist praktisch der Ladevorgang beendet, wenn ein Widerstand von 120 kΩ in Reihe geschaltet ist?

7.10 Zwei in Reihe geschaltete Kondensatoren von 1,2 μF und 0,8 μF sind auf 230 V aufgeladen. Welche Ladungsmenge ist gespeichert? Wie groß sind die Teilspannungen?

Magnetische Wirkungen im Stromkreis

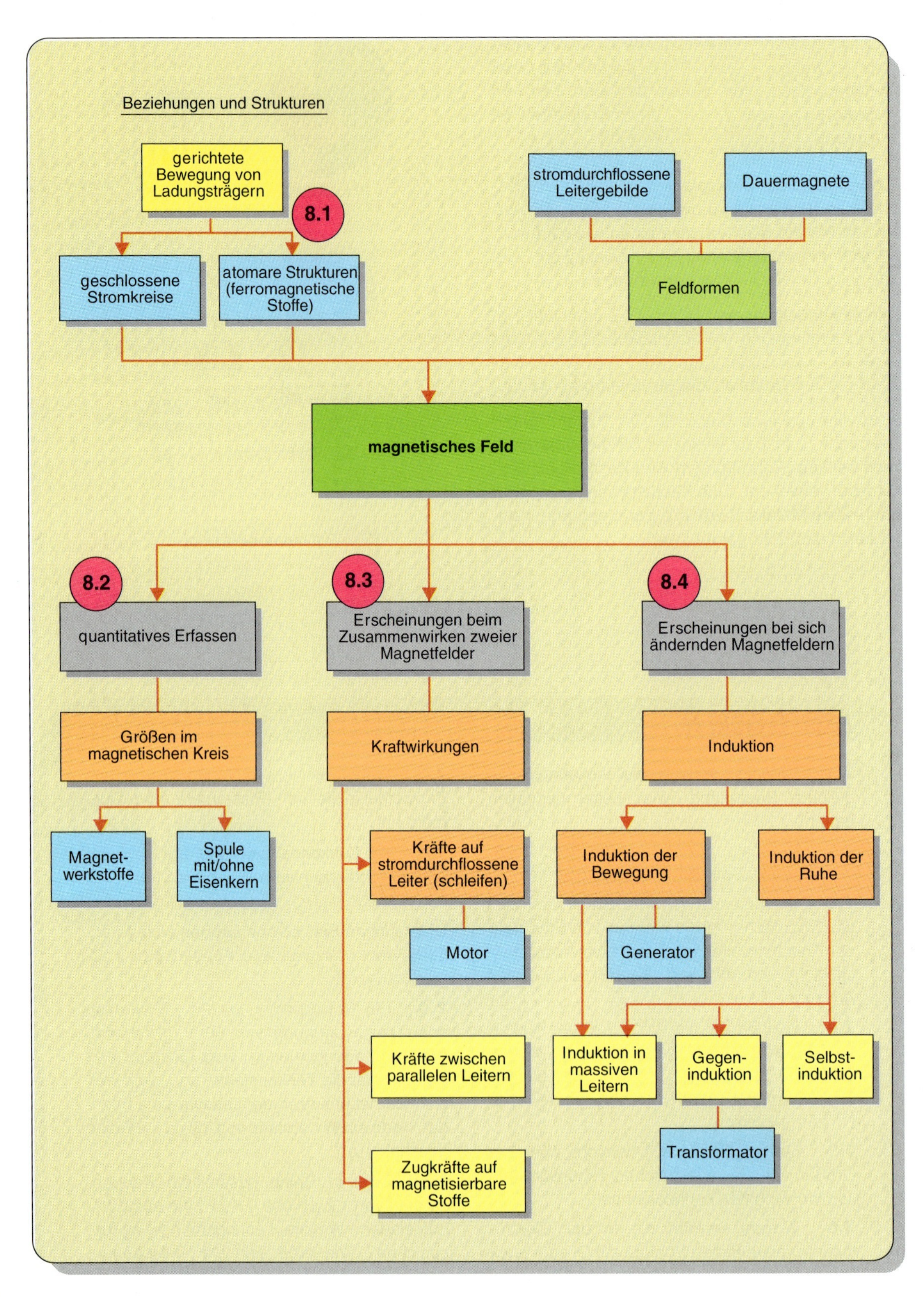

Abb. 8-1 ***Beziehungen und Strukturen***

8.1 Magnetische Felder elektrischer Ströme

8.1.1 Elektromagnetismus

Bewegte elektrische Ladungsträger versetzen ihre Umgebung in einen besonderen Zustand. Dieser besondere Zustand des umgebenden Raumes ist dadurch gekennzeichnet, daß in ihm Kraftwirkungen auf andere Ladungsträger, aber auch auf bestimmte Stoffe, zum Beispiel Eisen, nachweisbar sind. Dieser Raumzustand wird als **magnetisches Feld** bezeichnet.

Bewegte elektrische Ladungsträger, also elektrische Ströme, erzeugen in ihrer Umgebung ein magnetisches Feld.

Diese Aussage gilt nicht nur für Ströme, die in eng begrenzten metallischen Leitern (Drähten) fließen. Sie gilt für jede gerichtete Bewegung von Ladungsträgern, beispielsweise auch für den Strom in einer Leuchtstofflampe oder den Elektronenstrahl in einer Fernsehbildröhre.

Abb. 8-2 zeigt einen stromdurchflossenen Leiter, der senkrecht durch eine Ebene geführt ist. Das auf diese Ebene gestreute Eisenpulver ordnet sich in Ringen um diesen Leiter an. Das magnetische Feld des stromdurchflossenen Leiters erzeugt diese „Feldlinien". Die vom Magnetfeld auf die Eisenteilchen ausgeübten Kräfte führen zu dieser Ausrichtung: Die Feldlinien sind die Wirkungslinien der magnetischen Kräfte. Diese Linien werden als Darstellungshilfe für vorhandene magnetische Felder verwendet.

Magnetische Felder werden durch Feldlinien dargestellt.

Abb. 8-2 ***Anordnung von Eisenpulver um einen stromdurchflossenen Leiter***

Der elektrische Strom als Verursacher des magnetischen Feldes ist richtungsbehaftet. Folglich kann auch dem Magnetfeld eine Richtung zugeordnet werden, die so festgelegt ist:

Blickt man in Richtung des Stromes, so sind die Feldlinien im Uhrzeigersinn gerichtet.

Mit Hilfe einer Merkregel soll diese Verknüpfung des elektrischen Stromkreises mit dem magnetischen Feld deutlich gemacht werden (Rechte-Faust-Regel) (Abb. 8-3):

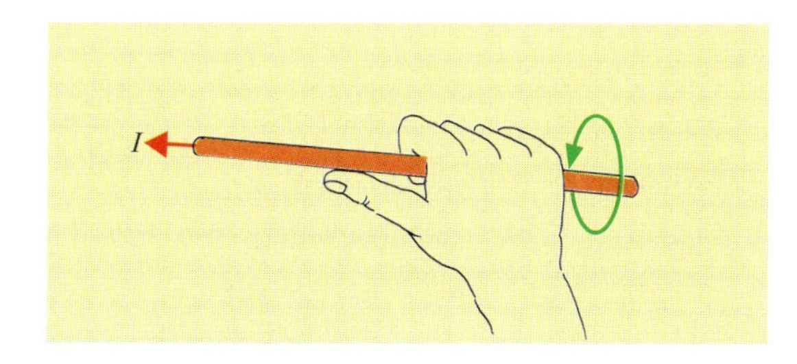

Abb. 8-3 ***Rechte-Faust-Regel***

Umfaßt man einen stromdurchflossenen Leiter so mit der rechten Faust, daß der abgespreizte Daumen in Stromrichtung zeigt, so geben die gekrümmten Finger die Richtung der Feldlinien an.

Ist zur Veranschaulichung der Zusammenhänge eine Schnittdarstellung des stromdurchflossenen Leiters zweckmäßig, so ist folgende symbolhafte Darstellung üblich (Abb. 8-4):

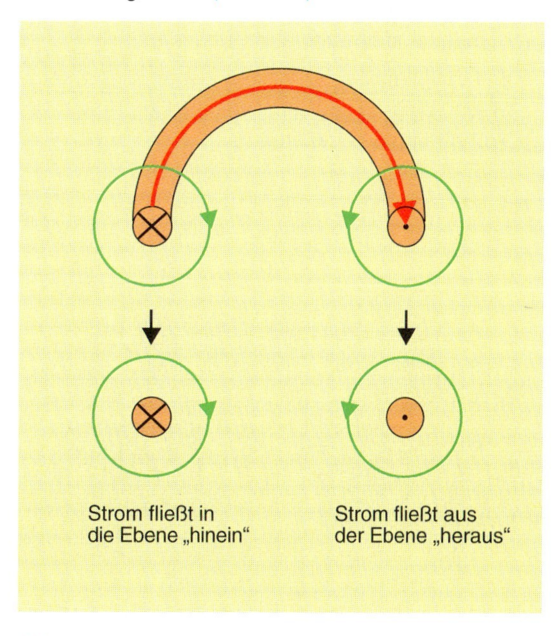

Abb. 8-4 ***Schnittdarstellung: Kennzeichnung der Stromrichtung und der Feldlinienrichtung***

Die Abbildung 8-4 benutzt eine häufig anzutreffende Vereinbarung als Darstellungshilfe: Vom Betrachter weg, in die Zeichnungsebene hinein gerichtete Größen werden mit einem Kreuz versehen. Auf den Betrachter weisende, aus der Zeichnungsebene heraus gerichtete Größen erhalten einen Punkt.

In Abbildung 8-5 ist ein hinreichend langer Draht zu einer Spule gewickelt. Der durch die Spule fließende Strom sorgt für ein kräftiges Magnetfeld, weil sich die magnetischen Felder der einzelnen Windungen zu einem Gesamtfeld überlagern.

Diese Darstellung läßt folgende Schlußfolgerungen zu:

- Feldlinien sind geschlossene Linien, sie haben keinen Anfang und kein Ende.
- Feldlinien schneiden sich nicht.
- Feldlinien haben eine Richtung, die von der Stromrichtung vorgegeben wird.
- Die Austrittsstelle der Feldlinien aus der Spule heißt Nordpol N, die Eintrittsstelle wird als Südpol S bezeichnet.
  (Unser Planet Erde ist bekanntlich mit einem Magnetfeld umgeben. Die Richtungszuordnung des Erd-Magnetfeldes findt man in den Bezeichnungen hier wieder.)
- Innerhalb der Spule verlaufen die Feldlinien gleich dicht nebeneinander. Solche Felder heißen homogen.
- Außerhalb der Spule sind diese Merkmale nicht erfüllt. Das Magnetfeld dieser Art wird als nichthomogen oder inhomogen bezeichnet.
- Gerade stromdurchflossene Leiter bilden keine Magnetpole aus. Diese entstehen erst nach der Verformung des Leiters.

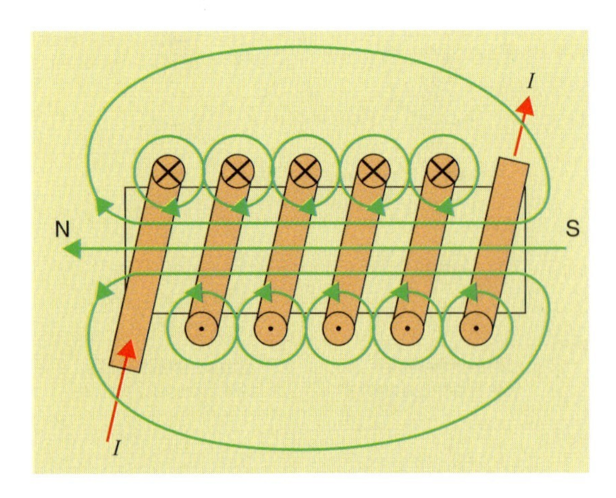

Abb. 8-5 ***Magnetfeld einer stromdurchflossenen Spule***

8.1.2 Dauermagnetismus

Ursache des magnetischen Feldes um einen stromdurchflossenen Leiter ist der im Leiter fließende elektrische Strom, sind die in Bewegung befindlichen Ladungsträger.

Oder anders betrachtet heißt das: Das Magnetfeld ist immer die Wirkung bewegter elektrischer Ladungsträger.

Neben den Elektromagneten, den stromdurchflossenen Spulen, sind **Dauermagnete** in vielfältiger Form (Stab-, Hufeisen-, Ringform) bekannt. Sie werden als Haftmagnete zum Verschließen von Türen eingesetzt, wir finden sie in Meßgeräten (Drehspul-Meßwerk; Abb. 8-25), als Bremsvorrichtung in Arbeitszählern, aber auch als Ständer- oder Läufermagnet in kleineren rotierenden elektrischen Maschinen (z. B. Fahrraddynamo).

Wie kann man die magnetischen Felder der Dauermagnete als Folge bewegter Ladungsträger erklären?

Alle Metalle, und die Dauermagnet-Werkstoffe zählen dazu, zeichnen sich durch ihre Kristallstruktur aus. Die Kerne der Atome, fest in diese Struktur eingebunden, werden von ihren Elektronen umkreist. Zusätzlich drehen sich diese Elektronen noch um die eigene Achse (Elektronenspin). Diese „Kreisströme" erzeugen Magnetfelder. Innerhalb kleinerer Kristallbereiche sind die Spin-Richtungen gleich. Diese Bereiche heißen **Weißsche* Bezirke**.

Ihnen ist die kleinste magnetische Einheit, der sogenannte **Molekularmagnet**, zuzuordnen.

Benachbarte Weißsche Bezirke haben meist unterschiedliche magnetische Ausrichtung, so daß der Werkstoff nach außen hin zunächst unmagnetisch ist.

Zur Herstellung von Dauermagneten eignen sich Eisen, Kobalt, Nickel und einige besondere Legierungen. Diese Werkstoffgruppe heißt ferromagnetisch, weil in ihr Eisen (ferrum) enthalten ist.

Durch Einfluß eines anderen Magneten oder durch Einführen in eine stromdurchflossene Spule erreicht man, daß sich die Molekularmagnete in diesen ferromagnetischen Werkstoffen ausrichten.

Sie drehen sich in die Richtung, die durch das fremde Magnetfeld vorgegeben wird. Nach Entfernen des anderen Magneten bzw. nach Abschalten des Spulenstromes bleibt diese Neuordnung, die Ausrichtung, zu einem großen Teil dauernd (permanent) erhalten.

* Weiß, Pierre-Ernest, französischer Physiker, 1865–1940

Dauermagnete (Permanentmagnete) sind solche Materialien, deren Weißsche Bezirke auf Dauer geordnet werden konnten.

In Abb. 8-6 ist das Magnetfeld eines stabförmigen Dauermagneten dargestellt. Das Magnetfeld dieses Stabmagneten ist die Folge der überall im Metall in gleicher Weise angeordneten Molekularmagnete.

Würde dieser Magnet in zwei Teile zerlegt, so entstünden – wegen der überall gleichen Ausrichtung – zwei komplette kleinere Magnete mit jeweils einem Nord- und einem Südpol

Daraus läßt sich schlußfolgern:

- Magnetpole treten immer paarweise auf, sie lassen sich nicht voneinander trennen.
- Beim „Zerkleinern“ eines Magneten entstehen immer wieder vollständige, kleinere Magnete.

Das Ausrichten der Molekularmagnete in einem ferromagnetischen Werkstoff unter Einfluß eines fremden Magnetfeldes bezeichnet man auch als magnetische Influenz. Der Werkstoff, der dadurch selbst zum Magneten wird, verändert die Form des Fremdfeldes (Abb. 8-7)

Diese Erscheinung ist für die Technik durchaus bedeutsam:

Durch magnetische Influenz ist es möglich, Räume vor störenden Magnetfeldern zu schützen, d. h. abzuschirmen.

In der Technik werden außerhalb der Magnete fast immer homogene Felder angestrebt. Dabei dominiert das **parallel-homogene** Feld, bei dem die Feldlinien parallel zueinander verlaufen. In drehbaren Anordnungen (Motoren, Generatoren, Meßgeräte) entsteht im Luftspalt eine besondere Form des homogenen Feldes, das sogenannte **radialhomogene** Feld (Abb. 8-8).

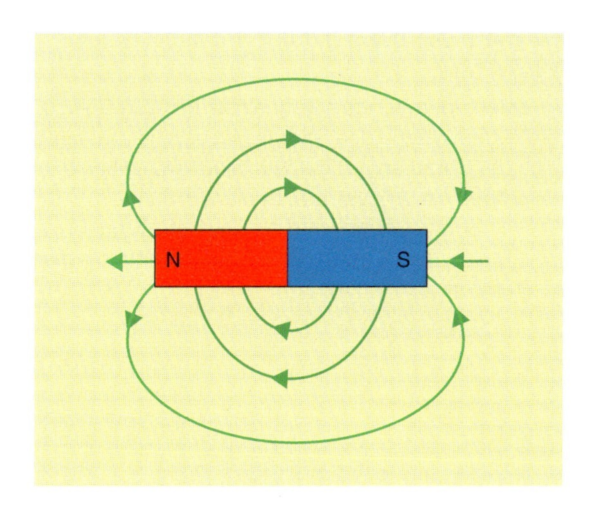

Abb. 8-6 ***Magnetfeld eines stabförmigen Dauermagneten***

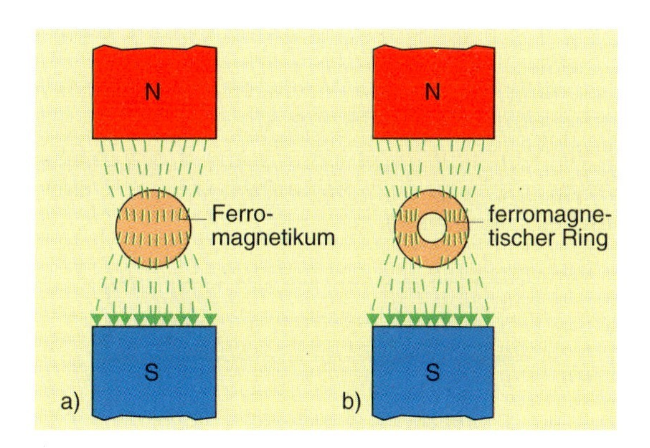

Abb. 8-7 ***Ferromagnetische Werkstoffe im Magnetfeld***

a) Bündelung der magnetischen Feldlinien

b) Erzeugung eines feldfreien Raumes im Ringinneren

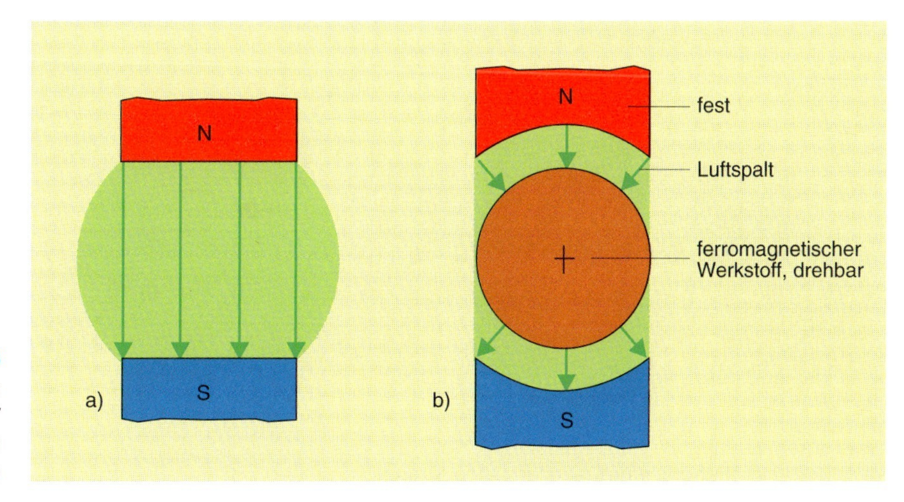

Abb. 8-8 ***Formen homogener Felder***

a) parallel-homogen

b) radial-homogen

8.2 Magnetische Kreise

8.2.1 Meßgrößen

Schließt man eine genügend lange Spule zu einem Ring, so verlaufen praktisch alle Feldlinien im Inneren dieser Spule. Das Spuleninnere stellt gewissermaßen den magnetischen Leiter dar (Abb. (8-9).

Die felderzeugende Spule und die für die Ausbreitung der Feldlinien vorgesehene Bahn bilden einen magnetischen Kreis.

Um das magnetische Feld quantitativ erfassen zu können, werden physikalische Größen eingeführt.

Magnetfluß und magnetische Flußdichte

Die Gesamtheit aller Feldlinien in einem magnetischen Kreis heißt Magnetfluß Φ.

Der **Magnetfluß** ist die Wirkungsgröße im magnetischen Kreis. Die Einheit des Magnetflusses ist die Voltsekunde. (Im Abschnitt 8.4.1 wird das Induktionsgesetz hergeleitet. Seine Existenz macht diese Einheit erforderlich.)

$$[\Phi] = 1 \text{ Vs} = 1 \text{ Wb } (= 1 \text{ Weber*})$$

* Weber, Wilhelm Eduard; deutscher Physiker, 1804 – 1891

** Telsa, Nicola; kroatischer Physiker, viele Jahre in den USA tätig, 1856 –1943

Der Begriff des magnetischen Flusses kann irreführend sein, weil im **magnetischen Kreis** keine Bewegungen stattfinden, also nichts fließt.

Die **magnetische Flußdichte** B ist ein Maß für die Dichte der Feldlinien. Sie ist vom Magnetfluß abgeleitet und wie jede Dichtegröße definiert:

$$B = \frac{\Phi}{A} \qquad \textbf{8–1}$$

$$[B] = 1 \frac{\text{Vs}}{\text{m}^2} = 1 \frac{\text{Wb}}{\text{m}^2} = 1 \text{ T } (= 1 \text{ Telsa**})$$

Magnetische Flußdichte B nennt man den auf eine bestimmte Fläche entfallenden Anteil des Magnetflusses.

Magnetische Durchflutung und magnetische Feldstärke

In einer Spule ist der Magnetfluß umso größer, je größer die Stärke des Stromes ist bzw. je „häufiger" sich der Strom an der Feldausbildung beteiligt, d. h. je größer die Anzahl der Spulenwindungen N ist. Diese „Stromsumme" wird als **Durchflutung** Θ bezeichnet. Wegen der in jeder Spulenwindung gleichen Stromstärke I gilt:

$$\Theta = I \cdot N \qquad \textbf{8–2}$$

$$[\Theta] = 1 \text{ A}$$

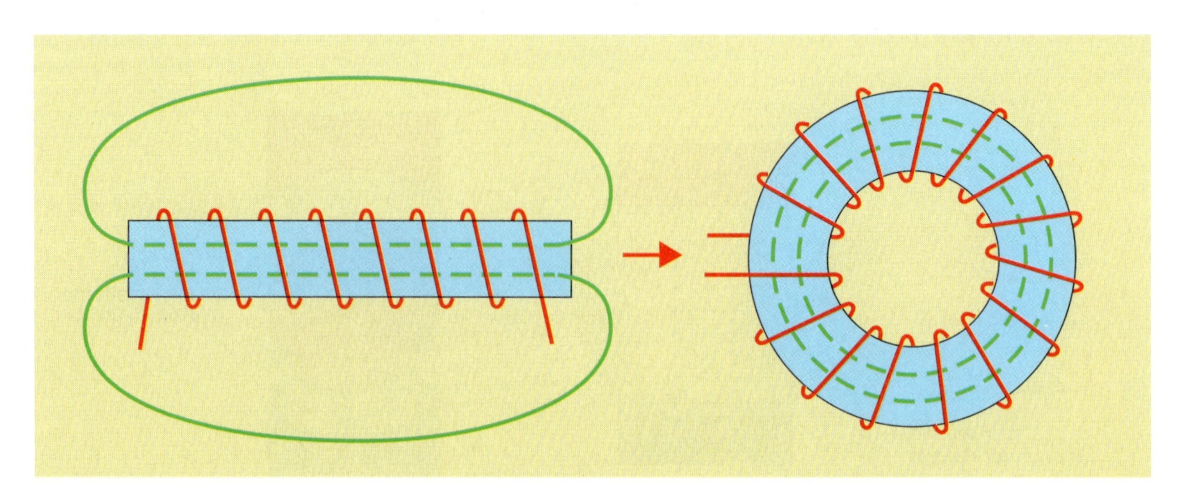

Abb. 8-9 ***Entstehung eines magnetischen Kreises***

Das Produkt aus Stromstärke und Windungszahl einer Spule heißt Durchflutung Θ.

Aus Gleichung 8–2 ist ersichtlich, daß ein und dieselbe Durchflutung durch Variieren der beiden Faktoren I und N erzielt werden kann. Mit zunehmender Windungszahl einer Spule kann deren Stromstärke verringert werden:

Durchflutung	Stromstärke	Windungszahl
100 A	10 A	10
100 A	1 A	100
100 A	0,1 A	1000

Um im magnetischen Kreis einen Magnetfluß bestimmter Größe zu erzielen, ist eine entsprechende Durchflutung erforderlich. Nicht ohne Einfluß wird dabei die Feldlinienlänge des Magnetkreises sein.

Bezieht man die Durchflutung auf die mittlere Feldlinienlänge l_m, so spricht man von der **Feldstärke** H:

$$H = \frac{\Theta}{l_m} \qquad \textbf{8–3}$$

$$[H] = 1\,\frac{\text{A}}{\text{m}}$$

Unter der magnetischen Feldstärke H versteht man den auf eine bestimmte (mittlere) Feldlinienlänge entfallenden Anteil der Durchflutung.

Magnetischer Widerstand und magnetischer Leitwert

Dividiert man die Ursachen- mit der Wirkungsgröße des magnetischen Kreises. so erhält man wie im elektrischen Stromkreis – die Widerstandsgröße.

$$R_m = \frac{\Theta}{\Phi} \qquad \textbf{8–4}$$

$$[R_m] = 1\,\frac{\text{A}}{\text{Vs}}$$

Der magnetische Widerstand R_m kann als Eigenschaft eines Materials aufgefaßt werden, sich dem magnetischen Fluß zu widersetzen.

Es gilt, (analog zum elektrischen Stromkreis):
Der **magnetische Widerstand** einer Anordnung steigt mit zunehmender Länge, verringertem Querschnitt und verschlechterter magnetischer Durchlässigkeit μ des Magnetkreises. Das heißt, daß die geometrischen Abmessungen und die Materialeigenschaft den Wert des magnetischen Widerstandes bestimmen:

$$R_m = \frac{l_m}{\mu \cdot A} \qquad \textbf{8–5}$$

Die magnetische Durchlässigkeit des leeren Raumes ist eine Konstante („Feldkonstante") und beträgt

$$\mu_o = 1{,}256 \cdot 10^{-6}\,\frac{\text{Vs}}{\text{Am}}$$

Dieser Wert gilt annähernd auch für Luft.
Der Kehrwert des magnetischen Widerstandes

$\frac{1}{R_m} = \Lambda$ heißt magnetischer Leitwert.

$$[\Lambda] = \frac{1}{[R_m]} = 1\,\frac{\text{Vs}}{\text{A}} = 1\ \text{H}\ (= 1\ \text{Henry*})$$

Zusammenhang zwischen magnetischer Feldstärke und Magnetflußdichte

Setzt man die Gleichungen 8–5 und 8–4 gleich, so ergibt sich

$$R_m = R_m$$

$$\frac{l_m}{\mu \cdot A} = \frac{\Theta}{\Phi}$$

$$\frac{\Phi}{A} = \mu\,\frac{\Theta}{l_m},$$

und unter Einbeziehen der Gleichungen 8–1 und 8–3 folgt

$$B = \mu \cdot H \qquad \textbf{8–6}$$

Die Magnetflußdichte ist über die magnetische Durchlässigkeit mit der Feldstärke verknüpft.

* Henry, Joseph; amerikanischer Physiker, 1797 – 1878

Fassen wir die Meßgrößen am Beispiel einer Ringspule zusammen (Abb. 8-10):

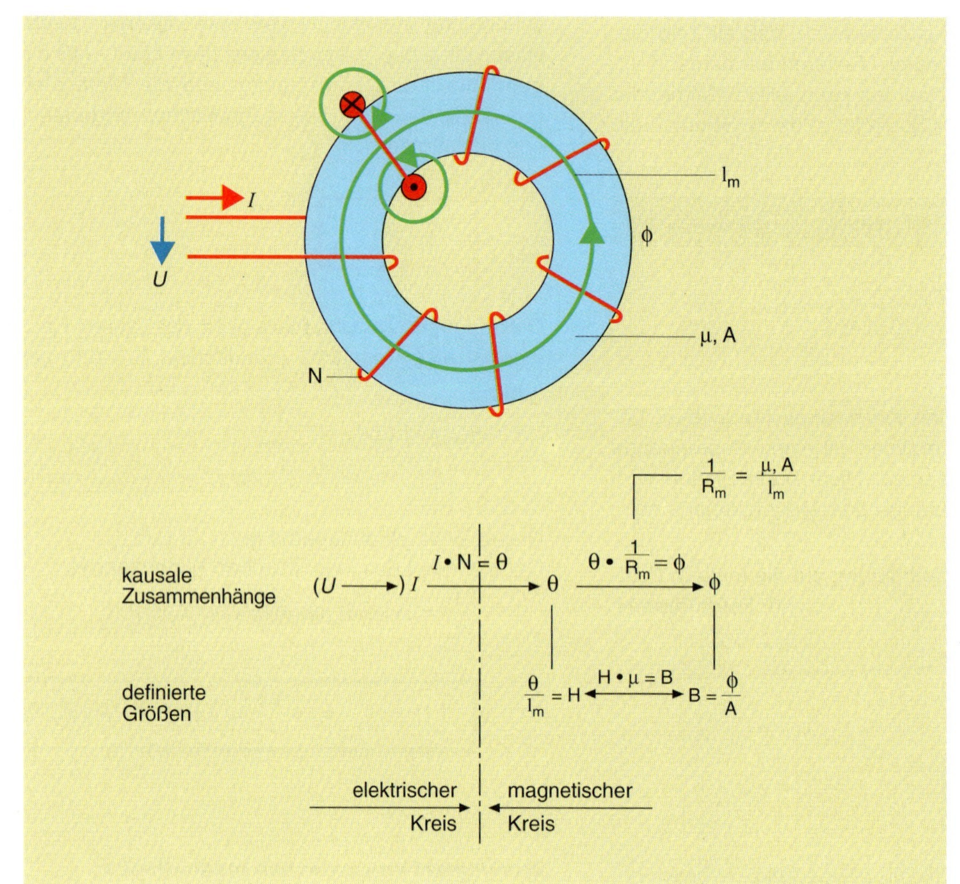

Abb. 8-10
Magnetische Feldgrößen; Zusammenhänge

Lösungsbeispiel:

Von der Ringspule in Abbildung 8–10 sind folgende Daten bekannt:

Windungszahl	$N = 500$
mittlere Feldlinienlänge	$l_m = 20$ cm (= 0,2 m)
Querschnitt der Luftspule	$A = 2$ cm² (= $2 \cdot 10^{-4}$ m²)
	$\mu = \mu_0 = 1{,}256 \cdot 10^{-6} \frac{\text{Vs}}{\text{Am}}$
Spulenstrom	$I = 100$ mA

Welchen Wert erreicht der magnetische Fluß Φ?

Zwei Lösungswege sind möglich:
Der eine Weg erfordert die Berechnung des magnetischen Widerstandes R_m, um aus der Durchflutung den Magnetfluß berechnen zu können. Der andere, zweite Weg führt von der Durchflutung über die Feldstärke H und Magnetflußdichte B zur gesuchten Größe Φ.

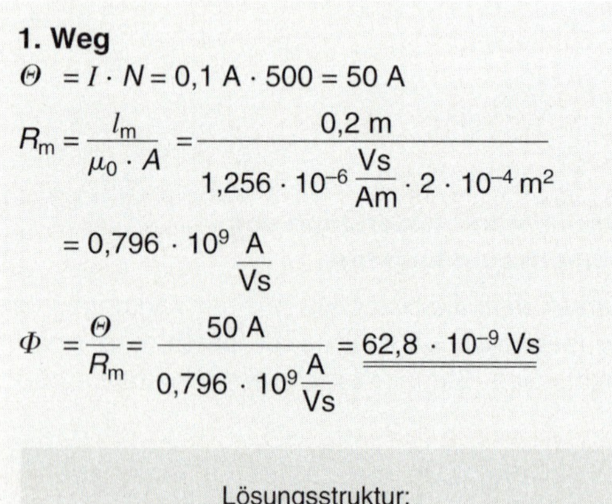

1. Weg

$\Theta = I \cdot N = 0{,}1 \text{ A} \cdot 500 = 50 \text{ A}$

$$R_m = \frac{l_m}{\mu_0 \cdot A} = \frac{0{,}2 \text{ m}}{1{,}256 \cdot 10^{-6} \frac{\text{Vs}}{\text{Am}} \cdot 2 \cdot 10^{-4} \text{ m}^2}$$

$$= 0{,}796 \cdot 10^{9} \frac{\text{A}}{\text{Vs}}$$

$$\Phi = \frac{\Theta}{R_m} = \frac{50 \text{ A}}{0{,}796 \cdot 10^{9} \frac{\text{A}}{\text{Vs}}} = \underline{\underline{62{,}8 \cdot 10^{-9} \text{ Vs}}}$$

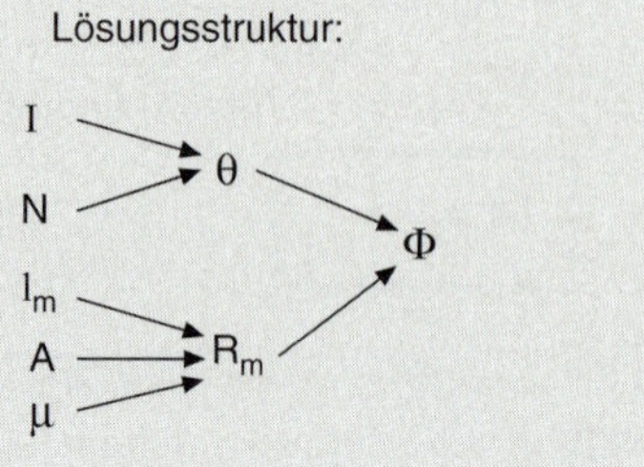

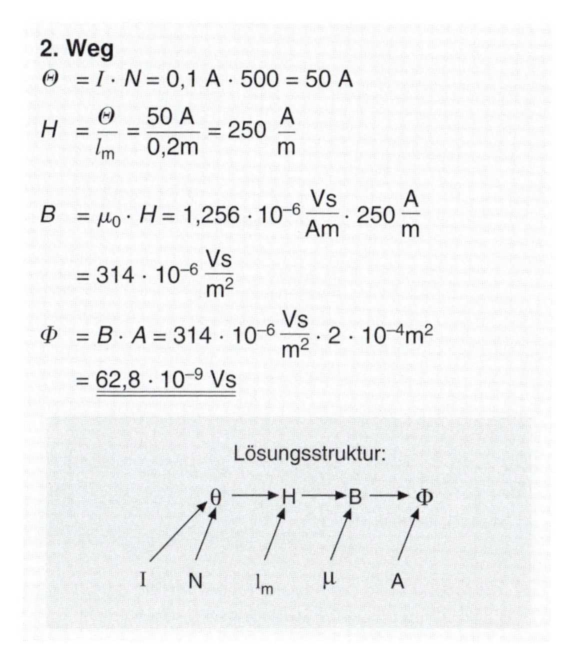

8.2.2 Magnetische Werkstoffe

Einteilung der magnetischen Werkstoffe

Alle Werkstoffe haben die Eigenschaft, wenn sie einem Magnetfeld ausgesetzt werden, die magnetischen Feldlinien in ihrem Verlauf mehr oder weniger stark zu beeinflussen.

Werden zum Beispiel Eisen, Nickel oder Kobalt in ein homogenes magnetisches Feld gebracht, ziehen diese die Feldlinien in sich hinein (vgl. Abb 8-7). Die Feldlinienbündelung führt zu einer Dichtevergrößerung, zu einer Verstärkung des Magnetfeldes durch diese ferromagnetischen Stoffe.

Andere Werkstoffe, wie zum Beispiel Aluminium, verstärken das Magnetfeld nur geringfügig. Sie heißen **paramagnetische** Stoffe. Werden schließlich die Feldlinien durch den Werkstoff zerstreut, d. h. wird die magnetische Wirksamkeit gegenüber Luft sogar abgeschwächt, so handelt es sich um **diamagnetische** Stoffe.

Ein Vertreter dieser Stoffe ist Kupfer.

Die magnetische Durchlässigkeit μ der Werkstoffe, bezogen auf die Durchlässigkeit des leeren Hauses μ_0, ergibt die Permeabilitätszahl (relative Permeabilität) μ_r, eine reine Verstärkerzahl.

$$\mu_r = \frac{\mu}{\mu_0} \quad (8\text{-}7)$$

Für Vakuum (und annähernd für Luft) ist diese Zahl $\mu_r = 1$.

Anders ausgedrückt heißt das: Die magnetische Durchlässigkeit ist das Produkt aus der Feldkonstanten μ_0 und der Permeabilitätszahl μ_r des jeweiligen Werkstoffes.

Tabelle 8-1 faßt das Ergebnis zusammen.

Werkstoffbezeichnung	ferromagnetisch	paramagnetisch	diamagnetisch
Permeabilitätszahl (relative Permeabilität)	$\mu_r >> 1$ nicht konstant, feldstärkeabhängig Beispiele: Elektroblech $\mu_r = (5...9) \cdot 10^3$	$\mu_r > 1$ $\mu_r = 1$ Vakuum (Luft) Aluminium $\mu_r = 1{,}0002$	$\mu_r < 1$ Kupfer $\mu_r = 0{,}99999$
Zugehörigkeit ausgewählter Werkstoffe	Fe, Co, Ni, Ferrite	Al, Mn, Cr, W	Cu, Zn, Ag, Wasser

Tab. 8-1 ***Stoffeinteilung nach der magnetischen Durchlässigkeit***

Dia- und paramagnetische Werkstoffe besitzen Permeabilitätszahlen, die in der Nähe von $\mu_r = 1$ liegen. Daraus können wir für alle elektrischen Leiter schlußfolgern:

Leiterwerkstoffe unterscheiden sich in ihrem magnetischen Verhalten nur unwesentlich von dem Verhalten der Luft.

Ferromagnetische Werkstoffe sind als magnetische Leiter aufgrund ihrer hohen magnetischen Durchlässigkeit sehr bedeutsam. Mit ihnen ist es möglich, den Magnetfluß gezielt in konstruktiv vorgegebene Bahnen zu lenken.

Magnetische Kreise werden mit ferromagnetischen Werkstoffen aufgebaut.

Magnetisieren ferromagnetischer Werkstoffe

Magnetische Kreise besitzen zur Bündelung des Magnetflusses einen Kern aus ferromagnetischem Material. Eisen ist der dominierende Vertreter dieser Werkstoffgruppe.

Die geometrischen Abmessungen des Kernes aus einem solchen Material geben praktisch den Feldlinienverlauf vor (Abb. 8-11).

Vergrößert man die Stromstärke (und damit Durchflutung und Feldstärke) in einer Spule mit Eisenkern, so richten sich die Molekularmagnete im Kernmaterial zunehmend aus. Die Zunahme der Feldstärke bewirkt zunächst einen nahezu proportionalen Zuwachs der ausgerichteten Molekularmagnete und damit der Magnetflußdichte im Kern. Im Bereich höherer Feldstärke ändert sich das. Es wird immer schwieriger, die restlichen Molekularmagnete bis zur Sättigung (alle sind geordnet) auszurichten. Der Anstieg der Magnetflußdichte wird geringer. Ihr weiterer Zuwachs muß durch hohen Feldstärkeaufwand (und damit erheblicher Stromvergrößerung) „erkauft" werden. Die Zunahme der Magnetflußdichte entspricht bei weiter erhöhter Feldstärke lediglich der einer Luftspule.

In Abb. 8-12 ist dieser Vorgang in der sogenannten Neukurve zwischen den Punkten O und A dargestellt.

Das Betreiben magnetischer Kreise im Sättigungsbereich des Kernmaterials ist wegen des hohen Einsatzes an elektrischer Energie wenig sinnvoll.

Wird die Stromstärke wieder verkleinert, nimmt die Flußdichte ab. Jedoch kehren nicht alle Molekularmagnete in ihre ursprüngliche Lage zurück. Bei Erreichen der Feldstärke $H = 0$ bleibt ein **Restmagnetismus** B_r zurück (Remanenz, Punkt B). Für Dauermagnete ist diese Erscheinung bedeutsam.

Dauermagnete sollen nach einmaliger Magnetisierung einen möglichst großen Restmagnetismus behalten.

Durch Umschalten der Stromrichtung kann mit einer (Gegen-)Feldstärke die Remanenz beseitigt werden. Alle Molekularmagnete haben ihre ursprüngliche Lage wieder eingenommen, das Kernmaterial wirkt nach außen unmagnetisch. Die magnetische Feldstärke, die erforderlich ist, den Restmagnetismus zu beseitigen, heißt **Koerzitivfeldstärke** H_c (Punkt C).

Mit der Koerzitivfeldstärke können magnetische Stoffe entmagnetisiert werden.

Bei weiterer Vergrößerung der Stromstärke baut sich das Magnetfeld in entgegengesetzter Richtung auf. Alle Molekularmagnete haben sich im Punkt D gegenüber ihrer Lage im Punkt A um 180° gedreht.

Bringt man Stromstärke und Feldstärke wieder auf null, so bleibt erneut ein Restmagnetismus zurück (Punkt E), der wiederum nach Stromrichtungsumkehr durch die Koerzitivfeldstärke (Punkt F) aufgehoben werden kann.

Durch weitere Stromerhöhung wird wieder der Punkt A erreicht. Die **Hystereseschleife** schließt sich.

Betreibt man eine Spule mit Eisenkern an einer Wechselspannung, so wird diese Hystereseschleife fortwährend durchlaufen. Die Molekularmagnete müssen ständig ihre Richtung ändern. Durch die innere Reibung entsteht im Magnetmaterial Wärme.

Zum Ummagnetisieren des Eisenkerns ist elektrische Energie erforderlich, die dabei in Wärme umgewandelt wird.

Der Flächeninhalt der Hystereseschleife ist ein Maß für diese Energie. Ein geringer Flächeninhalt setzt eine kleine Koerzitivfeldstärke voraus, sie ist das Kriterium für geringe Energieverluste.

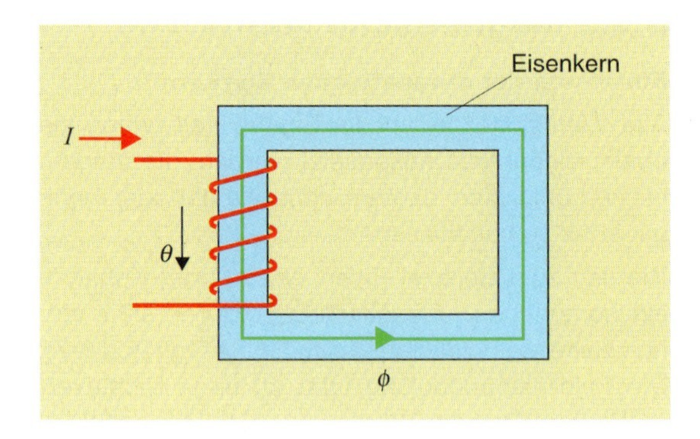

Abb. 8-11 ***Spule mit Eisenkern***

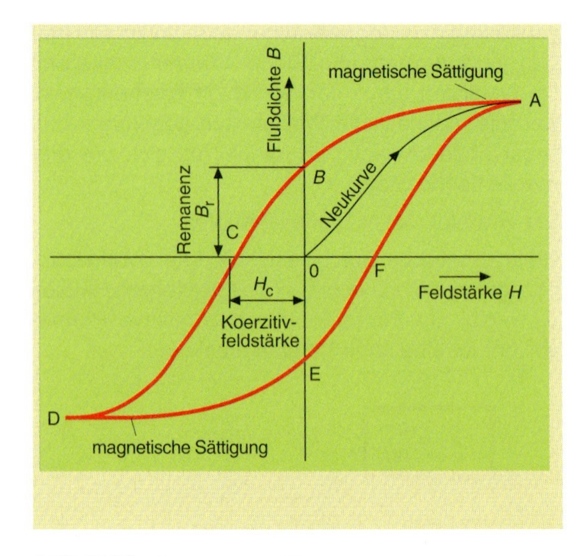

Abb. 8-12 ***Hystereseschleife***

Magnetmaterialien, die für den Wechselspannungs-Betrieb vorgesehen sind, müssen eine geringe Koerzitivfeldstärke besitzen.

Dauermagnetwerkstoffe hingegen sollen selbst durch Fremdfelder von ihrem Magnetismus nichts einbüßen. Dafür ist eine große Koerzitivfeldstärke erforderlich, die eine Hystereseschleife mit großem Flächeninhalt zur Folge hat (Abb. 8-13).

Magnetwerkstoffe, deren Hystereseschleifen einen großen Flächeninhalt haben, heißen magnetisch hart. Weichmagnetisch sind die Werkstoffe dann, wenn beim Ummagnetisieren ein kleiner Flächeninhalt eingeschlossen wird.

Hartmagnetische Werkstoffe

Hartmagnetische Werkstoffe (Dauermagnet-Werkstoffe) haben den Zweck, eine bestimmte Magnetflußdichte in einem magnetischen Kreis ohne Zufuhr elektrischer Energie ständig aufrecht zu erhalten. Dabei verlangt man eine hohe Remanenz und eine möglichst große Koerzitivfeldstärke. Werkstoffe mit einer hohen und breiten Hystereseschleife, die folglich einen großen Flächeninhalt umschließt, erfüllen diese Anforderungen.

Für die Bewertung der Eigenschaften hartmagnetischer Werkstoffe ist der Teil der Hystereseschleife zwischen Remanenz und Koerzitivfeldstärke bedeutsam. Dieser Teil ist die Entmagnetisierungskurve (Abb. 8-14).

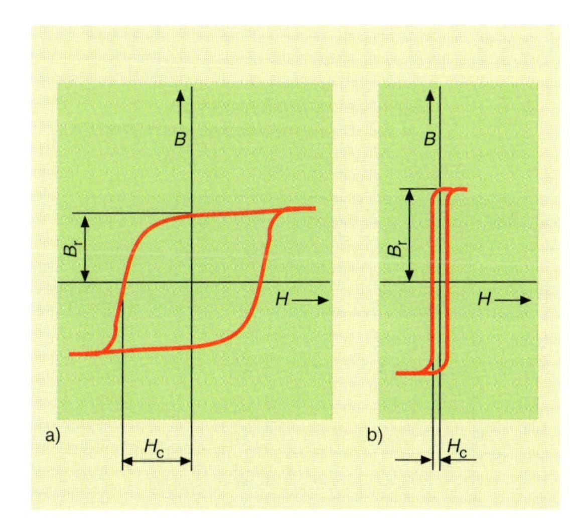

Abb. 8-13 ***Hystereseschleifen***
a) hartmagnetischer Werkstoff für Dauermagnete
b weichmagnetischer Stoff für Elekrtomagnete)

Der maximale Energieinhalt, ausgedrückt durch das größtmögliche Rechteck unter der Entmagnetisierungskurve $(B \cdot H)_{max}$, ist das Gütemerkmal eines hartmagnetischen Werkstoffes.

Je größer der Energieinhalt des Magnetmaterials ist, desto geringer kann die Baugröße des Magneten ausfallen. Das Produkt (B · H)max gibt man in der Einheit

$$[B \cdot H] = 1\frac{Vs}{m^2} \cdot 1\frac{A}{m} = 1\frac{Ws}{m^3} = 1\frac{J}{m^3} \text{ an.}$$

Hartmagnetische Werkstoffe bestehen fast ausschließlich aus Mischungen verschiedener Stoffe, wie Tabelle 8-2 zeigt.

Gruppe	Hauptbestandteile	Werkstoff
Metallische Dauer-magnet-werkstoffe	Aluminium-Nickel-Kobalt-Eisen-Kupfer-Titan (AlNiCo)	AlNiCo 9/5 AlNiCo 18/9 AlNiCo 52/5 AlNiCo 7/8 p
	Platin-Kobalt (PtCo)	PtCo 60/40
	Eisen-Kobalt-Vanadium-Chrom (FeCoVCr)	FeCoVCr 4/1
	Seltenerden-Kobalt (SECo)	SECo 112/110
Keramische Dauer magnet-werkstoffe	Hartferrite der Zusammensetzung $MeO \cdot Fe_2O_3$ mit Me = Ba, Sr, Pb	Hartferrit 7/21 Hartferrit 25/25 Hartferrit 9/19 p

Tab. 8-2 ***Hartmagnetische Werkstoffe***

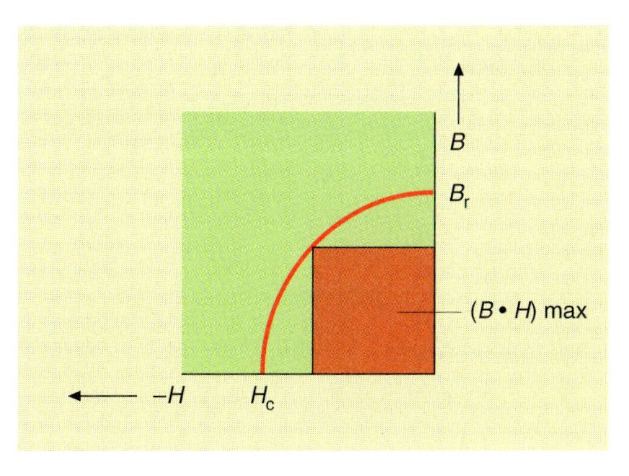

Abb. 8-14 ***Entmagnetisierungskurve und maximaler Energieinhalt***

Im folgenden Bild sind die Kennlinienverläufe einiger ausgewählter Werkstoffe dargestellt (Abb. 8-15).

Die Werkstoffbezeichnungen lassen auf die Bestandteile des Materials schließen. Die erste Zahl gibt den Energieinhalt in $\frac{kJ}{m^3}$ an, die zweite Zahl weist auf die Koerzitivfeldstärke (x 10 $\frac{kA}{m}$) hin.

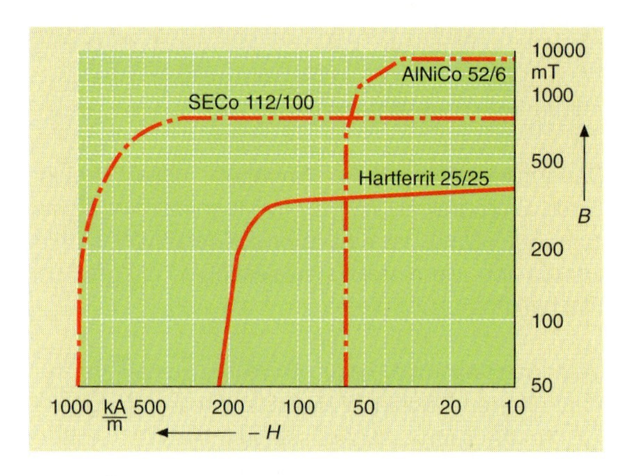

Abb. 8-15 ***Entmagnetisierungskennlinien von hartmagnetischen Werkstoffen***

Weichmagnetische Werkstoffe

Weichmagnetische Stoffe müssen sich ohne große Verluste leicht ummagnetisieren lassen. Darüber hinaus besteht die Forderung nach maximaler Verstärkung des Magnetflusses. Das verlangt eine hohe magnetische Durchlässigkeit, große Magnetflußdichten und geringe Koerzitivfeldstärken. Die von der Hystereseschleife umfaßte Fläche ist hoch, schmal und von geringem Flächeninhalt.

Die Neukurve oder Magnetisierungskurve charakterisiert das Verhalten der weichmagnetischen Werkstoffe. Schon geringe Feldstärken erzeugen bei diesen Stoffen im allgemeinen beträchtliche Magnetflußdichte-Werte (Abb 8-16).

Die Kennlinien sind für die verschiedenen Stoffe die grafische Darstellung der Beziehung

$B = \mu \cdot H.$

Die magnetische Durchlässigkeit μ entspricht damit dem Kurvenanstieg. In Abb. 8-17 sind die Magnetisierungs- und die Permeabilitätskennlinie eines weichmagnetischen Stoffes dargestellt.

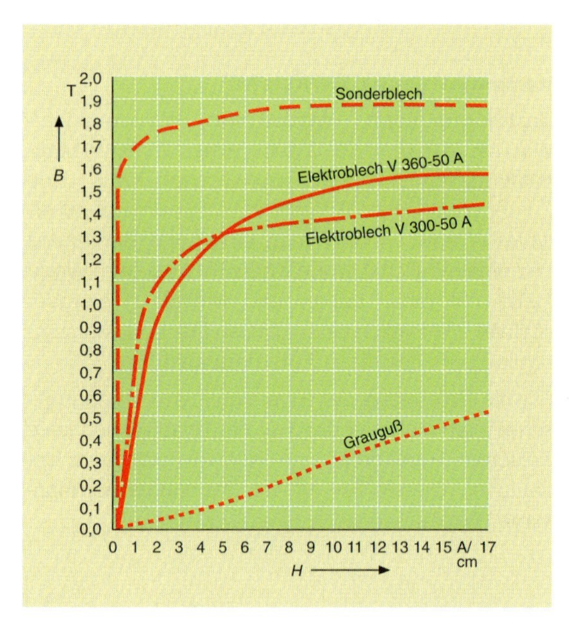

Abb. 8-16 ***Magnetisierungskennlinien von weichmagnetischen Werkstoffen***

In Tabelle 8-3 sind die Kenndaten einiger Elektrobleche für Eisenkerne zusammengestellt. Die für

Sorte	Nenndicke	Ummagnetisierungsverlust in W/kg bei		Magnetische Flußdichte in T (Tesla) bei einer Feldstärke H in A/m		
	mm	1,5 T	1,0 T	2500	5000	10 000
V 250-35 A	0,35	2,50	1,00	1,49	1,60	1,70
V 270-35 A	0,50	2,70	1,10	1,49	1,60	1,70
V 300-35 A		3,00	1,20	1,49	1,60	1,70
V 330-35 A		3,30	1,30	1,49	1,60	1,70
V 310-50 A		3,10	1,25	1,49	1,60	1,70
V 350-50 A		3,50	1,50	1,50	1,60	1,70
V 400-50 A		4,00	1,70	1,51	1,61	1,71
V 470-50 A		4,70	2,00	1,52	1,62	1,72
V 700-50 A		7,00	3,00	1,58	1,68	1,76

Tab. 8-3 ***Elektrobleche, Kenndaten***

die Ummagnetisierung erforderliche elektrische Verlust-Leistung ist, auf 1 kg Masse bezogen, besonders ausgewiesen. Dabei wird eine Frequenz des Wechselstromes von 50 Hz und eine Magnetflußdichte von 1,0 T bzw. 1,5 T zugrundegelegt.

Magnetische Kreise

Mehrfach wurde auf die Vergleichbarkeit der magnetischen Größen mit den Größen im elektrischen Stromkreis hingewiesen. In Tabelle 8.4 sind diese gegenübergestellt

	Elektrisches Strömungsfeld	Elektromagnetisches Feld
Ursachengrößen	U_Q elektrische Quellenspannung	Θ magnetische Durchflutung
Feldstärkegrößen	$E = \frac{U}{l}$ elektrische Feldstärke	$H = \frac{\Theta}{l}$ magnetische Feldstärke
Wirkungsgrößen	I elektrische Stromstärke	Φ magnetischer Fluß
Dichtegrößen	$J = \frac{I}{A}$ elektrische Stromdichte	$B = \frac{\Phi}{A}$ magnetische Flußdichte
Bedingungsgrößen	$R = \frac{U}{I}$ elektrischer Widerstand	$R_m = \frac{\Theta}{\Phi}$ magnetischer Widerstand
Materialgrößen	ς spezifischer elektrischer Widerstand $\varkappa$ spezifische elektrische Leitfähigkeit	$\mu_0 = 1{,}256 \cdot 10^{-6} \frac{Vs}{Am}$ Feldkonstante μ_r Permeabilitätszahl $\mu = \mu_0 \cdot \mu_r$ $B = \mu \cdot H$
Beziehungen zwischen Dichtegrößen und Feldstärkegrößen	$J = \varkappa \cdot E$	

Tab. 8-4 ***Vergleich der Feldgrößen***

Ähnlich dem elektrischen Stromkreis werden auch im magnetischen (Fluß-)Kreis die Gesetzmäßigkeiten für die Masche (unverzweigt) und den Knotenpunkt (verzweigt) gelten.

Unverzweigter Kreis (Abb. 8-18)

Im unverzweigten magnetischen Kreis ist die Summe der magnetischen Teildurchflutungen gleich der magnetischen Gesamtdurchflutung.

Es gilt also:

$$\Theta = \Theta_i + \Theta_a$$

bzw. $\Theta = \Phi\,(R_{mi} + R_{ma})$

und unter Einbeziehen der Feldstärke

$$\Theta = H_i \cdot l_i + H_a \cdot l_a\,.$$

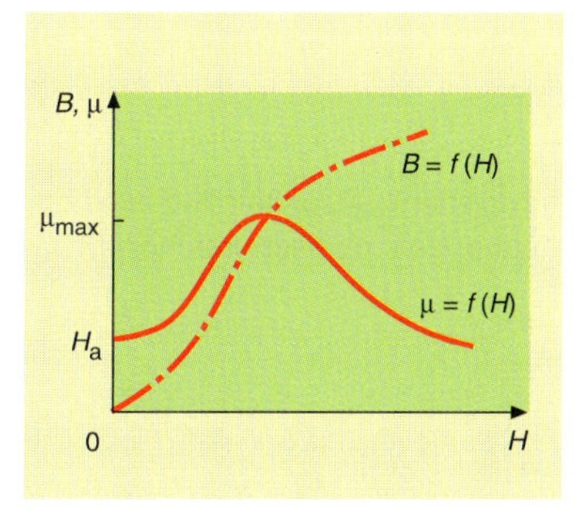

Abb. 8-17 ***Feldstärkeabhängigkeit der Permeabilität***

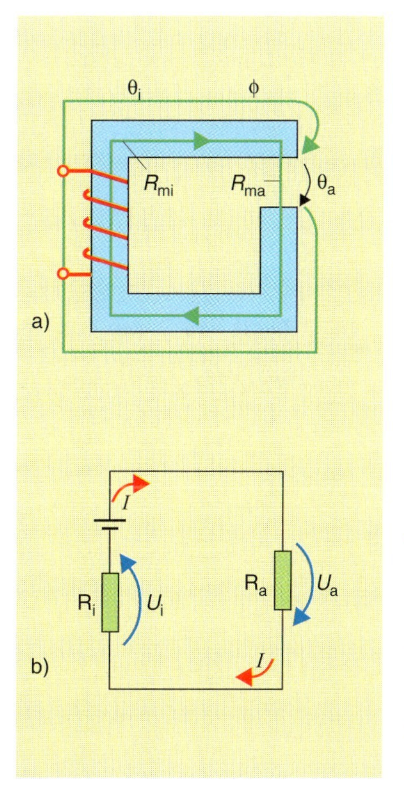

Abb. 8-18 ***unverzweigte Kreise (im Vergleich)***
a) magnetischer Kreis
b) elektrischer Kreis

Verzweigter Kreis (Abb. 8-19)

Im verzweigten magnetischen Kreis ist die Summe der auf die einzelnen Zweige aufgeteilten Magnetflußanteile gleich dem in der magnetischen Quelle erzeugten Magnetfluß.

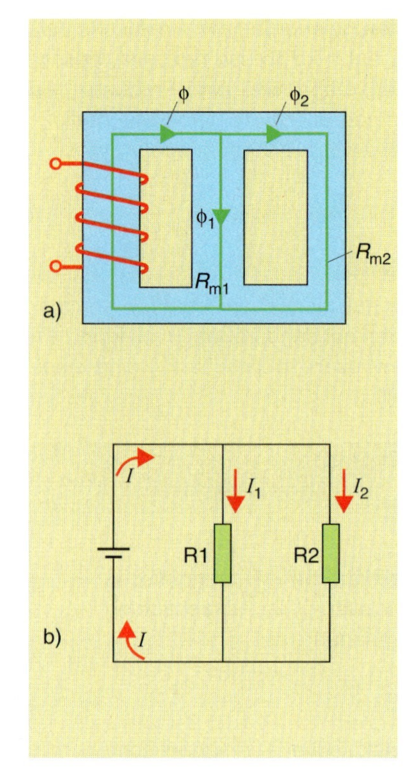

Abb. 8-19 ***verzweigte Kreise (im Vergleich)***
a) magnetischer Kreis
b) elektrischer Kreis

Damit gilt:

$$\Phi = \Phi_1 + \Phi_2$$

bzw.

$$\Phi = \Theta \left(\frac{1}{R_{m1}} + \frac{1}{R_{m2}} \right)$$

Besonders bedeutsam sind Magnetkreise, bei denen der Eisenkern durch einen Luftspalt unterbrochen ist. Solche Luftspalte sind häufig technologisch bedingt, beispielsweise zwischen Ständer und Läufer in rotierenden elektrischen Maschinen oder als „Schaltweg" zwischen Schenkel und Joch in Relais bzw. Schützen.

Ein Zahlenbeispiel soll den Luftspalteinfluß in einem unverzweigten Magnetkreis deutlich machen (Abb. 8-20):

$A_{Fe} = A_L = 10\ \text{cm}^2$
$l_{Fe} = 100\ \text{cm} = 1\ \text{m}$
$l_L = 1\ \text{mm} = 10^{-3}\ \text{m}$
$N = 10\,000$

Magnetmaterial: V 360 – 50 (vgl. Abb. 8-16)
Wie groß muß die Stromstärke sein, damit sich im Magnetkreis eine Magnetflußdichte $B_{Fe} = B_L = 1{,}5\ \text{T}$ ausgebildet?

Abb. 8-20 ***Eisenkreis mit Luftspalt***

Lösung:
Der Magnetkreis ist die Reihenschaltung zweier magnetischer Widerstände. Es treten folglich zwei Teildurchflutungen auf, deren Summe (Gesamtdurchflutung) die Stromberechnung möglich macht. Wegen der Nichtlinearität der Magnetisierungskurve des Eisens erscheint es zweckmäßig, mit den Feldstärkegrößen im Eisen und in der Luft zu rechnen.

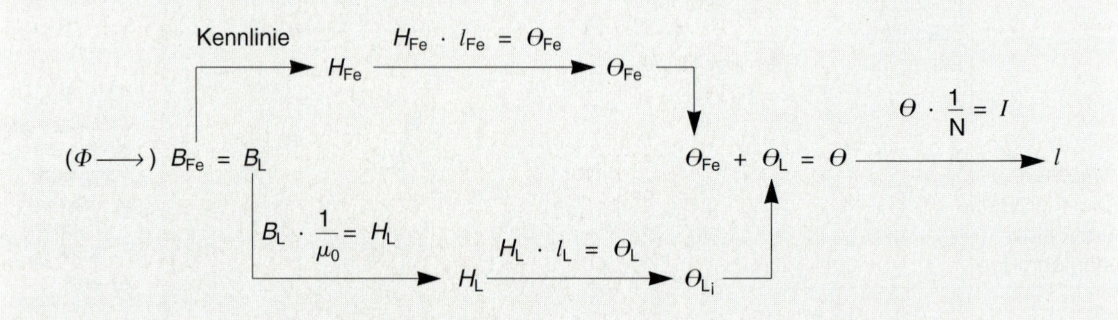

$$H_{Fe} = 11\frac{A}{cm} = 1{,}1\frac{kA}{m} \text{ (aus Abb. 8–16)}$$

$$H_L = \frac{B_L}{\mu_0} = \frac{1{,}5 \text{ Vs Am}}{m^2 \cdot 1{,}256 \cdot 10^{-6} \text{Vs}} \approx 1{,}2 \cdot 10^3 \frac{kA}{m}$$

$$\Theta_{Fe} = H_{Fe} \cdot l_{Fe} = 1{,}1\frac{kA}{m} \cdot 1 m = 1{,}1 \text{ kA}$$

$$\Theta_L = H_L \cdot l_L = 1{,}2 \cdot 10^3 \frac{kA}{m} \cdot 10^{-3} = 1{,}2 \text{ kA}$$

$$\Theta = \Theta_{Fe} + \Theta_L = 1{,}1 \text{ kA} + 1{,}2 \text{ kA} = 2{,}3 \text{ kA}$$

$$I = \frac{\Theta}{N} = \frac{2{,}3 \text{ kA}}{10^4} = 0{,}23 \text{ A}$$

Ein Vergleich der beiden Teildurchflutungen läßt uns schlußfolgern:

Auf den Luftspalt entfällt etwa der gleiche Durchflutungsaufwand wie auf die tausendfache Eisenweglänge.

Luftspalte sind in Eisenkreisen zu vermeiden bzw. dort, wo sie technologisch erforderlich sind, so gering wie möglich zu halten.

8.3 Zusammenwirken zweier magnetischer Felder

8.3.1 Kräfte auf stromdurchflossene Leiter

Ein stromdurchflossener Leiter ist von einem konzentrischen Magnetfeld umgeben. Einen solchen, beweglich angeordneten Leiter bringen wir in ein fest angeordnetes äußeres Magnetfeld.

Links vom Leiter treffen entgegengerichtete, rechts davon gleichgerichtete Feldlinien aufeinander (Abb. 8-21 a). Die beiden Felder überlagern sich so, daß links vom stromdurchflossenen Leiter das Magnetfeld insgesamt geschwächt, rechts dagegen verstärkt wird. Das hat eine Kraftwirkung zur Folge. Der bewegliche Leiter wird in Richtung der Feldschwächung gedrängt (Abb. 8-21 b).

Elektrische Energie wird in mechanische Energie umgewandelt, wenn ein stromdurchflossener Leiter in ein Magnetfeld gebracht wird.

Für die Richtungsbestimmung der Kraftwirkung in solchen Anordnungen gilt folgende Merkregel (Linke-Hand-Regel):

Hält man die linke Hand so in ein ortsfestes Magnetfeld, daß die Feldlinien in den offenen Handteller eintreten und die ausgestreckten vier Finger in die Richtung des Leiterstromes weisen, dann zeigt der abgespreizte Daumen in Richtung der Kraft auf den beweglichen Leiter.

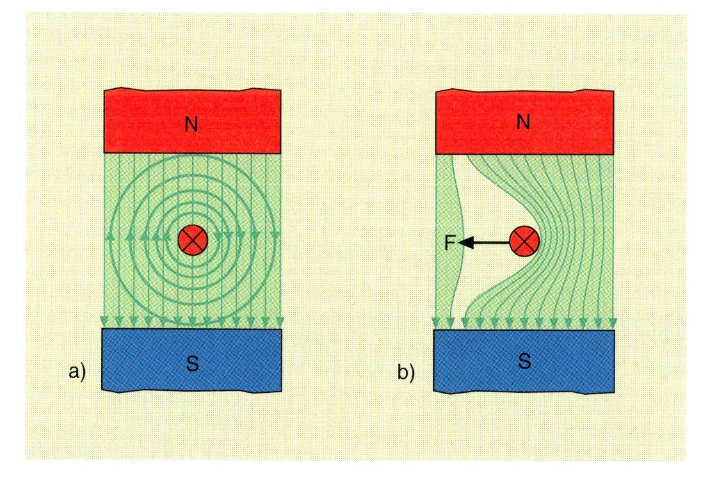

Abb. 8-21 ***Kraftwirkung auf einen stromdurchflossenen Leiter im Magnetfeld***

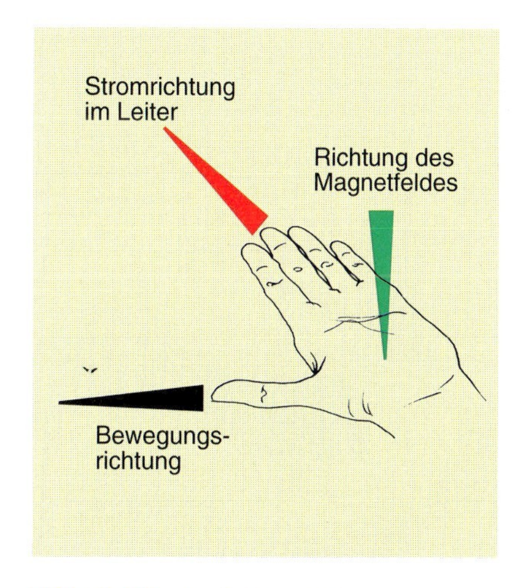

Abb. 8-22 ***Linke-Hand-Regel (Motorregel)***

Die am Leiter angreifende Kraft ist umso größer,
- je größer die Magnetflußdichte,
- je größer die Stromstärke im Leiter und
- je größer die im Magnetfeld befindliche Leiterlänge ist.

$$F = I \cdot B \cdot l$$ **8-8**

Dieses Prinzip, aus elektrischer Energie (stromdurchflossener Leiter) unter Zuhilfenahme eines Magnetfeldes mechanische Energie (Kraftwirkung auf den Leiter) zu erzeugen, wird im Elektromotor technisch genutzt. In ihm wird die Kraftwirkung vervielfacht, weil mehrere Leiter in Reihe zu einer drehbaren Spule zusammengeschaltet sind.

Dieses **Motorprinzip** soll an einer drehbar angeordneten Leiterschleife deutlich gemacht werden:

Die Leiterschleife vollführt so lange eine Drehbewegung, bis ihr Magnetfeld und das äußere Feld die gleiche Richtung haben (Abb. 8-23 b). Damit die Leiterschleife in der waagerechten Lage nicht stehen bleibt, muß zu diesem Zeitpunkt der Strom in seiner Richtung geändert werden.

Für eine fortlaufende Drehbewegung der Leiterschleife im Magnetfeld ist ein Strom wechselnder Richtung erforderlich.

Beim Gleichstrommotor wird die Stromrichtung mit Hilfe eines „Stromwenders" (Kommutators) geändert (Abb. 8-24).

Die beiden Teile des **Stromwenders** drehen sich mit der Leiterschleife, mit der sie fest verbunden sind. In Stellung b) wechseln die Bürsten von der einen zur anderen Schleifringhälfte des Stromwenders. Die Stromrichtung in der Leiterschleife wird „gewendet".

Aus der in einer gewissen Entfernung vom Drehpunkt (Radius der Leiterschleife) angreifenden Kraft kann auf das Drehmoment geschlossen werden:

$M = 2 \cdot F \cdot r$

$M = 2 \cdot I \cdot B \cdot l \cdot r$

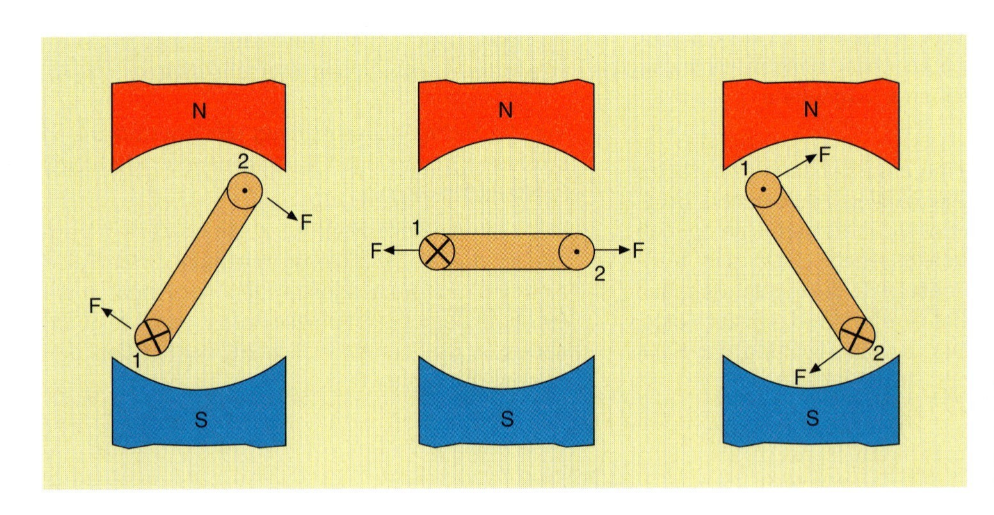

Abb. 8-23
Stromdurchflossene Leiterschleife im Magnetfeld

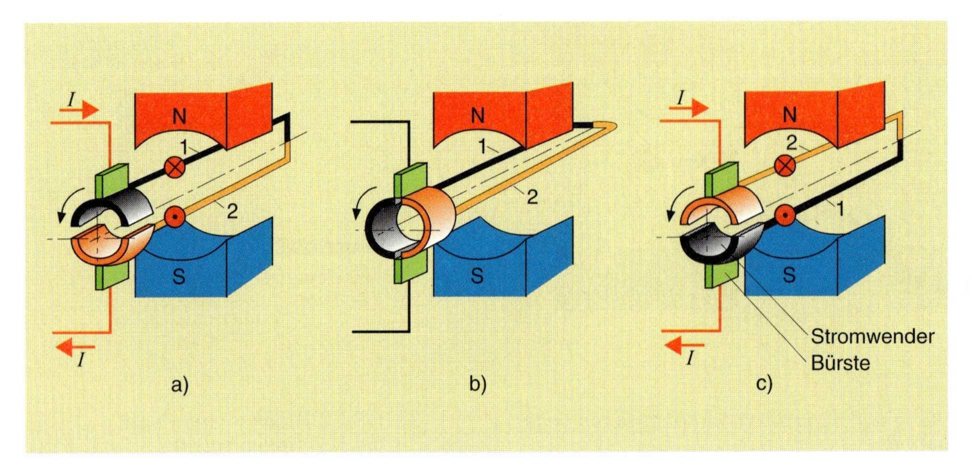

Abb. 8-24
Arbeitsweise des Stromwenders am Gleichstrommotor

Ersetzt man die Dichtegröße durch die Beziehung $B = \frac{\Phi}{A}$ und faßt danach alle konstruktiven Größen in einer sogenannten Maschinenkonstante c zusammen, so folgt

$$M = c \cdot \Phi \cdot I . \qquad (8\text{–}9)$$

Diese Beziehung wird auch allgemeine Motorgleichung genannt. Auch zu Meßzwecken nutzt man das Motorprinzip.

Das Meßwerk der **Drehspul-Meßgeräte** besteht aus einer drehbar gelagerten Spule, die sich im homogenen Magnetfeld eines Dauermagneten befindet.

Bei einem Stromfluß durch die Drehspule wird in ihr ein der Stromstärke proportionales Drehmoment entwickelt. Die Spule wird aus ihrer Ruhelage ausgelenkt.

Geräte mit solchen Meßwerken besitzen eine linear geteilte Skala. Für Wechselstrommessungen sind Drehspul-Meßwerke aufgrund der mechanischen Trägheit in der Anzeige nicht geeignet. Wechselströme müßten gleichgerichtet werden (Abb. 8-25).

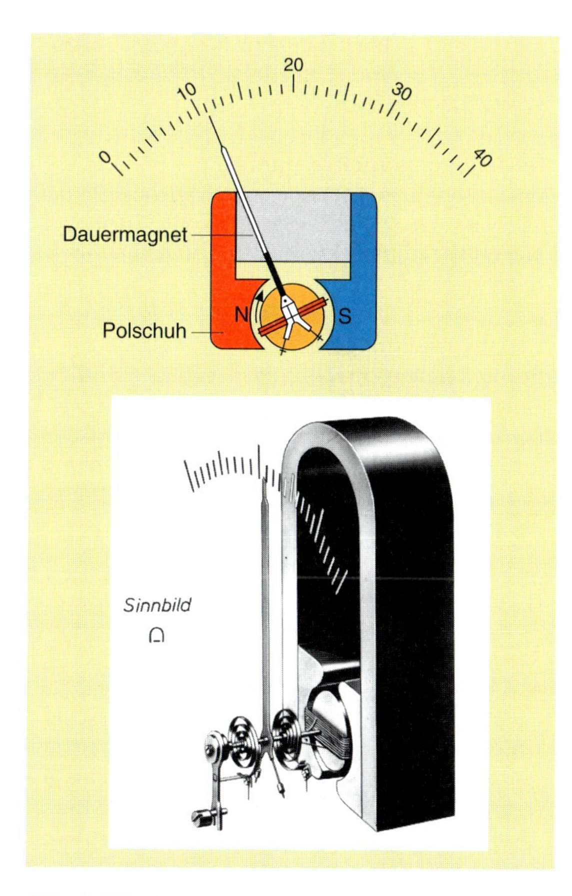

Abb. 8-25 ***Drehspulmeßwerk***

8.3.2 Kräfte zwischen parallelen stromdurchflossenen Leitern

Durch Überlagerung von Magnetfeldern parallel verlaufender Leiter, die von elektrischen Strömen durchflossen werden, entstehen Kraftwirkungen auf die Leiter. Dabei ist die Stromrichtung in den Leitern für die Richtung der Kräfte maßgebend (Abb. 8-26).

Auf parallel geführte stromdurchflossene Leiter wirken anziehende Kräfte, wenn die Stromrichtung übereinstimmt. Bei entgegengesetzter Stromrichtung wirken auf die Leiter abstoßende Kräfte.

Innerhalb der Feldlinien wirkt ein Längszug, zwischen den Feldlinien ein Querdruck.

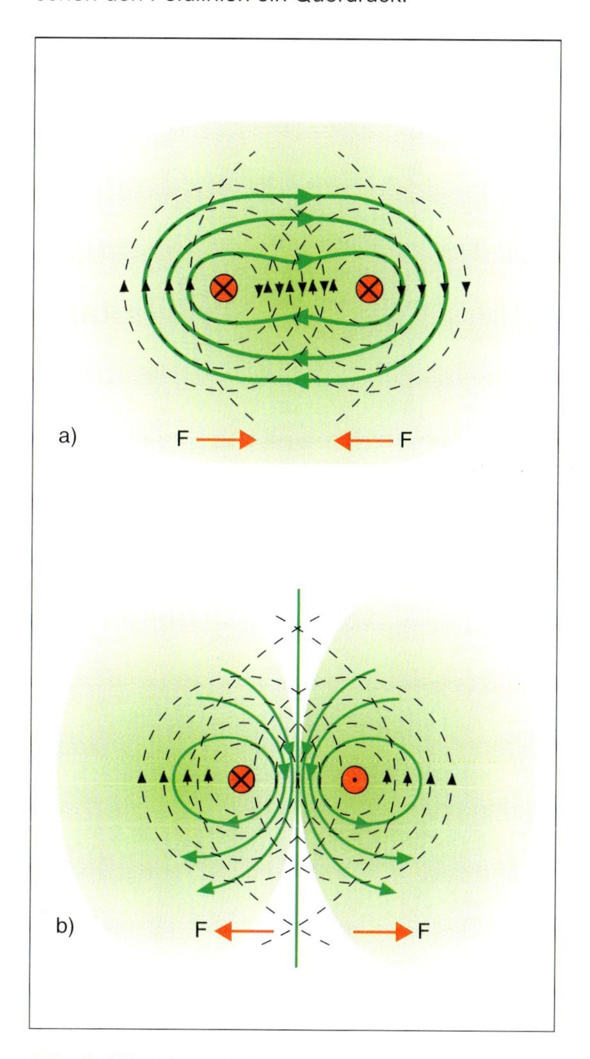

Abb. 8-26 ***Magnetfelder paralleler, stromdurchflossener Leiter***
a) gleichsinnig durchflossen
b) gegensinnig durchflossen

Die auf einen Leiter ausgeübte Kraft F ist umso größer,

- je größer die Stromstärken I_1 und I_2 in den beiden Leitern sind,
- je länger die Leiter sind und
- je geringer ihr Abstand voneinander ist.

$$F = \frac{\mu_0}{2} \cdot \frac{l}{a} \cdot I_1 \cdot I_2 \qquad \text{8-10}$$

l: Leiterlänge
a: Leiterabstand

Diese Kräfte dürfen in elektrotechnischen Anlagen – vor allem unter Berücksichtigung möglicher Kurzschlüsse – nicht unterschätzt werden. Die Stützisolatoren für Stromschienen beispielsweise werden entsprechend der im Kurzschlußfall auftretenden Kräfte dimensioniert.

Mit Hilfe der Kraftwirkung zwischen parallelen Leitern ist die Einheit der elektrischen Stromstärke definiert:

1 Ampere ist die Stärke eines zeitlich konstanten elektrischen Stromes, wenn auf zwei im Abstand von 1 m parallel angeordnete, geradlinige, unendlich lange Leiter von vernachlässigbarem Querschnitt im leeren Raum pro 1 m Leiterlänge eine Kraft von $2 \cdot 10^{-7}$ N wirkt.

8.3.3 Zugkräfte auf magnetisierbare Stoffe

Magnete sind in der Lage, magnetisierbare Materialien aufgrund der **magnetischen Influenz** ebenfalls zum Magneten zu machen (Abb. 8-27).

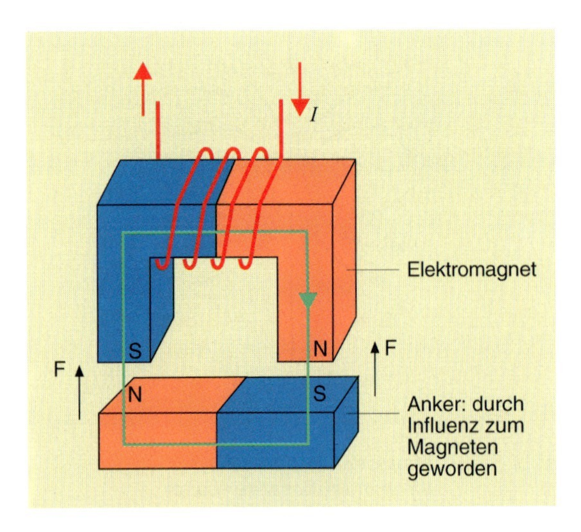

Abb. 8-27 ***Elektromagnet mit Anker***

Die Molekularmagnete im Anker drehen sich in die vom Elektromagneten vorgegebene Feldrichtung. Damit stehen sich an den Polflächen jeweils ein Nord- und ein Südpol gegenüber. Mit dem Verkürzungsbestreben der Feldlinien (Längszug) wird der Anker angezogen.

Es läßt sich folgern:

Ungleichnamige Magnetpole ziehen sich an, gleichnamige Magnetpole stoßen sich ab.

Je nach Stärke des vom Elektromagneten aufgebauten Feldes können beträchtlich Kräfte entwickelt werden. Die Kraft ist umso größer, je größer die Flußdichte B und je größer die Polflächen A sind.

Anordnungen dieser Art (Elektromagnet mit Anker) finden wir in der Technik in vielfältiger Weise.

Typische Beispiele sind

Hebevorrichtungen:
Lastmagnete dienen zum Heben von Werkstücken aus Stahl.

Haltevorrichtungen:
Elektromagnetische Spannplatten oder Spannfutter halten Werkstücke bzw. Werkzeuge an Werkzeugmaschinen.

Bewegungsvorrichtungen:
Bei elektromagnetischen Kupplungen oder Bremsen wird die Ankerscheibe an einen Reibbelag gedrückt. Dadurch kann ein Drehmoment übertragen werden.

Schaltvorrichtungen:
Elektromagnetisch betätigte Schalter (Schütz, Relais) werden durch den Strom in der Magnetspule eingeschaltet und in dieser Stellung gehalten. Der bewegliche Anker schließt oder öffnet über Schaltkontakte einen oder mehrere Stromkreise anderer Betriebsmittel (Abb. 8-28).

Abstoßende Kräfte zwischen zwei in gleicher Weise magnetisierten Stoffen liegen dem **Dreheisenmeßwerk** zugrunde (Abb. 8-29).

An der Innenwand einer feststehenden Spule ist ein Eisenplättchen befestigt. Ein zweites Eisenplättchen ist drehbar angebracht und mit einem Zeiger verbunden. Beide Eisenteile werden, wenn die Spule von Meßstrom durchflossen wird, gleichsinnig magnetisiert. Es kommt zur Abstoßung und damit zum Zeigerausschlag.

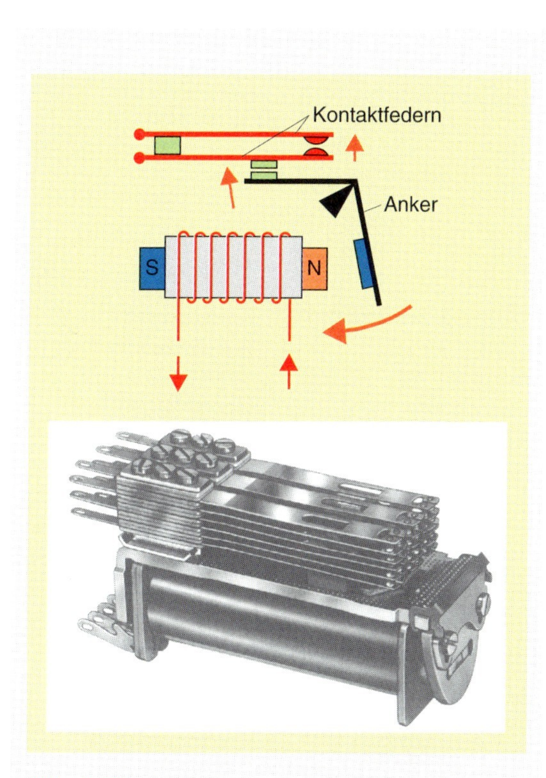

Abb. 8-28 ***Relais***

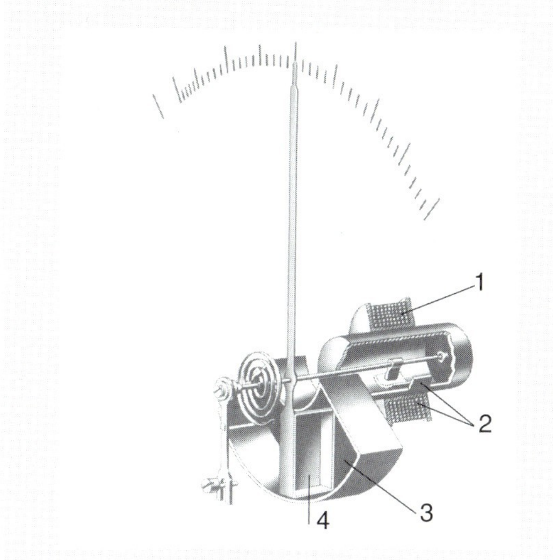

Abb. 8-29 ***Dreheisenmeßwerk***

Ändert sich die Stromrichtung, werden beide Eisenteile gleichermaßen ummagnetisiert. Die abstoßende Wirkung bleibt erhalten. Mit Dreheisenmeßwerken sind folglich sowohl Gleich- als Wechselstrommessungen möglich.

Da der Meßstrom auch die Stärke des Magnetflusses bestimmt, steigt das Drehmoment nahezu quadratisch mit dem Meßstrom. Die Meßgeräteskala ist entsprechend gestaltet.

8.4 Elektromagnetische Induktion

8.4.1 Induktionsgesetz

Ein Magnetkreis kann dann aufgebaut werden, wenn elektrischer Strom eine Leiterschleife (Spule) durchfließt. Das Durchflutungsgesetz ist für die Energieumwandlung von der elektrischen in die magnetische Form verantwortlich.

Diese Energieumwandlung ist umkehrbar:
Wenn sich der Magnetfluß im Magnetkreis ändert, dann entsteht in dieser Leiterschleife (Spule) eine elektrische Spannung. Man sagt, es wird eine Spannung induziert. Die Spule ist unter dieser Voraussetzung eine Stromquelle. Die Induktionsspannung ist damit eine Quellenspannung (Abb. 8-30).

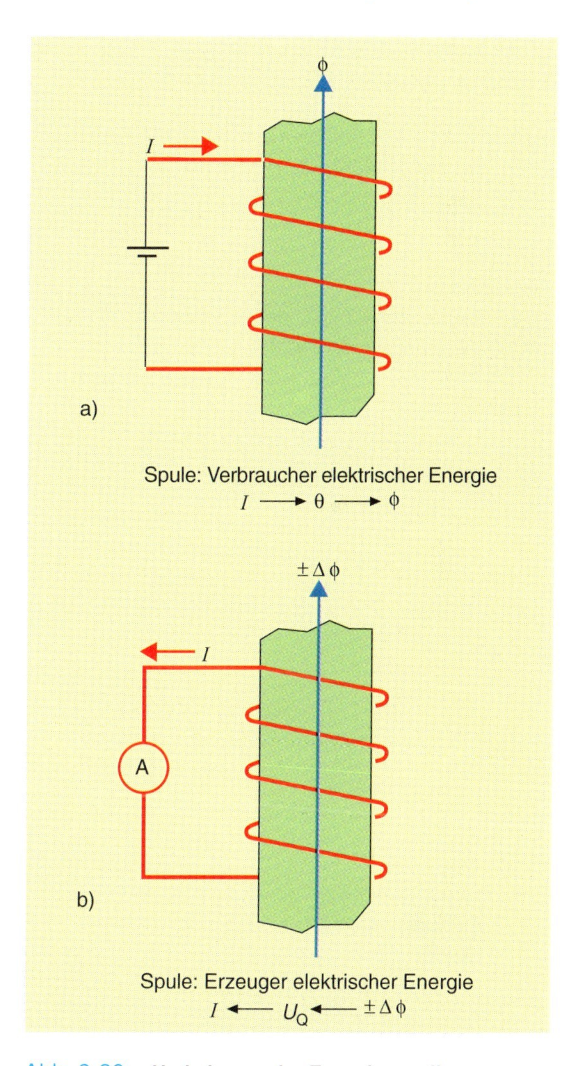

Abb. 8-30 ***Umkehrung der Energiewandlung***
a) Erzeugung eines Magnetfeldes
b) Erzeugung einer elektrischen Spannung

Die induzierte Spannung ist umso größer,

- je größer die Magnetflußzunahme bzw. -abnahme $\Delta \Phi$,
- je kleiner die dafür erforderliche Zeitdifferenz Δt ist, d. h. je größer die Änderungsgeschwindigkeit des Magnetflusses $\frac{\Delta \Phi}{\Delta t}$ ist und
- je mehr Windungen diesen Änderungen ausgesetzt sind.

Faraday formulierte im Jahr 1831 das bedeutsame **Induktionsgesetz:**

$$U_Q = N \cdot \frac{\Delta \Phi}{\Delta t} \qquad \textbf{8–11}$$

Das Entstehen einer elektrischen Spannung ist an zwei Bedingungen geknüpft:

- die Änderung des Magnetflusses,
- eine den Magnetfluß umfassende Spule.

Umfaßt eine Leiterschleife (Spule) ein sich änderndes Magnetfeld, so wird in ihr eine elektrische Spannung induziert.

Beispiel:
Der magnetische Fluß, der eine Spule mit $N = 1000$ Windungen durchsetzt, ändert sich gemäß Abbildung 8-31. Wie groß ist die induzierte Spannung

a) zwischen den Zeiten t_0 und t_1,
b) zwischen den Zeiten t_1 und t_2?

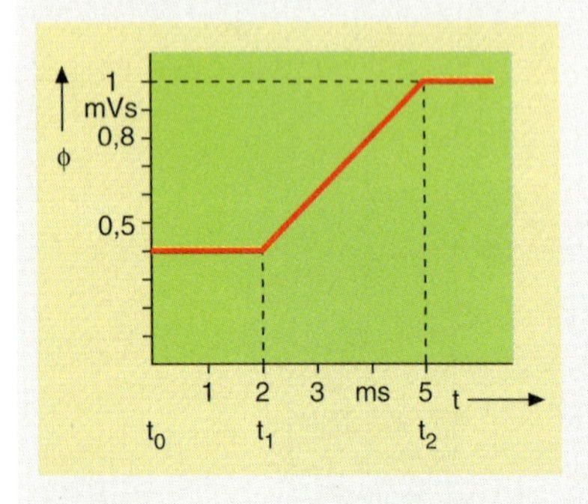

Abb. 8-31 ***Abhängigkeit des Magnetflusses von der Zeit***

Lösung:
a) Im Zeitraum zwischen t_0 und t_1 wird keine Spannung induziert, weil der Magnetfluß unverändert bleibt.

b) $U_Q = N \cdot \frac{\Delta \Phi}{\Delta t} = N \cdot \frac{\Phi_2 - \Phi_1}{t_2 - t_1}$

$U_Q = 1000 \cdot \frac{(1-0{,}4)\ \text{mVs}}{(5-2)\ \text{ms}}$

$U_Q = 200\ \text{V}$

Der mit den Windungen einer Spule verknüpfte Magnetfluß kann sich in verschiedener Weise ändern (Abb. 8-32):

$$U_Q = N \cdot \frac{\Delta \Phi}{\Delta t}\,;\ \Phi = B \cdot A$$

$$U_Q = N \cdot B \cdot \frac{\Delta A}{\Delta t}$$

Änderung der Spulenfläche innerhalb unveränderter Magnetflußdichte
→ **Bewegungsinduktion**

$$U_Q = N \cdot A \cdot \frac{\Delta B}{\Delta t}$$

Änderung der Magnetflußdichte innerhalb einer unveränderten Spulenfläche
→ **Ruheinduktion**

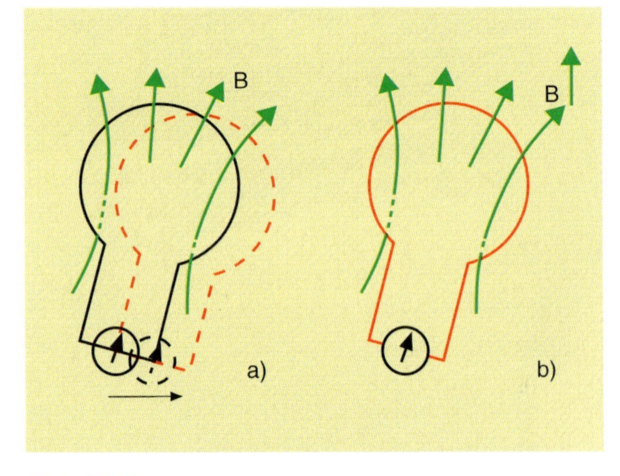

Abb. 8-32 ***Spannungsinduktion; Prinzipien***
a) Bewegungsinduktion: zeitlich veränderte Lage zwischen Spule und Magnetfeld
b) Ruheinduktion: zeitlich veränderte Magnetflußdichte

Spannungen sind richtungsbehaftet. Folglich muß auch der Induktionsspannung eine Richtung zugeordnet werden. Diese finden wir durch folgende Überlegungen:

- Die Induktionsspannung entsteht durch die Änderung des Magnetflusses.
- Die Richtung der induzierten Spannung wird durch die Art und Weise der Flußänderung (Flußzunahme bzw. Flußabnahme) bestimmt.
- Der von dieser Spannung angetrieben Induktionsstrom hat seinerseits eine magnetische Durchflutung zur Folge.
- Diese Durchflutung kann den Prozeß der Magnetflußänderung niemals unterstützen, d. h. aufschaukeln. Das widerspräche dem Energieerhaltungssatz.
- Diese Durchflutung behindert die Magnetflußänderung, also die Ursache der Spannungsinduktion.

Zusammengefaßt führt das zu einer Aussage, die als **Lenzsches*** **Gesetz** bekannt ist:

Der von einer Induktionsspannung angetriebene Strom ist stets so gerichtet, daß er die Entstehungsursache, die Magnetflußänderung, zu verhindern sucht.

In Abb. 8-33 nimmt in der Zeit von t_1 bis t_2 der Magnetfluß zu. Die Magnetflußänderung $\Delta\ \Phi$ hat damit einen positiven Wert. Die Induktionsspannung treibt – nach dem Lenzschen Gesetz – einen Strom, der seiner eigenen Ursache, dem Ansteigen des Magnetflusses, entgegenwirkt.

Zwischen t_3 und t_4 kehren sich die Verhältnisse um. Der abnehmende Magnetfluß ist jetzt Ursache für die Induktionsspannung. Sie und ihr Strom sind jetzt entgegengesetzt, d. h. sie versuchten, die Flußabnahme aufzuhalten.

Manchmal ist es wünschenswert, alle an Spulen auftretenden elektrischen (und magnetischen) Größen in übereinstimmender Weise zu zählen. Für die induzierte Spannung ergibt sich dann eine Zählrichtung, die ihrer tatsächlichen Wirkungsrichtung entgegensteht. Diesen Widerspruch löst man, indem das Induktionsgesetz mit einem Minuszeichen versehen wird.

* Lenz, Heinrich Friedrich Emil; russischer Physiker 1804 – 1865

Wir wollen die Aussage über den Betrag und die Richtung der induzierten Spannung trennen:

- Mit dem Induktionsgesetz ermitteln wir ihren Betrag.
- Mit dem Lenzschen Gesetz treffen wir Aussagen zur Richtung des Induktionsstromes.

8.4.2 Induktion der Bewegung

Eine Änderung des Magnetflusses kann durch Änderung der Fläche, die von diesem Fluß senkrecht durchsetzt wird, erreicht werden. Dafür ist entweder die Bewegung der Magnete oder die der Leiterschleife (Spule) erforderlich.

In Abb. 8-34 wird eine Leiterschleife geradlinig mit der Geschwindigkeit v durch ein homogenes Magnetfeld bewegt. Die vom Magnetfluß durchsetzte Fläche ändert sich um $\Delta\ A = l \cdot \Delta\ s$. Damit ergibt sich für den Betrag der induzierten Spannung bei N Windungen:

$$U_Q = N \cdot \frac{\Delta\ \Phi}{\Delta\ t}$$

$$U_Q = N \cdot B \cdot \frac{\Delta\ A}{\Delta\ t}$$

$$U_Q = N \cdot B \cdot l \cdot \frac{\Delta\ s}{\Delta\ t}$$

$$U_Q = N \cdot B \cdot l \cdot v \qquad (8\text{-}12)$$

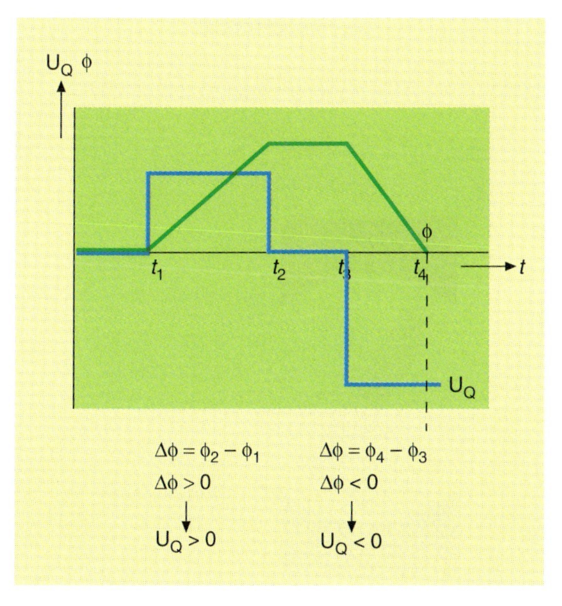

Abb. 8-33 ***Zeitlicher Verlauf von Magnetfluß und induzierter Spannung***

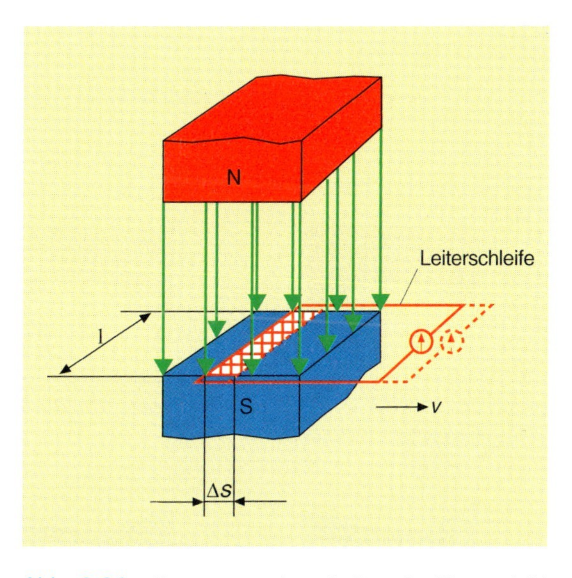

Abb. 8-34 ***Bewegung eines Leiters im Magnetfeld (v-Geschwindigkeit der Leiterbewegung, s-zurückgelegter Weg im Betrachtungszeitraum, l-magnetisch wirksame Leiterlänge)***

Die Induktionsspannung in einer Spule, die im Magnetfeld bewegt wird, hängt ab von

- der Magnetflußdichte des Feldes,
- der magnetisch wirksamen Länge des Leiters im Magnetfeld,
- der Bewegungsgeschwindigkeit und
- der Anzahl der Spulenwindungen.

Der von der induzierten Spannung angetriebene Induktionsstrom ist so gerichtet, daß er die Magnetflußänderung (und damit die Flächenänderung), d. h. die Bewegung überhaupt aufzuhalten versucht.

Mit der Bewegung muß eine Gegenkraft überwunden werden.

Elektrische Energie, die so erzeugt wird, gewinnt man aus mechanischer Energie (Abb. 8-35).

Mechanische Energie wird in elektrische Energie umgewandelt, wenn eine Leiterschleife (Spule) im Magnetfeld bewegt wird.

Für die Richtungsbestimmung des Induktionsstromes in solchen Anordnungen gilt folgende Merkregel (Rechte-Hand-Regel): Hält man die rechte Hand so in ein ortsfestes Magnetfeld, daß die Feldlinien in den offenen Handteller eintreten und der abgespreizte Daumen in Bewegungsrichtung weist, dann zeigen die ausgestreckten vier Finger in Richtung des Induktionsstromes (Abb. 8-36).

Dieses Prinzip, aus mechanischer Bewegungsenergie unter Zuhilfenahme eines Magnetfeldes elektrische Energie (Spannungsinduktion) zu erzeugen, wird im Generator technisch genutzt. Die Leiterbewegung erfolgt durch Drehen einer Leiterschleife im Uhrzeigersinn (Abb. 8-37).

Die Spannungsinduktion im Bildteil (a) bewirkt die angegebene Stromrichtung. Im mittleren Bildteil (b) bewegen sich die Leiter der Schleife kurzzeitig parallel zu den Feldlinien. Die dem Magnetfeld ausgesetzte wirksame Fläche ändert sich kurzzeitig nicht, so daß keine Spannung induziert wird. Bei fortgesetzter Bewegung wird erneut Spannung induziert (c), jedoch in entgegengesetzter Richtung.

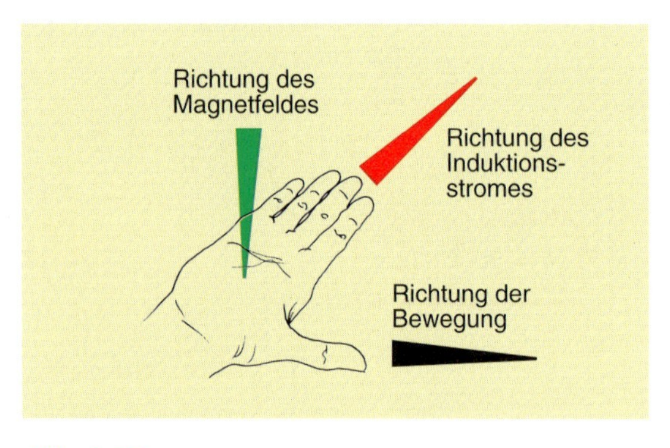

Abb. 8-35 ***Induktionsstrom im bewegten Leiter***

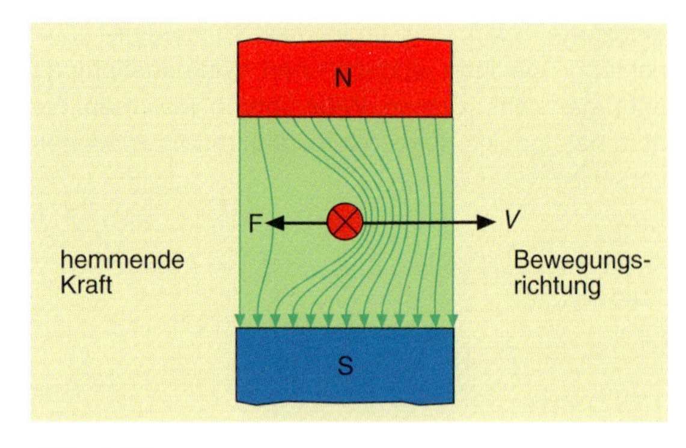

Abb. 8-36 ***Rechte-Hand-Regel (Generatorregel)***

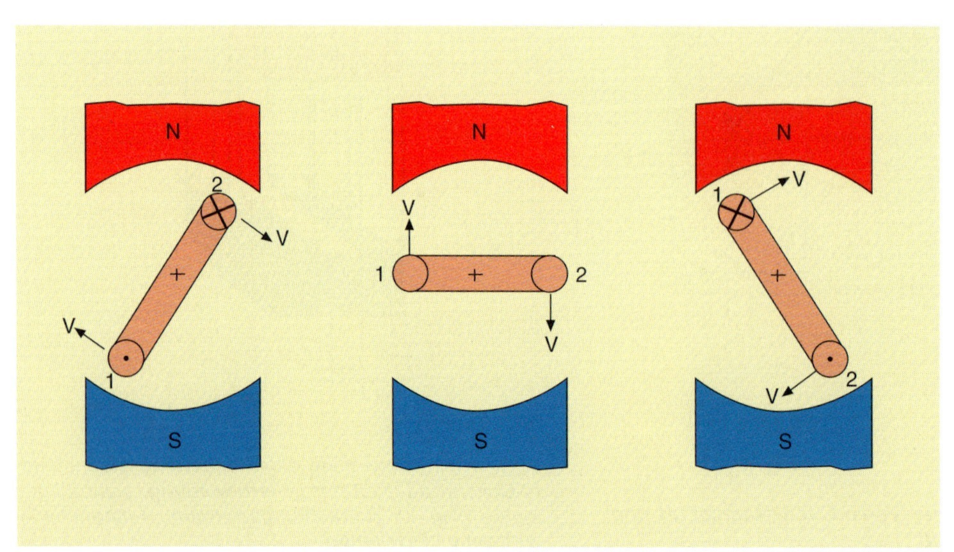

Abb. 8-37 ***Bewegte Leiterschleife im Magnetfeld***

Bei fortlaufender Drehbewegung einer Leiterschleife (Spule) im Magnetfeld wird eine Spannung wechselnder Richtung erzeugt.

Ersetzt man in Gleichung 8–12 die Geschwindigkeit durch

$v = \omega \cdot r$ (mit $\omega = 2\,\pi\,n$)

und die Magnetflußdichte durch

$B = \dfrac{\Phi}{A}$,

folgt $U_Q = N \cdot \dfrac{\Phi}{A} \cdot l \cdot 2\,n \cdot r$.

Alle konstruktiven Größen werden zur Maschinenkonstante *c* zusammengefaßt. Dann heißt diese Gleichung

$$U_Q = c \cdot \Phi \cdot n \qquad \textbf{8–13}$$

Diese Gleichung wird auch allgemeine Generatorgleichung genannt. Der Betrag der in der Spule induzierten Spannung im jeweiligen Augenblick ist umso größer, je kräftiger das Magnetfeld und je höher die Drehzahl *n* ist.

8.4.3 Induktion der Ruhe

In einer Leiterschleife (Spule) wird auch dann eine Spannung induziert, wenn die Spule gegenüber dem Magnetfeld keine andere Lage einnimmt, d. h. wenn die Anordnung zueinander in Ruhe bleibt **(Ruheinduktion)**. Das Magnetfeld, das auf die Spule einwirkt, muß jedoch seine Dichte ändern.

Gegeninduktion

Das in seiner Dichte veränderbare Feld kann in einer anderen Spule erzeugt werden. In diesem Fall spricht man von **magnetischer Kopplung** zweier Spulen.

Die Anordnung in Abb. 8-38 zeigt eine solche Kopplung. Der in Spule 1 erzeugte veränderbare Magnetfluß durchsetzt nahezu vollständige Spule 2. Die Kopplung über dem Eisenkreis ist sehr groß. Man bezeichnet sie als „fest".

Ohne Eisenkreis wäre die Kopplung „lose", nur ein kleiner Teil des Magnetflusses würde die zweite Spule durchsetzen.

Man unterteilt deshalb den in Spule 1 erzeugten Magnetfluß in Koppelfluß Φk und Streufluß Φs. Der Koppelfluß ist ausschlaggebend für die in Spule 2 induzierte Spannung.

Der kausale Zusammenhang ist folgender:

$$\Delta I_1 \rightarrow \Delta \Theta_1 \rightarrow \Delta \Phi_K \rightarrow U_{Q2}$$

Die in der Sekundärspule induzierte Spannung ist abhängig von der Art der Kopplung und von der zeitlichen Änderung des Stromes in der Primärspule.

Verursacht eine Stromänderung in einer Spule eine Spannungsinduktion in einer anderen, zweiten Spule, die mit der ersten magnetisch gekoppelt ist, so nennt man diese Erscheinung gegenseitige Induktion **(Gegeninduktion)**.

Auf diesem Prinzip beruhen alle **Transformatoren**. Mit ihnen werden u. a. in der Leistungselektrotechnik Wechselströme und -spannungen in ihren Beträgen verändert (transformiert).

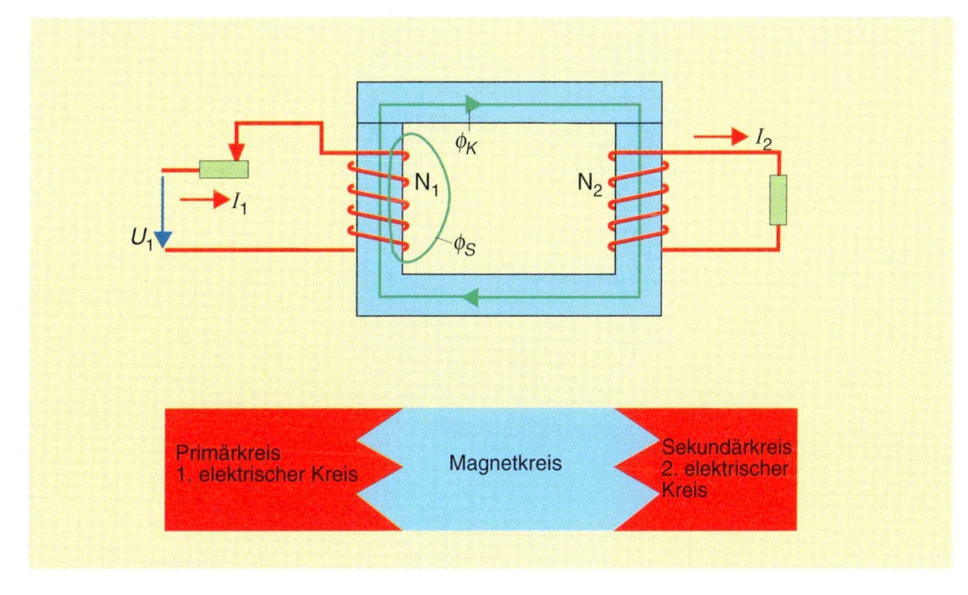

Abb. 8-38
Gegeninduktion

So werden Spannungen erhöht und im gleichen Verhältnis die Stromstärken vermindert. Das ermöglicht, bei erhöhter Spannung eine dadurch nicht veränderte elektrische Energie durch relativ geringe Leiterquerschnitte zu übertragen. Für große Übertragungsstrecken ist ein solche Lösung aus wirtschaftlichen Gründen sehr wichtig. Die beiden Stromkreise des Transformators sind dabei magnetisch gekoppelt, aber elektrische (galvanisch) voneinander getrennt.

Ein Transformator wandelt elektrische Energie mit bestimmten Strom- und Spannungswerten über den Weg der magnetischen Kopplung in elektrische Energie mit meist anderen Strom- und Spannungswerten.

Selbstinduktion

Die erste Spule in Abbildung 8-38 sorgte für einen veränderlichen Magnetfluß. Dieser durchsetzte eine zweite Spule und erzeugte deshalb in dieser eine (Gegen-)Induktionsspannung.

Die Flußänderung ist jedoch nicht nur innerhalb der Spule 2, sondern an jeder Stelle des Magnetkreises vorhanden. Sie wirkt auch innerhalb der Spule 1, die die Änderung erst hervorruft. Folglich wird auch in der felderzeugenden Spule selbst eine Spannung induziert.

Unter **Selbstinduktion** versteht man die Spannungsinduktion in der Spule, die die Magnetflußänderung selbst hervorruft.

Aus dem Induktionsgesetz folgt mit den Gleichungen 8–2 und 8–4 für die Selbstinduktionsspannung in einer Spule

$$U_Q = N \cdot \frac{\Delta \Phi}{\Delta t}$$

$$U_Q = \frac{N}{R_m} \cdot \frac{\Delta \Theta}{\Delta t}$$

$$U_Q = \frac{N^2}{R_m} \cdot \frac{\Delta I}{\Delta t}$$

Faßt man die Spulengrößen zur **Induktivität**

$$L = \frac{N^2}{R_m} \qquad \textbf{8–14}$$

zusammen, so ergibt sich für die Selbstinduktionsspannung

$$U_Q = L \cdot \frac{\Delta I}{\Delta t} \qquad \textbf{8–15}$$

Die Induktivität einer Spule hat die Einheit

$$[L] = 1 \frac{\text{Vs}}{\text{A}} = 1 \text{ H}.$$

Wird in einer Spule bei gleichmäßiger Stromänderung von 1 A in 1 s eine Selbstinduktionsspannung von 1 V erzeugt, so beträgt die Induktivität 1 H.

Unter Einbeziehung der Spulendaten (Gleichungen 8–5 und 8–7) folgt für die Spuleninduktivität

$$L = \frac{N^2 \cdot \mu_0 \cdot \mu_r \cdot A}{l} \qquad \textbf{8–14a}$$

Die Induktivität einer Spule
- wächst mit dem Quadrat der Windungszahl,
- steigt mit zunehmender Permeabilitätszahl und
- hängt von den geometrischen Abmessungen des Magnetkreises ab.

Zusammenschalten von Spulen

Spulen sind Zweipole und können wie Widerstände und Kondensatoren in Reihe, parallel oder gemischt geschaltet werden.

Zur Reihenschaltung von Spulen

Die in Abbildung 8-39 zusammengeschalteten unterschiedlichen Spulen sind magnetisch nicht gekoppelt. Zur Beschreibung des elektrischen Verhaltens einer solchen Reihenschaltung ist es zweckmäßig, die einzelnen Induktivitäten durch eine Gesamtinduktivität zu ersetzen.

Bei den idealen, verlustfreien Spulen der Abbildung 8-39 entstehen keine Spannungsfälle. Es gilt lediglich, die Selbstinduktionsspannungen zu betrachten. Für diese gilt:

$$U_Q = U_{Q1} + U_{Q2} + U_{Q3}$$

bzw. $L \cdot \frac{\Delta I}{\Delta t} = (L_1 + L_2 + L_3) \frac{\Delta I}{\Delta t}$.

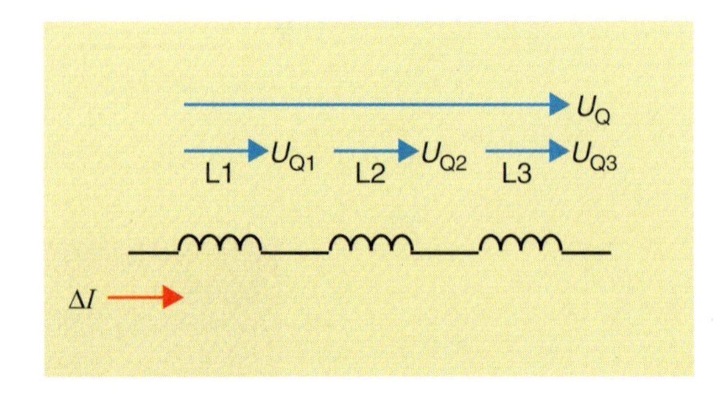

Abb. 8-39 ***Reihenschaltung von Spulen***

Für n in Reihe geschaltete Spulen folgt somit

$$L_{ges} = L_1 + L_2 + \ldots + L_n \qquad \text{8–16}$$

Aus dieser Gleichung leiten wir ab:

- Die Gesamtinduktivität von Spulen ist in der Reihenschaltung stets größer als die größte Einzelinduktivität.
- Durch Zuschalten weiterer Spulen nimmt die Induktivität zu.

Zur Parallelschaltung von Spulen

Die in Abbildung 8-40 parallel geschalteten, magnetisch nicht gekoppelten Spulen sollen durch eine ersetzt werden.

Es gilt nach dem Knotenpunktsatz

$$\frac{\Delta I}{\Delta t} = \frac{\Delta I_1}{\Delta t} + \frac{\Delta I_2}{\Delta t} + \frac{\Delta I_3}{\Delta t}$$

und mit Gleichung 8–15

$$\frac{U_Q}{L} = \frac{U_{Q1}}{L_1} + \frac{U_{Q2}}{L_2} + \frac{U_{Q3}}{L_3}.$$

Wegen der Spannungsgleichheit in der Parallelschaltung ergibt sich für n Spulen

$$\frac{1}{L_{ges}} = \frac{1}{L_1} + \frac{1}{L_2} + \ldots + \frac{1}{L_n} \qquad \text{8–17}$$

Wir erkennen:

- Die Gesamtinduktivität einer Parallelschaltung von Einzelspulen ist stets kleiner als die kleinste Einzelinduktivität.
- Durch Zuschalten weiterer Spulen verringert sich die Gesamtinduktivität.

Strom-Spannungs-Verhalten von Spulen

Stromkreise mit Spulen sind in der Technik häufig anzutreffen. Immer wirken in solchen Stromkreisen auch ohmsche Widerstände, die sich aus dem Innenwiderstand der Stromquelle, dem Widerstand der Zuleitungen, eventuell weiteren Bauelemente-Widerständen, aber auch dem Wicklungswiderstand der Spule selbst zusammensetzen.

Ein solcher Stromkreis soll als die Reihenschaltung einer idealen, widerstandslosen Spule mit der Induktivität L und einem ohmschen Widerstand R, der alle genannten Teilwiderstände ersetzt, aufgefaßt werden (Abb. 8-41).

Hinweis:

Zeitabhängige, also veränderliche Größen werden auch hier, wie bei den vergleichbaren Vorgängen am Kondensator, mit Kleinbuchstaben gekennzeichnet.

Die Selbstinduktionsspannung der Spule wird jetzt u_L genannt.

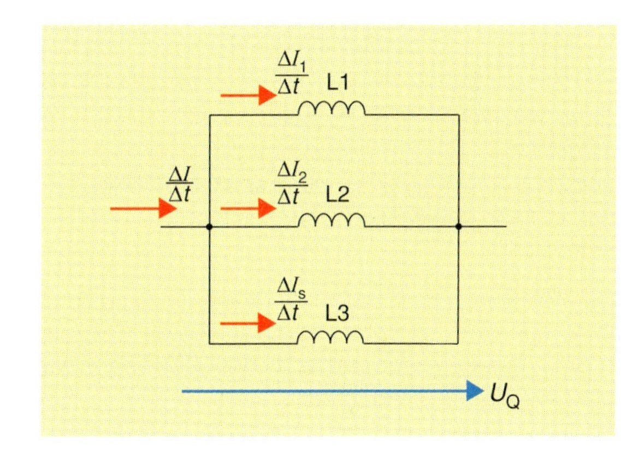

Abb. 8-40 ***Parallelschaltung von Spulen***

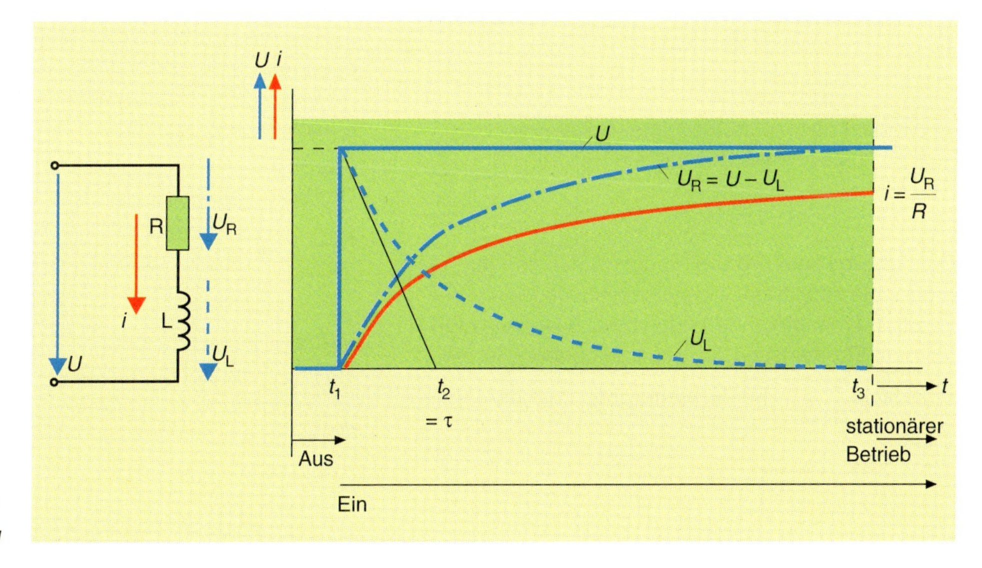

Abb. 8-41
Einschaltvorgang

Wird dem Stromkreis die Spannung U zugeschaltet, beginnt mit einsetzendem Stromfluß in der Spule der Feldaufbau. Dieser sorgt für eine Selbstinduktionsspannung u_L. Diese wirkt auf ihre Ursache zurück, so daß eine sprunghafte Stromänderung ausbleibt.

Der Strom behält folglich im Einschaltaugenblick $t = t_1$ seinen Wert $i = 0$.

Eine ideale Spule hält im ersten Augenblick nach dem Zuschalten an eine Stromquelle die Stromkreisunterbrechung aufrecht.

Damit tritt zunächst kein Spannungsfall über R auf, so daß zum Zeitpunkt t_1 für die Masche gilt:

$$U - u_L = 0$$

oder $$U = u_L .$$

Die Selbstinduktionsspannung über der Spule ist dem Betrag nach gleich der angelegten Spannung.

Im Zeitpunkt t_2 ist die Selbstinduktionsspannung gesunken. Die den Strom antreibende Differenz-Spannung $u_R = U - u_L$ ist angewachsen und mit ihr der Strom i:

Die Selbstindikationsspannung sinkt und läßt in gleichem Maße den Spulenstrom ansteigen.

Das Steigungsmaß der Kurvenverläufe nimmt mit zunehmender Zeit immer mehr ab. Beide Größen, u_L und i, streben nach und nach ihren Endwerten zu, die bei $t = t_3$ praktisch erreicht sind:

$$u_L = 0,\ i = I_{max} = \frac{U}{R}.$$

Die Übergangsvorgänge sind abgeschlossen, und das Magnetfeld der Spule ist aufgebaut. Es stellt sich in der Folgezeit der stationäre Betrieb ein.

Nachdem das Magnetfeld einer Spule aufgebaut ist, wirkt diese elektrisch wie ein Kurzschluß.

Der **Übergangsvorgang** dauert umso länger, je größer die Induktivität L der Spule und je kleiner der im Stromkreis wirkende Widerstand R ist. Das Maß für den Stromanstieg im Schaltaugenblick ist das Verhältnis $\frac{L}{R}$, es wird **Zeitkonstante** τ genannt.

$$\tau = \frac{L}{R} \qquad \textbf{8–18}$$

Ihre Einheit ist

$$[\tau] = \frac{[L]}{[R]} = \frac{1\,\frac{\text{Vs}}{\text{A}}}{1\,\frac{\text{V}}{\text{A}}} = 1\text{ s}.$$

Während der Zeit τ steigt der Spulenstrom auf 63% seines Endwertes. Im gleichen Zeitraum sinkt die Selbstinduktionsspannung auf 37% ihres Anfangswertes.

Wir definieren:

Die Zeitkonstante τ der Reihenschaltung Spule-Widerstand gibt die Zeit an, in der der Spulenstrom auf 63% seines Endwertes gestiegen ist.

Die Veränderungen der elektrischen Größen an der Spule nach dem Einschalten lassen sich mathematische beschreiben:

$$u_L = U \cdot e^{-\frac{t}{\tau}} \qquad \textbf{8–19}$$

$$i = \frac{U}{R}\left(1 - e^{-\frac{t}{\tau}}\right) \qquad \textbf{8–20}$$

Der Übergangsvorgang bis zum stationären Betrieb dauert theoretisch unendlich lange, praktisch ist er nach fünf Zeitkonstanten beendet.

Schaltvorgänge an Spulen dauern praktisch fünf Zeitkonstanten.

Beispiel:
Eine Spule mit der Induktivität L = 200 mH befindet sich in einem Stromkreis, dessen wirksamer Widerstand 20 Ω beträgt. Nach welcher Zeit ist, beginnend mit dem Zuschalten der Stromquelle, der Einschaltvorgang praktisch beendet?

Lösung:
Der Vorgang dauert fünf Zeitkonstanten, also

$$t = 5\,\tau = 5\,\frac{L}{R} = 5\,\frac{200\text{ mH}}{20\ \Omega} = 5\,\frac{200\text{ mVs A}}{\text{A}\cdot 20\text{V}} = 50\text{ ms}.$$

Wird die Spule zum Zeitpunkt $t = t_4$ von der Stromquelle getrennt und über den im Stromkreis wirkenden Widerstand R kurzgeschlossen, fehlt plötzlich die bisher antreibende Spannung U.

In der Masche gilt:

$$u_L = -\,u_R$$
$$u_L = -\,i \cdot R$$

Es wird im Schaltaugenblick eine solch hohe Spannung (entgegengesetzter Richtung) induziert, die den Strom auf gleicher Höhe wie bisher hält. Die Richtungsumkehr der Selbstinduktionsspannung gegenüber dem Einschaltvorgang weist auf die veränderte Rolle der Spule hin: Sie hat jetzt im Stromkreis die Funktion einer Stromquelle übernommen. Zur Zeit t_5 sind u_L und i – absolut betrachtet – stark gesunken. Beide Kurven erreichen nach 5 Zeitkonstanten bei t_6 praktisch ihre Endwerte. Die Spule als Stromquelle ist „erschöpft“, ihr Magnetfeld ist zusammengebrochen (Abb. 8-42).

Die Kurvenverläufe lassen sich wie folgt beschreiben:

$$u_L = -U \cdot e^{-\frac{t}{\tau}} \qquad \textbf{8-21}$$

$$i = \frac{U}{R} \cdot e^{-\frac{t}{\tau}} \qquad \textbf{8-22}$$

Für die Praxis ist der Fall des Öffnens des Spulen-Stromkreises aus dem stationären Zustand heraus, ohne daß ein Umschalten zu einem neuen Stromkreis erfolgt, außerordentlich bedeutsam .

Nach der Beziehung

$$u_L = -i \cdot R$$

entsteht wegen des jetzt sehr hohen Widerstandes im „Stromkreis“ ($R = \infty$) im Schaltaugenblick eine sehr hohe Induktionsspannung. Diese beträgt ein Vielfaches der ursprünglichen Speisespannung. Andere Bauelemente, die sich im Spulenstromkreis befinden, können dadurch beschädigt oder zerstört werden. Am Schalter schlägt die Luftstrecke häufig unter Funkenbildung durch.

Das Abschalten von Spulen im Gleichstromkreis läßt immer hohe Spannungen entstehen, wenn keine schaltungstechnischen Maßnahmen dagegen getroffen werden.

Solche Maßnahmen müssen die im Magnetfeld gespeicherte Energie abbauen, ohne andere Betriebsmittel im Spulenstromkreis zu beschädigen. In einem parallel zum Schalter liegenden Zweig wird, nur zu diesem Zweck, ein Energietransport möglich gemacht (Abb. 8-43).

Das erreicht man mit

- einem Kondensator,
- einem spannungsabhängigen Widerstand (Varistor),
- einem spannungsrichtungsabhängigen Widerstand (Diode).

Der jeweils in Reihe liegende ohmsche Widerstand wirkt strombegrenzend.

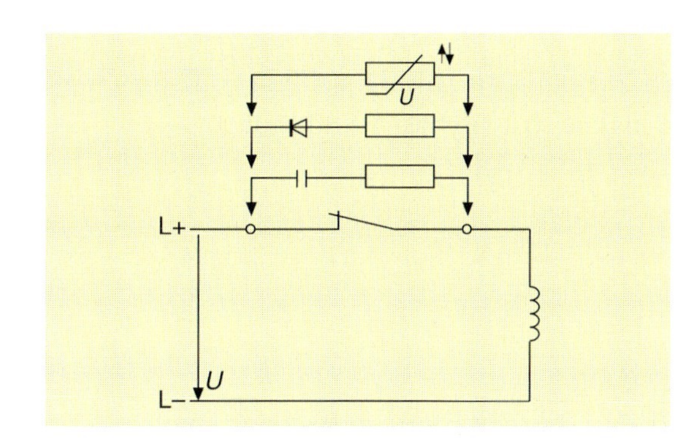

Abb. 8-43 ***Schutzbeschaltung***

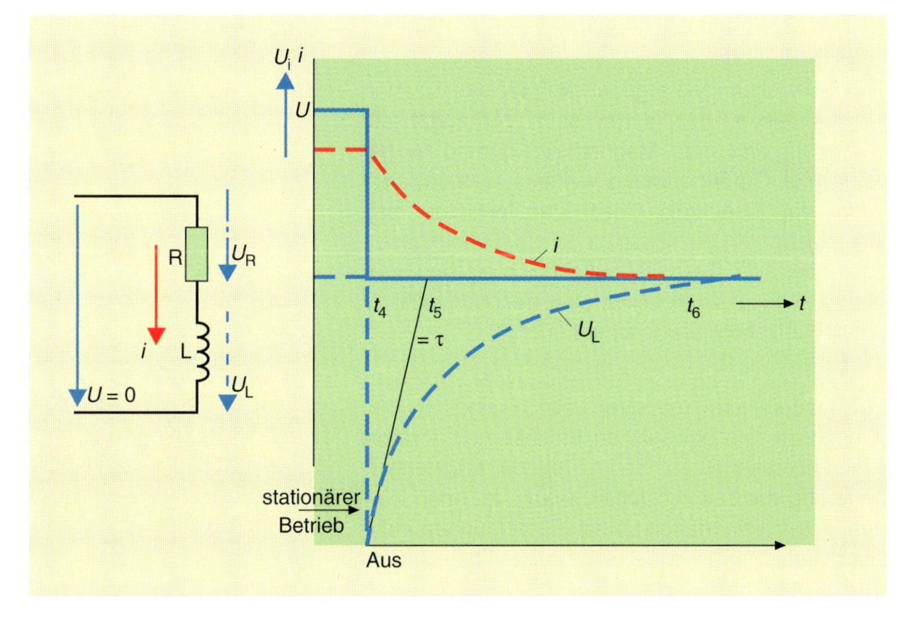

Abb. 8-42
Ausschaltvorgang

Energie des magnetischen Feldes

Magnetische Felder sind (wie alle Felder) Ausdruck **gespeicherter Energien**. Der Vorgang der Energieaufnahme bzw. –abgabe ist an den Aufbau bzw. Abbau des Magnetfeldes gebunden und verläuft wegen der dabei entstehenden Selbstinduktionsspannungen relativ träge. In Analogie zur Feldenergie des elektrischen Feldes ist die Feldenergie des Magnetfeldes

$$W = \frac{1}{2} \cdot L \cdot I^2 \qquad \text{8–23}$$

Ihre Einheit ist

$$[W] = [L] \cdot [I]^2 = 1 \frac{\text{Vs}}{\text{A}} \cdot 1\ \text{A}^2 = 1\ \text{Ws.}$$

Gleichung 8–23 gilt exakt nur für lineare Zusammenhänge zwischen der Feldstärke H und der Magnetflußdichte B bzw. zwischen dem Strom I und dem Magnetfluß Φ. Das ist bei Luftspulen der Fall; bei Spulen mit Eisenkern trifft dies (annähernd) für den Bereich außerhalb der Sättigung zu.

8.4.4 Induktion in massiven Leitern

Jede Spannungsinduktion setzt eine Leiterschleife voraus, die von einem sich ändernden Magnetfluß durchsetzt wird.

Welche Verhältnisse ergeben sich für das Eisen in Magnetkreisen, das durch sein Vorhandensein überhaupt erst eine Magnetflußänderung in gewünschter Größenordnung wirksam werden läßt? Bleibt der Eisenkreis eines Transformators beispielsweise von der Existenz des Induktionsgesetzes unberührt? (Eisen ist bekanntlich ein hervorragender magnetischer Leiter, aber auch ein nicht zu unterschätzender elektrischer Leiter.)

Ein ausgedehnter massiver Leiter – und um den handelt es sich bei solchen Eisenkernen – bietet viele Leiterbahnen an, die im Falle der Magnetflußänderung wie Leiterschleifen wirken. In ihnen werden, wie in linienhaften Leitern, Spannungen induziert, die entsprechende Ströme zur Folge haben (Abb. 8-44).

Wegen ihrer wirbelförmigen Strombahnen heißen diese Induktionsströme in massiven Leitern **Wirbelströme**.

Erkennbar ist in Abb. 8-44, daß sich im Inneren des massiven Leiters die Stromwirbel wegen der unterschiedlichen Richtungen ganz oder teilweise aufheben. An den Randzonen hingegen können sie sich gut ausbilden. Aufgrund des Kurzschlußcharakters der Leitungsbahnen entsteht im Leiter ein beträchtlicher Energieumsatz.

Wirbelströme verursachen in massiven Leitern eine starke Erwärmung.

Im Beispiel des Eisenkerns eines Transformators ändert sich die Dichte des Magnetflusses, nicht die Lage des massiven Leiters. Wirbelströme entstehen auf der Grundlage der Ruheinduktion.

Führt die Bewegung, z. B. die des Läufereisens einer rotierenden elektrischen Maschine, zu ähnlichen Folgen für das Eisen, weil dieses – wegen der Bewegung – einer Magnetflußänderung unterliegt (Abb. 8-45)?

Auch beim Bewegen massiver Leiter im Magnetfeld entstehen Induktionsströme, die sich in Wirbelform kurzschließen. Diese Wirbelströme, die das Magnetmaterial erwärmen, wirken so auf ihre Ursache zurück, daß sie bewegungshemmend (bremsend) wirken.

Die Induktionsvorgänge in großvolumigen Leitern sind denen in linienhaften Leitern gleich.

Induktionsvorgänge in massiven Leitern sind meist unerwünscht, weil mit ihnen Energieverluste ver-

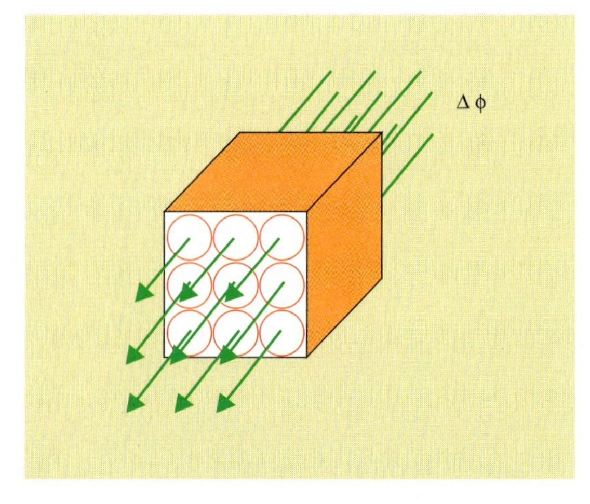

Abb. 8-44 ***Induktionsströme in einer ruhenden Anordnung***

bunden sind. Häufig ist es auch problematisch, die entstehende Wärme rasch abzuführen. Wirbelströme müssen also in ihrer Entstehung behindert werden. Nicht die Magnetflußänderung wird man beseitigen wollen bzw. können, aber auf die wirbelförmigen Leitungsbahnen kann störend Einfluß genommen werden (Abb. 8-46).

Das erreicht man in Eisenkreisen, wenn

- diese aus einzelnen Blechen aufgebaut werden, die elektrisch voneinander isoliert sind durch
  - Isolierstoff-Zwischenlagen,
  - Lackieren,
  - Oxidieren,
- die elektrische Leitfähigkeit des Magnetmaterials vermindert wird unter Beibehaltung der magnetischen Eigenschaften durch Zulegieren von halbleitenden Stoffen (Si).

Die Erscheinung der Wirbelstrombildung wird technisch auch genutzt, z. B. zur

- Abbremsung (mittels „Wirbelstrombremse"),
- Ausschlagdämpfung (bei elektrischen Meßwerken),
- induktiven Erwärmung (durch Wechselfelder).

Der Bremsmagnet in Abb. 8-47 verursacht in der drehenden Aluminiumscheibe Wirbelströme. Diese sorgen durch ihre bremsende Wirkung dafür, daß die Scheibe eine der elektrischen Belastung entsprechende Drehzahl annimmt. Die Anzahl der Umdrehungen der Zählerscheibe wird im Zählwerk erfaßt, das den Energieverbrauch direkt in der Einheit kWh angibt.

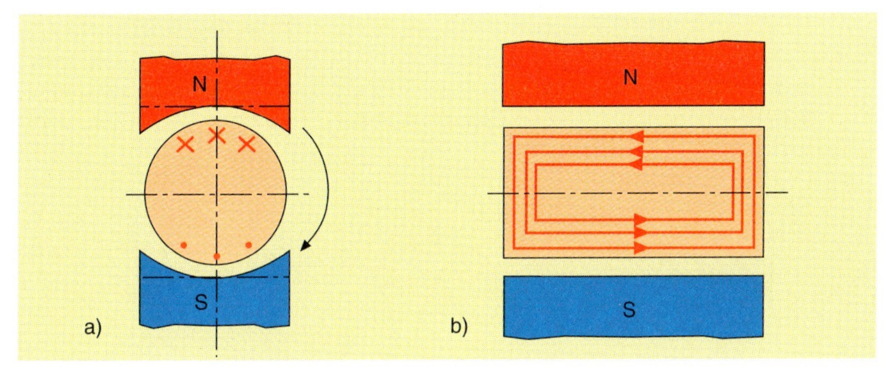

Abb. 8-45
Induktionsströme in einer rotierenden Anordnung
a) Vorderansicht
b) Seitenansicht

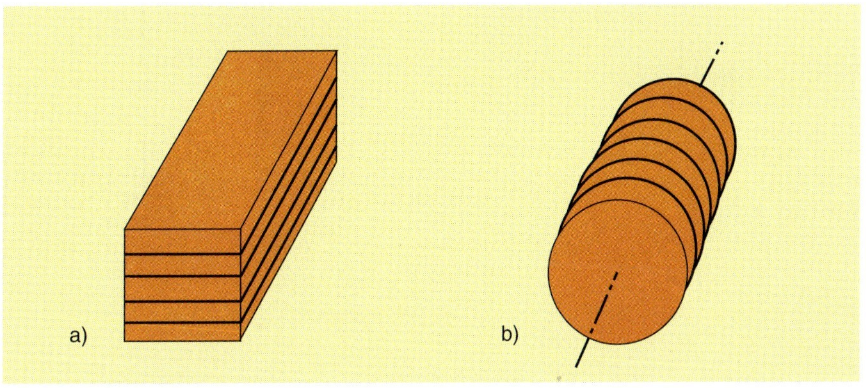

Abb. 8-46
Isolierschichten unterbinden Wirbelstrombildung
a) bei ruhender Anordnung
b) bei bewegter Anordnung

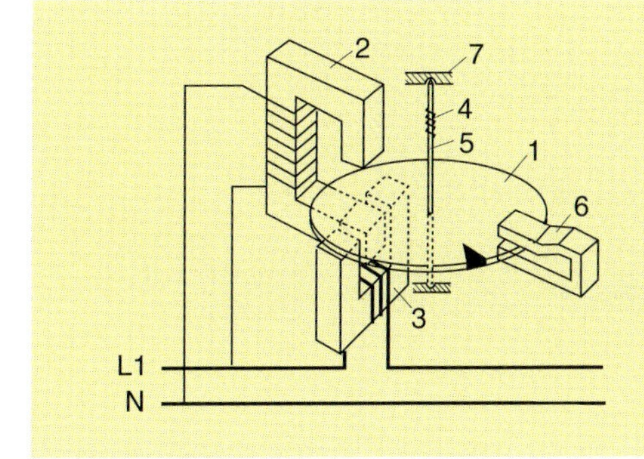

1 Zählertriebscheibe
2 Spannungestriebeisen mit Spannungsspule
3 Stromtriebeisen mit Stromspule
4 Antriebsschnecke für mechanisches Zählwerk
5 Welle
6 Bremsmagnet
7 Lagerung

Abb. 8-47
Abbremsen einer Läuferscheibe im Energiezähler

AUFGABEN

8.1 Ferromagnetische Stoffe sind für den Aufbau magnetischer Kreise von großer Bedeutung. Begründen Sie diese Aussage!

8.2 Ermitteln Sie die Permeabilitätszahlen μ_r für das Elektroblech V 300–50 im Feldstärkebereich

zwischen 0 und 15 $\frac{A}{cm}$.

Nutzen Sie dazu Abb. 8-16.

Stellen Sie μ_r in Abhängigkeit von der Feldstärke grafisch dar!

8.3 Remanenz und Koerzitivfeldstärke sind wesentliche Kriterien für Magnetstoffe. Stellen Sie unter diesem Gesichtspunkt

a) hartmagnetische,
b) weichmagnetische

Werkstoffe gegenüber!

8.4 An den Einspeisestellen in die Fahrleitung elektrisch betriebener Bahnen werden Hörnerableiter benutzt, um mögliche Überspannungen abzuleiten (Abb. 8-48).

Treten beispielsweise durch atmosphärische Aufladungen solche Überspannungen auf, wird die Luftstrecke an der engsten Stelle zwischen den Hörnern durchschlagen und die Überspannung zur Erde abgeleitet.

Zwischen den Hörner entsteht ein Lichtbogen, der nach oben an die Hörnerenden wandert und dort erlischt.

Begründen Sie das Wandern und spätere Verlöschen des Lichtbogens!

Beachten Sie, daß der Lichtbogenstrom von einem Magnetfeld umgeben ist.

8.5 Elektronen werden bei Eintritt in ein Magnetfeld abgelenkt. Bestimmen Sie die Richtung der Ablenkung!

Bedenken Sie, daß die Bewegungsrichtung der Elektronen der definierten Stromrichtung entgegensteht (Abb. 8-49).

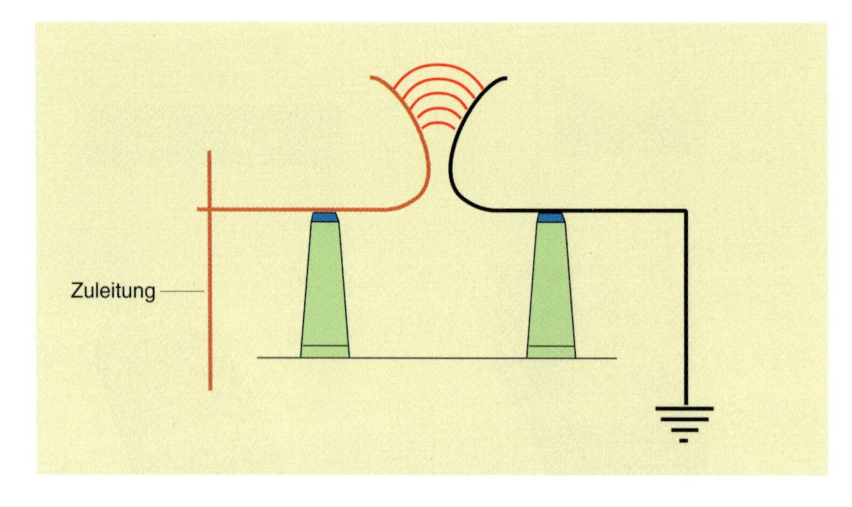

Abb. 8-48
Überspannungsableiter

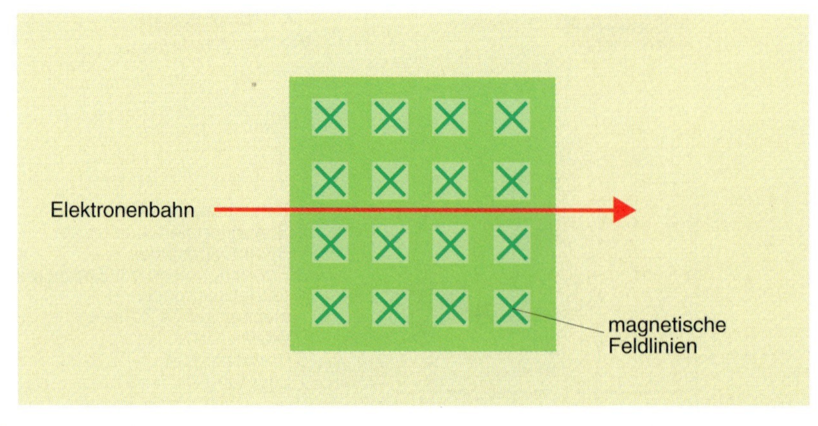

Abb. 8-49
Elektronen im magnetischen Feld

AUFGABEN

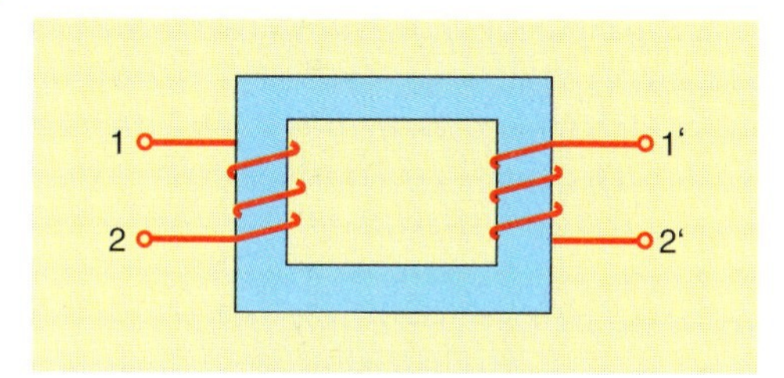

Abb. 8-50 ***Spulen, auf zwei Schenkel verteilt***

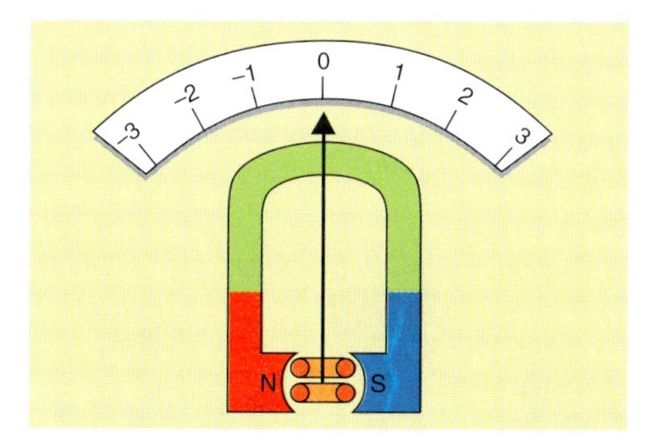

Abb. 8-51 ***Drehspul-Meßwerk für beide Stromrichtungen***

8.6 In der Anordnung nach Abb. 8-50 wurden Spulen auf beide Schenkel aufgebracht. Verbinden Sie die Anschlußstelle so, daß sich die magnetischen Durchflutungen beider Spulen addieren.

Tragen Sie die Richtung für den Magnetfluß ein, indem Sie sich die Stromrichtung selbst vorgeben.

8.7 Von einem Elektromotor wird während des Betriebes ein unterschiedlich großes Drehmoment verlangt. Welche Folgen hat die Zunahme der Last an der Motorwelle auf die Stromaufnahme des Motors?

Geben Sie die Zusammenhänge an!

8.8 Der Zeiger des Drehspul-Meßwerkers soll Stromrichtungen und -stärkewerte anzeigen, die einen Zeigerausschlag nach rechts bewirken.

Legen Sie die Stromrichtung in der Meßspule dafür fest (Abb. 8-51)!

8.9 Begründen Sie, daß auf der Grundlage der beiden in Abbildung 8-52 dargestellten Prinzipien eine Stromkreisunterbrechung im Kurzschlußfall erfolgt!

8.10 Welche elektrischen, mechanischen bzw. magnetischen Größen verknüpfen die
- Rechte-Faust-Regel,
- Rechte-Hand-Regel,
- Linke-Hand-Regel?

Benennen Sie jeweils die Ursachen- und die Wirkungsgröße!

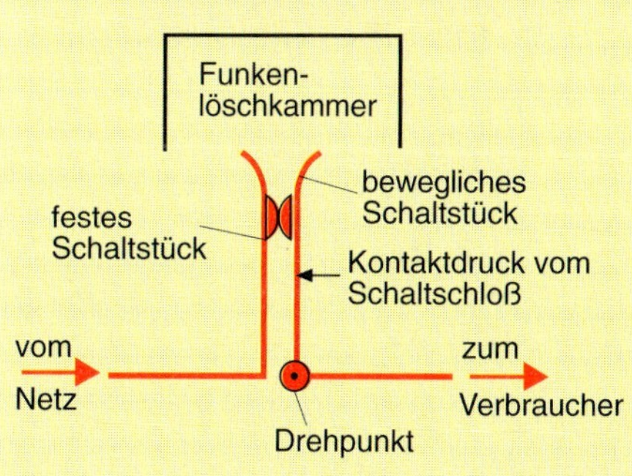

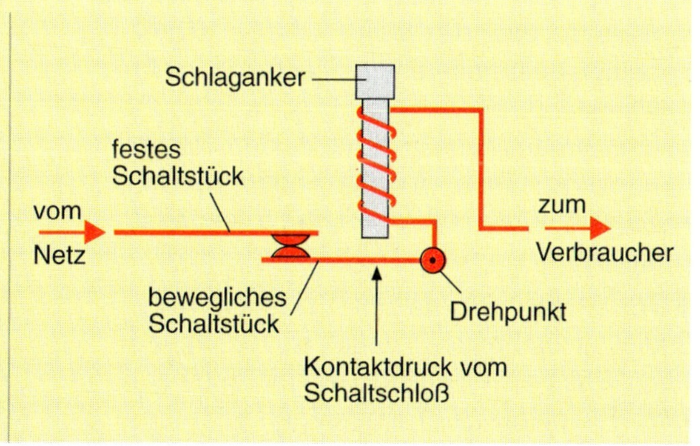

Abb. 8-52 ***Unterbrechung bei Kurzschluß***
a) durch parallel geordnete Schaltstücke ***b) durch Schlaganker***

AUFGABEN

8.11 Durch Magnetflußänderung entsteht in einer Spule der Spannungsverlauf nach Abbildung 8-53. Geben Sie den dafür erforderlichen zeitlichen Verlauf des Magnetflusses an!

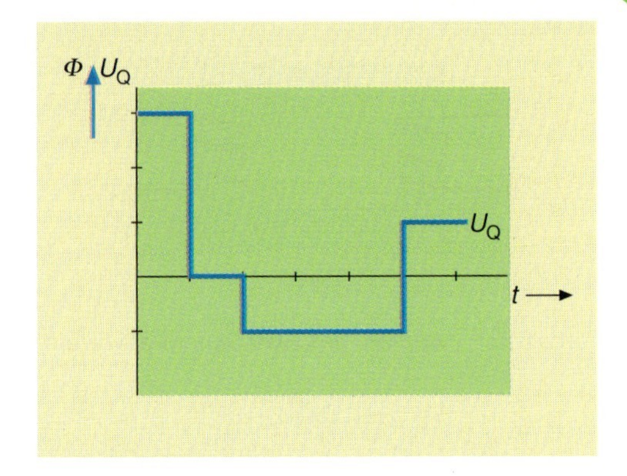

Abb. 8-53 ***Spannungsverlauf infolge Magnetflußänderung***

8.12 Bestimmen Sie in den Anordnungen der Abbildung 8-54 die jeweilige Richtung des Induktionsstromes! Beachten Sie, daß die Generator-Regel von einem feststehenden Magnetfeld ausgeht.

8.13 In Abbildung 8-55 ist ein Relais dargestellt, bei dem über der Arbeitswicklung noch eine zusätzliche Kurzschlußwicklung angebracht ist. Wie beeinflußt diese Zusatzwicklung die Arbeitsweise des Relais beim Anziehen bzw. Abfallen?

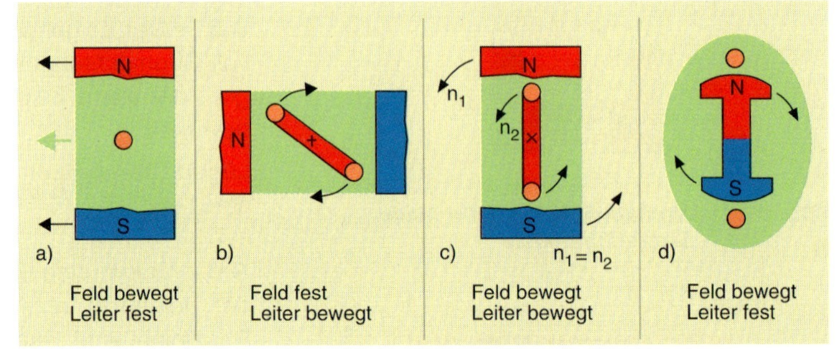

Abb. 8-54 ***Spannungsinduktion durch Bewegungsvorgänge***

8.14 Werden Relais durch Schalttransistoren gesteuert, findet man häufig die Anordnung nach Abbildung 8-56.
Erläutern Sie den Zweck der Diode in der Schaltung!

8.15 In den Abbildungen 8-23 und 8-37 stimmen die Bewegungsrichtung der Leiterschleife und die Feldanordnung überein; die Stromrichtung unterscheidet sich.

a) Treffen Sie mit dieser Feststellung eine Aussage über den Motor- und Generatorbetrieb einer rotierenden elektrischen Maschine.
b) Die Stromrichtung soll in beiden Bildern übereinstimmen. Welche andere(n) Größe(n) müßten in ihrer Richtung verändert werden?

8.16 Stellen Sie die im Eisenkern einer Spule entstehenden Verluste zusammen, wenn diese an Wechselspannung betrieben wird! Stellen Sie die Forderungen oder nennen Sie Maßnahmen, die dem Zweck dienen, diese Verluste zu vermeiden oder wenigstens gering zu halten!

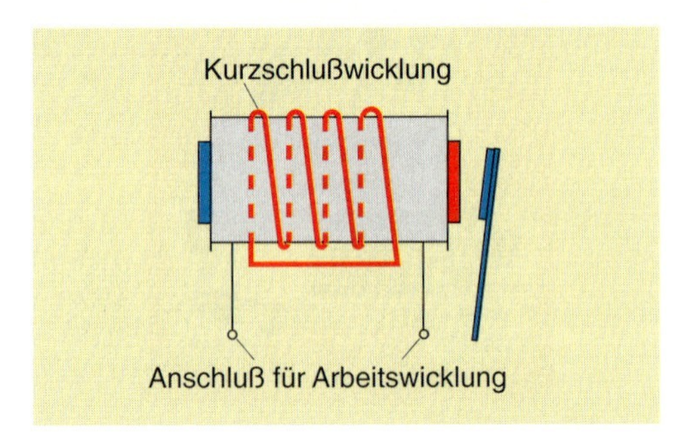

Abb. 8-55 ***Relais mit Kurzschlußwirkung***

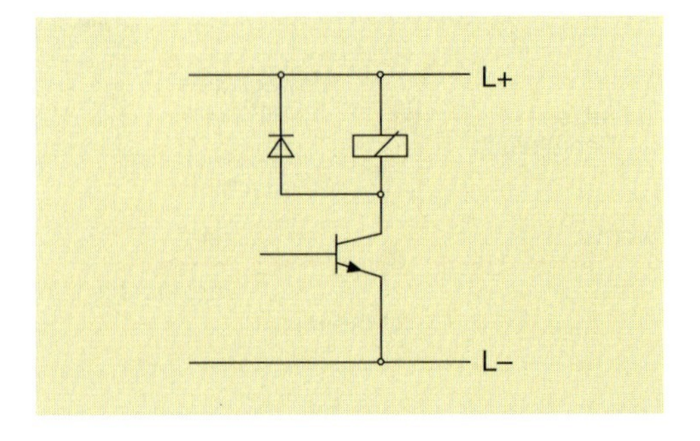

Abb. 8-56 ***Schalttransistor mit Schutzdiode***

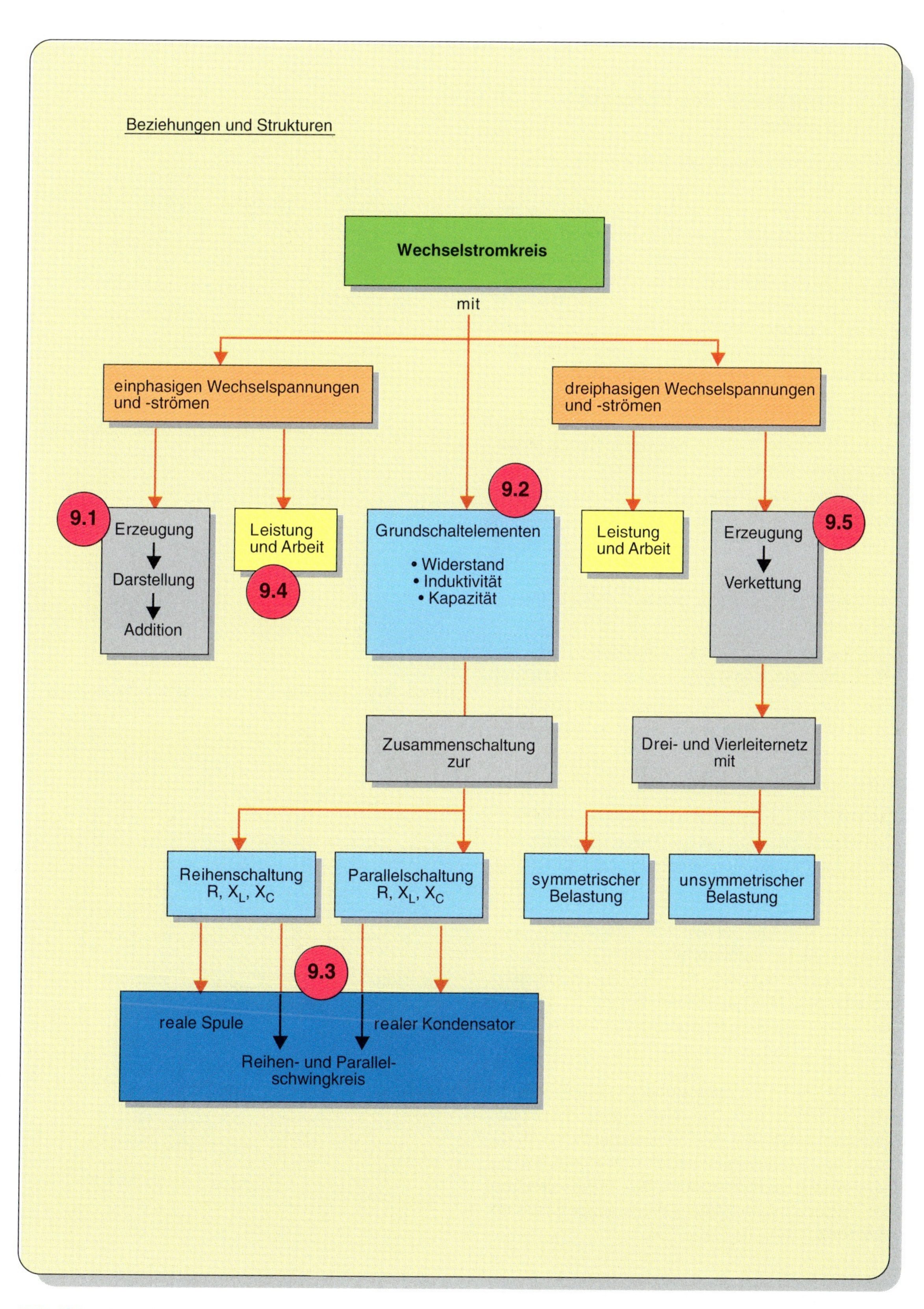

Abb. 9-1 ***Beziehungen und Strukturen***

9.1 Begriffe und Bestimmungsgrößen der Wechselspannung und des Wechselstromes

9.1.1 Merkmale der Wechselgrößen

Die in den vorhergehenden Abschnitten beschriebenen elektrischen Erscheinungen und Gesetzmäßigkeiten wurden durch Gleichspannungen und Gleichströme hervorgerufen. Das sind, wie noch einmal hervorgehoben werden soll, elektrische Größen, die stets die gleiche Richtung und den gleichen Betrag haben. Der zeitliche Verlauf einer in der Abb. 9-2 als Beispiel gegebenen Gleichspannung zeigt deshalb, daß zu jeder Zeit t_1 oder t_2 oder t_3 derselbe Spannungsbetrag von + 24 V vorhanden ist.

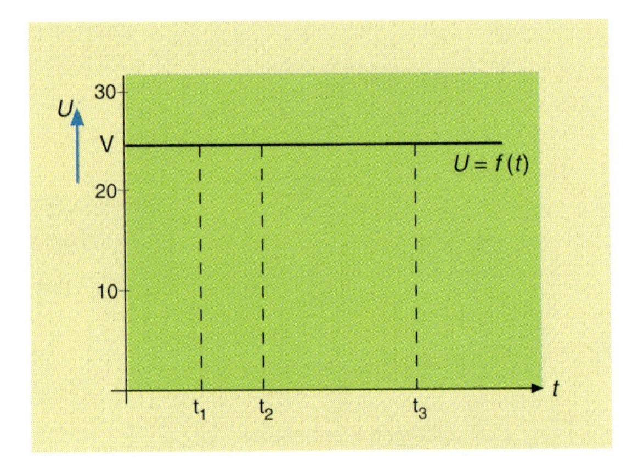

Abb. 9-2 ***Zeitlicher Verlauf einer Gleichspannung***

Bei einer Wechselspannung wechseln dagegen Betrag und Richtung. Exakter müssen folgende Merkmale genannt werden:

Bei einer Wechselspannung bzw. bei einem Wechselstrom

- tritt ein Wechsel der Polarität, d. h. der Richtung auf,
- erfolgen die Wechsel in gleichen Zeitabständen, also periodisch,
- ist der Spannungs- bzw. Strombetrag von der Zeit abhängig, somit eine Funktion der Zeit und
- sind die negativen Beträge gleich den positiven, d. h. der arithmetische Mittelwert ist gleich Null.

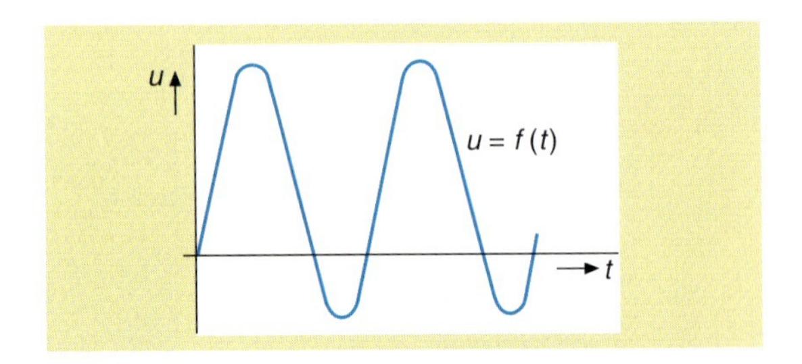

Abb. 9-3 ***Zeitlicher Verlauf einer Mischspannung***

Damit kann definiert werden:

Die Wechselspannung ist eine Spannung, deren Betrag und Richtung sich periodisch ändern und die den arithmetischen Mittelwert Null hat.

Beachten Sie, daß bei Wechselspannungen oder -strömen alle Merkmale erfüllt sein müssen. In der Abb. 9-3 ist deshalb keine Wechselspannung, sondern eine sog. Mischspannung dargestellt. Sie entsteht, wenn eine Gleichspannung durch eine Wechselspannung überlagert wird.

Wer aufmerksam die oben stehende Definition liest, wird feststellen, daß hier nichts über die Spannungsform ausgesagt wird. Unterschiedliche Änderungen des Spannungsbetrages können deshalb zu dreieckförmigen, rechteckförmigen, trapezförmigen oder sinusförmigen Wechselspannungen führen (Abb. 9-4).

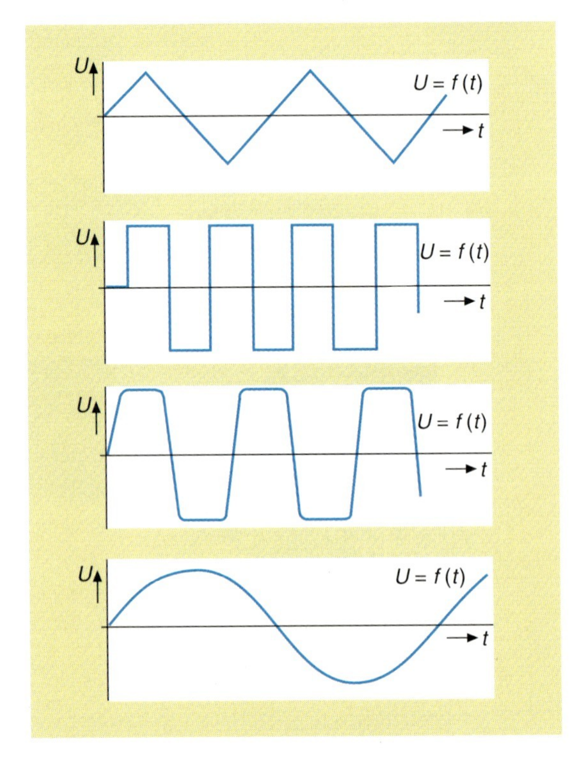

Abb. 9-4 ***Formen der Wechselspannung***

Berechtigt stellt sich die Frage, weshalb die Haushalte und die industriellen Anlagen mit Wechselspannung versorgt werden. Im wesentlichen können drei Vorteile der Wechselspannung gegenüber der Gleichspannung genannt werden:

1. Die in rotierenden Maschinen erzeugte Wechselspannung kann über fest Kontakte abgenommen werden. Höhere Spannungen und Belastungsströme sind möglich. Wechselstromgeneratoren können deshalb für wesentlich größere Nennleistungen als Gleichstromgeneratoren gebaut werden.
2. Wechselspannungen können auf jede gewünschte Spannungshöhe transformiert werden. Die Übertragung elektrischer Energie mit hoher Spannung über größere Entfernungen wird wirtschaftlich.
3. Es können einfache und robuste Wechselstrommotoren gebaut werden.

Zum anderen können bei Bedarf jederzeit Gleichspannungen bereitgestellt werden, da durch die hochentwickelte Halbleitertechnik Wechselspannungen einfach und wirtschaftlich gleichgerichtet werden können.

9.1.2 Erzeugung von Sinusspannungen

Unter den verschiedenen Formen der Wechselspannung nimmt die sinusförmige, kurz Sinusspannung genannt, eine besondere Stellung ein. Ihre Vorzüge bestehen in folgendem:

- Sinusspannungen treiben in Stromkreisen mit Widerständen, Spulen und Kondensatoren wiederum sich sinusförmig ändernde Ströme (Sinusströme) an.
- Die Spannungen und Ströme ändern sich ohne Spitzen und Sprünge.
- Die drahtgebundene Energieübertragung und Transformierung ist im Vergleich zu anderen Spannungsformen mit dem relativ geringsten Materialaufwand möglich.
- Der Verlauf von Spannung, Strom und Leistung kann mathematisch und auch grafisch leicht erfaßt werden.

Prinzipiell kann die Sinusspannung durch die Drehung einer Leiterschleife im parallelhomogenen Magnetfeld erzeugt werden (Abb. 9-5).

Der Anfang und das Ende der Leiterschleife sind an zwei gegeneinander isolierte Schleifringe geführt, auf denen die Kohlebürsten A und B schleifen. Wird an sie ein Drehspulinstrument angeschlossen, entstehen beim langsamen Drehen der Leiterschleife Zeigerausschläge in wechselnder Richtung.

Betrachten wir diesen Vorgang etwas genauer. In den Abb. 9-6 a bis 9-6 d sind die an der Spannungserzeugung beteiligten Leiterteile a und b jeweils nach einer Linksdrehung um 90° dargestellt.

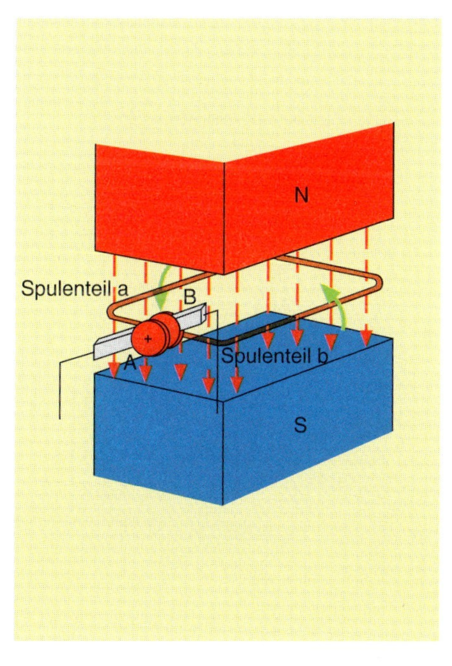

Abb. 9-5 ***Erzeugen einer Sinusspannung***

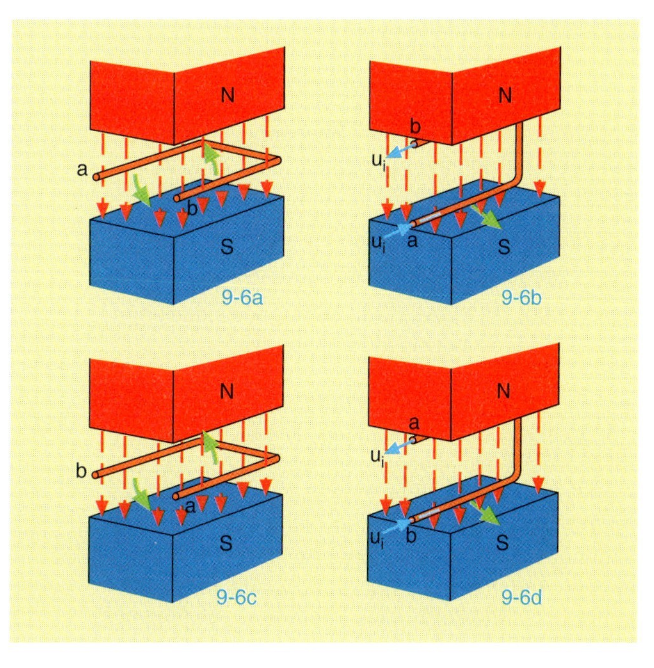

Abb. 9-6 ***Drehung der Leiterschleife***

Nach dem Induktionsgesetz müssen die Leiterteile a und b die Feldlinien durchlaufen, wenn eine Spannung entstehen soll.

In den Stellungen a) und c) bewegen sich die Leiterteile kurzzeitig parallel zu den Feldlinien. Der Spannungsbetrag ist deshalb in beiden Fällen Null.

Mit der Rechten-Hand-Regel kann bestimmt werden, daß in den Stellungen b) und d) die Induktionsströme und damit auch die Induktionsspannungen unterschiedliche Richtungen haben. Damit ist bewiesen, daß eine Wechselspannung induziert wird. Daß es eine sinusförmige ist, soll mit Hilfe des Bildes 9-7 erläutert werden.

Bei der Induktion der Bewegung ist der Betrag der induzierten Spannung dann

$U_i = B \cdot l \cdot v$, wenn die Feldlinien (Feldliniendichte B), der Leiter (Leiterlänge l) und das „Schneiden" der Feldlinien (Geschwindigkeit v) senkrecht zueinander verlaufen.

Bei einer konstanten Umfangsgeschwindigkeit v_U der Leiterteile a und b ist jedoch die Geschwindigkeitskomponente v, die senkrecht zu den Feldlinien steht, von der Stellung der Leiterschleife, damit vom Drehwinkel abhängig.

Aus der Mathematik wissen wir, daß im rechtwinkligen Dreieck das Verhältnis aus Gegenkathete zur Hypotenuse der Sinus des Winkels ist, also

$$\frac{v}{v_U} = \sin\alpha \quad \text{und} \quad \frac{v'}{v_U} = \sin\alpha' \text{ bzw.}$$

$$v = v_U \cdot \sin\alpha \quad \text{und} \quad v' = v_U \cdot \sin\alpha'.$$

Damit wird $U_i = B \cdot l \cdot v_U \cdot \sin\alpha$ und $U_i' = B \cdot l \cdot v_U \cdot \sin\alpha'$.

Der Betrag der induzierten Spannung ändert sich mit dem Drehwinkel. Es entsteht eine Sinusspannung.

Aus der Abb. 9-7 ist deutlich zu erkennen, daß für $\alpha' > \alpha$ auch $v' > v$ und damit $U_i' > U_i$ ist.

Bei $\alpha = 90°$ ist $v = v_U$. Der Betrag der induzierten Spannung erreicht seinen Höchstwert.

In der Praxis kann die Anordnung der Abb. 9-7 nicht zur Spannungserzeugung genutzt werden, da der magnetische Widerstand sehr groß und damit die Flußdichte sehr klein ist. Man muß deshalb Generatoren mit einem kleinen Luftspalt bauen. Bei einer Drehbewegung entsteht dann keine exakte sinusförmige Änderung. Die Abweichung von der mathematischen Sinusform wird durch eine besondere Spulenanordnung im Generator und durch die Konstruktion der Polschuhe sehr klein gehalten.

Beachten Sie: Im folgenden werden die Wechselspannungen und die Wechselströme immer als sinusförmige Größen betrachtet!

9.1.3 Kenngrößen der sinusförmigen Wechselspannungen und -ströme

Der bei einem beliebigen Drehwinkel entstehende Spannungsbetrag wird als

- **Augenblickswert** oder Momentanwert bezeichnet. Diese werden stets mit kleinen Buchstaben, z. B. u, i oder p geschrieben und sind eine Funktion des Drehwinkels α. In der Elektrotechnik wird dieser Winkel nicht nur in Grad (0°; 90°; 180°; 270°; 360° ...), sondern auch im Bogenmaß (0; $\frac{\pi}{2}$; π; $\frac{3}{2}\pi$; 2π ...) angegeben.

Da zu einem Winkel von 360° ein vollständiger Kreis mit einem Umfang von $2 \cdot \pi \cdot r$ gehört, sind bei einem Radius = 1 (Einheitskreis) der Winkel $\alpha = 360°$ dem Winkel im Bogenmaß $\widehat{\alpha} = 2 \cdot \pi$ gleichzusetzen. Die Umrechnung jedes beliebigen Winkels ist dann mit der Proportionsgleichung

$$\alpha : 360° = \widehat{\alpha} : 2 \cdot \pi$$

vorzunehmen.

Das Bild der Funktion $u = f(\alpha)$ oder $u = f(\widehat{\alpha})$ ist die Sinuskurve (Abb. 9-8). In ihr ist neben den Augenblickswerten u_1, u_2 und u_3 auch der

- **Scheitelwert** û (lies: u Dach) oder Höchst- bzw. Maximalwert eingetragen. Er wird dann erreicht, wenn die Leiterschleife (Abb. 9-7) senkrecht steht. Der Drehwinkel beträgt 90° bzw. 270°, so daß in der Gleichung

$u = B \cdot l \; v_u \cdot \sin\alpha$ für $\sin 90° = 1$

$u = \hat{u}$ und

$\hat{u} = B \cdot l \cdot v_u$ beträgt.

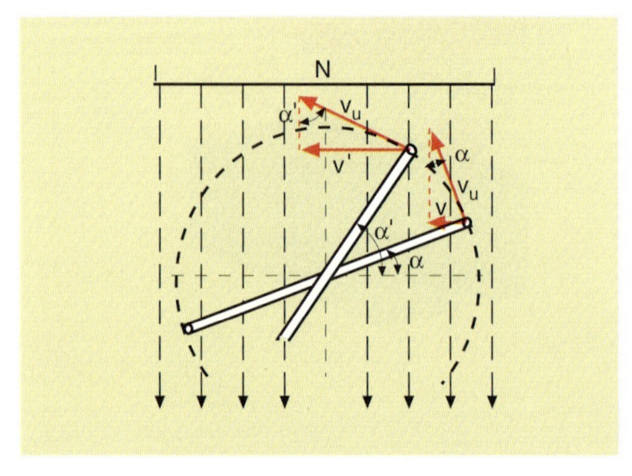

Abb. 9-7 ***Nachweis für das Entstehen einer Sinusspannung***

Da im unveränderlichen Magnetfeld die Leiterschleife mit der damit konstruktiv vorgegebenen Leiterlänge gleichmäßig umläuft, müssen die Größen B, l und v_u damit der Scheitelwert $\hat{u}$ als konstant angesehen werden. Dagegen werden sich die Augenblickswerte nach den folgenden Funktionsgleichungen für

	die Wechselspannung	und	den Wechselstrom	
	$u = \hat{u} \cdot \sin \alpha$		$i = \hat{\imath} \cdot \sin \alpha$	**9-1**
bzw.	$u = \hat{u} \cdot \sin \widehat{\alpha}$		$i = \hat{\imath} \cdot \sin \widehat{\alpha}$	

ändern.

Nach Ablauf einer vollständigen Drehung einer Leiterschleife ($\alpha = 360°$) ist eine

- **Schwingung** entstanden, die aus einer positiven und negativen Halbwelle besteht (Abb. 9-9). Zu einer Schwingung gehören somit stets zwei Wechsel.

Die Zeit für den Ablauf einer Schwingung wird als

- **Periodendauer** T bezeichnet. Sie wird in Sekunden gemessen:

$$[T] = 1 \text{ s}.$$

Mit

- **Phase** kennzeichnet man bei periodischen Vorgängen den Schwingungszustand zu einem Zeitpunkt t (Abb. 9-9), der sich jeweils in den Zeitabständen T wiederholt. Der zugehörige Winkel heißt Phasenwinkel.

In der Abb. 9-10 sind die Spannungen A und B dargestellt, die sich in den Scheitelwerten und in der Zeit für den Ablauf einer Schwingung unterscheiden:

$$\hat{u}_A < \hat{u}_B$$
$$T_A > T_B$$

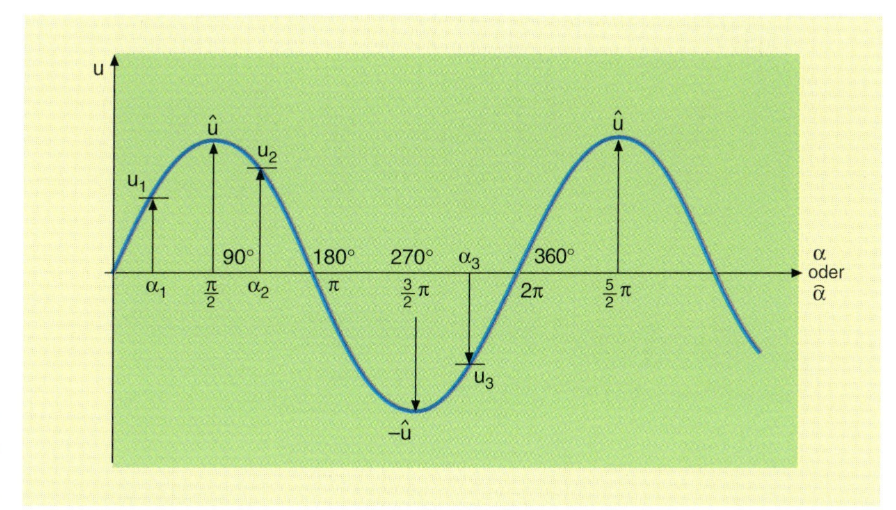

Abb. 9-8
Funktionale Abhängigkeit der Augenblickswerte

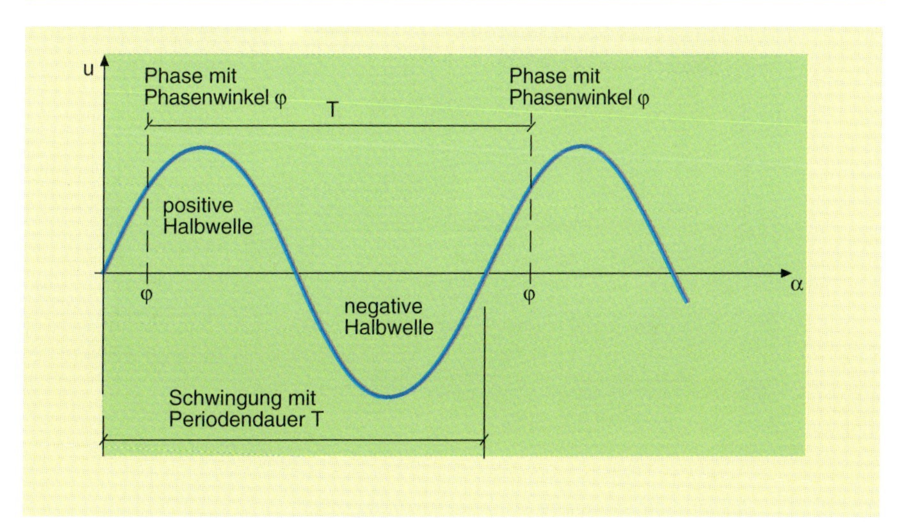

Abb. 9-9
Periodendauer und Phase einer Wechselspannung

Da eine Schwingung der technisch gebräuchlichen Wechselspannungen sehr schnell abläuft, sind die Werte der Periodendauer sehr klein und unhandlich. Deshalb ist es günstiger, wenn man nicht

die Zeit pro Schwingung
sondern
die Anzahl der Schwingungen pro Zeiteinheit angibt.

Dazu zwei Beispiele anhand der Abb. 9-10.

Schwingung	A	B
Periodendauer	T_A =0,02 s	T_B = 0,01 s
Anzahl der Schwingungen in 1 Sekunde	1 : 0,02 = 50	1 : 0,01 = 100

Es ergibt sich eine der wesentlichen Kenngrößen einer Wechselspannung bzw. eines Wechselstromes.

Die ● **Frequenz** f ist die Anzahl der Schwingungen in einer Sekunde. Sie ist, wie aus den oberen Zahlenwerten zu erkennen ist, der Kehrwert der Periodendauer T

$$f = \frac{1}{T} \qquad \textbf{9-2}$$

und hat die Einheit $[f] = \frac{1}{\text{s}} = 1$ Hz (Hertz) nach dem deutschen Physiker Heinrich Hertz (1857–1894).

Der technische Wechselstrom der deutschen Energieversorgungssysteme hat eine Frequenz von 50 Hz. Die Bahnfrequenz der Deutschen Bahn beträgt dagegen nur ein Drittel, nämlich 16 $^2/_3$ Hz. Anwendungsbereiche unterschiedlicher Frequenzen sind in der Abb. 9-11 dargestellt.

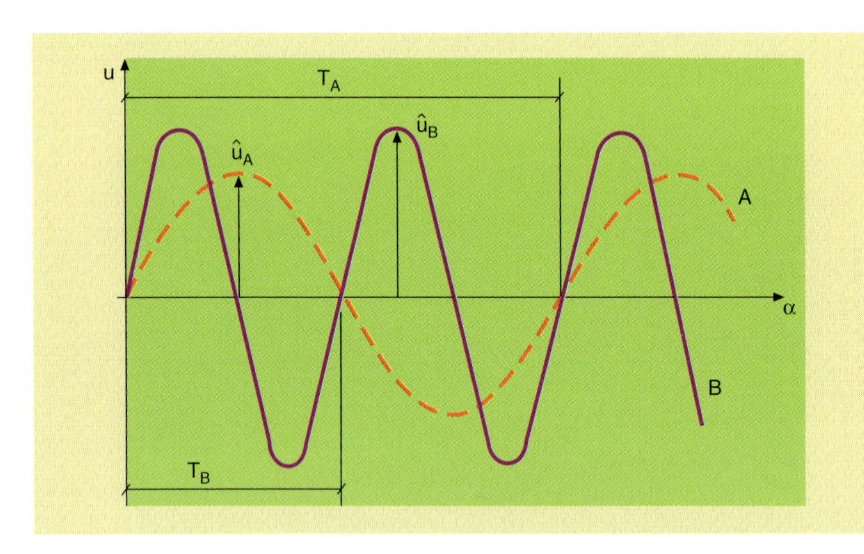

Abb. 9-10 ***Spannungen unterschiedlicher Größe und Schwingungszahl***

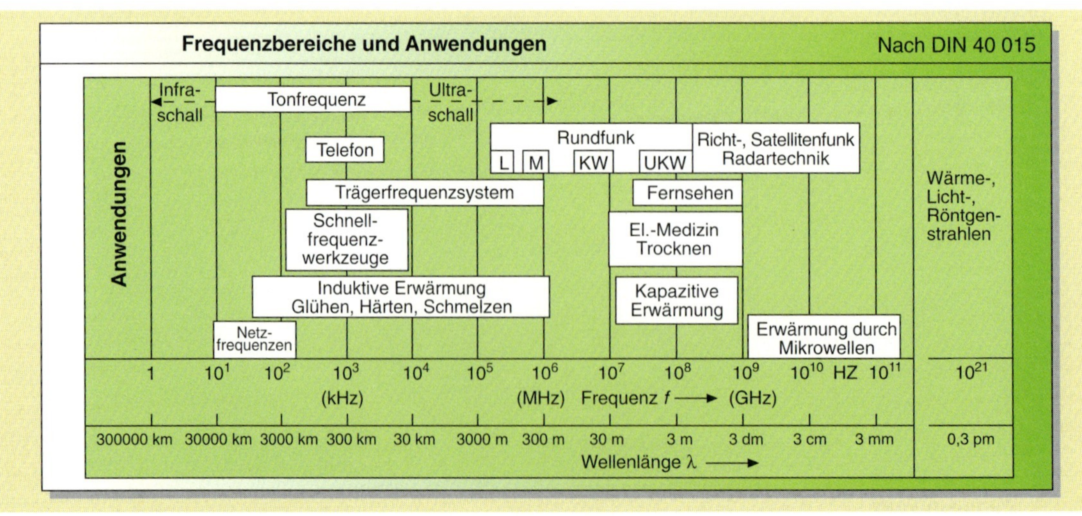

Abb. 9-11 ***Anwendungsbereiche technischer Frequenzen***

Vergegenwärtigen wir uns noch einmal das Erzeugen einer Sinusspannung, wie es in der Abb. 9-5 dargestellt ist.

Führt die Leiterschleife in einer Sekunde eine Umdrehung aus, entsteht eine Schwingung pro Sekunde, also die Frequenz $f = 1$ Hz. Bei 5 Umdrehungen entstehen 5 Schwingungen pro Sekunde, also $f = 5$ Hz und bei 50 Umdrehungen die Frequenz $f = 50$ Hz.

– Die Frequenz f ist somit direkt proportional der Drehzahl n.

Eine Verdopplung der Frequenz entsteht aber auch, wenn die Leiterschleife bei einer Umdrehung pro Sekunde sich in einem vierpoligen Feld – zwei Polpaare – drehen würde (Abb. 9-12).

In einer Sekunde entstehen dann 2 Schwingungen, bei 3 Polpaaren 3 Schwingungen.

– Die Frequenz f wird auch von der Polpaarzahl p bestimmt.

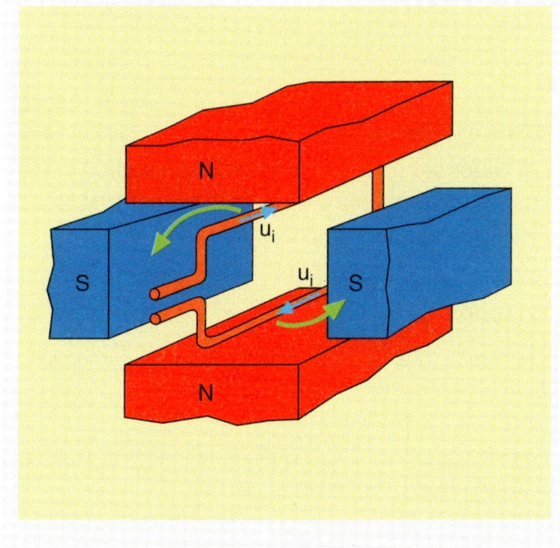

Abb. 9-12 ***Leiterschleife im vierpoligen Feld***

Werden beide Aussagen zusammenfaßt, ist

$$f = p \cdot n \qquad \textbf{9–3}$$

Die technische Frequenz von 50 Hz kann damit in Wechselstromgeneratoren nur mit bestimmten Drehzahlen erreicht werden, da die Polpaarzahl p immer eine ganz Zahl ist:

$f = 50$ Hz
mit $n = 3000\ \text{min}^{-1}$ oder $n = 50\ s^{-1}$ bei $p = 1$
mit $n = 1500\ \text{min}^{-1}$ oder $n = 25\ s^{-1}$ bei $p = 2$.

Die Drehzahl der Leiterschleife bestimmt nicht nur die Frequenz der induzierten Spannung, sondern auch ihre Größe. Um von den Abmessungen der Leiterschleife unabhängig zu sein, wählt man deshalb als Geschwindigkeitsangabe die

Winkelgeschwindigkeit $\omega = \frac{\widehat{\alpha}}{t}$.

Sie ist der in der Zeiteinheit durchlaufene Winkel im Bogenmaß. Bei einem Drehwinkel $\widehat{\alpha} = 2\,\pi$, also einer vollständigen Umdrehung, entsteht in der Zeit $t = T$ eine Schwingung.

Es wird $\omega = \frac{2\,\pi}{T}$.

Mit der Gleichung (9–4) entsteht die für Wechselgrößen wichtige Geschwindigkeitsgröße, die

● **Kreisfrequenz**

$$\omega = 2 \cdot \pi \cdot f \qquad \textbf{9–4}$$

Sie hat die Einheit $[\omega] = \frac{1}{s} = 1 \cdot s^{-1}$.

Wird in die Funktionsgleichung (9-1) des Augenblickswertes
$u = \hat{u} \cdot \sin \alpha$ für $\alpha = \omega \cdot t$ gesetzt, entsteht das Sinus-Zeit-Gesetz der Wechselstromtechnik:

$$u = \hat{u} \cdot \sin \omega \cdot t \quad \text{oder} \quad i = \hat{\imath} \cdot \sin \omega \cdot t \qquad \textbf{9–5}$$

Beachten Sie, daß der Sinus vom Produkt $\omega \cdot t$, also vom Winkel im Bogenmaß bestimmt werden muß. Stellen wir noch einmal die Gleichungen (9–1) und (9–5) gegenüber:

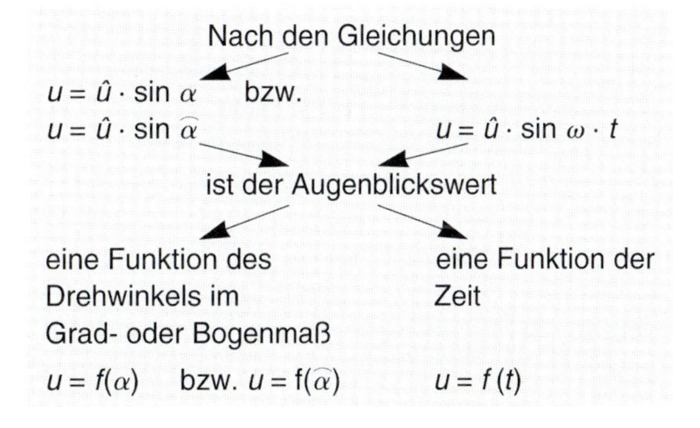

Diese Identität der Gleichungen ist auch der Grund, weshalb in den Abb. 9-9 und 9-10 in Richtung der Abszissenachse mit dem Winkel α als unabhängige Veränderliche die Periodendauer als Zeitgröße angegeben wurde.

Lösungsbeispiel:

Wieviel ms nach dem Nulldurchgang bzw. bei welchem Drehwinkel der Leiterschleife hat eine Wechselspannung von 50 Hz mit einem Scheitelwert von 311 V einen Augenblickswert von 218 V?

gegeben: $\hat{u} = 311\ \text{V}$, $f = 50\ \text{Hz}$, $u = 218\ \text{V}$ — gesucht: $t = ?$, $\alpha = ?$

Lösung: $u = \hat{u} \cdot \sin\alpha$

$$\sin\alpha = \frac{u}{\hat{u}} \quad \sin\alpha = \frac{218\ \text{V}}{311\ \text{V}} \quad \sin\alpha = 0{,}7009$$

$$\underline{\underline{\alpha = 44{,}5°}}$$

$$\alpha: 360° = \widehat{\alpha} : 2\pi$$

$$\widehat{\alpha} = \frac{\alpha \cdot \pi}{180°} \qquad \underline{\underline{\widehat{\alpha} = 0{,}7767}}$$

$$\widehat{\alpha} = \omega \cdot t \qquad \omega = 2 \cdot \pi \cdot f$$

$$t = \frac{\widehat{\alpha}}{2 \cdot \pi \cdot f} \quad t = \frac{0{,}7767}{2 \cdot \pi\, 50 \cdot \text{s}^{-1}} \quad \underline{\underline{t = 2{,}47\ \text{ms}}}$$

Der Augenblickswert von 218 V wird erreicht, wenn die Leiterschleife sich in 2,47 ms um einen Winkel von 44,5° gedreht hat (Abb. 9-13).

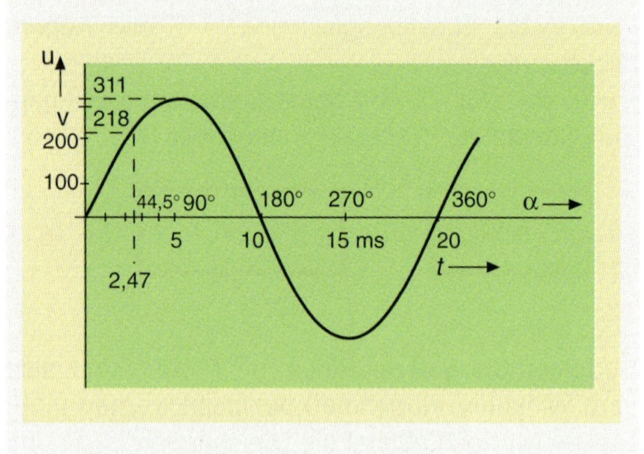

Abb. 9-13 ***Drehwinkel und Zeitdauer***

Während im Gleichstromkreis die Spannung und die Stromstärke konstante Werte haben, ändern sich die Wechselstromwerte dauernd zwischen dem positiven und dem negativen Scheitelwert. Trotz dieser schwankenden Werte unterscheidet sich die Wirkung eines Wechselstromes z. B. in den Heizgeräten nicht von der Wirkung eines Gleichstromes. Der Wert eines Wechselstromes, der die gleiche Wirkung, den gleichen Effekt wie ein Gleichstromwert hervorruft, ist der sog.

- **Effektivwert.** Er ist, wie in der Tab. 9-1 nachgewiesen wird, der quadratische Mittelwert.

Die Wärmearbeit entspricht der Fläche zwischen der I^2-Kurve und der Zeitachse. Die Gleichheit der Flächen, damit die Übereinstimmung der Gleichstromarbeit mit der Wechselstromarbeit, führt zu folgendem Ergebnis:

$$I^2 \cdot T = \frac{\hat{i}^2}{2} \cdot T \Rightarrow I^2 = \frac{\hat{i}^2}{2}$$

$$I = \frac{\sqrt{\hat{i}^2}}{\sqrt{2}} \qquad I = \frac{\hat{i}}{\sqrt{2}}$$

Da $\sqrt{2} = 1{,}414$ und $\frac{1}{\sqrt{2}} = 0{,}707$ ist, beträgt der Effektivwert von Stromstärke und auch Spannung das 0,707fache des Scheitelwertes.

$$I = \frac{\hat{i}}{\sqrt{2}} \qquad I = 0{,}707 \cdot \hat{i}$$

$$U = \frac{\hat{u}}{\sqrt{2}} \qquad U = 0{,}707 \cdot \hat{u} \qquad \textbf{9-6}$$

Beachten Sie: Der Betrag eines Wechselstromes oder einer Wechselspannung wird grundsätzlich als Effektivwert angegeben, Angaben auf Leistungsschildern und in technischen Unterlagen oder Skalenwerte der Meßinstrumente sind Effektivwerte.

Lösungsbeispiel:

Mit welchem Maximalwert wird die Isolation eines Hochspannungsmotors beansprucht, dessen Nennspannung mit 6 kV angegeben wird?

gegeben: $U = 6\ \text{kV}$ — gesucht: $\hat{u} = ?$

Lösung:

$$U = \frac{\hat{u}}{\sqrt{2}} \quad \hat{u} = U \cdot \sqrt{2} \quad \hat{u} = 6 \cdot \text{kv} \cdot 1{,}414$$

$$\underline{\underline{\hat{u} = 8{,}484\ \text{kV}}}$$

Die Isolation wird periodisch mit dem Scheitelwert von 8,848 kV beansprucht.

Eine weniger bedeutende Rolle spielt der Mittelwert einer Halbwelle. Er wird als

- **linearer oder elektrolytischer Mittelwert** auch Gleichrichtwert bezeichnet und beträgt

$$\bar{i} = \frac{2}{\pi} \cdot \hat{i}$$

Mit $\frac{2}{\pi} = 0{,}637$ wird

$$\bar{i} = 0{,}637 \cdot \hat{i}$$

und

$$\bar{u} = 0{,}637 \cdot \hat{u} \qquad \textbf{9-7}$$

Dieser Mittelwert ist für elektrolytische Vorgänge und für die Gleichrichtung von Bedeutung.

Gleichstrom	Wechselstrom
$W = I^2 \cdot R \cdot t$	$W = i^2 \cdot R \cdot t$ $W = (\hat{\imath} \cdot \sin \omega t)^2 \cdot R \cdot t$
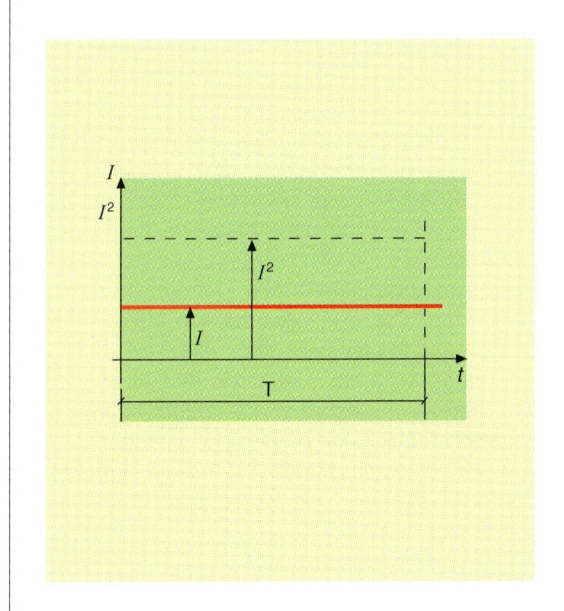	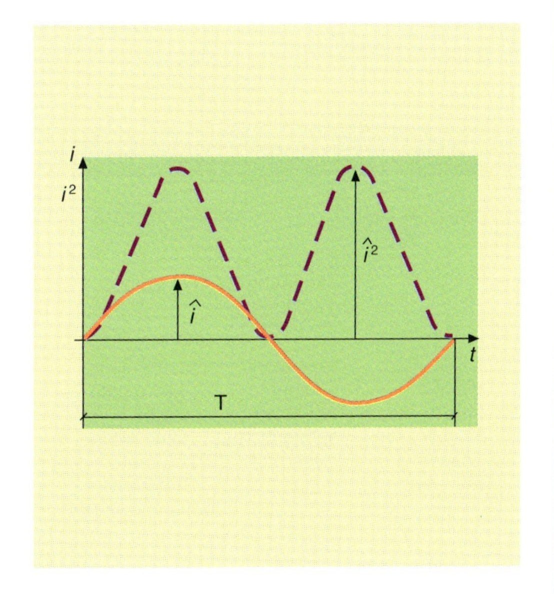
Die nach der Zeit $t = T$ in einem Widerstand $R = 1\Omega$ entwickelte Wärmearbeit	
$W = I^2 \cdot T$	$W = \hat{\imath}^2 \cdot \sin^2 \omega t \cdot T$
entspricht der Fläche zwischen der Zeitachse und	
I^2-Linie	$\hat{\imath}^2 \cdot \sin^2 \omega t \cdot$ Linie
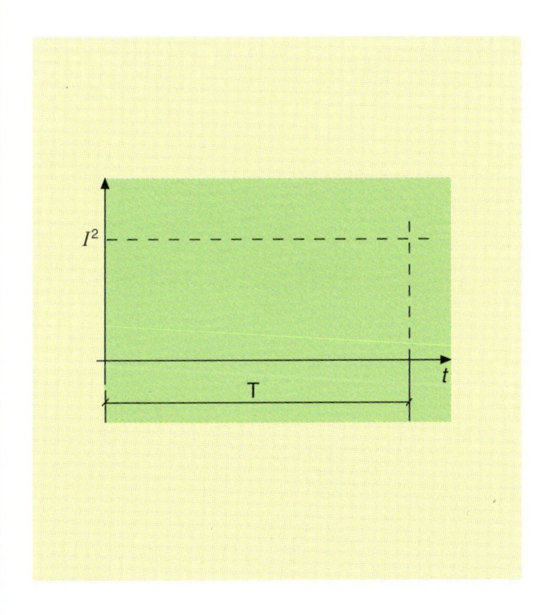	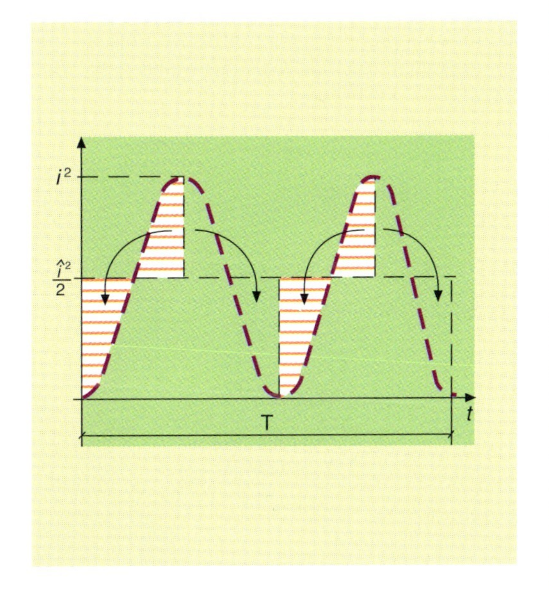
Die Fläche ist das Rechteck mit den Seiten I^2 und T.	Die Fläche kann zu einem Rechteck mit den Seiten $\frac{\hat{\imath}^2}{2}$ und T gebildet werden.

Tab. 9-1 ***Wärmearbeit eines Gleich- und Wechselstromes***

9.1.4 Darstellung von Sinusgrößen

Uns begegneten bisher immer wieder Sachverhalte des Stromkreises, die recht abstrakt mathematisch als Gleichungen beschrieben wurden. Diese Gleichungen können ihrem Wesen nach als Definitions- oder Funktionsgleichung bezeichnet werden (Tab. 9-2).

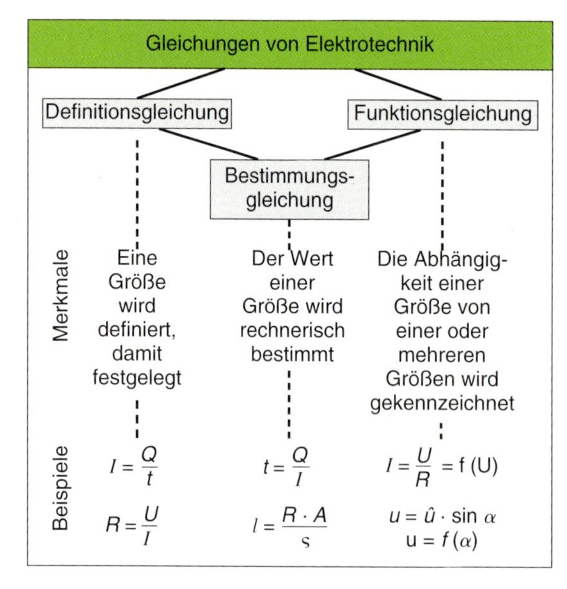

Tab. 9-2 ***Gleichungen der Elektrotechnik***

Mit ihnen werden physikalische Größen festgelegt oder Abhängigkeiten erfaßt. Durch Umstellen dieser Gleichungen entstehen wieder Gleichungen, mit denen eigentlich nur der Wert der entsprechenden Größe bestimmt werden soll. Wir wollen diese als Bestimmungsgleichungen bezeichnen. Selbstverständlich können auch mit Hilfe der Definitions- oder Funktionsgleichungen Werte berechnet werden. Eine besondere Rolle für das Verständnis von Zusammenhängen spielen die Funktionsgleichungen. Die in ihnen erfaßten Abhängigkeiten werden dann anschaulich, wenn die Bilder dieser Gleichungen in einem Diagramm oder in einem Koordinatensystem grafisch dargestellt sind. Die unabhängige Veränderliche, z. B. α der Gleichung (9–1), wird auf die Abszissenachse und die zugehörige abhängige Veränderliche u auf die Ordinatenachse aufgetragen. Die durch die Wertepaare α und u bestimmten Punkte im Koordinatensystem werden zu einer Linie verbunden. Für den periodischen Vorgang einer Sinusspannung entsteht das

- **Liniendiagramm,** wie es in den Abb. 9-8 und 9-10 bereits dargestellt wurde. Dabei wird, wie aus der Mathematik bekannt ist, die Sinuskurve aus dem sog. Einheitskreis entwickelt. Auf die Verhältnisse der Sinusspannung übertragen, heißt das:

Der Radius des Kreises entspricht dem Scheitelwert $\hat{u}$ und die Länge der Lote zwischen den Schnittpunkten des Radius mit dem Kreis und der Waagerechten den Augenblickswerten (Abb. 9-14).

Durch ein Liniendiagramm wird jede Sinusgröße eindeutig erfaßt. Z. B. können aus der Abb. 9-13 der Scheitelwert der Spannung $\hat{u}$ = 311 V und die Periodendauer T = 20 ms abgelesen werden. Mit den Gleichungen (9-2) und (9-6) ergeben sich der Effektivwert U = 220 V und die Frequenz f = 50 Hz der dargestellten Wechselspannung.

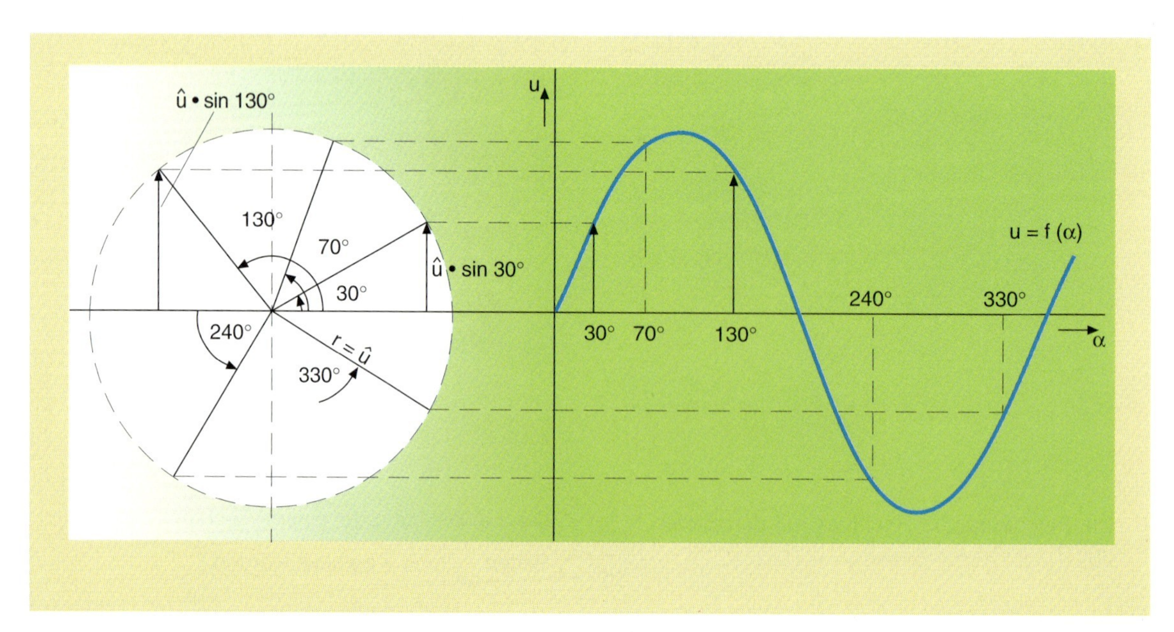

Abb. 9-14 ***Entstehung des Liniendiagramms***

Wir verallgemeinern:

Kenngrößen der Wechselspannung/ des Wechselstromes		Darstellung im Liniendiagramm		Umrechnung
Effektivwert	⇒	Scheitelwert	⇒	$\sqrt{2}$
Frequenz	⇒	Periodendauer	⇒	Kehrwert

Die Arbeit mit dem Liniendiagramm, besonders seine exakte Darstellung, ist recht umständlich. Eine einfachere, auch übersichtlichere Darstellungsweise ist die

● **Zeigerdarstellung.** Sie kann aus der Entwicklung des Liniendiagramms abgeleitet werden. Man beschränkt sich entsprechend der Abb. 9-14 auf dem linken Teil. Der Radius des Kreises in den unterschiedlichen Stellungen zur Waagerechten wird ein Zeiger.

Der Zeiger einer Sinusgröße ist eine gerichtete Strecke (Pfeil), die sich um ihren Anfangspunkt dreht.

Für seine Darstellung gelten folgende Vereinbarungen (Abb. 9-15):

- Die Zeigerlänge entspricht dem Scheitelwert der Sinusgröße.
- Der Zeiger dreht sich entgegen dem Uhrzeigersinn, d. h. in mathematisch positiver Richtung.
- Die Drehzahl des Zeigers entspricht der Frequenz der Sinusgröße.
- Die Ausgangslage des Zeigers ist die Waagerechte nach rechts.

In der technischen Praxis müssen meist frequenzgleiche Sinusgrößen dargestellt werden. Die Darstellung enthält dann **ruhende Zeiger,** deren Länge in der Regel auch dem Effektivwert entspricht. Der Vorteil der Darstellung von ruhenden Zeigern wird besonders bei der Addition von Sinusgrößen deutlich.

9.1.5 Addition von frequenzgleichen Sinusgrößen

Werden in einem homogenen Magnetfeld zwei um einen Winkel von z. B. 60° versetzte Leiterschleifen gedreht, entstehen zwei Wechselspannungen (Abb. 9-16). Sie haben durch die starre Verbindung der Leiterschleifen die gleiche Frequenz und den gleichen Betrag (Effektivwert). Durch die unterschiedliche Stellung der Schleifen erreichen die Spannungen zu unterschiedlichen Zeiten ihren Nulldurchgang und ihren Scheitelwert. Die Spannungen sind um den Winkel von 60° phasenverschoben. Im gegebenen Beispiel eilt die Spannung der Leiterschleife 1 der der Leiterschleife 2 voraus. Die Spannung U_1 erreicht zeitlich früher ihren Nulldurchgang bzw. ihren Scheitelwert als U_2. Das entsprechende Linien- und Zeigerdiagramm sind in der Abb. 9-16 dargestellt.

Wechselgrößen sind dann phasenverschoben, wenn sie zu unterschiedlichen Zeiten ihren Nulldurchgang bzw. ihren Scheitelwert erreichen. Die Größe der Verschiebung wird durch den Phasenverschiebungswinkel angegeben.

Werden beide Leiterschleifen in Reihe geschaltet, entsteht aus den Spannungen U_1 und U_2 eine Gesamtspannung U_{ges}. Wie kann sie ermittelt werden, und welche Merkmale wird sie aufweisen?

Verallgemeinernd stellen wir voran:

Alle Gesetze der Gleichstromtechnik gelten auch für die Augenblickswerte der Wechselgrößen.

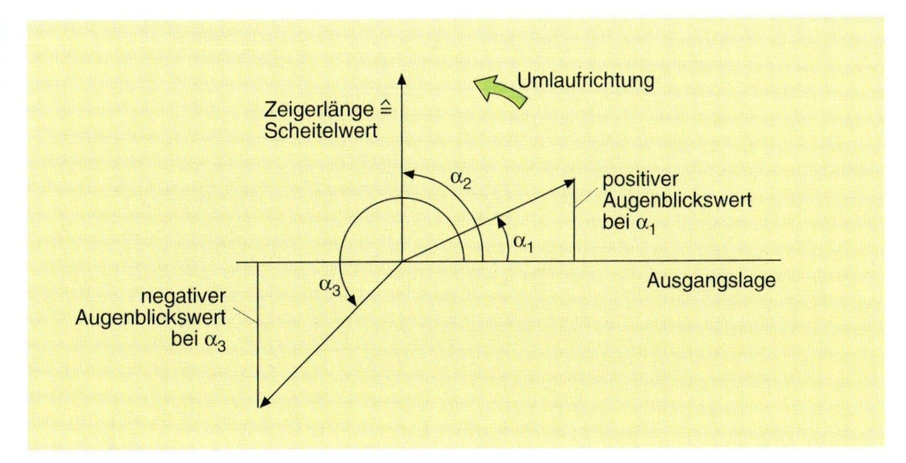

Abb. 9-15
Zeigerdarstellung einer Sinusgröße

Durch die Reihenschaltung der beiden Leiterschleifen addieren sich die Spannungen.

Aus der für **Gleichspannung** gültigen Gleichung

$$U_{ges} = U_1 + U_2$$

wird, bezogen auf die **Augenblickswerte der Wechselspannungen,**

$$u_{ges} = u_1 + u_2.$$

Im Liniendiagramm müssen punktweise unter Beachtung ihrer Vorzeichen die Augenblickswerte addiert werden (Abb. 9-17).

Es entsteht wieder eine Sinusspannung gleicher Frequenz, deren Effektivwert

$$U_{ges} = \frac{\hat{u}_{ges}}{\sqrt{2}}$$

ist, und die gegenüber den Einzelspannungen phasenverschoben ist.

Wesentlich einfacher können der Effektivwert und die Phasenlage der Gesamtspannung mit der Darstellung ruhender Zeiger ermittelt werden. Ähnlich wie eine Gesamtkraft mit dem Kräfteparallelogramm bestimmt wird, werden die Spannungen U_1 und U_2 geometrisch, also zeichnerisch addiert (Abb. 9-18). Die Länge der Diagonalen des Parallelogrammes entspricht dem Effektivwert der Gesamtspannung, wenn auch die Zeigerlängen von U_1 und U_2 den Effektivwerten entsprechen. Der Winkel zwischen dem Zeiger U_1 bzw. U_2 und dem Zeiger U_{ges} kennzeichnet die Phasenlage der Gesamtspannung.

Im folgenden Lösungsbeispiel ist die Schrittfolge angegeben, wie mit Hilfe der Zeigerdarstellung Sinusgrößen addiert werden können.

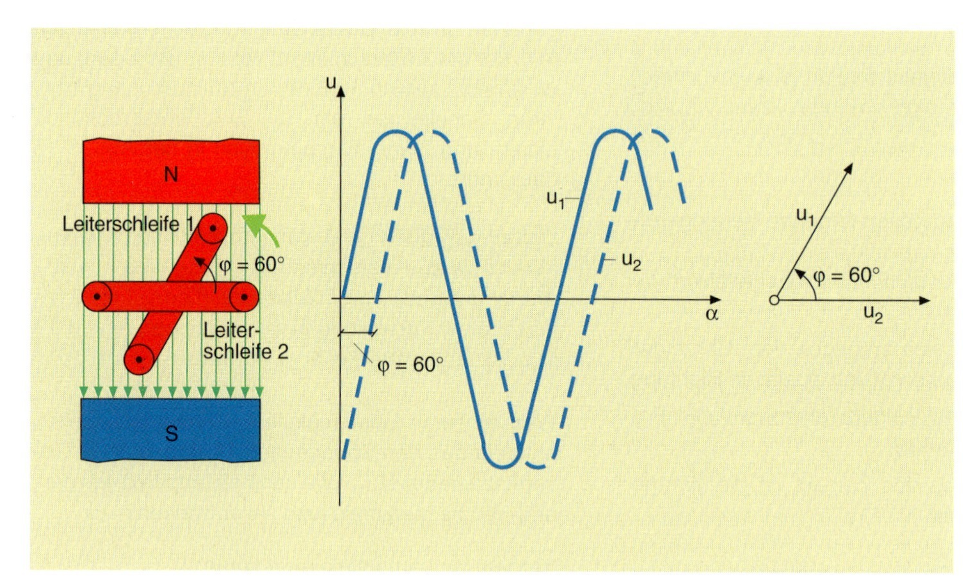

Abb. 9-16
Phasenverschobene Spannungen

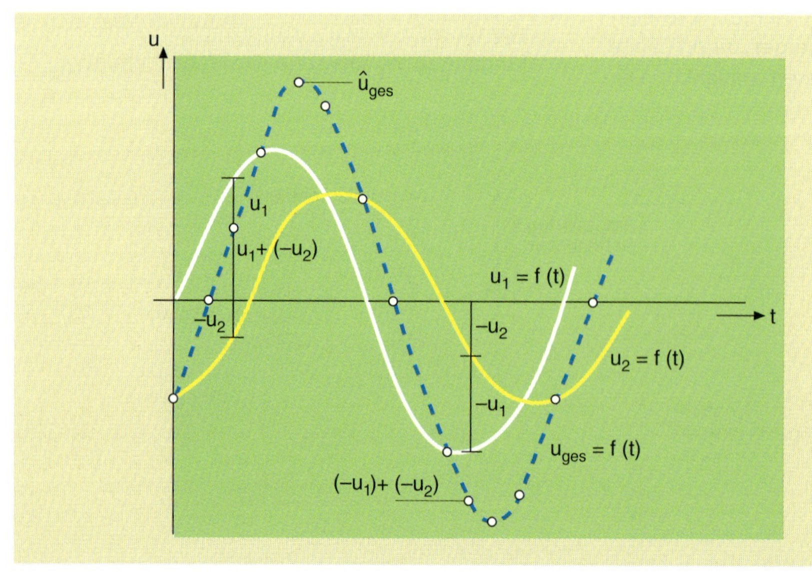

Abb. 9-17
Addition von Wechselspannungen

Lösungsbeispiel:

Die Wechselspannung U_1 = 42 V eilt der frequenzgleichen Spannung U_2 = 24 V um 60° voraus. Wie groß sind die Gesamtspannung und ihr Phasenverschiebungswinkel bezogen auf die Spannung U_1?

gegeben: $U_1 = 42$ V　　gesucht: U_{ges}, φ_{ges} = ?
$U_2 = 24$ V
$\varphi = 60°$

Lösung:

Schrittfolge		Beispiel
1. Wählen Sie einen Maßstab!	⟹	10 V ≙ 1 cm
2. Berechnen Sie die Zeigerlängen mit Hilfe des Maßstabes!	⟹	$U_1 \triangleq 42\text{ V} \cdot \frac{1\text{ cm}}{10\text{ V}} = 4{,}2\text{ cm}$ $U_2 \triangleq 42\text{ V} \cdot \frac{1\text{ cm}}{10\text{ V}} = 2{,}4\text{ cm}$
3. Zeichnen Sie die Zeiger maßstabsgerecht unter Beachtung der Phasenlage der Spannungen!	⟹	
4. Bilden Sie das Parallelogramm, und zeichnen Sie die Diagonale vom Ausgangspunkt beider Zeiger aus als U_{ges}-Zeiger ein!	⟹	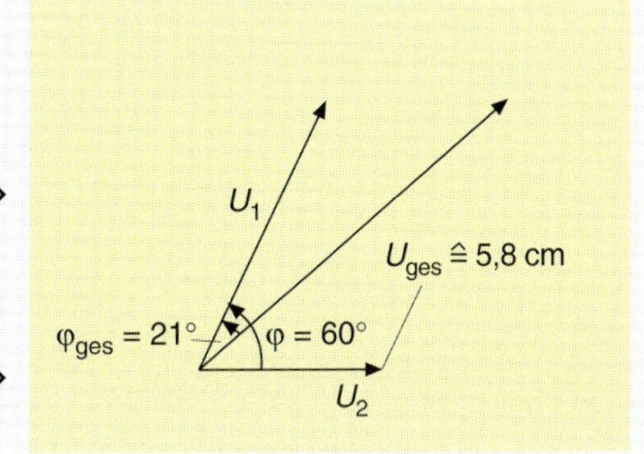 Abb. 9-18
5. Rechnen Sie die Zeigerlänge U_{ges} in den Spannungswert mit dem gewählten Maßstab um!	⟹	$U_{ges} \triangleq 5{,}8\text{ cm}$ $U_{ges} = 5{,}8\text{ cm} \cdot \frac{10\text{ V}}{1\text{ cm}}$　　$U_{ges} = \underline{\underline{58\text{ V}}}$
6. Bestimmen Sie mit dem Winkelmesser den Winkel zwischen U_{ges} und U_1!	⟹	$\varphi_{ges} = \underline{\underline{21°}}$

> Die Gesamtspannung beträgt 58 V. Sie eilt U_1 um 21° nach.

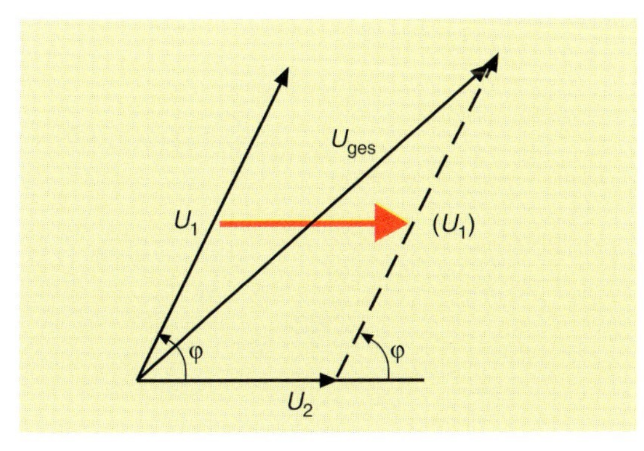

Abb. 9-19 ***Ermittlung der Gesamtspannung (Lösungsbeispiel)***

Einige Hinweise zum Lösungsverfahren:

- Mit Hilfe der Zeigerdarstellung können nur frequenzgleiche Größen addiert werden.
- Wie bei jeder zeichnerischen Lösung treten geringfügige Abweichungen auf. Zeichnen Sie deshalb die Zeiger nicht zu klein.
- Zum gleichen Ergebnis gelangt man, wenn anstelle des 4. Lösungsschrittes der zu addierende Zeiger unter Beibehaltung von Größe und Richtung mit seinem Ausgangspunkt an die Pfeilspitze des anderen Zeigers verschoben wird (Abb. 9-19). Dadurch können besonders leicht

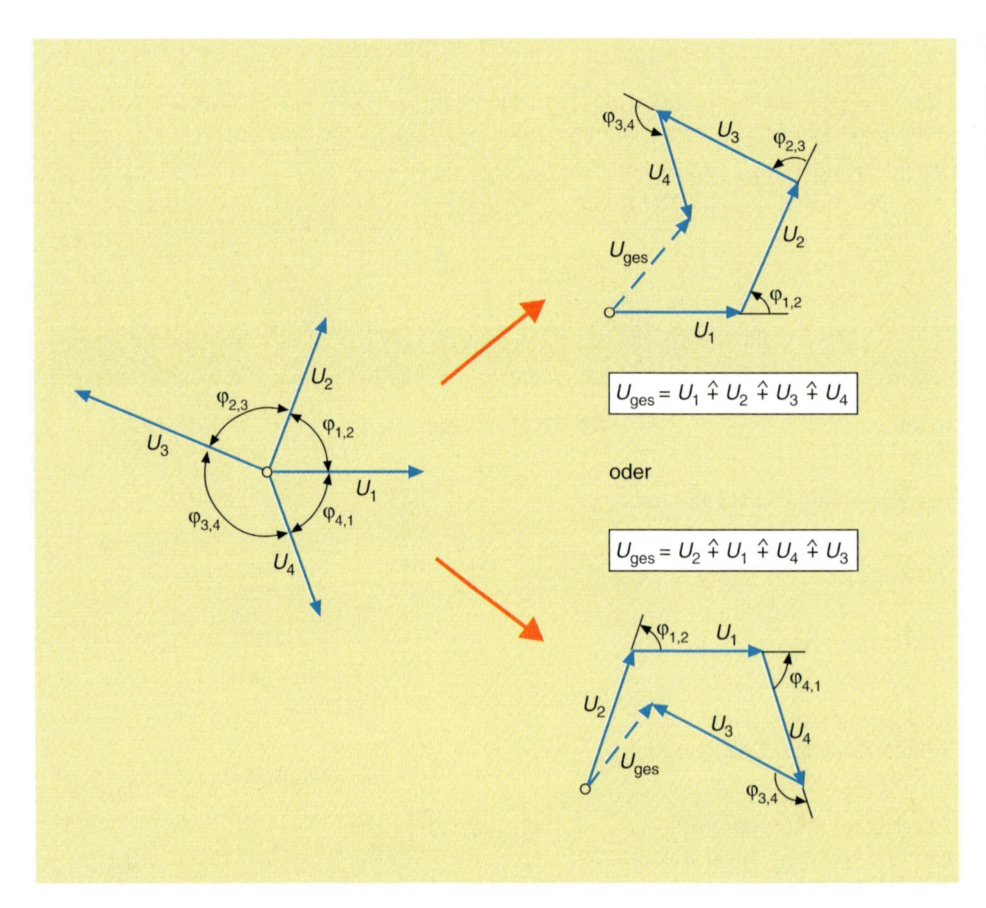

Abb. 9-20
Addition mehrerer Wechselspannungen

mehrere Größen addiert werden (Abb. 9-20). Die Reihenfolge des Verschiebens der Zeiger kann beliebig gewählt werden, da in einer Summe die Summanden vertauscht werden können. Es gilt also

$$U_{ges} = U_1 \hat{+} U_2 \hat{+} U_3 \hat{+} U_4 \quad \text{oder}$$

$$U_{ges} = U_2 \hat{+} U_1 \hat{+} U_4 \hat{+} U_3$$

Das Symbol $\hat{+}$ kennzeichnet die geometrische Addition.

- Die geometrische Subtraktion ($\hat{-}$) von Wechselgrößen ist auf eine Addition mit einem entgegengesetzt gerichteten Zeiger zurückzuführen; denn es ist

$$U_{ges} = U_1 \; (\hat{-}) \; U_2 \quad \text{oder} \quad U_{ges} = U_1 \hat{+} (-U_2).$$

- Die im Beispiel gegebenen Spannungen können durch alle anderen Sinusgrößen, wie z. B. Ströme, Leistungen usw. ersetzt werden.

Aus der Zeigerdarstellung können auch Gleichungen für die rechnerische Lösung der Addition von Sinusgrößen abgeleitet werden. Besonders für die folgenden drei ausgewählten Phasenverschiebungswinkel sind die Gleichungen leicht zu bestimmen:

Phasenverschiebung $\varphi = 0°$

$$U_{ges} = U_1 + U_2 \qquad \text{9–8}$$

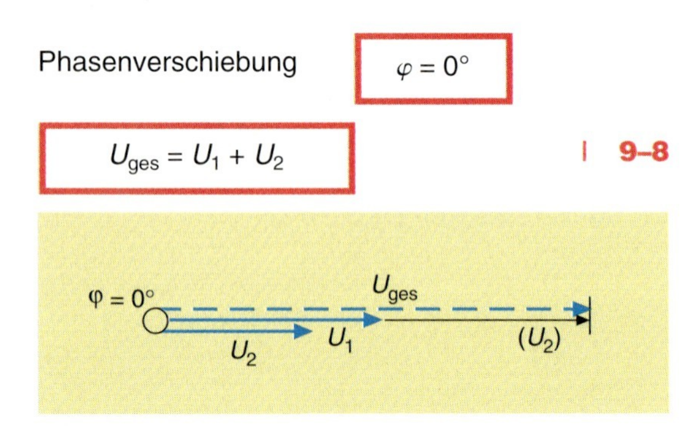

Abb. 9-21

Phasenverschiebung $\varphi = 90°$

$$U_{ges} = \sqrt{U_1^2 + U_2^2} \qquad \text{9–9}$$

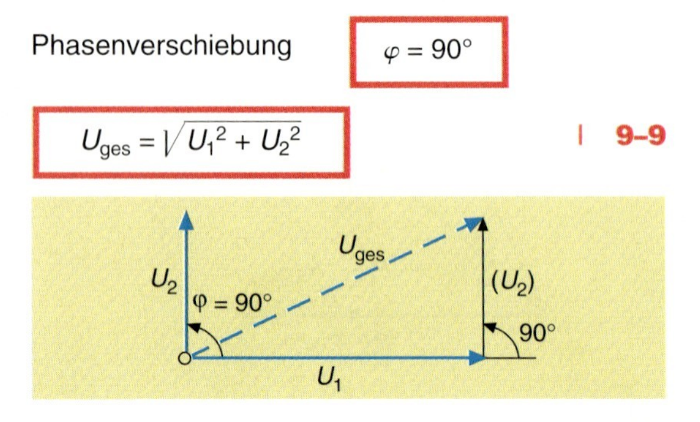

Abb. 9-22

Phasenverschiebung $\varphi = 180°$

$$U_{ges} = U_1 - U_2 \qquad 9\text{–}10$$

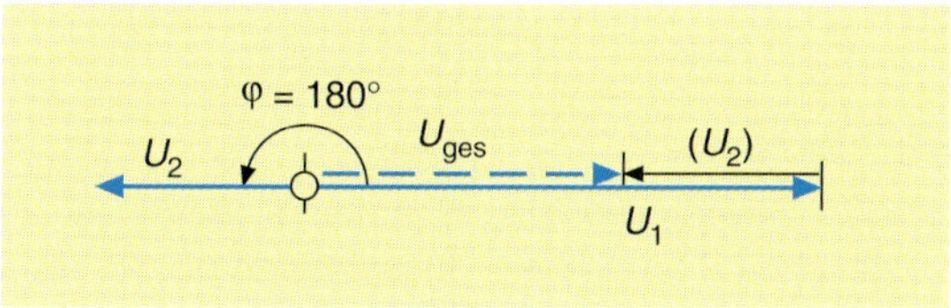

Abb. 9-23

Bei einem beliebigen Phasenverschiebungswinkel φ bilden die Zeiger von U_1; U_2 und U_{ges} ein schiefwinkeliges Dreieck, deshalb muß die Berechnungsgleichung (9–11) für die Gesamtspannung aus den Cosinussatz abgeleitet werden.

$$U_{ges} = \sqrt{U_1^2 + U_2^2 + 2 \cdot U_1 \cdot U_2 \cdot \cos\varphi} \qquad 9\text{–}11$$

Kontrolle des Ergebnisses von Lösungsbeispiel:

$$U_{ges} = \sqrt{(42\text{ V})^2 + (24\text{ V})^2 + 2 \cdot 42\text{ V} \cdot 24\text{ V} \cdot \cos 60°}$$

$$U_{ges} = \underline{\underline{57{,}86\text{ V}}}$$

AUFGABEN

9.1 Welche Unterschiede bestehen zwischen Strömen, die als Zeiger mit unterschiedlicher Zeigerlänge und Richtung dargestellt sind?

9.2 Zeichnen Sie das Liniendiagramm und das Zeigerbild der frequenzgleichen Spannungen U_1 und U_2, die folgende Bedingungen erfüllen: U_2 größer als U_1
U_2 eilt U_1 um 45° voraus.

9.3 Die Addition zweier frequenzgleicher Spannungen ergibt Null. Wie ist das möglich?

9.4 In einem Leiter überlagern sich drei frequenzgleiche Ströme von je 6 A.
Es bestehen die Phasenverschiebungswinkel $\varphi_{12} = 60°$ und $\varphi_{23} = 60°$.
Bestimmen Sie mit Hilfe der Zeigerdarstellung den Gesamtstrom!

9.5 Welchen Gesamtwert ergeben die nachstehenden Teilströme unter Berücksichtigung des Phasenverschiebungswinkels, und unter welchem Winkel eilt der Gesamtstrom dem Teilstrom I_1 voraus?

	a)	b)	c)
$I_1 =$	100 mA	2,2 A	4 A
$I_2 =$	150 mA	1,1 A	3,3 A
$\varphi =$	60°	75°	120°

Lösen Sie die Aufgaben zeichnerisch!

9.6 Durch eine Reihenschaltung addieren sich die frequenzgleichen Spannungen U_1 = 18 V und U_2 = 24 V. In welchem Bereich kann der Wert der Gesamtspannung liegen, wenn sowohl Phasengleichheit als auch jede beliebige Phasenverschiebung zwischen U_1 und U_2 auftreten kann? Begründen Sie Ihre Antwort!

9.7 In einem Dreileiternetz sind die Leiterspannungen $U_{1,2}$; $U_{2,3}$ und $U_{3,1}$ gegenseitig um 120° phasenverschoben. Bestimmen Sie zeichnerisch die geometrische Summe der drei Spannungen!

9.8 Erläutern Sie die Begriffe Effektivwert und Frequenz!

9.9 Nennen Sie die Vorteile einer sinusförmigen Spannung gegenüber anderen Wechselspannungsformen!

9.10 Beschreiben Sie das Grundprinzip nach dem eine sinusförmige Wechselspannung erzeugt werden kann!

9.11 Welche Merkmale weisen phasenverschobene Wechselgrößen auf? Wie wird die Größe der Phasenverschiebung erfaßt?

9.12 Der Wechselstrom J_1 erreicht 0,8 ms nach dem Strom J_2 den Nulldurchgang. Wie groß ist der Phasenverschiebungswinkel zwischen beiden Strömen, deren Frequenz 60 Hz beträgt?

9.13 In dem vierpoligen Feld der Abb. 9-12 wird eine zweite Leiterschleife angeordnet, die gegenüber der ersten einen Winkel von 60° bildet. Welcher Phasenverschiebungswinkel entsteht zwischen den in den Leiterschleifen induzierten Wechselspannungen?

9.2 Gesetzmäßigkeiten der Grundschaltelemente

Die Vielfalt der elektrischen Erscheinungen in den Stromkreisen können prinzipiell auf

- elektrische Erscheinungen im Leiter,
- elektrische Erscheinungen im Nichtleiter und auf
- elektromagnetische Erscheinungen

zurückgeführt werden.

Konzentrieren wir diese Erscheinungen auf Bauelemente, dann sind diese Bauelemente durch die typischen Bau- oder Konstruktionsgrößen

- Widerstand R,
- Kapazität C und
- Induktivität L

gekennzeichnet.

Wie man am Beispiel der Spule als Bauelement (Abb. 9-24) anschaulich nachweisen kann, entstehen die o. g. Erscheinungen stets gleichzeitig, jedoch mit recht unterschiedlicher Intensität.

Für die Spule ist bei hinreichendem Drahtquerschnitt die Wärmewirkung und durch die Dicke der Drahtisolation die Kondensatorwirkung so unbedeutend, daß zum besseren Verständnis der Gesetzmäßigkeiten des Wechselstromkreises die Spule als ideales Grundschaltelement mit der typischen Kenngröße „Induktivität" aufgefaßt werden kann. Analog betrachten wir den Widerstand und die Kapazität ebenfalls als ideale Schaltelemente.

9.2.1 Der ohmsche Widerstand (Wirkwiderstand)

Gleichstromkreis

Das Strom-Spannungsverhalten des Widerstandes wird durch die aus dem Ohmschen Gesetz abgeleitete Funktionsgleichung

$I = \frac{U}{R}$ beschrieben.

Wechselstromkreis

Diese Abhängigkeit gilt im Wechselstromkreis nur für die Augenblickswerte:

$i = \frac{u}{R}$.

Bei einer vorgegebenen Wechselspannung $u = \hat{u} \cdot \sin \omega t$ wird sich der entstehende Strom ebenfalls sinusförmig ändern, da

$i = \frac{\hat{u} \cdot \sin \omega t}{R}$ oder $i = \frac{\hat{\imath}}{R} \cdot \sin \omega t$ ist.

Für $\omega t = \widehat{\alpha} = 0$ ist der Augenblickswert der Spannung $u = 0$
und auch der Augenblickswert des Stromes $i = 0$.

Bei $\omega t = \widehat{\alpha} = \frac{\pi}{2}$ ist $u = \hat{u}$ und $i = \hat{\imath}$.

Wir erkennen:

1. Der Strom und die Spannung erreichen zu gleichen Zeiten ihren Nulldurchgang bzw. ihren Höchstwert.

2. Der Scheitelwert des Stromes ist bei

   $\omega t = \frac{\pi}{2}$ (sin $\frac{\pi}{2} = 1$)

   $\hat{\imath} = \frac{\hat{u}}{R}$. Mit der Division durch $\sqrt{2}$ entstehen

   $\frac{\hat{\imath}}{\sqrt{2}} = \frac{\hat{u}}{\sqrt{2} \cdot R}$ die Effektivwerte $I = \frac{U}{R}$ und umgestellt

   $R = \frac{U}{I}$.

   Dies ist die Definitionsgleichung des Widerstandes.

Um auf eine Größe des Wechselstromkreises aufmerksam zu machen, wird diese Größe als **ohmscher Widerstand** oder, wie später nachgewiesen wird, als **Wirkwiderstand** bezeichnet. Alle Teile eines Stromkreises, in denen elektrische Energie in Wärmeenergie und im Sonderfall in mechanische Energie umgewandelt wird, haben einen ohmschen Widerstand. Sein Betrag ist sowohl im Gleichstromkreis als auch im Wechselstromkreis gleich, wenn gleiche Spannungsbeträge und gleiche Strombeträge vorhanden sind.

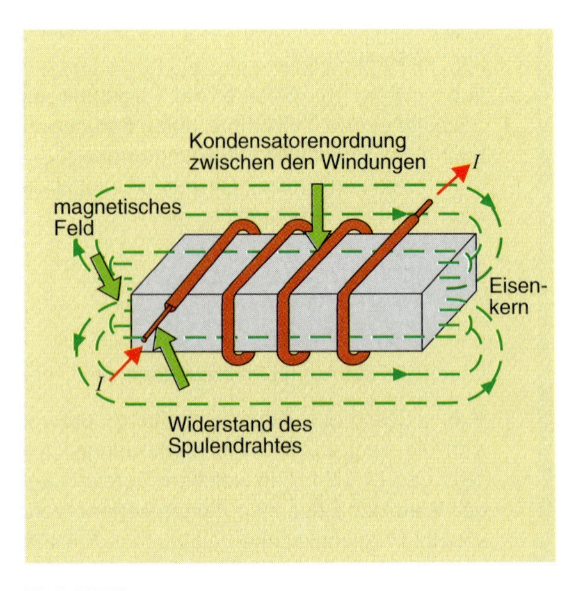

Abb. 9-24 ***Spule als Bauelement***

Wir fassen zusammen (Tab. 9-3):

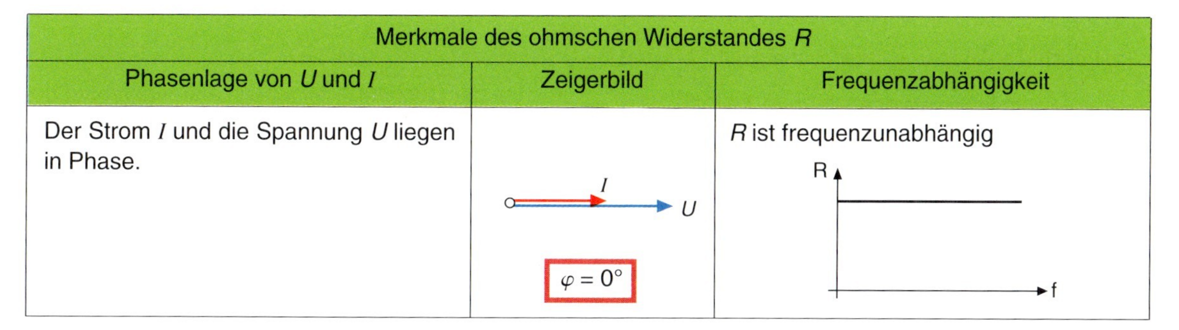

Merkmale des ohmschen Widerstandes R		
Phasenlage von U und I	Zeigerbild	Frequenzabhängigkeit
Der Strom I und die Spannung U liegen in Phase.	I, U $\varphi = 0°$	R ist frequenzunabhängig R, f

Tab. 9-3 ***Merkmale des ohmschen Widerstandes***

9.2.2 Die Kapazität im Wechselstromkreis

Gleichstromkreis

Die Kapazität als Bauelement sperrt, durch ihren Aufbau bedingt, den Gleichstrom. Bei einer Spannungsänderung ΔU ändert sich jedoch die auf den Platten gespeicherte Ladungsmenge. Im Stromkreis bewegen sich jetzt die Ladungen. Es fließt ein Strom. Das Strom-Spannungsverhalten wird durch die Gleichung

$I = C \cdot \dfrac{\Delta U}{\Delta t}$ beschrieben.

Wechselstromkreis

Diese Gleichung ist im Wechselstromkreis für die Augenblickswerte gültig:

$i = C \cdot \dfrac{\Delta u}{\Delta t}.$

Entscheidend für die Beurteilung des Verhaltens der Kapazität bei einer angelegten Wechselspannung ist die Geschwindigkeit, mit der sich ihre Augenblickswerte ändern. Daß diese Änderungsgeschwindigkeit bei einer Sinusspannung nicht konstant sein kann, läßt sich leicht nachweisen.

Annahme: $\dfrac{\Delta u}{\Delta t}$ = konstant. Nach $i = C \cdot \dfrac{\Delta u}{\Delta t}$ muß dann auch der Betrag des Stromes konstant sein. D. h. eine Wechselspannung würde einen Gleichstrom im Stromkreis hervorrufen. Unsere Annahme muß falsch sein.

Um zu einer sicheren Aussage über die Änderungsgeschwindigkeit der Spannung zu gelangen, betrachten wir die Spannungsänderung Δu in gleichen Zeitabständen Δt (Abb. 9-25).

$\Delta t_1 = \Delta t_2 = \Delta t_3 = \Delta t$, aber $\Delta u_3 > \Delta u_1 > \Delta u_2$ und damit auch die Änderungsgeschwindigkeiten

$$\frac{\Delta u_3}{\Delta t} > \frac{\Delta u_1}{\Delta t} > \frac{u_2}{\Delta t}.$$

Wir erkennen bei hinreichend kleinen Zeiteinheiten Δ t:

1. Im Betrachtungszeitpunkt A ist

   $u = \hat{u}$, aber $\dfrac{\Delta u_2}{\Delta t} = 0$

   und nach $i = C \cdot \dfrac{\Delta u}{\Delta t}$ auch $i = 0$.

   Im Betrachtungszeitpunkt B ist

   $u = 0$, aber $\dfrac{\Delta u_3}{\Delta t}$ = maximal und damit $i = \hat{\imath}$.

   Der Strom und die Spannung erreichen zu unterschiedlichen Zeiten ihren Nulldurchgang bzw. ihren Höchstwert. U und I sind um 90° phasenverschoben.

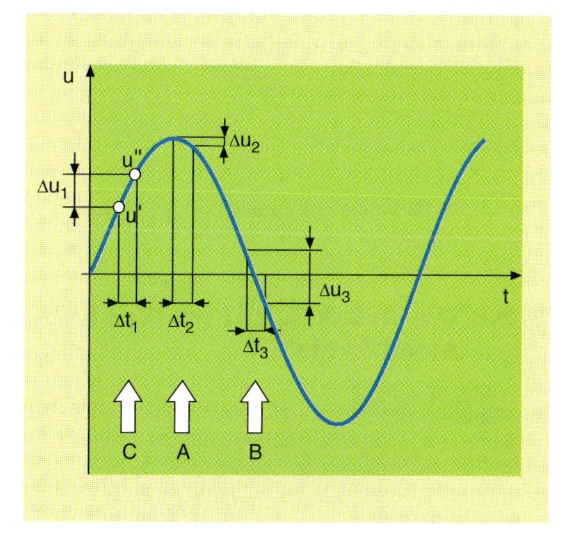

Abb. 9-25 ***Änderungsgeschwindigkeit der Sinusspannung***

2. Im Betrachtungszeitraum C ist die Spannungsänderung $\Delta u_1 = u'' - u'$ positiv, da $u'' > u'$ ist. Somit ist auch die Änderungsgeschwindigkeit $\frac{\Delta u_1}{\Delta t}$ und der Augenblickswert des Stromes i positiv. Der Strom I eilt der Spannung U voraus.

3. Im Nulldurchgang der Spannung ist ihre Änderungsgeschwindigkeit am größten, somit auch der Augenblickswert des Stromes:

$$u = 0 \rightarrow \frac{\Delta u}{\Delta t} = \text{maximal} \rightarrow i = \text{maximal, d. h. } i = \hat{\imath}.$$

Die o. g. Gleichung geht in folgende Form über:

$$\hat{\imath} = C \cdot \left(\frac{\Delta u}{\Delta t}\right)_{max}.$$

Da für sehr kleine Winkel $\widehat{\alpha}$ (Nulldurchgang)

$$\sin \widehat{\alpha} = \widehat{\alpha} = \omega\, t \text{ ist,}$$

wird aus

$$u = \hat{u} \cdot \sin \omega\, t$$
$$u = \hat{u} \cdot \omega\, t$$

und bei zeitlicher Änderung Δt

$$\Delta u = \hat{u} \cdot \omega \cdot \Delta t.$$

Die Änderungsgeschwindigkeit der Spannung im Nulldurchgang ist

$$\left(\frac{\Delta u}{\Delta t}\right)_{max} = \hat{u} \cdot \omega$$

und $\hat{\imath} = C \cdot \hat{u} \cdot \omega$.

Durch Umformen entsteht

$$\frac{\hat{u}}{\hat{\imath}} = \frac{U}{I} = \frac{1}{\omega \cdot C}$$

Da der Quotient $\frac{U}{I}$ allgemein als Widerstand definiert ist, wirkt die Kapazität C im Wechselstromkreis als frequenzabhängiger Widerstand. Er wird als **kapazitiver Blindwiderstand**

$$X_C = \frac{1}{\omega \cdot C} \qquad \textbf{9–12}$$

bezeichnet

Seine Einheit ist nach Gleichung (9–12)

$$[X_C] = \frac{1}{1 \cdot s^{-1} \cdot F}, \quad \text{mit } 1\,F = \frac{1 \cdot As}{V}$$

$$[X_C] = \frac{1 \cdot V}{1 \cdot s^{-1} \cdot As} = 1\Omega.$$

Beachten Sie, daß dieser Blindwiderstand keine materialbedingte Eigenschaft wie der ohmsche Widerstand ist. X_C spiegelt die Frequenzabhängigkeit des Stromes im Kondensatorkreis wider. Bei f = 0 ist $\omega = 0$ und X_C nimmt einen unendlich großen Widerstandswert an. Wir erinnern uns, daß der Kondensator den Gleichstrom sperrt. Bei steigender Frequenz sinkt dagegen X_C.

Wir fassen zusammen (Tab. 9-4):

Merkmale des kapazitiven Blindwiderstandes X_C		
Phasenlage von I und U	Zeigerbild	Frequenzabhängigkeit
Der Strom I eilt der Spannung U voraus. Sie sind phasenverschoben.	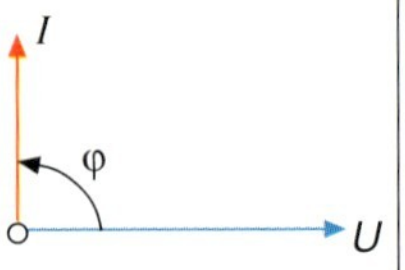 $\varphi = 90°$	$X_C = \frac{1}{\omega \cdot C}$ $f\uparrow \rightarrow X_C\downarrow$ 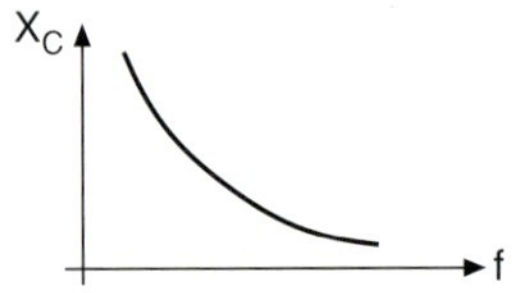

Tab. 9-4 ***Merkmale des kapazitiven Blindwiderstandes***

9.2.3 Die Induktivität im Wechselstromkreis

Gleichstromkreis

Über einer Induktivität L entsteht dann ein Spannungsfall U, wenn der fließende Strom sich ändert. Das Strom-Spannungsverhalten beschreiben wir durch die Gleichung

$$U = L \cdot \frac{\Delta I}{\Delta t}.$$

Wechselstromkreis

Diese Gleichung ist im Wechselstromkreis für die Augenblickswerte gültig:

$$u = L \cdot \frac{\Delta i}{\Delta t}$$

Entscheidend für die Beurteilung des Verhaltens der Induktivität bei einem fließenden Strom ist die Geschwindigkeit, mit der sich seine Augenblickswerte ändern. Wir kommen damit zu analogen Aussagen, wie wir sie bei der Kapazität gefunden haben.

1. Bei $i = \hat{\imath}$ ist $\frac{\Delta \hat{\imath}}{\Delta t} = 0$ und nach $u = L \cdot \frac{\Delta i}{\Delta t}$ auch $u = 0$.

   Bei $i = 0$ ist $\frac{\Delta i}{\Delta t}$ = maximal und damit $u = \hat{u}$.

Der Strom und die Spannung erreichen zu unterschiedlichen Zeiten ihren Nulldurchgang bzw. ihren Höchstwert. Die Spannung (Spannungsfall) U eilt dem Strom I um 90° voraus.

2. Im Nulldurchgang des Stromes ist

$$\hat{u} = L \cdot \left(\frac{\Delta i}{\Delta t}\right)_{max}.$$

Mit $\left(\frac{\Delta i}{\Delta t}\right)_{max} = \hat{\imath} \cdot \omega$ wird

$\hat{u} = L \cdot \hat{\imath} \cdot \omega$ und

$$\frac{\hat{u}}{\hat{\imath}} = \frac{U}{I} = \omega \cdot L.$$

Da, wie bekannt, der Quotient $\frac{U}{I}$ als Widerstand definiert ist, wirkt die Induktivität im Wechselstromkreis als frequenzabhängiger Widerstand und wird als **induktiver Blindwiderstand**

$$X_L = \omega \cdot L \qquad (9\text{-}13)$$

bezeichnet.

Seine Einheit ist nach Gleichung (9.13)

$[X_L] = 1 \cdot s^{-1} \cdot H$, mit $1H = \frac{1 \cdot Vs}{A}$

$[X_L] = 1 \cdot s^{-1} \cdot \frac{Vs}{A} = 1\,\Omega$.

Auch der induktive Blindwiderstand ist keine materialbedingte Eigenschaft, sondern erfaßt die Frequenzabhängigkeit des Spannungsfalls über einer Induktivität.

Bei $f = 0$ ist $\omega = 0$ und $X_L = 0$. Ein Gleichstrom wird damit durch eine Induktivität nicht beeinflußt.

Wir fassen zusammen (Tab. 9-5):

Merkmale des induktiven Blindwiderstandes X_L		
Phasenlage von I und U	Zeigerbild	Frequenzabhängigkeit
Der Strom I eilt der Spannung U nach. Sie sind phasenverschoben.	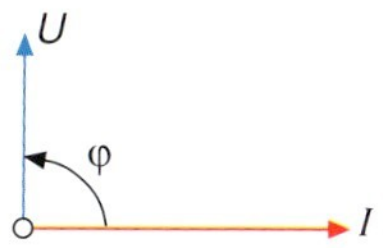 $\varphi = 90°$	$X_L = \omega \cdot L$ $f\uparrow \rightarrow X_L\uparrow$ 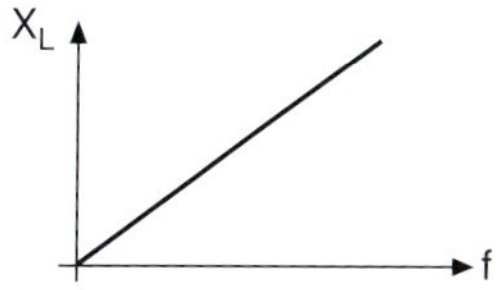

Tab. 9-5 ***Merkmale des induktiven Blindwiderstandes***

AUFGABEN

9.11 Erläutern Sie, weshalb die Grundschaltelemente als ideale Schaltelemente betrachtet werden müssen!

9.12 Bei Messungen an einer Induktivität verringerte sich trotz konstantem Effektivwert der Spannung der fließende Strom. Worin liegt die Ursache?

9.13 An einer Kapazität und an einer Induktivität änderte sich die Frequenz der Spannung um 20%. Untersuchen Sie, ob bei beiden Grundschaltelementen die gleiche prozentuale Änderung des Blindwiderstandswertes entsteht!

9.14 Stellen Sie in einem Koordinatensystem die Frequenzabhängigkeit eine kapazitiven Blindwiderstandes im Bereich zwischen 10 und 60 Hz bei einer Kapazität von 4 μF grafisch dar!

9.15 Wie groß muß die Induktivität einer Spule sein, damit sie bei 100 Hz den gleichen Blindwiderstandswert wie eine Kapazität von 2,4 μF besitzt?

Weisen Sie exakt nach, daß durch Ihre Rechnung Henry als Einheit der Induktivität entsteht.

9.3 Reale Bauelemente im Wechselstromkreis

Wie im Abschnitt 9.2 bereits nachgewiesen wurde, treten die elektrischen Erscheinungen im Leiter und im Nichtleiter sowie die elektromagnetischen Erscheinungen stets gleichzeitig, jedoch mit unterschiedlicher Intensität auf. Es können deshalb die realen Bauelemente als eine Zusammenschaltung der Grundschaltelemente R, X_L und X_C betrachtet werden. Diese Zusammenschaltungen können sehr vielfältig sein.

Im folgenden sollen an ausgewählten Beispielen

- die Phasenbeziehungen der Ströme und Spannungen untersucht werden. Das Ergebnis ist das Zeigerbild der Schaltung.
- Durch Berechnungsgleichungen sollen weiterhin die Abhängigkeiten zwischen den Größen bestimmt werden.

9.3.1 Reihenschaltungen der Grundschaltelemente

Wie im Gleichstromkreis ist eines der wesentlichen Merkmale der Reihenschaltung, daß der Strom an allen Stellen der Schaltung gleich ist. Es gibt nur einen Strom. Deshalb wird bei der Darstellung der elektrischen Größen im Zeigerbild stets der Strom als Bezugsgröße gewählt.

Die komplexe Reihenschaltung aus R, X_L und X_C kann vereinfacht werden

- zur Reihenschaltung von R und X_L $(X_C = 0)$ als Ersatzschaltung einer realen Spule und
- zur Reihenschaltung von R und X_C $(X_L = 0)$ als Spannungsteiler im Wechselstromkreis.

Die Reihenschaltung von X_L und X_C ist technisch nicht relevant, da durch die Schaltverbindungen und durch die reale Spule stets ein ohmscher Widerstand auftreten wird.

■ Reihenschaltung von R, X_L und X_C

Durch die Reihenschaltung von R, X_L und X_C (Abb. 9-26) wird die anliegende Spannung U in die Spannungen U_R, U_L und U_C geteilt.

Zur Entwicklung des Zeigerbildes beachten wir die im Abschnitt 9.2 nachgewiesenen Phasenbeziehungen.

Es müssen deshalb

- der Zeiger U_R in Richtung des Zeigers I
  U und I am ohmschen Widerstand sind phasengleich
- der Zeiger U_L 90° voreilend
  I eilt U am induktiven Blindwiderstand um 90° nach
- der Zeiger U_C 90° nacheilend
  I eilt U am kapazitiven Blindwiderstand um 90° voraus

gezeichnet werden (Abb. 9-27).

Die geometrische Summe der Teilspannungen U_R, U_L und U_C bilden die Gesamtspannung U. Man erkennt aus dem rechtwinkligen Dreieck mit der Hypotenuse U und den Katheten U_R und $(U_L - U_C)$ folgenden Zusammenhang:

$$U^2 = U_R^2 + (U_L - U_C)^2$$

$$U = \sqrt{U_R^2 + (U_L - U_C)^2} \qquad \text{9-14}$$

Da die Spannungsfälle das Produkt aus Stromstärke mal Widerstand sind, gilt nach dem Einsetzen von

$$U_R = I \cdot R\,;\quad U_L = I \cdot X_L \quad \text{und} \quad U_C = I \cdot X_C$$

$$U = \sqrt{I^2 \cdot R^2 + I^2 \cdot (X_L - X_C)^2} = I \cdot \sqrt{R^2 + (X_L - X_C)^2}$$

$$\frac{U}{I} = \sqrt{R^2 + (X_L - X_C)^2}$$

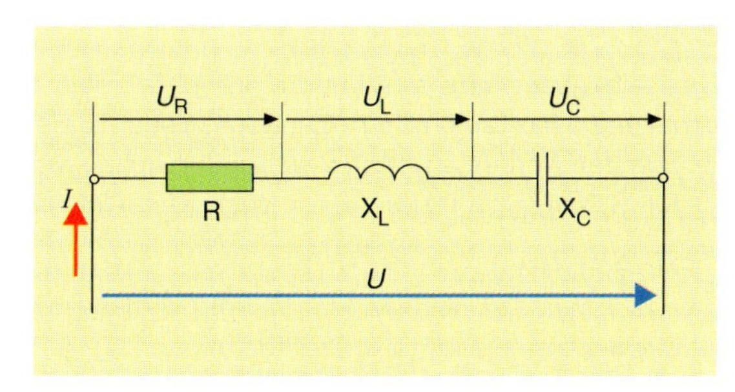

Abb. 9-26 ***Reihenschaltung von R, X_L und X_C***

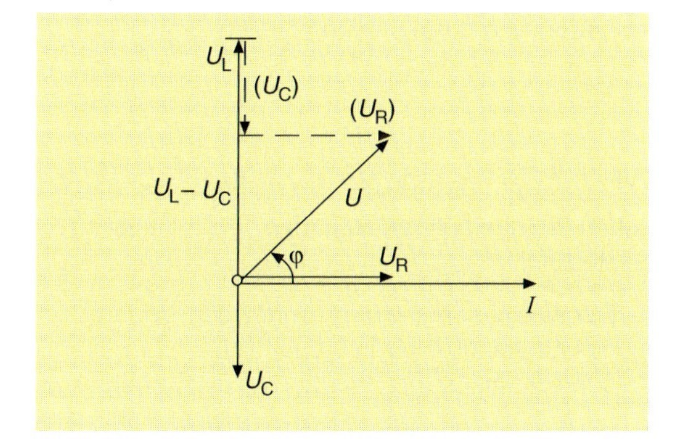

Abb. 9-27 ***Zeigerbild der Reihenschaltung von R, X_L und X_C***

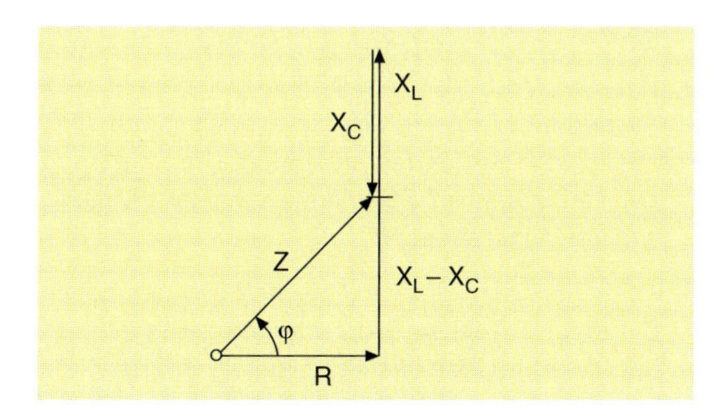

Abb. 9-28 ***Widerstandsdiagramm der Reihenschaltung von R, X_L und X_C***

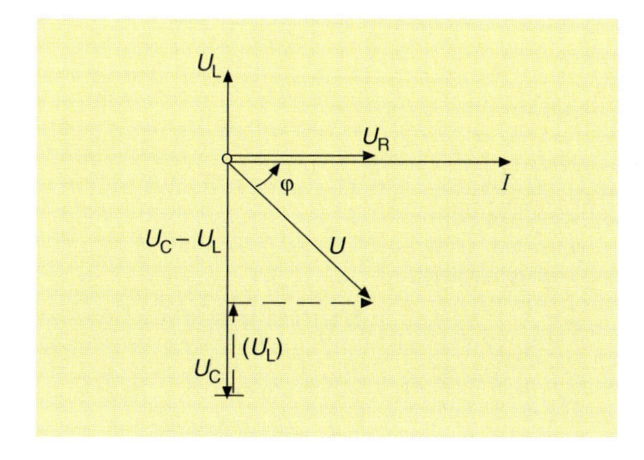

Abb. 9-29 ***Kapazitive Wirkung der Reihenschaltung***

Der Quotient $U : I$ ist definitionsgemäß ein Widerstand, hier der sog. **Scheinwiderstand Z**, der als Rechengröße dem Gesamtwiderstand der Reihenschaltung entspricht.

$$Z = \frac{U}{I}$$

$$Z = \sqrt{R^2 + (X_L - X_C)^2} \quad \text{9–15}$$

Die Gleichung (9–15) wird durch das Widerstandsdiagramm bestätigt (Abb. 9-28), das durch das Zeigerbild 9-27 entsteht, wenn alle Spannungsgrößen durch die Stromstärke dividiert werden.

Anhand der Abb. 9-27 und 9-28 berechnet sich der Phasenverschiebungswinkel φ zwischen der Spannung U und der Stromstärke I nach der Gleichung

$$\cos\varphi = \frac{U_R}{U} \quad \text{oder} \quad \cos\varphi = \frac{R}{Z} \quad \text{9–16}$$

Die unterschiedlichen Beträge von R, X_L und X_C können zu folgenden interessanten Erscheinungen führen:

1. Der Scheinwiderstand Z als Gesamtwiderstand der Schaltung kann kleiner als einer der Blindwiderstände X_L oder X_C sein. Er ist aber immer größer oder gleich dem ohmschen Widerstand: $Z \geqq R$.
2. In der Reihenschaltung können die Teilspannungen U_L oder U_C größer als die anliegende Gesamtspannung U sein. Dies ist im Gleichstromkreis niemals möglich. Dort sind die Teilspannungen stets kleiner als die Gesamtspannung.
3. Ist X_L größer als X_C, eilt die Spannung U dem Strom I voraus (vgl. Abb. 9-27). Die gesamte Schaltung wirkt induktiv. Die kapazitive Wirkung ist durch das induktive Schaltelement kompensiert worden.
4. Bei X_C größer als X_L ist der Phasenverschiebungswinkel negativ. Der Strom I eilt der Spannung U voraus (Abb. 9-29). Die Reihenschaltung wirkt kapazitiv.
5. Bei Gleichheit von X_L und X_C sind die Spannungen über den Blindwiderständen gleich groß. Die anliegende Spannung U ist gleich der Teilspannung U_R. Jetzt ist nur der ohmsche Widerstand wirksam. Die induktive und kapazitive Wirkung heben sich vollständig gegenseitig auf. Der Strom und die Spannung liegen in Phase.

Lösungsbeispiel:

An einer Reihenschaltung mit einem ohmschen Widerstand von 200 Ω, einer Induktivität von 4,8 H und einer Kapazität von 4,2 μF wird eine Spannung von 60 V mit einer Frequenz von 50 Hz angelegt.

Wie groß sind die Widerstände, die Stromstärke, die Spannungsfälle über den Widerständen und der Phasenverschiebungswinkel zwischen Strom und Spannung? Wirkt diese Schaltung kapazitiv oder induktiv?

gegeben: $R = 200\,\Omega$, $L = 4{,}8\,\text{H}$, $C = 4{,}2\,\mu\text{F}$, $U = 60\,\text{V}$, $f = 50\,\text{Hz}$

gesucht: X_L, X_C, Z, I, φ

Lösung:

$$X_L = \omega \cdot L \quad X_L = 2 \cdot \pi \cdot 50 \cdot \text{Hz} \cdot 4{,}8 \cdot \text{H} \quad \underline{\underline{X_L = 1508\,\Omega}}$$

$$X_C = \frac{1}{\omega \cdot C} \quad X_C = \frac{1}{2 \cdot \pi \cdot 50 \cdot \text{Hz} \cdot 4{,}2 \cdot 10^{-6}\text{F}}$$

$$\underline{\underline{X_C = 757{,}8\,\Omega}}$$

$$Z = \sqrt{R^2 + (X_L - X_C)^2}$$

$$Z = \sqrt{(200\,\Omega)^2 + (1508\,\Omega - 758\,\Omega)^2}$$

$$\underline{\underline{Z = 776\,\Omega}}$$

$$I = \frac{U}{Z} \quad I = \frac{60\,\text{V}}{776\,\Omega} \quad \underline{\underline{I = 77{,}3\,\text{mA}}}$$

$$U_R = I \cdot R \quad U_R = 0{,}0773\,\text{A} \cdot 200\,\Omega \quad \underline{\underline{U_R = 15{,}5\,\text{V}}}$$

$$U_L = I \cdot X_L \quad U_L = 0{,}0773\,\text{A} \cdot 1508\,\Omega \quad \underline{\underline{U_L = 117\,\text{V}}}$$

$$U_C = I \cdot X_C \quad U_C = 0{,}0773\,\text{A} \cdot 757{,}8\,\Omega \quad \underline{\underline{U_C = 59\,\text{V}}}$$

$$\cos\varphi = \frac{R}{Z} \quad \cos\varphi = \frac{200\,\Omega}{776\,\Omega} \quad \cos\varphi = 0{,}2577$$

$$\underline{\underline{\varphi = 75°}}$$

Die Berechnungen zeigen, daß

- bei einer anliegenden Spannung von 60 V über dem induktiven Blindwiderstand eine Teilspannung von 117 V entsteht,
- und die Schaltung induktiv wirkt, da $X_L > X_C$. Die Spannung U eilt dem Strom I um 75° voraus.

■ Reihenschaltung von R und X_L

Die Reihenschaltung von R und X_L kann als Ersatzschaltung einer realen Spule im Wechselstromkreis angesehen werden. Zum Nachweis untersuchen wir folgende Meßergebnisse:

Eine Spule wird

1. an eine Gleichspannung von 42 V angeschlossen. Es wird ein Gleichstrom von 1,2 A gemessen.
2. Bei Anschluß von 42 V Wechselspannung mit einer Frequenz von 50 Hz fließt ein Wechselstrom von 0,6 A.

Mit unserem bisherigen Verständnis der elektrischen Erscheinungen kommen wir zu folgenden Schlüssen:

1. Der Gleichstrom wurde durch den Widerstand des Spulendrahtes in Abhängigkeit vom Drahtquerschnitt, Drahtlänge und Werkstoff begrenzt.
2. Die Ursache, daß bei gleichem Effektivwert der Wechselspannung ein kleinerer Strom fließt, kann nur ein zusätzlicher Widerstand sein. Dieser muß zum Drahtwiderstand in Reihe liegen.
3. Wie der Abb. 9-30 zu entnehmen ist, kann eine Verringerung der Stromstärke auch durch eine zusätzliche Spannung entstehen. Die Spannung U_Q' hat damit im Stromkreis dieselbe Wirkung wie der Widerstand R'.
4. Im Gegensatz zu einem Gleichstrom ändern sich bei einem Wechselstrom ständig seine Augenblickswerte. Über das Wechselfeld induziert ein sich ändernder Strom in sich selbst eine Spannung, die sog. Selbstinduktionsspannung. Diese Selbstinduktionsspannung wirkt somit im Wechselstromkreis als induktiver Blindwiderstand.

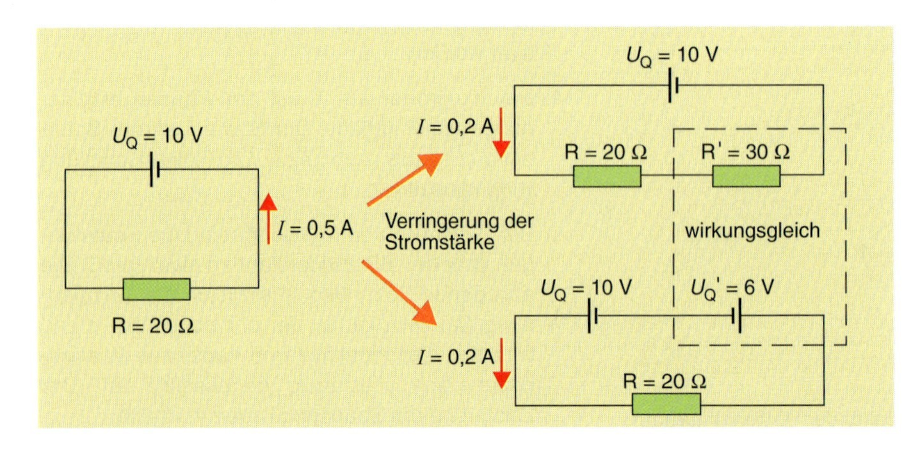

Abb. 9-30
Ursachen der Stromänderung im Stromkreis

Wir stellen gegenüber:

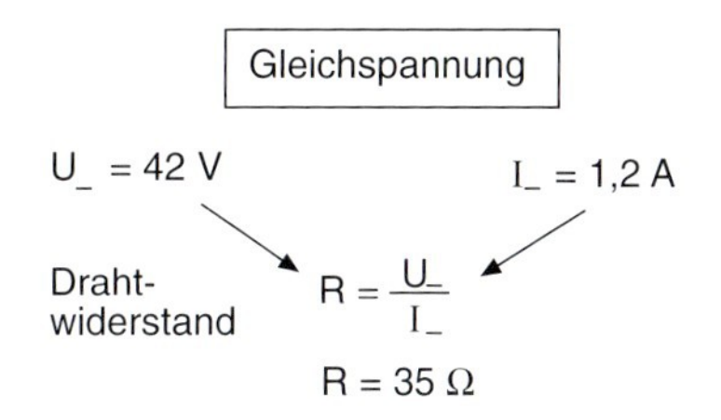

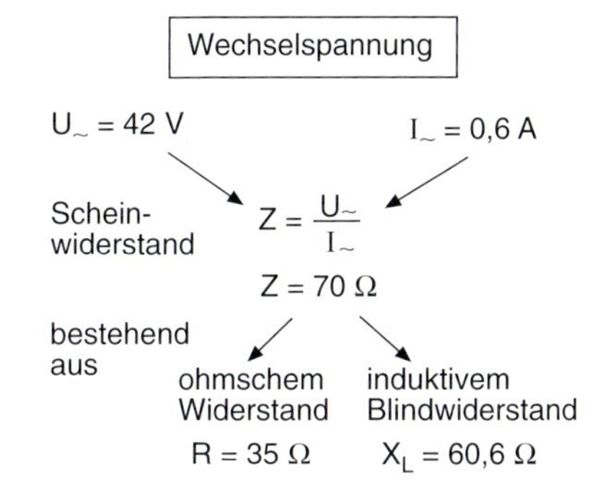

Aus dem Zeigerbild der Reihenschaltung von R und X_L (Abb. 9-31) können folgende Beziehungen abgeleitet werden:

Gesamtspannung $$U = \sqrt{U_R^2 + U_L^2}$$ | **9–17**

Scheinwiderstand $$Z = \sqrt{R^2 + X_L^2}$$ | **9–18**

Stromstärke $$I = \frac{U}{Z}$$

Phasenverschiebungswinkel $$\cos \varphi = \frac{R}{Z}$$

Diese Gleichungen entstehen auch, wenn in den Gleichungen (9–14) und (9–15) X_C und U_C gleich Null gesetzt werden.

Beachten Sie,

daß die Spannungsfälle U_R und U_L bei einer realen Spule meßtechnisch nicht bestimmt werden können.

Die Trennung der Widerstände R und X_L in der Ersatzschaltung ist nur eine gedankliche Abstraktion!

Lösungsbeispiel:

Der Drahtwiderstand einer Spule wird mit 124 Ω und ihre Induktivität mit 2,8 H angegeben.

a) Wie groß ist die Stromaufnahme bei einer Wechselspannung von 230 V mit einer Frequenz von 50 Hz?

b) Welche Größen verändern sich, wenn bei gleichem Spannungsbetrag die Frequenz steigt?

gegeben: $R = 124\Omega$, $L = 2{,}8\,\text{H}$, $U = 230\,\text{V}$, $f = 50\,\text{Hz}$ gesucht: a) $I = ?$

Lösung:

a) $X_L = \omega \cdot L \qquad X_L = 2 \cdot \pi \cdot 50\,\text{Hz} \cdot 2{,}8 \cdot H$

$$X_L = 879{,}6\Omega$$

$$Z = \sqrt{R^2 + X_L^2} \qquad Z = \sqrt{(124\Omega)^2 + (879{,}6\Omega)^2}$$

$$Z = 888{,}3\Omega$$

$$I = \frac{U}{Z} \qquad I = \frac{230\,\text{V}}{888{,}3\Omega} \qquad I = 259\,\text{mA}$$

Die Stromaufnahme der Spule beträgt 259 mA.

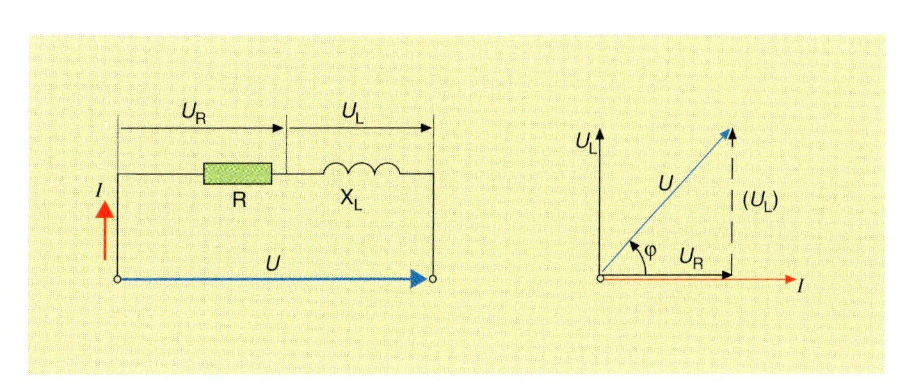

Abb. 9-31
Schalt- und Zeigerbild der Reihenschaltung von R und X_L

b) Veränderungen bei steigender Frequenz
Hinweis: $\uparrow \mathrel{\hat=}$ Betrag der Größe steigt
$\downarrow \mathrel{\hat=}$ Betrag der Größe sinkt

$f\uparrow$ R konstant, da der ohmsche Widerstand frequenzunabhängig ist

$X_L\uparrow$, da $X_L = 2 \cdot \pi \cdot f\uparrow \cdot L$

$Z\uparrow$, da $Z = \sqrt{R^2 + X_L^2\uparrow}$

$I\downarrow$, da $I = \dfrac{U}{Z\uparrow}$

$U_R\downarrow$, da $U_R = I\downarrow \cdot R$

$U_L\uparrow$, da $U_L = \sqrt{U^2 - U_R^2\downarrow}$

Hinweis: Mit $U_L = I\downarrow \cdot X_L\uparrow$ kann keine eindeutige Aussage gefunden werden, da der Grad des Ansteigens bzw. Absinkens nicht bestimmt ist.

$(\cos\varphi)\downarrow$, da $\cos\varphi = \dfrac{R}{Z\uparrow}$

$\varphi\uparrow$, da $(\cos\varphi)\downarrow$

■ Reihenschaltung von R und X_C

In der Reihenschaltung aus ohmschem Widerstand R und kapazitivem Blindwiderstand X_C teilt sich die anliegende Spannung U in die Teilspannungen U_R und U_C auf (Abb. 9-32).

Der Spannungsfall U_C über X_C eilt dem Strom I, somit auch dem Spannungsfall U_R um 90° nach. Es ist nach dem Satz des Pythagoras

$$U = \sqrt{U_R^2 + U_C^2} \qquad \textbf{9-19}$$

Werden die Spannungsgrößen durch die Stromstärke I dividiert, entstehen die Widerstandsgrößen R, X_C und Z als Scheinwiderstand. Das Zeigerbild der Spannungen geht in das Widerstandsdreieck über (Abb. 9-33).

$$Z = \sqrt{R^2 + X_C^2} \qquad \textbf{9-20}$$

Die Stromstärke berechnet sich nach

$$I = \frac{U}{Z}$$

und der Phasenverschiebungswinkel

$$\cos\varphi = \frac{R}{Z} \quad .$$

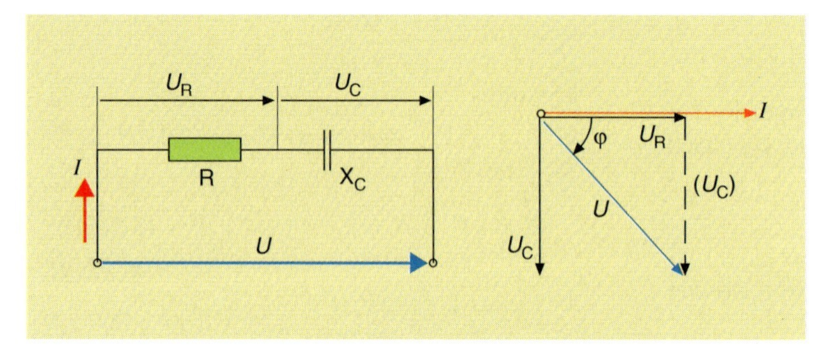

Abb. 9-32 ***Schalt- und Zeigerbild der Reihenschaltung von R und X_C***

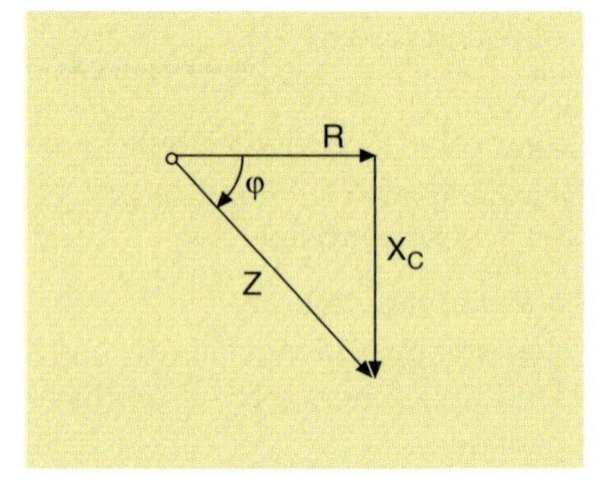

Abb. 9-33 ***Widerstandsdreieck der Reihenschaltung von R und X_C***

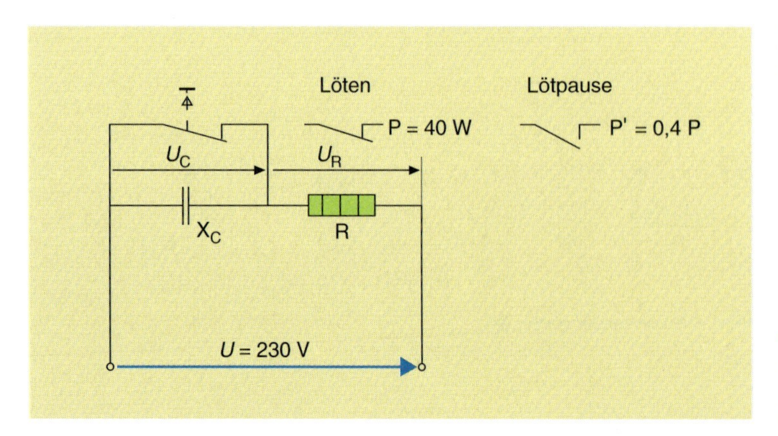

Abb. 9-34 ***Kondensator als Vorwiderstand (Lösungsbeispiel)***

- Der Kondensator als Vorwiderstand

Lösungsbeispiel:

Die Heizleistung eines 40-W-Lötkolbens mit einer Nennspannung von 230 V (50 Hz) soll während der Lötpause auf 40% seiner Nennleistung reduziert werden. Dazu wird durch Auflegen des Lötkolbens auf dem Lötständer mit Hilfe der Öffnerfunktion die Reihenschaltung des Lötkolbens mit dem Kondensator wirksam (Abb. 9-34). Wie groß muß seine Kapazität sein?

Hinweis: Die durch die Abnahme der Lötkolbentemperatur entstehende Widerstandsänderung soll nicht berücksichtigt werden!

gegeben: $P = 40$ W, $U = 230$ V, $f = 50$ Hz, $P' = 0{,}4$ P

gesucht: $C = ?$

Zur Festlegung der Lösungsschritte wird die gedankliche Entwicklung des Lösungsweges als Schema dargestellt.

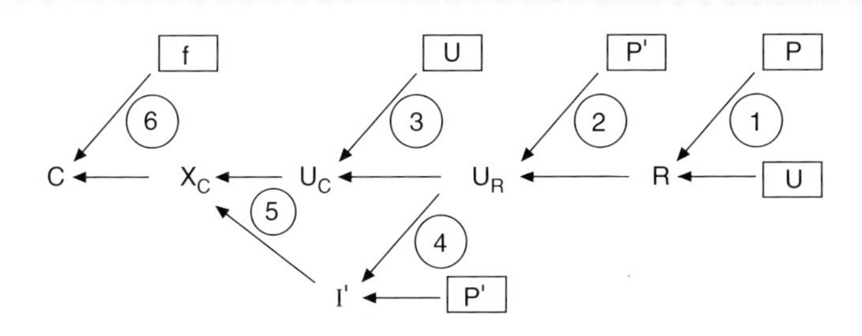

Lösung:

① $P = \frac{U^2}{R}$ $\quad R = \frac{U^2}{P}$ $\quad R = \frac{(230\ \text{V})^2}{40\ \text{W}}$ $\quad \underline{\underline{R = 1322{,}5\,\Omega}}$

② $P' = \frac{U_R^2}{R}$ $\quad U_R = \sqrt{P' \cdot R}$ $\quad U_R = \sqrt{0{,}4 \cdot P \cdot R}$

$U_R = \sqrt{0{,}4 \cdot \frac{U^2}{R} \cdot R}$ $\quad U_R = U \cdot \sqrt{0{,}4}$ $\quad U_R = 230 \cdot \text{V} \cdot \sqrt{0{,}4}$ $\quad \underline{\underline{U_R = 145{,}5\ \text{V}}}$

③ $U = \sqrt{U_R^2 + U_C^2}$ $\quad U_C = \sqrt{U^2 - U_R^2}$ $\quad U_C = \sqrt{U^2 - 0{,}4 \cdot U^2}$

$U_C = U\sqrt{0{,}6}$ $\quad U_C = 230 \cdot \text{V} \cdot \sqrt{0{,}6}$ $\quad \underline{\underline{U_C = 178{,}2\text{V}}}$

④ $P' = U_R \cdot I'$ $\quad I' = \frac{P'}{U_R}$

⑤ $X_C = \frac{U_C}{I'}$ $\quad X_C = \frac{U_C \cdot U_R}{P'}$ $\quad X_C = \frac{178{,}2\ \text{V} \cdot 145{,}5\ \text{V}}{0{,}4 \cdot 40\ \text{W}}$ $\quad \underline{\underline{X_C = 1620{,}5\,\Omega}}$

⑥ $X_C = \frac{1}{2\,\pi \cdot f \cdot C}$ $\quad C = \frac{1}{2\,\pi \cdot f \cdot X_C}$ $\quad C = \frac{1}{2\,\pi \cdot 50 \cdot \text{Hz} \cdot 1620{,}5\,\Omega}$ $\quad \underline{\underline{C = 1{,}9\,\mu F}}$

Bei einer Kapazität von 1,9 μF reduziert sich die Heizleistung des Lötkolbens auf 40% seiner Nennleistung.

- Die Reihenschaltung von R und X_C als frequenzabhängiger Spannungsteiler

Über R und X_C wird die Eingangsspannung U_e geteilt. Dabei kann entweder U_R oder U_C als Ausgangsspannung U_a genutzt werden.

Wir stellen gegenüber:

RC – Hochpaß	RC – Tiefpaß

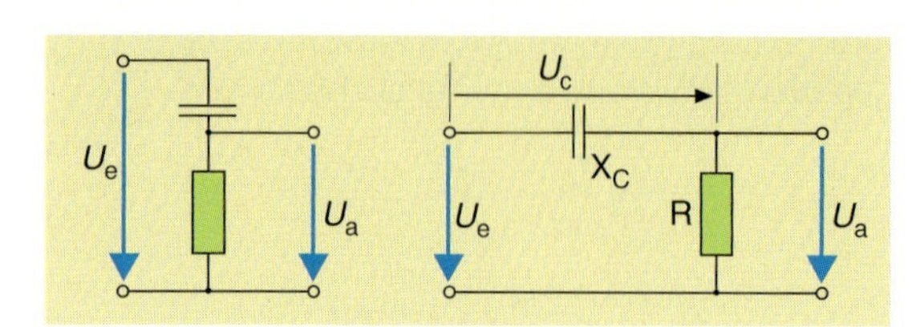

Abb. 9-35 ***Schaltung des RC-Hochpasses***

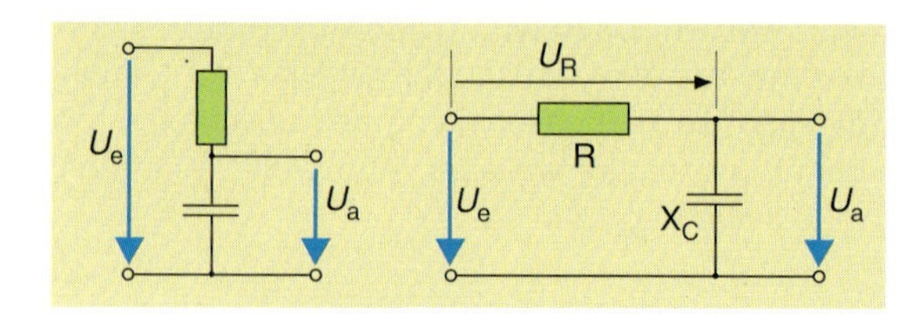

Abb. 9-36 ***Schaltung des RC-Tiefpasses***

Die Eingangsspannung wird im Verhältnis der Widerstandswerte geteilt.

Ausgangsspannung U_a = Spannungsfall über R

$U_a \ll U_e$

U_a nähert sich U_e

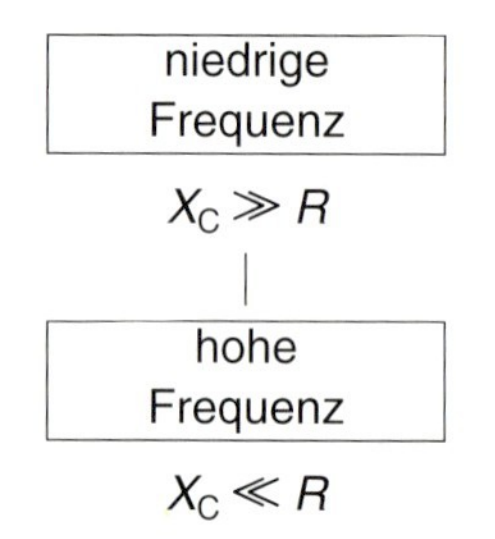

$X_C \ll R$

Ausgangsspannung U_a = Spannungsfall über X_C

U_a nähert sich U_e

$U_a \ll U_e$

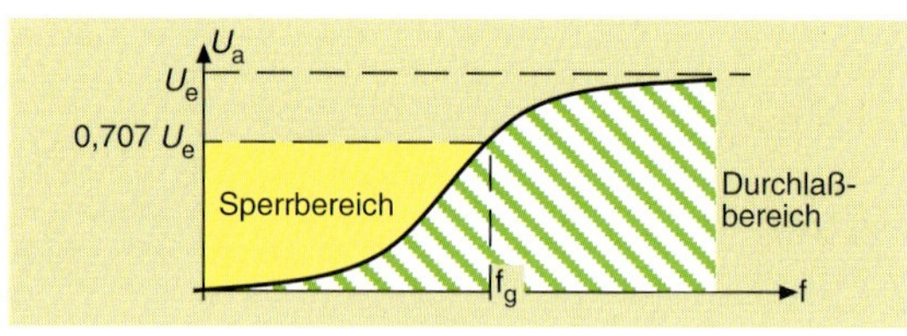

Abb. 9-37 ***Frequenzverhalten des RC-Hochpasses***

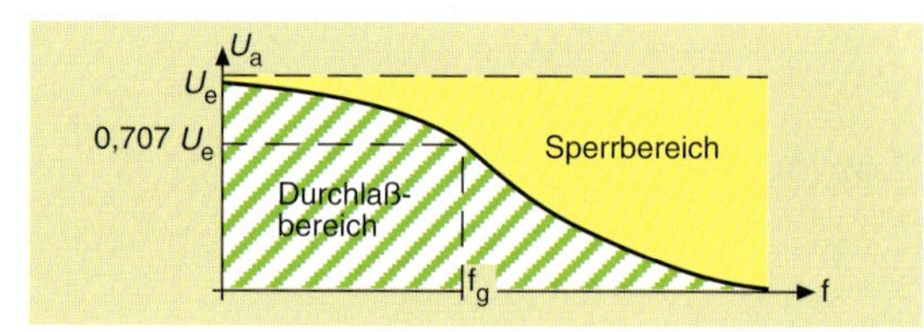

Abb. 9-38 ***Frequenzverhalten des RC-Tiefpasses***

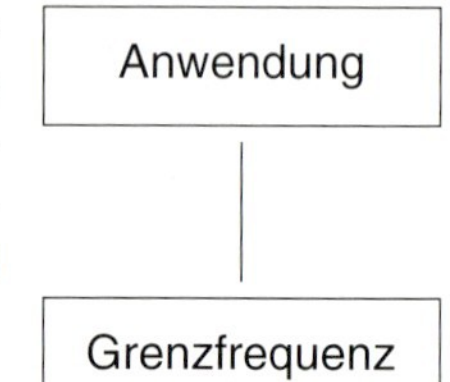

Einspeisen oder Auskoppeln von Wechselspannungen mit hoher Frequenz, z. B. als Steuersignale für Tonfrequenz-Rundsteueranlagen zum Ansteuern von Zweittarifzählern des 50-Hz-Netzes durch die EVU

Unterdrücken von Funkstörungen als Wechselspannungen hoher Frequenz

Grenzfrequenz

Grenzfrequenz ist die Fequenz, bei der die Widerstände R und X_C gleich sind.

Mit $R = \dfrac{1}{2 \cdot \pi f_g \cdot C}$ wird

$$f_g = \frac{1}{2 \cdot \pi \cdot R \cdot C} \qquad \textbf{9–21}$$

Gleiche Widerstandswerte erzeugen gleiche Spannungsfälle.

$U_a = U_c$ $\qquad$ $U_a = U_R$

$$U_e = \sqrt{U_a^2 + U_a^2}$$

$$U_e = U_a \cdot \sqrt{2}$$

$$U_a = \frac{U_e}{\sqrt{2}} \qquad \textbf{9–22}$$

■ Reihenschaltung eines ohmschen Widerstandes mit einer realen Spule

In der Reihenschaltung aus ohmschen Widerstand R_1 und realer Spule entstehen bei anliegender Spannung U über R_1 der Spannungsfall U_1 und über der Spule der Spannungsfall U_2 (Abb. 9-39).

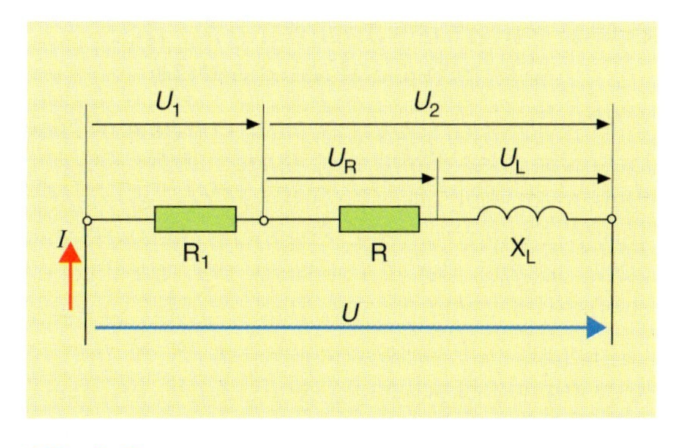

Abb. 9-39 ***Reihenschaltung von R und realer Spule***

U_2 teilt sich in die nicht meßbaren Teilspannungen U_R und U_L auf. Zur Entwicklung des Zeigerbildes wird I als Bezugsgröße gewählt. In Richtung des Stromzeigers liegen die Spannungszeiger U_1 und U_R, 90° vorauseilend der Spannungszeiger U_L. Die geometrische Summe von U_R und U_L ergibt die Spannung U_2 über der realen Spule und von U_1 und U_2 die anliegende Spannung U (Abb. 9-40).

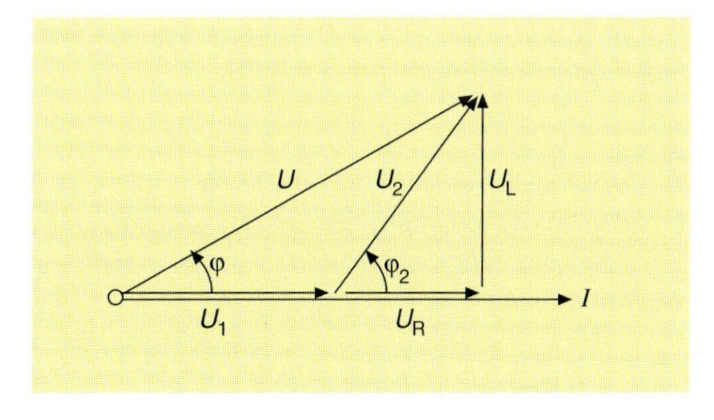

Abb. 9-40 ***Zeigerbild von R und realer Spule***

Zwischen U und U_1 bzw. I liegt der Phasenverschiebungswinkel φ der gesamten Schaltung und zwischen U_2 und U_R bzw. I der Phasenverschiebungswinkel φ_2 der Spule.

Das Zeigerbild zeigt, daß mit Hilfe der meßbaren Spannungen U, U_1 und U_2 der Phasenverschiebungswinkel der Spule ermittelt werden kann. Diese Möglichkeit wird als Drei-Spannungsmesser-Methode bezeichnet.

Lösungsbeispiel:

Bei einer Schaltung nach Abb. 9-39 wurden über dem ohmschen Widerstand eine Spannung von 70 V, über der Spule eine von 56 V und die Gesamtspannung von 110 V gemessen. Der Phasenverschiebungswinkel der Spule ist mit Hilfe des Zeigerbildes zu ermitteln.

gegeben: $U_1 = 70$ V, $U_2 = 56$ V, $U = 110$ V — gesucht: $\varphi_2 = ?$

Lösung: Maßstab $2\ \text{V} \triangleq 1\ \text{mm}$ — $U_1 \triangleq 35$ mm, $U_2 \triangleq 28$ mm, $U \triangleq 55$ mm

Konstruktionsbeschreibung:

- I als Bezugsgröße in die Waagerechte zeichnen.
- Zeiger U_1 in Richtung des Stromzeigers zeichnen.
- Kreisbogen um die Spitze von U_1 mit dem Radius U_2 und um den Ursprung von U_1 mit dem Radius U schlagen.
- Schnittpunkt der beiden Kreisbögen legt die Richtungen von U_2 und U fest. Zeichnen der Zeiger U_2 und U.
- Winkel zwischen I und U_2 messen (Abb. 9-41).

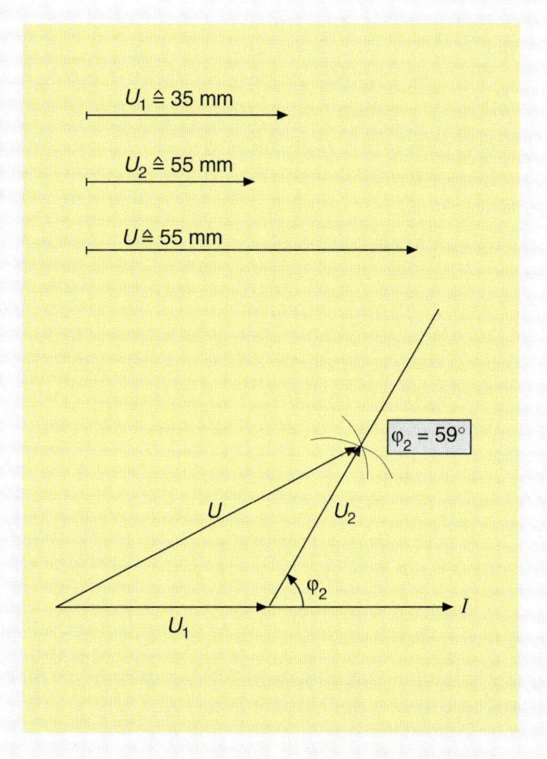

Abb. 9-41 ***Zeigerbild zum Lösungsbeispiel***

9.3.2 Parallelschaltungen der Grundschaltelemente

Wie im Gleichstromkreis ist eines der wesentlichen Merkmale der Parallelschaltung, daß dieselbe Spannung über allen parallelen Schaltelementen anliegt. Es gibt nur eine Spannung. Deshalb wird stets sie bei der Darstellung der elektrischen Größen im Zeigerbild als Bezugsgröße gewählt.

Die komplexe Parallelschaltung von R, X_L und X_C kann zur Parallelschaltung von R und X_C als Ersatzschaltung des realen Kondensators vereinfacht werden.

Parallelschaltungen von R und X_L ($X_C = 0$) sowie von X_L und X_C ($R = 0$) sind technisch nicht relevant und haben damit keine praktische Bedeutung.

■ Parallelschaltung von R, X_L und X_C

In der Parallelschaltung von R, X_L und X_C (Abb. 9-42) teilt sich der Gesamtstrom I in die Teilströme I_R, I_L und I_C auf.

Zur Entwicklung des Zeigerbildes beachten wir die im Abschnitt 9-2 nachgewiesenen Phasenbeziehungen. Es müssen deshalb

- der Zeiger I_R in Richtung des Zeigers U
  U und I am ohmschen Widerstand sind phasengleich,
- der Zeiger I_L 90° nacheilend
  I eilt U am induktiven Blindwiderstand um 90° nach,
- der Zeiger I_C 90° vorauseilend
  I eilt U am kapazitiven Blindwiderstand um 90° voraus,

gezeichnet werden (Abb. 9-43).

Die geometrische Summe der Teilströme I_R, I_L und I_C bilden den Gesamtstrom I. Man erkennt aus dem rechtwinkligen Dreieck mit der Hypotenuse I und den Katheten I_R und $(I_L - I_C)$ folgenden Zusammenhang:

$$I^2 = I_R^2 + (I_L - I_C)^2$$

$$I = \sqrt{I_R^2 + (I_L - I_C)^2} \qquad \textbf{9-23}$$

Der Phasenverschiebungswinkel φ zwischen der Spannung U und der Stromstärke I ist

$$\cos\varphi = \frac{I_R}{I} \qquad \textbf{9-24}$$

Die unterschiedlichen Widerstandswerte von R, X_L und X_C führen zu unterschiedlichen Werten von I_R, I_L und I_C mit folgenden interessanten Erscheinungen:

1. Die induktiven bzw. kapazitive Blindströme als Teilströme können größer als der Gesamtstrom I sein. Dies ist im Gleichstromkreis niemals möglich!
2. Trotz Parallelschaltung kann der Scheinwiderstand Z (Gesamtwiderstand) größer als ein Blindwiderstand (Einzelwiderstand) sein. Die Aussage „In der Parallelschaltung ist der Gesamtwiderstand stets kleiner als der kleinste Einzelwiderstand!" trifft deshalb nur für den Gleichstromkreis zu.
3. Ist der induktive Blindwiderstand kleiner als der kapazitive, also I_L größer als I_C, wirkt die Parallelschaltung induktiv. Der Strom I eilt der Spannung U nach.
4. Die Parallelschaltung wirkt kapazitiv, wenn I_C größer als I_L ist.

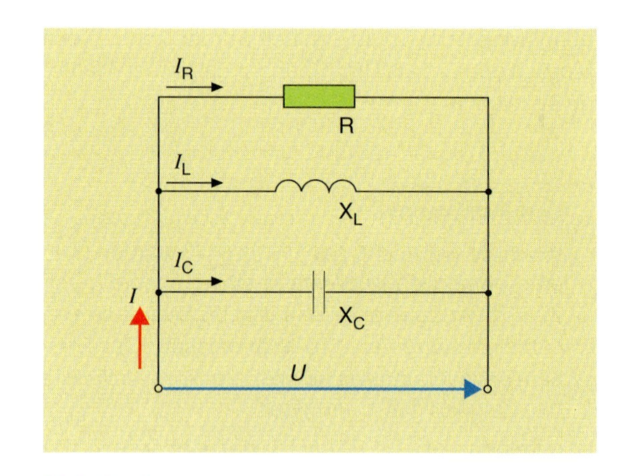

Abb. 9-42 ***Parallelschaltung von R, X_L und X_C***

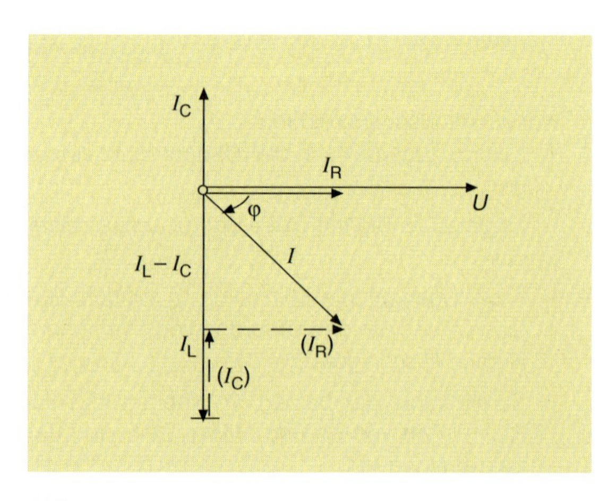

Abb. 9-43 ***Zeigerbild der Parallelschaltung von R, X_L und X_C***

5. Bei Gleichheit der Blindwiderstände X_L und X_C kompensieren sich die induktiven und kapazitiven Wirkungen gegenseitig. Die Parallelschaltung wirkt wie eine ohmscher Widerstand. Strom I und Spannung U liegen in Phase.

Für die theoretisch mögliche Parallelschaltung aus R und X_L können das entsprechende Zeigerbild bzw. die Berechnungsgleichung ohne Schwierigkeiten entwickelt werden. Es ist I_C gleich Null. Diese Stromgröße ist im Zeigerbild (Abb. 9-43) oder in der Gleichung (9–23) nicht mehr enthalten.

■ Parallelschaltung von R und X_C

Im kapazitiven Schaltelement X_C wird vorausgesetzt, daß die Beläge des Kondensators durch einen absoluten Nichtleiter getrennt sind. Da alle Isolierstoffe nur einen endlichen, zwar sehr hohen Widerstandswert besitzen, wird der reale Kondensator außer dem kapazitiven Widerstand auch einen ohmschen aufweisen. Das Ersatzschaltbild des realen Kondensators (Abb. 9-44) ist eine Parallelschaltung von X_C und R. Der ohmsche Widerstand erfaßt auch die anderen verlustbehafteten Erscheinungen, wie Oberflächen- bzw. Kriechwegwiderstand zwischen den Kondensatoranschlüssen und die Verluste, die durch das Umpolarisieren des Dielektrikums entstehen.

Beachten Sie, daß die im Schalt- und Zeigerbild dargestellten Teilströme I_R und I_C nicht meßbar sind. Durch sie kann jedoch eine Größe abgeleitet werden, die die Qualität eines Kondensators kennzeichnet.

Am idealen Kondensator beträgt der Phasenverschiebungswinkel φ zwischen U und I 90°. Die Verluste des Kondensators, die durch den ohmschen Widerstand erfaßt werden, verringern diesen Winkel um den sog. Verlustwinkel δ. Sein Tangens wird als

Verlustfaktor $\tan\delta = \frac{I_R}{I_C}$ bezeichnet.

Mit $I_R = \frac{U}{R}$ und $I_C = \frac{U}{X_C} = U \cdot \omega \cdot C$ wird

$$\tan\delta = \frac{1}{R \cdot \omega \cdot C} \qquad \text{9–25}$$

Sein Kehrwert ist der Gütefaktor Q des Kondensators.

$$Q = \frac{1}{\tan\delta} = R \cdot \omega \cdot C \qquad \text{9–26}$$

Beide Qualitätsgrößen müssen vom Hersteller für eine bestimmte Frequenz angegeben werden.

Lösungsbeispiel:

Die Kapazität eines Kondensators beträgt 250 nF. Sein Verlustfaktor wird bei einer Frequenz von 500 Hz mit $3 \cdot 10^{-2}$ angegeben. Wie groß ist der Verlustwinkel und der ohmsche Widerstand des Kondensators?

gegeben: $C = 250$ nF gesucht: δ; $R = ?$
$\tan\delta = 0{,}03$
$f = 500$ Hz

Lösung:

$\tan\delta = 0{,}03 \Rightarrow \underline{\underline{\delta = 1{,}72°}}$

$\tan\delta = \frac{1}{R \cdot \omega \cdot C}$ $\quad R = \frac{1}{\tan\delta \cdot 2 \cdot \pi \cdot f \cdot C}$

$$R = \frac{1}{0{,}03 \cdot 2 \cdot \pi \cdot 500 \cdot \text{Hz} \cdot 250 \cdot 10^{-9}\text{F}}$$

$\underline{\underline{R = 42{,}4\ \text{k}\Omega}}$

Das Beispiel zeigt, daß der Verlustwinkel mit 1,72° sehr klein ist. Bei verlustarmen Kondensatoren beträgt er meist nur einige Bogenminuten. Deshalb werden Kondensatoren mit hinreichender Genauigkeit für praktische Belange meist als reine Blindwiderstände aufgefaßt.

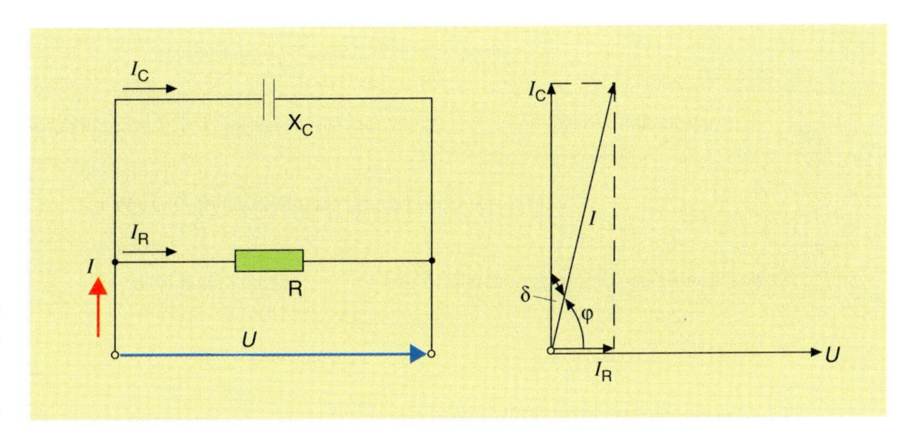

Abb. 9-44
Ersatzschaltung und Zeigerbild des realen Kondensators

9.3.3 Schwingkreise

Die Zusammenschaltung von Spule und Kondensator zu sog. Schwingkreisen ist technisch besonders bedeutungsvoll. Gehen wir in unserer Betrachtung davon aus, daß ein Kondensator aufgeladen ist (Abb. 9-45). Aufgeladen heißt, daß auf den Belägen positive bzw. negative Ladungen konzentriert sind, und zwischen den Belägen ein elektrisches Feld existiert. Es wird durch die elektrische Feldstärke E als physikalische Größe quantitativ erfaßt.

Durch das Ausgleichsbestreben der Ladungen fließt über die Spule ein elektrischer Strom, d. h. im Kreis wird elektrische Energie transportiert. In dem Maße, wie das elektrische Feld abgebaut wird, wird in der Spule durch den fließenden Strom ein Magnetfeld aufgebaut. Es wird durch die magnetische Feldstärke H gekennzeichnet. Der Vorgang des Aufbaus des magnetischen Feldes bzw. des Abbaus des elektrischen Feldes ist nach $t = \frac{T}{4}$ abgeschlossen. In der Zeit $\frac{T}{4}$ bis $\frac{T}{2}$ bricht das magnetische Feld zusammen. Durch die Flußänderung wird eine Spannung induziert, die die Ladungsträger so antreibt, daß die Kondensatorbeläge aufgeladen werden. Ein elektrisches Feld entsteht, gegenüber der Ausgangssituation jedoch in entgegengesetzter Richtung. Der analoge Vorgang wiederholt sich und klingt nach entsprechender Zeit ab.

Der Energieaustausch zwischen den Blindwiderständen X_C und X_L ist ein sinusförmiger Schwingungsvorgang. Es entsteht jedoch eine gedämpfte Schwingung, da durch die ohmschen Widerstände der realen Schaltelemente und der Verbindungsleitungen ein Teil der elektrischen Energie in Wärme umgewandelt wird. Diese tritt aus dem Stromkreis aus und steht nicht mehr zum Aufbau der Felder zur Verfügung.

Gedämpfte Schwingung bedeutet, daß sich die Amplitude (Schwingungsweite) bei konstant bleibender Schwingungsdauer bzw. Frequenz verringert. Bei Anschluß einer Wechselstromquelle bestimmt deren Frequenz den Schwingungsvorgang. Man bezeichnet dies als sog. **erzwungene Schwingung**. Stimmt die Erregerfrequenz (Frequenz der Stromquelle) mit der Eigenfrequenz der LC-Anordnung überein, herrscht **Resonanz**. Der Energieaustausch zwischen den Blindwiderständen ist dann am größten. Von der Stromquelle braucht nur die Energie zugeführt zu werden, die im ohmschen Widerstand der Schaltung in Wärme umgesetzt wird. Bei den Grundschaltelementen L und C (ohne R) wäre dagegen eine ständige Energiezufuhr von außen nicht erforderlich.

Ein Schwingkreis befindet sich in Resonanz, wenn der kapazitive Blindwiderstand gleich dem induktiven ist.

$X_L = X_C$

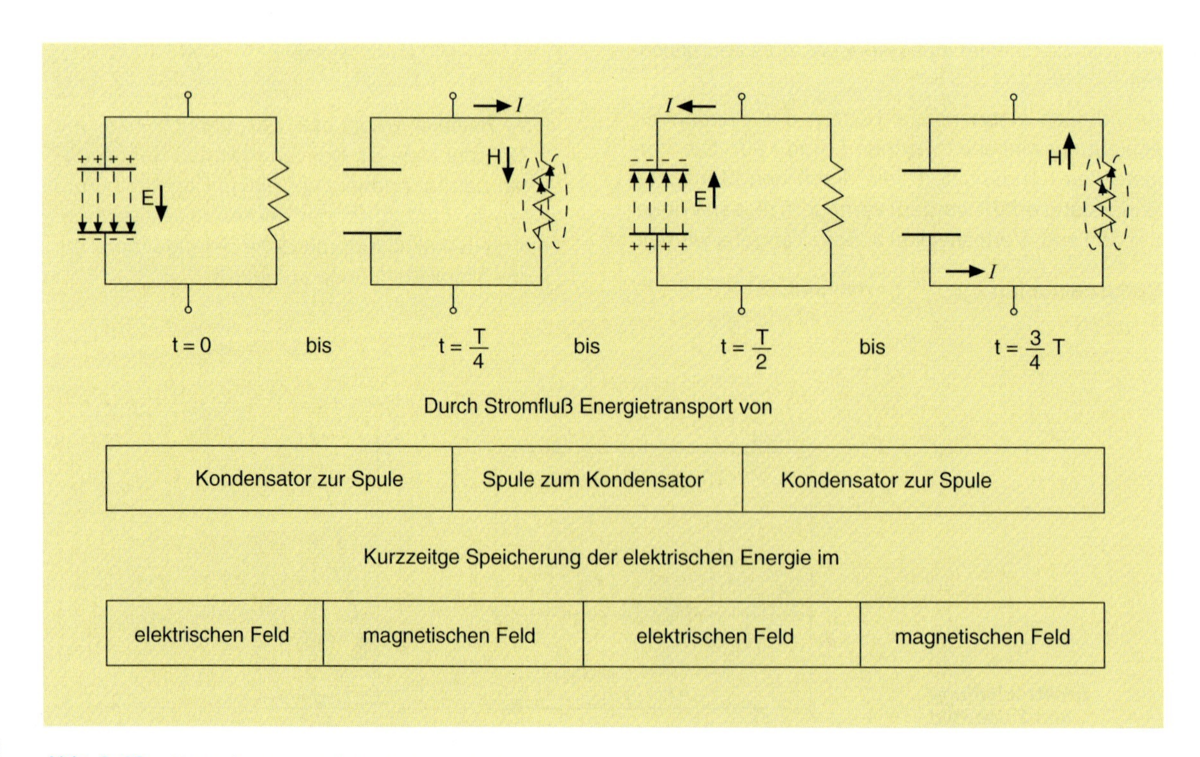

Abb. 9-45 ***Energieaustausch im Schwingkreis***

Mit den Gleichungen (9–12) und (9–13) ist

$$\omega_0 \cdot L = \frac{1}{\omega_0 \cdot C} \qquad \omega_0 \cdot L \cdot \omega_0 \cdot C = 1$$

$$\omega_0 = \sqrt{\frac{1}{L \cdot C}} = \frac{1}{\sqrt{L \cdot C}}$$

und mit $\omega_0 = 2 \cdot \pi \cdot f_0$ berechnet sich die Eigenfrequenz oder

Resonanzfrequenz $$f_0 = \frac{1}{2 \cdot \pi \cdot \sqrt{L \cdot C}} \qquad \textbf{9–27}$$

Nach dem englischen Physiker (1824–1907) wird die Gleichung (9–27) auch als Thomsonsche Schwingungsgleichung bezeichnet.

Die Erscheinungen der Schwingkreise, die auch als Resonanzkreise bezeichnet werden, entstehen sowohl bei der Reihenschaltung als auch bei der Parallelschaltung von Spule und Kondensator. Um die durch die Schaltung bedingten Unterschiede zu erfassen, werden im folgenden Reihen- und Parallelschwingkreis gegenübergestellt.

Reihenschwingkreis	Parallelschwingkreis
Schaltung	
Spule und Kondensator sind in Reihe geschaltet	Spule und Kondensator sind parallel geschaltet
Ersatzschaltung	
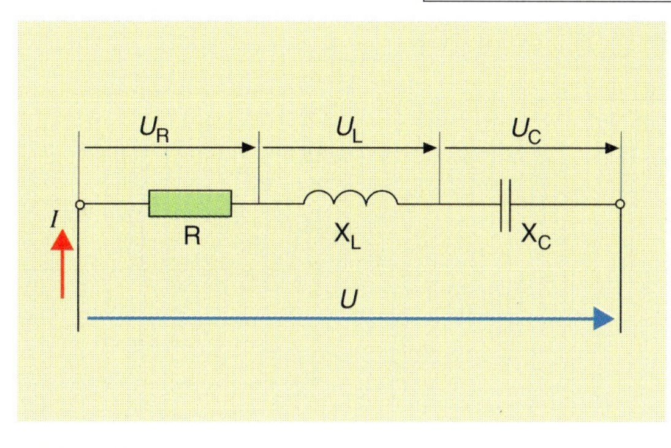 Abb. 9-46	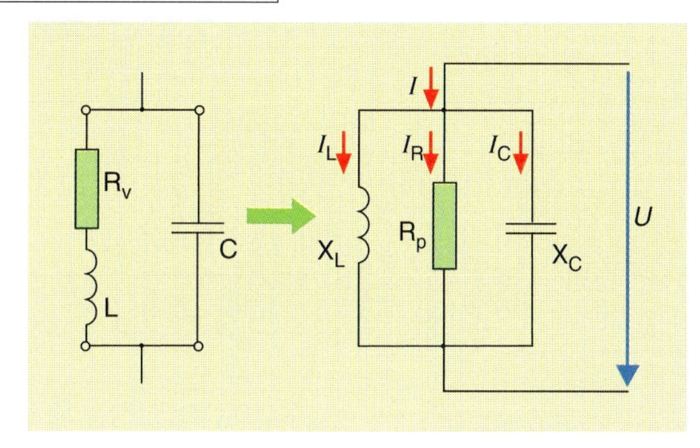 Abb. 9-47
Darstellung der Verluste	
kleiner Reihenwiderstand zur Induktivität	kleiner Reihenwiderstand R_V zur Induktivität oder großer Parallelwiderstand R_P zu L bzw. C $R_P \approx \frac{L}{R_V \cdot C}$
Frequenzverhalten – bei niedriger Frequenz	
$X_C \gg X_L \Rightarrow U_C \gg U_L$	$X_C \gg X_L \Rightarrow I_C \ll I_L$
Eigenschaft des Schwingkreises ≙ *RC*-Reihenschaltung	Eigenschaft des Schwingkreises ≙ *RL*-Parallelschaltung
bei Resonanzfrequenz	
$X_C = X_L \Rightarrow U_C = U_L \gg U$; $Z = R \quad U = U_R$	$X_C = X_L \Rightarrow I_C = I_L \gg I$; $I = I_R$
Eigenschaft des Schwingkreises ≙ niederohmigem Widerstand R	Eigenschaft des Schwingkreises ≙ hochohmigem Widerstand R_P
⇓ großer Stromfluß	⇓ kleiner Stromfluß
Saugkreis	**Sperrkreis**

Zeigerbild bei Resonanz

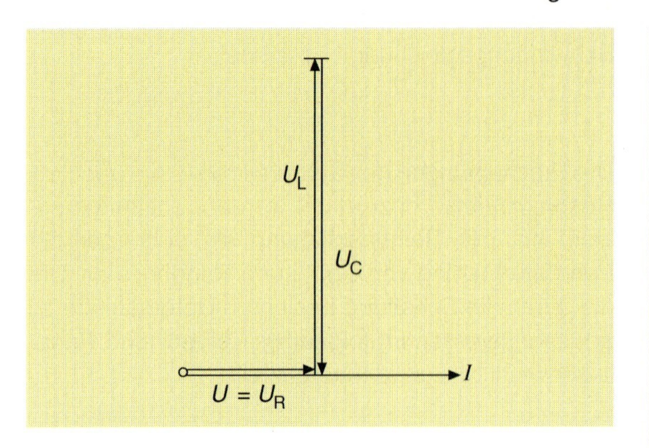

Abb. 9-48

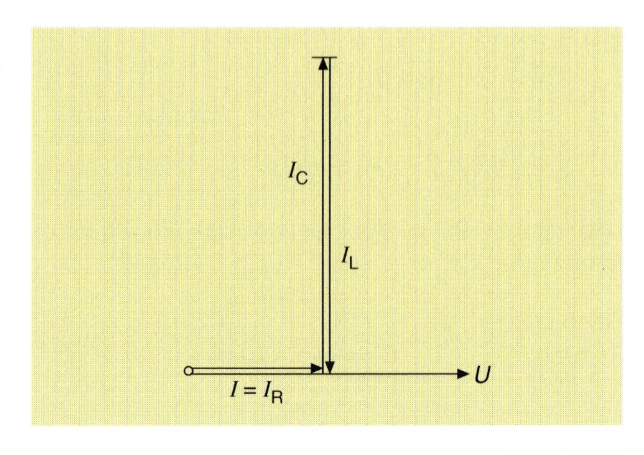

Abb. 9-49

Bei hoher Frequenz

$X_C \ll X_L \Rightarrow U_C \ll U_L$

Eigenschaft des Schwingkreises ≙ RL-Reihenschaltung

$X_C \ll X_L \Rightarrow I_C \gg I_L$

Eigenschaft des Schwingkreises ≙ RC-Parallelschaltung

Verlauf von Scheinwiderstand und Stromstärke

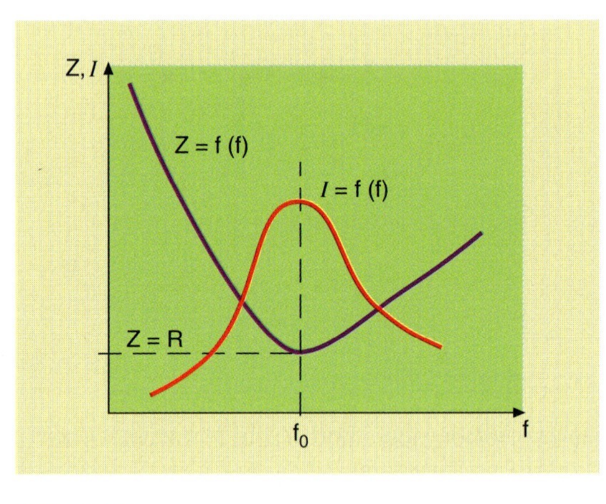

Abb. 9-50

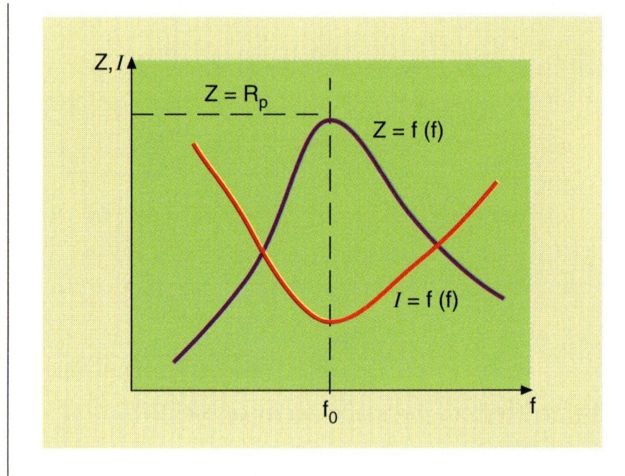

Abb. 9-51

Bedeutung für die Energietechnik

hohe Spannungsbeanspruchung der Isolation von Wicklungen und Kondensatoranordnungen

Kompensation der Blindleistung von elektrischen Maschinen und Geräten

Im folgenden Lösungsbeispiel wird gezeigt, daß geringfügige Abweichungen von der Resonanzfrequenz wesentliche Veränderungen im Schwingkreis bewirken.

Lösungsbeispiel:

Eine Kapazität von 47,7 nF, eine Induktivität von 53 μF und ein ohmscher Widerstand von 1 kΩ sind parallelgeschaltet. Die angelegte Spannung beträgt 4 V. Es sind für die Resonanzfrequenz und für diejenigen Frequenzen, die um –6; –3; +3 und +6% von der Resonanzfrequenz abweichen, folgende Größen zu berechnen: ohmscher Widerstand, induktiver und kapazitiver Blindwiderstand, die durch die Widerstände fließenden Ströme, der Gesamtstrom und der Scheinwiderstand der Parallelschaltung.

gegeben: $C = 47{,}7$ nF, $L = 53\ \mu$H, $R = 1$ kΩ, $U = 4$ V

gesucht: R; X_C; X_L; I_R; I_C; I_L; I; Z bei verschiedenen Frequenzen

Lösung:

- Berechnung der Frequenzen

Resonanzfrequenz

$$f_0 = \frac{1}{2 \cdot \pi \cdot \sqrt{L \cdot C}}$$

$$f_0 = \frac{1}{2 \cdot \pi \cdot \sqrt{53 \cdot 10^{-6}\text{H} \cdot 47{,}7 \cdot 10^{-9}\text{F}}}$$

$$f_0 = 100\ \text{kHz}$$

f/%	−6	−3	0	+3	+6
f/kHz	94	97	100	103	106

- Berechnung der Widerstände

$R = 1\ \text{k}\Omega$ (frequenzunabhängig)

$$X_L = 2 \cdot \pi \cdot f \cdot L \qquad X_C = \frac{1}{2 \cdot \pi \cdot f \cdot C}$$

f/kHz	94	97	100	103	106
R/kΩ	1	(frequenzunabhängig)			
X_L/Ω	31,3	32,3	33,3	34,3	35,3
X_C/Ω	35,5	34,4	33,3	32,4	31,5

- Berechnung der Ströme

$$I_R = \frac{U}{R} \quad I_L = \frac{U}{X_L} \quad I_C = \frac{U}{X_C} \quad I = \sqrt{I_R^2 + (I_L - I_C)^2}$$

f/kHz	94	97	100	103	106
I_R/mA	4	(frequenzunabhängig)			
I_L/mA	128	124	120	117	113
I_C/mA	113	116	120	124	127
I/mA	15,5	8,9	4	8,1	14,6

- Berechnung der Scheinwiderstände

$$Z = \frac{U}{I}$$

f/kHz	94	97	100	103	106
Z/Ω	258	449	1000	494	274

In der Abb. 9-52 ist der der Parallelschaltung zufließende Strom und ihr Scheinwiderstand Z im Bereich der Resonanzfrequenz dargestellt. Deutlich wird, daß eine geringe Änderung der Frequenz den Scheinwiderstand und den Strom bedeutend verändern. Zum Beispiel bewirkt eine Verringerung der Frequenz um nur 6% eine Erhöhung des Stromes um 28%.

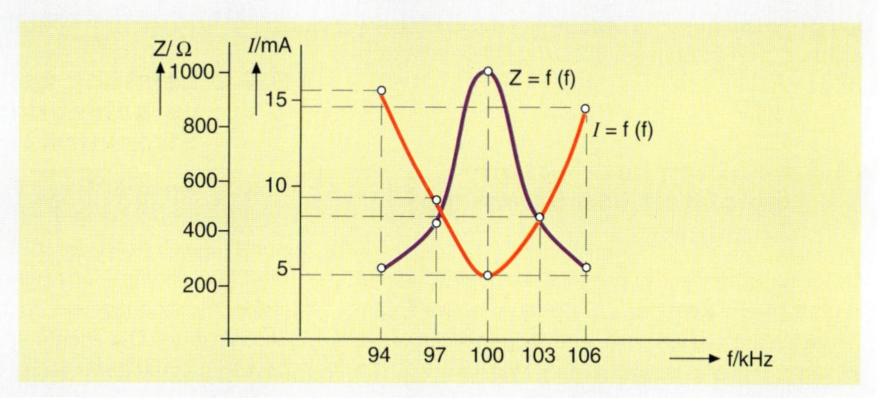

Abb. 9-52
Stromstärke und Scheinwiderstand im Parallelschwingkreis

AUFGABEN

9.16 Wie groß ist bei einer Spannung von 24 V (50 Hz) die Stromaufnahme einer Spule, deren ohmscher Widerstand 4 Ω beträgt und deren Induktivität mit 40 mH angegeben ist?

9.17 Zeichnen Sie das Zeigerbild der Ströme für eine Parallelschaltung aus ohmschem Widerstand, kapazitivem und induktivem Blindwiderstand, wenn $X_C < X_L$ ist!

9.18 Welche Werte könnten bei der Drei-Spannungsmesser-Methode noch berechnet werden (Abb. 9-39), wenn noch zusätzlich der Strom I bei bekannter Frequenz gemessen wird?

9.19 Entwickeln Sie analog der Drei-Spannungsmesser-Methode ein Verfahren zur Bestimmung des Phasenverschiebungswinkels einer realen Spule, wenn durch Parallelschalten eines ohmschen Widerstandes drei Ströme gemessen werden! Der Vorteil dieses Verfahrens würde gegenüber der Drei-Spannungsmesser-Methode darin liegen, daß der Phasenverschiebungswinkel bei Nennspannung der Spule bestimmt werden kann.

9.20 Die Resonanzfrequenz eines Reihenschwingkreises wird mit 100 Hz angegeben. Berechnen Sie die Kapazität des Kondensators, wenn die Induktivität der Spule 1,15 H beträgt!

9.4 Leistung und Arbeit des Wechselstromes

Im Gleichstromkreis bestimmen die Spannung U und die Stromstärke I die Leistung:

$$P = U \cdot I$$

Auf die veränderlichen Größen des Wechselstromkreises bezogen heißt das:

Nur die zeitgleich auftretenden Augenblickswerte der Spannung und des Stromes ergeben einen Leistungswert. Dieser wird damit auch wieder eine zeitabhängige Größe. Die Gleichung für den

Augenblickswert der Leistung $p = u \cdot i$

gilt für alle Kurvenformen von Wechselgrößen sowie für alle Grundschaltelemente und ihre Zusammenschaltungen. Die Gleichung hat somit Allgemeingültigkeit. Die Schwierigkeit besteht jedoch darin, daß im Wechselstromkreis prinzipiell mit den Effektivwerten von Strom und Spannung gerechnet werden muß. Ein Ergebnis läßt sich aufgrund der zeitlichen Veränderlichkeit der Faktoren u und i und einer möglichen Phasenverschiebung zwischen ihnen nicht so ohne weiteres voraussagen.

Es sollen im folgenden die Zusammenhänge anhand der zeichnerischen Darstellungen bei Phasengleichheit und Phasenverschiebung untersucht werden.

9.4.1 Leistung bei Phasengleichheit von Strom und Spannung

Wie im Abschnitt 9.2 nachgewiesen wurde, liegen am ohmschen Widerstand R Spannung und Strom in Phase. Multipliziert man ihre Augenblickswerte, entstehen immer positive Leistungswerte.

Im Zeitpunkt A der Abb. 9-53 ist

$$p = (+\,u) \cdot (+\,i) \text{ positiv, ebenso}$$

im Zeitpunkt B, da

$$p = (-\,u) \cdot (-\,i) \text{ auch positiv ist.}$$

Es entsteht eine sinusförmige Leistung von **doppelter Frequenz**, deren Kurve in positiver Richtung der Ordinatenachse verschoben ist. Stets positive Leistungswerte bedeuten gleichbleibende Richtung des Energieflusses. Die Energie geht von der Stromquelle zum ohmschen Widerstand und wird hier in eine andere Energieform umgewandelt. Die Energie tritt aus dem elektrischen Kreis heraus und kann außerhalb des Kreises z. B. eine Wärmewirkung oder eine mechanische Wirkung verursachen. Diese Leistung wird deshalb als Wirkleistung bezeichnet.

Wirkleistung ist die Leistung, die im zeitlichen Mittel aus dem Wechselstromkreis als Wärmeleistung oder mechanische Leistung heraustritt.

Das Bauelement R wird aufgrund dieser Eigenschaft auch als Wirkwiderstand bezeichnet.

9.4.2 Leistung bei Phasenverschiebung zwischen Strom und Spannung

Sowohl am induktiven als auch am kapazitiven Schaltelement besteht zwischen Strom und Spannung eine Phasenverschiebung um 90°. Hier ergibt die Multiplikation der Augenblickswerte von u und i jedoch wechselweise positive und negative Leistungswerte. Die Richtung des Energieflusses ändert sich somit periodisch.

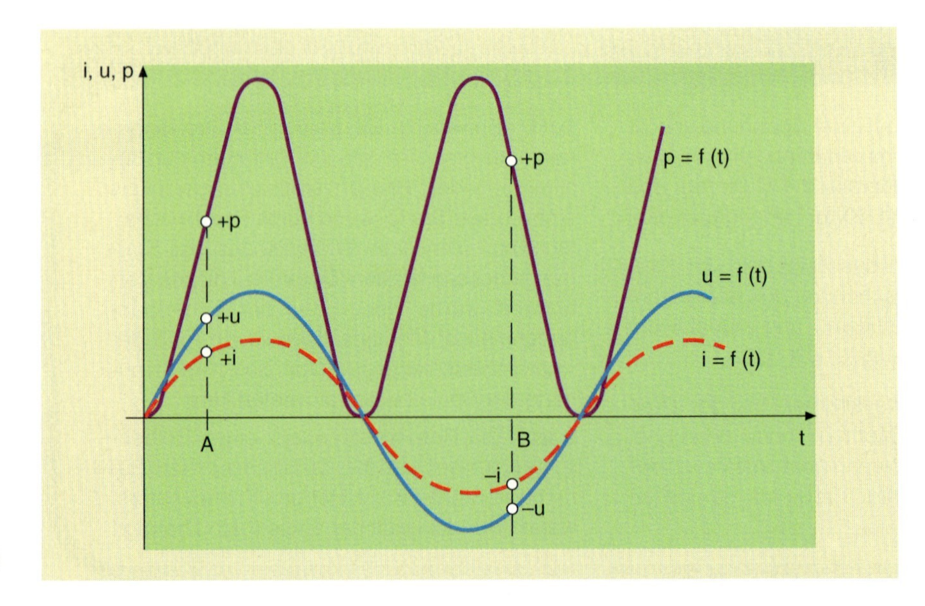

Abb. 9-53
Leistung am ohmschen Schaltelement

In der Abb. 9-54 wurde als Beispiel ein kapazitives Schaltelement gewählt, dem in den Zeitabschnitten der positiven Leistungswerte Energie zufließt. Während der Zeitabschnitte negativer Leistungswerte wird Energie vom Kondensator zur Stromquelle zurückgeliefert. Der arithmetische Mittelwert der Leistungswerte ist dabei Null. Die in einer Periode des Wechselstromes zweimal zum Kondensator übertragene Energie wird ebensooft zurückgeführt, damit nicht in eine andere Energieform umgewandelt. Die am kapazitiven und auch am induktiven Schaltelement auftretende Leistung nennt man Blindleistung.

Blindleistung ist die Leistung, die im Wechselstromkreis zwischen Stromquelle und kapazitivem oder induktivem Schaltelement hin- und herpendelt und in diesen kurzzeitig im elektrischen bzw. magnetischen Feld gespeichert wird.

Die Blindleistung und die in der Zeit *t* entstehende Blindarbeit sind, wie die Blindwiderstände, nur Rechengrößen, keine Leistungs- oder Arbeitsgrößen im physikalischen Sinn.

Wie im Abschnitt 9.3 dargelegt wurde, sind die Grundschaltelemente nur näherungsweise zu realisieren. In der Praxis sind stets Verbraucher wirksam, die als Kombination der idealen Schaltelemente angesehen werden müssen. Welche Leistungsverhältnisse liegen dann bei einer beliebigen Phasenverschiebung vor?

Die in der Abb. 9-55 eingezeichnete Leistungskurve zeigt wieder den typischen sinusförmigen Verlauf. Der positive Anteil der Leistungswerte ist jedoch größer als der negative, d. h. eine größere Energiemenge wird dem Verbraucher zugeführt als zur Stromquelle zurückströmt.

Dies bedeutet:

1. Im Verbraucher wird ein Teil der elektrischen Energie in eine andere umgewandelt. Sie tritt als Wirkleistung aus dem Stromkreis aus.
2. Die Zuleitung zum Verbraucher wird durch die Wirkleistung und durch die zwischen ihm und der Stromquelle hin- und herpendelnden Blindleistung belastet.

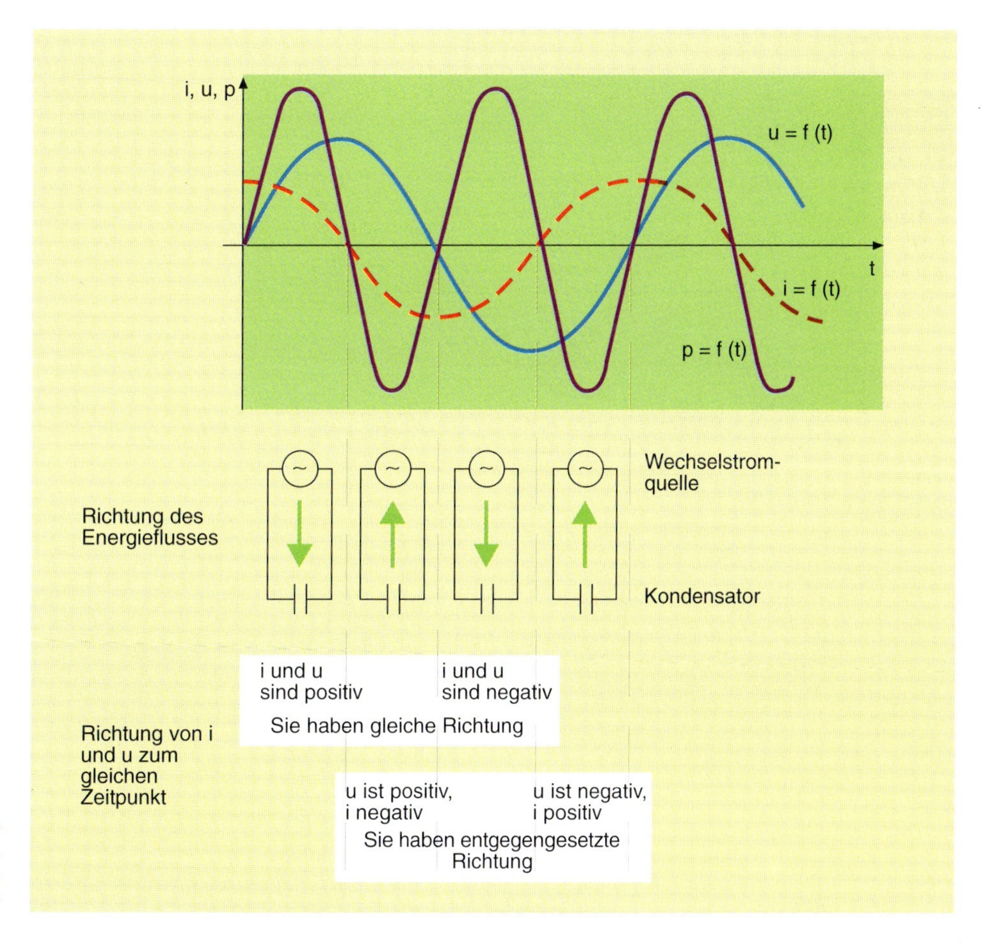

Abb. 9-54
Leistung am kapazitiven Schaltelement

Folgende Überlegungen sollen zum mathematischen Zusammenhang der Leistungen im Wechselstromkreis führen.

Jeder zur Spannung phasenverschobene Strom, der in der Zuleitung zu einem Verbraucher fließt, kann in zwei Komponenten aufgeteilt werden (Abb. 9-56).

Die eine Komponente, man könnte auch Teilstrom sagen, liegt mit der Spannung U in Phase. Dies ist der Wirkanteil des Stromes, der sog. Wirkstrom I_w. In den Zeigerbildern 9-43 und 9-44 haben wir ihn als I_R bezeichnet. Die andere Komponente ist gegenüber der Spannung U um 90° phasenverschoben. Das kann sowohl voreilend (kapazitive Belastung) als auch nacheilend (induktive Belastung) sein. Diese Komponente ist der Blindanteil des Stromes, der sog. Blindstrom I_b. Wir haben ihn, je nach den Blindwiderständen, bisher als I_L, I_C oder (I_L - I_C) bezeichnet (Abb. 9-57).

Der Wirk- und der Blindstrom sind nicht meßbar. Ein Strommesser zeigt immer den Strom I, auch Scheinstrom genannt, an. Aus dem Zeigerbild 9-56 ist zu entnehmen, daß nach den Gesetzen des rechtwinkligen Dreiecks

der Wirkstrom
$$I_w = I \cdot \cos \varphi \quad (9\text{–}28)$$

der Blindstrom
$$I_b = I \cdot \sin \varphi \quad (9\text{–}29)$$

der Scheinstrom
$$I = \sqrt{I_w^2 + I_b^2} \quad (9\text{–}30)$$

berechnet werden müssen.

Durch die Multiplikation der Stromgrößen mit der Spannung U entstehen die Leistungsgrößen

Wirkleistung $P = I_w \cdot U$
Blindleistung $Q = I_b \cdot U$

und die aus beiden bestehenden Gesamtleistung, die sog.

Scheinleistung $S = U \cdot I$.

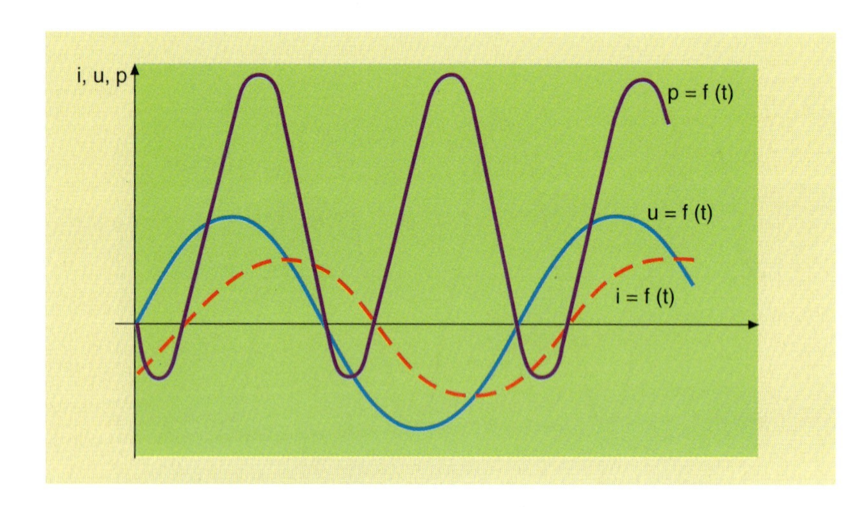

Abb. 9-55
Leistung bei einem Phasenverschiebungswinkel < 90°

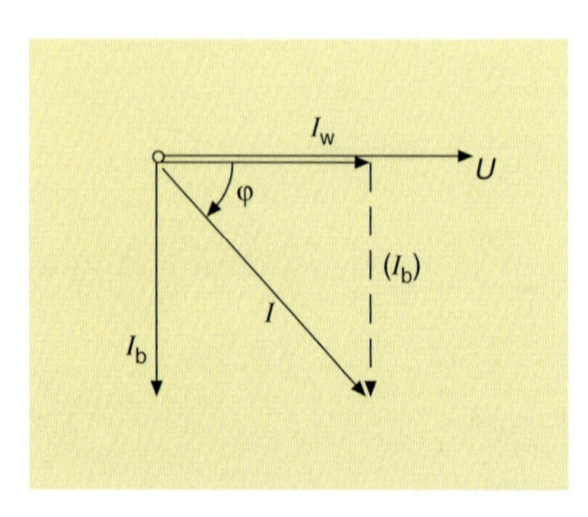

Abb. 9-56 ***Bedeutungsgleichheit der Ströme***

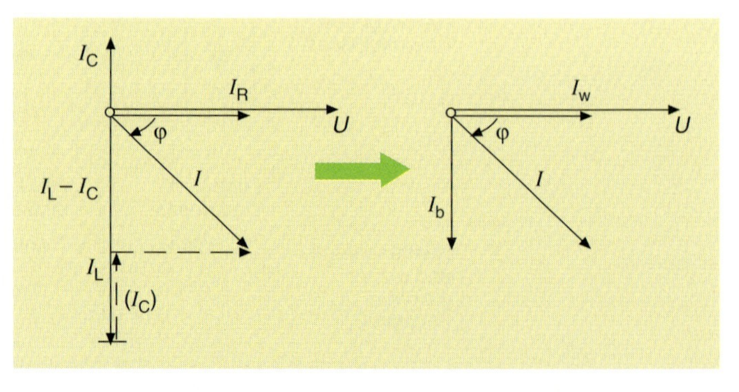

Abb. 9-57 ***Bedeutungsgleichheit der Ströme***

Diese Leistungsgrößen können ebenfalls als sich sinusförmig ändernde Größen im Zeigerbild dargestellt werden (Abb. 9-58).

Aus dem Leistungsdreieck ergeben sich die Berechnungsgleichungen der

Wirkleistung

$$P = U \cdot I \cdot \cos\varphi \qquad P = S \cdot \cos\varphi \qquad (9\text{–}31)$$

$[P] = 1\ \text{W}$

Blindleistung

$$Q = U \cdot I \cdot \sin\varphi \qquad Q = S \cdot \sin\varphi \qquad (9\text{–}32)$$

$[Q] = 1\ \text{Var}$

Scheinleistung

$$S = U \cdot I \qquad S = \sqrt{P^2 + Q^2} \qquad (9\text{–}33)$$

$[S] = 1\ \text{VA}$

Beachten Sie, daß zur besseren Unterscheidung die Leistungseinheiten nach DIN 40 110 unterschiedlich dargestellt werden können.

- Die Wirkleistung wird, wie in der Gleichstromtechnik, in Watt (Kurzzeichen W),
- die Blindleistung in Voltampere reaktiv (reaktiv bedeutet rückwirkend, Kurzzeichen Var) und
- die Scheinleistung in Voltampere (Kurzzeichen VA) angegeben.

Es sind nur unterschiedliche Darstellungen der Leistungseinheit, also keine unterschiedliche Einheiten. So geht z. B. nach der Gleichung (9–31)

$[S] = \text{V} \cdot \text{A}$ in $[P] = \text{W}$ über oder es können

$\frac{[P]}{[S]} = \frac{1\ \text{W}}{1\ \text{V} \cdot \text{A}} = 1$ gekürzt werden.

Wechselstromgeneratoren und Transformatoren werden durch die Wirk- und durch die Blindleistung belastet. Sie müssen demzufolge hinsichtlich ihrer elektrischen und magnetischen Bemessung für die Scheinleistung als geometrische Summe der Wirk- und Blindleistung ausgelegt sein. Ihre Nennleistungsangabe erfolgt in VA oder kVA bzw. MVA. Dagegen ist es bei einem Motor üblich, auf dem Leistungsschild die an der Welle abgebbare mechanische Leistung in W oder kW anzugeben. Diese nur interessiert den Nutzer. Der Anschluß der Motoren, d. h. die Querschnitte der Motorzuleitungen sind wiederum für die Scheinleistung zu bemessen.

Lösungsbeispiel:

Eine Spule, die an Gleichspannung von 60 V eine Stromstärke von 30 mA aufnimmt, hat bei Anschluß an 230 V Wechselspannung eine Stromaufnahme von 30 mA. Wie große sind Wirk-, Blind- und Scheinleistung sowie der Phasenverschiebungswinkel zwischen Strom und Spannung?

gegeben: $U_- = 60\ \text{V}$, $U_\sim = 230\ \text{V}$, $I_- = 30\ \text{mA}$, $I_\sim = 30\ \text{mA}$

gesucht: P, Q, S, φ

Lösung:

$P = U_- \cdot I_- \qquad P = 60\ \text{V} \cdot 30\ \text{mA} \qquad \underline{\underline{P = 1{,}8\ \text{W}}}$

$S = U_\sim \cdot I_\sim \qquad S = 230\ \text{V} \cdot 30\ \text{mA} \qquad \underline{\underline{S = 6{,}9\ \text{V} \cdot \text{A}}}$

$S = \sqrt{P^2 + Q^2}$

$Q = \sqrt{S^2 - P^2} \quad Q = \sqrt{(6{,}9\text{VA})^2 - (1{,}8\text{W})^2} \quad \underline{\underline{Q = 6{,}66\ \text{Var}}}$

$\cos\varphi = \frac{P}{S} \qquad \cos\varphi = \frac{1{,}8\ \text{W}}{6{,}9\ \text{VA}} \qquad \cos\varphi = 0{,}2609$

$\underline{\underline{\varphi = 74{,}9^\circ}}$

Die Wirkleistung von 1,8 W wird in der Spule in Wärme umgewandelt. Zum Aufbau ihres Magnetfeldes ist eine Blindleistung von 6.66 Var erforderlich. Beide Leistungen belasten als Scheinleistung von 6,9 VA die Stromquelle, wobei zwischen dem Strom und der Spannung eine Phasenverschiebung von 74,9° auftritt.

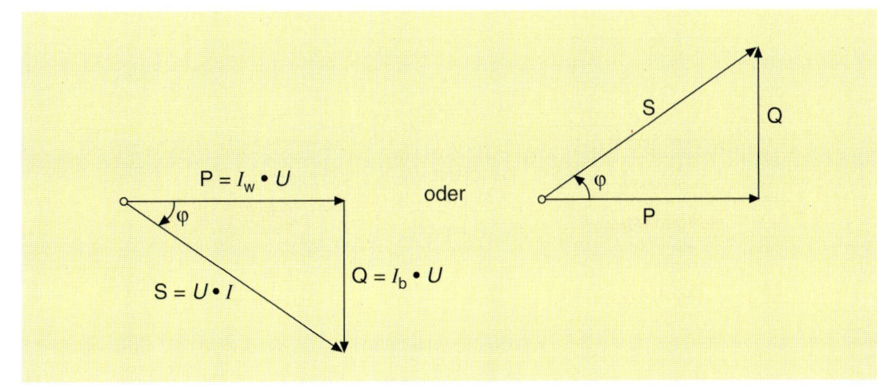

Abb. 9-58
Zeigerbild der Leistungsgrößen

9.4.3 Messen der Wechselstromleistungen

Das auch im Gleichstromkreis genutzte elektrodynamische Meßwerk gewährleistet eine direkte Anzeige der Wirkleistung (Abb. 9-59).

Im Gegensatz zu anderen Meßgeräten kann bereits vor Erreichen des Skalenendwertes die Belastungsgrenze des Meßgerätes erreicht werden, da nur der Wirkanteil des im Strompfad fließenden Stromes den Zeigerausschlag bewirkt. Deshalb ist es günstig, immer gleichzeitig mit der Wirkleistungsmessung eine Strommessung vorzunehmen.

Aus dem Wirkleistungsmesser läßt sich leicht ein Blindleistungsmesser herstellen, wenn der durch den Spannungspfad fließende Strom um 90° gegenüber der Netzspannung in der Phasenlage verschoben wird. Diese Phasendrehung kann mit einer zusätzlichen Induktivität oder auch mit einer RC-Kombination erreicht werden. Die Anzeige des Blindleistungsmessers wird dadurch stark frequenzabhängig.

Die Scheinleistung wird meist indirekt durch eine Strom- und Spannungsmessung erfaßt. Eine direkte Anzeige, wie sie bei einigen elektronischen Leistungsmeßgeräten möglich ist, wird nur erreicht, wenn die Wechselgrößen gleichgerichtet werden.

Die Arbeitsgrößen des Wechselstromes ergeben sich durch die Multiplikation der Leistungsgrößen mit der Zeit t:

Wirkarbeit $W_w = P \cdot t$ $[W_w]$ = Ws oder Wh oder kWh

Blindarbeit $W_b = Q \cdot t$ $[W_b]$ = Vars oder Varh

Scheinarbeit $W_s = S \cdot t$ $[W_s]$ = VAs oder VAh

Bekannt sind die Induktionszähler (Kilowattstundenzähler), mit denen die in den Haushalten verbrauchte Wirkarbeit erfaßt wird.

9.4.4 Leistungsfaktor und Kompensation von Blindleistungen

Die Netze der Energieversorgungsunternehmen und die Leitungen der Installationsanlagen werden durch die angeschlossenen Motoren, Transformatoren und Vorschaltgeräte der Gasentladungslampen überwiegend induktiv belastet. Die zwischen der Stromquelle und den Verbrauchern hin- und herpendelnde Blindleistung ist für den Aufbau der Magnetfelder, damit für die Funktionsweise der genannten Maschinen und Geräte notwendig. Da jedoch der Querschnitt der Leitung ihre Belastbarkeit begrenzt, ist die Wirtschaftlichkeit der Energieübertragung bei relativ großer Blindleistung und kleiner Wirkleistung gering (Abb. 9-60).

Zur Bewertung der Wirtschaftlichkeit der Energieübertragung bzw. des Leistungsumsatzes in einer Wechselstrommaschine wird eine Größe eingeführt, die als Leistungsfaktor bezeichnet wird.

Der Leistungsfaktor ist das Verhältnis der Wirkleistung zur Scheinleistung.

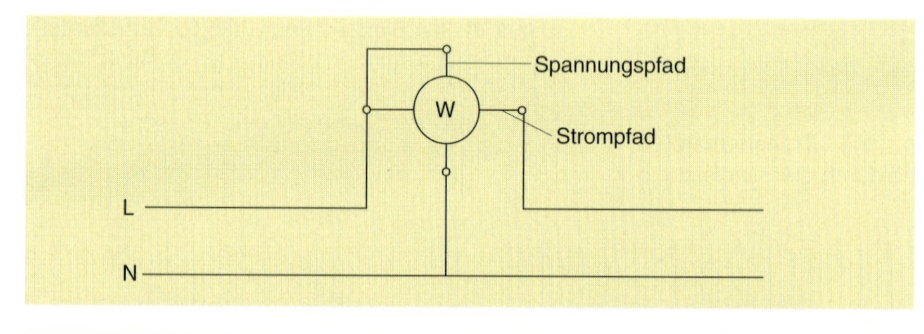

Abb. 9-59
Wirkleistungsmessung im Wechselstromnetz

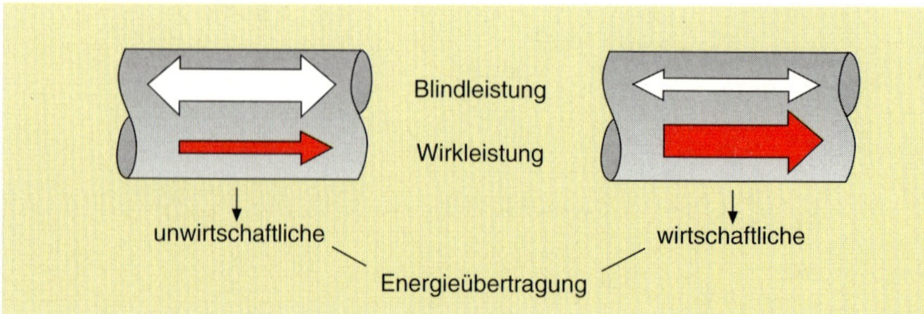

Abb. 9-60
Wirtschaftlichkeit der Energieübertragung

Aus dem Leistungsdreieck der Abb. 9-58 ist zu erkennen, daß der Quotient $\frac{P}{S}$ der Cosinus des Phasenverschiebungswinkels zwischen Strom und Spannung ist.

Leistungsfaktor $\cos\varphi = \frac{P}{S}$ | **9-34**

Der Leistungsfaktor kann sich nur im Bereich von

$\cos\varphi = 0$ Strom und Spannung sind gegenseitig um 90° phasenverschoben. Die Wirkleistung ist Null. Das Netz wird nur mit Blindleistung belastet und

$\cos\varphi = 1$ Strom und Spannung liegen in Phase. Die Blindleistung ist Null. Das Netz wird nur mit Wirkleistung belastet, ändern.

Aus der Angabe des Leistungsfaktors auf dem Leistungsschild eines Motors von z. B. 0,78 kann

1. der prozentuale Anteil der Wirkleistung an der Scheinleistung

   $P = S \cdot \cos\varphi$ $P = 0{,}78 \cdot S$ $P = 78\%$ der Scheinleistung und

2. der Phasenverschiebungswinkel zwischen Strom und Spannung

   $\cos\varphi = 0{,}78 \rightarrow \varphi = 38{,}7°$

   bestimmt werden.

Beachten Sie, daß der Anteil der Blindleistung an der Scheinleistung über den Sinus bestimmt werden muß:

$\cos\varphi \rightarrow \varphi \rightarrow \sin\varphi \qquad Q = S \cdot \sin\varphi$.

Im gewählten Beispiel beträgt der Anteil der Blindleistung an der Scheinleistung deshalb 62,6%, nicht etwa 22%.

Zum besseren Verständnis des Leistungsumsatzes in einem Wechselstrommotor betrachten wir die Abb. 9-61. Die Zuleitung zum Motor wird sowohl mit der Wirk- als auch mit der Blindleistung, also mit der Scheinleistung S als Gesamtleistung belastet. Der Anteil der Wirkleisung P oder indirekt der Anteil der Blindleistung Q wird durch den Leistungsfaktor $\cos\varphi$ gekennzeichnet.

Ein Teil der Wirkleistung geht als Verluste P_v verloren. Sie erwärmen den Motor. Der durch den Wirkungsgrad η bestimmte Teil der Wirkleistung wird an der Welle als mechanische Leistung P_{ab} abgegeben. Sie ist die Nennleistung des Motors und auf dem Leistungsschild angegeben.

Wir erkennen:

> Der Leistungsfaktor und der Wirkungsgrad sind zwei von einander unabhängige Größen, die zur Berechnung der Stromaufnahme eines Wechselstrommotors bei gegebener Nennleistung unbedingt beachtet werden müssen.

Der schlechte Leistungsfaktor eines Netzes wird häufig durch leerlaufende Transformatoren und Motoren verursacht, da ihr Blindanteil unabhängig von der Belastung zum Aufbau der entsprechenden Magnetfelder ständig gebraucht wird. Der Leistungsfaktor leerlaufender Aggregate liegt im Mittel bei 0,4. Erst eine Auslastung verbessert ihn auf 0,75 bis 0,95. Längere Zeit unbelastete Motoren oder überdimensionierte Antriebe müssen vermieden werden.

Bei Transformatorenanlagen sollten zu lastschwachen Zeiten parallelgeschaltete Einheiten abgeschaltet werden. Ist der Blindleistungsanteil weiterhin zu groß, muß in einem Netz oder in einer Installationsanlage die induktive Blindleistung kompensiert werden.

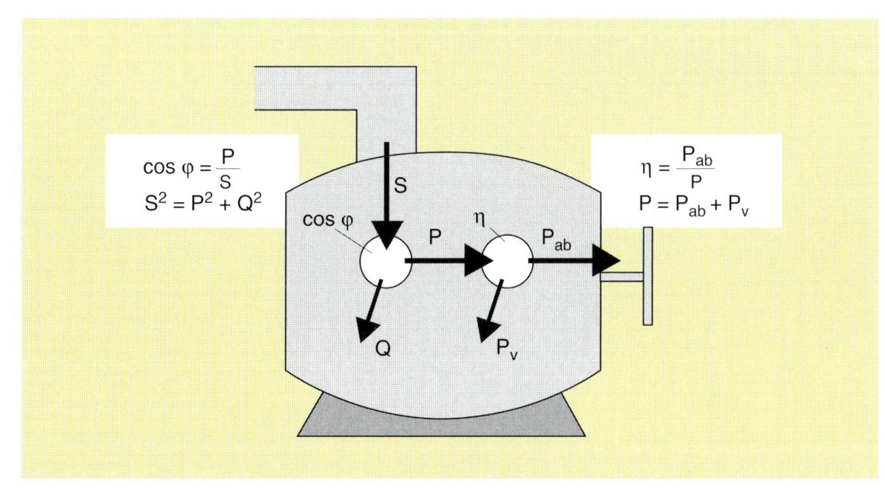

Abb. 9-61
Leistungsumsatz im Wechselstrommotor

Unter Kompensation versteht man das Parallelschalten von kapazitiven Schaltelementen in solchen Größenordnungen, daß die induktive Blindleistung im Netz vollständig oder bis auf einen geringen Anteil aufgehoben wird.

In der Abb. 9-62 wird deutlich, daß durch die Blindleistungskompensation der Generator, die Transformatoren und das Netz nur noch mit Wirkleistung belastet werden. Die Blindleistung pendelt auf kürzestem Weg zwischen Motor und Kondensator hin und her.

Die zu kompensierende Blindleistung, d. h. die Kondensatorleistung Q_C kann mit Hilfe des Zeigerbildes 9-63 bestimmt werden.

Soll der vorhandene Phasenverschiebungswinkel φ auf den erwünschten Winkel φ' verringert werden, muß die Blindleistung Q durch die Kompensationsleistung Q_C auf die Blindleistung Q' reduziert werden. Bei konstant bleibender Wirkleistung P wird dann die Scheinleistung S auf S' verringert. Im Netz fließt ein kleinerer Belastungsstrom.

Erforderliche Kompensationsleistung $Q_C = Q - Q'$

Aus den Kathetenbeziehungen im rechtwinkligen Dreieck ergibt sich

$$\tan\varphi = \frac{Q}{P} \qquad Q = P \cdot \tan\varphi$$

$$\tan\varphi' = \frac{Q'}{P} \qquad Q' = P \cdot \tan\varphi'$$

Kompensationsleistung

$$Q_C = P \cdot (\tan\varphi - \tan\varphi') \qquad \text{9–35}$$

Für die Bemessung der Kompensationsleistungen bestehen zwei grundsätzliche Zielvorstellungen:

1. höhere Wirkleistungsübertragung bei konstanter Scheinleistung bzw. konstantem Belastungsstrom oder
2. verringerter Scheinleistungsbedarf gekennzeichnet durch einen geringeren Belastungsstrom bei konstanter Wirkleistung.

Ein großer Leistungsfaktor bringt einen hohen wirtschaftlichen Nutzen durch

- volle Auslastung der Netze und Anlagen
- Verringerung der Leistungsverluste
- Kostenreduzierung.

Lösungsbeispiel:

In einem Wechselstromnetz werden folgende Größen gemessen:

Spannung 220 V/50 Hz, Leistung 5,5 kW und Leistungsfaktor 0,48.

Welche Kapazität muß eine Kondensatorenbatterie haben, wenn der Leistungsfaktor auf 0,98 verbessert werden soll?

Um welchen Betrag verringert sich durch die Kompensation die Stromstärke?

gegeben: $P = 5{,}5$ kW
$U = 220$ V
$f = 50$ Hz
$\cos\varphi = 0{,}48$
$\cos\varphi' = 0{,}98$

gesucht: C; $\Delta I = ?$

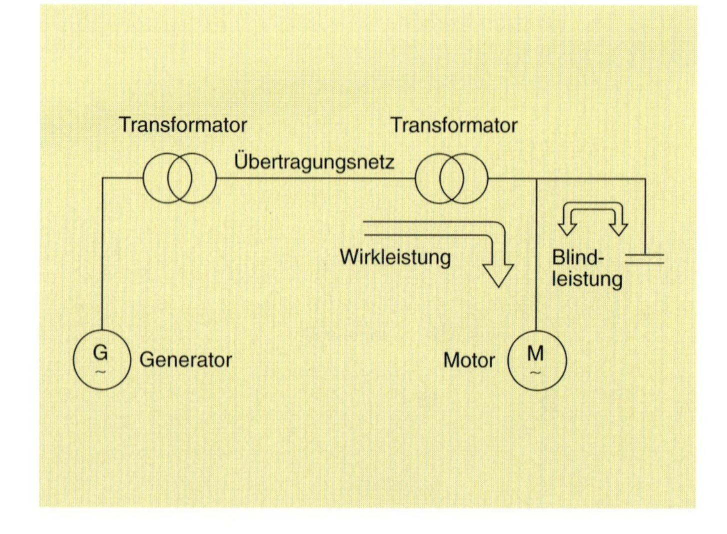

Abb. 9-62 ***Blindleistungskompensation***

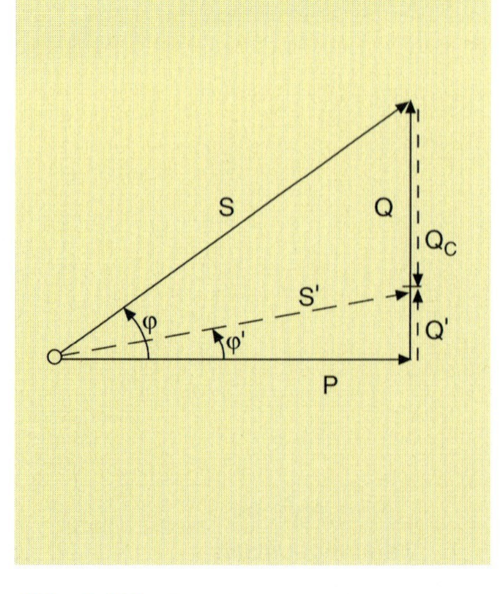

Abb. 9-63 ***Bestimmung der Kompensationsleistung***

Lösung:

$Q_C = P \cdot (\tan\varphi - \tan\varphi')$

$\cos\varphi = 0{,}48 \quad \varphi = 61{,}3° \quad \tan\varphi = 1{,}827$

$\cos\varphi' = 0{,}98 \quad \varphi' = 11{,}5° \quad \tan\varphi' = 0{,}203$

$Q_C = 5{,}5\ \text{kW} \cdot 1{,}624$

$Q_C = \underline{\underline{8{,}935\ \text{kVar}}}$

$Q_C = \dfrac{U^2}{X_C}$

$X_C = \dfrac{1}{2 \cdot \pi \cdot f \cdot C}$

$Q_C = U^2 \cdot 2 \cdot \pi \cdot f \cdot C$

$C = \dfrac{Q_C}{U^2 \cdot 2 \cdot \pi \cdot f}$

$C = \dfrac{8935\ \text{Var}}{220^2 \cdot \text{V}^2 \cdot 2 \cdot \pi \cdot 50 \cdot \text{Hz}}$

$C = \underline{\underline{587{,}6\ \mu\text{F}}}$

$\Delta I = I - I' \qquad P = U \cdot I \cdot \cos\varphi \qquad P = U \cdot I' \cdot \cos\varphi'$

$I = \dfrac{P}{U \cdot \cos\varphi} \qquad I' = \dfrac{P}{U \cdot \cos\varphi'}$

$\Delta I = \dfrac{P}{U} \cdot \left(\dfrac{1}{\cos\varphi} - \dfrac{1}{\cos\varphi'}\right)$

$\Delta I = \dfrac{5500\ \text{W}}{220\ \text{V}} \cdot \left(\dfrac{1}{0{,}48} - \dfrac{1}{0{,}98}\right) \qquad \underline{\underline{\Delta I = 26{,}6\ \text{A}}}$

Zur Verbesserung des Leistungsfaktors ist eine Kapazität von 587,6 μF erforderlich. Die Stromstärke verringert sich dann durch die Kompensation um 26,6 A.

Wie die Abb. 9-64 zeigt, kann die Kompensationsleistung auch grafisch ermittelt werden. Dazu wird ein Viertelkreis ($\cos\varphi$ – Kreis) gezeichnet, dessen Radius einer frei wählbaren Leistungsgröße und dem Leistungsfaktor $\cos\varphi = 1$ entspricht.

Wird dem Radius r = 100 mm z. B. die Wirkleistung 500 W zugeordnet, ergibt sich für die Darstellung ein Maßstab von

1 mm ≙ 5 W oder 5 VA oder 5 Var.

Jede Strecke kann damit in die entsprechende Wirkleistungs-, Blindleistungs- oder Scheinleistungsgröße umgerechnet werden.

Aus dieser Darstellung kann

- bei konstanter Wirkleistung *P* die bei unterschiedlichen Leistungsfaktoren, z. B. $\cos\varphi = 0{,}4$ und $\cos\varphi' = 0{,}8$ zuzuordnenden Blind- und Scheinleistungen sowie die erforderliche Kompensationsleistung Q_C oder
- bei konstantem Leistungsfaktor, z. B. $\cos\varphi = 0{,}4$ die von einander abhängigen Leistungsgrößen *P*, *Q*, *S* oder *P*″, *Q*″ und *S*″ abgelesen werden.

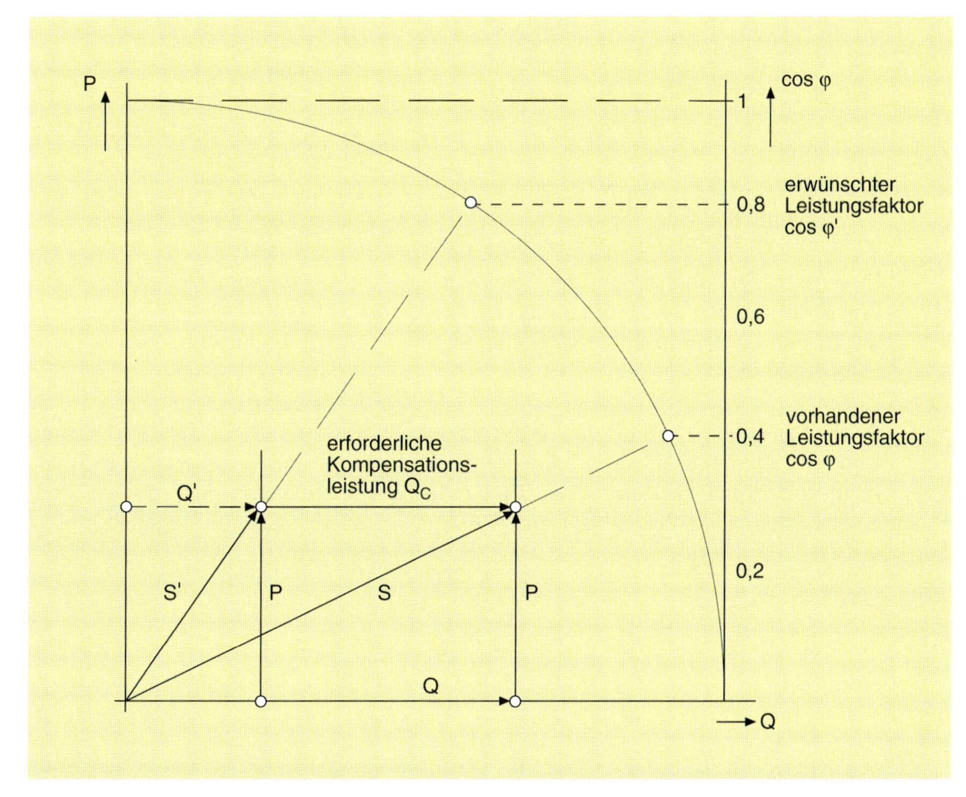

Abb. 9-64
Ermittlung der Kompensationsleistung

AUFGABEN

9.21 Vervollständigen Sie die folgende Tabelle!

	Wirkleistung	Blindleistung	Scheinleistung
Merkmale			
Formelzeichen			
Einheit			

9.22 In der Abb. 9-55 sind die Spannungs-, Strom- und Leistungskurve eines Wechselstromnetzes dargestellt.

Welche Belastung liegt vor?

Begründen Sie, welche Veränderungen in der Darstellung bei gleichen Beträgen von Spannung und Strom entstehen, wenn der Phasenverschiebungswinkel größer wird!

9.23 Bei einem angeschlossenen Verbraucher zeigen der in der Zuleitung eingebaute Strommesser und der Induktionszähler die für diese Meßgeräte typischen elektrischen Größen an.

Untersuchen Sie, ob in jedem Fall beim Zuschalten eines weiteren Verbrauchers am Strommesser ein größerer Zeigerausschlag entsteht, und die Zählerscheibe schneller rotiert!

9.24 Die Strom- und die Wirkleistungsaufnahme einer Spule werden durch die entsprechenden Meßgeräte gemessen.

Begründen Sie, weshalb bei gleichbleibender Wechselspannung und Frequenz, die Meßwerte sich ändern, wenn die Spule einen Eisenkern erhält!

9.25 Mit welcher Wirk- und Blindleistung wird ein Netz belastet, wenn bei einer Spannung von 230 V ein Strom von 78,3 A bei einem Phasenverschiebungswinkel von 35° fließt?

9.26 Eine Drosselspule hat einen Wirkwiderstand von 8,2 Ω und eine Induktivität von 140 mH.
Wie groß sind bei 230 V/50 Hz die Stromaufnahme, der Phasenverschiebungswinkel, die Wirkleistungsaufnahme und die Blindleistung?

9.27 Ein Netzabschnitt (230 V/50 Hz) wird mit 30 kW bei einem Leistungsfaktor von 0,65 belastet.
Wie groß ist der Blindstrom in diesem Netzabschnitt?

9.28 Die Wirkleistung eines Motors beträgt 82% der Scheinleistung.
Welcher Phasenverschiebungswinkel besteht zwischen Strom und Spannung?

9.29 Am 230-V-Netz (50 Hz) ist ein 2,5-kW-Motor angeschlossen.
Um welchen Betrag sinkt die Stromstärke, wenn der Leistungsfaktor von 0,72 auf 0,94 verbessert wird?
Welche Kapazität ist erforderlich?

9.30 In der Abb. 9-64 soll eine Strecke von 1 mm einer Leistung von 20 W, 20 Var bzw. 20 VA entsprechen.
Bestimmen Sie mit dieser Angabe die Größen P, Q und S sowie Q' und S'.
Kontrollieren Sie, ob mit den berechneten Werten die Leistungsfaktoren 0,4 und 0,8 entstehen!

9.5 Mehrphasige Wechselspannungen

9.5.1 Erzeugung mehrphasiger Wechselspannungen

Wie im Abschnitt 9.1 nachgewiesen wurde, ist die Sinusspannung die günstigste Form einer Wechselspannung.
Sie kann jedoch nur dadurch erzeugt werden, daß der Wickelraum der Wechselstromgeneratoren nicht vollständig genutzt wird.
Diese wirtschaftlich unbefriedigende technische Lösung führte bereits Ende des 19. Jahrhunderts dazu, mehrere getrennte Wicklungen im Generator anzuordnen.
In der Abb. 9-65 sind in einem feststehenden Magnetfeld zwei um 90° versetzte Leiterschleifen angeordnet.
In ihnen werden bei Drehung zwei Wechselspannungen, eine Zweiphasenwechselspannung induziert.
Dieses Prinzip des Außenpoltyps kann auch umgekehrt werden, d. h. in zwei feststehenden ebenfalls um 90° versetzten Spulen rotiert ein zweipoliges Magnetfeld.
Das Prinzip des Innenpoltyps ist in der Abb. 9-66 dargestellt.

Beide Wechselspannungen haben den gleichen Betrag. Sie sind jedoch um 90° phasenverschoben.
Prinzipiell kann jede beliebige mehrphasige Wechselspannung erzeugt werden.
Der Phasenwinkel zwischen den Spannungen wird dabei durch die räumliche Anordnung der Spulen bestimmt. Technisch bedeutsam ist jedoch nur die **Dreiphasenwechselspannung**.
In den drei um 120° versetzt angeordneten Spulen (Abb. 9-67) entstehen drei Wechselspannungen U_1, U_2 und U_3 gleicher Größe und gleicher Frequenz, die gegenseitig um 120° phasenverschoben sind und drei getrennte Stromkreise einspeisen können.
Es entsteht ein offenes Dreiphasensystem (Abb. 9-68, s. S. 206).

Der Dreiphasenwechselstromgenerator ist somit nur eine konstruktive Zusammenfügung dreier Einphasengeneratoren.
Die Übertragung der elektrischen Energie im offenen Dreiphasensystem erfordert durch die drei Hin- und Rückleiter ein materialintensives Sechsleiternetz.
Das Problem, ob eine Zusammenschaltung (Verkettung) der drei als Stromquelle wirkenden Induktionsspulen möglich ist, und damit die Leiterzahl des Netzes verringert werden kann, muß untersucht werden.

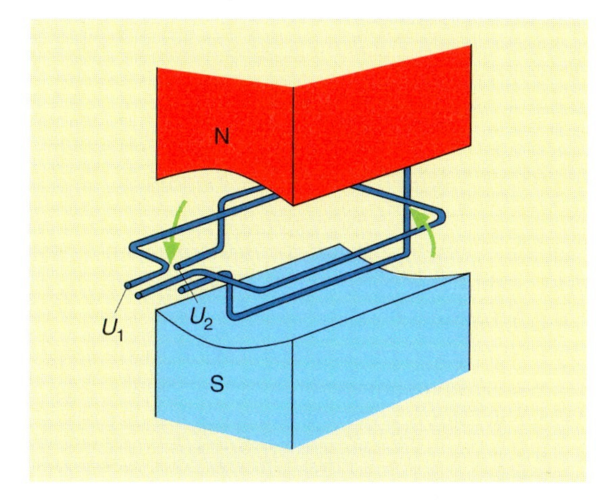

Abb. 9-65 *Erzeugung einer Zweiphasenwechselspannung (Außenpoltype)*

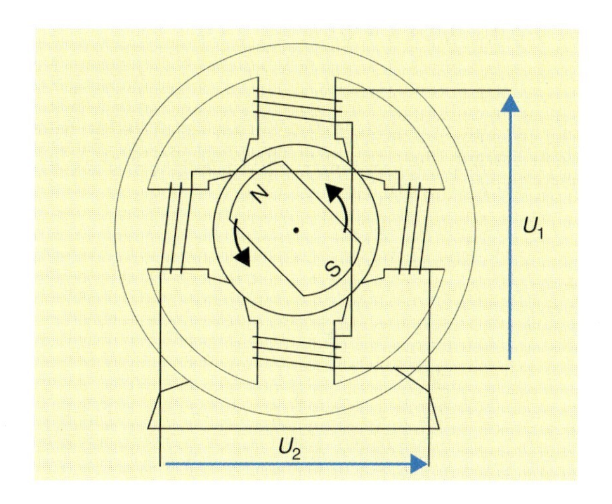

Abb. 9-66 *Erzeugung einer Zweiphasenwechselspannung (Innenpoltype)*

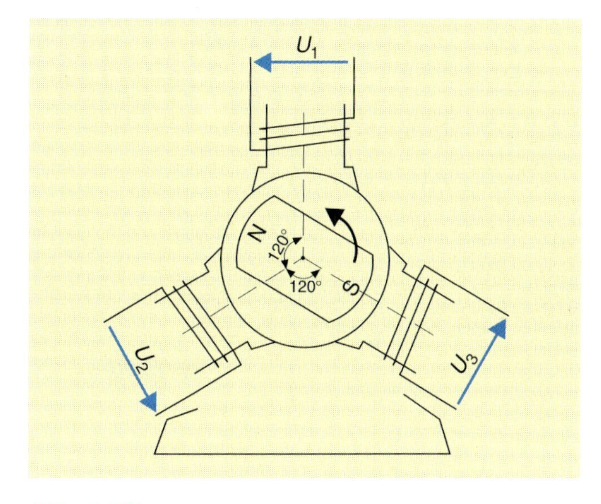

Abb. 9-67 *Erzeugung einer Dreiphasenwechselspannung*

9.5.2 Verkettung von Dreiphasen-wechselspannungen

Wie bekannt ist, können Gleichstromquellen ohne Schwierigkeiten zusammengeschaltet werden. Durch die Reihenschaltung zweier Batterien entsteht aus einem Vierleiternetz ein Dreileiternetz (Abb. 9-69), in dem z. B. zweimal je 110 V und einmal 220 V abgenommen werden können.

Welche Ergebnisse wird die Reihenschaltung der drei Induktionsspulen des Dreiphasenwechselstromgenerators bringen?

Um Unklarheiten zu vermeiden, sollen zuvor die genormten Klemmenbezeichnungen der Spulen angegeben werden:

	Anfang	Ende
Spule 1	*U* 1	*U* 2
Spule 2	V 1	V 2
Spule 3	W 1	W 2

Da für die Reihenschaltung das Spulenende mit dem Anfang der nächsten Spule zu verbinden ist, sind die Klemmen

U 2 mit V 1 und
V 2 mit W 1

zu verbinden (Abb. 9-70). Wird z. B. in jeder Spule eine Spannung von 230 V induziert, könnte ein voreiliger Schluß zu folgender Aussage führen:

Die Spannung über *U* 1 – V 2 müßte 460 V betragen, da zwei Spulen in Reihe geschaltet sind, und über *U* 1 – W 2 müßten 690 V als Gesamtspannung aller drei in Reihe geschalteter Spulen entstehen. Eine Kontrollmessung jedoch ergibt:

Über *U* 1 – V 2 entstehen nur 230 V, über *U* 1 – W 2 ist die Spannung (Gesamtspannung) sogar nur Null.

Der Fehler der voreiligen Aussage besteht darin, daß die Phasenverschiebung zwischen den drei Spannungen von je 120° nicht beachtet wurde. Das Zeigerbild der Spannungen (Abb. 9-71) zeigt, daß die geometrische Summe $U_1 \hat{+} U_2$ (Spannung über *U* 1 und V 2) gleich U_1 bzw. U_2 und $(U_1 + U_2) \hat{+} U_3 = 0$ ist.

Nicht nur die geometrische Summe der Effektivwerte ist gleich Null, auch die Summe der Augenblickswerte ist in jedem Zeitpunkt gleich Null, wie aus dem Liniendiagramm der Dreiphasenwechselspannung (Abb. 9-72) zu erkennen ist.

Eine Reihenschaltung der drei Induktionsspulen ist demnach nicht sinnvoll. Wie später gezeigt wird, kann aus dieser Reihenschaltung eine der zwei typischen Schaltungen des Dreiphasensystems, die sog. Dreieckschaltung entwickelt werden.

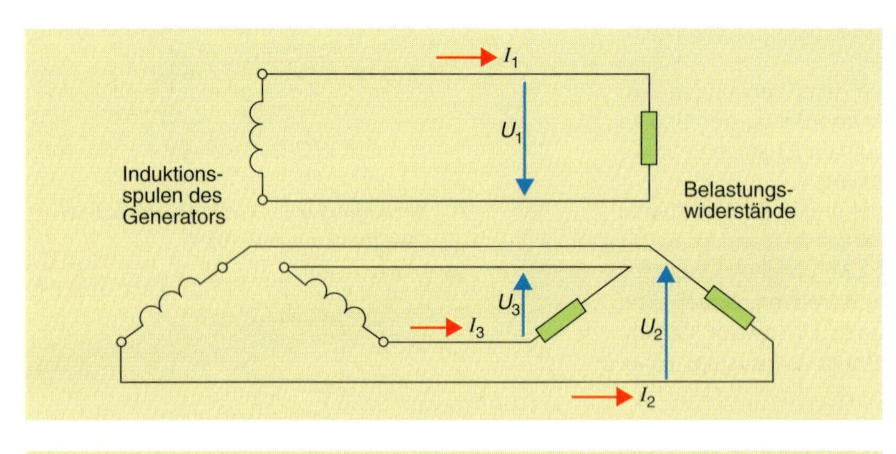

Abb. 9-68
Offenes Dreiphasensystem

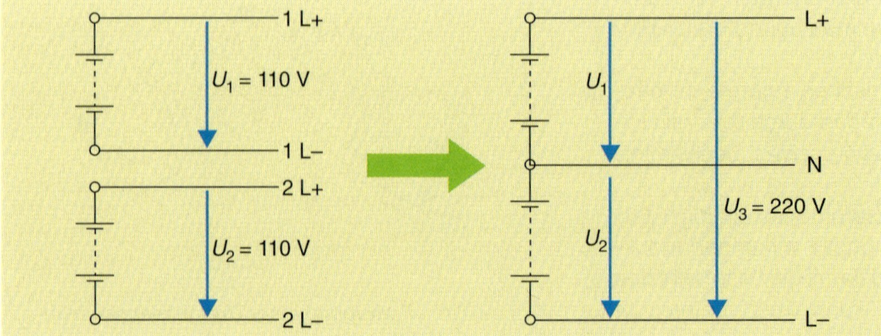

Abb. 9-69
Dreileiter-Gleichstromnetz

Die zweite Möglichkeit, Gleichstromquellen zusammenschalten, ist die Parallelschaltung. Es sind untereinander die Pluspole und untereinander die Minuspole der Stromquellen zu verbinden. Analog müßten die Anfänge der drei Induktionsspulen, also *U* 1 – V 1 – W 1 und die Enden *U* 2 – V 2 – W 2 verbunden werden. Dies ist jedoch nicht zulässig, da die Bedingung für das Parallelschalten von Stromquellen – gleiche Spannungen – durch die unterschiedlichen Augenblickswerte der drei Wechselspannungen $u_1 \neq u_2 \neq u_3$ nicht erfüllt wird. Sehr hohe Ausgleichsströme würden zwischen den Induktionsspulen fließen, die dann nicht auftreten, wenn die Anfänge der Induktionsspulen, also *U*1, V1 und W1 nicht verbunden werden. Es ist die andere für das Dreiphasensystem typische Schaltung, die Sternschaltung entstanden.

■ Sternschaltung

Prägen Sie sich die folgende Schaltregel ein:

Bei der Sternschaltung sind die Enden bzw. sie Ausgänge der Wicklungen oder der induktiven, der kapazitive oder ohmschen Bauelemente zu einem Punkt, dem sog. Sternpunkt zu verbinden!

Im Vergleich zum offenen Dreiphasensystem wird durch die Verkettung der Induktionsspulen zur Sternschaltung Leitermaterial eingespart.

- Ein Vierleiternetz (Abb. 9-73) mit den Außenleitern L1, L2, L3 und dem Neutralleiter N entsteht.
- Im Netz sind die gleichgroßen Strangspannungen U_{1N}, U_{2N} und U_{3N} und die gleichgroßen Leiterspannungen U_{12}, U_{23} und U_{31} (lies: *U* drei eins!) vorhanden.

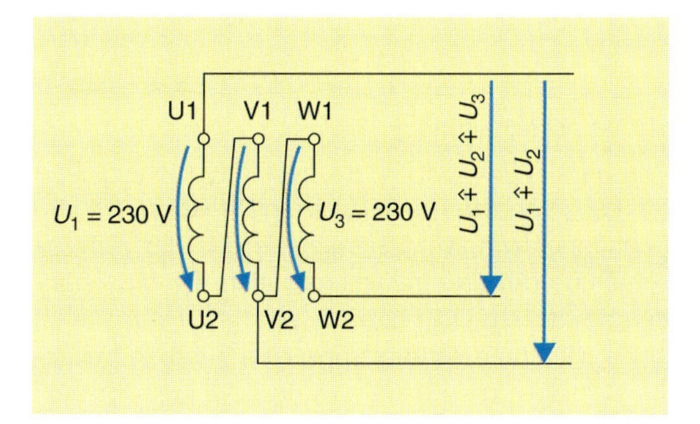

Abb. 9-70 ***Reihenschaltung von Induktionsspulen eines Dreiphasenwechselstromgenerators***

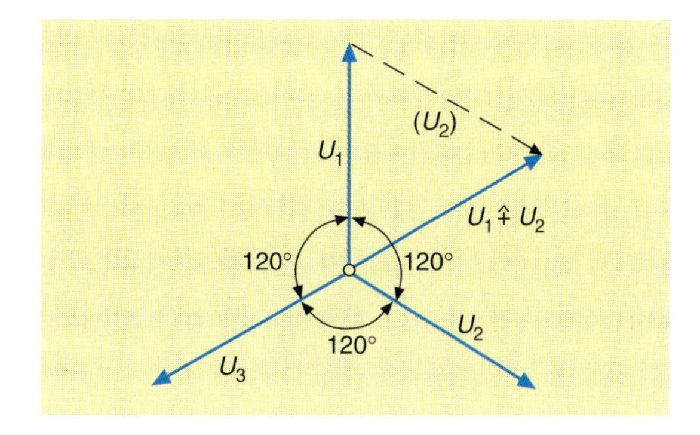

Abb. 9-71 ***Addition der Dreiphasenwechselspannung***

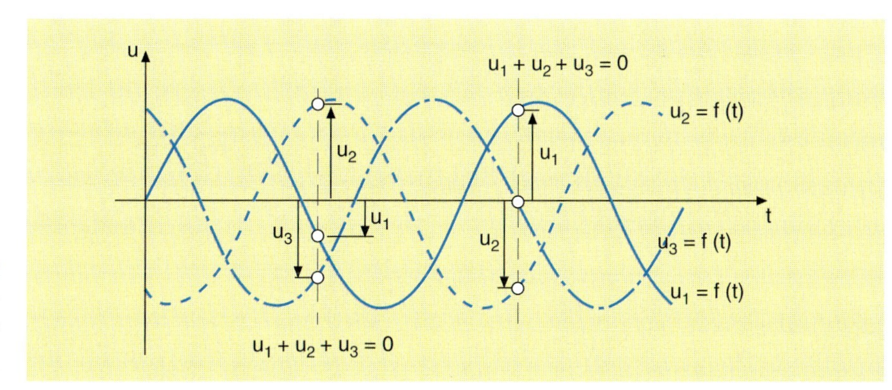

Abb. 9-72 ***Liniendiagramm der Dreiphasenwechselspannung***

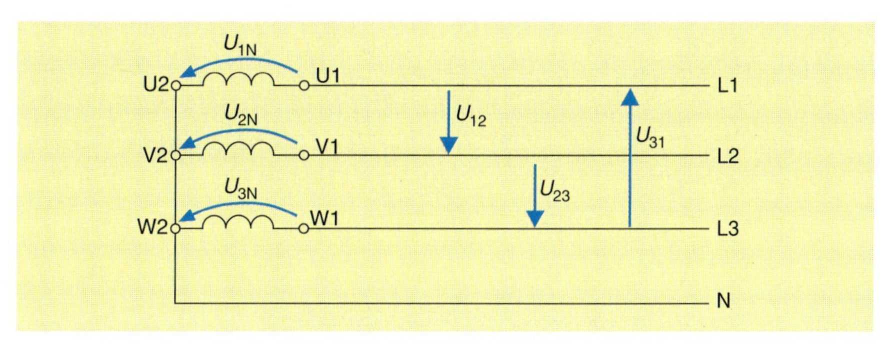

Abb. 9-73 ***Dreiphasen-Vierleiternetz***

Bei der Bestimmung der Größe der Leiterspannungen muß beachtet werden, daß durch die Verbindung der Spulenenden (Abb. 9-74 a) eine Gegenreihenschaltung zweier Spulen, auch Stränge genannt, entsteht.

Die Leiterspannung ist dann die Differenz zweier phasenverschobener Strangspannungen:

$$U = U_{St} \hat{-} U_{St} \,.$$

Die Differenz kann durch die Drehung eines Spannungszeigers um 180° in eine geometrische Summe

$$U = U_{St} \hat{+} (-U_{St})$$

umgewandelt werden. Das Zeigerbild der Spannungen (Abb. 9-74 b) bildet ein gleichschenkliges Dreieck.

Im schraffierten Dreieck ist

$$\cos 60° = \frac{\frac{U}{2}}{U_{st}} \,. \quad \text{Mit } \cos 60° = \frac{1}{2} \cdot \sqrt{3} \text{ wird die}$$

Leiterspannung $\boxed{U = \sqrt{3} \cdot U_{St}}$ **9-36**

Der Faktor $\sqrt{3} = 1{,}73$ wird als **Verkettungsfaktor** des Dreiphasensystems bezeichnet.

Der bei Belastung in den Außenleitern des Netzes fließende Leiterstrom I strömt auch in gleicher Stärke durch die Stränge. In der Sternschaltung ist der Leiterstrom I gleich dem Strangstrom I_{St}:

Leiterstrom $\boxed{I = I_{St}}$ **9-37**

Zusammenfassend gelten für die Sternschaltung der Generatorspulen:

1. Die Nennspannung eines Generators wird auf das $\sqrt{3}$fache der eines Stranges erhöht. Im Vierleiternetz können zwei unterschiedliche Spannungsbeträge abgenommen werden.
2. Die Belastung des Generators (Netz) entspricht der Belastbarkeit eines Generatorstranges. Damit entspricht die Sternschaltung in ihren Eigenschaften einer Reihenschaltung von Stromquellen.

■ Dreieckschaltung

Wie bereits erwähnt, ist die zweite typische Schaltung des Dreiphasensystems die Dreieckschaltung. Schaltungstechnisch entsteht sie aus der Reihenschaltung der drei Induktionsspulen. Da die Spannung zwischen U 1 und W 2 gleich Null ist, können beide Klemmen verbunden werden (Abb. 9-75).

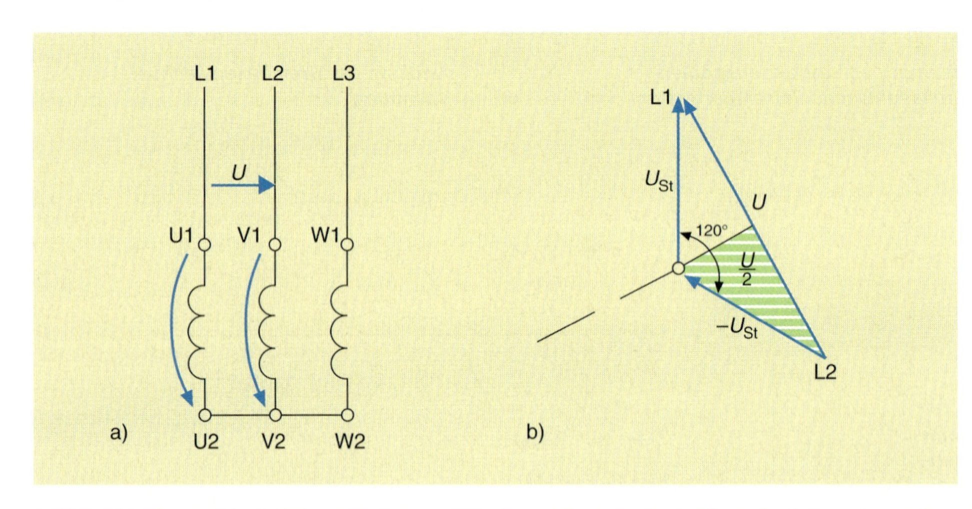

Abb. 9-74 ***Strang- und Leitergrößen der Sternschaltung***
a) Schaltung
b) Zeigerbild

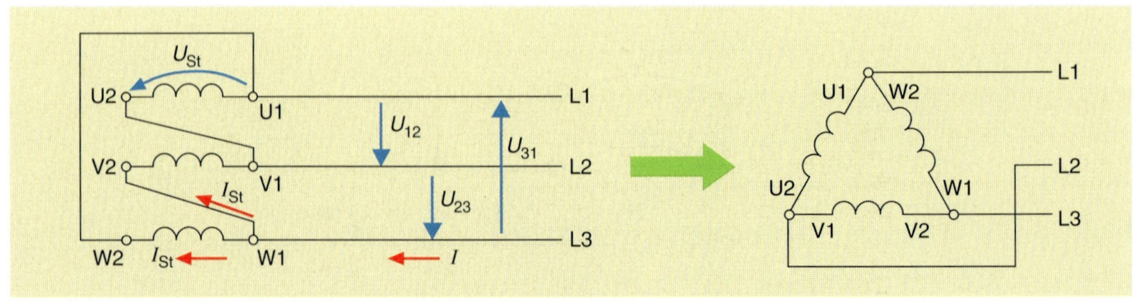

Abb. 9-75 ***Strang- und Leitergrößen der Dreieckschaltung***

Alle drei Spulen bilden einen in sich geschlossenen Kreis. Es fließt jedoch ohne Anschluß von Verbrauchern kein Strom.

Prägen Sie sich ebenfalls die Schaltregel der Dreieckschaltung ein:

Bei der Dreieckschaltung ist das Ende (der Ausgang) der einen Wicklung oder des induktiven, des kapazitiven oder des ohmschen Bauelementes mit dem Anfang (dem Eingang) der nächsten Wicklung oder des Bauelementes zu verbinden!

Auch hier wird im Vergleich zum offenen Dreiphasensystem durch das entstehende Dreileiternetz Leitermaterial eingespart. Die Leiterspannungen U_{12}, U_{23} und U_{31} sind jedoch gleich den Strangspannungen.

Leiterspannung $$U = U_{St}$$ **9–38**

Ein weiterer Vorteil ist erkennbar. Der Belastungsstrom des Netzes, also der Leiterstrom teilt sich durch die Verzweigung auf zwei Stränge des Generators auf. Durch die Phasenverschiebung der Strangströme von 120° ist der Leiterstrom I um das $\sqrt{3}$fache größer als der Strangstrom I_{St}:

Leiterstrom 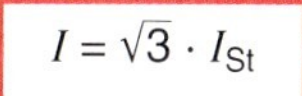
$$I = \sqrt{3} \cdot I_{St}$$ **9–39**

Zusammenfassend gelten für die Dreiecksschaltung der Generatorspulen:

1. Die Nennspannung des Generators ist gleich der Spannung eines Stranges. Im Dreileiternetz gibt es nur einen Spannungsbetrag.
2. Der Generator (das Netz) kann um das $\sqrt{3}$fache höher als seine Stränge belastet werden.

9.5.3 Belastungsformen des Dreiphasenwechselstromnetzes

An das Vierleiter- oder Dreileiternetz können die Verbraucher ebenfalls im Stern oder im Dreieck angeschlossen werden (Abb. 9-76 und Abb 9-77). Drei gleiche Widerstände, Spulen oder Kondensatoren belasten das Netz symmetrisch, ungleiche dagegen unsymmetrisch. Man bezeichnet die ungleiche Leiterbelastung auch als Schieflast (Tab. 9-6).

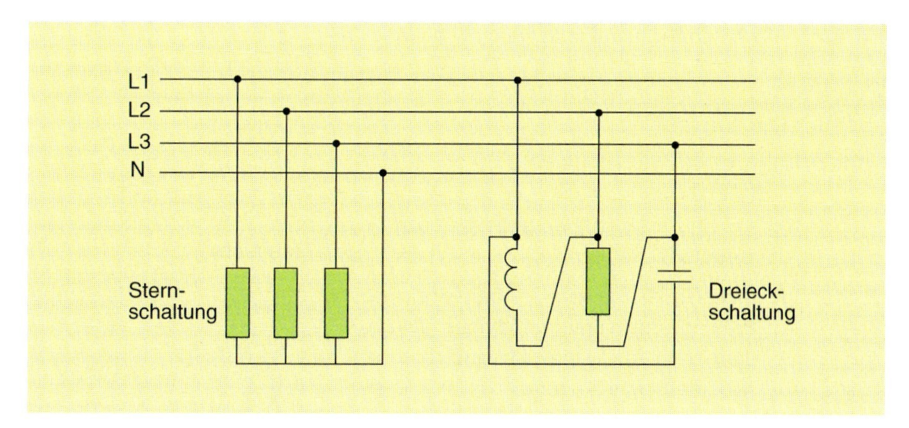

Abb. 9-76
Belastung des Vierleiternetzes

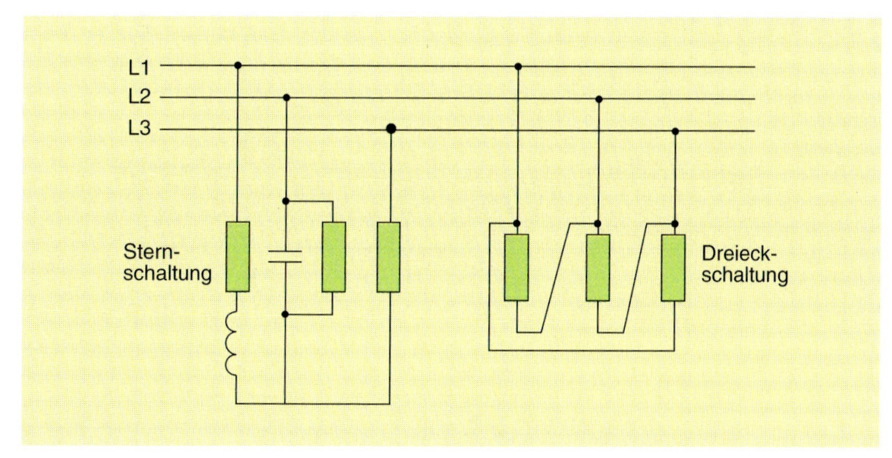

Abb. 9-77
Belastung im Dreileiternetz

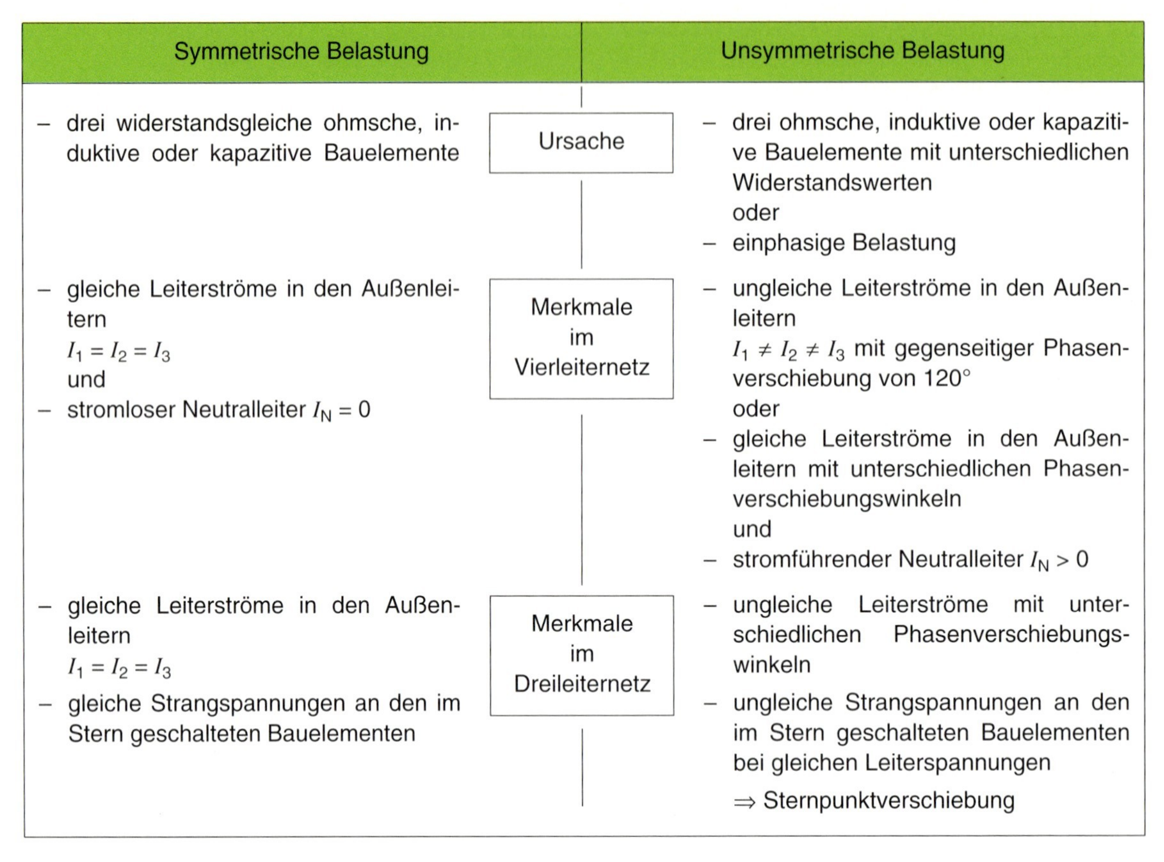

Symmetrische Belastung		Unsymmetrische Belastung
– drei widerstandsgleiche ohmsche, induktive oder kapazitive Bauelemente	Ursache	– drei ohmsche, induktive oder kapazitive Bauelemente mit unterschiedlichen Widerstandswerten oder – einphasige Belastung
– gleiche Leiterströme in den Außenleitern $I_1 = I_2 = I_3$ und – stromloser Neutralleiter $I_N = 0$	Merkmale im Vierleiternetz	– ungleiche Leiterströme in den Außenleitern $I_1 \neq I_2 \neq I_3$ mit gegenseitiger Phasenverschiebung von 120° oder – gleiche Leiterströme in den Außenleitern mit unterschiedlichen Phasenverschiebungswinkeln und – stromführender Neutralleiter $I_N > 0$
– gleiche Leiterströme in den Außenleitern $I_1 = I_2 = I_3$ – gleiche Strangspannungen an den im Stern geschalteten Bauelementen	Merkmale im Dreileiternetz	– ungleiche Leiterströme mit unterschiedlichen Phasenverschiebungswinkeln – ungleiche Strangspannungen an den im Stern geschalteten Bauelementen bei gleichen Leiterspannungen ⇒ Sternpunktverschiebung

Tab. 9-6 ***Symmetrische und unsymmetrische Belastung***

Lösungsbeispiel:

Am Dreiphasenwechselstromnetz 230 V / 400 V (50 Hz) sind zwischen

L 1 und *N* ein ohmscher Widerstand von 100 Ω, zwischen

L 2 und *N* eine Spule mit einer Induktivität von 0,25 H und einem ohmschen Widerstand von 10 Ω sowie zwischen

L 3 und *N* ein verlustfreier Kondensator von 30 μF angeschlossen.

Wie groß sind in den Netzleitern die Ströme?

gegeben:

$U = 400$ V $U_{St} = 230$ V $f = 50$ Hz
$R_1 = 100\ \Omega$ $L = 0{,}25$ H $R_2 = 10\ \Omega$
$C = 30\ \mu$F

gesucht:

I_1, I_2, I_3 und $I_N = ?$

Hinweis:

Im Gegensatz zu den Abb. 9-73 bis 9-75 wird das Verbraucherzählpfeilsystem angewendet (Abb. 9-78). Die Strangspannungen sind deshalb vom Außenleiter (Punkt mit dem höheren Potential)

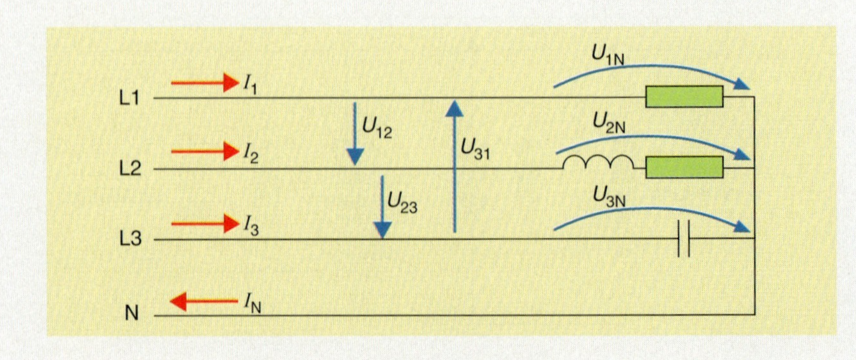

Abb. 9-78 ***Spannungsrichtungen an den Verbrauchern***

zum Sternpunkt bzw. zum Neutralleiter gerichtet. Es werden deshalb die Bezeichnungen U_{1N}, U_{2N} und U_{3N} verwendet. Daraus ergeben sich dann auch die Bezeichnungen und Richtungen der Leiterspannungen: U_{12}, U_{23} und U_{31}.

Lösung:

$$I_1 = \frac{U_{St}}{R_1}$$

$$I_1 = \frac{230\ V}{100\ \Omega}$$

$$\underline{\underline{I_1 = 2{,}3\ A}}$$

Bei einem ohmschen Widerstand liegen I_1 und U_{1N} in Phase.

$$\underline{\underline{\varphi_1 = 0°}}$$

Der induktive Blindwiderstand und der ohmsche Widerstand R_2 bilden den Scheinwiderstand der Spule. Dieser bestimmt die Stromstärke I_2 im Außenleiter $L\,2$.

$$X_L = \omega \cdot L$$

$$X_L = 2 \cdot \pi \cdot 50\ Hz \cdot 0{,}25H$$

$$\underline{\underline{X_L = 78{,}5\Omega}}$$

$$Z_2 = \sqrt{R_2^2 + X_L^2}$$

$$Z_2 = \sqrt{(10\Omega)^2 + (78{,}5\Omega)^2}$$

$$\underline{\underline{Z_2 = 79{,}2\Omega}}$$

$$I_2 = \frac{U_{St}}{Z_2}$$

$$I_2 = \frac{230V}{79{,}2\Omega}$$

$$\underline{\underline{I_2 = 2{,}9\ A}}$$

Bestimmung der Phasenlage von I_2:

$$\cos\varphi_2 = \frac{R_2}{Z_2}$$

$$\cos\varphi_2 = \frac{10\Omega}{79{,}2\Omega}$$

$$\cos\varphi_2 = 0{,}1263$$

$$\underline{\underline{\varphi_2 = 82{,}7°}}$$

I_2 eilt der Strangspannung U_{2N} nach.

$$I_3 = \frac{U_{St}}{X_C}$$

$$X_C = \frac{1}{\omega \cdot C}$$

$$I_3 = U_{St} \cdot \omega \cdot C$$

$$I_3 = 230\ V \cdot 2 \cdot \pi \cdot 50\ Hz \cdot 30\ \mu F$$

$$\underline{\underline{I_3 = 2{,}2A}}$$

I_3 eilt der Strangspannung U_{3N} voraus:

$$\underline{\underline{\varphi_2 = 90°}}$$

Da der Strom im Neutralleiter I_N sich aus der geometrischen Summe der Leiterströme ergibt,

$$I_N = I_1 \hat{+} I_2 \hat{+} I_3$$

muß I_N mit Hilfe eines Zeigerbildes (Abb. 9-79) ermittelt werden. Dazu werden als Bezugsgrößen für die Leiterströme die entsprechenden Strangspannungen gewählt, wobei zu beachten ist,

daß die Strangspannung U_{2N} der Strangspannung U_{1N} und
die Strangspannung U_{3N} der Strangspannung U_{2N}
um 120° entgegen dem Uhrzeigersinn nach eilt.

Dies gilt auch für die Leiterspannungen. Z. B. muß die Leiterspannung U_{23} der Leiterspannung U_{12} um 120° entgegen dem Uhrzeigersinn nacheilen.

Durch die maßstabsgerechte Darstellung der Stromgrößen ergibt sich der Strom im Neutralleiter zu $I_N = 2{,}3$ A.

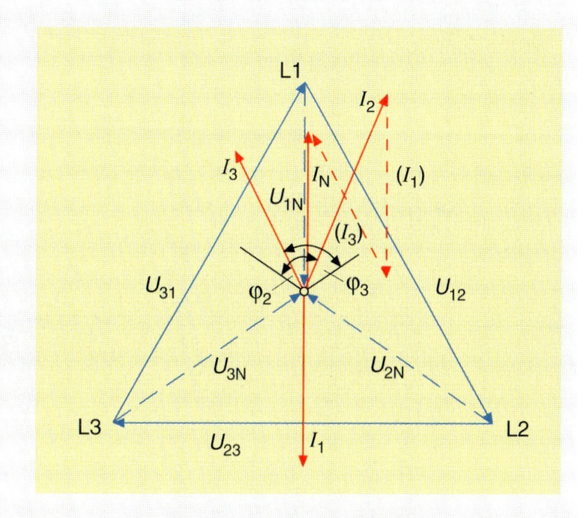

Abb. 9-79 ***Zeichnerische Bestimmung des Stromes im Neutralleiter***

Würde das im Lösungsbeispiel gegebene Vierleiternetz in jedem Außenleiter mit drei gleichen Spulen belastet, würden Strommesser in den Außenleitern bei dieser symmetrischen Belastung gleiche Werte anzeigen. Ebenso wären die drei Phasenverschiebungswinkel zwischen den Strömen und den entsprechenden Strangspannungen gleich. Ein Strommesser im Neutralleiter würde dagegen keinen Zeigerausschlag aufweisen, da die geometrische Summe der Leiterströme gleich Null ist: $I_1 \hat{+} I_2 \hat{+} I_3 = 0$. Das Zeigerbild der Abb. 9-80 weist diese Aussage nach.

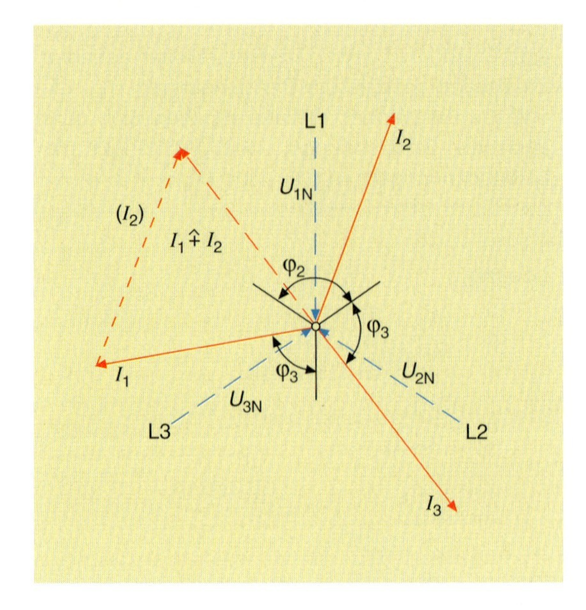

Abb. 9-80 ***Zeigerbild der symmetrischen Belastung***

Der bei symmetrischer Belastung stromlose Neutralleiter des Vierleiternetzes kann eingespart werden.

Beachten Sie deshalb:

Ein Dreileiternetz kann auch von einem Generator eingespeist werden, dessen Induktionsspulen im Stern geschaltet sind!

Welcher Leiter ist im Dreileiternetz eigentlich der Rückleiter? Um diese Frag zu beantworten, betrachten wir die Augenblickswerte des Dreiphasenwechselstromes zu den Zeitpunkten t_1, t_2 und t_3 (Abb. 9-81). Wir legen fest, daß bei positiven Augenblickswerten der Strom zum Verbraucher und bei negativen Augenblickswerten zurückfließt.

Zeitpunkt	t_1	t_2	t_3
Augenblickswerte	$i_1 = +4$ A $i_2 = -2$ A $i_3 = -2$ A	$i_1 = +2$ A $i_2 = +2$ A $i_3 = -4$ A	$i_1 = -3{,}46$ A $i_2 = 0$ $i_3 = +3{,}46$ A
Stromrichtungen in den drei Leitern	L1 → +4 A L2 ← −2 A L3 ← −2 A	L1 → +2 A L2 → +2 A L3 ← −4 A	L1 ← −3,46 A L2 —— L3 → +3,46 A

Wir stellen fest:

Im Dreileiternetz ist jeder Leiter sowohl Hin- als auch Rückleiter. Seine Funktion hängt von dem betrachteten Zeitpunkt ab.

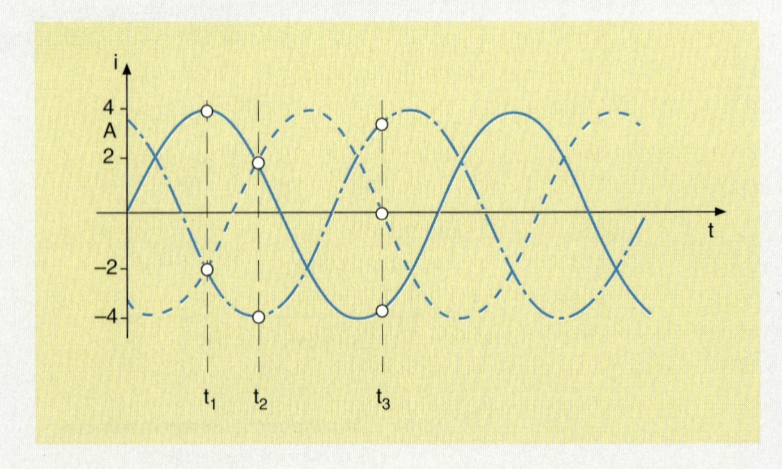

Abb. 9-81 ***Augenblickswerte der Belastungsströme im Dreileiternetz***

9.5.4 Leistung des Dreiphasenwechselstromes

Die gesamte Leistung im Dreiphasensystem ergibt sich aus der Summe der Leistungen in den drei Strängen. Wenn man symmetrische Belastung voraussetzt, ist die Scheinleistung des Drehstromsystems

$S = 3 \cdot S_{St}$ oder $S = 3 \cdot U_{St} \cdot I_{St}$

Für die entsprechenden Schaltungen der Generatorspulen können eingesetzt werden:

Sternschaltung	Dreieckschaltung
$U_{St} = \frac{U}{\sqrt{3}}$	$U_{St} = U$
$I_{St} = I$	$I_{St} = \frac{I}{\sqrt{3}}$
$S = 3 \cdot \frac{U}{\sqrt{3}} \cdot I$	$S = 3 \cdot U \cdot \frac{I}{\sqrt{3}}$

Da $\frac{3}{\sqrt{3}} = \sqrt{3}$ ist, ergibt sich die Scheinleistung des Dreiphasennetzes unabhängig von der Schaltung der Generatorspulen mit den Leitergrößen U und I

$$S = \sqrt{3} \cdot U \cdot I \quad \text{9–40}$$

Durch die Multiplikation mit cos φ bzw. sin φ gilt für die Wirkleistung

$$P = \sqrt{3} \cdot U \cdot I \cdot \cos \varphi \quad \text{9–41}$$

und für die Blindleistung

$$Q = \sqrt{3} \cdot U \cdot I \cdot \sin \varphi \quad \text{9–42}$$

Beachten Sie:

1. In den Leistungsgleichungen des Dreiphasennetzes sind U und I stets Leitergrößen.
2. Die Leistung ist unabhängig von der Verkettung der Generatorspulen.

Lösungsbeispiel:

In den im Stern geschalteten Spulen eines Dreiphasenwechselstromgenerators wird eine Spannung von 230 V induziert. Wie groß sind Schein-, Wirk- und Blindleistung, wenn der Generator symmetrisch mit 36 A bei einem Leistungsfaktor von 0,82 belastet wird?

gegeben:
$U_{St} = 230$ V $I = 36$ A $\cos \varphi = 0{,}82$ (Sternschaltung)

gesucht: S, P und Q = ?

Lösung:

- Berechnung der Leiterspannung des Generators
  $U = \sqrt{3} \cdot U_{St}$
  $U = 1{,}73 \cdot 230$ V
  $\underline{\underline{U = 398 \text{ V}}}$
- Berechnung der Scheinleistung
  $S = \sqrt{3} \cdot U \cdot I$
  $S = 1{,}73 \cdot 398 \text{ V} \cdot 36 \text{ A}$
  $\underline{\underline{S = 24\,787 \text{ VA}}}$
- Berechnung der Wirkleistung
  $P = \sqrt{3} \cdot U \cdot I \cdot \cos \varphi$
  $P = 1{,}73 \cdot 398 \text{ V} \cdot 36 \text{ A} \cdot 0{,}82$
  $\underline{\underline{P = 20\,326 \text{ W}}}$
- Berechnung der Blindleistung
  $Q = \sqrt{3} \cdot U \cdot I \cdot \sin \varphi$
  $Q = 1{,}73 \cdot 398 \text{ V} \cdot 36 \text{ A} \cdot 0{,}57$
  $\underline{\underline{Q = 14\,187 \text{ Var}}}$

Wie im folgenden Lösungsbeispiel gezeigt wird, ist die Leistungsaufnahme passiver Schaltelemente (Verbraucher) dagegen von ihrer Verkettung abhängig.

In der Dreieckschaltung liegt die Leiterspannung an jedem Schaltelement.

In der Sternschaltung liegt dagegen an jedem Schaltelement die kleinere Strangspannung.

Unterschiedliche Spannungen bewirken unterschiedliche Leistungen.

Lösungsbeispiel:

Drei Heizwiderstände von je 60 Ω werden an ein 400-V-Netz angeschlossen. Wie groß ist die Leistungsaufnahme a) in Sternschaltung, b) in Dreieckschaltung und c) in Stern- sowie in Dreieckschaltung, wenn jeweils ein Außenleiter unterbrochen ist?

gegeben: $R = 60\ \Omega$ $U = 400$ V $\cos \varphi = 1$ (P = S)
gesucht: $P_{\curlyvee}$, $P_{\triangle}$, $P'_{\curlyvee}$ und $P'_{\triangle}$

Lösung:

a) Sternschaltung

$I = I_{St}$ $\quad I_{St} = \frac{U_{St}}{R} = \frac{U}{\sqrt{3} \cdot R}$

$P = \sqrt{3} \cdot U \cdot I \quad P_{\curlyvee} = \frac{\sqrt{3} \cdot U \cdot U}{\sqrt{3} \cdot R} \quad P_{\curlyvee} = \frac{U^2}{R}$

$\underline{\underline{P_{\curlyvee} = 2{,}67 \text{ kW}}}$

b) Dreieckschaltung $I = \sqrt{3} \cdot I_{St}$ $\quad I_{St} = \frac{U}{R}$

$$P = \sqrt{3} \cdot U \cdot I \quad P_{\triangle} = \frac{\sqrt{3} \cdot U \cdot \sqrt{3} \cdot U}{R} \quad P_{\triangle} = \frac{3 \cdot U^2}{R}$$

$$P_{\triangle} = 7{,}99\ \text{kW}$$

c) Durch den unterbrochenen Außenleiter ist ein Wechselstromkreis entstanden.

- In der ursprünglichen Sternschaltung sind zwei Widerstände in Reihe geschaltet. Der dritte Widerstand ist nicht wirksam.
- In der ursprünglichen Dreieckschaltung ist zu den zwei in Reihe geschalteten Widerständen der dritte parallelgeschaltet.

$$P'_{Y} = \frac{U^2}{R_g} \quad R_g = 2 \cdot R \quad P'_{Y} = \frac{U^2}{2 \cdot R} \quad P'_{Y} = 1{,}33\ \text{kW}$$

$$P'_{\triangle} = \frac{U^2}{R_g} \quad R_g = \frac{2 \cdot R \cdot R}{2 \cdot R + R} = \frac{2}{3} R \quad P'_{\triangle} = \frac{3 \cdot U^2}{2 \cdot R}$$

$$P'_{\triangle} = 3{,}99\ \text{kW}$$

In der Abb. 9-82 sind die entsprechenden Schaltungen dargestellt.

Die Ergebnisse des Lösungsbeispiels können verallgemeinert werden:

- Bei der Umschaltung eines Verbrauchers von Stern- in Dreieckschaltung verdreifacht sich seine Leistung

  $P_{\triangle} = 3 \cdot P_{Y}$.

- Ist in der Stern- oder Dreieckschaltung ein Außenleiter unterbrochen, verringert sich die Leistung auf die Hälfte

  $P'_{Y} = \frac{1}{2} \cdot P_{Y} \quad P'_{\triangle} = \frac{1}{2} \cdot P_{\triangle}$

9.5.5 Magnetfelder des Dreiphasenwechselstromes

Jeder stromdurchflossene Leiter, also auch ein Dreiphasenwechselstrom, erzeugt nach dem Durchflutungsgesetz eine magnetische Durchflutung und ohne zusätzliche Bedingungen einen Magnetfluß. Welche charakteristischen Merkmale weisen Magnetfelder auf, die durch einen Dreiphasenwechselstrom erzeugt werden?

Betrachten wir zuerst parallel geführte Leiter eines Dreileiter- und Vierleiternetzes (Abb. 9-83).

Bei einer engen Leitungsführung ist kein Magnetfeld vorhanden, da, wie bereits nachgewiesen wurde, die Summe der Augenblickswerte des Dreiphasenwechselstromes stets Null ist. Bei einer getrennten Leitungsführung treten dagegen einzelne Felder auf.

Eine für die Technik bedeutsame Form entsteht, wenn man drei um 120° versetzte Spulen kreisförmig anordnet und dies mit drei zeitlich um 120° phasenverschobenen Strömen speist. Zur Vereinfa-

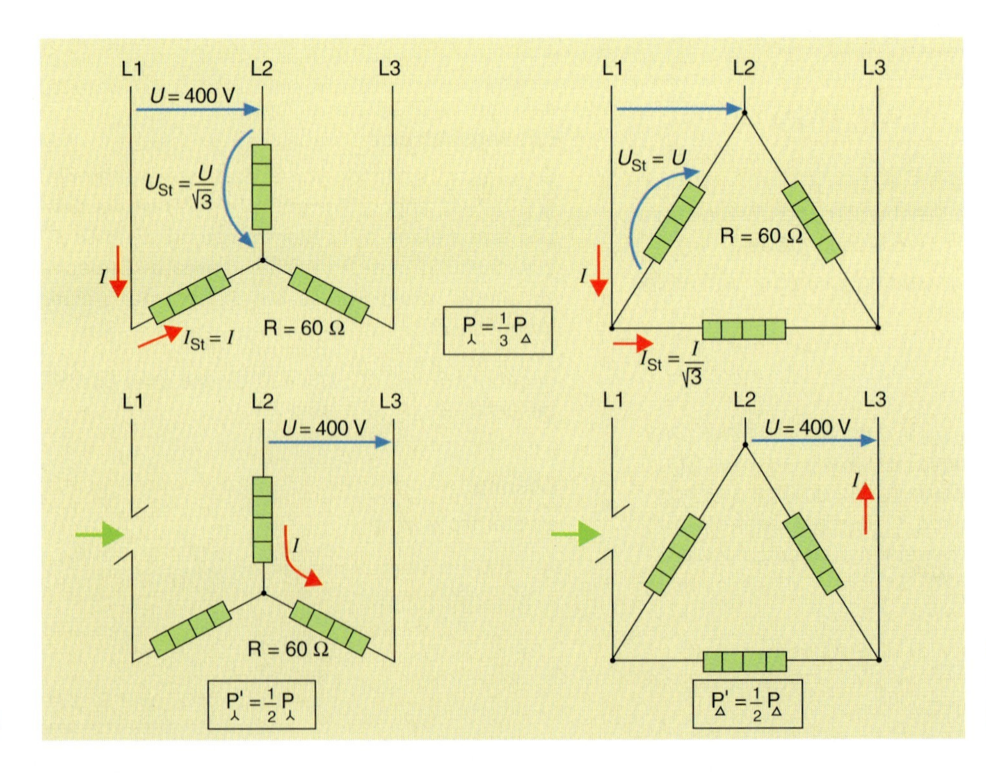

Abb. 9-82
Heizwiderstände in Stern- und Dreieckschaltung

chung sind in der Abb. 9-84 nur die Drahtquerschnitte einer Spulenwindung mit den Anfängen $U1$, $V1$ und $W1$ sowie den Enden $U2$, $V2$ und $W2$ eingezeichnet. Zu den Zeitpunkten t_1, t_2 und t_3 sind die entsprechenden positiven und negativen Augenblickswerte der Ströme vorhanden. Es soll vereinbart werden, daß bei einem positiven Augenblickswert im Leiteranfang ein Kreuzstrom (der Strom fließt vom Betrachter weg) und im Leiterende ein Punktstrom (der Strom fließt auf den Betrachter zu) fließt.

Zum Zeitpunkt t_1 ist der Augenblickswert von i_1 positiv

$U1 \rightarrow$ Kreuzstrom $U2 \rightarrow$ Punktstrom
i_2 negativ $V1 \rightarrow$ Punktstrom $V2 \rightarrow$ Kreuzstrom und
i_3 negativ $W1 \rightarrow$ Punktstrom $W2 \rightarrow$ Kreuzstrom.

Die stromdurchflossenen Spulenwindungen erzeugen ein resultierendes Feld, dessen Feldlinien zwischen $W2$ und $V1$ aus der Spulenanordnung austreten und zwischen $W1$ und $V2$ wieder in die Spulenanordnung eintreten. Zwischen $W2$ und $V1$ entsteht ein Nordpol und gegenüberliegend ein Südpol. Die drei Spulen erzeugen ein zweipoliges Magnetfeld. Zu den Zeitpunkten t_2 und t_3 sind andere Stromrichtungen vorhanden, so daß der Nord- und der Südpol an anderen Stellen entstehen. Die Pole sind gewandert. Das zweipolige Magnetfeld hat sich gedreht. Das für Motoren bedeutsame **Drehfeld** ist entstanden.

Wir merken uns:

Drei um 120° versetzte Spulen erzeugen durch einen Dreiphasenwechselstrom ein zweipoliges Magnetfeld konstanter Stärke, das sich dreht (Drehfeld).

Diese Eigenschaft des Dreiphasenwechselstromes ist auch der Grund, ihn als Drehstrom zu bezeichnen, das Dreiphasensystem als Drehstromsystem und die Leistungen als Drehstromleistungen.

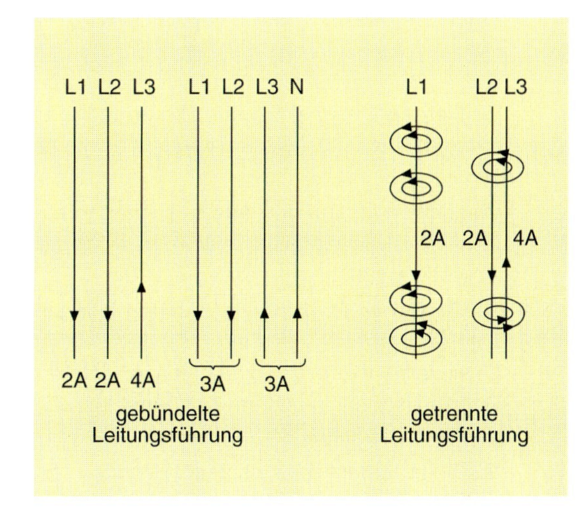

Abb. 9-83 ***Magnetfelder paralleler Leiter des Dreiphasensystems***

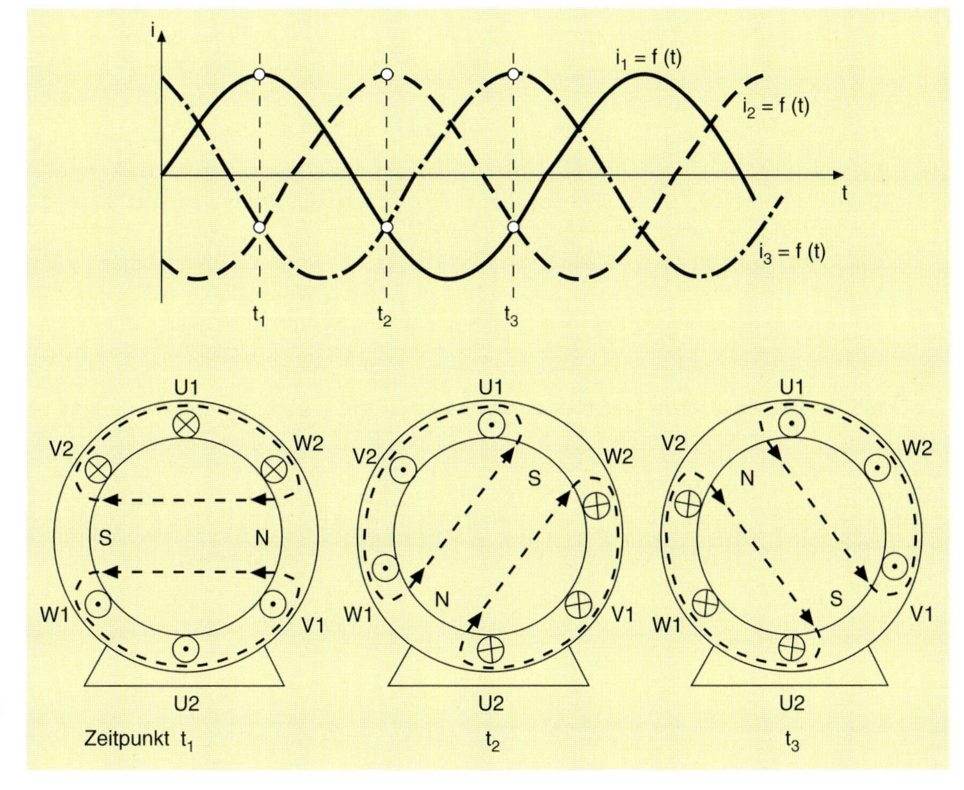

Abb. 9-84 ***Entstehung des Drehfeldes***

AUFGABEN

9.31 Definieren Sie den Begriff „Dreiphasenwechselspannung“!

9.32 Weshalb können die drei Induktionsspulen eines Drehstromgenerators nicht in Reihe oder parallelgeschaltet werden?

9.33 In einem veralteten 220-V-Dreileiternetz sind 6 Glühlampen gleicher Leistung und 220 V Nennspannung so anzuschließen, daß das Netz symmetrisch belastet wird!

9.34 In einer Beleuchtungsanlage werden Glühlampen gleicher Leistung so angeordnet, daß das Vierleiternetz symmetrisch belastet wird.

Weshalb sollte auf den Anschluß des normalerweise stromlosen Neutralleiters nicht verzichtet werden?

9.35 Die im Dreieck geschalteten Kondensatoren von je 8 μF werden an ein 400-V-Dreileiternetz (50 Hz) angeschlossen. Welche Ströme fließen in jedem Kondensatorzweig und in der Zuleitung?

9.36 In einem elektrischen Heizofen soll stündlich eine Wärmemenge von 84 000 kJ erzeugt werden. Dazu werden an das 400-V-Netz drei Heizwiderstände angeschlossen. Wie groß ist die Stromstärke im Netz, und wie groß müssen die Widerstandswerte bei Stern- und bei Dreiecksschaltung sein?

9.37 Untersuchen Sie, ob der Strom im Neutralleiter I_N sich gegenüber der Abb. 9-78 ändert, wenn die Spule an L3 und N und der Kondensator L2 und N angeschlossen wird!

9.38 Die drei im Dreieck geschalteten Induktionsspulen eines Drehstromgenerators bilden einen in sich geschlossenen Stromweg. Warum fließt trotz induzierter Spannungen kein Strom, wenn der Generator nicht belastet ist?

9.39 Ein Drehstromgenerator wird bei einer Nennspannung von 6 kV mit 214 A belastet. Wie groß sind Leistungsaufnahme und der Strangstrom bei Dreieckschaltung?

9.40 Ein Drehstromgenerator speist ein 230/400-V-Vierleiternetz ein. Am Netz sind Motoren mit einem mittleren Leistungsfaktor von 0,75 und einer Wirkleistung von 28 kW sowie Glühlampen mit einer Gesamtleistung von 6,4 kW angeschlossen. Wie groß sind die Scheinleistung des Generators und der Leistungsfaktor?

9.41 Welcher Unterschied besteht, wenn der vierte Leiter eines Drehstromnetzes anstelle der Bezeichnung N vom Energieversorgungsunternehmen die Leiterbezeichnung PEN erhält?

9.42 Der Anlaufstrom eines Drehstrommotors kann durch eine Stern-Dreieck-Schaltung verringert werden. Dazu wird die Motorwicklung im Moment des Zuschaltens in Stern geschaltet und nach dem Hochlaufen zum Dreieck umgeschaltet. Auf welchen Wert verringert sich der im Einschaltmoment fließende Anlaufstrom?

9.43 Dem Leistungsschild eines Drehstrommotors wurden folgende Angaben entnommen: Spannung 400 V, Stromstärke 4,1 A, Leistung 1,8 kW und Leistungsfaktor 0,82. Wie groß ist der Wirkungsgrad des Drehstrommotors?

9.44 Sechs gleiche Heizwiderstände sollen an ein Drehstrom-Dreileiternetz angeschlossen werden. Welche Schaltmöglichkeiten gibt es, wenn bei symmetrischer Belastung stets alle Widerstände genutzt werden sollen? In welchem Verhältnis stehen die Leistungen bei den unterschiedlichen Schaltmöglichkeiten?

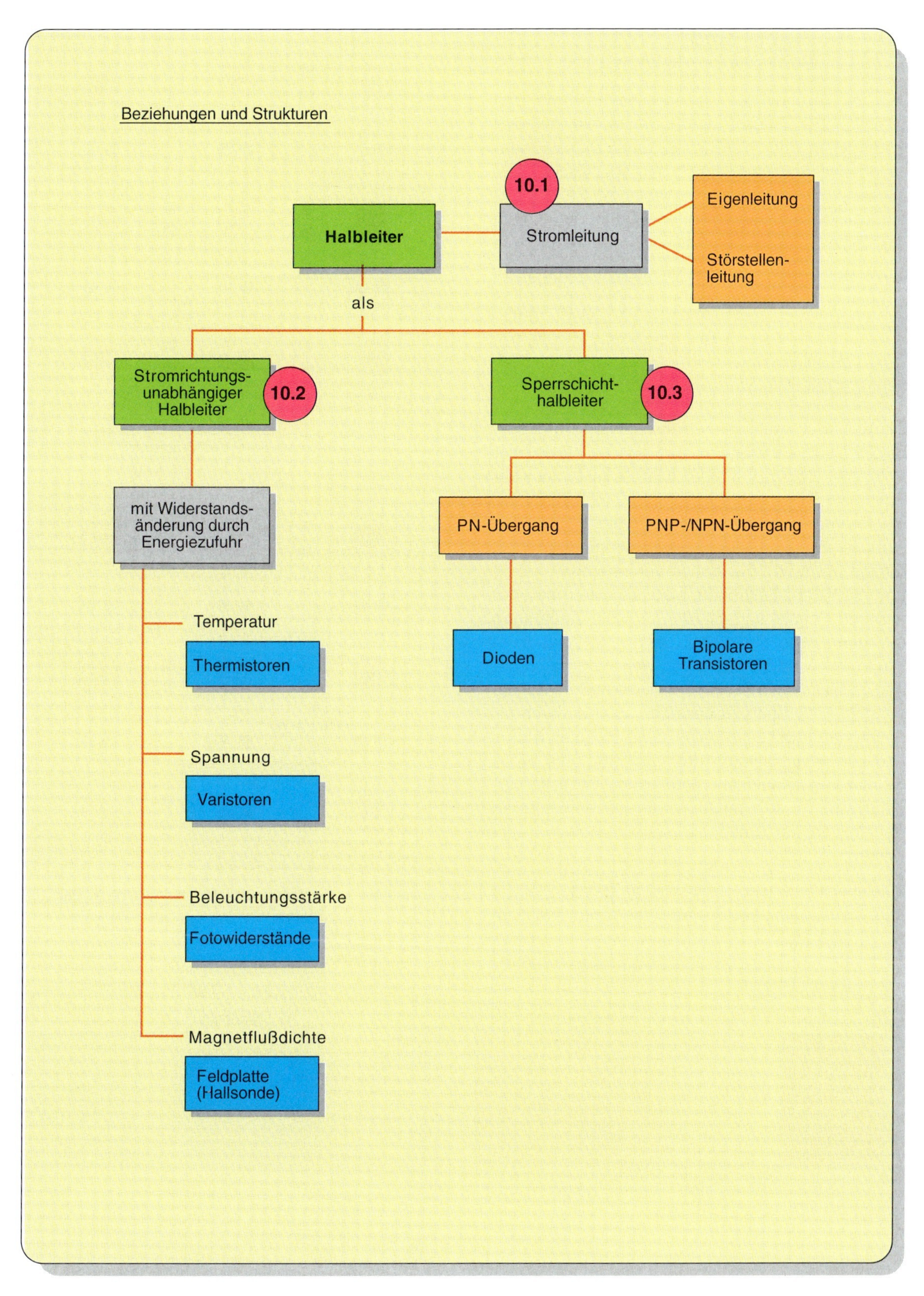

Abb. 10-1 ***Beziehungen und Strukturen***

10.1 Stromleitung in Halbleitern

10.1.1 Eigen- und Störstellenleitung

Wie im Abschnitt 2.2 nachgewiesen wurde, bestimmt die Bindungsart der Atome, ob ein Stoff den Strom leiten oder nicht leiten kann. Diese Eigenschaft wird quantitativ durch den spezifischen Widerstand ς als Materialgröße bestimmt. Bei den gebräuchlichen Leiterwerkstoffen Kupfer, Aluminium und Silber liegen die Werte in Größenordnungen von $1 \cdot 10^{-2} \frac{\Omega \cdot mm^2}{m}$, bei den Nichtleitern dagegen im Bereich von $1 \cdot 10^{12} \frac{\Omega \cdot mm^2}{m}$ bis $1 \cdot 10^{22} \frac{\Omega \cdot mm^2}{m}$. Zwischen beiden Bereichen liegt der spezifische Widerstand der Halbleiter (Abb. 10-2).

Die technisch wichtigsten Halbleiterwerkstoffe sind Silicium und Germanium. Ihre Atome haben vier Valenzelektronen und bilden beim Abkühlen aus der Schmelze Kristalle. In der Abb. 10-3 ist beispielhaft die Anordnung der Siliciumatome im Kristallgitter stark vereinfacht dargestellt. Es sind nur die Atomrümpfe (Kern und Elektronen der inneren Schalen) und die Valenzelektronen, also die Elektronen der äußeren Schale dargestellt. Die reale Anordnung der Atome ist so, daß nicht in der Ebene, sondern im Raum jedes Siliciumatom von vier anderen umgeben ist. Der stabile Zustand, d. h. die äußere Schale mit acht Elektronen zu besetzen, wird dadurch erreicht, daß jeweils ein Valenzelektron eines Atoms und ein Valenzelektron des Nachbaratoms beide Atomkerne gemeinsam umkreisen. Im Gitterverband wird damit jeder Atomkern auf der äußeren Schale von vier Elektronenpaaren, also von acht Elektronen, umkreist.

Silicium ist demnach ein Nichtleiter, da alle Elektronen an die Atomkerne gebunden sind. Die zum

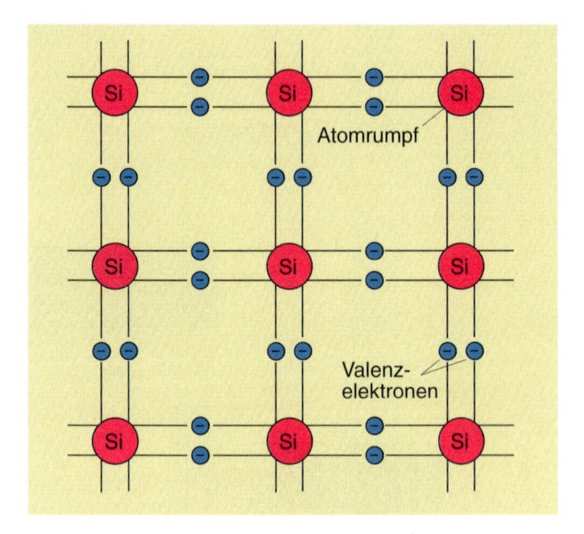

Abb. 10-3 ***Gitterstruktur des Siliciums***

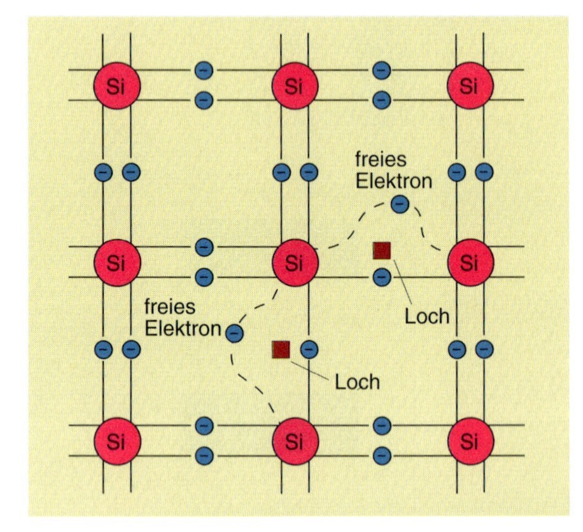

Abb. 10-4 ***Entstehen von freien Elektronen und Löchern***

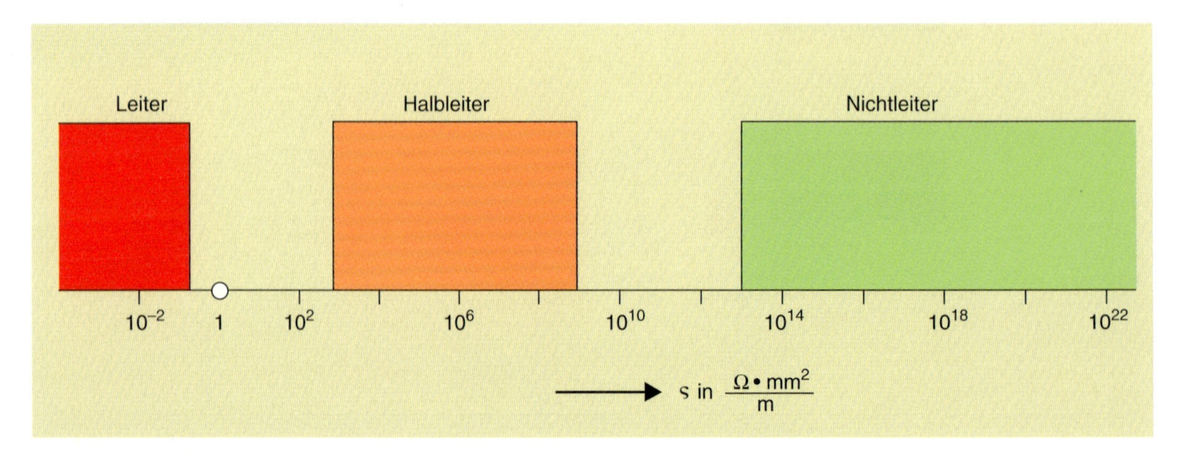

Abb. 10-2 ***Spezifischer Widerstand von Leitern, Halbleitern und Nichtleitern***

Stromfluß notwendigen freien Ladungsträger fehlen. Dieser Zustand besteht jedoch nur im absoluten Nullpunkt, bei – 273,15 °C. Schon bei Raumtemperatur ist die Wärmeenergie des Halbleiters so groß, daß durch die Wärmebewegungen der Atome die Bindungen einzelner Valenzelektronen aufreißen. Diese bewegen sich als freie Elektronen im Kristallgitter. An den Stellen, an denen die freien Elektronen ihren Platz hatten, verbleiben Fehlstellen, sog. **Löcher** oder sog. **Defektelektronen** (Abb. 10-4). Die Fehlstellen sind stets positiv geladen, da die positive Ladung des Atomkerns gegenüber den verbleibenden Elektronen überwiegt. Kommt ein freies Elektron in den Einflußbereich des positiv geladenen Loches, wird es wieder eingefangen. Dieser Vorgang wird als **Rekombination** bezeichnet (Abb. 10-5).

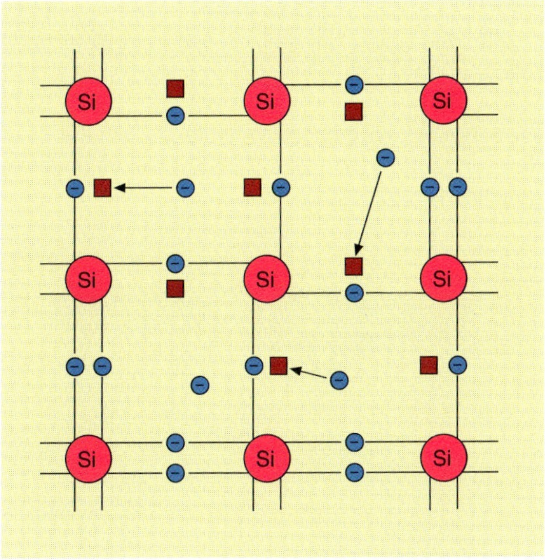

Der Temperatur entsprechend überwiegt das Entstehen freier Elektronen und Löcher gegenüber der Rekombination.

Die Leitfähigkeit von Halbleitern ist temperaturabhängig.

Legt man an ein Halbleiterkristall eine Spannung an, wandern die gelösten Valenzelektronen durch die im elektrischen Feld wirkenden Kräfte in Richtung des positiven Pols der Stromquelle und füllen unter Umständen ein positiv geladenes Loch. Da jedes „rekombinierte" Elektron irgendwo im Kristall ein Loch hinterlassen hat, wandern die Löcher scheinbar in Richtung des negativen Pols der Stromquelle. Die Löcher tragen damit auch zur Stromleitung bei (Abb. 10-6).

Die schon bei Zimmertemperatur vorhandene Leitfähigkeit des reinen Halbleiters bezeichnet man als Eigenleitung.

Die Eigenleitung eines reinen Halbleiters entsteht durch die von außen zugeführte Energie, insbesondere der Wärmeenergie. Am Leitungsvorgang sind die zahlengleichen Elektronen und Löcher beteiligt.

Abb. 10-5
Rekombination

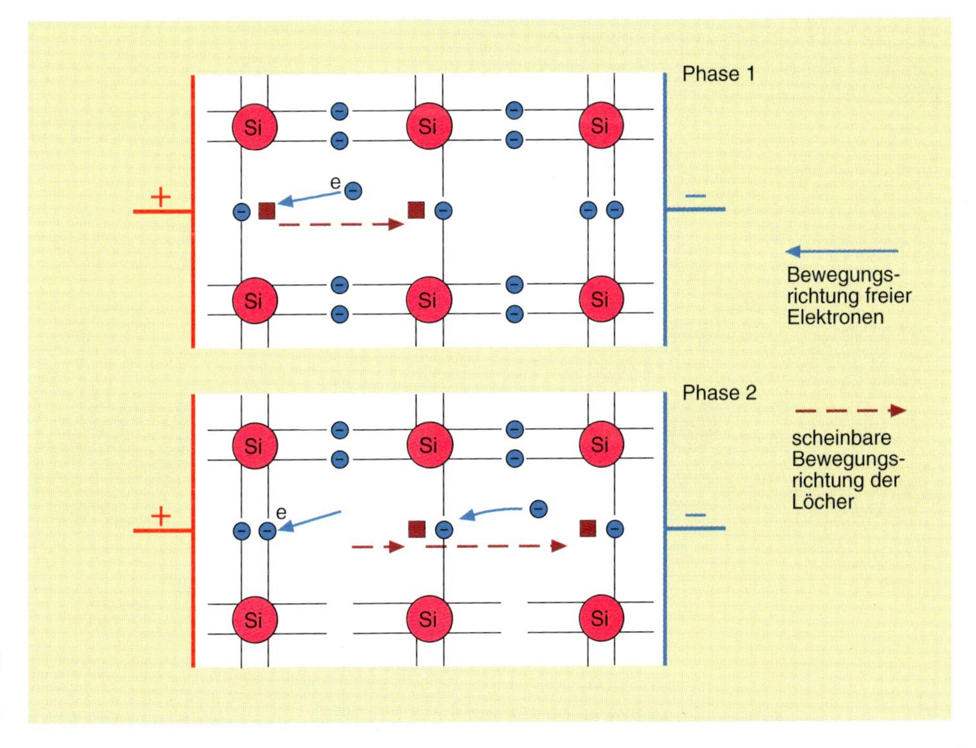

Abb. 10-6
Eigenleitung der Halbleiter

Damit die Leitfähigkeit eines Halbleiters höher und in einem begrenzten Bereich möglichst temperaturunabhängig wird, fügt man in das Kristallgitter des reinen Halbleiters Fremdatome ein. Bei diesem sog. **Dotieren** werden Atome mit entweder drei oder fünf Valenzelektronen verwendet. Der regelmäßige Kristallaufbau wird gestört. Trotz dieser Störstellen bleibt der Kristall aber elektrische neutral.

Untersuchen wir, warum sich in einem dotierten Halbleitermaterial die Leitfähigkeit erhöht!

Wenn in Silicium ein fünfwertiges Fremdatom, z. B. Arsen (As), Phosphor (P) oder Antimon (SB) einlegiert wird, werden nur vier Valenzelektronen der Fremdatome zur Bindung an die Siliciumatome benötigt. Das fünfte Valenzelektron des Fremdatoms kann sich leicht aus dem Atomverband lösen (Abb. 10-7).

Es kann unter dem Einfluß eines elektrischen Feldes, also einer Spannung als freies Elektron durch den Halbleiter wandern. Man spricht durch die zusätzlichen negativen Ladungsträger von einem **N-leitenden Halbleiter**.

Werden Atome dagegen mit drei Valenzelektronen, z. B. Bor (B), Aluminium (Al) oder Indium (In) einlegiert, entstehen durch die Elektronenlöcher Störstellen. Diese können durch andere Elektronen aus der Umgebung aufgefüllt werden, die neue Löcher hinterlassen. Die Stromleitung entsteht damit durch die scheinbare Bewegung positiv wirkender Löcher. Man spricht von einem **P-leitenden Halbleiter** (Abb. 10-8).

Die Störstellenleitung eines Halbleiters entsteht, wenn er mit drei- oder fünfwertigen Fremdatomen dotiert wird.

10.1.2 Nichtlineare Widerstände

Bleibt die Zahl der an der Stromleitung beteiligten Ladungsträger, unabhängig ob Eigen- oder Störstellenleitung vorliegt, unverändert, ist der Widerstandswert konstant. Die Strom-Spannungskennlinie ist eine Gerade. Der Halbleiter wird als linearer Widerstand bezeichnet, wenn die geringe Widerstandsänderung durch Eigenerwärmung vernachlässigt werden kann. Bei vielen Halbleitern ändert sich aber, je nach Bauart und Zweck, bei der Erhöhung der angelegten Spannung die Leitfähigkeit.

Nichtlineare Widerstände sind solche elektronischen Bauelemente, die ihren Widerstandswert bei Änderung der angelegten Spannung oder des fließenden Stromes verändern.

Zu erkennen ist dieses Widerstandsverhalten aus dem Verlauf der U/I- oder I/U-Kennlinien im linear geteilten Koordinatensystem (Abb. 10-9).

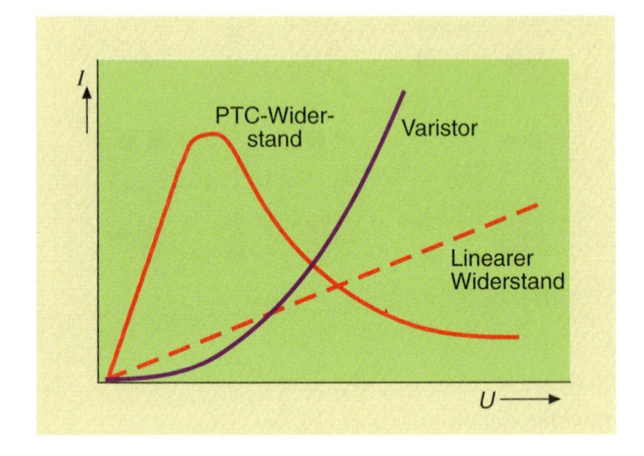

Abb. 10-9 ***Nichtlineare Widerstände***

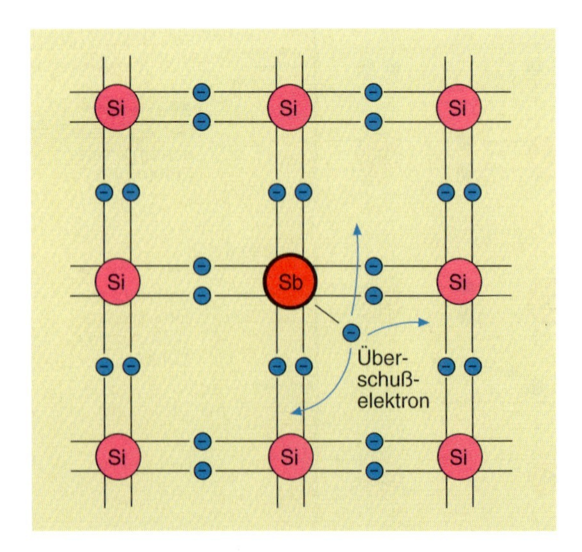

Abb. 10-7 ***Dotierung mit fünfwertigem Fremdatom***

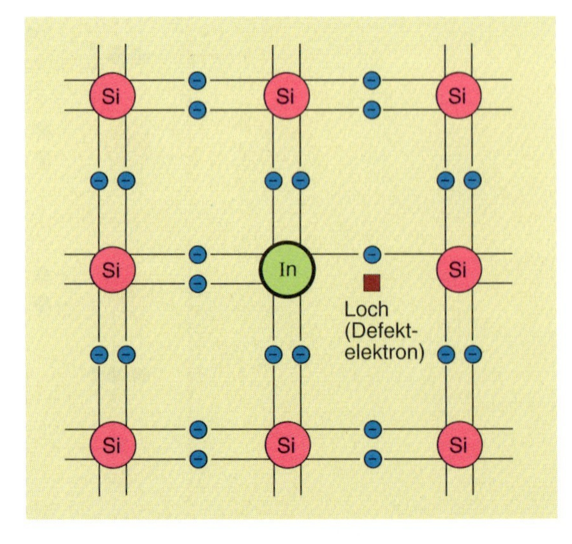

Abb. 10-8 ***Dotierung mit dreiwertigem Fremdatom***

Da sowohl die stromrichtungsunabhängigen Halbleiter als auch die Sperrschichthalbleiter nichtlineare Widerstände sind, soll im Folgenden gezeigt werden, wie wichtig die Darstellung von Widerstandskennlinien im I/U-Kennlinienfeld ist.

Aus der Abb. 10-10 kann für einen nichtlinearen Widerstand

bei der Spannung U = 10 V die Stromstärke I = 160 mA und

bei der Spannung U = 6 V die Stromstärke I = 60 mA bestimmt werden.

Aus den Wertepaaren ergibt sich für den

Arbeitspunkt A der Widerstandswert

$R = \frac{10\ \text{V}}{160\ \text{mA}} \qquad R = 62{,}5\ \Omega$

und für den

Arbeitspunkt A´ der Widerstandswert

$R' = \frac{6\ \text{V}}{60\ \text{mA}} \qquad R' = 100\ \Omega.$

Das nichtlineare Bauelement hat für jeden Arbeitspunkt A oder A´ einen anderen, diesen Arbeitspunkten festzugeordneten Widerstandswert R oder R'. Dieser Wert wird als statischer Widerstand oder als Gleichstromwiderstand bezeichnet.

Im Gegensatz zum statischen Widerstand, der bei konstanten Werten der Spannung und damit des Stromes gilt, erhält man den sog. **differentiellen Widerstand** r aus der Änderung der Spannung ΔU und der dazugehörigen Änderung des Stromes ΔI im Arbeitspunkt:

Differentieller Widerstand. $r = \frac{\Delta U}{\Delta I}$ **10-1**

Da Spannungs- und Stromänderungen typische Merkmale des Wechselstromkreises sind, wird dieser Widerstandswert auch als Wechselstromwiderstand bezeichnet.

Der differentielle Widerstand (Wechselstromwiderstand) eines Halbleiterbauelementes ist der Widerstandswert, der bei Spannungs- und Stromänderung wirksam wird.

Das Verhältnis von ΔU zu ΔI läßt sich als Seitenverhältnis eines Steigungsdreiecks veranschaulichen (Abb. 10-10), das mit Hilfe der Tangente im Arbeitspunkt entsteht.

Im vorliegenden Fall beträgt der differentielle Widerstand für den Arbeitspunkt A mit ΔU = 2 V und ΔI = 60 mA

$r = \frac{\Delta U}{\Delta I} \qquad r = \frac{2\ \text{V}}{60\ \text{mA}} \qquad r = 33{,}3\ \Omega.$

Beachten Sie den Unterschied im Vergleich zum bereits berechneten statischen Widerstand R = 62,5 Ω in diesem Arbeitspunkt.

Wie zeichnerisch leicht nachzuweisen ist, gilt:
Je flacher die I/U-Kennlinie eines Bauelementes verläuft, desto kleiner ist bei der Spannungsänderung ΔU die zugehörige Stromänderung ΔI und desto größer ist damit der differentielle Widerstand.

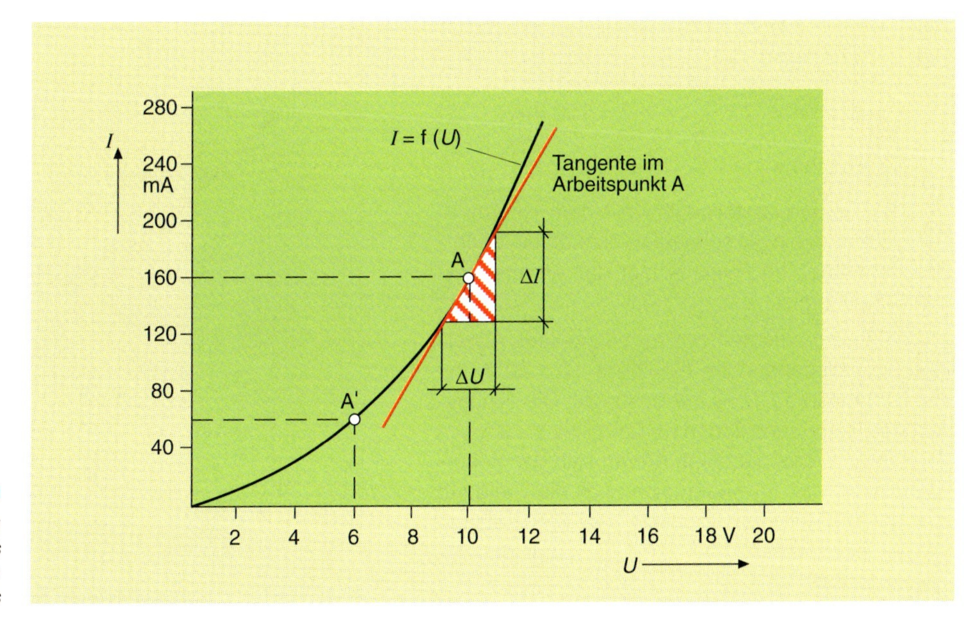

Abb. 10-10
Zur Ermittlung des differentiellen Widerstandes

Die I/U-Kennlinien muß man auch verwenden, um grafisch Stromstärken und Spannungen in Schaltungen mit nichtlinearen Widerständen zu bestimmen. Das Verfahren soll ausgehend von einer bekannten Reihenschaltung zweier Widerstände (Abb. 10-11) schrittweise erläutert werden.

Mit den Widerstandswerten $R_1 = 800\,\Omega$, $R_2 = 400\,\Omega$ und der anliegenden Spannung $U = 60$ V können berechnet werden:

- Gesamtwiderstand $R_{ges} = R_1 + R_2$ $\quad R_{ges} = 1{,}2\ \text{k}\Omega$
- Stromstärke $I = \dfrac{U}{R_{ges}}$ $\quad I = 50$ mA
- Teilspannungen $U_1 = I \cdot R_1$ oder

  $U_1 = \dfrac{R_1}{R_1 + R_2} \cdot U$ $\quad U_1 = 40$ V

  $U_2 = U - U_1$ oder

  $U_2 = \dfrac{R_2}{R_1 + R_2} \cdot U$ $\quad U_2 = 20$ V

Zu den gleichen Ergebnissen kommt man durch die I/U-Kennlinien der Widerstände. Als lineare Widerstände sind die Kennlinien jeweils durch zwei Punkte bestimmt.

Der erste Punkt des Widerstandes R_1 ist durch $U = 0 \rightarrow I = 0$ und

der zweite Punkt durch

$U = 60\ \text{V} \rightarrow I = \dfrac{U}{R_1}$ $\quad I = 75$ mA

mit der Annahme bestimmt, daß ohne den Widerstand R_2 die volle Spannung von 60 V an R_1 anliegt (Abb. 10-12).

Die I/U-Kennlinie des Widerstandes R_2 stellen wir spiegelbildlich dar (Abb. 10-13). Auch hier werden beide Punkte analog zu R_1

bei $\quad U = 0 \rightarrow \quad I = 0$ und

$U = 60\ \text{V} \quad I = \dfrac{U}{R_2}$ $\quad I = 150$ mA

mit der Annahme, daß $R_1 = 0$ ist, bestimmt.

Werden beide Darstellungen in einem Koordinatensystem vereinigt, schneiden sich beide Widerstandsgeraden im Punkt A, der der Arbeitspunkt der Schaltung ist (Abb. 10-14).

Durch die Koordinaten des Arbeitspunktes A werden die Teilspannungen $U_1 = 40$ V, $U_2 = 20$ V und die Stromstärke $I = 50$ mA bestimmt. Die Richtigkeit des Verfahrens finden wir durch die bereits berechneten Werte bestätigt. Ändert sich der Widerstandswert von R_2, ändert sich auch die Steigung der spiegelbildlichen Kennlinie von R_2 (Steigung der Arbeitsgeraden) und damit die Lage des Arbeitspunktes.

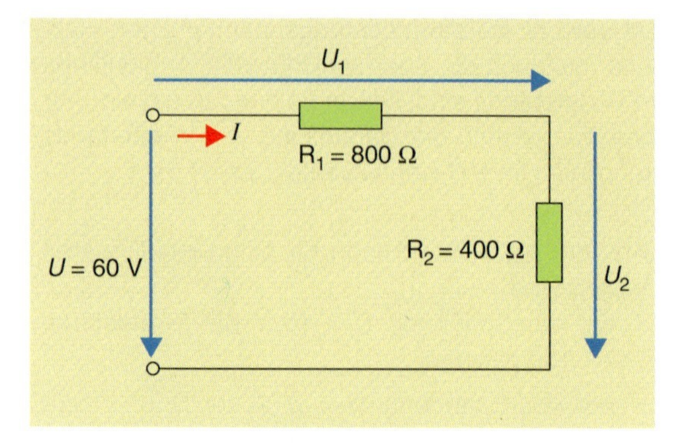

Abb. 10-11 ***Reihenschaltung der Widerstände R_1 und R_2***

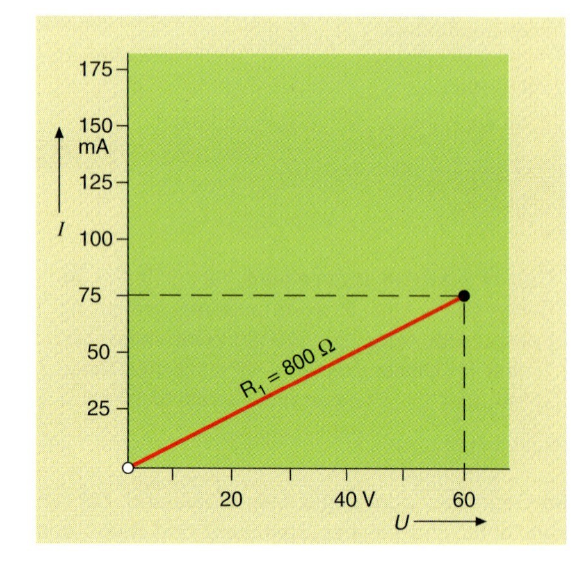

Abb. 10-12 ***Kennlinie von R_1***

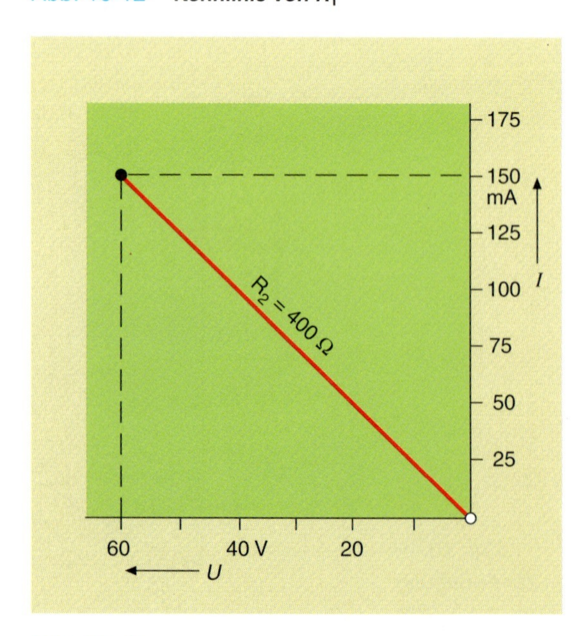

Abb. 10-13 ***Spiegelbildliche Kennlinie von R_2***

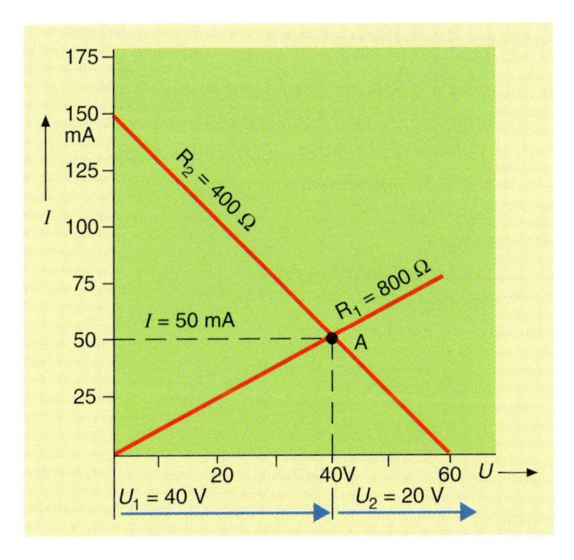

Abb. 10-14 ***Reihenschaltung zweier Widerstände im Kennlinienfeld***

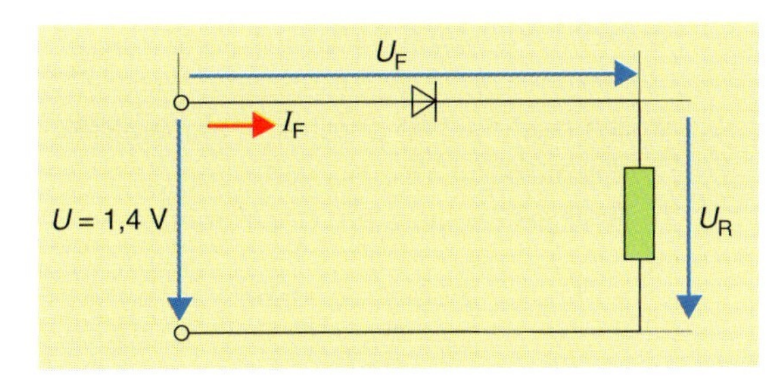

Abb. 10-15 ***Reihenschaltung von Diode (nichtlinearer Widerstand) und Strombegrenzungswiderstand***

Das beschriebene Verfahren zur Ermittlung von Stromstärke und Teilspannungen in einer Reihenschaltung von Widerständen soll auf eine Schaltung mit einem nichtlinearen Widerstand, gewählt wird eine Diode, übertragen werden (Abb. 10-15).

Aus dem Datenblatt einer Diode ist die in der Abb. 10-16 dargestellte Diodenkennlinie gegeben. Zur Strombegrenzung wird der Widerstand $R = 40\,\Omega$ in Reihe geschaltet. Welcher Strom fließt bei einer Betriebsspannung $U = 1{,}4$ V in Vorwärtsrichtung?

Lösungsschritte:

- Bestimmen der Richtung der spiegelbildlichen Widerstandsgeraden durch die Punkte
  $U = 1{,}4\text{ V} \rightarrow \quad I = 0$ und
  $U = 0 \quad \rightarrow \quad I = \frac{U}{R} \quad I = \frac{1{,}4\text{ V}}{40\,\Omega} \quad I = 35\text{ mA}$
- Einzeichnen der spiegelbildlichen Widerstandsgeraden
- Ablesen der Koordinaten des Schnittpunktes beider Kennlinien als Arbeitspunkt A der Schaltung
  $I_F = 15\text{ mA} \qquad U_F = 0{,}8\text{ V} \qquad U_R = 0{,}6\text{ V}$

Soll die Stromstärke der Schaltung auf einen vorgegebenen Wert begrenzt werden, können die Koordinaten des Arbeitspunktes der Diodenkennlinie abgelesen werden. Mit Hilfe des abzulesenden Wertes des Spannungsfalles über R kann sein Widerstandswert berechnet werden.

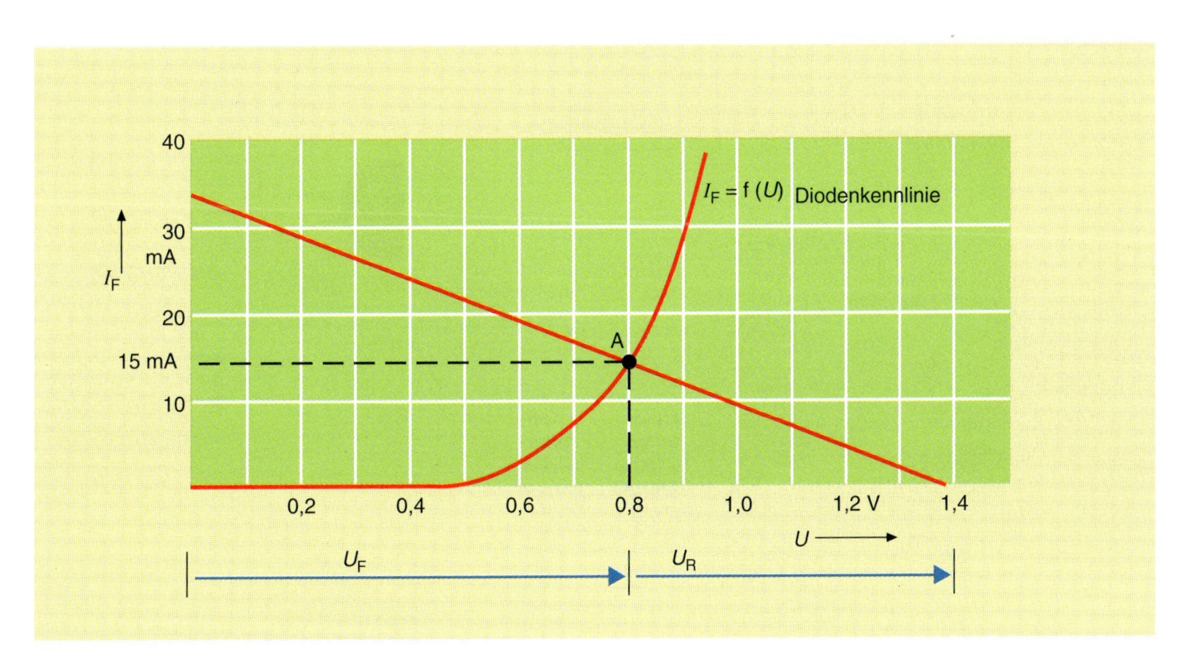

Abb. 10-16 ***Grafische Ermittlung des Stromes***

10.2 Stromrichtungsunabhängige Halbleiter

Bei einer Verbindung zwischen Atomen der 3. und 5. Gruppe des Periodischen Systems der Elemente bildet sich eine Kristallstruktur, die der aus Atomen der 4. Gruppe (Ge, Si) sehr ähnlich ist. Die Gitterplätze sind abwechselnd von einem fünfwertigen und einem dreiwertigen Atom besetzt. Der Leitungsmechanismus und damit die Änderung des Widerstandswertes dieser Halbleiter-Mischkristalle wird durch das Einwirken unterschiedlicher Energieformen beeinflußt. Die Nichtlinearität der verschiedenen Halbleiterwiderstände ist damit zurückzuführen auf die Abhängigkeit von

- Temperatur
- Spannung
- Beleuchtungsstärke und
- Magnetflußdichte.

10.2.1 Thermistoren

Thermistoren sind Bauelemente, deren Widerstandswerte mit steigender Temperatur zu- oder abnehmen.

Wir stellen gegenüber:

Heißleiter		Kaltleiter
• Der Widerstand sinkt mit steigender Temperatur. • Sie haben einen negativen Temperaturkoeffizienten (TK) **N**egative **T**emperature **C**oeffizient	Merkmale	• Der Widerstand steigt mit zunehmender Temperatur. • Sie haben einen positiven Temperaturkoeffizienten (TK) **P**ositive **T**emperature **C**oeffizient
NTC-Widerstand $TK = -0{,}025 \text{ bis } -0{,}045 \frac{1}{K}$		PTC-Widerstand $TK = +0{,}07 \text{ bis } +0{,}60 \frac{1}{K}$
Sie werden aus Eisen-, Nickel- und Kobaltoxiden mit plastischen Bindemitteln bei hohen Temperaturen und Druck zusammengepreßt (gesintert).		Sie werden aus Bariumtitanat oder ähnlichen Titanverbindungen mit Zusätzen von Metalloxiden und -salzen gesintert.

Bauformen

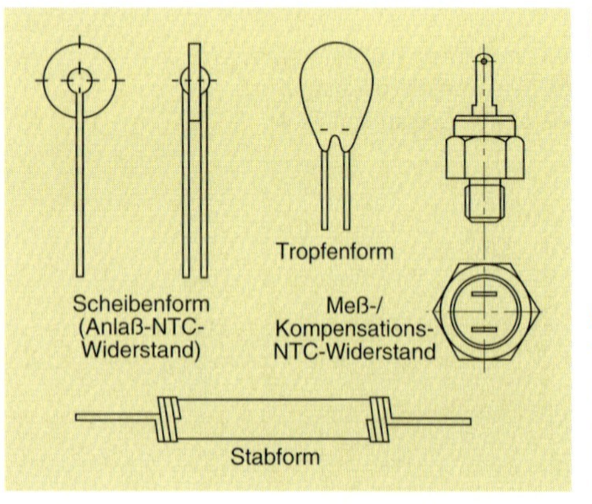

Abb. 10-17 *Heißleiterwiderstände*

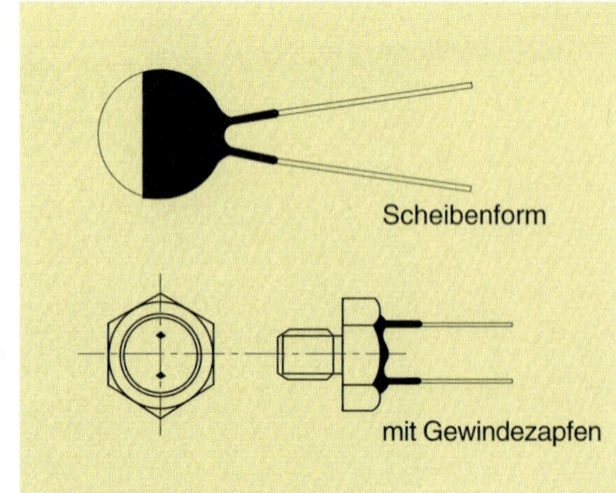

Abb. 10-18 *Kaltleiterwiderstände*

Schaltzeichen

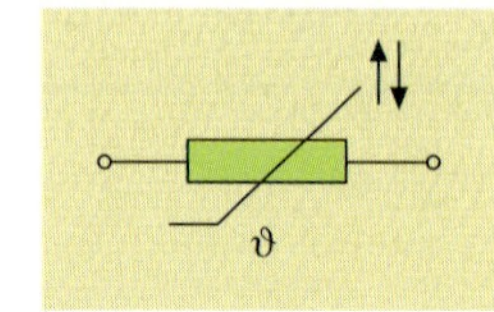

Abb. 10-19

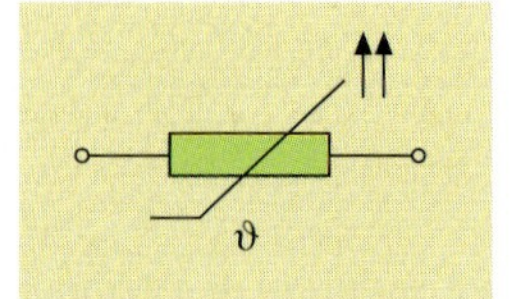

Abb. 10-20

Die Widerstandsänderung ist entgegengesetzt ↑↓ der Temperaturänderung

Widerstandsverhalten

Die Widerstandsänderung ist gleichsinnig ↑↑ der Temperaturänderung

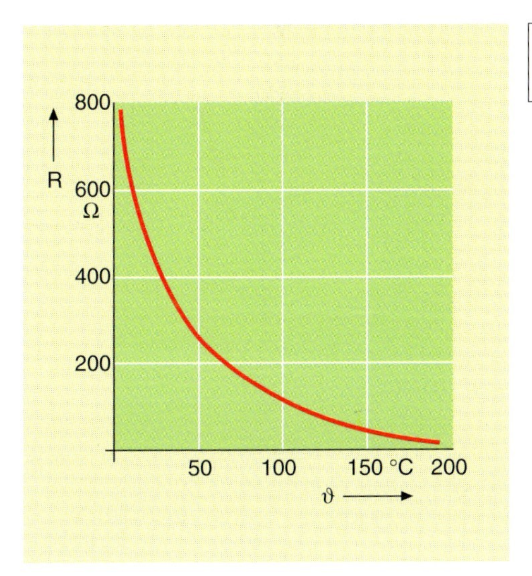

Abb. 10-21

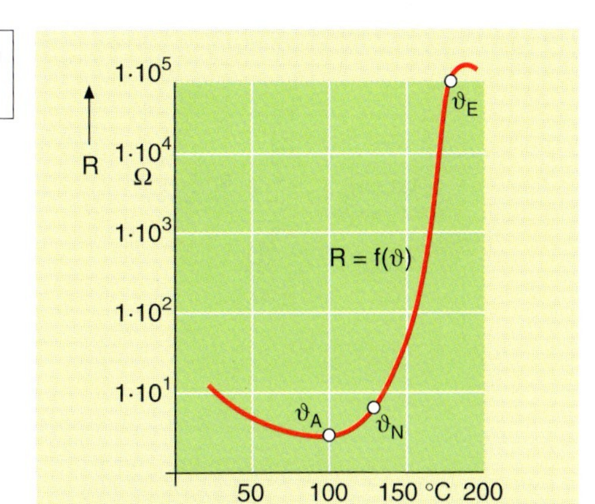

Abb. 10-22

Strom-Spannungsverhalten

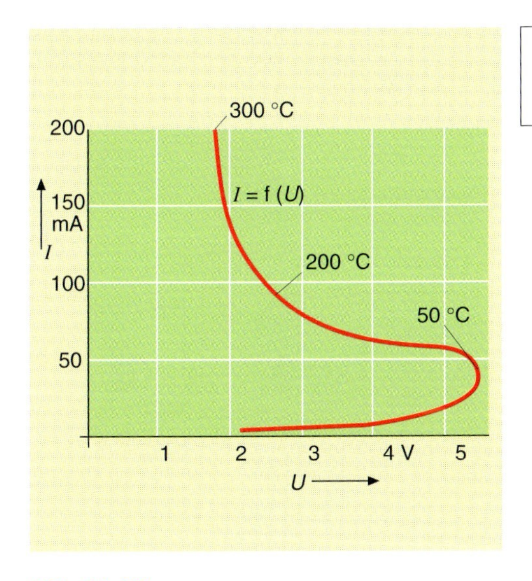

Abb. 10-23

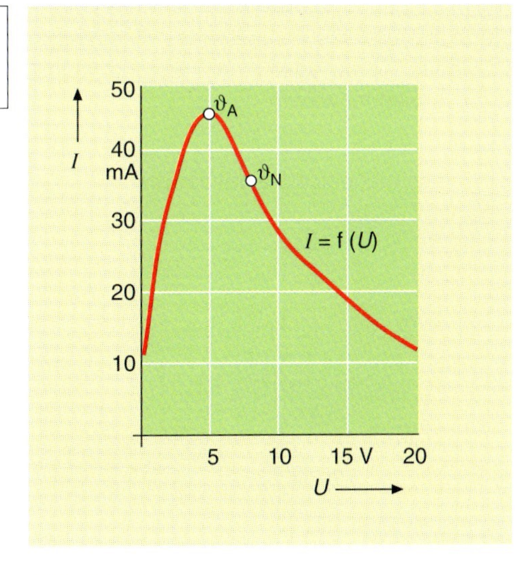

Abb. 10-24

Der NTC-Widerstand kann durch

- die Umgebungstemperatur und/oder durch
- die elektrische Belastung erwärmt werden.

Bei kleiner Belastung (Leistung) ist die Erwärmung vernachlässigbar.
In diesem Bereich liegt lineares Widerstandsverhalten vor. Wird durch die zunehmende Belastung die Temperatur ca. 20 bis 50 K über die Umgebungstemperatur steigen, ist die Widerstandsabnahme so groß, daß der Strom trotz sinkender Spannung stark ansteigt.

Der PTC-Widerstand kann durch

- die Umgebungstemperatur und/oder durch
- die elektrische Belastung erwärmt werden.

Bei kleiner Spannung und damit kleiner Leistung wird der Kaltleiter nicht merklich erwärmt. Die Kennlinie verläuft linear. Wird durch die elektrische Belastung die Nenntemperatur ϑ_N erreicht, steigt der Widerstandswert so stark an, daß trotz steigender Spannung die Stromstärke abnimmt. Oberhalb der Endtemperatur ϑ_E geht der Widerstand in das Heißleiterverhalten über.

Anwendung (Beispiele)

Fremderwärmter Temperaturfühler

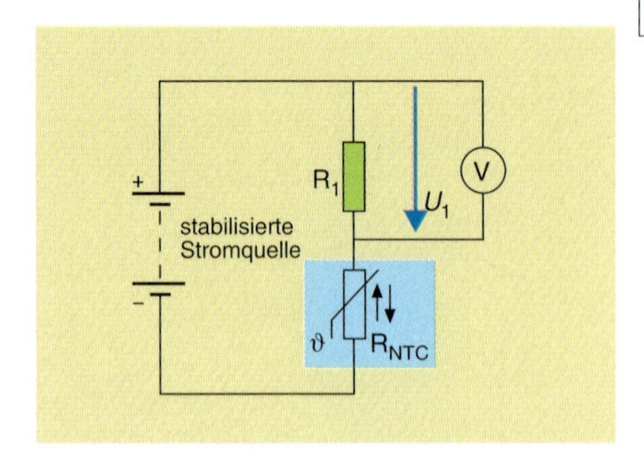

Abb. 10-25

Die Teilspannung U_1 wird mit einem hochohmigen Spannungsmesser gemessen.
Nach dem Gesetz der Spannungsteilung ist U_1 vom Widerstandswert R_{NTC}, damit von der Temperatur abhängig. Die Skale des Spannungsmessers wird deshalb unmittelbar in °C geeicht.
Schaltvorgänge lassen sich dann auslösen, wenn anstelle des Widerstandes R_1 ein empfindliches Relais oder eine Verstärkerschaltung verwendet wird.

Überstromschutz für Verbraucher kleiner Leistung

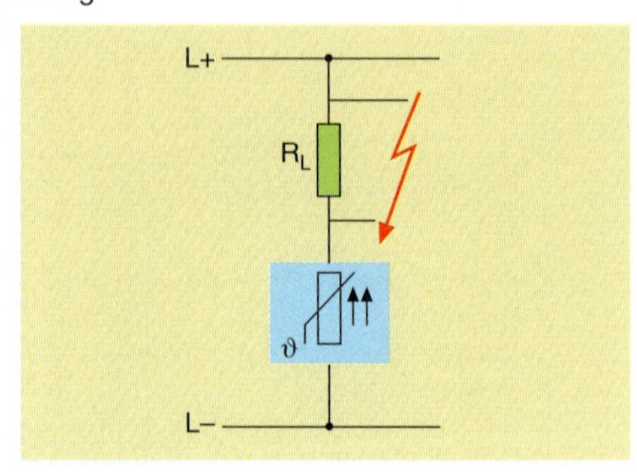

Abb. 10-26

Durch den Lastwiderstand R_L ist der Spannungsfall über dem Kaltleiter so klein, daß der Leistungsumsatz zu keiner merklichen Erwärmung führt. Der Kaltleiter wirkt als kleiner niederohmiger Vorwiderstand. Tritt am Lastwiderstand ein Kurzschluß auf, steigt die Leistung am PTC-Widerstand. Er erwärmt sich über seine Nenntemperatur ϑ_N und wird hochohmig. Der fließende Kurzschlußstrom wird auf Werte begrenzt, die kleiner als der Betriebsstrom des Lastwiderstandes sind.

Einschaltverzögerung eines Relais

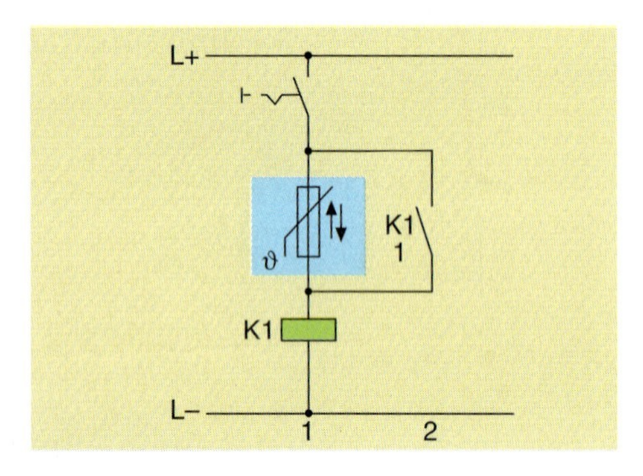

Abb. 10-27

Wird der Schalter eingeschaltet, fällt nahezu die gesamte Spannung am kalten Heißleiterwiderstand ab. Die Ansprechspannung der Relaisspule wird nicht erreicht. Mit zunehmender Eigenerwärmung nimmt der Widerstandswert des Heißleiters ab. Mit langsam steigendem Strom zieht das Relais zeitverzögert an.
Der Schließer des Relais im Stromweg 2 überbrückt den Heißleiter. Er erkaltet und steht zur nächsten Einschaltverzögerung zur Verfügung.

Flüssigkeits-Niveaufühler

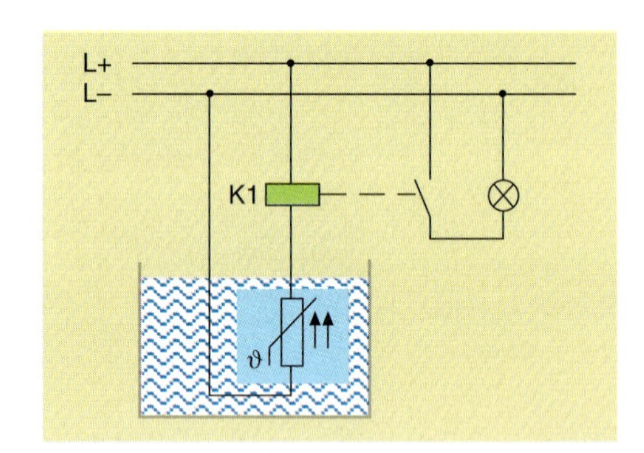

Abb. 10-28

Wird der PTC-Widerstand von Flüssigkeit bedeckt, hat infolge der guten Wärmeleitfähigkeit der Flüssigkeit der Kaltleiter die verhältnismäßig niedrige Temperatur der umgebenden Flüssigkeit. Der Widerstandswert ist gering. Das Relais wird erregt. Bei geringem Flüssigkeitsniveau führt die jetzt umgebende Luft zu einer starken Eigenerwärmung des PTC-Widerstandes. Sein Widerstandswert steigt.
Das Relais fällt ab.
Die Lampe erlischt.

R_{25} Widerstand im kalten Zustand; Kaltwiderstand bei 25 °C

P_{max} höchstzulässige Belastung

ϑ_{max} höchstzulässige Betriebstemperatur

R Widerstand im erwärmten Zustand bei höchstzulässiger Belastung oder Temperatur

t Abkühlzeit. Zeit in s, in der nach dem Abschalten des mit P_{max} betriebenen Widerstandes sich sein Widerstandswert verdoppelt hat.

Kennwerte (Auswahl)

R_N Nennwiderstand bei $\vartheta_N = 25$ °C

U_{max} Gleichspannung, die bei einer Umgebungstemperatur $\vartheta_a = 25$ °C an den aufgeheizten Widerstand dauernd anliegen darf.

R_{min} kleinster Widerstandswert bei der Temperatur ϑ_A

ϑ_E Endtemperatur. Beim Überschreiten nimmt der Widerstand Heißleiterverhalten an.

τ_{th} thermische Abkühlkonstante. Zeit in s, in der nach dem Abschalten des Widerstandes sich die Temperatur um 63% der Temperaturdifferenz zwischen ϑ_A und ϑ_E geändert hat.

10.2.2 Varistoren

Aufbau und Merkmal

Varistoren sind scheiben- oder stabförmige Bauelemente aus gesintertem Siliciumkarbid oder Zinkoxid. Ihr Widerstandswert ist spannungsabhängig. Sie werden deshalb als

VDR … engl. **v**oltage **d**ependent **r**esistor (spannungsabhängiger Widerstand)

bezeichnet.

Strom- und Spannungsverhalten

Bis zu einem entsprechenden Spannungswert ist der Widerstand sehr hoch, so daß praktisch kein Strom fließt. Wird dieser Spannungswert überschritten, wird durch die große Feldstärke der Kontaktwiderstand zwischen den Siliciumkarbidkristallen herabgesetzt. Der Strom steigt sehr stark an (Abb. 10-29).

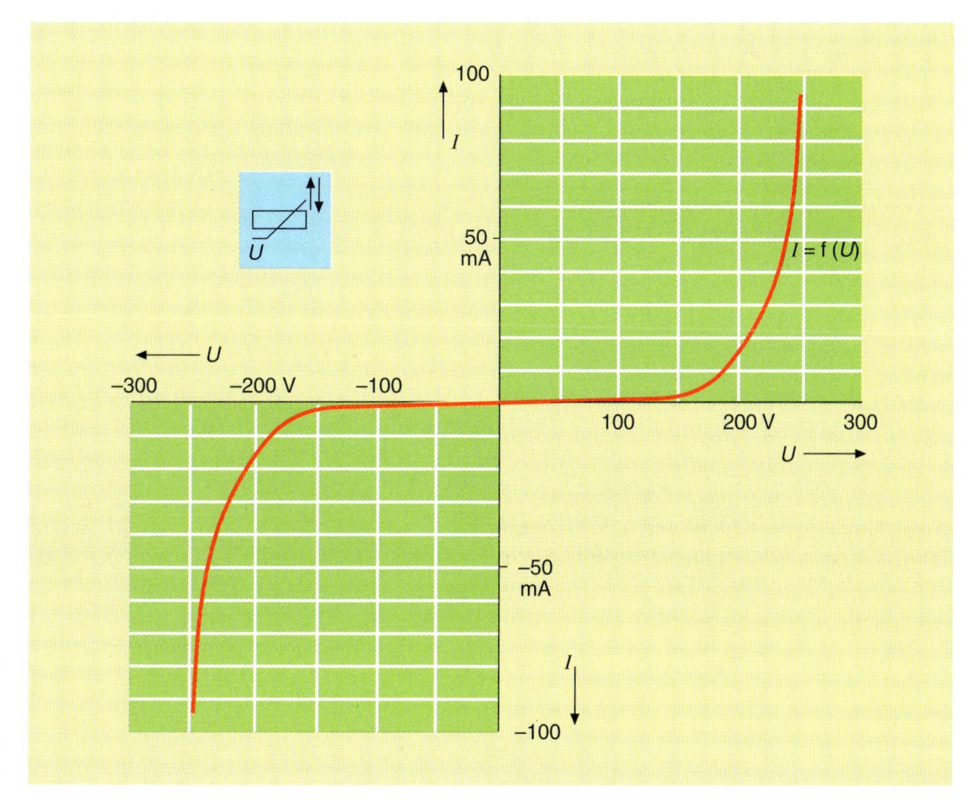

Abb. 10-29 *Strom-Spannungskennlinie des Varistors*

Da die Polarität der Spannung ohne Bedeutung ist, zeigen Varistoren im Gleichstrom- und Wechselstromkreis gleiches Verhalten.

Kennwerte

- Der Spannungswert, bis zu dem der Varistor einen sehr hohen Widerstandswert besitzt, ist typabhängig und ist zwischen 30 V und 1400 V gestaffelt. Zusätzlich wird ein weiterer Spannungswert angegeben, bei dem die Stromstärke je nach Typ einen Wert von 1 mA oder 100 mA erreicht.
- Die zulässige Verlustleistung, als Produkt aus Spannung und Stromstärke, wird vom Hersteller als Dauerbelastbarkeit – meist zwischen 0,8 bis 4 W – angegeben.
- Die Ansprechzeit vom Anlegen der Spannung bis zur Verringerung des Widerstandswertes ist abhängig vom Werkstoff. Bei Zinkoxid ist z. B. die Ansprechzeit kleiner als 50 ns.
- Die Spannungsfestigkeit gegenüber kurzzeitigen Impulsen ist sehr hoch. Je nach Impulsdauer sind Werte über 2,5 kV zulässig.

Anwendung

- Varistoren werden überwiegend zur Spannungsbegrenzung eingesetzt. Sie schützen elektronische Geräte gegen kurzzeitige Überspannungsimpulse, die z. B. als Selbstinduktionsspannungen in Relais- oder Schützspulen entstehen (Abb. 10-30).
- Wie aus der Strom-Spannungskennlinie (Abb. 10-29) zu entnehmen ist, führen geringe Spannungsänderungen zu relativ großen Stromänderungen, oder große Stromänderungen zu relativ geringen Änderungen des Spannungsfalls. Dies bedeutet, daß Varistoren auch zur Spannungsstabilisierung genutzt werden können. Schwankungen der Eingangsspannung U oder des Laststromes I_L ändern den Spannungsfall U_{VDR} nur unbedeutend. Mit der in der Abb. 10-31 dargestellten Schaltung können, wie mit der Z-Diode, z. B. die Bildbreite und die Hochspannung im Fernsehempfänger geregelt werden.

10.2.3 Fotowiderstände

Aufbau und Merkmale

Fotowiderstände bestehen aus einer sehr dünnen, auf einem Keramikkörper aufgetragenen Schicht einer halbleitenden Verbindung. Diese setzt sich aus Mischkristallen, z. B. Cadmiumsulfid (CdS), Cadmiumselenid (CdSe), Cadmiumtellurid (CdTe) oder Blei-und Indiumverbindungen zusammen. Eine Besonderheit sind Infrarotdedektoren. Sie bestehen aus Germanium, das mit Kupfer. Quecksilber oder Gold dotiert ist.

Wird die lichtempfindliche Schicht eines Fotowiderstandes von Licht bestrahlt, werden im kristallinen Gefüge Ladungsträger frei, die damit die Leitfähigkeit erhöhen bzw. den Widerstandswert herabsetzen. Diese Erscheinung wird als **innerer Fotoeffekt** bezeichnet.

Fotowiderstände sind auch unter der Bezeichnung

LDR — engl. **l**ight **d**ependent **r**esitor (lichtempfindlicher Widerstand)

bekannt.

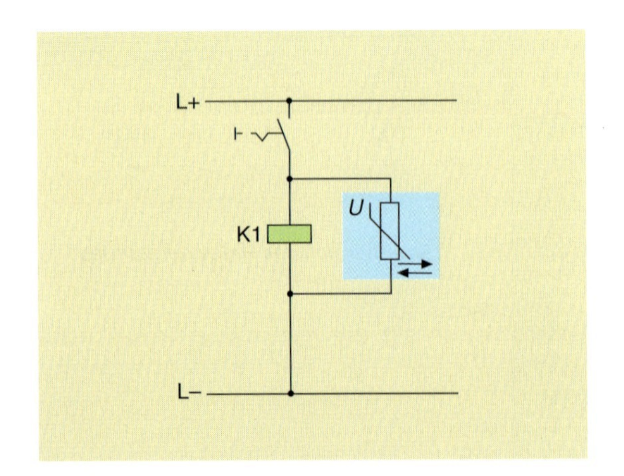

Abb. 10-30 ***VDR als Überspannungsschutz***

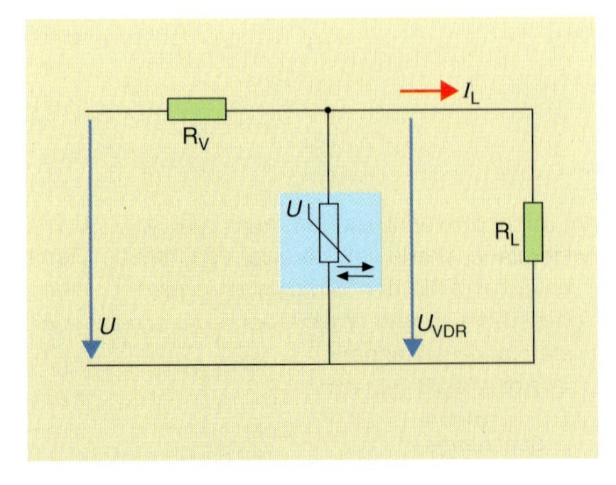

Abb. 10-31 ***Spannungsstabilisierung mit VDR***

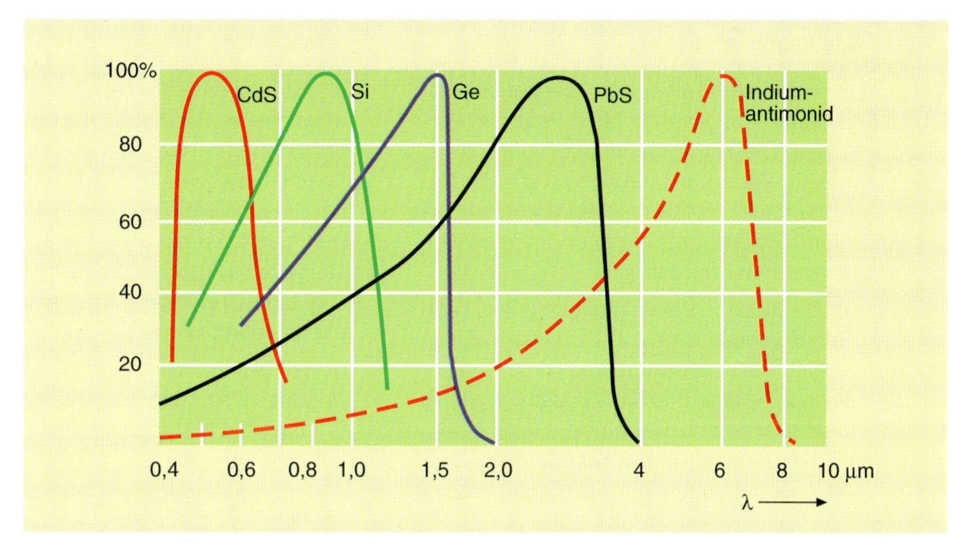

Abb. 10-32 ***Spektrale Empfindlichkeit von Halbleiterwerkstoffen***

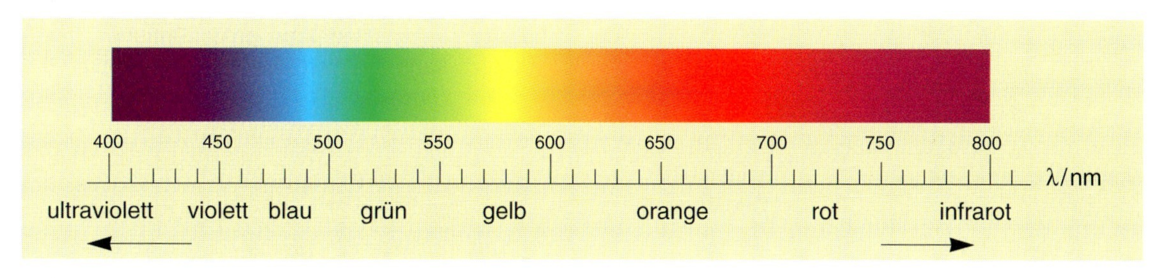

Abb. 10-33 ***Spektrum des sichtbaren Lichtes***

Die Wirksamkeit des inneren Fotoeffekts ist

1. von der spektralen Empfindlichkeit der o. g. Halbleitermaterialien, damit von der Farbe des Lichtes und
2. von der Intensität des Lichteinfalls, d. h. von der Beleuchtungsstärke E_v in lx (Lux) abhängig.

Zum Vergleich ist in der Abb. 10-32 die prozentuale Empfindlichkeit ausgewählter Halbleitermaterialien in Abhängigkeit von der Wellenlänge λ dargestellt.

Wie die Abb. 10-33 zeigt, liegen die Maxima der Empfindlichkeit überwiegend im Bereich des sichtbaren Lichts und im nahen Ultraviolettstrahlungsbereich. Eine Ausnahme sind die Werkstoffe für Infradedektoren.

Im unbelichteten Zustand erreicht der sog. Dunkelwiderstand Werte im Bereich von 10^6 Ω. Durch Lichteinfall sinkt der Widerstand je nach Beleuchtungsstärke ab und erreicht bei 1000 lx einen Hellwiderstand von annähernd 1000 Ω (Abb. 10-34). Diese Werte streuen relativ breit.

Durch die geringe Ladungsträgerbeweglichkeit der Halbleiterwerkstoffe und die relativ langen Widerstandsbahnen auf den Keramikträgern entstehen längere Verzögerungszeiten bei wechselnder Beleuchtungsstärke. Wird ein Fotowiderstand längere Zeit im Dunkeln betrieben, können u. U. einige Sekunden vergehen, bis durch einen entsprechenden Lichteinfall der Hellwiderstand erreicht wird.

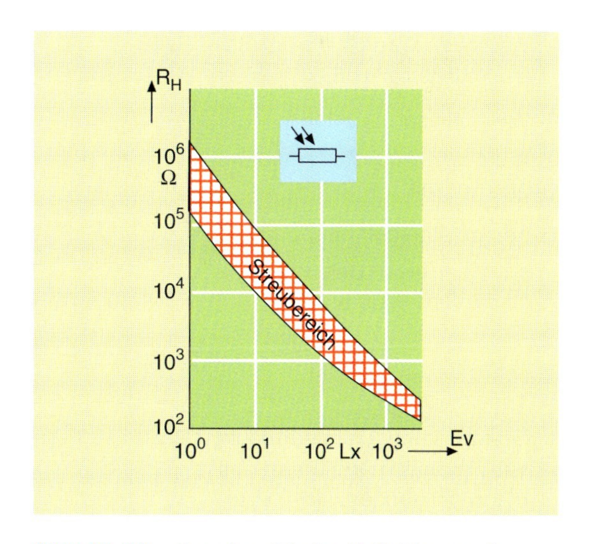

Abb. 10-34 ***Streubereich des Hellwiderstandes***

Strom-Spannungsverhalten

Wird der Fotowiderstand einer gleichbleibenden Beleuchtungsstärke ausgesetzt, bleibt sein Widerstand konstant. Die Strom-Spannungskennlinie ist eine Gerade. Ihr Verlauf ist unabhängig von der Polarität der Spannung. Fotowiderstände können somit sowohl im Gleichstrom- als auch im Wechselstromkreis verwendet werden.

Bei unterschiedlichen Beleuchtungsstärken entsteht ein Kennlinienfeld mit E_v als Parameter. Ein in Reihe zu schaltender Lastwiderstand ist so zu wählen, daß seine Arbeitsgerade die Verlusthyperbel in keinem Punkt schneidet bzw. berührt. Damit ist gewährleistet, daß die zulässige Verlustleistung – hier mit 50 mW angegeben – nicht überschritten wird (Abb. 10-35).

Kennwerte

Es werden überwiegend bei einer Umgebungstemperatur $\vartheta_a = 25$ °C angegeben:	Werte des Cadmiumselenid-Widerstandes
● Dunkelwiderstand Widerstandswert, der sich 1 min nach dem Abdunkeln einstellt	$R_O \geq 10^6 \Omega$
● Hellwiderstand Widerstandswert bei einer Beleuchtungsstärke E_v = 1000 lx	R_h = 300 bis 800 Ω
● Wellenlänge Wert der höchsten Fotoempfindlichkeit	λ = 650 nm
● Temperaturkoeffizient Wert bei einer Beleuchtungsstärke E_v = 1000 lx	$\alpha = 8 \cdot 10^{-3}$ 1/K

Grenzdaten

● Verlustleistung Grenzleistung, die als Produkt aus Spannung und Strom des Fotowiderstandes nicht überschritten werden darf	P_{tot} = 50 mW
● Arbeitsspannung Grenzwert der am Fotowiderstand anliegenden Spannung	U_a = 50 V
● Umgebungstemperatur Temperaturbereich, in dem die Kennwerte des Fotowiderstandes eingehalten werden	ϑ_a = –40 bis +75 °C

Anwendung

Fotowiderstände werden in Schaltungen für Belichtungsmesser der Fotoapparate oder Filmkameras, für Dämmerungsschalter in Ölfeuerungsanlagen zur Flammüberwachung eingesetzt. Die Grundschaltung ist eine Reihenschaltung aus Foto- und Lastwiderstand. Da die Belastbarkeit einiger Fotowiderstände relativ groß ist, können ohne Zwischenschaltung einer Verstärkerstufe empfindliche Relais direkt gesteuert werden.

In Belichtungsmesser-Schaltungen werden überwiegend Cadmiumsulfid-Widerstände verwendet, da ihre Lichtempfindlichkeit nahezu der des menschlichen Auges entspricht. Das Meßgerät (Abb. 10-36) zeigt den Fotostrom I des Fotowiderstandes B 1 direkt an. Die Skale des Meßgerätes wird jedoch nicht in mA, sondern in lx (Lux) als Einheit der Beleuchtungsstärke E geeicht. Da die Anzeige eine exakte Spannung der Batterie G 1 voraussetzt, kann ihr Wert über den Umschalter S 1 und dem Widerstand R 1 überprüft werden.

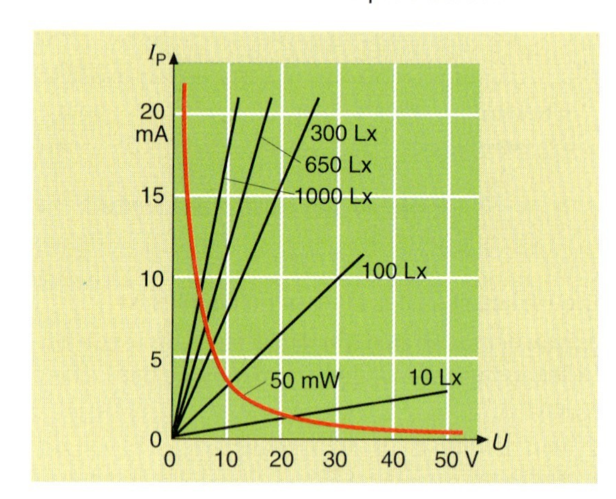

Abb. 10-35 ***Strom-Spannungskennlinie des LDR***

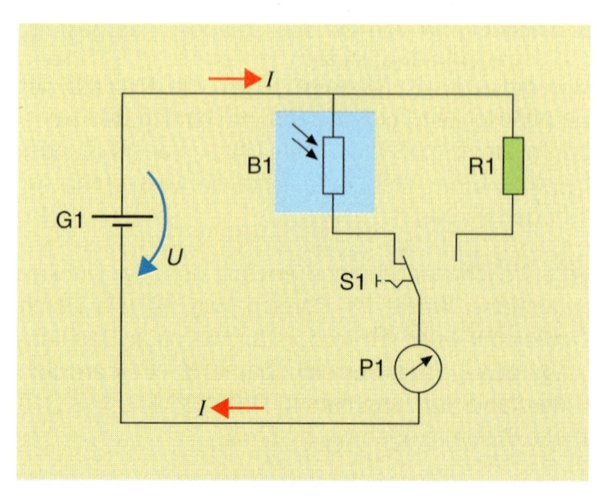

Abb. 10-36 ***CdS-Fotowiderstand im Belichtungsmesser***

10.2.4 Feldplatte (Hallsonde)

Aufbau und Merkmal

Feldplatten sind magnetisch steuerbare Halbleiterwiderstände. Eine rechteckige keramische Trägerplatte ist mir Indiumantimonid beschichtet. Im geringen Abstand sind winzige metallene Nadeln in die Halbleiterschicht eingebettet. Der Widerstand (Bahnwiderstand) der Feldplatte ist in diesem Zustand gering. Der Stromfluß I wird nicht beeinflußt. Wirkt ein magnetisches Feld auf die Feldplatte ein, verlaufen die Bahnen der Ladungsträger nicht mehr parallel zu den Längskanten der Feldplatte. Die nach dem Kraftwirkungsgesetz auftretende Richtungsänderung (Hallwinkel) der Ladungsträgerbahnen ist vom Halbleiterwerkstoff und von der Magnetflußdichte B als Kenngröße der Intensität des Magnetfeldes abhängig. Bei InSb werden Hallwinkel bis zu 80° erreicht. Die Richtungsänderung bewirkt eine Verlängerung der Ladungsträgerbahnen. Ihr Widerstand steigt dadurch über das 10fache hinaus (Abb. 10-37). Der jetzt fließende Strom I' wird kleiner.

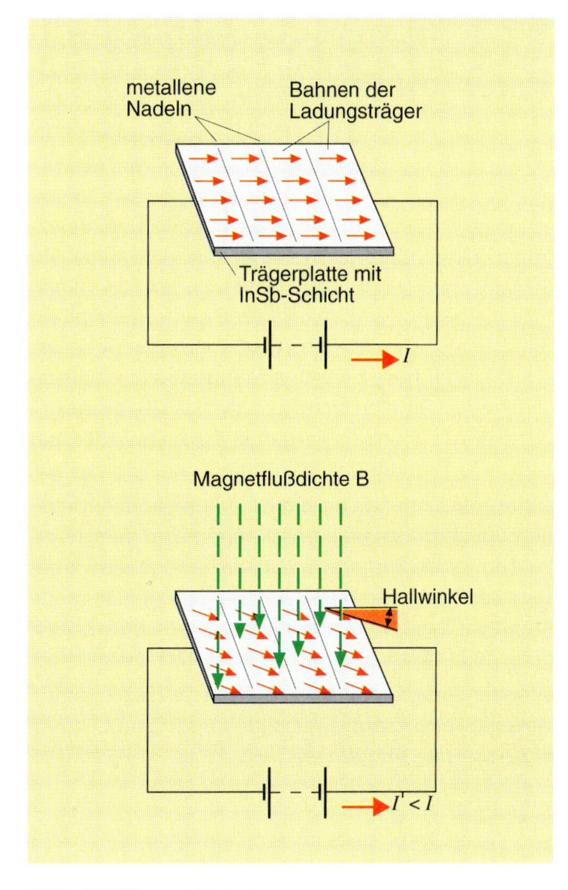

Abb. 10-37 ***Feldplatte***

Strom-Spannungsverhalten

Bei konstanter Magnetflußdichte ist die Feldplatte ein linearer Widerstand. Die Strom-Spannungskennlinie ist eine Gerade. Bei unterschiedlichen Magnetflußdichten entsteht ein Kennlinienfeld mit der Magnetflußdichte B als Parameter.

Der mit der Magnetflußdichte steigende Widerstandswert ist von der Dotierung (D oder N) des Halbleiters abhängig. Die Abb. 10-38 zeigt den relativen Feldplattenwiderstand, d. h. den auf den Grundwiderstand R_0 (ohne Magnetfeldeinwirkung) bezogenen Widerstandswert R_B, in Abhängigkeit von der Magnetflußdichte B, gemessen in T (Tesla). Die Werte gelten bei einem senkrecht zur Feldplatte einwirkenden Magnetfeld beliebiger Richtung.

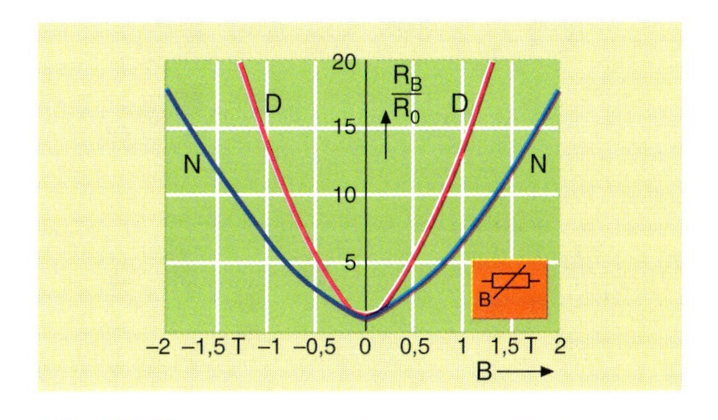

Abb. 10-38 ***Relativer Widerstand der Feldplatte***

Kennwerte

- Grundwiderstand R_0

  Widerstandswert bei 25 °C und $B = 0$. Typische Werte liegen zwischen 10 Ω und 500 Ω.

- Magnetfeldabhängige Widerstände R_B

  Widerstandswerte bei meist Magnetflußdichten von 0,3 T und 1 T, die vom Hersteller festgelegt werden.

Anwendung

Feldplatten werden sehr vielseitig angewendet. Durch Ansteuern mit einem Dauermagneten oder einem Weicheisenkern, deren Luftspalt bzw. Weg variiert wird, können Positionen, Drehzahlen und Drehrichtungen erfaßt werden. Mit Feldplatten werden prellfreie Taster und Relais (magnetfeldgesteuertes, kontaktloses Relais) aufgebaut. Ein wichtiges Anwendungsgebiet ist das Messen von Magnetfeldern im Luftspalt magnetischer Kreise.

10.3 Sperrschichthalbleiter

10.3.1 PN-Übergang

Wie im Abschnitt 10.1 dargestellt wurde, sind im P-Halbleiter durch das Dotieren mit 3wertigen Fremdatomen neben den im Gefüge feststehenden Akzeptorionen Ⓐ⁻ wanderfähige Löcher bzw. Defektelektronen ■ vorhanden. Im Gegensatz dazu besitzen N-Halbleiter durch das Dotieren mit 5wertigen Fremdatomen die ebenfalls im Gefüge feststehenden Donatorionen Ⓓ⁺ und freie Elektronen ⊖ (Abb. 10-39). Fügt man beide Halbleiter zusammen, entsteht eine Grenzschicht, ein sog. **PN-Übergang**. Die hier ablaufenden Vorgänge sollen mit Hilfe der Abb. 10-39 erläutert werden.

Durch die unterschiedlichen Ladungskonzentrationen wandern die freien Elektronen aus dem N-leitenden Material in das P-leitende. Umgekehrt wandern die Löcher vom P-leitenden in das N-leitende Material. Diese temperaturabhängige wechselseitige Durchdringung wird als **Diffusion** bezeichnet.

Wandern freie Elektronen aus dem N-Halbleiter ab, wird hier das Ladungsgleichgewicht gestört. Im N-Halbleiter überwiegen jetzt die positiven Ladungen der Donatorionen. Im P-Halbleiter überwiegen dagegen durch das Abwandern der Löcher die negativen Ladungen der Akzeptorionen. Die negativen Ladungen im P-Halbleiter und die positiven Ladungen im N-Halbleiter begrenzen damit am PN-Übergang die Diffusion. Ein Konzentrationsausgleich über den ganzen Halbleiter wird somit verhindert.

Wenn die Löcher in den N-Halbleiter eindringen, werden sie von den dort zahlreich vorhandenen freien Elektronen aufgefüllt. Die in den P-Halbleiter wandernden freien Elektronen werden hier von den Löchern eingefangen. In der Umgebung des PN-Übergangs entsteht durch die Rekombination eine Schicht, die praktisch keinen freien Ladungsträger aufweist. Dieser nichtleitende Bereich, der im P-Halbleiter durch die Akzeptorionen negativ aufgeladen und im N-Halbleiter durch die Donatorionen positiv aufgeladen ist, wird als **Raumladungszone** bezeichnet.

Sie ist dann schmal, wenn beide Halbleiter hoch dotiert sind. Zwischen den Ladungen des PN-Überganges entsteht eine Diffusionsspannung, die bei Germanium etwa 300 mV und bei Silicium 500 bis 800 mV beträgt. Diese Diffusionsspannung kann nicht direkt gemessen werden. Werden nämlich zur Kontaktgabe an den P- und N-Halbleiter Metallelektroden angebracht, entstehen an diesen Übergängen entgegengesetzte Kontaktspannungen.

Schaltet man eine äußere Spannung so an den PN-Übergang, daß der Pluspol am P-Halbleiter und der Minuspol am N-Halbleiter liegt, wirkt die angelegte Spannung der Diffusionsspannung entgegen. Aus dem N-Halbleiter werden freie Elektronen von der negativen Elektrode weg zum PN-Übergang und aus dem P-Halbleiter die Löcher ebenfalls zum PN-Übergang getrieben (Abb. 10-40).

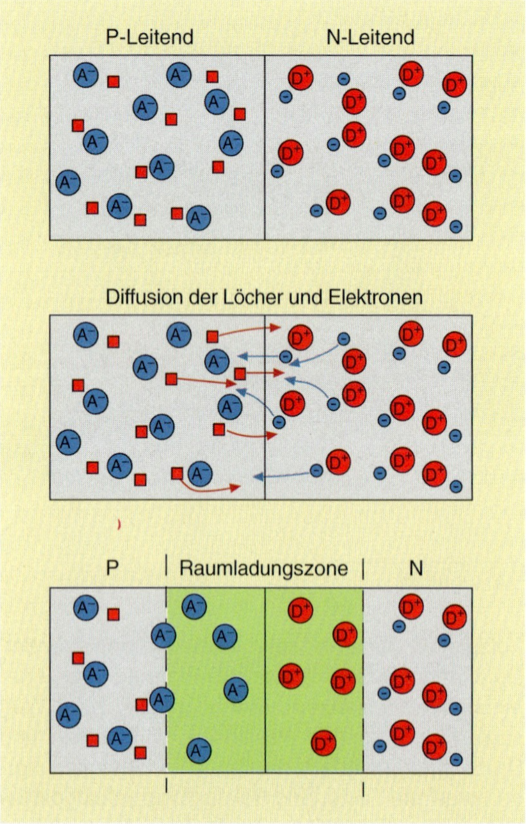

Abb. 10-39 ***Entstehung der Raumladezone am PN-Übergang***

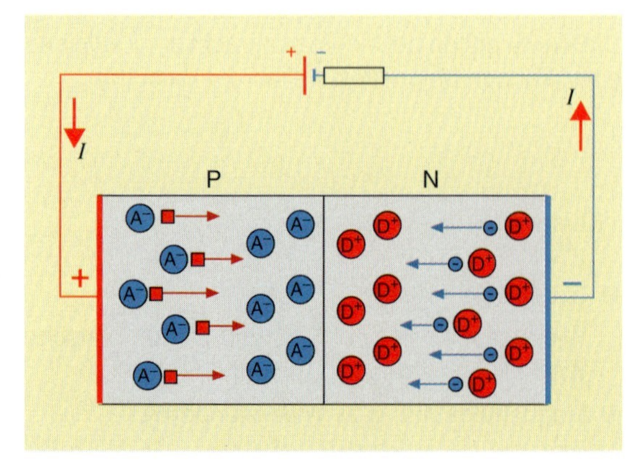

Abb. 10-40 ***PN-Übergang in Durchlaßrichtung***

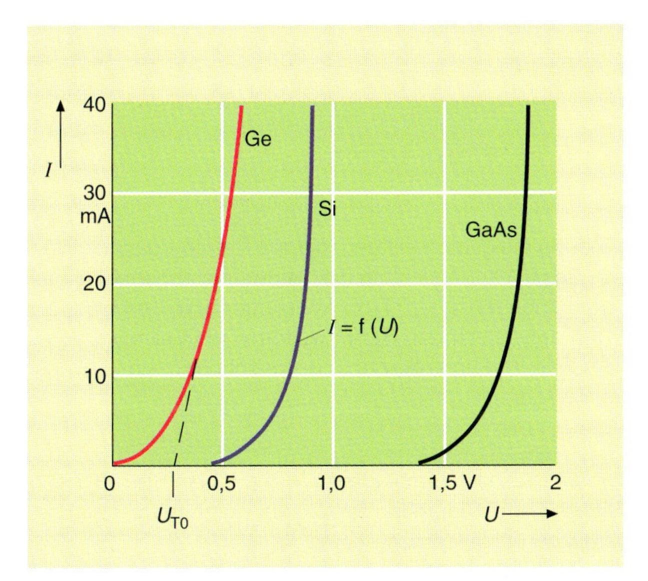

Abb. 10-41 ***I-U-Kennlinie im Durchlaßbereich***

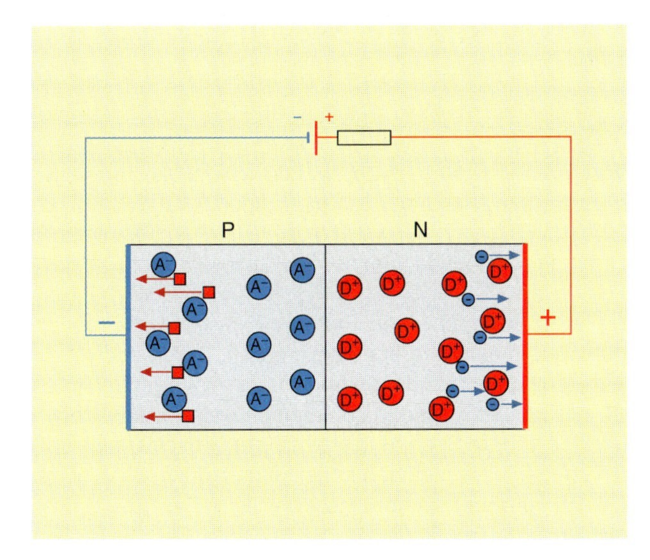

Abb. 10-42 ***PN-Übergang in Sperrichtung***

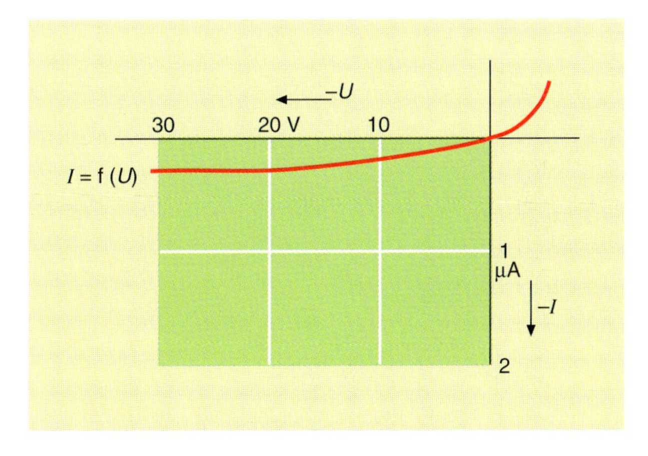

Abb. 10-43 ***I-U-Kennlinie in Sperrichtung***

Ein Strom fließt jedoch erst dann, wenn die angelegte äußere Spannung größer als die Diffusionsspannung ist. Die angelegte Spannung, bei der der PN-Übergang gerade niederohmig wird, heißt Schleusenspannung U_{TO}. Ihr Wert ist praktisch gleich der Diffusionsspannung und sinkt mit steigender Temperatur. Eine weitere geringe Spannungserhöhung führt zu einem relativ großen Stromanstieg. Eine Strombegrenzung ist durch einen Reihenwiderstand erforderlich.

Man sagt:

Der PN-Übergang wird in Durchlaßrichtung betrieben.

Das beschriebene Strom-Spannungsverhalten bestimmt den Verlauf der sog. Durchlaßkennlinie (Abb. 10-41).

Wird der annähernd gerade Teil der Kennlinie zur Abszissenachse verlängert, kann im Schnittpunkt die Schleusenspannung U_{TO} abgelesen werden.

Legt man die äußere Spannung mit dem Pluspol an den N-Halbleiter und den Minuspol an den P-Halbleiter, werden die Löcher und die freien Elektronen von der Raumladungszone weggezogen (Abb. 10-42). Die hochohmige Raumladungszone wird breiter. Es fließt praktisch kein Strom durch den PN-Übergang.

Man sagt:

Der PN-Übergang wird in Sperrichtung betrieben.

Vereinfacht bedeutet das, daß die Sperrschicht einen Isolator darstellt. Ein Vergleich mit einem geladenen Kondensator ist möglich. Der PN-Übergang wirkt wie eine Kapazität, deren Größe vom Aufbau des PN-Überganges und, im Gegensatz zu einem Kondensator, von der Höhe der angelegten Sperrspannung abhängig ist. Je nach dem Einsatz einer Diode kann diese Sperrschichtkapazität störend wirken. Es kann aber auch gezielt diese Kapazität genutzt werden.

Über einen gesperrten PN-Übergang fließt nur ein sehr kleiner, auch stark temperaturabhängiger Sperrstrom im μA-Bereich (Abb. 10-43)

Bei in Sperrichtung betriebenen PN-Übergängen kann es zu Durchbrüchen, damit zur Zerstörung des Überganges kommen. Aufgrund unterschiedlicher physikalischer Vorgänge sind folgende

Durchbrüche zu unterscheiden:

Wärmedurchbruch

Bei steigender Sperrspannung steigt die Leistung, die am PN-Übergang in Wärme umgesetzt wird. Kann diese Wärme nicht an die Umgebung abgegeben werden, sinkt der Sperrwiderstand. Der Sperrstrom dagegen steigt. Trotz konstanter bzw. geringfügiger Erhöhung der Sperrspannung steigt durch den anwachsenden Strom weiterhin die Leistung, damit die Temperatur. Die Kausalkette, d. h. die Ursache-Wirkungs-Beziehungen sieht dann wie folgt aus:

$$U\uparrow \longrightarrow P\uparrow\uparrow \rightarrow \vartheta\uparrow$$
$$\searrow P\uparrow \rightarrow R_{Sperr}\downarrow \rightarrow I_{Sperr}\uparrow \nearrow$$

Wird die maximale Sperrschichttemperatur von 75 °C bei Germanium bzw. 150 °C bei Silicium überschritten, wird der PN-Übergang zerstört. Dieser Wärmedurchbruch kann nur durch einen strombegrenzenden Widerstand im äußeren Stromkreis begrenzt werden.

Zener-Durchbruch

Bei einer starken Dotierung am PN-Übergang entsteht durch die große Raumladungsdichte eine sehr schmale Sperrschicht von 0.1 bis 0,2 μm. Bereits bei kleinen Spannungen bis 5,5 V entstehen, wie durch Rechnung nachgewiesen werden kann, hohe Werte der elektrischen Feldstärke:

$$E = \frac{U}{l} \quad E = \frac{5{,}5\,\mathrm{V}}{0{,}2\,\mu\mathrm{m}} \quad E = \underline{\underline{27{,}5\ \mathrm{kV/mm}}}\,.$$

Schon bei einem Feldstärkewert von 20 kV/mm ist die Kraft so groß, daß die Valenzelektronen der Sperrschicht aus ihren Bindungen gelöst werden. Diese entstandenen freien Ladungsträger bewirken einen schnell ansteigenden Strom in Sperrichtung. Bereits 1934 wurde dieser Effekt von dem amerikanischen Physiker C. Zener entdeckt und trägt daher seinen Namen.

Lawinendurchbruch

Bei Übergängen mit breiteren Sperrschichten (geringe Dotierung mit Fremdatomen) kann eine höhere Sperrspannung angelegt werden. Durch den relativ langen Weg steigt die Bewegungsenergie der wenigen vorhandenen freien Ladungsträger auf einen Wert, der ausreicht, um beim Auftreffen auf Silicium- oder Germaniumatomen weitere Valenzelektronen herauszuschlagen. Diese werden durch die äußere Spannung ebenso stark beschleunigt, daß sie wieder Valenzelektronen herausschlagen können. Es entstehen in der Raumladungszone durch diese Stoßionisation viele freie Ladungsträger. Ein großer Durchbruchsstrom fließt. Die **Stoßionisation** ist umso wirksamer, je geringer die Wärmeschwingungen der Atome im Gitter sind. Die für den Lawinendurchbruch erforderliche Spannung steigt mit zunehmender Temperatur der Sperrschicht.

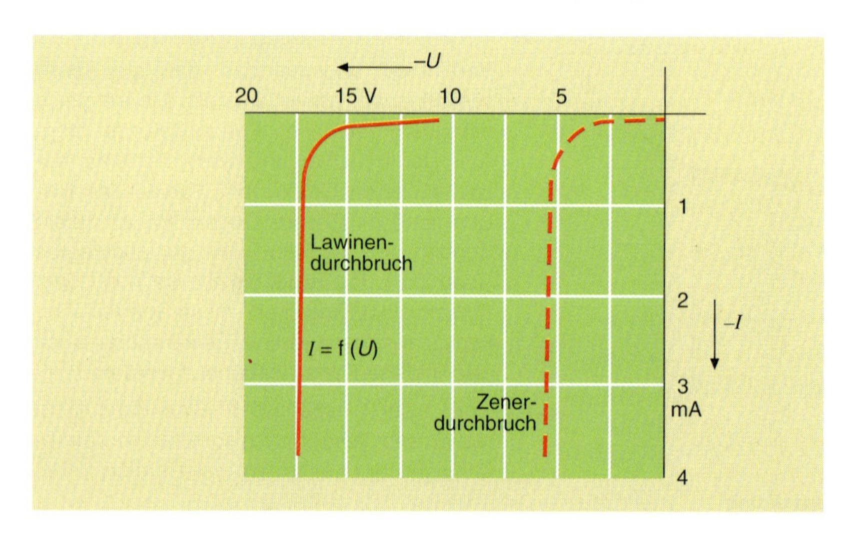

Abb. 10-44

Lawinen- und Zener-Durchbruch

10.3.2 Halbleiterdioden

Halbleiterdioden sind Bauelemente mit zwei Anschlüssen und eine, im Sonderfall auch mehreren PN-Übergängen. Als Grundmaterial werden Silicium und Germanium verwendet. Die wichtigsten Unterschiede zeigen die Abb. 10-45 und die Tab. 10-1.

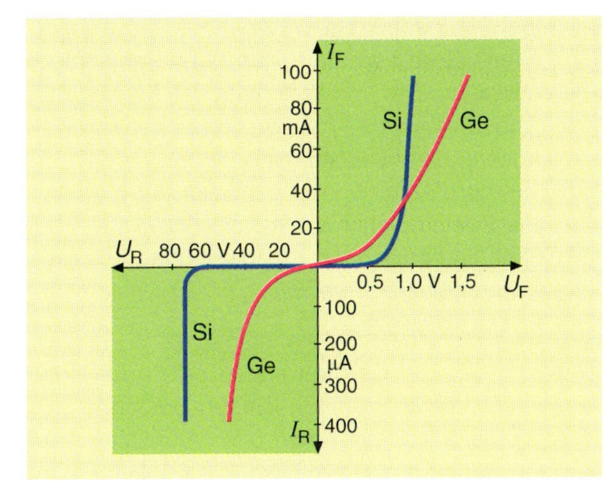

Abb. 10-45
I-U-Kennlinie der Si- und Ge-Diode

In der Abb.10-45 werden die international gebräuchlichen Bezeichnungen für

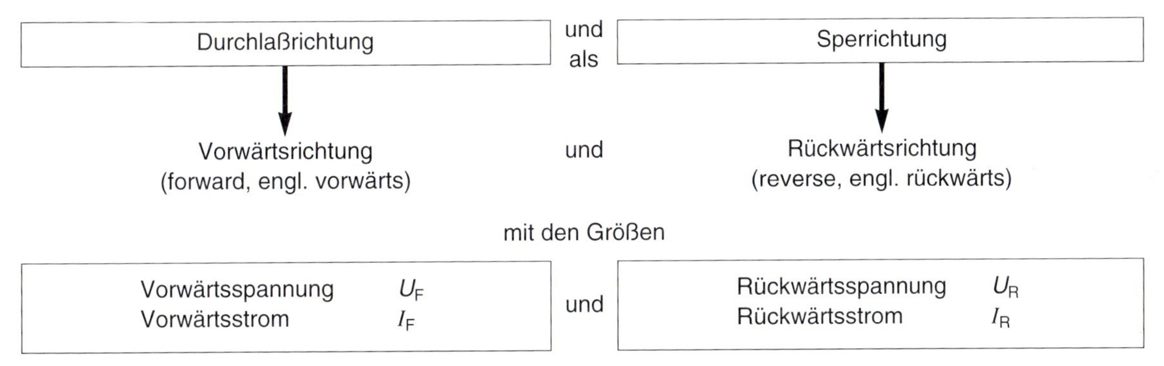

verwendet.

Dioden	Silicium	Germanium	Selen
max. Sperrspannung in V	100 bis 2000	34 bis 120	20 bis 30
zulässige Stromdichte in A/cm^2	200	80	0,2
Wirkungsgrad	0,99	0,95	0,92
relativer Raumbedarf in %	5	20	100
höchstzul. Betriebstemperatur in °C	175	75	80
Schleusenspannung in mV	500 bis 800	300	400

Tab. 10-1 ***Dioden-Kennwerte***

Germaniumdioden werden fast ausschließlich als Spitzendioden gefertigt (Abb. 10-46). Auf einen N-leitenden Germaniumplättchen wird ein S-förmiger Draht aus Gold-Gallium oder Molybdän aufgeschweißt. Die PN-Schicht ist punktförmig mit geringer Eigenkapazität. Eine Belastung über 100 mA ist kaum möglich.

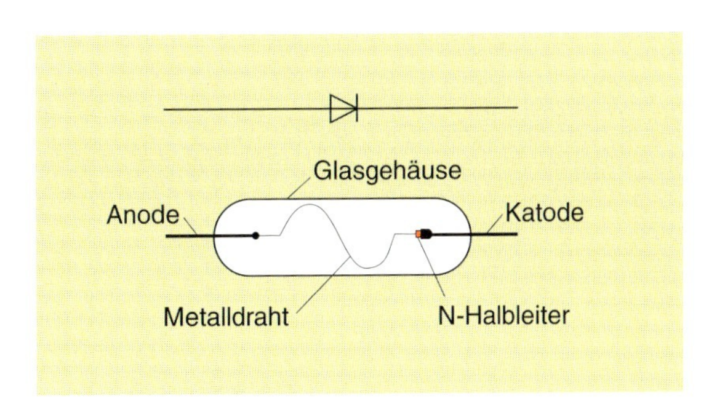

Abb. 10-46 ***Aufbau der Spitzendiode***

Im Gegensatz dazu können Flächendioden wesentlich höher belastet werden. Das Grundmaterial ist meist Silicium. Der PN-Übergang ist flächenartig ausgebildet (Abb. 10-47). Bei hinreichender Flächengröße können Durchlaßströme über 1000 A erreicht werden. Aufgrund der geringen Wärmekapazität des Siliciumplättchens müssen Si-Dioden gut gekühlt und durch schnell ansprechende Sicherung hinreichend geschützt werden.

Gebräuchlich sind noch Selendioden als Vielkristalldioden. In älteren Geräten finden sich auch noch Kupferoxiduldioden. Die Se-Dioden bestehen aus einer Trägerplatte aus Eisen oder Aluminium, auf der eine dünne, aus vielen kleinen Kristallen bestehende P-leitende Selenschicht aufgedampft ist (Abb. 10-48). Auf die Selenschicht ist als metallische Gegenelektrode eine Schicht aus Zinn-Cadmium-Wismut-Legierung aufgespritzt. Die Sperrschicht entsteht im Herstellunmgsprozeß durch sog. Formieren.

Unterschiedliche Dotierungen und Sperrschichtdicken beeinflussen die elektrischen Kennwerte. Besondere Eigenschaften werden durch moderne Herstellungsverfahren erreicht. Da es kaum möglich ist, alle Eigenschaften in einem Bauelement zu vereinigen, bestimmen wenige typische Kennwerte das Einsatzgebiet der Halbleiterdioden.

Aufgrund der Tatsache, daß der PN-Übergang

- in Vorwärtsrichtung einen kleinen, in Rückwärtsrichtung einen großen Widerstand besitzt,
- eine Kapazität darstellt,
- unterschiedliches Durchbruchsverhalten zeigt,
- durch Lichteinwirkung die Zahl der freien Ladungsträger erhöht und
- die bei der Rekombination freigesetzte Energie als sichtbare Strahlung oder Infrarotstrahlung abgibt,

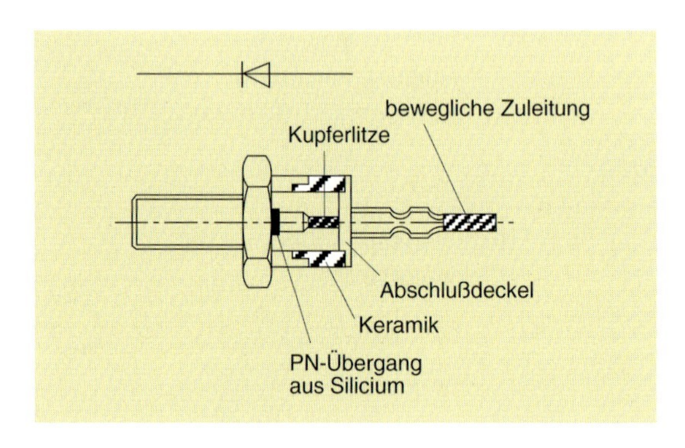

Abb. 10-47 ***Aufbau der Flächendiode großer Leistung***

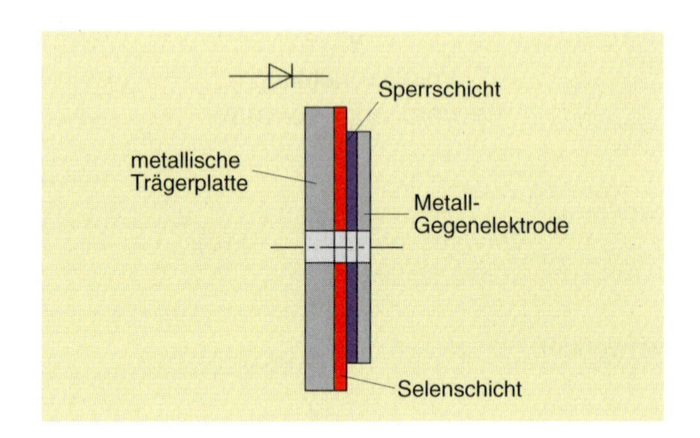

Abb. 10-48 ***Selendiode***

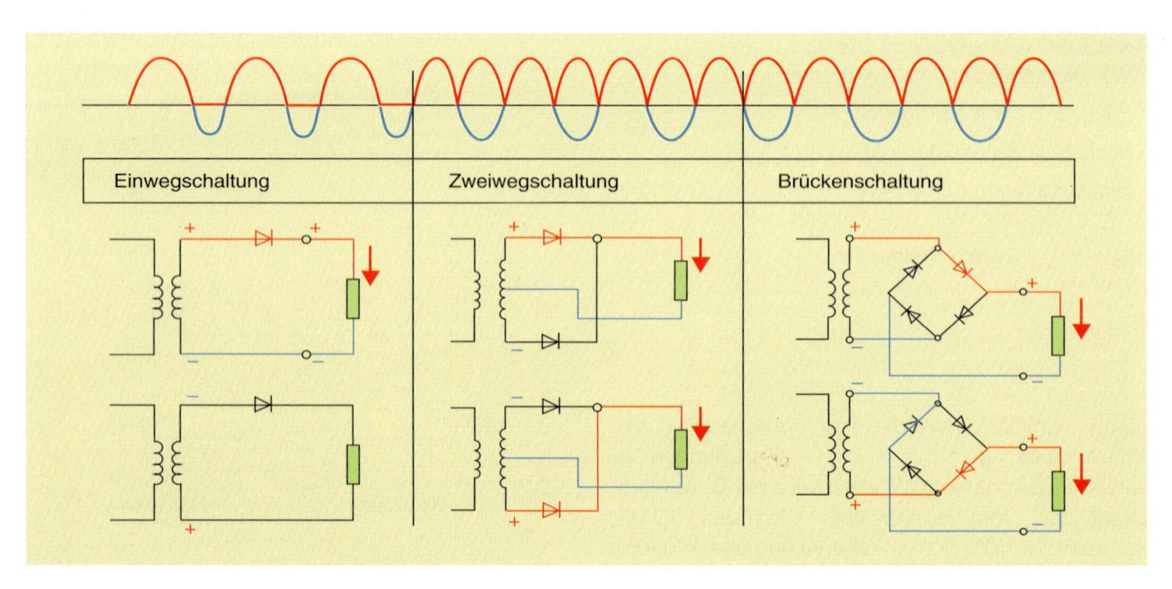

Abb. 10-49 ***Gleichrichterschaltungen***

ergeben sich folgende beispielhaft genannte Diodenarten:

Gleichrichterdiode

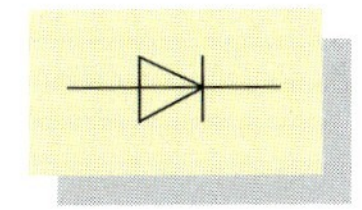

Diode zur Gleichrichtung von Wechselströmen. Es werden Nennsperrspannungen bis 4000 V und Nenndurchlaßströme von 400 A erreicht. In der Abb. 10-49 sind die Schaltungen zur Gleichrichtung von Einphasenwechselströmen dargestellt.

Schaltdiode

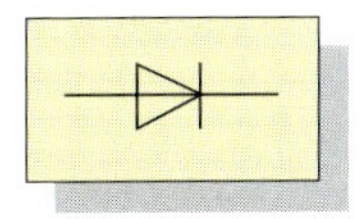

Diode zum schnellen Umschalten vom hohen auf kleinen Widerstandswert und umgekehrt sowie zum Entkoppeln von Stromkreisen (Abb. 10-50). Mit dem Schalter S1 wird nur Relais K1 eingeschaltet, mit S3 nur K2. Dagegen können mit dem Schalter S2 beide Relais geschaltet werden.

Z-Diode

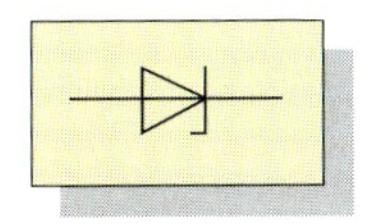

Diode mit ausgeprägtem steilem Durchbruchsbereich zur Spannungsbegrenzung und -stabilisierung.

Kapazitätsdiode

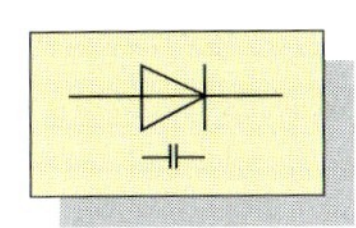

Diode, deren Kapazität von der in Sperrichtung anliegenden Spannung bestimmt wird. Sie wird zum Abstimmen von Schwingkreisen oder zur Frequenzvervielfachung eingesetzt.

Fotodiode

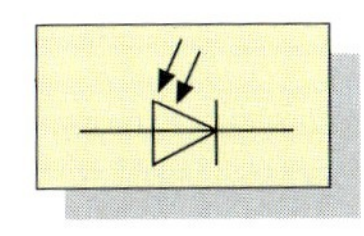

Diode, bei der der Strom in Rückwärtsrichtung durch die Beleuchtungsstärke des einfallenden Lichtes beeinflußt wird.

Lumineszensdiode (Leuchtdiode)

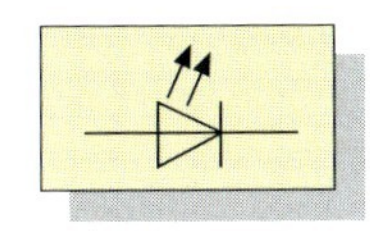

In Vorwärtsrichtung betriebene Diode zur Signalisierung, die durch die Rekombination Strahlen im sichtbaren Bereich aussendet.

Beachten Sie:

Das Schaltzeichen der Halbleiterdiode stellt eine Pfeilspitze dar. Sie entspricht der Stromrichtung im äußeren Stromkreis.

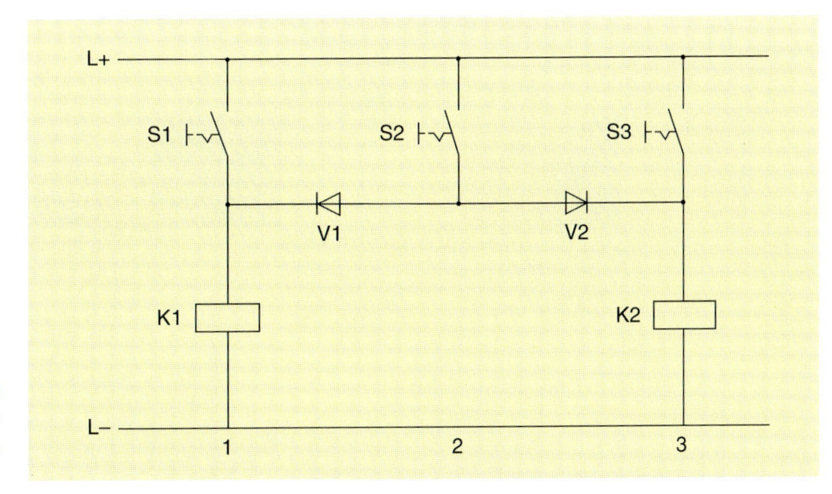

Abb. 10-50
Dioden zur Stromkreisentkopplung

10.3.3 Bipolare Transistoren

Die Bezeichnung Transistor ist eine Zusammensetzung der englischen Wörter transfer resistor und kann deshalb als „übersetzender Widerstand“ verstanden werden. Eine Strom- oder Spannungssteuerung auf der einen Seite des Bauelementes wirkt sich als Widerstandsänderung auf der anderen Seite aus.

Grundsätzlich sind zwei

Transistorarten zu unterscheiden:

- Bipolare Transistoren

  bei deren inneren Leitungsvorgängen sowohl Löcher als auch freie Elektronen beteiligt sind, also Ladungsträger beiderlei Polarität (bipolar) und die hier nicht näher erläuterten

- Unipolare Transistoren

  sog. Feldeffekt-Transistoren (FET). Ihr wirksamer Teil besteht aus einem über die ganze Länge gleich dotierten Kanal (uni, lat. gleich), der durch eine elektrisches Feld enger oder breiter gemacht werden kann. Der Stromfluß wird durch die in der Überzahl vorhandenen Ladungsträger bestimmt. In der Abb. 10-51 sind es freie Elektronen, da der Kanal N-dotiert ist.

Bipolare Transistoren bestehen aus drei Schichten, die zwei PN-Übergänge bilden. Die mittlere Schicht, die Basis, ist extrem dünn und nur einige Mikrometer dick. Damit der eigentliche Transistoreffekt wirksam werden kann, ist sie sehr schwach dotiert. Dies ist der Grund weshalb man einen Transistor nicht aus zwei getrennten PN-Übergängen, also aus zwei Dioden aufbauen kann.

Die drei Schichten bipolarer Transistoren lassen nur die zwei Grundtypen den

- NPN-Transistor und den
- PNP-Transistor zu.

Wird Spannung an den gesamten Kristall gelegt, ist immer ein PN-Übergang in Vorwärtsrichtung und der andere in Rückwärtsrichtung gepolt (Abb. 10-52).

Wie mit Hilfe einer weiteren Spannung an der mittleren Schicht der gesamte Kristall niederohmig gesteuert werden kann, soll am NPN-Transistor, als den am häufigsten eingesetzten Transistor, erläutert werden.

Die äußere N-Schicht bildet den **Emitter** *E* (emittere, lat. aussenden) und die beiden anderen Schichten den gesperrten PN-Übergang. In ihm ist die P-Schicht, also die mittlere Schicht des gesamten Kristalls die **Basis** B (griech. Grundlage, Stützpunkt) und die andere N-Schicht der **Kollektor** C (collecta, lat. Sammlung). Wird zwischen Kollektor und Emit-

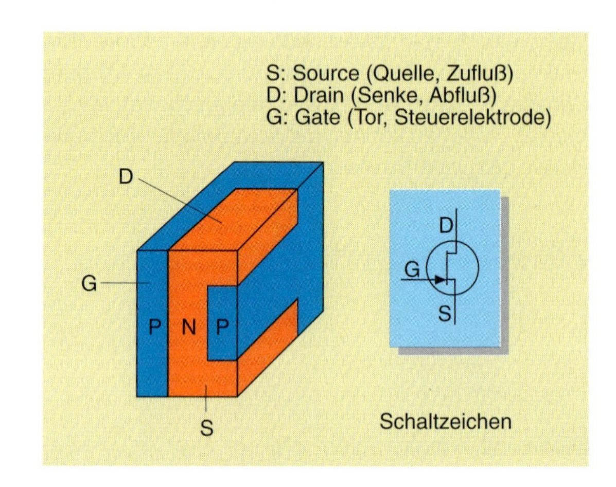

Abb. 10-51 ***Feldeffekttransistor (vereinfachte Darstellung)***

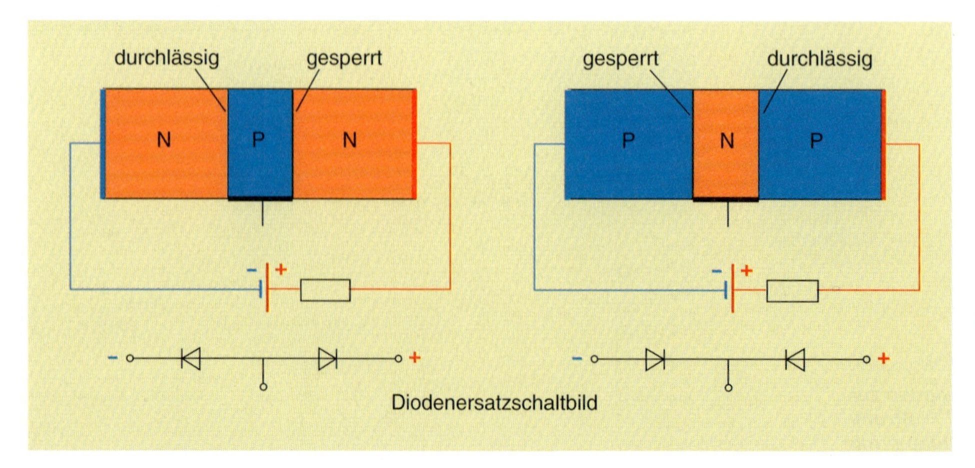

Abb. 10-52 ***Vorwärts- und Rückwärtsrichtung in der Dreischichtenfolge***

ter die Spannung U_{CE} angelegt, kann durch den Kristall nur dann Strom fließen, wenn die Basis-Emitter-Strecke durch die Spannung U_{BE} leitfähig wird (Abb. 10-53).

Aus der N-Schicht des hochdotierten Emitters dringen viele Elektronen als negative Ladungsträger in die P-Schicht der Basis. Da diese schwach dotiert und sehr dünn ist, rekombinieren nur wenige Elektronen mit den Löchern. Ein geringer Basisstrom I_B fließt.

In der Basis bleiben somit viele Elektronen übrig.

Man sagt: In die P-leitende Schicht sind über den PN-Übergang Elektronen aus der N-leitenden Schicht injiziert worden.

Das hohe positive Potential am Kollektor zieht die injizierten Elektronen aus der Basis zum Kollektoranschluß. Auf diese Weise gelangt der größte Teil der vom Emitter ausgesandten Elektronen in den Kollektor. Da der Basisstrom meist kleiner als 1% des Emitterstromes I_E ist, ist der Kollektorstrom I_C nur geringfügig kleiner als I_E.

Zwischen dem Basis- und Kollektoranschluß fließt, von Restströmen abgesehen, kein Strom. Der Basis- und der Kollektoranschluß des Transistors sind nahezu vollständig entkoppelt.

Selbstverständlich gilt nach dem Knotenpunkt- und Maschensatz

$$I_E = I_B + I_C \quad \text{und}$$
$$U_{CE} = U_{BE} + U_{CB} \quad .$$

Beachten Sie:

Bei den Bezeichnungen der Spannungen gilt allgemein, daß der erstgenannte Anschluß das höhere Potential hat. Z. B. bedeutet U_{BE}: Die Basis B ist positiv gegenüber dem Emitter E.

Bei den Spannungen gilt vergleichbar, daß die Basis-Emitter-Spannung U_{BE} klein (etwa 0,6 V bei Si-Transistoren bzw. 0,3 V bei Ge-Transistoren) gegenüber der Kollektor-Basis-Spannung U_{CB} ist.

Wir fassen zusammen:

Ein Transistor wird leitend durch

- zwei konstruktiv vorgegebene Bedingungen.

  1. Dünne und schwach dotierte Basisschicht, wodurch nur der kleine Basisstrom I_B fließt und

  2. unsymmetrischer Transistoraufbau durch große Kollektorschicht, wodurch alle vom Emitter in die Basis injizierten Ladungsträger, die dort nicht rekombiniert sind, vom Kollektor abgezogen werden

  sowie durch

- zwei schaltungstechnisch zu realisierende Bedingungen.

  1. Richtung der Spannung U_{BE} so wählen, daß die Basis-Emitter-Strecke in Vorwärtsrichtung betrieben wird

  und

  2. Spannung U_{CD} so anlegen, daß die Kollektor-Basis-Strecke gesperrt ist

  oder

  ein NPN-Transistor ist leitend, wenn Basis und Kollektor positiv gegenüber dem Emitter gepolt sind.

Die oben gemachten Aussagen gelten sinngemäß auch für PNP-Transistoren. Es ist jedoch zu beachten, daß die im Transistor sich bewegenden Ladungsträger Löcher bzw. Defektelektronen sind, und die Spannungen für die Basis-Emitter-Strecke U_{BE} und zwischen Kollektor und Emitter U_{CE} umgepolt werden müssen.

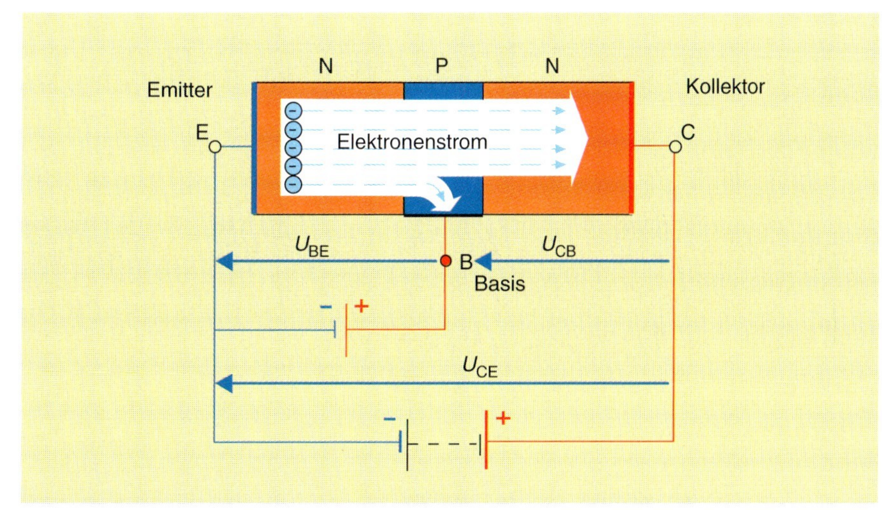

Abb. 10-53
Elektronenstrom im NPN-Transistor

Soll ein Transistor die Funktion eines Verstärkers oder eines Schalters erfüllen, muß ein Eingangssignal den Transistor leitender oder nichtleitender steuern, d. h. einem Ruhestrom überlagert werden. Das Ergebnis der Steuerung wird dann an einem Lastwiderstand im Ausgangskreis sichtbar. Dazu benötigt man zwei Klemmen für den Eingangskreis, ebenso zwei Klemmen für den Ausgangskreis. Da der Transistor aber nur über drei Anschlußklemmen verfügt, muß ein Anschluß gemeinsam für den Eingangs- und Ausgangskreis genutzt werden. Daraus ergeben sich drei Grundschaltungen (Tab. 10-2), die nach dem Transistoranschluß benannt werden, der gemeinsamer Anschluß für den Eingang und für den Ausgang ist.

In den Grundschaltungen wird das Schaltbild des Transistors dargestellt, das aus seiner zuerst entwickelten Bauform abgeleitet wurde. Beim Spitzentransistor waren zwei Spitzen auf ein Kristallplättchen, das die Basis bildet, aufgesetzt.

Die Schaltbilder des NPN- und PNP-Transistors unterscheiden sich nur in den Richtungen des Pfeiles, der die Richtung des Emitterstromes I_E angibt (Abb. 10-54).

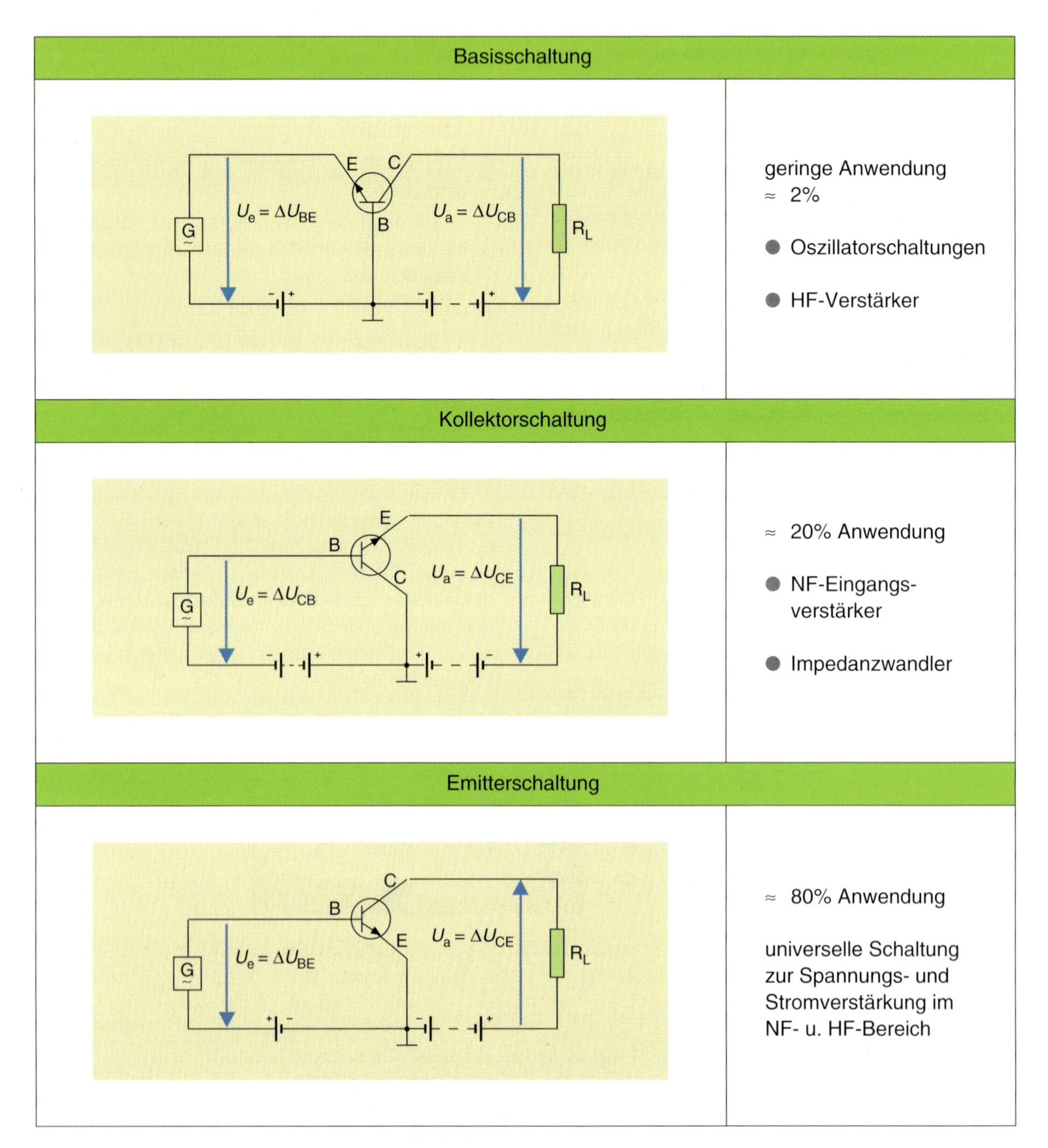

Basisschaltung	
	geringe Anwendung ≈ 2% ● Oszillatorschaltungen ● HF-Verstärker
Kollektorschaltung	
	≈ 20% Anwendung ● NF-Eingangs-verstärker ● Impedanzwandler
Emitterschaltung	
	≈ 80% Anwendung universelle Schaltung zur Spannungs- und Stromverstärkung im NF- u. HF-Bereich

Tab. 10-2 *Grundschaltungen der Transistoren*

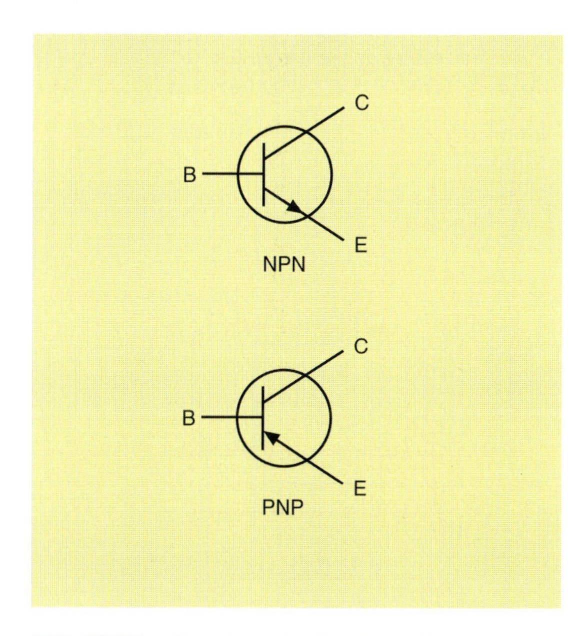

Abb. 10-54 ***Schaltzeichen der Transistoren***

Um die Berechnung von Transistorschaltungen zu vereinfachen, wurde die Richtung der Transistorströme willkürlich so festgelegt, daß alle Strompfeile in den Transistor hineinzeigen. Ströme, die entsprechend der festgelegten Stromrichtung entgegengesetzt fließen, erhalten ein Minuszeichen vor dem Formelzeichen oder dem Zahlenwert.

Die in der Tab. 10-2 gegebenen Schaltungen sind Prinzipschaltungen. Sie enthalten die zur Erzeugung des Ruhestromes notwendigen Spannungen, die von zwei Stromquellen geliefert werden. Zur Versorgung des Transistors benötigt man jedoch nur eine Stromquelle. Die Basis-Emitter-Spannung U_{BE}, die man auch als Basisvorspannung bezeichnet, wird mit Hilfe eines Spannungsteilers oder eines Vorwiderstandes erzeugt (Abb. 10-55).

Die Strom-Spannungskennlinien der Transistoren werden mit einer Meßschaltung nach der Abb. 10-56 aufgenommen. Die Widerstände R 1 und R 2 dieser Schaltung sollen den Strom begrenzen. Da jede Transistorschaltung aus zwei Stromkreisen besteht, müssen zwischen den Eingangs- und den Ausgangskennlinien unterschieden werden.

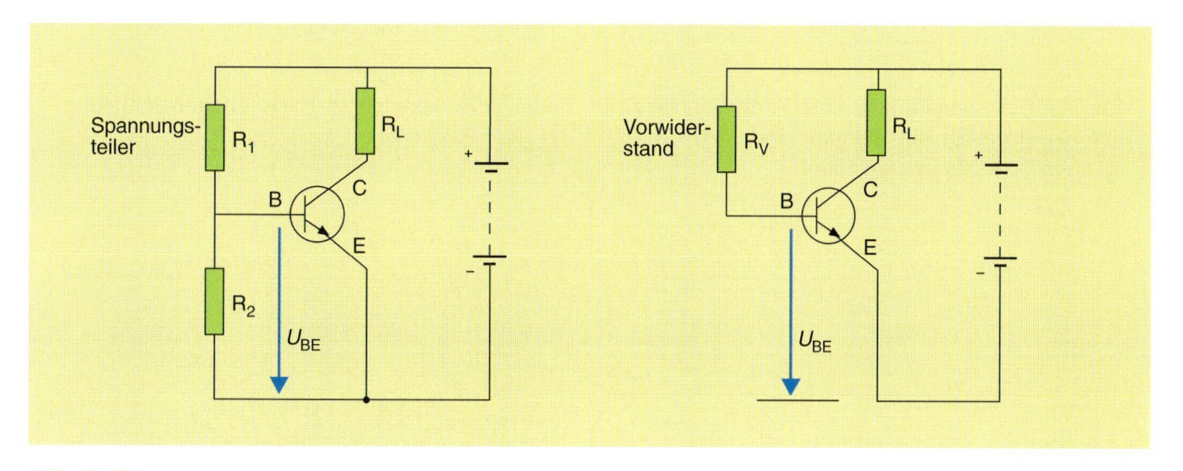

Abb. 10-55 ***Erzeugung der Basisvorspannung***

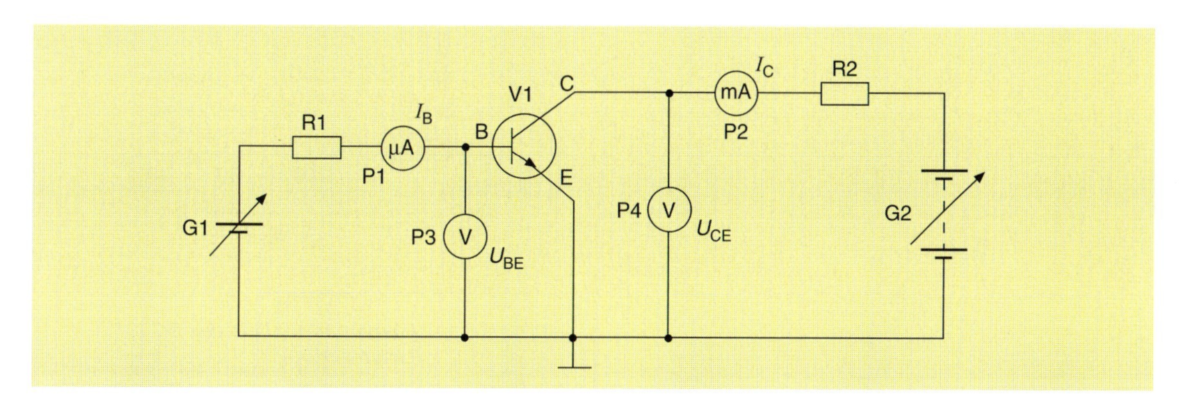

Abb. 10-56 ***Schaltung zur Kennlinienaufnahme***

Eingangskennlinie	Ausgangskennlinien
Darstellung der funktionalen Abhängigkeit des Basisstromes I_B von der Basis-Emitter-Spannung U_{BE} bei einer konstanten Kollektor-Emitter-Spannung (hier U_{CE} = 5 V).	Darstellung der funktionalen Abhängigkeit des Kollektorstromes I_C von der Kollektor-Emitter-Spannung U_{CE} mit einem konstanten Basisstrom I_B als Parameter

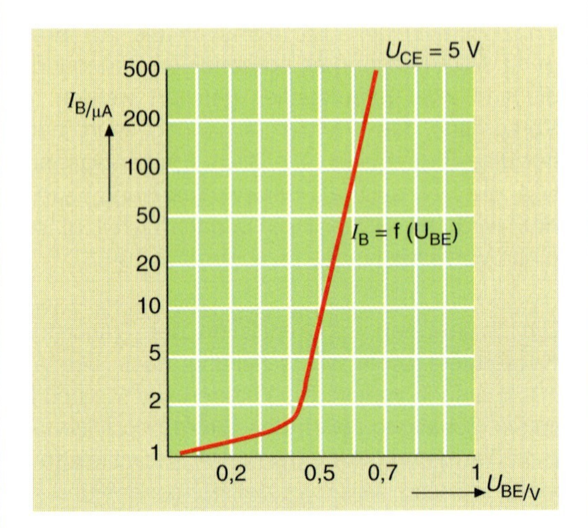

Abb. 10-57 ***Eingangskennlinie des BC 237***

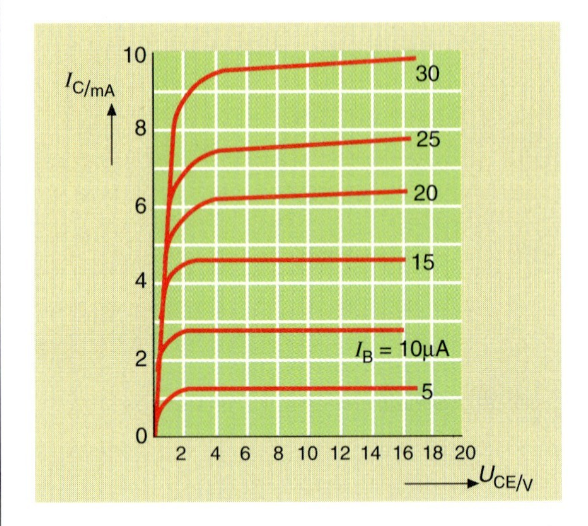

Abb. 10-58 ***Ausgangskennlinie des BC 237 Parameter I_B***

Die Kennlinie verläuft wie eine Diodenkennlinie, da die Basis-Emitter-Strecke einen PN-Übergang in Vorwärtsrichtung bildet.

oder einer konstanten Basis-Emitter-Spannung U_{BE} als Parameter.

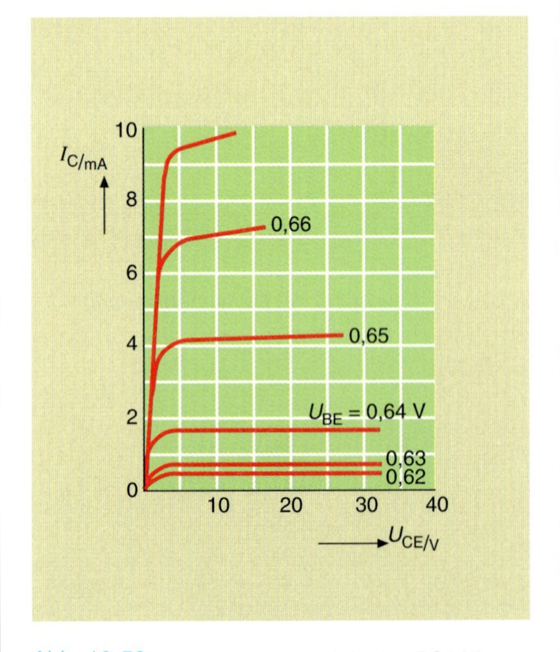

Abb. 10-59 ***Ausgangskennlinie des BC 237 Parameter U_{BE}***

Tab. 10-3

10.3.4 Kennzeichnung von Halbleiterbauelementen

Zur Zeit werden Halbleiterbauelemente international noch unterschiedlich bezeichnet.

- Europäische Hersteller verwenden Kennzeichnungen nach Pro Electron, die aus einer Buchstaben-Ziffern-Kombination bestehen.

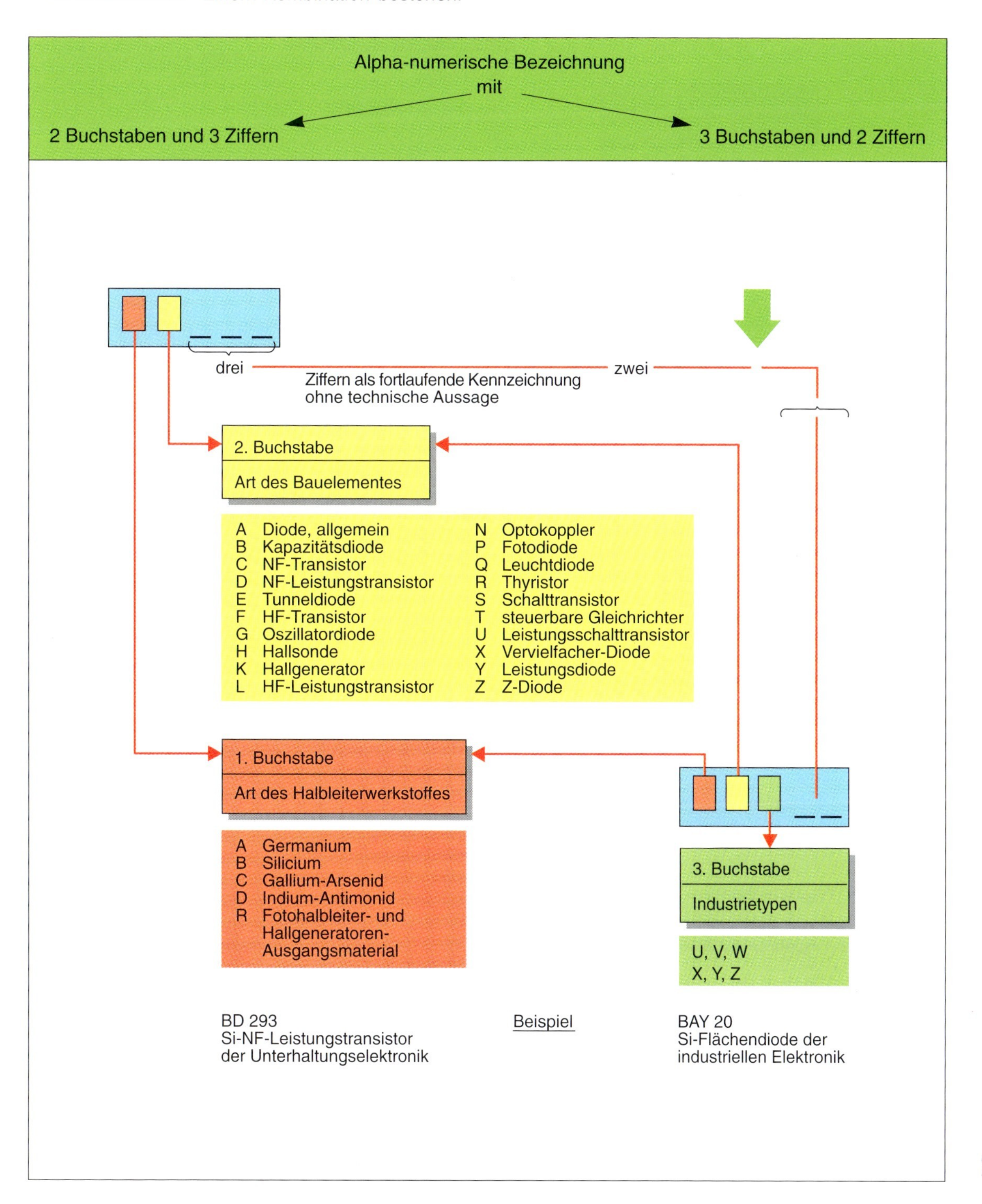

- Amerikanische und japanische Hersteller verwenden Kennzeichnungen nach

JEDEC , die aus einer Angabe für die

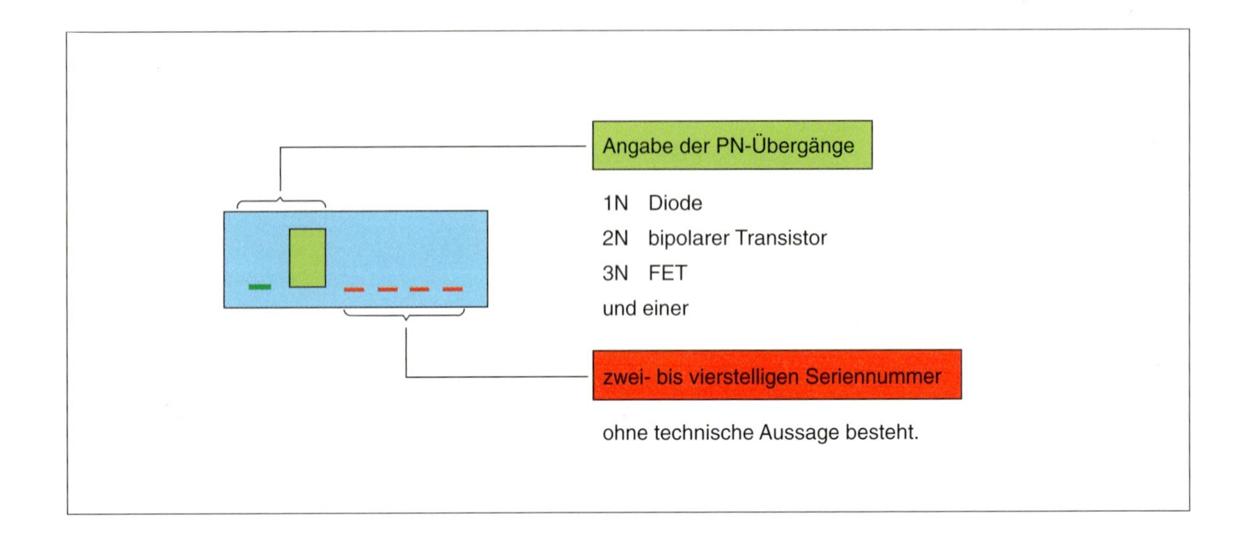

AUFGABEN

10.1 Beschreiben Sie die Vorgänge der Eigen- und Störstellenleitung!

10.2 Nichtlineare Widerstände werden durch den statischen und differentiellen Widerstand gekennzeichnet. Erläutern Sie beide Begriffe!

10.3 Berechnen Sie mit Hilfe der in der Abb. 10-16 gegebenen *I-U*-Kennlinie einer Diode als nichtlinearer Widerstand den Widerstand, der den Strom auf 30 mA begrenzen soll!

10.4 Erläutern Sie die Bezeichnung PTC-Widerstand und seine Funktion in Schaltungen!

10.5 Begründen Sie mit Hilfe der *I-U*-Kennlinie des Varisators (Abb. 10-29) seinen Einsatz zur Spannungsstabilisierung!

10.6 Beschreiben Sie das unterschiedliche Verhalten eines PN-Überganges in Abhängigkeit von der Richtung der angelegten Spannung!

10.7 Begründen Sie, weshalb Transistoren nicht durch zwei Dioden nachgebildet werden können!

10.8 Welcher Unterschied besteht zwischen einem NPN- und einem PNP-Transistor?

10.9 Wie verändert sich der Kollektorstrom bei einem NPN-Transistor, wenn die Basis-Emitter-Spannung negativer wird?

10.10 Erläutern Sie die Bezeichnung BCY 59!

Informationsverarbeitung im elektrischen Stromkreis

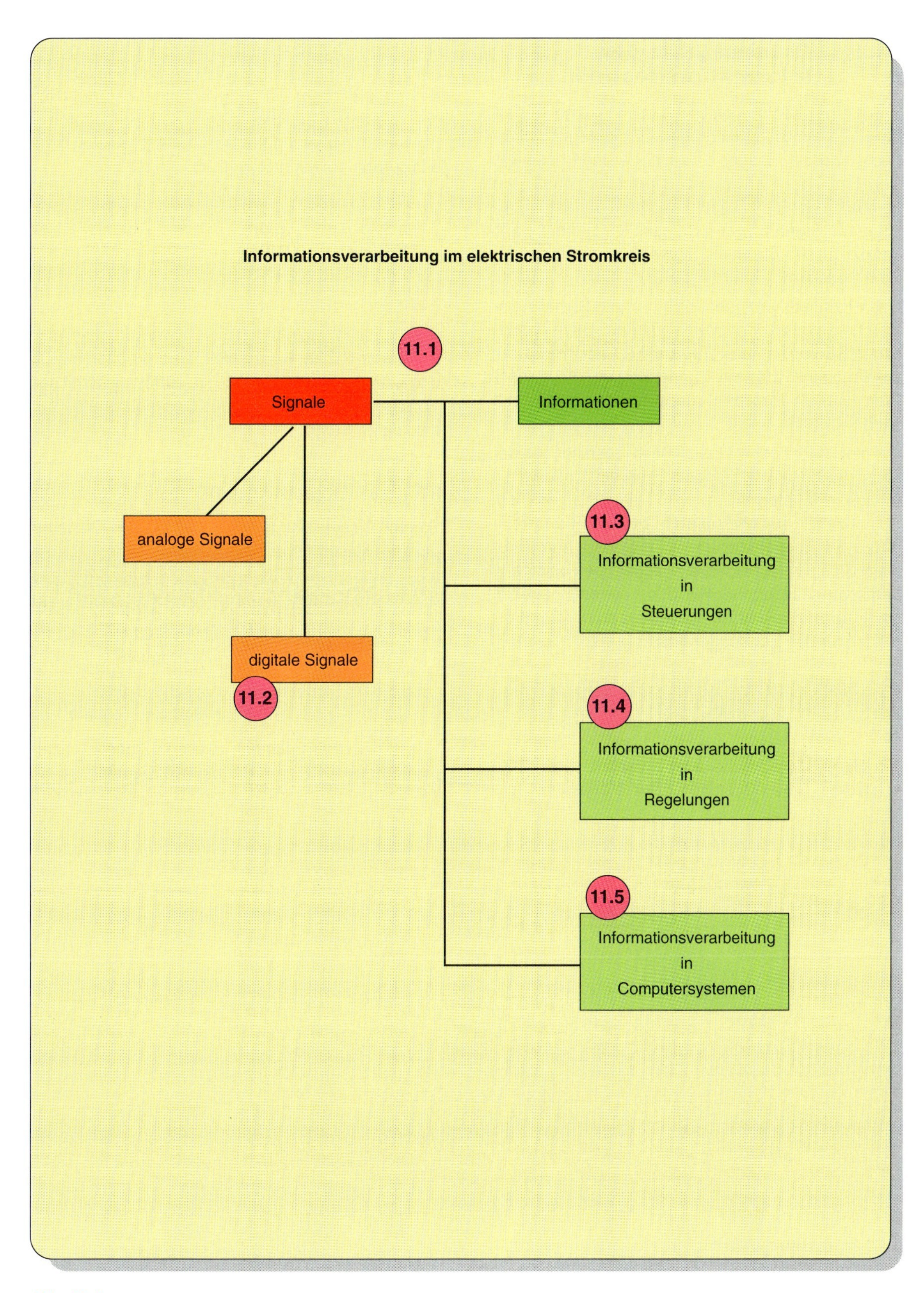

Abb. 11-1 ***Beziehungen und Strukturen***

11.1 Informationen und Signale

11.1.1 Grundbegriffe der Informationstechnik

Unter einer Information versteht man eine **Mitteilung**, die ein Absender an einen Empfänger weiterreicht und bei diesem eine Ungewißheit beseitigt. Der Empfänger erhält die Information durch ein Zeichen oder ein Signal, welches an einen bestimmten **Signalträger** gebunden ist. Dabei besitzt der elektrische Strom als Signalträger außerordentliche Bedeutung (Abb. 11-2).

Das Signal besteht darin, daß sich am Signalträger ein charakteristischer Wert verändert. Beim elektrischen Strom kann das zum Beispiel die Amplitude, die Frequenz oder ein Phasenwinkel sein. Dieser Wert wird als **Informationsparameter** bezeichnet (Abb. 11-3).

Da eine Information Ungewißheit beseitigt, ist der Grad der beseitigten Ungewißheit ein Maß für die Menge der Information. Die Mitteilung, das ein Schaltkontakt geschlossen ist, besitzt einen geringeren Informationsgehalt als die, daß aus einer Reihe von 8 verschiedenen Meldelampen eine ganz bestimmte aufleuchtet. Für den Informationsgehalt spielt es keine Rolle, welche Bedeutung die Information für den Empfänger besitzt.

Die Maßeinheit der Informationsmenge ist das Bit.

Ein Bit ist die Entscheidung zwischen zwei Möglichkeiten. Die Information „Der Kontakt ist geschlossen", hat demzufolge den Gehalt von genau einem Bit. Die Information über die 8 Meldeleuchten enthält 3 Bit; denn durch entsprechendes Aufteilen der gesamten Leuchtenmenge läßt sich durch 3 Ja/Nein-Entscheidungen bestimmen, welcher Melder gerade aufleuchtet (vgl. Abb. 11-4).

1 Byte = 8 Bit
1 KByte = 1024 Byte
1 MByte = 1024 KByte

Da für die Maßeinheit Bit die Zweiwertigkeit eine außerordentliche Rolle spielt, sind die Vorsätze K und M Potenzen der Zahl 2. Sie dürfen nicht mit den Vorsätzen Kilo und Mega des Dezimalsystems verwechselt werden.

11.1.2 Signalarten

Signale lassen sich nach verschiedenen Gesichtspunkten klassifizieren.

Klassifikationsmerkmal	Beispiele
nach der übertragenen Information	Temperatursignale, Drucksignale
nach dem Signalträger	optische Signale, elektrische Signale
nach dem Informationsparameter	analoge Signale, digitale Signale

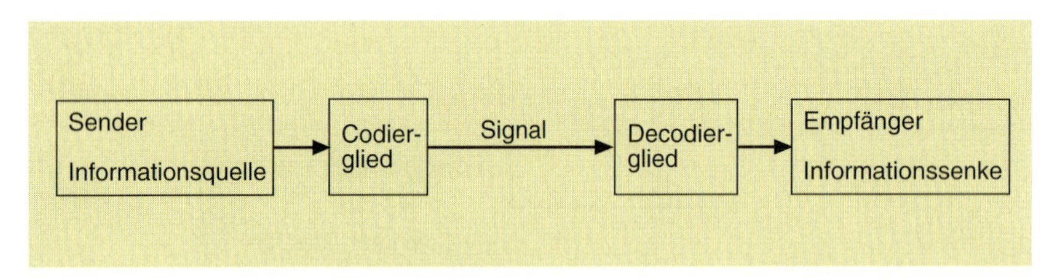

Abb. 11-2
Informationsübertragung

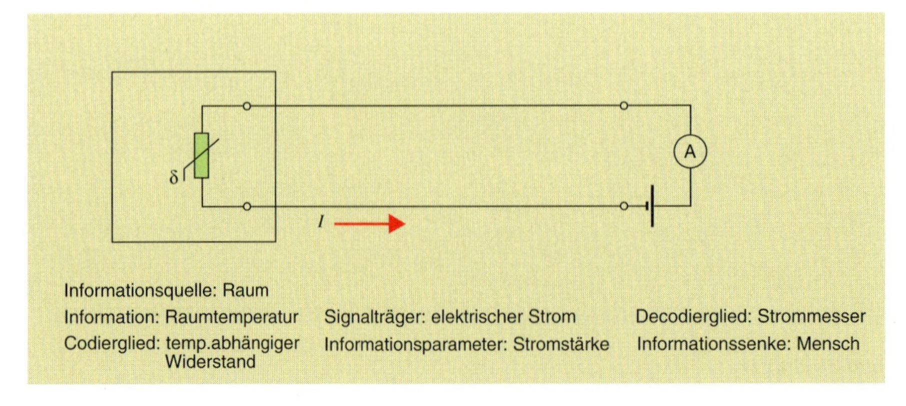

Abb. 11-3
Elektrische Informationsübertragung mit analogem Signal

Wenn jede Änderung des Informationsparameters eine Änderung der Information bedeutet, dann heißt das Signal **analog**.

Die sich ändernde Stromstärke in den Leitungen der Abb. 11-3 ist ein solches Signal. Jede Änderung

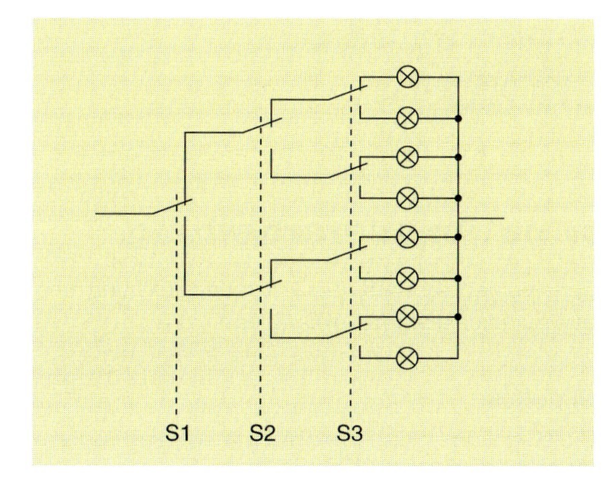

Abb. 11-4 ***Informationsmenge von 3 Bit***

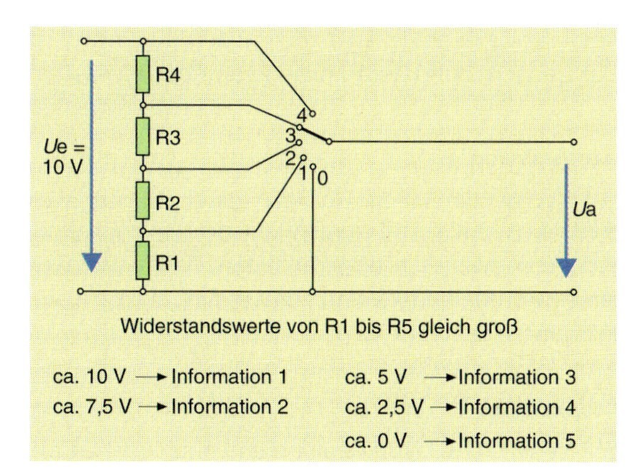

Abb. 11-5 ***Diskretes Mehrpunktsignal***

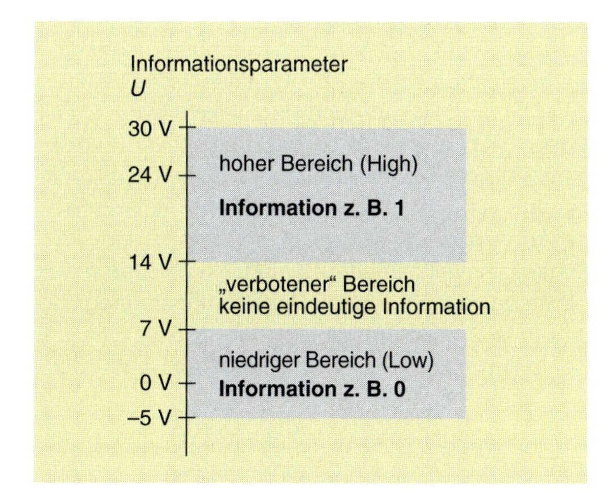

Abb. 11-6 ***Elektrisches, binäres Signal***

wird als eine geänderte Temperatur gedeutet. Störeinflüsse, wie Schwankungen der Quellenspannung, führen zu einer Informationsverfälschung.

Wenn dem Informationsparameter nur einzelne Informationen zugeordnet werden, so daß nicht jeder Änderung des Informationsparameters eine Informationsänderung gleichkommt, dann heißt das Signal **diskret**.

Mit einem Stufenschalter lassen sich einem elektrischen Signal zum Beispiel fünf verschiedene Informationswerte zuordnen. Geringe Schwankungen der Quellenspannung wirken sich nicht informationsfälschend aus (Abb. 11-5).

Noch größere Informationssicherheit erhält man, wenn dem Informationsparameter nur zwei Informationswerte zugewiesen werden. Eine mögliche Zuordnung zeigt die Abbildung 11-6.

Signale, die nur zwei Informationswerte übertragen, heißen **binär**. Ihr Informationsgehalt beträgt 1 Bit.

Dem Vorteil der hohen Informationssicherheit steht der Nachteil einer geringen Informationsmenge von nur einem Bit gegenüber.

Dieser Nachteil wird gemindert, wenn mehrere binäre Signale zu einem **digitalen Signal** zusammengefaßt werden. Ein digitales Signal mit zwei binären Informationsparametern, also einem Gehalt von 2 Bit, kann schon 4 verschiedene Informationen mit hoher Sicherheit übertragen.

Ein digitales Signal besitzt mehrere, meist binäre Informationsparameter.

Die Abbildung 11-7 auf Seite 248 zeigt ein Beispiel für ein einfaches, digitales Signal. Durch 2 Endlagenschalter wird ein Signal gebildet, mit welchem sich 4 verschiedene Informationen über den Zustand eines Schutzgitters übertragen lassen. Solange durch Schwankungen der Betriebsspannung U die Signalspannungen U_1 und U_2 nicht in den verbotenen Bereich gelangen, werden die Informationen auch nicht verfälscht.

Ein digitales Signal mit dem Informationsgehalt 7 Bit kann bereits 128 verschiedene Informationen übertragen. Diese Menge reicht z. B. aus, um alle Zeichen eines Schriftsatzes zu verschlüsseln. Der sogenannte ASCII (amerikanischer Standardcode für Informationsaustausch) ordnet die Zeichen der Computertastatur einem solchen 7-Bit-Signal zu.

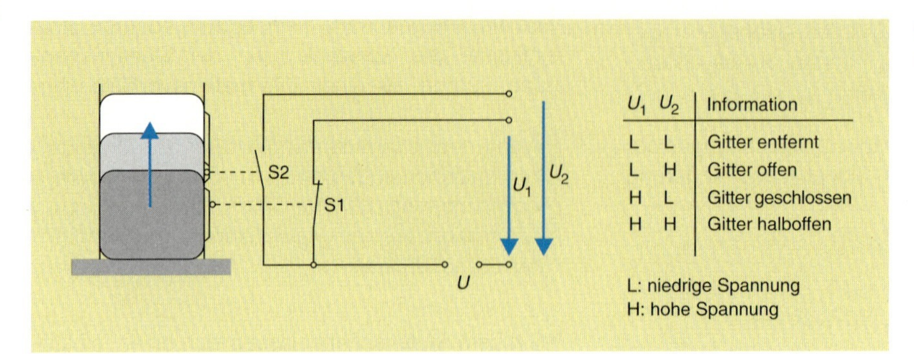

U_1	U_2	Information
L	L	Gitter entfernt
L	H	Gitter offen
H	L	Gitter geschlossen
H	H	Gitter halboffen

L: niedrige Spannung
H: hohe Spannung

Abb. 11-7
Digitales Signal

11.2 Grundlagen digitaler Informationsverarbeitung

Werden aus Eingangsinformationen durch logische Verknüpfungen neue Informationen gewonnen, nennt man diesen Vorgang Informationsverarbeitung.

Sind die Informationen an digitale Signale gebunden, handelt es sich um digitale Informationsverarbeitung. Ihre Grundlage ist die Verknüpfung binärer Signale; denn aus diesen setzt sich jedes digitale Signal zusammen.

11.2.1 Digitale Grundfunktionen

Die einfachste Form binärer Signalverarbeitung wird am elektromechanischen Kontakt deutlich. Betrachtet man nur den Kontakt an sich, so ist das Eingangssignal der Betätigungszustand (unbetätigt/betätigt), das Ausgangssignal ist sein Schaltzustand (offen/geschlossen). Für ein Relais sind die Ein- und Ausgangssignale die Änderungen elektrischer Spannungen. Der Einfachheit wegen bezeichnen wir die Signalwerte mit **0** und **1** (Abb.11-8).

Da ein elektrischer Kontakt Öffner oder Schließer sein kann und zwei Kontakte zueinander in Reihe oder parallel liegen können, ergeben sich für die binäre Signalverarbeitung nachfolgende vier Grundfunktionen.

Idendität

Sie entspricht einem Schließerkontakt. Eine ausreichend hohe Spannung an der Relaisspule schließt den Kontakt und bringt das Potential der Betriebsspannung an den Ausgang. Bei ausreichend niedriger Spannung am Eingang ist das Relais abgefallen, die Ausgangsspannung demzufolge 0 V. Die Ausgangsspannung läßt sich dadurch in den sicheren Bereich des Informationsparameters bringen.

Zur Beschreibung einer Verarbeitungsfunktion gibt es mehrere Möglichkeiten: die Werttabelle, das Schaltfolgediagramm, die Funktionsgleichung und das Funktionssymbol (Abb. 11-9).

Negation

Die Negation ist die Verneinung (NICHT-Funktion), sie kehrt den Signalwert in sein Gegenteil und entspricht einem Öffnerkontakt. Im unbetätigten Zustand (0) ist er geschlossen (1), im betätigten Zustand (1) ist er offen(0).

Zur Beschreibung der Funktion vgl. Abb. 11-10.

Konjunktion

Die Konjunktion ist die UND-Verknüpfung von zwei binären Signalen. Sie entspricht der Reihenschaltung von zwei Schließerkontakten. Nur wenn der eine **und** der andere betätigt werden, ist die Kontaktgabe möglich (Abb. 11-11).

Disjunktion

Sie ist die ODER-Verknüpfung und entspricht parallel geschalteten Schließern. Sobald mindestens einer betätigt ist, ist die Kontaktgabe der Schaltung möglich (Abb. 11-12).

Ausgangspunkt unserer bisherigen Betrachtungen waren elektromechanische Kontakte, also Schließer und Öffner in Reihen- und Parallelschaltung. Damit lassen sich alle digitalen Informationsverarbeitungen realisieren. Der erste arbeitsfähige Digitalrechner arbeitete mit mehreren tausend Relais. Steigende Anforderungen an Arbeitsgeschwindigkeit, Zuverlässigkeit, Baugröße und Energieverbrauch bedingen jedoch andere Realisierungsformen. So lassen sich die Grundfunktionen ebenso wie mit Kontakten auch kontaktlos mit elektronischen Bauelementen verwirklichen.

Die Grundfunktionen der Digitaltechnik findet man aber außerdem in Programmen speicherprogrammierter Steuerungen und in mikroelektronischen Funktionseinheiten wieder.

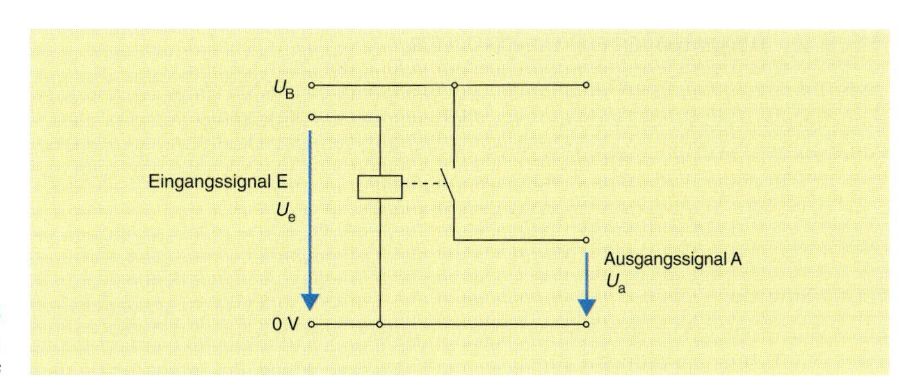

Abb. 11-8
Signalverarbeitung an einem Relais

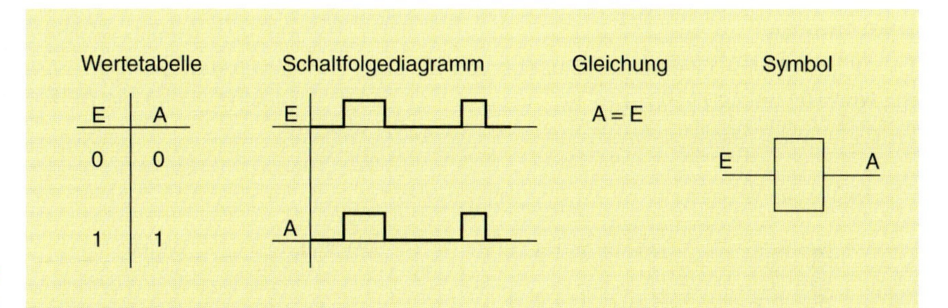

Abb. 11-9
Idendität

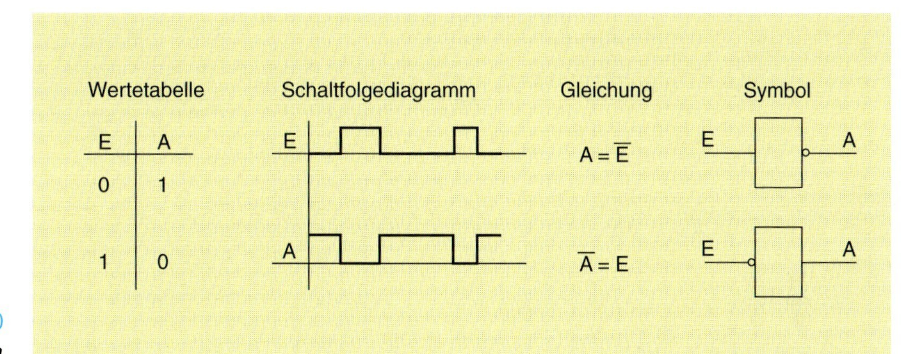

Abb. 11-10
Negation

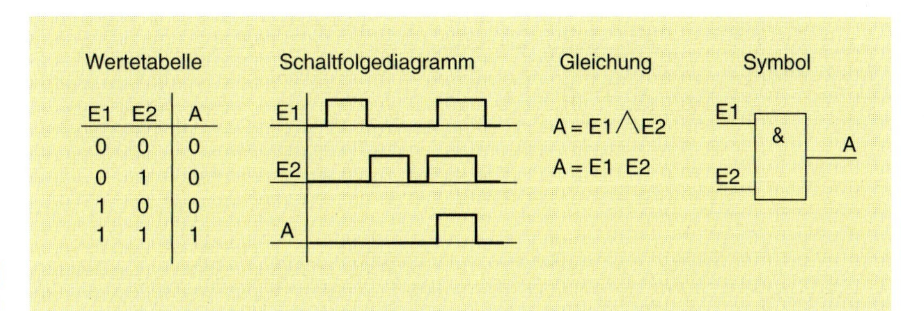

Abb. 11-11
Konjunktion

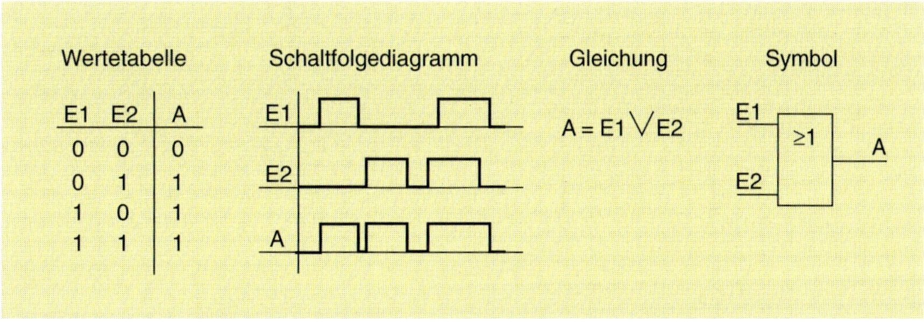

Wertetabelle

E1	E2	A
0	0	0
0	1	1
1	0	1
1	1	1

Schaltfolgediagramm

E1, E2, A

Gleichung

$A = E1 \vee E2$

Symbol

E1, E2, ≥1, A

Abb. 11-12
Disjunktion

11.2.2 Abgeleitete Funktionen

Jede noch so kompliziert erscheinende Verarbeitung digitaler Signale läßt sich auf Grundfunktionen zurückführen. Man unterscheidet zwischen Grund- und abgeleiteten Funktionen. Einigen der abgeleiteten Funktionen kommt eine besondere Bedeutung zu.

NAND-Funktion

Die NAND-Funktion ist eine Kombination von UND- und NICHT-Funktion (Abb. 11-13).

NOR-Funktion

Die NOR-Funktion ist eine Kombination von ODER- mit NICHT-Funktion (Abb. 11-14).

NAND- bzw. NOR-Funktionen werden häufig durch integrierte Schaltungen realisiert. In den Schaltkreisen SN 7400 bzw. SN 7402 sind jeweils vier Schaltungsfunktionen in einem Gehäuse vereinigt (Abb. 11-16).

Obwohl es auf den ersten Blick nicht erkennbar ist, enthält die NAND-Funktion als abgeleitete Funktion alle vier Grundfunktionen. Unter Beachtung von bestimmten Rechengesetzen der **Schaltalgebra** lassen sich somit beliebige digitale Verarbeitungsfunktionen auf NAND-Funktionen zurückführen. Das Gleiche gilt für die NOR-Funktion.

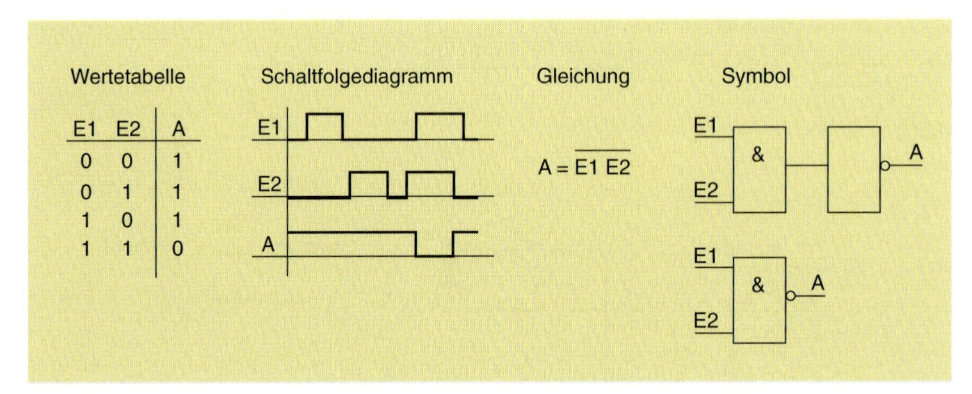

Abb. 11-13
NAND-Funktion

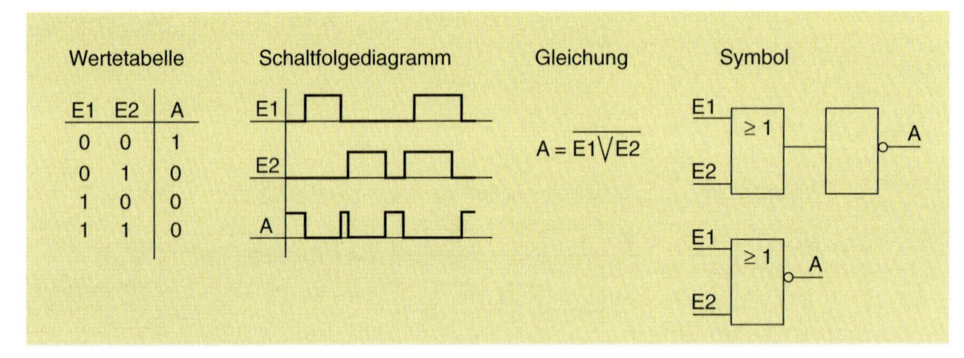

Abb. 11-14
NOR-Funktion

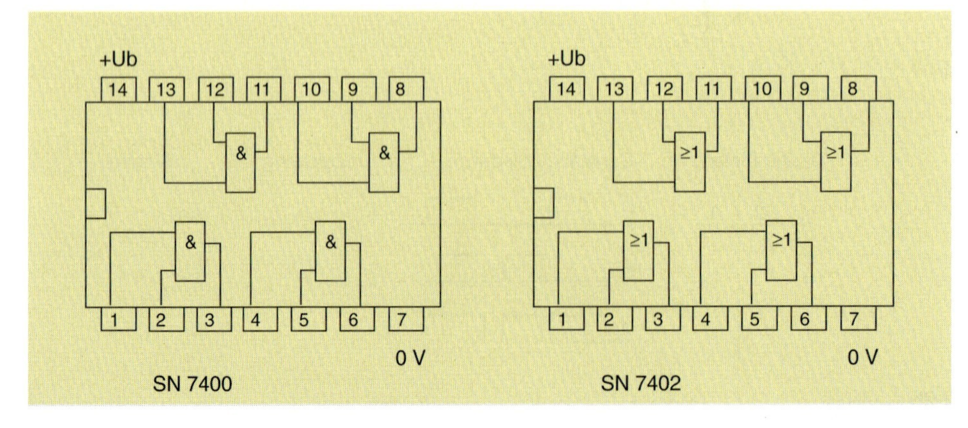

Abb. 11-15
NAND- bzw. NOR-Funktionen in integrierten Schaltkreisen

Umkehrregeln (de Morgansche Regeln):

$$\overline{E1 \wedge E2} = \overline{E1} \vee \overline{E2}$$
$$\overline{E1 \vee E2} = \overline{E1} \wedge \overline{E2}$$

(vgl. Abb. 11-16)

In der NAND-Technik ergeben sich dadurch die Ersatzschaltungen der Abbildung 11-17

Die weiter angegebenen Rechengesetze ermöglichen bei richtiger Anwendung das Vereinfachen digitaler Schaltungen. Dabei kann die Zielstellung der Vereinfachung unterschiedlich sein.

Während bei einer elektronischen Verwirklichung mit IC die Umwandlung in NAND- bzw. NOR-Funktionen bedeutsam ist, kann das Ziel bei elektromechanischer Realisierung die Einsparung von Kontakten sein.

Rechengesetze für eine Variable

Konjunktion	Disjunktion	Negation
$E \wedge 0 = 0$	$E \vee 0 = 0$	$\overline{\overline{E}} = E$
$E \wedge 1 = E$	$E \vee 1 = 1$	
$E \wedge E = E$	$E \vee E = E$	
$E \wedge \overline{E} = 0$	$E \vee \overline{E} = 1$	

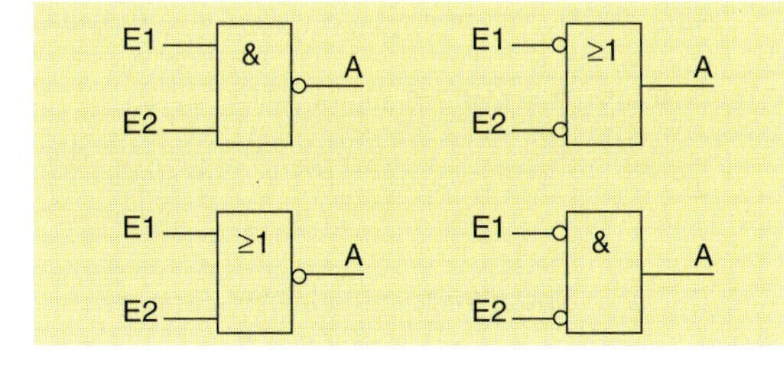

Abb. 11-16 ***Umkehrregeln***

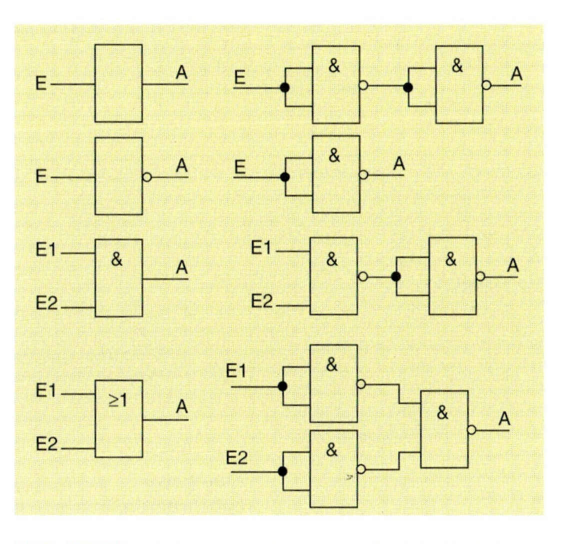

Abb. 11-17 ***Ersatzschaltungen in NAND-Technik***

Vertauschungsgesetz (Kommutativgesetz)

$$E1 \wedge E2 = E2 \wedge E1$$
$$E1 \vee E2 = E2 \vee E1$$

Verteilungsgesetz (Distributivgesetz)

$$(E1 \wedge E2) \vee (E1 \wedge E3 = E1 \wedge (E2 \vee E3$$
$$(E1 \vee E2) \wedge (E1 \vee E3 = E1 \vee (E2 \wedge E3)$$

Die Umformung einer digitalen Schaltung soll an einem Beispiel erläutert werden:

Drei binäre Signale sollen nach folgender Schaltbelegungstabelle zu einem Ausgangssignal verarbeitet werden.

E1	E2	E3	A
0	0	0	0
1	0	0	0
0	1	0	0
1	1	0	1
0	0	1	1
1	0	1	1
0	1	1	0
1	1	1	1

Die Funktionsgleichung wird aufgestellt, indem die Eingangsvariablen einer Zeile durch UND, die Zeilen durch ODER verknüpft werden. Es werden nur die Zeilen benötigt, deren Ausgangssignal den Wert 1 ergibt; Eingangsvariable mit dem Wert 0 müssen negiert werden.

$$A = E1 \wedge E2 \wedge \overline{E3} \vee \overline{E1} \wedge \overline{E2} \wedge E3 \vee$$
$$E1 \wedge \overline{E2} \wedge E3 \vee E1 \wedge E2 \wedge E3$$

Diese Funktion könnte durch eine recht umständliche Kontaktschaltung realisiert werden (Abb. 11-18).

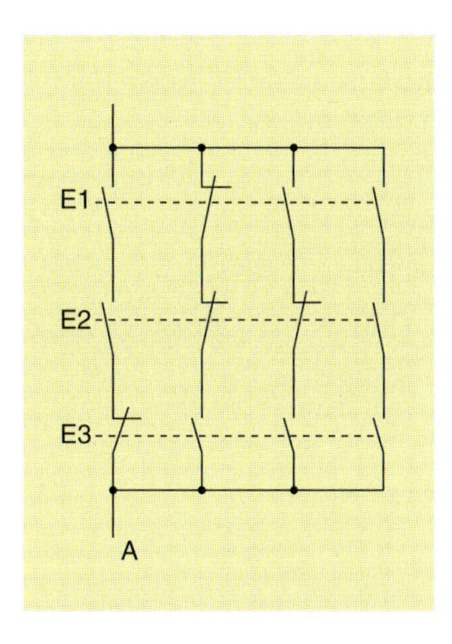

Abb. 11-18 ***Kontaktschaltung***

Durch Anwendung von Kommutativ- und Distibrutivgesetz ergibt sich folgende Vereinfachung der Funktionsgleichung:

$A = E1 \wedge E2 \wedge (\overline{E3} \vee E3) \vee \overline{E2} \wedge E3 \wedge (\overline{E1} \vee E1)$

Da der Wert der Klammerausdrücke stets 1 ist, kann die Gleichung weiter verkürzt werden.

$A = E1 \wedge E2 \vee \overline{E2} \wedge E3$

Die Schaltung mit Kontakten ist nun wesentlich einfacher (Abb. 11-19).

Weitere Umformungen führen zur Realisierung mit NAND-Funktionen (Abb.11-20).

$A = E1 \wedge E2 \vee \overline{E2} \wedge E3$

$\overline{\overline{A}} = \overline{\overline{E1 \wedge E2 \vee \overline{E2} \wedge E3}}$

$A = \overline{\overline{E1 \wedge E2} \wedge \overline{\overline{\overline{E2}} \wedge E3}}$

11.2.3 Funktionen mit Speicherverhalten

Logische Schaltungen, bei denen die Ausgangsgröße auf den Eingang zurückgeführt wird, besitzen Speicherverhalten. Sie halten Signalzustände über die Dauer ihres Autretens hinaus aufrecht.

Eine typische Speicherschaltung ist die Selbsthalteschaltung eines Schützes (Abb. 11-21).

Nach Betätigung von Taster S1 wird dieser durch den Kontakt K1 überbrückt, und das Schütz hält sich selbst. Erst die Betätigung von S1 setzt es in den Ausgangszustand zurück.

Werden die Signale zur Betätigung der Taster mit E1 und E2 sowie der Schaltzustand des Schützes mit A bezeichnet, ergeben sich die Zusammenhänge der Abb. 11-22.

Es ist üblich, Speicherfunktionen mit einem Ersatzsymbol darzustellen (Abb. 11-23).

S ist der „Setz"-Eingang, dessen 1-Signal den Ausgang auf 1 setzt, eine 1 am „Rücksetz"-Eingang bringt den Ausgang auf 0 zurück. Die Ziffern im Symbol geben an, welchen Zustand der Ausgang für den Fall annimmt, daß beide Eingänge 1-Signal führen. Bei Bild a) dominiert der Zustand AUS, bei b) der Zustand EIN.

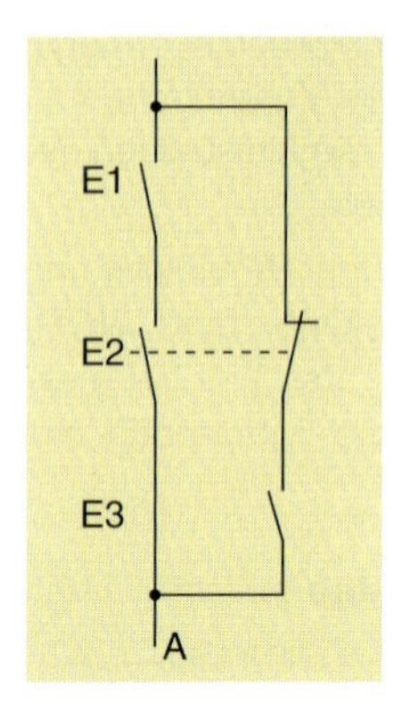

Abb. 11-19
Vereinfachte Kontaktschaltung

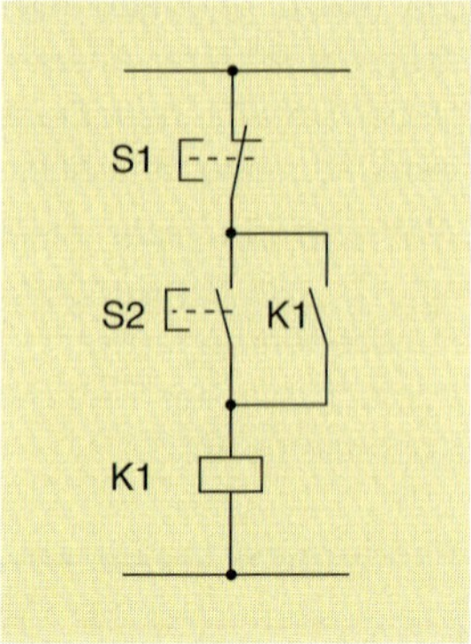

Abb. 11-21
Selbsthalteschaltung

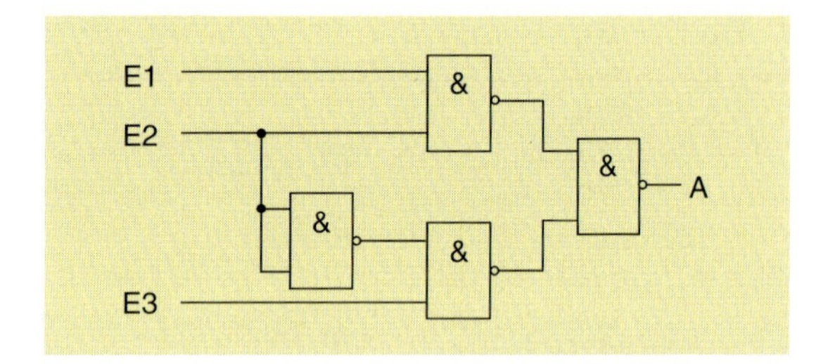

Abb. 11-20 ***Funktionsplan mit NAND-Gattern***

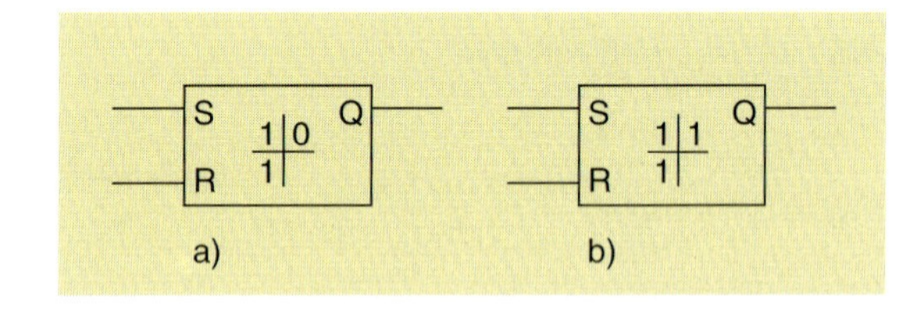

Abb. 11-23 ***Speicherfunktion in Symboldarstellung***

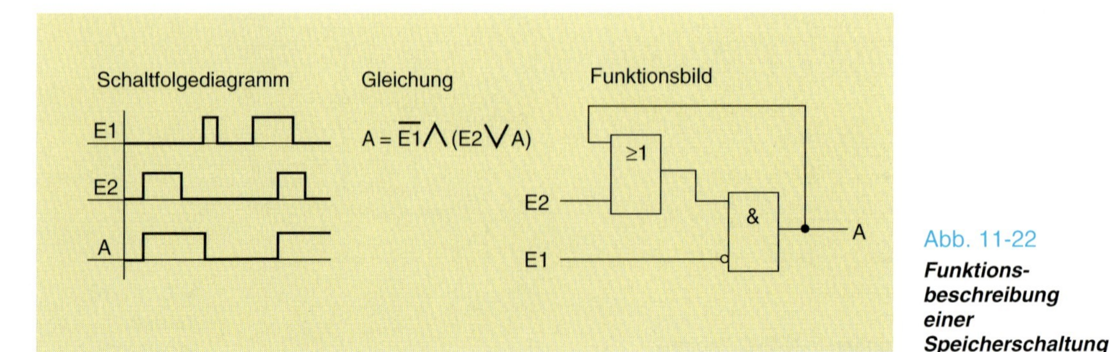

Abb. 11-22
Funktionsbeschreibung einer Speicherschaltung

11.3 Informationsverarbeitungen in Steuerungen

Energie existiert in ihrer elektrischen Form zwischen der Stromquelle und dem Verbrauchsmittel. Am Zielort soll sie beispielsweise in Licht-, Wärme- oder mechanische Energie umgewandelt werden. Diese Wandlung muß zur gewünschten Zeit und in der gewünschten Menge erfolgen, sie soll wirtschaftlich und umweltschonend sein. Diese gezielte Umwandlung ist weitgehend durch Steuern erreichbar. Dabei ist der Begriff Steuern, der umgangssprachlich oft ungenau verwendet wird, nach DIN 19226 exakt definiert.

Das Steuern ist der Vorgang in einem System, bei dem eine oder mehrere Größen als Eingangsgrößen die Ausgangsgrößen aufgrund der dem System eigentümlichen Gesetzmäßigkeiten beeinflussen.

Man kann z. B. die Beleuchtung eines Werkhofes mit Hilfe eines Dämmerungsschalters ein- und ausschalten. Eingangsgröße dieser Steuerung ist die Tageshelligkeit. Mit Hilfe eines Sensors wird ein elektrisches Signal gebildet. Dieses Signal führt dann zu entsprechenden Veränderungen der **Aufgabengröße**, in unserem Beispiel der Lampenhelligkeit. Das Signal des Sensors wird deshalb auch als **Führungsgröße** bezeichnet. Nach bestimmten Gesetzmäßigkeiten wird aus der Führungsgröße eine Stellgröße gebildet. Diese beeinflußt die **Schalteinrichtung**. Der Wirkungsweg ist offen. Das Licht der Beleuchtungsanlage darf auf keinen Fall auf den Helligkeitssensor zurückwirken (Abb. 11-24).

Steuern erfolgt in einem offenen Wirkungsweg (Steuerkette). Wenn der Wirkungsweg geschlossen ist, so muß zumindest der Wirkungsablauf offen sein, d. h. die beeinflußten Größen dürfen nicht fortlaufend auf die Steuerung zurückwirken.

Störgrößen, die zusätzlich auf die Steuerung einwirken, wie z. B. Änderung der Versorgungsspannung oder Verschmutzung des Sensors, werden durch die Steuerung nicht automatisch ausgeglichen.

Steuerungen können nach verschiedenen Merkmalen unterschieden werden.

Die wichtigsten Steuerungsarten sind folgende:

Führungssteuerung:

Es besteht ein eindeutiger Zusammenhang zwischen einer von außen eingegebenen Führungsgröße und der Aufgabengröße (z. B. Beleuchtungssteuerung mit Helligkeitssensor).

Halteglied-Steuerung:

Der erreichte Wert der Aufgabengröße bleibt auch nach Wegnahme der Führungsgröße erhalten. Mit einem anderen Signal wird die Aufgabengröße wieder auf ihren Anfangswert gebracht (z. B. Wendeschützsteuerung).

Programmsteuerung:

Die Programme sind in einem Programmspeicher abgelegt. Zeitplanprogramme schreiben die genaue zeitliche Folge des Steuervorganges vor (z. B. Anlassen eines Motors in Sternschaltung und nach bestimmter Zeit Umschalten in Dreieckschaltung).

Ablaufprogramme legen den Ablauf ohne Einfluß der Zeit fest (z. B. Steuerung eines Baustellenaufzuges durch Endlagenschalter).

Ablaufsteuerungen besitzen einen geschlossenen Wirkungsweg, denn eine Information über die Aufgabengröße wird an die Steuereinrichtung zurückgegeben. Da nach Erreichen des vorprogrammierten Wertes ein neuer Steuerschritt eingeleitet wird, ist der Wirkungsablauf offen, und es handelt sich eindeutig um eine Steuerung.

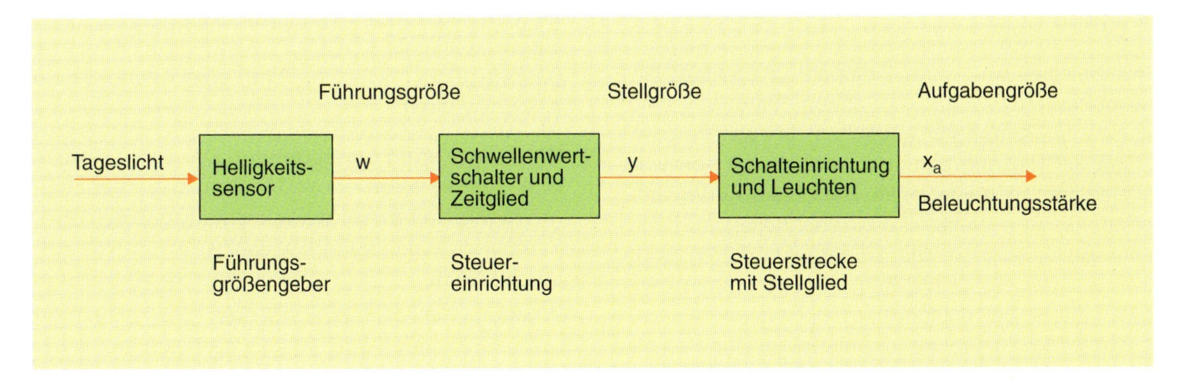

Abb. 11-24 ***Steuerkette***

Neben einer Klassifizierung der Steuerungen nach der Bereitstellung der Führungsgröße können sie nach den auftetenden Signaltypen in **analoge**, **binäre** oder **digitale** Steuerungen untergliedert werden. Umfangreiche Steuerungen werden in zunehmenden Maße mit SPS (speicherprogrammierte Steuerungen) realisiert. Das Programm ist in einem Halbleiterspeicher abgelegt, die Signale werden durch einen Mikrorechner verarbeitet.

Oft werden in Steuerungsanlagen statt elektrischen Strömen noch andere Signalträger verwendet. Hydraulische Steuerungen arbeiten mit Flüssigkeiten. Die Elemente dieser Steuerungen sind einfach aufgebaut und entwickeln viel größere Kräfte als elektrische Steuerungen. Da sich die Hydraulikflüssigkeit kaum komprimieren läßt, können Stellung und Geschwindigkeit von Kolbenantrieben sehr genau gesteuert werden.

An undichten Stellen kann jedoch die Flüssigkeit austreten und die Umwelt belasten.

Pneumatische Steuerungen verwenden Luft als Signalträger. Druckluft ist leicht zu erzeugen. Da die Luft nach der Informationsübertragung abgeblasen wird, sind keine Rückleitungen erforderlich. Pneumatisch betätigte Stellglieder sind unempfindlich gegen Über- und Stoßbelastung, aber nicht so genau einstellbar, neigen zum Schwingen und können nicht so große Kräfte übertragen.

11.4 Informationsverarbeitungen in Regelungen

Wenn auf eine Steuerung Störgrößen einwirken, dann nimmt die Aufgabengröße nicht den vorgegebenen Wert an. Dadurch wird es notwendig, daß die Aufgabengröße erfaßt und fortlaufend mit dem gegebenen Sollwert verglichen wird. Kommt es zu Abweichungen, dann wird die Aufgabengröße so beeinflußt, daß sie an den Sollwert angepaßt wird. Ein derartiges System erfordert zusätzlich zum geschlossenen Wirkungsweg einen **geschlossenen Wirkungsablauf**. Der Ablauf „Messen – Vergleichen – Anpassen" wiederholt sich ständig. Nach der DIN 19226 wir dieser Vorgang als **Regelung** bezeichnet.

Regeln erfolgt in einem **geschlossenen Wirkungsweg** (Regelkreis). Der Wirkungsablauf ist ebenfalls geschlossen. Die Regelgröße wird fortlaufend erfaßt, mit der Führungsrolle verglichen und an diese angeglichen.

Als Beispiel wird eine Temperaturregelung beschrieben (Abb. 11-25). In einem Raum soll eine konstante Temperatur herrschen. Mit welcher Leistung die Heizung betrieben wird, hängt von verschiedenen Störfaktoren ab. Neben der Außentemperatur spielen zusätzliche Wärmequellen im Raum eine Rolle; ebenso das Öffnen von Türen oder Fenster. Der Raum als Regelstrecke enthält deshalb eine Meßeinrichtung für die Temperatur (Aufgabengröße X). Die von der Meßeinrichtung ermittelte Rückführgröße X_r wird in der Regeleinrichtung mit der Führungsgröße W (sie entspricht dem Sollwert) verglichen. Das Ergebnis dieses Vergleiches ist die Regeldifferenz e. Der eigentliche Regler bildet dann aus der Regeldifferenz eine Stellgröße. Sie beeinflußt über das Stellglied die Aufgabengröße mit dem Ziel, diese an den Sollwert anzugleichen.

Durch den geschlossenen Wirkungsablauf ist die Anpassung der Einrichtung an die Strecke komplizierter als bei der Steuerung. Die fortlaufenden Rückwirkungen im Regelkreis können zu instabilem Verhalten führen, bei dem die Aufgabengröße in ungedämpfte Schwingungen gerät.

Regelungen lassen sich ebenfalls wie die Steuerungen nach der Bereitstellung der Führungsgröße einteilen.

Festwertregelung: Die Führungsgröße ergibt sich aus einem fest einstellbaren Sollwert. (z. B. Spannungsregelung auf 12 V).

Zeitplanregelung: Die Führungsgröße wird nach einem bestimmten Zeitplan verändert (z. B. Temperaturregelung mit Nacht- und Wochenabsenkung des Sollwertes).

Führungs- und Folgeregelung: Der Sollwert ergibt sich aus weiteren Prozeßgrößen; die Führungsgröße wird durch eine Meßeinrichtung gebildet (z. B. Temperaturregelung in Abhängigkeit von der Luftfeuchtigkeit).

Weitere Klassifizierungsmerkmale sind ebenso wie bei der Steuerung der Typ und die Träger der in der Einrichtung verwendeten Signale (analog, binär, digital, elektrisch, pneumatisch, hydraulisch).

11.5 Informationsverarbeitung mit Computern

11.5.1 Grundbegriffe der Computertechnik

Es gibt heute kaum noch Berufe, in denen auf eine Nutzung des Computers verzichtet wird.

Wir denken dabei nicht nur an den Arbeitsplatzrechner mit Tastatur und Bildschirm (Personalcomputer), sondern auch an Computer, die zur Steuerung von Anlagen und Prozessen (Prozeßrechner) eingesetzt werden.

Gemeinsam ist ihnen, daß die Informationsverarbeitung in einem Mikroprozessor stattfindet, einem Schaltkreis mit zehntausenden von digitalen Funktionen.

Aufbauend auf einfachen Gesetzen der Digitaltechnik besitzt der Mikroprozessor aber im Grunde nicht mehr „Intelligenz" als eine Wechsel- oder Kreuzschaltung der Elektroinstallationstechnik.

Die ständige Weiterentwicklung der Computertechnologie, gebunden an neue, meist englische Fachbegriffe, bereiten dem Einsteiger jedoch zumindest am Anfang Probleme.

Wie in einer Steuerung oder Regelung werden mit dem Computer Informationen verarbeitet. Drei Merkmale sind wesentlich:

- Die Verarbeitung der Informationen erfolgt mit digitalen Signalen in einzelnen Schritten (Takten), also zeitlich nacheinander. Das bringt hohe Informationssicherheit. Daß die Information erst nach einer bestimmten Verarbeitungszeit zur Verfügung steht, wird durch hohe Taktgeschwindigkeiten ausgeglichen. Die Taktfrequenzen liegen im Bereich von mehreren Megahertz.
- Das Computersystem besteht aus zwei Teilen. Die elektronischen und mechanischen Bauteile, also das harte Material **(Hardware)**, sind für viele Aufgaben einheitlich. Unterschiedliche Aufgabenstellungen werden erst dadurch realisierbar, daß für jedes Problem entsprechende Programme als veränderliche Bestandteile des Systems **(Software)** zum Einsatz kommen.
- Der gesamte Prozeß der Informationsverarbeitung gliedert sich in Eingabe, Verarbeitung und Ausgabe (Abb. 11-26).

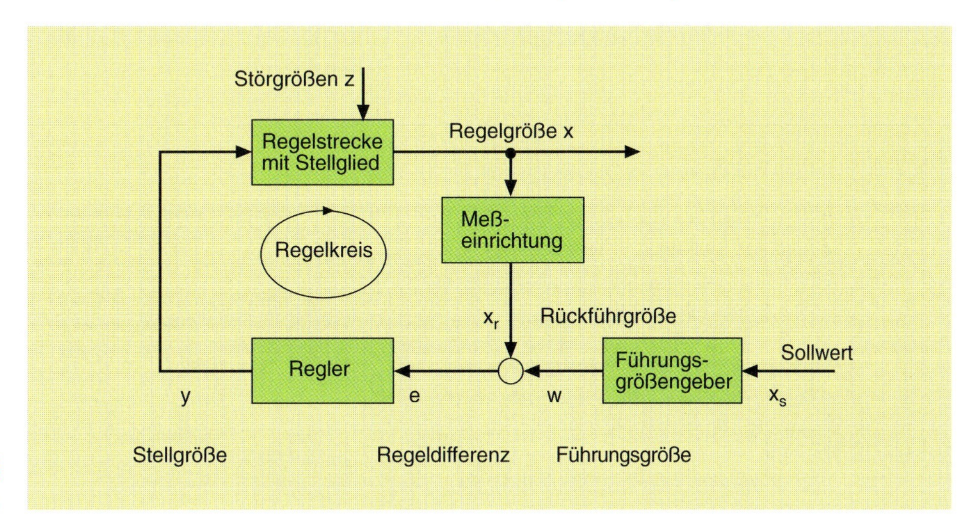

Abb. 11-25
Regelkreis

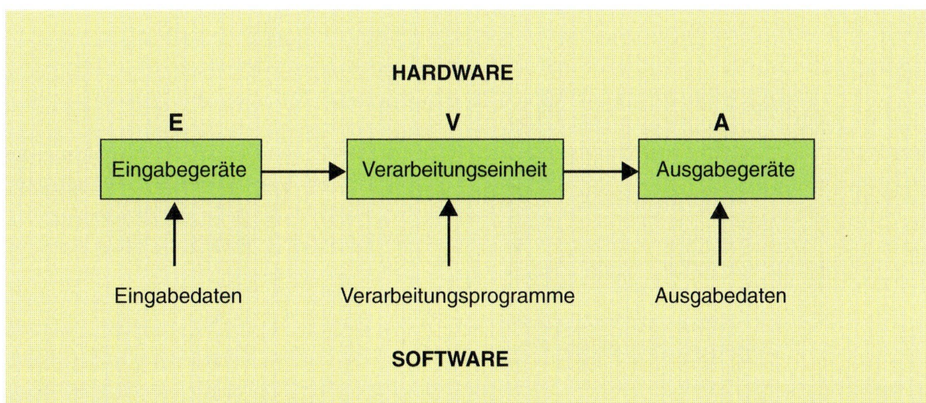

Abb. 11-26
Komponenten eines Computersystems

Der Personalcomputer als Arbeitsplatzrechner wird vom Menschen bedient. Er hilft ihm, organisatorische Aufgaben zu erledigen, die sonst nur mit großem Aufwand an Zeit und Konzentration zu bewältigen sind. Die Qualität ist dabei gleichbleibend gut und wird nur noch von den Eingabedaten beeinflußt. Der PC hilft bei der Verwaltung von Materiallagern, bei Erstellen von Kundenangeboten, Projekten und Rechnungen, bei der Steuererklärung für das Finanzamt sowie bei sämtlichen Schreibarbeiten. Die Beherrschung der Bedienungsgrundlagen wird heute in den meisten Berufen vorausgesetzt.

11.5.2 Die Hardwarekomponenten eines Computersystems

Geräte zur Eingabe

Die **Tastatur** als wichtigstes und meist verwendetes Eingabegerät wandelt alle Buchstaben, Ziffern und Sonderzeichen in definierte elektronische Impulse (ASCII-Codierung).

Die Tastatur läßt sich in fünf Funktionsgruppen einteilen (Abb. 11-27).

Das **alphanumerische Tastenfeld** (A) entspricht weitgehend einer normalen Schreibmaschinentastatur und dient zur Eingabe von Texten und Kommandos.

Das **numerische Tastenfeld** (B) ermöglicht in erster Linie die schnelle Eingabe von Zahlen. Es entspricht in etwa der Tastatur eines einfachen Taschenrechners.

Die **Tasten zur Cursorsteuerung** (C) helfen bei der schnellen Ansteuerung von Eingabefeldern und Bildschirmpunkten. Der **Cursor** ist eine Bildschirmmarke, die mit ihrer Position anzeigt, wo das nächste eingegebene Zeichen auf dem Bildschirm erscheint.

Die **Kommando-** und **Sondertasten** (D) ermöglichen Fuktionen des Computers, die über die Wirkung einer Schreibmaschinentastatur weit hinaus gehen. Sehr wichtig ist die **Eingabetaste**, die oft mit Enter, Return, CR oder ↵ bezeichnet wird. Sie dient je nach verwendetem Anwendungsprogramm zur Eingabebestätigung, zum Wechseln in das nächste Eingabefeld oder zum Beginn eines neues Absatzes.

Die Gruppe der Funktionstasten (E) dient dem Aufruf von vielfältigen Programmfunktionen, die je nach Art des Programmes sehr unterschiedlich sein können (Abb. 11-28).

Abb. 11-27
Computertastatur

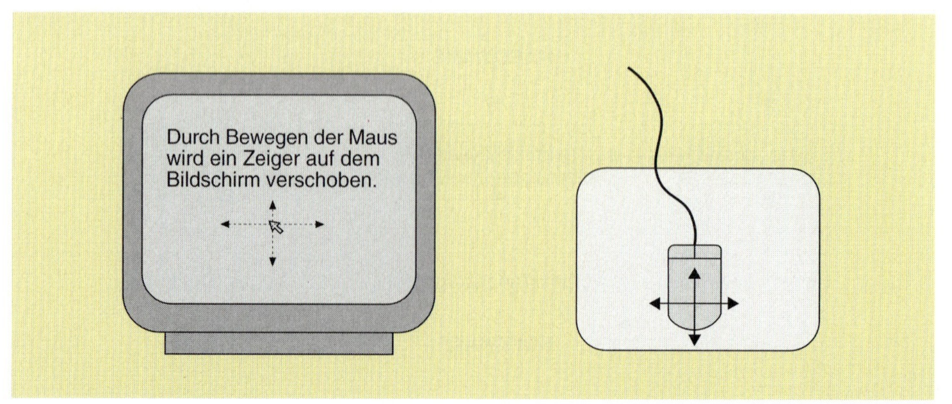

Abb. 11-28
Computermaus

Während mit der Tastatur vorwiegend Texte, Zahlen und Sonderzeichen eingegeben werden, ermöglicht die **PC-Maus** die komfortablere Bedienung des Computersystems. Die Maus erfüllt im allgemeinen drei Funktionen:

- **Zeigen**
  Durch die Bewegung der Maus auf einer ebenen Fläche wird der Mauszeiger so auf dem Bildschirm verschoben, daß er auf ein bestimmtes Bildobjekt weist.
- **Klicken**
  Ein mit dem Mauszeiger angewähltes Bildschirmobjekt kann durch kurzes Drücken einer Maustaste ausgewählt werden. Ein Doppelklick, d. h. zwei Tastendrücke schnell hintereinander, führt neben der Auswahl meist noch zu einer Aktivierung der durch das Symbol ausgewählten Funktion.
- **Ziehen**
  Wird die Maus bei gedrückter Maustaste bewegt, so können damit oft Bildschirmbereiche markiert und so für eine gemeinsame Weiterverarbeitung ausgewählt werden.

Scanner wandeln Daten durch Helligkeits- und Farbabtastung in elektrische Signale um. Dadurch können Strichcodierungen oder genormte Klarschriften gelesen werden, aber auch grafische Daten wie Schaltpläne als digitalisierte Bildinformation in das Computersystem eingegeben werden.

Geräte zur Datenverarbeitung

Nachdem die Eingabegeräte die Daten in elektrische Signale umgeformt haben, können sie nun von den Verarbeitungsgeräten des Computers verwendet werden. Diese bestehen aus der **Zentraleinheit** und den **externen Speichergeräten** (Abb. 11-29).

Zentraleinheit:

Sie dient der Speicherung, Verarbeitung, dem internen Transport und der Ausgabe der Daten. Mit Hilfe geeigneter Systemsoftware organisiert sie den gesamten Datenverkehr.

externe Speichergeräte:

Diese sichern große Datenmengen über längere Zeit. Dazu zählen Diskettenlaufwerke, Magnetbandgeräte und optische Speicher.

Die Hauptkomponente der Zentraleinheit ist der **Mikroprozessor**. Er organisiert den gesamten Datenverkehr und bestimmt wesentlich die Leistungsfähigkeit des Computersystems. Seine gesamte Elektronik ist auf einem Halbleiterchip von der Größe eines Pfennigs untergebracht, wodurch neben dem geringen Platzbedarf noch geringe Leistungsaufnahme und minimale Wärmeentwicklung sowie hohe Arbeitsgeschwindigkeiten möglich sind.

Der ROM (Read Only Memory) ist ein **Festwertspeicher**, der bereits vom Hersteller dauerhaft programmiert wurde. Er enthält elementare Maschienoperatinen, die z. B. das Starten des Computersystems nach dem Einschalten ermöglichen.

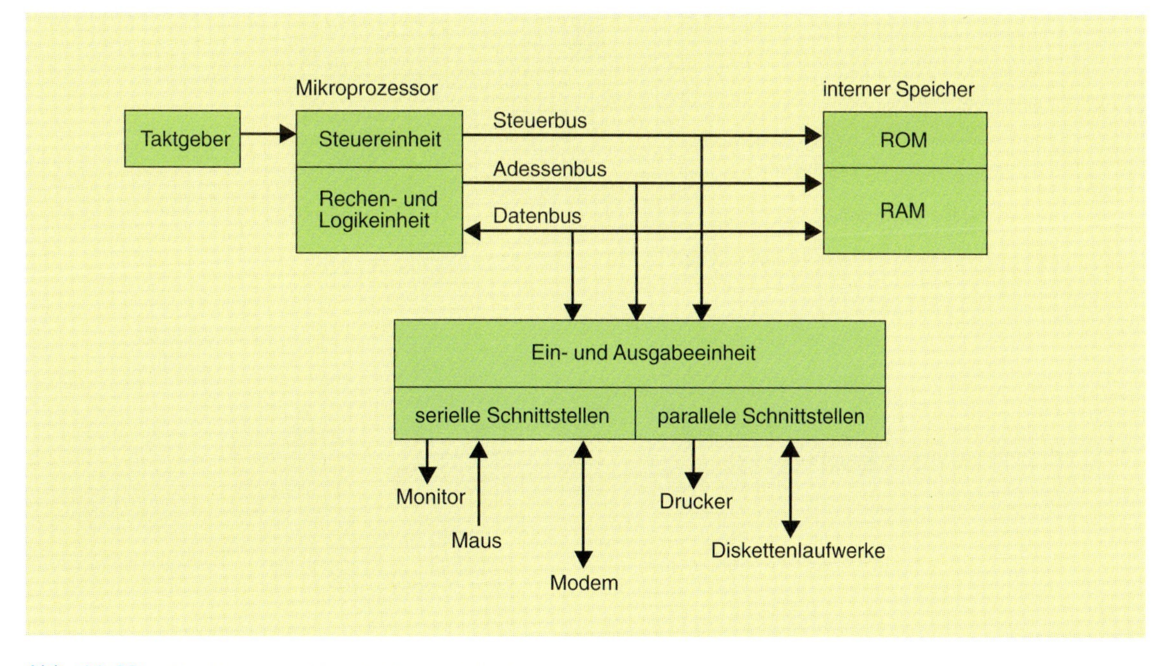

Abb. 11-29 ***Struktur einer Verarbeitungseinheit***

Der RAM (Random Acsess Memory) ist ein flüchtiger Speicher, der nach dem Ausschalten des Systems sämtliche Daten verliert. Er hat aber den Vorteil, daß seine Daten wahlweise gelesen oder verändert werden können und dient als eigentlicher Arbeitsspeicher.

Die Leiterbahnen des **Bussystem** sorgen für den Informationsfluß. Es wird zwischen Daten-, Steuer- und Adressenbus unterschieden. Der Übergang zu externen Geräten wie Tastatur, Maus und Drucker wird als Schnittstelle bezeichnet.

Um zu verhindern, daß die Datenmengen des Arbeitsspeichers beim Ausschalten des Computers verloren gehen, müssen diese auf sogenannten **externen Speichern** abgelegt werden. Dazu werden in erster Linie Disketten und Festplatten verwendet. Disketten sind mobile Datenträger, während Festplatten als nicht austauschbare Datenträger im Festplattenlaufwerk fest eingebaut sind. Gemeinsam ist ihnen, daß durch magnetische Aufzeichnung Programme und Daten gespeichert, gelesen und auch wieder gelöscht werden können.

Disketten werden nach ihrer Kantenlänge und nach ihrer Schreibdichte unterschieden. Beim Diskettenkauf ist nicht nur darauf zu achten, daß die Diskettengröße zu dem Laufwerk paßt, sondern auch die Schreibdichte und die Anzahl der Schreib-/Leseköpfe einander entsprechen (Abb. 11-30).

Größe	Dichte	Speicherkapazität
3,5″	DD	720 KB
3,5″	HD	1,44 MB
5,25″	DD	360 KB
5,25″	HD	1,2 MB

Tab. 11-1

Fabrikneue Disketten können nicht sofort zur Speicherung von Informationen benutzt werden. Durch eine Formatierung im Diskettenlaufwerk wird die Magnetschicht in Spuren und Sektoren eingeteilt und ein Inhaltsverzeichnis vorbereitet.

Wenn eine bereits benutzte Diskette nochmals formatiert wird, gehen alle gespeicherten Daten verloren.

Ebenso führt eine unsachgemäße Handhabung der Disketten zum Datenverlust. Die Warnhinweise auf der Verpackung sind unbedingt zu beachten (Abb. 11-31).

Festplatten bilden mit ihrem Laufwerk eine untrennbare Einheit. Durch den staubdichten Einbau eines ganzen Plattenstapels und kleinerer, empfindlicher Mechanik lassen sich wesentlich größere Speicher-

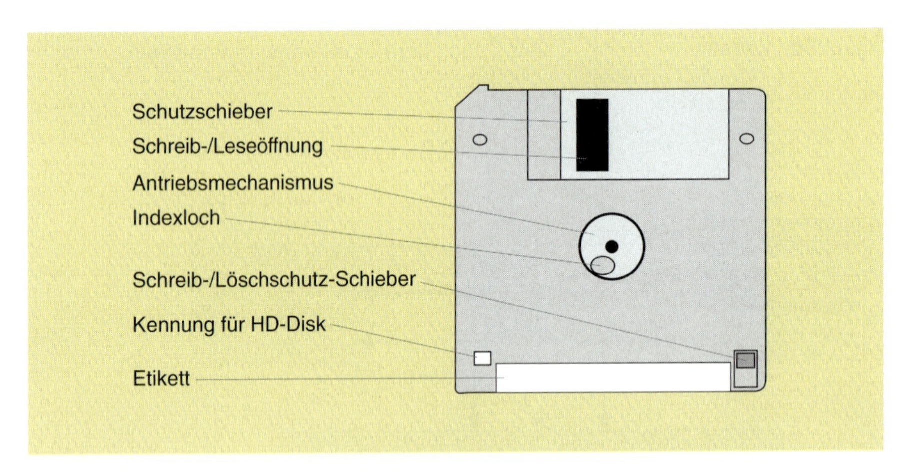

Abb. 11-30
3,5″ Diskette

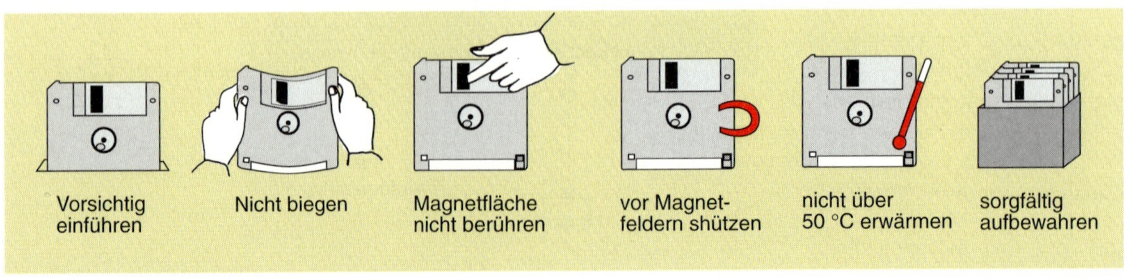

Abb. 11-31 ***Handhabungshinweise für Disketten***

kapazitäten und kürzere Zugriffszeiten erreichen. Festplatten sind aber relativ erschütterungsempfindlich.

Die in einem Computer eingebauten Laufwerke für externe Datenspeicher werden mit einem Buchstaben und nachfolgendem Doppelpunkt bezeichnet. So ist folgende Zusammenstellung häufig:

Laufwerk A: 3,5“ HD
Laufwerk B: 5,25“ HD
Laufwerk C: Festplattenlaufwerk

Die Leistungsfähigkeit der Verarbeitungseinheit wird durch mehrere Faktoren beeinflußt und ist entscheidend vom Entwicklungsstand der Computertechnologie abhängig. Die Tabelle gibt einen ungefähren Überblick über die wichtigsten Leistungskriterien.

Leisungsdaten	niedrig	mittel	hoch
Prozessortyp	80286	80386	80486
Taktfrequenz	16 MHz	33 MHz	66 MHz
Arbeitsspeicher	1 MB	4 MB	16 MB
Festplattenkapazität	40 MB	110 MB	520 MB
Plattenzugriffszeit	30 ms	18 ms	11 ms

Tab. 11-2

Geräte zur Datenausgabe

Monitor

Der Monitor oder das Datensichtgerät ist gleichermaßen Arbeits- und Ausgabegerät. Die Grafikkarte setzt die Signale der Verarbeitungseinheit in Bildsignale um, die das Bild aus einzelnen Punkten (Pixels) aufbauen. Um ermüdungsarmes Arbeiten zu ermöglichen, ist der Punktabstand im Vergleich zum Fersehbild geringer (0,28 mm), die Bildwiederholungsfrequenz höher (> 70 Hz) und die Strahlungsemmission vermindert. Flüssigkristall-Anzeigen werden meist in tragbaren Computern eingesetzt, da sie eine geringe Leistungsaufnahme besitzen.

Drucker

Die Drucker gehören zu den am häufigsten eingesetzten Ausgabegeräten. Im Gegensatz zur Schreibmaschine werden die Zeichen nicht durch Typenstempel erzeugt, sondern aus winzigen Bildpunkten immer wieder neu zusammengesetzt. Dadurch lassen sich unterschiedlichste Schriftarten und Schreibqualitäten durch veränderte Ansteuerung der Bildpunkte realisieren. Die Anzahl der verwendeten Bildpunkte und die Art, wie sie auf das Druckpapier gebracht werden, bestimmen die Druckqualität (Abb. 11-32).

Beim **Nadeldrucker** übertragen dünne Stahlnadeln die Druckfarbe von einem Farbband auf das Papier.

Der **Tintenstrahldrucker** erzeugt die Rasterpunkte durch winzige Tintentröpchen, die durch Düsen auf das Papier geschossen werden.

Laserdrucker arbeiten ähnlich wie ein Fotokopierer Die Zeichen einer ganzen Seite werden als Punktmuster auf eine Drucktrommel gebracht und von dieser auf das Papier übertragen.

Für die Ausgabe von Diagrammen und aufwendigen Konstruktionszeichnungen werden **Plotter** eingesetzt, die einen Schreibstift waagerecht und senkrecht über die Zeichenfläche führen.

Um Daten aus dem Computer auf andere Rechnersysteme zu übertragen, kann das Telefonnetz genutzt werden. Dazu müssen aber die digitalen Signale des Computers in analoge Tonsignale umgewandelt werden. Die Umwandlung (**Mo**dulation) und ebenso die Rückwandlung in digitale Signale (**Dem**odulation) übernimmt ein an den PC angeschlossenes postzugelassenes **Modem**.

11.5.3 Softwarekomponenten eines Computersystems

Die Hardwarekomponenten eines Computersystems gliedern sich in Eingabegeräte, Verarbeitungsgeräte und Ausgabegeräte. In gleicher Weise unterscheidet man bei der Software Eingabedaten, Verarbeitungs- und Ausgabedaten. Eingabedaten werden dem Computer zur Verarbeitung zugeführt. Verarbeitungsdaten sind Programme. Sie legen die Art und Weise der Verarbeitung fest. Die Ausgabedaten sind schließlich das Ergebnis der Verarbeitung.

Daten sind in einer für Mensch und/oder Maschine erkennbaren Weise durch Zeichen oder physikalische Werte dargestellte Information.

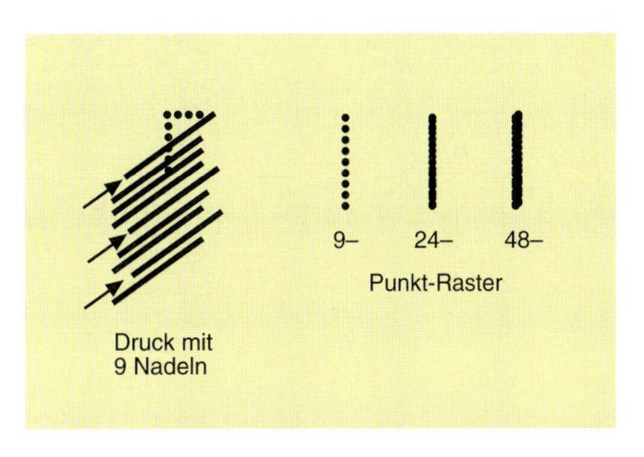

Abb. 11-32 ***Matrixdruck***

Eingabedaten

Die Elemente der Eingabedaten sind Buchstaben, Ziffern und Sonderzeichen, aber auch Bildpunkte. Daraus lassen sich Wörter, Texte, Zahlen und Abbildungen zusammensetzen. Zu Daten werden diese Kombinationen jedoch erst, wenn mit ihnen sinnvolle Informationen verbunden sind. Ein Beispiel für verschiedene Eingabedaten zeigt Abb. 11-33.

Programmdaten der Verarbeitungseinheit

Die Steuerung der Verarbeitung wird von einer ganzen Reihe von Programmen übernommen, die man sich in unterschiedlichen Programmebenen angeordnet vorstellen kann (vgl. Abb. 11-34).

BIOS

Im Moment des Einschalten ist der Arbeitsspeicher des Computers fast völlig leer, da der RAM durch das Ausschalten alle Daten verloren hat. Nur im ROM befinden sich einige Grundprogramme (BIOS =„Basis-Ein/Ausgabe-System“), welche die Kommunikation der Zentraleinheit mit Tastatur, Bildschirm, Laufwerken und anderen Einheiten ermöglichen.

Betriebssystem

Die Programme, welche die Verwaltung der Daten in der Verarbeitungseinheit ermöglichen, bilden das Betriebssystem. Sie befinden sich meist nur auf der Festplatte des Computers. Das hat den Vorteil, daß nur die Teile des Betriebssystems in den Arbeitsspeicher geladen werden, die für die Arbeit benötigt werden. Außerdem ist der Computer nicht auf ein bestimmtes Betriebssystem festgelegt. Weiterentwicklungen dieser Programme können in Form eines Update, also einer Aktualisierung, genutzt werden ohne daß die Hardware verändert wird.

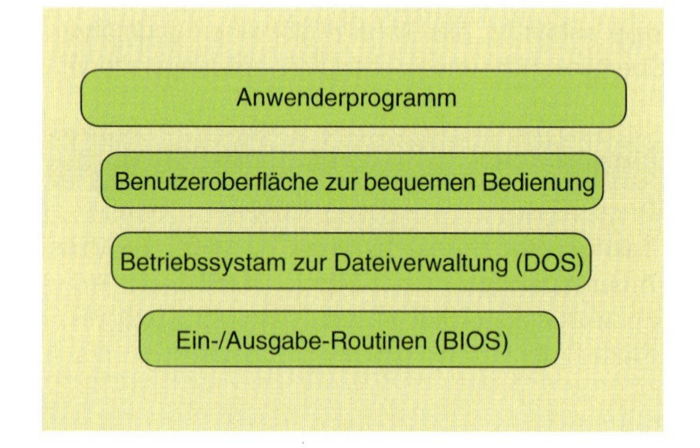

Abb. 11-34 ***Programmebenen der Verarbeitungseinheit***

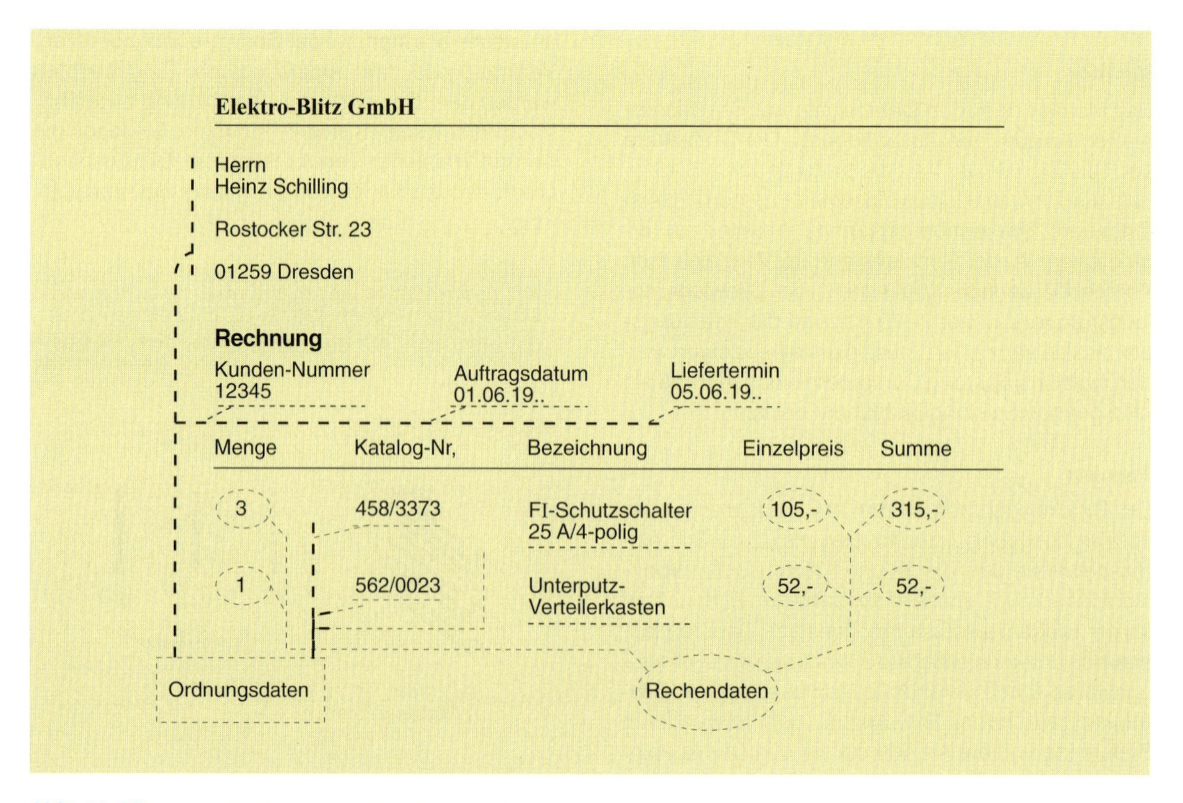

Abb. 11-33 ***Eingabedaten einer Handwerkerrechnung***

Benutzeroberflächen

Die Bedienung eines Computers mit Hilfe seines Betriebssystems erscheint oft recht umständlich. Man muß sich dazu eine ganze Reihe von Kommandos einprägen, die oft aus Abkürzungen englischsprachiger Begriffe bestehen. Sobald ein Zeichen falsch eingegeben wurde, sogar wenn ein Leerzeichen an der falschen Stelle steht, wird das Kommando vom Betriebssystem gar nicht oder falsch verstanden.

Um den Umgang mit dem PC zu erleichtern, wurden deshalb sogenannte Benutzeroberflächen geschaffen. Mit ihnen ist es möglich, das Betriebssystem auch ohne Kenntnis seiner Kommandosprache zu benutzen. Die Bedienung beschränkt sich auf Tastenkombinationen oder anschauliche Mausaktionen. Grafische Benutzeroberflächen benutzen einprägsame Bildchen (Icons), die durch Anklicken mit dem Mauskursor bestimmte Funktionen auslösen (vgl. Abb. 11-35).

Entsprechend der zu verarbeitenden Daten wird der PC-Nutzer für seine Arbeit spezielle Anwenderprogramme verwenden (Abb. 11-36).

Textverarbeitung

Die Textverarbeitung ist wahrscheinlich die häufigste Anwendung der elektronischen Datenverarbeitung. Die dazu benutzten Programmsysteme erfüllen im wesentlichen alle die gleichen Aufgaben: Schreiben, Nachbearbeiten, Speichern und Drukken von Texten. Unterschiede gibt es in aufrufbaren Bearbeitungs- und Gestaltungsfunktionen, in der Bedienfreundlichkeit, der Kompatibilität zur Hardware und zu anderen Programmen, und Textdokumenten. In Abhängigkeit von dem verwendeten Textverarbeitungsprogramm stehen eine Vielzahl von Sonderfunktionen zur Verfügung (Abb. 11-37).

Abb. 11-35
Icons einer Benutzeroberfläche

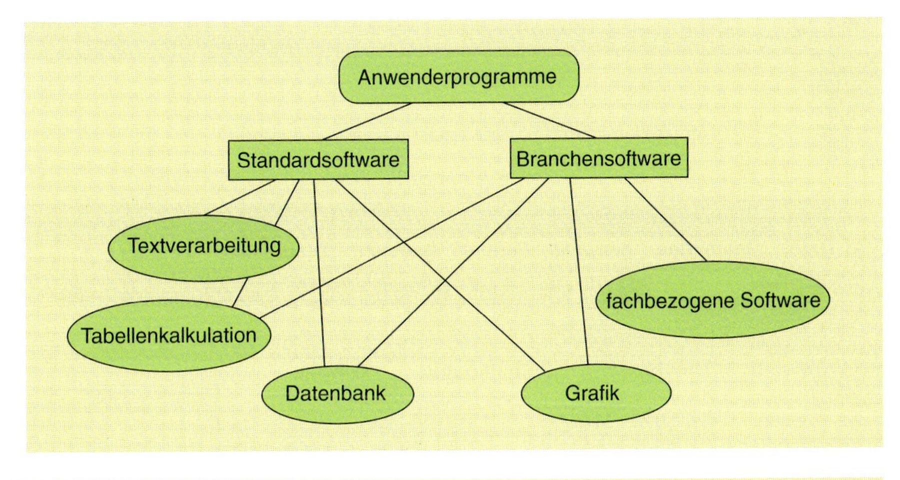

Abb. 11-36
Anwenderprogramme

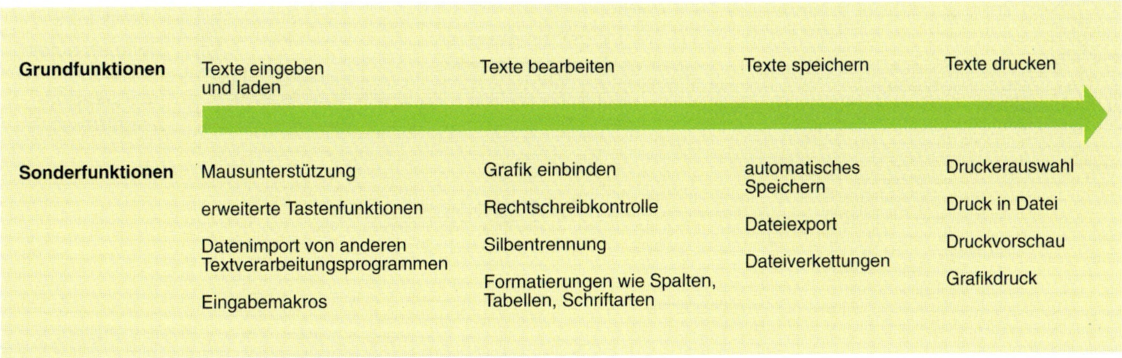

Grundfunktionen	Texte eingeben und laden	Texte bearbeiten	Texte speichern	Texte drucken
Sonderfunktionen	Mausunterstützung erweiterte Tastenfunktionen Datenimport von anderen Textverarbeitungsprogrammen Eingabemakros	Grafik einbinden Rechtschreibkontrolle Silbentrennung Formatierungen wie Spalten, Tabellen, Schriftarten	automatisches Speichern Dateiexport Dateiverkettungen	Druckerauswahl Druck in Datei Druckvorschau Grafikdruck

Abb. 11-37 ***Funktionen eines Textverarbeitungsprogramms***

Textverarbeitungsprogramme, die im Grafikmodus arbeiten, zeigen auf dem Bildschirm das Dokument bereits so, wie es später ausgedruckt wird, also mit den verschiedenen Schriftarten und Schriftgrößen, mit eingebundenen Grafiken und Tabellen.

Sonderfunktionen können über Bildsymbole einfach per Mausklick oder über Tastenkombinationen angewählt werden (Abb. 11-38).

Tabellenkalkulation

Tabellenkalkulationsprogramme ermöglichen das Rechnen in sogenannten Arbeitsblättern. Durch Spalten- und Zeilenaufteilung wird der Bildschirm in einzelne Datenzellen gegliedert. In jede Zelle können Texte oder Zahlen geschrieben werden. Durch Verknüpfung der Zelleninhalte über Formeln lassen sich in kürzester Zeit umfangreiche Berechnungen durchführen. Bei Änderung einzelner Daten werden die Ergebnisse sofort aktualisiert und ausgegeben (Abb. 11-39).

Hauptanwendung solcher Programme sind Auftragskalkulation, Investitions- und Finanzplanung. Durch probeweise Änderung von Eingabedaten läßt sich die Auswirkung auf die Gesamtrechnung sofort überprüfen. Dies hilft Entscheidungen schneller zu treffen.

Datenbanken

Datensammlungen lassen sich wegen der hohen Arbeitsgeschwindigkeit und der Speicherkapazitäten der Computer günstig mit diesen erfassen, verwalten und auswerten. Neben der einfachen Verwaltung durch Ablegen und Wiederaufrufen (z. B. mit Adressenverwaltungsprogrammen) lassen sich aber auch Datenbestände verschiedener Dateien miteinander verknüpfen, sortieren und nach verschiedenen Gesichtspunkten auswerten (Personaldaten, Lagerbestände, Kundendaten, Auftragsdaten). Abb. 11-40 zeigt die Grundstruktur einer Datenbank, die aus Datensätzen und Datenfeldern gebildet wird.

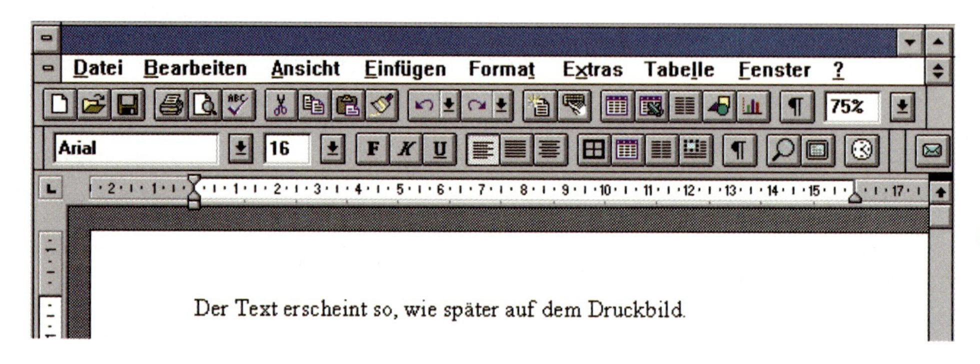

Abb. 11-38
Beispiel eines Textverarbeitungsprogramms

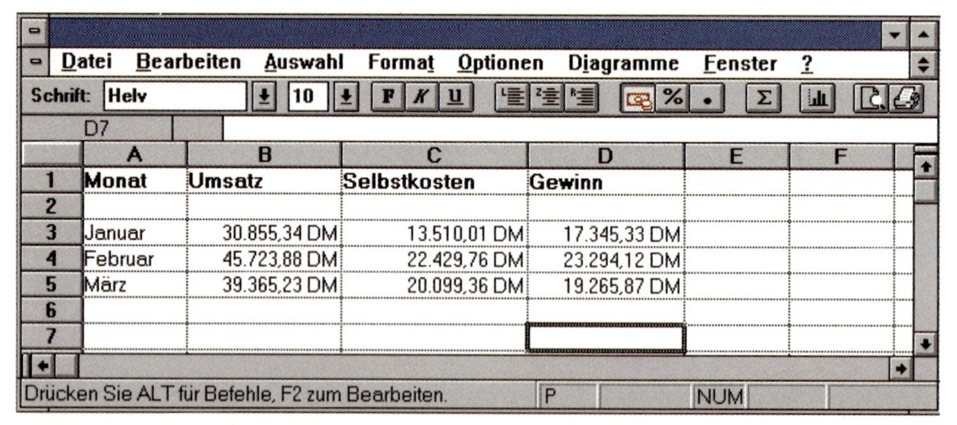

	A	B	C	D	E	F
1	Monat	Umsatz	Selbstkosten	Gewinn		
2						
3	Januar	30.855,34 DM	13.510,01 DM	17.345,33 DM		
4	Februar	45.723,88 DM	22.429,76 DM	23.294,12 DM		
5	März	39.365,23 DM	20.099,36 DM	19.265,87 DM		
6						
7						

Abb. 11-39
Beispiel eines Tabellenkalkulationsprogramms

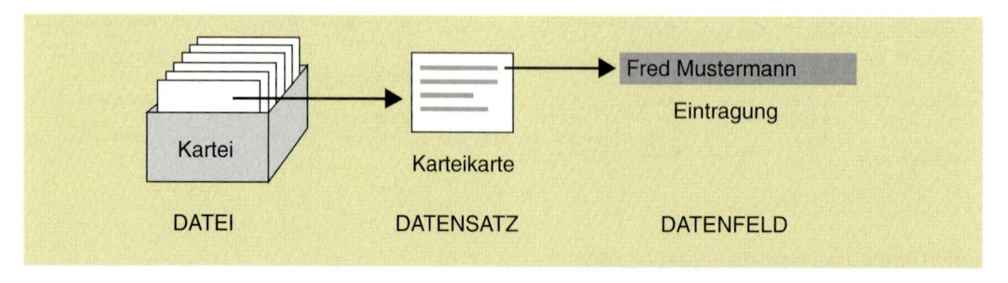

Abb. 11-40
Struktur einer Datenbank

Für die Verwaltung großer Datenbestände setzt sich das Prinzip der relationalen Datenbank durch. Die Datensätze einer Datei werden über Schlüssel in Beziehung zu den Datensätzen einer anderen Datei gesetzt. Die Beziehungen (Relationen) werden so organisiert, daß in den Spalten einer Tabelle die einzelnen **Datenfelder** und in den Zeilen die **Datensätze** stehen.

Branchensoftware

Für berufsgruppenorientierte Aufgabenstellungen gibt es **branchenbezogene Software**, die ohne große Anpassungen für genau festgelegte Aufgabenzwecke genutzt wird, wie z. B. Programme für Leiterplattenentwürfe oder zur Kalkulation und zum Entwurf von Elektroinstallationsprojekten.

Programmiersprachen

Zur Lösung von speziellen Aufgaben, für die keine Standard oder Branchensoftware verwendet werden soll, können mit Hilfe von **Programmiersprachen** individuelle Programme erstellt werden. Da die Verarbeitungseinheit nur Bitfolgen versteht, muß aus dem Quellprogramm durch spezielle Übersetzungsprogramme ein Maschinenprogramm erzeugt werden. Dazu sind zwei Wege möglich.

Ein **Compiler** erzeugt aus dem Quellcode ein lauffähiges Programm, welches in einer Datei abgespeichert wird.

Ein **Interpreter** übersetzt, wie ein Dolmetscher, Anweisung für Anweisung in den Maschinencode und und führt diese sofort aus, ohne sie abzuspeichern.

Problemorientierte Sprachen vereinfachen den komplizierten Vorgang des Programmierens. Der Programmierer kann sich auf das zu bearbeitende Problem konzentrieren und Besonderheiten der Verarbeitungseinheit des Computers außer acht lassen.

Problemorientierte Programmiersprachen gibt es für unterschiedliche Anwendungsgebiete. Z. B. wird COBOL für kaufmännische Anwendungen verwendet, FORTRAN für mathematisch-naturwissenschaftliche. PASCAL, BASIC u. a. wurden für universelle Anwendungen entwickelt. Gemeinsam sind bei den Sprachen einheitliche Strukturen. So besteht das Programm aus einem Vereinbarungsteil, in dem Bezeichner für Daten, Funktionen und Unterprogramme festgelegt werden, und dem eigentlichen Programmteil.

Das Programm kann linear, verzweigt oder zyklisch sein. In Struktoprogrammen läßt sich dieser Aufbau anschaulich darstellen. Eine Übersicht über die Grundstrukturen enthält Abb. 11-41. Neben dem Struktogramm ist ein Programmbeispiel in der Programmiersprache BASIC angeführt.

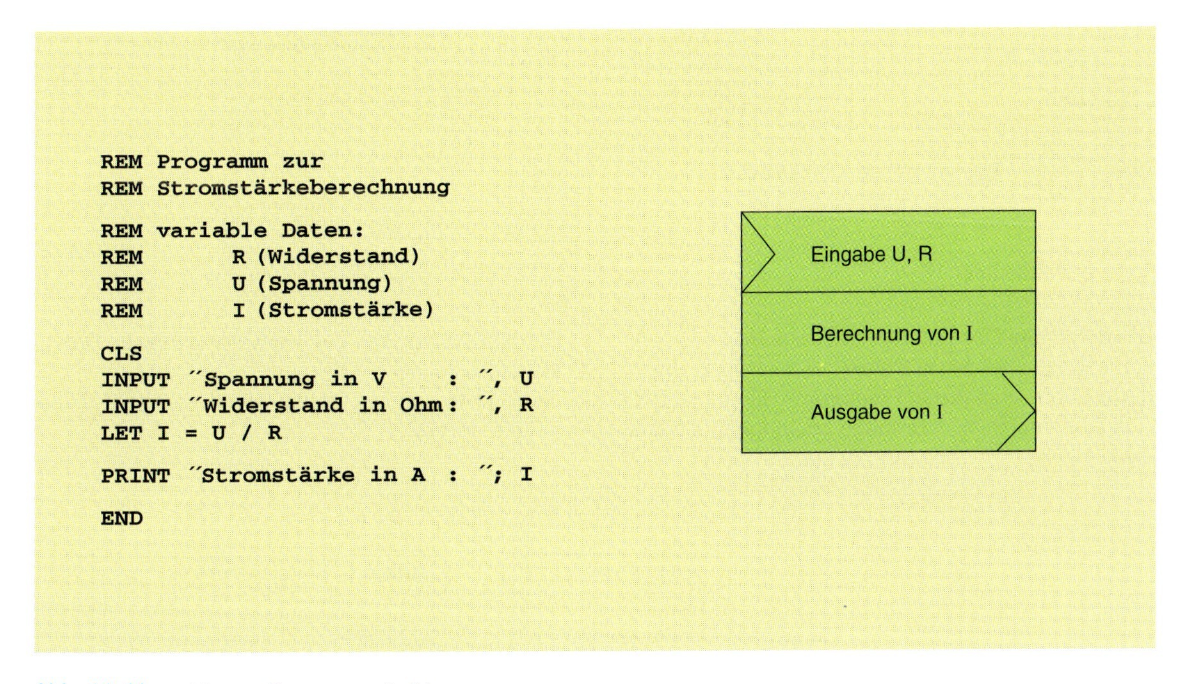

Abb. 11-41a *Lineare Programmstruktur*

```
REM Programm zur
REM Widerstandsberechnung

REM variable Daten:
REM       R (Widerstand)
REM       U (Spannung)
REM       I (Stromstärke)

CLS
INPUT "Spannung in V    : ", U
INPUT "Stromstärke in A : ", I

LET R = U / I

IF R < 1 then LET R = R * 1000: RS="mOhm":

PRINT "Widerstand:"; R; RS
END
```

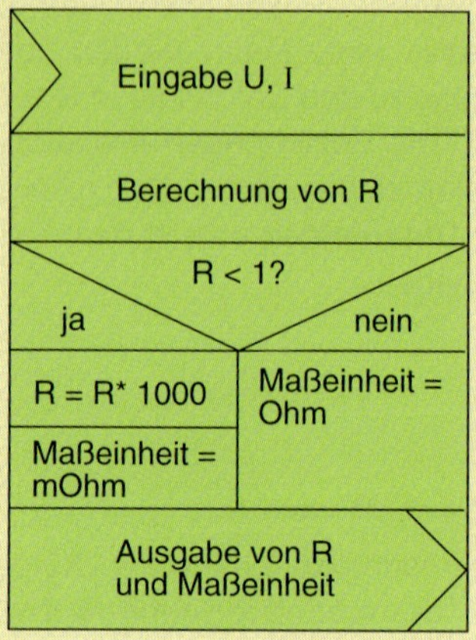

Eingabe U, I
Berechnung von R
R < 1?
ja
nein
R = R* 1000
Maßeinheit = Ohm
Maßeinheit = mOhm
Ausgabe von R und Maßeinheit

Abb. 11-41b ***Alternative Programmstruktur***

```
REM Programm zur
REM Spannungsberechnung

REM variable Daten:
REM       R,R1,R2 (Widerstände)
REM       U (Spannung)
REM       I (Stromstärke)

CLS
INPUT "Anfangswiderstand in Ohm: ", R1
INPUT "Endwiderstand in Ohm    : ", R2
INPUT "Spannung in V           : ", U

PRINT "R", "I"

FOR R = R1 TO R2 STEP (R2 - R1) / 10
        LET I = U / R
        PRINT R, I

NEXT R

END
```

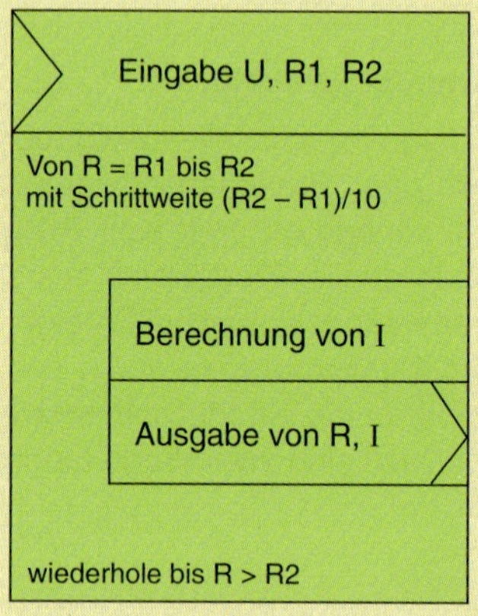

Eingabe U, R1, R2
Von R = R1 bis R2
mit Schrittweite (R2 – R1)/10
Berechnung von I
Ausgabe von R, I
wiederhole bis R > R2

Abb. 11-41c ***Zyklische Programmstruktur***

Ausgabedaten

Die durch das Computersystem angelegten Datensammlungen werden in Dateien eingeordnet. Um in die großen Anzahl der Programm-, Eingabe- und Ausgabedateien eine Ordnung zu bringen, hilft das Betriebssystem bei der Verwaltung dieser Datenvielfalt.

Jede Datei erhält Identifikationsmerkmale (Abb. 11-42).

C:
\TEXTE\PRIVAT\
BRIEF 1
. TXT
Laufwerk
Verzeichnis
Dateiname
Namenserweiterung

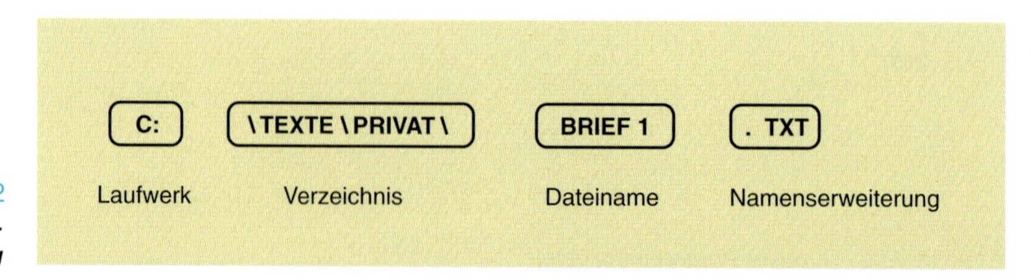

Abb. 11-42 ***Dateikennzeichnung***

In der Übersicht sind die wichtigsten Kommandos des Betriebssystems enthalten.

FORMAT format a:
Auf dem Datenträger in Laufwerk A: wird ein Hauptinhaltsverzeichnis angelegt. Alle alten Daten werden gelöscht!

MD md texte
Im aktuellen Verzeichnis wird ein Unterinhaltsverzeichnis mit Namen TEXTE angelegt.

CD cd texte
Das Unterverzeichnis TEXTE wird zum aktuellen Verzeichnis.
cd. .

Das übergeordnete Verzeichnis wird zum aktuellen Verzeichnis.

RD rd texte
Das Unterverzeichnis TEXTE wird gelöscht.

COPY copy a:\brief.txt c:\texte\brief1.txt
Die Datei BRIEF.TXT aus dem Hauptinhaltsverzeichnis vom Datenträger in Laufwerk A: wird in das Unterinhaltsverzeichnis TEXTE der Festplatte C: unter dem Namen BRIEF1.TXT abgelegt.

DEL del a:\brief.txt
Die Datei BRIEF.TXT aus dem Hauptinhaltsverzeichnis vom Datenträger in Laufwerk A: wird gelöscht.

DIR dir c:\texte
Die im Unterinhaltsverzeichnis TEXTE der Festplatte C: befindlichen Dateien werden namentlich aufgelistet.

TREE tree c:\
Die Baumstruktur aller Unterverzeichnisse der Festplatte C: wird aufgelistet.

Wenn in einem Kommando Angaben zu Laufwerk, Verzeichnis oder Datei weggelassen werden, so setzt das Betriebssystem dafür die gerade aktuellen Angaben ein.

Wenn als aktuelles Laufwerk C: und als Unterverzeichnis TEXTE eingestellt sind, bewirkt das Kommando

copy a:\brief.txt c:\texte\brief.txt

die gleiche Aktion wie das Kommando
copy a:\brief.txt

Datensicherung und Datenschutz

Durch die moderne Datenverarbeitung werden immense Datenmengen abgespeichert. Je nach Bedeutung der Daten müssen diese vor Verfälschung oder Verlust bzw. vor Mißbrauch geschützt werden.

Unter **Datensicherung** versteht man Maßnahmen gegen Verlust oder Verfälschung von Daten.

Der Verlust einzelner Daten oder ganzer Bestände kann unterschiedliche Ursachen haben; sie reichen von technischen Fehlern über menschliches Versagen bis zur Sabotage. Zwischenspeichern vor dem endgültigen Abspeichern sind ebenso wie das Anlegen von Sicherungskopien geeignete Maßnahmen, die Datensicherung zu erhöhen. Dateien können nach dem Abspeichern mit einem besonderen Attribut versehen werden, welche versehentliches Löschen verhindert (Bsp. **attrib +r brief.txt** setzt den Löschschutz für die Datei BRIEF.TXT, **attrib -r brief.txt** hebt ihn wieder auf.) Die Schreibschutzöffnung oder -kerbe einer Diskette kann ebenfalls versehentliches Vernichten von Daten verhindern.

Während sich die Datensicherung auf den Schutz der Daten an sich bezieht, stehen beim Datenschutz die Personen und Unternehmungen im Vordergrund, deren Daten vor Mißbrauch zu schützen sind.

Unter Datenschutz versteht man Maßnahmen, die den Schutz von Personen und Unternehmungen vor Mißbrauch ihrer Daten gegen unerlaubtes Lesen, Verändern und Weitergeben umfassen.

Die Schutzrechte sind gesetzlich begründet (Bundes- bzw. Landesdatenschutzgesetze) und werden durch verschiedene organisatorische Verfahren abgesichert. Dazu gehören u. a. Zugangskontrolle zum Computersystem mittels Paßwort und Verschlüsselung der Daten.

AUFGABEN

11.1 Informationen und Signale

1. Welcher Vorteil ergibt sich aus der Verwendung digitaler Signale zur Informationsverarbeitung?
2. Ein Informationsspeicher hat die Kapazität von 4 MByte.

   Wie groß ist seine Kapazität in KByte, Byte und Bit?
3. Warum gibt es bei einem binären Signal einen „verbotenen" Bereich des Informationsparameters?

11.2 Grundlagen digitaler Informationsverarbeitung

1. Nennen und beschreiben Sie die Grundfunktionen der Digitaltechnik.
2. Genau dann, wenn 2 von 3 binären Signalen (E1, E2, E3) 1-Signal führen, soll das Ausgangssignal A ebenfalls den Signalwert 1 annehmen.

   Realisieren Sie diese Signalverarbeitung mit NAND-Funktionen.
3. Stellen Sie eine Wendeschützsteuerung als Funktionsplan mit RS-Speichergliedern dar.

11.3 Informationsverarbeitung in Steuerungen

1. Aus welchen Elementen besteht eine Steuerkette?
2. Welcher Unterschied besteht zwischen den Begriffen Wirkungsweg und Wirkungsablauf?
3. Nennen Sie Beispiele für Führungs-, Zeitplan- und Ablaufsteuerungen.

11.4 Informationsverarbeitung in Regelungen

1. Beschreiben Sie die Glieder eines Regelkreises.
2. Wie ist es möglich, daß trotz Messung der Aufgabengröße und Vergleich mit einem Sollwert der Vorgang keine Regelung im Sinne der DIN 19226 ist?
3. Welche Bedeutung hat für einen Regelkreis der Begriff „Stabilität"?
4. Nennen Sie Beispiele für Festwert-, Zeitplan und Folgeregelungen.

11.5 Informationensverarbeitung mit Computern

1. Nennen Sie 2 wesentliche Einsatzgebiete für Computer.

   Welche Aufgaben übernehmen Computer bei diesen Einsatzgebieten?
2. Erläutern Sie die Begriffe Hardware und Software.

   Wenden Sie die Begriffe auf eine herkömmliche Schützschaltung an.
3. Aus welchen Hardware-Komponenten besteht ein Computersystem?
4. Welche Hauptaufgabe erfüllt das Betriebssystem?
5. Nennen Sie die 3 Funktionen eines Textverarbeitungsprogramms.

Formelzusammenstellung

Elementarladung

$e = \pm\ 1{,}602 \cdot 10^{-19}\,\text{C}$ | **2–1**

Ladungsmenge oder Elektrizitätsmenge

$Q = \text{N} \cdot (\pm\ e)$ | **2–2**

Stromstärke

$I = \frac{Q}{t}$ | **3–1**

Stromdichte:

$J = \frac{I}{A}$ | **3–2**

Quellenspannung

$U_Q = \frac{W_{zu}}{Q}$ | **3–3**

Spannungsfall

$U = \frac{W_{ab}}{Q}$ | **3–4**

elektrische Arbeit bzw. Energie

$W = U \cdot I \cdot t$ | **3–5**

Leistung

$P = \frac{W}{t}$ | **3–6**

$P = U \cdot I$ | **3–7**

Widerstand

$R = \frac{U}{I}$ | **3–8**

Leitwert

$G = \frac{1}{R}$ | **3–9**

spezifische Leitfähigkeit

$\varkappa = \frac{1}{\rho}$ | **3–10**

Drahtwiderstand

$R = \frac{\rho \cdot l}{A}$ | **3–11**

$R = \frac{l}{\varkappa \cdot A}$ | **3–12**

Warmwiderstand

$R_w = R_{20} \cdot (1 + \alpha \cdot \Delta\vartheta)$ | **3–13**

Strom-Spannungsverhalten des Widerstandes

$I = \frac{U}{R}$ | **3–14**

$U = I \cdot R$ | **3–15**

Klemmenspannung

$U = U_Q - I \cdot R_i$ | **4–1**

$U = I \cdot R_a$ | **4–2**

Stromstärke im Grundstromkreis

$I = \frac{U_Q}{R_i + R_a}$ | **4–3**

Wirkungsgrad des Grundstromkreises

$\eta = \frac{R_a}{R_a + R_i}$ | **4–4**

Spannungsfall über Zuleitung

$\Delta U = I \cdot R_L$ | **4–5**

Leitungswiderstand

$R_L = \frac{2\,l}{\varkappa\,A}$ | **4–6**

Leistungsverlust über Zuleitung

$P_V = I^2 \cdot R_L$ | **4–7**

Wärmeenergie

$W_{th} = m \cdot c \cdot \Delta\vartheta$ | **4–8**

Gesamtwiderstand der Reihenschaltung

$$R_{ges} = R_1 + R_2 + \ldots + R_n \quad \text{6-1}$$

Gesetz der Spannungsteilung

$$\frac{U_1}{U_2} = \frac{R_1}{R_2} \quad \text{6-2}$$

$$\frac{U}{U_1} = \frac{R_{ges}}{R_1} \quad \text{6-2a}$$

Leistungen der Reihenschaltung

$$\frac{P_1}{P_2} = \frac{R_1}{R_2} \quad \text{6-3}$$

Vorwiderstand (Spannungsmeßgerät)

$$R_V = R_M \cdot (n-1) \quad \text{6-4}$$

Gesamtquellenspannung bei Reihenschaltung

$$U_{Qges} = U_{Q1} + U_{Q2} + U_{Q3} + \ldots U_{Qn} \quad \text{6-5}$$

Gesamtinnenwiderstand bei Reihenschaltung

$$R_{iges} = R_{i1} + R_{i2} + R_{i3} + \ldots R_{in} \quad \text{6-6}$$

Gesamtquellenspannung gleicher Stromquellen

$$U_{Qges} = n \cdot U_Q \quad \text{6-5a}$$

Gesamtinnenwiderstand gleicher Stromquellen

$$R_{iges} = n \cdot R_i \quad \text{6-6a}$$

Gesamtwiderstand der Parallelschaltung

$$\frac{1}{R_{ges}} = \frac{1}{R_1} + \frac{1}{R_2} + \ldots + \frac{1}{R_n} \quad \text{6-7}$$

Gesamtleitwert der Parallelschaltung

$$G_{ges} = G_1 + G_2 + \ldots G_n \quad \text{6-7a}$$

Gesamtwiderstand zweier paralleler Widerstände

$$R_{ges} = \frac{R_1 \cdot R_2}{R_1 + R_2} \quad \text{6-7b}$$

Gesetz der Stromteilung

$$\frac{I_1}{I_2} = \frac{R_2}{R_1} \quad \text{6-8}$$

$$\frac{I}{I_1} = \frac{R_1}{R_{ges}} \quad \text{6-8a}$$

Leistungen der Parallelschaltung

$$\frac{P_1}{P_2} = \frac{R_2}{R_1} = \frac{G_1}{G_2} \quad \text{6-9}$$

Parallelwiderstand (Strommeßgerät)

$$R_P = \frac{R_M}{m-1} \quad \text{6-10}$$

Widerstand bei Brückenabgleich

$$R_X = \frac{R_2}{R_1} \cdot R_N \quad \text{6-11}$$

elektrische Feldstärke

$$E = \frac{F}{Q} \quad \text{7-1}$$

$$E = \frac{U}{l} \quad \text{7-2}$$

Ladungsdichte

$$D = \frac{Q}{A} \quad \text{7-3}$$

$$D = \varepsilon \cdot E \quad \text{7-4}$$

Dielektrizitätskonstante

$$\varepsilon = \varepsilon_o \, . \, \varepsilon_r \quad \text{7-5}$$

elektrische Durchschlagsfestigkeit

$$E_D = \frac{U_D}{d} \quad \text{7-6}$$

Kapazität 7-7

$$C = \frac{Q}{U}$$

$$C = \frac{\varepsilon \cdot A}{l} \quad \text{7-8}$$

gespeicherte Ladungsmenge

$$Q = C \cdot U \qquad 7\text{-}9$$

Energie des elektrischen Feldes

$$W = \frac{1}{2} \cdot C \cdot U^2 \qquad 7\text{-}10$$

Gesamtkapazität der Reihenschaltung

$$\frac{1}{C_{ges}} = \frac{1}{C_1} + \frac{1}{C_2} + \frac{1}{C_3} + \cdots \frac{1}{C_n} \qquad 7\text{-}11$$

Gesamtkapazität der Reihenschaltung zweier Kondensatoren

$$C_{ges} = \frac{C_1 \cdot C_2}{C_1 + C_2} \qquad 7\text{-}12$$

Gesamtkapazität der Reihenschaltung gleicher Kondensatoren

$$C_{ges} = \frac{C}{n} \qquad 7\text{-}13$$

Spannungsteilung an Kondensatoren

$$\frac{U_1}{U_2} = \frac{C_2}{C_1} \qquad 7\text{-}14$$

$$\frac{U_1}{U} = \frac{C_{ges}}{C_1} \qquad 7\text{-}15$$

Teilspannung der Reihenschaltung zweier Kondensatoren

$$U_1 = \frac{C_2}{C_1 + C_2} \cdot U \qquad 7\text{-}16$$

Gesamtkapazität der Parallelschaltung

$$C_{ges} = C_1 + C_2 + C_3 + \ldots C_n \qquad 7\text{-}17$$

Zeitkonstante

$$\tau = R \cdot C \qquad 7\text{-}18$$

Ladevorgang

Kondensatorspannung

$$u_C = U \cdot (1 - e^{-\frac{t}{\tau}}) \qquad 7\text{-}19$$

Ladestrom

$$i_C = \frac{U}{R} \cdot e^{\frac{t}{\tau}} \qquad 7\text{-}20$$

Entladevorgang

Kondensatorspannung

$$u_C = U \cdot e^{-\frac{t}{\tau}} \qquad 7\text{-}21$$

Ladestrom

$$i_C = -\frac{U}{R} \cdot e^{-\frac{t}{\tau}} \qquad 7\text{-}22$$

Strom- Spannungsverhalten des Kondensators

$$I = C \cdot \frac{\Delta U}{\Delta t} \qquad 7\text{-}23$$

magnetische Flußdichte

$$B = \frac{\Phi}{A} \qquad 8\text{-}1$$

Durchflutung

$$\Theta = I \cdot N \qquad 8\text{-}2$$

magnetische Feldstärke

$$H = \frac{\Theta}{l_m} \qquad 8\text{-}3$$

magnetischer Widerstand

$$R_m = \frac{\Theta}{\Phi} \qquad 8\text{-}4$$

$$R_m = \frac{l_m}{\mu \cdot A} \qquad 8\text{-}5$$

magnetische Flußdichte

$$B = \mu \cdot H \qquad 8\text{-}6$$

relative Permeabilität

$$\mu_r = \frac{\mu}{\mu_0} \qquad 8\text{-}7$$

Kraft auf stromdurchflossenen Leiter

$$F = I \cdot B \cdot l \qquad 8\text{-}8$$

Drehmoment einer Leiterschleife (Motorgleichung)

$$M = c \cdot \Phi \cdot I \qquad 8\text{-}9$$

Kraft paralleler stromdurchflossener Leiter

$$F = \frac{\mu_0}{2\pi} \cdot \frac{l}{a} \cdot I_1 \cdot I_2$$ | **8–10**

Induktionsgesetz

$$U_Q = N \cdot \frac{\Delta \Phi}{\Delta t}$$ | **8–11**

Induktion der Bewegung

$$U_Q = N \cdot B \cdot l \cdot v$$ | **8–12**

Generatorgleichung

$$U_Q = c \cdot \Phi \cdot n$$ | **8–13**

Induktivität | **8–14**

$$L = \frac{N^2}{R_m}$$

$$L = \frac{N^2 \cdot \mu_0 \cdot \mu_r \cdot A}{l}$$ | **8–14a**

Selbstinduktionsspannung

$$U_Q = L \cdot \frac{\Delta I}{\Delta t}$$ | **8–15**

Gesamtinduktivität einer Reihenschaltung

$$L_{ges} = L_1 + L_2 + \ldots + L_n$$ | **8–16**

Gesamtinduktivität einer Parallelschaltung

$$\frac{1}{L_{ges}} = \frac{1}{L_1} + \frac{1}{L_2} + \ldots + \frac{1}{L_n}$$ | **8–17**

Zeitkonstante der Spule

$$\tau = \frac{L}{R}$$ | **8–18**

Einschaltvorgang

Augenblickswert der Spannung

$$u_L = U \cdot e^{-\frac{t}{\tau}}$$ | **8–19**

Augenblickswert des Stromes

$$i = \frac{U}{R}(1 - e^{-\frac{t}{\tau}})$$ | **8–20**

Ausschaltvorgang

Augenblickswert der Spannung

$$u_L = -U \cdot e^{-\frac{t}{\tau}}$$ | **8–21**

Augenblickswert des Stromes

$$i = \frac{U}{R} \cdot e^{-\frac{t}{\tau}}$$ | **8–22**

Energie des magnetischen Feldes

$$W = \frac{1}{2} \cdot L \cdot I^2$$ | **8–23**

Funktionsgleichungen der Wechselspannung

$$u = \hat{u} \cdot \sin \alpha$$
$$u = \hat{u} \cdot \sin \widehat{\alpha}$$ | **9–1**

des Wechselstromes

$$i = \hat{i} \cdot \sin \alpha$$
$$i = \hat{i} \cdot \sin \widehat{\alpha}$$ | **9–1**

Frequenz

$$f = \frac{1}{T}$$ | **9–2**

$$f = p \cdot n$$ | **9–3**

Kreisfrequenz

$$\omega = 2 \cdot \pi \cdot f$$ | **9–4**

Sinus-Zeit-Gesetz der Wechselspannung

$$u = \hat{u} \cdot \sin \omega \cdot t$$ | **9–5**

des Wechselstromes

$$i = \hat{i} \cdot \sin \omega \cdot t$$ | **9–5**

Effektivwert von Strom

$$I = \frac{\hat{i}}{\sqrt{2}} \qquad I = 0{,}707 \cdot \hat{i}$$ | **9–6**

und Spannung

$$U = \frac{\hat{u}}{\sqrt{2}} \qquad U = 0{,}707 \cdot \hat{u}$$ | **9–6**

linearer Mittelwert von Strom

$\overline{i} = 0{,}637 \cdot \hat{i}$ | **9-7**

und Spannung

$\overline{u} = 0{,}637 \cdot \hat{u}$ | **9-7**

Addition von zwei Wechselspannungen

– Phasenverschiebungswinkel $\varphi = 0°$

$U_{ges} = U_1 + U_2$ | **9-8**

– Phasenverschiebungswinkel $\varphi = 90°$

$U_{ges} = \sqrt{U_1^2 + U_2^2}$ | **9-9**

– Phasenverschiebungswinkel $\varphi = 180°$

$U_{ges} = U_1 - U_2$ | **9-10**

– beliebiger Phasenverschiebungswinkel φ | **9-11**

$U_{ges} = \sqrt{U_1^2 + U_2^2 + 2 \cdot U_1 \cdot U_2 \cdot \cos\varphi}$

kapazitiver Blindwiderstand

$X_C = \frac{1}{\omega \cdot C}$ | **9-12**

induktiver Blindwiderstand

$X_L = \omega \cdot L$ | **9-13**

Reihenschaltung von *R*, *X*$_L$ und *X*$_C$

Spannungen

$U = \sqrt{U_R^2 + (U_L - U_C)^2}$ | **9-14**

Scheinwiderstand

$Z = \frac{U}{I}$ | **2-15**

$Z = \sqrt{R^2 + (X_L - X_C)^2}$ | **2-15**

Phasenverschiebungswinkel zwischen *U* und *I*

$\cos\varphi = \frac{U_R}{U}$ | **9-16**

$\cos\varphi = \frac{R}{Z}$ | **9-16**

Reihenschaltung von *R*, und *X*$_L$

Spannungen

$U = \sqrt{U_R^2 + U_L^2}$ | **9-17**

Scheinwiderstand

$Z = \sqrt{R^2 + X_L^2}$ | **9-18**

Reihenschaltung von *R*, und *X*$_C$

Spannungen

$U = \sqrt{U_R^2 + U_C^2}$ | **9-19**

Scheinwiderstand

$Z = \sqrt{R^2 + X_C^2}$ | **9-20**

Grenzfrequenz

$f_g = \frac{1}{2 \cdot \pi \cdot R \cdot C}$ | **9-21**

Ausgangsspannung bei Grenzfrequenz

$U_a = \frac{U_e}{\sqrt{2}}$ | **9-22**

Parallelschaltung von *R*, *X*$_L$ und *X*$_C$

Ströme

$I = \sqrt{I_R^2 + (I_L - I_C)^2}$ | **9-23**

Phasenverschiebungswinkel zwischen *U* und *I*

$\cos\varphi = \frac{I_R}{I}$ | **9-24**

Verlustfaktor des Kondensators

$\tan\delta = \frac{1}{R \cdot \omega \cdot C}$ | **9-25**

Gütefaktor des Kondensators

$Q = \frac{1}{\tan\delta} = R \cdot \omega \cdot C$ | **9-26**

Resonanzfrequenz des Schwingkreises

$f_0 = \frac{1}{2 \cdot \pi \cdot \sqrt{L \cdot C}}$ | **9-27**

Wirkstrom

$I_w = I \cdot \cos\varphi$ | **9-28**

Blindstrom

$I_b = I \cdot \sin\varphi$ | **9-29**

Scheinstrom

$I = \sqrt{I_w^2 + I_b^2}$ | 9–30

Wirkleistung

$P = U \cdot I \cdot \cos\varphi \quad P = S \cdot \cos\varphi$ | 9–31

Blindleistung

$Q = U \cdot I \cdot \sin\varphi \quad Q = S \cdot \sin\varphi$ | 9–32

Scheinleistung

$S = U \cdot I \quad S = \sqrt{P^2 + Q^2}$ | 9–33

Leistungsfaktor

$\cos\varphi = \frac{P}{S}$ | 9–34

Kompensationsleistung

$Q_C = P \cdot (\tan\varphi - \tan\varphi')$ | 9–35

Sternschaltung

Leiterspannung

$U = \sqrt{3} \cdot U_{St}$ | 9–36

Leiterstrom

$I = I_{St}$ | 9–37

Dreieckschaltung

Leiterspannung

$U = U_{St}$ | 9–38

Leiterstrom

$I = \sqrt{3} \cdot I_{St}$ | 9–39

Leistungen des Dreiphasenwechselstromes

Scheinleistung

$S = \sqrt{3} \cdot U \cdot I$ | 9–40

Wirkleistung

$P = \sqrt{3} \cdot U \cdot I \cdot \cos\varphi$ | 9–41

Blindleistung | 9–42

$Q = \sqrt{3} \cdot U \cdot I \cdot \sin\varphi$

differentieller Widerstand

$r = \frac{\Delta U}{\Delta I}$ | 10–1

Sachwort

A

C

E

F

G

H

I

L

N

O

P

Q

R

T

Bildquellen

AEG Elektrowerkzeuge, Winnenden,
S. 13

Deutsches Rotes Kreuz –
Generalsekretariat – Bonn
S. 83

dpa, Frankfurt,
S. 23

Hamburgische Electricitäts-Werke AG,
S. 13

Handwerk und Technik – Archiv,
S.13, 23, 26, 39, 57, 62, 63, 64, 70,
149, 161

Holland + Josenhans GmbH & Co,
S. 59, 60

IBM Deutschland GmbH, Stuttgart,
S. 256

A. van Kaick GmbH & Co. KG,
Neu-Isenburg,
S. 26

Philips Licht, Hamburg,
S. 58

Phywe Systeme GmbH, Göttingen,
S. 23, 26

Siemens Info-Service, Fürth,
S. 69

Valvo, Hamburg,
S. 131

Werkbild Hartmann & Braun AG,
S. 147

Grafiken

Kerstin Ploß, Hamburg